Codici correttori

Luca Giuzzi

Codici correttori

Un'introduzione

 Springer

Luca Giuzzi
Dipartimento di Matematica
Politecnico di Bari - Bari

ISBN 10 88-470-0539-6 Springer Milan Berlin Heidelberg New York
ISBN 13 978-88-470-0539-6 Springer Milan Berlin Heidelberg New York

Springer-Verlag fa parte di Springer Science+Business Media

springer.com

Impianti forniti dall'autore
Progetto grafico della copertina: Simona Colombo
Stampa: Arti Grafiche Nidasio, Assago (Mi)

Indice

Prefazione XI

Introduzione XIII

Parte I Teoria generale

1 Teoria della comunicazione 3
   1.1   Sistemi di comunicazione 3
   1.2   Il caso privo di rumore 4
   1.3   Il caso con rumore 8
   1.4   Modelli di canale 10
   1.5   Conclusioni 16

2 Protocolli e codici 17
   2.1   Comunicazione a pacchetto 18
   2.2   Alfabeti 20
   2.3   Codici a lunghezza variabile 25
   2.4   Adattamento dei codici alla sorgente 30
   Esercizi 33

3 Codici a blocchi 35
   3.1   Blocchi di informazione 35
   3.2   Metrica di Hamming 36
   3.3   Algoritmi di codifica e decodifica 37
   3.4   Efficienza di un codice 40
   3.5   Distanza minima 41
   3.6   Limitazioni 45
   3.7   Codici equivalenti 48
   Esercizi 51

Parte II Codici lineari

4 Codici lineari 55
   4.1   Generalità 56
   4.2   Codici lineari astratti 57
   4.3   Proprietà dei codici lineari 59
   4.4   Matrice generatrice di un codice lineare 61
   4.5   Equivalenza e isomorfismo 63
   4.6   Ortogonalità e codice duale 72
   4.7   Controllo di parità 77
   4.8   Enumeratori dei pesi 78
   4.9   Codici di Hamming 83
   4.10 Decodifica del codice di Hamming binario 85
   4.11 Decodifica mediante matrice standard 86
   4.12 Decodifica assistita con sindrome 89
   4.13 Codici lineari e canali di comunicazione 93
   4.14 Alcune limitazioni sui codici lineari 96
   Esercizi 101

5 Codici ciclici 103
   5.1   Sottospazi ciclici 103
   5.2   Rappresentazione mediante polinomi 104
   5.3   Polinomio generatore di un codice ciclico 107
   5.4   Matrice generatrice di un codice ciclico 109
   5.5   Polinomio di controllo di parità 110
   5.6   Codifica dei codici ciclici 113
   5.7   Decodifica dei codici ciclici 115
   Esercizi 122

6 Radici e idempotente di un codice ciclico 125
   6.1   Radici di un codice ciclico 125
   6.2   Idempotente di un codice ciclico 128
   6.3   Classi ciclotomiche e codici ciclici minimali 130
   6.4   Insiemi di definizione 133
   6.5   Descrizione dei codici ciclici mediante traccia 137
   Esercizi 138

7 Errori concentrati o *burst* 139
   7.1   Descrizione dei burst di errore 140
   7.2   Limitazioni 142
   7.3   Campi di ordine non primo 144
   7.4   Codici ciclici per errori burst 145
   7.5   Codici fortemente correttori e codici di Fire 150

Esercizi 153

8 Trasformata di Fourier e codici BCH 155
  8.1 Trasformata di Fourier e polinomio di Mattson–Solomon 155
  8.2 Costruzione BCH 158
  8.3 Descrizione compressa dell'errore 161
  8.4 L'equazione chiave 162
  8.5 Polinomio sindrome per codici BCH 165
  8.6 L'algoritmo Euclideo Esteso 167
  8.7 Decodifica dei codici BCH 172
  Esercizi 175

9 Codici di Reed–Solomon 177
  9.1 Costruzione di Reed–Solomon 177
  9.2 Codifica e decodifica dei codici di Reed–Solomon 180
  9.3 Il problema dalla correzione 180
  9.4 Algoritmo di Welch–Berlekamp 182
  9.5 Codici di Reed–Solomon come BCH 184
  9.6 Decodifica a lista 189
  9.7 Decodifica a lista dei codici di Reed–Solomon 190
  9.8 Applicazioni dei codici di Reed–Solomon 195
  Esercizi 196

10 Cancellature o *erasures* 199
  10.1 Il canale q–ario con cancellatura 199
  10.2 Decodifica di cancellature 200
  10.3 Codici di Reed–Solomon e canali con cancellatura 202
  Esercizi 207

11 Disegni e codici 209
  11.1 Strutture di incidenza 209
  11.2 Disegni 211
  11.3 Matrici di incidenza 215
  11.4 Piani proiettivi 219
  11.5 Codici da disegni 220
  11.6 Piani proiettivi e codici 223
  Esercizi 226

12 Codici di Golay 227
  12.1 Codice di Golay binario esteso e disegni di Mathieu 227
  12.2 Unicità del $(24, 2^{12}, 8)$–codice binario 231
  12.3 Codice binario di Golay 234
  12.4 L'esacodice e la codifica del codice di Golay 237
  12.5 Decodifica a logica di maggioranza 239
  12.6 Codice ternario di Golay 239

Esercizi 242

13 Codici di Reed–Müller 243
13.1   Codici di Reed–Müller q–ari 243
13.2   Il caso binario 245
13.3   Codici del primo ordine 247
13.4   Codice ortogonale 248
13.5   Geometria e codici di Reed–Müller 251
Esercizi 252

14 Modifica e combinazione di codici 253
14.1   Accorciamento 253
14.2   Estensione 255
14.3   Allungamento 256
14.4   Punzonatura 257
14.5   Aumento e epurazione 258
14.6   Condivisione temporale 258
14.7   Somma 260
14.8   Codifica seriale 260
14.9   Costruzione $|u|u + v|$ 261
14.10 Codici prodotto 262
14.11 Intrecciamento 265
Esercizi 266

15 Limitazioni asintotiche 267
15.1   Famiglie di codici 267
15.2   Limitazioni universali sui codici 268
15.3   Insiemi di Wozencraft 277

Parte III Argomenti avanzati

16 Codici Algebrico–Geometrici 283
16.1   Codici di valutazione 283
16.2   Costruzione dei codici geometrici 285
16.3   Stime sui codici geometrici 288
16.4   Codice Hermitiano 290
16.5   Sequenze di codici asintoticamente buone 292
16.6   Decodifica dei codici di Goppa 295

17 Codici LDPC e grafi di Tanner 299
17.1   Matrici sparse e grafi 299
17.2   Grafi di Tanner 300
17.3   Codici LDPC 302
17.4   Grafi espansori 304

17.5   Decodifica mediante scambio sequenziale 305

18 Codici convoluzionali 309
   18.1   Motivazione 309
   18.2   Codificatori convoluzionali 310
   18.3   Funzioni generatrici 313
   18.4   Matrici generatrici 315
   18.5   Traliccio di Wolf e codici lineari 317
   18.6   Decodifica di Viterbi per codici lineari 320
   18.7   Tralicci per codici convoluzionali 323

Parte IV Appendici

A Campi finiti 327
   A.1   Anelli 327
   A.2   Campi 330
   A.3   Anelli di polinomi 332
   A.4   Estensioni di campo 336
   A.5   Struttura dei campi finiti 340
   A.6   Polinomi irriducibili su campi finiti 343
   A.7   Automorfismi di un campo finito 345
   A.8   Traccia e norma 346
   A.9   Radici dell'unità e polinomi ciclotomici 348

B Geometria proiettiva e Curve algebriche 351
   B.1   Spazi affini e proiettivi 351
   B.2   Insiemi algebrici e varietà 353
   B.3   Funzioni razionali 354
   B.4   Curve 355
   B.5   Divisori 356
   B.6   Il genere e il teorema di Riemann–Roch 357

Soluzioni degli esercizi 359
   Capitolo 2 359
   Capitolo 3 361
   Capitolo 4 363
   Capitolo 5 364
   Capitolo 6 365
   Capitolo 7 367
   Capitolo 8 368
   Capitolo 9 371
   Capitolo 10 374
   Capitolo 11 379

Capitolo 12 381
Capitolo 13 383
Capitolo 14 384

Bibliografia 387

Elenco dei simboli 393

Indice analitico 397

Prefazione

O hateful error, melancholy's child!
Why dost thou show, to the apt thoughts of men,
the things that are not?

W. SHAKESPEARE, JULIUS CAESAR

L'obiettivo di un sistema di comunicazione è quello di consentire di trasferire informazione da un punto in un altro separato nello spazio e nel tempo. Il rischio essenziale in questo contesto è quello che il messaggio che deve essere trasmesso venga ad alterarsi. L'alterazione del messaggio può essere causata sia da ragioni intrinseche al meccanismo utilizzato per comunicare (deperimento del mezzo fisico, interferenze dovute a fenomeni naturali) sia da difetti nell'apparato utilizzato. I linguaggi naturali presentano in modo naturale una resistenza a "piccoli errori" in quanto tendono a codificare quanto viene trasmesso in modo ridondante. Ad esempio, nella frase "Sì, sicuramente" la cancellazione o alterazione di una sola lettera non compromette l'intelligibilità della natura della risposta. In un sistema digitale, in cui per motivi economici e pratici si ricerca la massima concisione, il medesimo messaggio può essere codificato con un semplice 1, mentre la risposta negativa corrisponde ad uno 0. Il problema nasce nel momento in cui il valore del bit viene ad essere invertito a causa di un errore di trasmissione: il significato di quanto ricevuto viene ad essere esattamente l'opposto di quanto originariamente desiderato e non c'è modo di accorgersi dell'inconveniente. La teoria dei codici si ripropone di fornire dei metodi per evitare che questo genere di eventualità possa verificarsi.

Consideriamo ora un esempio leggermente più complicato del precedente: supponiamo che si debbano trasmettere indicazioni su di un percorso stradale da seguire e che ad ogni svincolo sia possibile muoversi in esattamente 4 direzioni: Nord, Sud, Est ed Ovest. Una codifica binaria naturale per fornire indicazioni in questo caso è quella descritta in Figura 1. Osserviamo, in particolare, che due dire-

N   00

O   E   10   01

S   11

Fig. 1. Codifica di 4 direzioni mediante 2 bit

zioni "contigue" (ad esempio N ed E) sono rappresentate da simboli che differiscono in una sola posizione, mentre direzioni "opposte" (ad esempio E ed O) differiscono in due posizioni. D'altro canto, se in fase di ricezione si verificasse un unico errore, la parola 00 potrebbe risultare trasformata in 01 oppure 10 e non vi sarebbe alcun modo per il destinatario del messaggio di accorgersi del problema. Un modo per ovviare a questo inconveniente è quello di ritrasmettere più volte (almeno tre) il medesimo messaggio e, per ogni posizione, far selezionare la direzione che "è stata ricevuta più volte".

Una soluzione diversa (e più efficace) è di codificare le medesime 4 direzioni come in Figura 2. In questo caso ogni due parole differiscono in almeno 3 posizio-

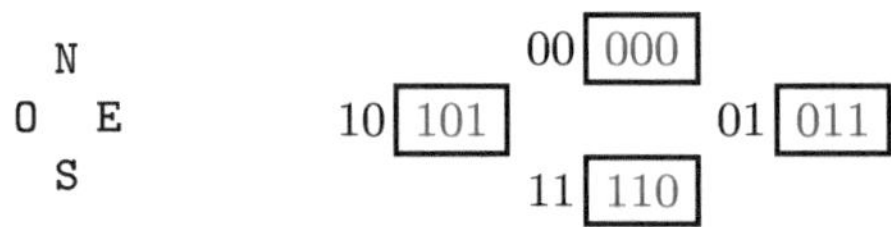

Fig. 2. Codifica con ridondanza

ni. Supponiamo ora che venga trasmesso 00000 e che vi sia un unico errore, per cui quanto ricevuto è 00010. Immediatamente, dalla sola conoscenza delle parole "lecite", è possibile rendersi conto che si è verificata un'interferenza. Si dice che il codice *identifica un errore*. D'altro canto 00010 può essere ottenuto da 00000 semplicemente modificando 1 bit, mentre per ottenerlo da una qualsiasi altra parola è necessario supporre che almeno 2 posizioni siano state alterate. È dunque ragionevole *correggere l'errore* decodificando quanto ricevuto come la direzione N.

Lo studio di metodi per codificare messaggi in modo tale che sia possibile identificare (e correggere) eventuali errori di trasmissione, senza richiedere la ritrasmissione del tutto, è l'oggetto della teoria dei codici.

Introduzione

Whose liquor hath this virtuous property,
To take from thence all error with his might,
and make his eyeballs roll with wonted sight.

W. SHAKESPEARE, A MIDSUMMER NIGHT'S DREAM

Il presente testo è finalizzato a fornire un'introduzione generale alla teoria algebrica dei codici ed è destinato a studenti del terzo anno di un corso Laurea di primo livello in Matematica, Fisica o Ingegneria, oppure del primo/secondo anno di Laurea Specialistica. Il materiale indicato con il simbolo ⚠ è più specificamente orientato a studenti degli anni superiori.

Il piano dell'opera è il seguente.

1. Nei primi due capitoli si richiamano alcune nozioni di teoria matematica della comunicazione; tale teoria fornisce la giustificazione delle tecniche di correzione di errore che sono l'oggetto del resto del testo.
2. Nel Capitolo 3 si introducono le nozioni di codice a blocchi di correzione, codifica e decodifica di un messaggio, nonché di equivalenza fra codici.
3. I capitoli dal 4 al 15 costituiscono il cuore del lavoro: in essi vengono studiate numerose famiglie di codici lineari e si mostra il loro impiego e quali proprietà debbano sempre essere soddisfatte.
4. Il Capitolo 4 è finalizzato ad introdurre i codici lineari, visti come spazi vettoriali, e a presentarne le proprietà generali;
5. Oggetto dei capitoli 5 e 6 sono un tipo particolare di codici lineari: i codici ciclici. Tali codici si possono descrivere in modo estremamente conciso e si rivelano particolarmente utili per correggere alcune tipologie di errore, quali gli errori concentrati. Questa classe di errore è studiata nel dettaglio nel Capitolo 7.
6. Nel Capitolo 8 si definisce la costruzione BCH e si studiano i codici da essa derivati. Uno degli aspetti più importanti di tale costruzione è che consente di fissare *a priori* il numero di errori che un codice deve poter correggere.
7. I codici di Reed–Solomon, oggetto del Capitolo 9, costituiscono forse la più importante famiglia di codici lineari a blocchi: sono infatti implementati in svariati dispositivi di comunicazione digitale. Fra i motivi del loro successo vi è l'esistenza di eccellenti algoritmi di correzione specifici, ma anche la possibilità di utilizzarli per correggere errori di cui si conosce la posizione ma non l'entità.

Metodologie per affrontare quest'ultimo problema sono introdotte nel Capitolo 10.

8. Nel Capitolo 11 si presenta come sia possibile costruire dei codici a partire da strutture di tipo geometrico–combinatorico; tali costruzioni sono utilizzate anche nel Capitolo 12 per costruire i codici sporadici di Golay e mostrare che sono perfetti.

9. I codici di Reed–Müller sono una possibile generalizzazione dei codici di Reed–Solomon; nel Capitolo 13 mostriamo come costruirli e, nel caso binario, ne deriviamo alcune proprietà.

10. Non sempre è facile ottenere direttamente un codice che abbia i parametri richiesti per un ben definito problema pratico. Tecniche per determinare codici con il comportamento desiderato, a partire da codici altrimenti noti, sono presentate nel Capitolo 14.

11. Nel capitolo conclusivo di questa parte del libro, il 15, si presentano alcune limitazioni assolute al comportamento di un codice e si dimostra che, quantomeno a livello teorico, è sempre possibile costruire dei codici con il miglior comportamento possibile.

12. I capitoli della terza parte del volume (dal 16 al 18) sono destinati a fornire un'idea generale su alcune classi di codici che sono correntemente oggetto di intensa ricerca. Tali capitoli non vogliono essere esaustivi ma semplicemente stimolare il lettore interessato ad approfondire l'argomento. Le classi considerate sono quella dei codici Algebrico–Geometrici (Capitolo 16), dei codici LDPC (Capitolo 17) e quella dei codici convoluzionali (Capitolo 18).

13. Concludono il testo due appendici: una (Appendice A) sui campi finiti, l'altra sulle curve algebriche (Appendice B).

I capitoli dal 2 al 14 sono corredati di esercizi svolti. Nello svolgimento degli stessi si è cercato, ove opportuno, di mostrare come i problemi possano essere impostati utilizzando il sistema di *computer algebra* GAP [36]. Tale sistema è liberamente disponibile in rete (si veda la bibliografia per l'indirizzo) ed è finalizzato allo studio di strutture algebriche finite.

Un sentito ringraziamento va alla Professoressa Silvia Pellegrini, che ha seguito la genesi e lo sviluppo di quest'opera con preziosissimi consigli e incoraggiamenti.

Luca Giuzzi
Brescia e Bari, 13 settembre
2006

Introduzione

Whose liquor hath this virtuous property,
To take from thence all error with his might,
and make his eyeballs roll with wonted sight.

W. Shakespeare, A midsummer night's dream

Il presente testo è finalizzato a fornire un'introduzione generale alla teoria algebrica dei codici ed è destinato a studenti del terzo anno di un corso Laurea di primo livello in Matematica, Fisica o Ingegneria, oppure del primo/secondo anno di Laurea Specialistica. Il materiale indicato con il simbolo $\triangle$ è più specificamente orientato a studenti degli anni superiori.

Il piano dell'opera è il seguente.

1. Nei primi due capitoli si richiamano alcune nozioni di teoria matematica della comunicazione; tale teoria fornisce la giustificazione delle tecniche di correzione di errore che sono l'oggetto del resto del testo.

2. Nel Capitolo 3 si introducono le nozioni di codice a blocchi di correzione, codifica e decodifica di un messaggio, nonché di equivalenza fra codici.

3. I capitoli dal 4 al 15 costituiscono il cuore del lavoro: in essi vengono studiate numerose famiglie di codici lineari e si mostra il loro impiego e quali proprietà debbano sempre essere soddisfatte.

4. Il Capitolo 4 è finalizzato ad introdurre i codici lineari, visti come spazi vettoriali, e a presentarne le proprietà generali;

5. Oggetto dei capitoli 5 e 6 sono un tipo particolare di codici lineari: i codici ciclici. Tali codici si possono descrivere in modo estremamente conciso e si rivelano particolarmente utili per correggere alcune tipologie di errore, quali gli errori concentrati. Questa classe di errore è studiata nel dettaglio nel Capitolo 7.

6. Nel Capitolo 8 si definisce la costruzione BCH e si studiano i codici da essa derivati. Uno degli aspetti più importanti di tale costruzione è che consente di fissare *a priori* il numero di errori che un codice deve poter correggere.

7. I codici di Reed–Solomon, oggetto del Capitolo 9, costituiscono forse la più importante famiglia di codici lineari a blocchi: sono infatti implementati in svariati dispositivi di comunicazione digitale. Fra i motivi del loro successo vi è l'esistenza di eccellenti algoritmi di correzione specifici, ma anche la possibilità di utilizzarli per correggere errori di cui si conosce la posizione ma non l'entità.

Metodologie per affrontare quest'ultimo problema sono introdotte nel Capitolo 10.

8. Nel Capitolo 11 si presenta come sia possibile costruire dei codici a partire da strutture di tipo geometrico–combinatorico; tali costruzioni sono utilizzate anche nel Capitolo 12 per costruire i codici sporadici di Golay e mostrare che sono perfetti.

9. I codici di Reed–Müller sono una possibile generalizzazione dei codici di Reed–Solomon; nel Capitolo 13 mostriamo come costruirli e, nel caso binario, ne deriviamo alcune proprietà.

10. Non sempre è facile ottenere direttamente un codice che abbia i parametri richiesti per un ben definito problema pratico. Tecniche per determinare codici con il comportamento desiderato, a partire da codici altrimenti noti, sono presentate nel Capitolo 14.

11. Nel capitolo conclusivo di questa parte del libro, il 15, si presentano alcune limitazioni assolute al comportamento di un codice e si dimostra che, quantomeno a livello teorico, è sempre possibile costruire dei codici con il miglior comportamento possibile.

12. I capitoli della terza parte del volume (dal 16 al 18) sono destinati a fornire un'idea generale su alcune classi di codici che sono correntemente oggetto di intensa ricerca. Tali capitoli non vogliono essere esaustivi ma semplicemente stimolare il lettore interessato ad approfondire l'argomento. Le classi considerate sono quella dei codici Algebrico–Geometrici (Capitolo 16), dei codici LDPC (Capitolo 17) e quella dei codici convoluzionali (Capitolo 18).

13. Concludono il testo due appendici: una (Appendice A) sui campi finiti, l'altra sulle curve algebriche (Appendice B).

I capitoli dal 2 al 14 sono corredati di esercizi svolti. Nello svolgimento degli stessi si è cercato, ove opportuno, di mostrare come i problemi possano essere impostati utilizzando il sistema di *computer algebra* GAP [36]. Tale sistema è liberamente disponibile in rete (si veda la bibliografia per l'indirizzo) ed è finalizzato allo studio di strutture algebriche finite.

Un sentito ringraziamento va alla Professoressa Silvia Pellegrini, che ha seguito la genesi e lo sviluppo di quest'opera con preziosissimi consigli e incoraggiamenti.

Luca Giuzzi
Brescia e Bari, 7 settembre 2006

Parte I

Teoria generale

1

Teoria della comunicazione

Be not afeard. The isle is full of noises,
sounds, and sweet airs, that give delight, and hurt not.

W. SHAKESPEARE, THE TEMPEST

L'atto di nascita ufficiale della teoria della comunicazione è l'articolo [89]. Nelle parole di Shannon,

> *"il problema fondamentale della comunicazione consiste nel riprodurre in un punto esattamente (o con [buona] approssimazione) un messaggio preparato in un altro punto".*

Il realizzare un sistema che raggiunga questo obiettivo è il fine ultimo della teoria dei codici, di cui si occupa questo libro.

1.1 Sistemi di comunicazione

Un modello di *sistema di comunicazione* è composto da 5 elementi:

1. Una *sorgente di informazione*, che produce il messaggio (o la sequenza di messaggi) che deve essere comunicata.
2. Un *trasmettitore*, che opera sul messaggio in modo da renderlo idoneo alla trasmissione su di un canale.
3. Un *canale*, che è il mezzo impiegato per trasferire il messaggio dal trasmettitore al ricevitore.
4. Un *ricevitore*, che ricostruisce il messaggio a partire dal segnale, effettuando l'operazione inversa del trasmettitore.
5. Una *destinazione* del messaggio, che è la persona o cosa a cui esso è stato inviato.

In generale, ci occuperemo del caso di un sistema in cui il canale di comunicazione è di natura *discreta* ovvero solamente un numero finito di simboli $S_1, \ldots, S_n$ può essere trasmesso in un'unità di tempo. Esempi significativi di sistemi discreti sono il telegrafo o le reti di comunicazione digitali. Il modello di Shannon consente di fornire delle definizioni rigorose e ragionevoli delle nozioni di capacità di trasmissione e quantità di informazione.

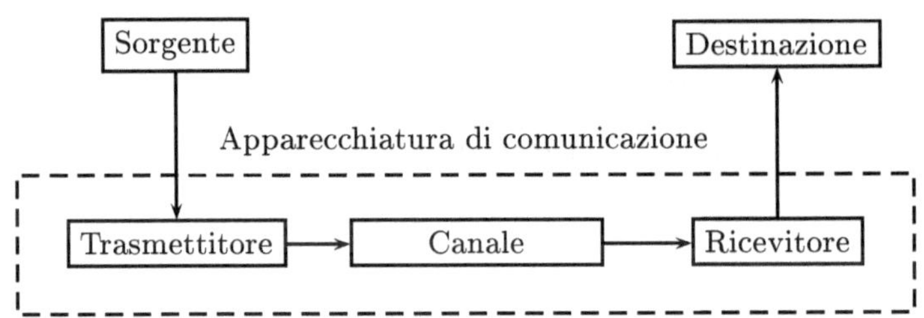

Fig. 1.1. Modello di Shannon

1.2 Il caso privo di rumore

Supponiamo che sia possibile garantire *a priori* che il segnale emesso dal trasmettitore sia esattamente quello che giunge al ricevitore. Ci chiediamo quante informazioni sia possibile trasmettere, in media, in un'unità di tempo.

Definizione 1.1. Sia $N(T)$ il numero di messaggi distinti che possono essere trasmessi in un tempo T mediante un sistema discreto di comunicazione. Si definisce *capacità del sistema discreto in assenza di rumore* il numero

$$C = \lim_{T \to \infty} \frac{\log N(T)}{T}.$$

La capacità di un sistema discreto non dipende dalle proprietà specifiche dei messaggi trasmessi, ma solamente dalla natura delle componenti del sistema. Il limite $T \to \infty$ è utilizzato proprio per ovviare al problema di messaggi specifici ripetuti.

Il seguente esempio mostra che è ipotesi ragionevole supporre che il numero $N(T)$ dipenda in modo esponenziale da T; in tale caso il limite di cui sopra risulta finito e positivo.

Esempio 1.1. Supponiamo che ogni possibile segnale $S_1, \ldots, S_n$ possa essere trasmesso in modo indipendente e che la trasmissione richieda per ognuno di essi esattamente t secondi. In questo caso, in ogni intervallo di durata t viene trasmesso esattamente un segnale e dunque, l'insieme dei messaggi trasmissibili in un tempo T, con T abbastanza grande è $N(T) = (n/t)^T$; conseguentemente

$$C = \log(n/t).$$

Una seconda quantità fondamentale per caratterizzare un sistema di comunicazione discreto è l'*entropia*. Informalmente, si tratta di una misura del grado di prevedibilità di un sistema, ovvero di quanta informazione effettiva venga prodotta dalla sorgente per unità di tempo.

Un meccanismo totalmente deterministico ha entropia 0, in quanto il comportamento è noto a priori a partire dalla sola descrizione dell'apparato e non viene generata informazione aggiuntiva. Al contrario, l'entropia risulta massima quando il comportamento di un sistema non può essere previsto a priori ed appare pertanto casuale. Per una trattazione dettagliata di questi argomenti si rimanda al lavoro originale di Shannon [89] oppure al libro di Ash [5].

Consideriamo adesso un sistema discreto $\mathcal{S}$ in grado di trasmettere segnali $\mathfrak{S} = \{S_1, \ldots S_n\}$ e supponiamo che la sorgente di tale sistema produca il simbolo $S_i \in \mathfrak{S}$ con probabilità p_i. Diciamo che due simboli S_i, S_j possono essere *decomposti* se esistono dei segnali (a priori non necessariamente in $\mathfrak{S}$) B, E', E'' tali che $S_i = BE'$ e $S_j = BE''$, ove con la giustapposizione si denota la trasmissione sequenziale dei segnali.

Definizione 1.2. Una misura $H(p_1, p_2, \ldots, p_n)$ si dice *entropia* del sistema $\mathcal{S}$ se essa soddisfa le seguenti proprietà:

1. H è continua in ciascuno dei p_i.
2. Indichiamo con n' il numero dei $p_i \neq 0$. Supponiamo che tutti i $p_i \neq 0$ siano fra loro uguali, e dunque

$$p_i = \frac{1}{n'};$$

   allora H è monotona crescente in n', il numero di possibili segnali trasmissibili.
3. Se due segnali S_i, S_j possono essere decomposti come BE', BE'', allora l'entropia H del sistema originario $\mathcal{S}$ è la somma ponderata del sistema con segnali $(\mathfrak{S} \setminus \{S_i, S_j\}) \cup \{B\}$ con l'entropia del sistema con segnali $\{E', E''\}$.

Il significato della condizione 2 è che, quando tutti i simboli $S_1, \ldots, S_{n'}$ sono equiprobabili, non è possibile formulare a priori ipotesi su quale sarà il simbolo successivo prodotto; in particolare, non è lecito, a partire da quanto trasmesso in precedenza, formulare ipotesi sui simboli futuri; ne segue che la quantità di informazione "nuova" per simbolo è massima e dipende solamente da quanti simboli sono concretamente disponibili. La condizione 3 asserisce che se un insieme di simboli inizia al medesimo modo, allora è possibile, prima che la ricezione sia completata, effettuare delle ipotesi su quale sarà il simbolo finale. Questo fatto è chiarito nel seguente esempio.

Esempio 1.2. Supponiamo di avere un sistema in cui i segnali trasmissibili in tempo t sono $\mathfrak{S} = \{aa, bb, bc\}$, e che le probabilità di tali simboli siano come in Tabella 1.1. Supponiamo, inoltre, che il trasmettere un singolo carattere richieda un tempo $t/2$. Allora, dopo $t/2$ unità di tempo si possono verificare due sole possibilità:

1. è stato trasmesso il carattere a; per cui il carattere successivo sarà certamente ancora una a e questa eventualità si verifica con probabilità $1/2$.
2. è stato trasmesso il carattere b. È possibile che la sequenza finale prodotta sia bb oppure bc. Chiaramente la probabilità che b sia stato trasmesso corrisponde alla somma della probabilità di bb con quella di bc, per cui tale probabilità è $1/2$. Inoltre, dato b,

S	p
aa	1/2
bb	1/3
bc	1/6

Tabella 1.1. Probabilità per l'Esempio 1.2

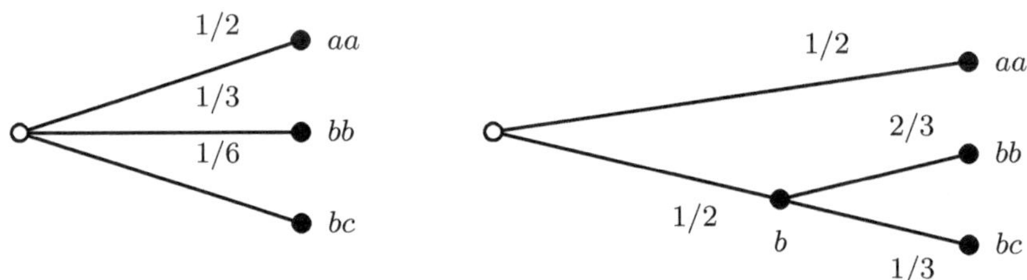

Fig. 1.2. Decomposizione dell'entropia

   i. la probabilità che venga trasmesso un altro b è 2/3, di modo che la probabilità totale per la sequenza bb è 1/3;

   ii. la probabilità che venga trasmesso c è di 1/3, di modo che la probabilità totale per la sequenza bc è 1/6.

La Figura 1.2 illustra questa situazione. In particolare, la condizione 3 asserisce che

$$H(\frac{1}{2}, \frac{1}{3}, \frac{1}{6}) = H(\frac{1}{2}, \frac{1}{2}) + \frac{1}{2}H(\frac{2}{3}, \frac{1}{3}).$$

Riportiamo senza dimostrazione il seguente Teorema.

Teorema 1.3. *L'unica misura H soddisfacente le condizioni di cui sopra è del tipo*

$$H = -K \sum_{i=1}^{n} p_i \log p_i. \tag{1.1}$$

La costante K è arbitraria, ma solitamente essa viene scelta in modo che il massimo di H sia 1. In questo caso si parla di *entropia normalizzata*.

Esempio 1.4. Consideriamo un sistema binario, ovvero un sistema in cui è possibile trasmettere solamente $n = 2$ simboli, diciamo $\{0, 1\}$, per unità di tempo. Sia p la probabilità che venga generato un 1; la probabilità che sia generato uno 0 è, di conseguenza, $1 - p$.

   L'entropia del sistema risulta

$$H(p) = -K(p \log p + (1 - p) \log(1 - p)) = K(p \log \frac{p}{1 - p} + \log(1 - p)).$$

Si ha $H = 0$, quando $p = 1$ oppure $p = 0$. Questi due casi corrispondono, rispettivamente, alla trasmissione con probabilità 1 di una sequenza di 1, ovvero di 0 (per cui si conosce che cosa sarà inviato a priori e non vi è informazione in transito).

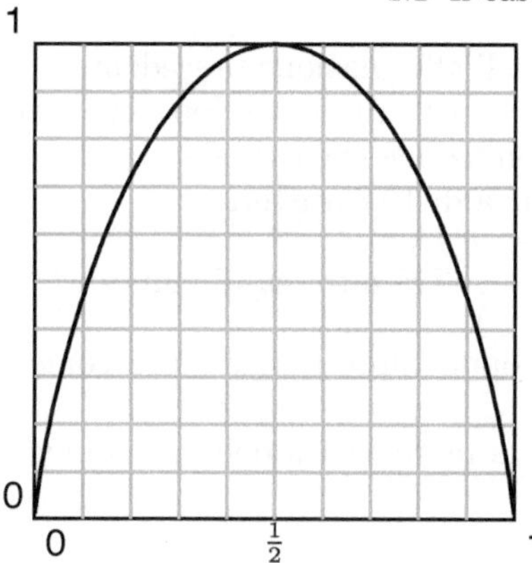

Fig. 1.3. Entropia normalizzata per un sistema binario

D'altro canto, H è massima quando $p = 1/2$, ovvero i simboli 0 e 1 sono equiprobabili (per cui non è possibile prevedere cosa verrà inviato a partire dalla storia passata del sistema). In particolare, la scelta di K che fornisce la normalizzazione di $H(p)$ è $K = 1/\log(2)$.

La funzione *entropia di Hilbert* q*-aria* è definita come

$$H_q(p) = p \log_q \frac{q-1}{p} + (1-p) \log_q \frac{1}{1-p}. \tag{1.2}$$

Il seguente teorema mostra come le nozioni di capacità e entropia siano fra loro legate.

Teorema 1.5 (Teorema di Shannon per il caso privo di rumore). *Sia dato un sistema di comunicazione discreto e privo di rumore S con sorgente avente entropia pari a H bit per simbolo e capacità pari a C bit al secondo. Allora, fissato un $\epsilon > 0$ è sempre possibile codificare il segnale prodotto della sorgente di modo che vengano trasmessi in media*

$$\frac{C}{H} - \epsilon$$

simboli al secondo sul canale. Non è possibile in alcun modo trasmettere più di C/H simboli al secondo.

Esempio 1.6. In generale, la teoria dei sistemi di comunicazione privi di rumore può essere realisticamente applicata allo studio dei sistemi di scrittura per linguaggi naturali. Già nel lavoro originale di Shannon [89], si è osservato che l'entropia normalizzata della scrittura alfabetica per la lingua inglese (simili osservazioni si applicano praticamente ad ogni linguaggio naturale di ceppo indoeuropeo) è poco più di 1/2. Il significato dell'affermazione precedente è che, "in media," è possibile ricostruire il contenuto di un testo anche dopo che circa metà dei suoi caratteri sono stati cancellati, a condizione che esso sia abbastanza lungo.

Ad esempio, la sequenza di 19 caratteri

Tra mtmtca dl cmnczn

può essere, nel contesto opportuno, riconosciuta come derivata della frase di 37 lettere

Teoria matematica della comunicazione.

⚠ Un'altra interessante conseguenza è che è possibile cercare parole che soddisfino determinate combinazioni di lettere, di modo da poter costruire degli schemi bidimensionali di parole incrociate ma è praticamente impossibile costruire delle parole incrociate tridimensionali.

La parte negativa del teorema asserisce che, in generale, non è possibile risalire ad una parola se più di metà dei suoi caratteri sono stati rimossi.

Un'applicazione pratica di queste osservazioni è il sistema di inserimento testo facilitato T9[1] (o equivalenti) utilizzato su molti telefoni cellulari: ogni tasto da 2 a 9 corrisponde a 3 o 4 caratteri distinti. Siccome l'entropia della scrittura alfabetica per l'italiano è superiore ad 1/3, ne segue che vi sono di solito più parole che corrispondono ad una medesima combinazione di tasti; ad esempio:

$$2274 \mapsto \texttt{casi} \mapsto \texttt{capi} \mapsto \texttt{basi} \mapsto \texttt{bari} \mapsto \texttt{cari} \mapsto \texttt{capì} \mapsto \texttt{acri};$$

$$37642 \mapsto \texttt{eroga} \mapsto \texttt{ernia} \mapsto \texttt{droga};$$

$$7824 \mapsto \texttt{stai} \mapsto \texttt{subì} \mapsto \texttt{rubi} \mapsto \texttt{quai}.$$

1.3 Il caso con rumore

La situazione di canale privo di rumore, presentata nel paragrafo precedente, è fortemente idealizzata: in tutti i casi concreti di trasmissione di informazioni a distanza, è probabile che il segnale emesso dall'apparato trasmettitore venga ricevuto alterato. Questo, solitamente, è dovuto a svariati fattori, non controllabili, quali:

1. deterioramento o congestione del canale;
2. difetti fisici della trasmittente o del ricevitore;
3. disturbi dovuti a fenomeni esterni di natura più o meno casuale.

---

[1] T9 è un marchio registrato di Tegic Communications

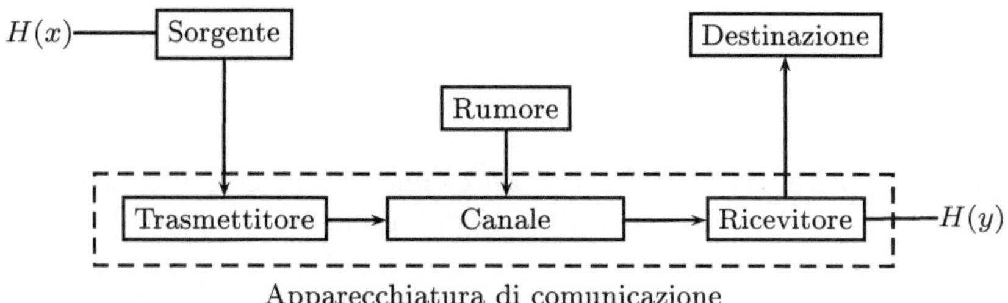

Fig. 1.4. Misura dell'entropia condizionale

Chiaramente, la nozione di capacità introdotta nel paragrafo precedente non può applicarsi direttamente a questa situazione, in quanto non si può dire se quanto ricevuto corrisponda a quanto originariamente inviato. Si rende dunque necessario formulare una nuova definizione che, al diminuire del disturbo, fornisca i medesimi risultati di quella per canale privo di rumore.

Nel caso presentato nel Paragrafo 1.2, vi è un unico processo di tipo statistico all'opera: la generazione dei messaggi. Introduciamo ora un nuovo processo che fornirà un modello del rumore. In generale, ogni segnale ricevuto dipenderà sia da quanto originariamente trasmesso che dal disturbo; compito della teoria è quello di determinare sotto che ipotesi è possibile eliminare l'interferenza. È importante osservare a questo proposito che, mentre è sempre possibile stimare a priori l'entropia della sorgente di informazione, risulta in generale impossibile fornire una misura accurata dell'entropia del rumore. Introduciamo, per ovviare a tale inconveniente, la nozione di entropia condizionale.

Si denotino rispettivamente con $H(x)$ e $H(y)$ l'entropia del messaggio emesso alla sorgente e quella del segnale al ricevitore. In assenza di rumore si ha, chiaramente, $H(x) = H(y)$.

Definizione 1.3. Si dice *entropia condizionale* $H_x(y)$ l'entropia di quanto ricevuto qualora sia altrimenti noto il messaggio trasmesso; la quantità $H_y(x)$ si definisce in modo simile.

L'entropia condizionale $H_y(x)$ è anche detta *equivocità* del sistema; infatti, essa costituisce una misura dell'incertezza che si ha su quanto è stato ricevuto. In particolare, in assenza di rumore, il messaggio ricevuto è univocamente determinato una volta che sia noto quanto trasmesso, per cui, in questo caso, $H_x(y) = 0$.

È possibile scrivere la seguente relazione fra l'entropia del sistema formato dalla sorgente e dal ricevitore e le entropie condizionali:

$$H(x,y) = H(x) + H_x(y) = H(y) + H_y(x). \tag{1.3}$$

In assenza di disturbo, si ha $H(x,y) = H(x) = H(y)$, in quanto l'informazione al ricevitore è univocamente determinata dal prodotto della sorgente.

Definizione 1.4. Chiamiamo *capacità di trasmissione effettiva* del canale il numero

$$C = \max\left(H(x) - H_y(x)\right).$$

Essenzialmente, la capacità effettiva di un canale è la massima quantità di informazione che può essere trasmessa nell'unità di tempo, tenuto conto dell'incertezza introdotta da eventuali disturbi.

Il secondo teorema fondamentale di Shannon mostra che questa definizione è effettivamente corretta.

Teorema 1.7 (Teorema di Shannon per il caso con rumore). *Consideriamo un sistema di comunicazione discreto (possibilmente disturbato) di capacità effettiva C, con sorgente di entropia H e fissiamo $\epsilon > 0$. Allora,*

1. *per $H \leq C$, esiste un sistema di codifica tale che il messaggio della sorgente possa essere trasmesso sul canale con un'equivocità arbitrariamente piccola;*
2. *per $H > C$, esiste un metodo per codificare il prodotto della sorgente di modo che la equivocità sia minore di $H - C + \epsilon$; inoltre, non esiste alcun metodo di codifica che dia equivocità minore di $H - C$.*

Notiamo che in assenza di disturbo si ha $C = H(x)$ e il teorema dice esattamente che esiste un sistema di codifica che è in grado di trasmettere sul canale con probabilità di errore arbitrariamente piccola. Pertanto questo teorema, nel caso privo di rumore fornisce una nozione equivalente a quella del Teorema 1.5.

1.4 Modelli di canale

L'implementazione concreta di un sistema di correzione degli errori dipende strettamente sia dal tipo di canale di comunicazione che viene adottato che dalla natura dei disturbi previsti. È possibile considerare due classi generali di canale: continuo e discreto. Un canale è detto *continuo* se il segnale presente in un dato istante è rappresentato da numeri reali, indipendentemente dal numero di simboli dell'alfabeto. Un canale è *discreto* se ogni unità di informazione presente in un dato istante può assumere solo un numero finito di valori.

Esempio 1.8. Supponiamo di dover trasmettere un bit binario: 0 oppure 1. Nel caso di un canale discreto binario, il segnale ricevuto sarà ancora un bit (possibilmente diverso da quello trasmesso, a causa della presenza di errori). Nel caso di un canale continuo, il segnale ricevuto può essere un valore reale $r \in [0, 1]$, ad esempio 0.732.

Ogni canale digitale concretamente realizzato è, in realtà, una combinazione di sistemi discreti e continui: l'informazione che interessa è, infatti, di natura discreta, ma i mezzi di trasmissione dati (onde radio, fibre ottiche, cavi di rame, etc.) hanno un comportamento di tipo continuo. La situazione è descritta in Figura 1.5.

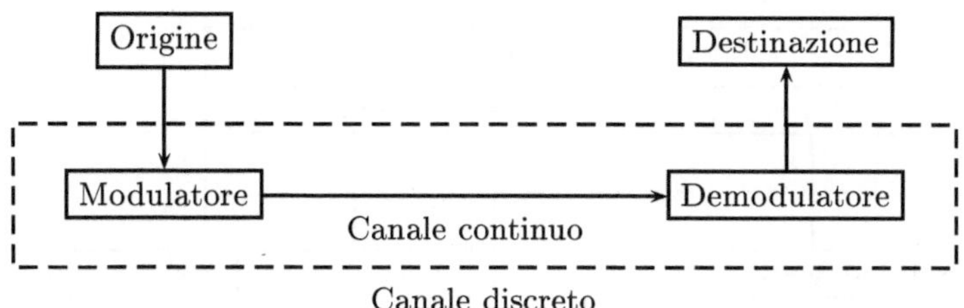

Fig. 1.5. Relazione fra canale continuo e canale discreto

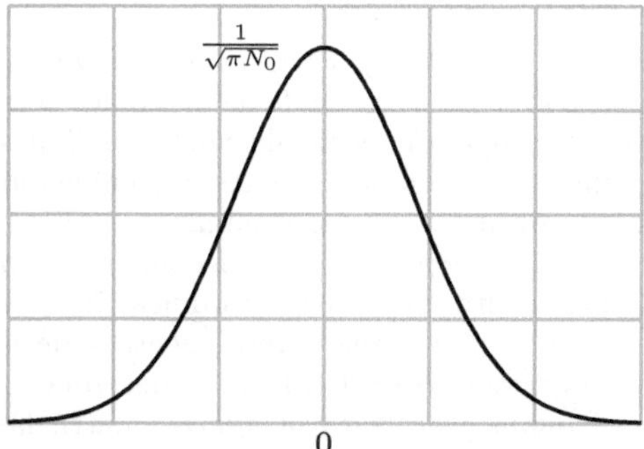

Fig. 1.6. Distribuzione Gaussiana

⚠ Forse il modello di canale continuo più importante è il *canale con somma di rumore bianco Gaussiano*[2] . In questo caso, si suppone che, trasmesso un messaggio $\mathbf{x} = (x_1, x_2, \ldots, x_n)$, la probabilità di ricevere una sequenza $\mathbf{y}$ sia

$$p(\mathbf{y}|\mathbf{x}) = p_n(\mathbf{y} - \mathbf{x}) = \prod_{i=1}^{n} \frac{1}{\sqrt{\pi N_0}} e^{-\frac{(y_i - x_i)^2}{N_0}} .$$

Osserviamo che $p_n(\mathbf{t})$ è il prodotto di n distribuzioni Gaussiane, ognuna con media $\mu_n = 0$ e varianza $\sigma_n = N_0/2$. Nel caso di un canale continuo, il messaggio ricevuto $\mathbf{r}$ è rappresentato da un vettore reale, anche se quanto trasmesso originariamente era di natura discreta. Ad esempio, è possibile che si verifichino alterazioni del seguente tipo:

$$\mathbf{m} \mapsto \mathbf{r}$$
$$(1, 0, 0, 1, 1, 0, 1) \mapsto (0.7, 0.2, 0.3, 1.2, 0.8, 0.1, 0.6).$$

In questo caso la *correzione* possibile consiste nel cercare il vettore sull'alfabeto assegnato (nel caso specifico un vettore binario) che minimizza la distanza Euclidea al quadrato,

---

[2] Additive White Gaussian Noise channel (AWGN)

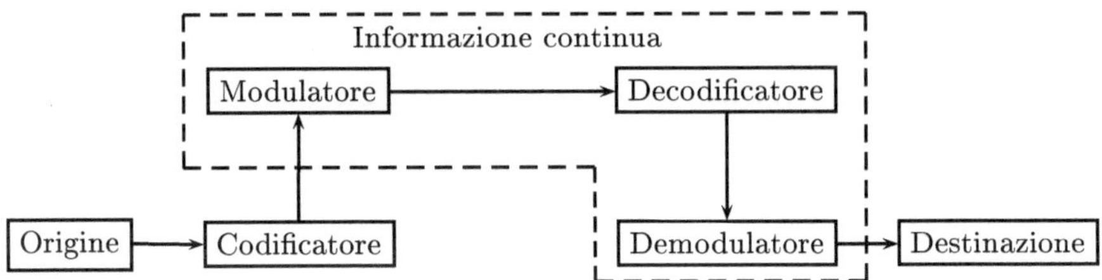

Fig. 1.7. Decodifica soft

$$D^2(\mathbf{x}, \mathbf{y}) = \sum_{i=1}^{n} (x_i - y_i)^2.$$

Questa operazione si dice *decodifica per massima somiglianza*[3]. Si noti che in questo caso non si è utilizzato *esplicitamente* alcun codice correttore, ma si sono semplicemente sfruttate le proprietà del canale e del tipo di messaggi trasmissibili. Un algoritmo di decodifica che opera in un contesto in cui le unità di informazione possono assumere valori continui, è detto generalmente di tipo *soft*. La Figura 1.7 mostra una configurazione idealizzata corrispondente a questo scenario: vi è un'importante asimmetria fra codifica e decodifica, in quanto il codificatore lavora sempre su informazione di natura discreta, mentre il decodificatore opera su dati di tipo continuo. Concretamente, gli schemi di decodifica soft possono essere molto più complessi di quanto mostrato in figura; infatti, la modulazione e la codifica devono essere effettuate contemporaneamente, come pure demodulazione e decodifica. In [114] e [71] vengono studiati questo tipo di problemi. Uno schema di decodifica in cui l'informazione è sempre trattata come discreta è detto *hard*.

Nel seguito considereremo, essenzialmente, canali *discreti privi di memoria*[4], o *DMC*. In particolare, in questo caso si analizzano solamente i segnali digitali campionati dopo la ricezione. In particolare, vengono trascurati alcuni elementi del sistema fisico che potrebbero essere altrimenti utili, ma si ha il grosso vantaggio che l'implementazione risulta più agevole.

Definizione 1.5. Siano $R = \{0, 1, 2, \ldots, r-1\}$ e $S = \{0, 1, 2, \ldots, s-1\}$ due insiemi finiti. Un *canale discreto privo di memoria* C è un dispositivo che riceve in ingresso un elemento $i \in R$ e restituisce in uscita un elemento $j \in S$. La *matrice di transizione* del canale C è una matrice T di dimensioni $r \times s$ la cui entrata T_{ij} è esattamente la probabilità $p(j|i)$ che il canale restituisca il valore $j \in S$ dato $i \in R$ in ingresso.

⚠ Ogni DMC può essere rappresentato mediante un grafo bipartito con spigoli pesati $\Gamma = (V, E)$. Tale grafo ha come insieme dei vertici

---

[3] Maximum likelihood decoding (MLD)
[4] Discrete Memoryless channel

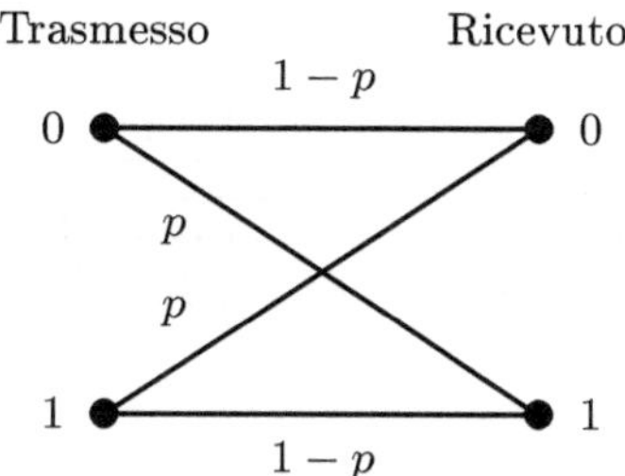

Fig. 1.8. Grafo del canale binario simmetrico

$$V = (R \times \{R\}) \cup (S \times \{S\})\,.$$

Dati $r \in R$ e $s \in S$, esiste uno spigolo

$$e = ((r, R), (s, S)) \in E$$

se, e soltanto se, $p = p(r|s) > 0$. In tale caso, il peso dello spigolo congiungente e risulta esattamente p. In generale, quando si disegna tale grafo, si scrivono a sinistra gli spigoli di $R \times \{R\}$, a destra quelli di $S \times \{S\}$ e, per semplicità, si omette di trascrivere gli insiemi R, S.

Esempio 1.9. Il caso più semplice di canale discreto privo di memoria è quello di *canale binario simmetrico*[5] con *probabilità di transizione p*. In questo caso $r = s = 2$ e il canale è completamente caratterizzato da un singolo numero $0 \leq p \leq 1$: la probabilità che un simbolo in ingresso sia diverso da quello in uscita. La matrice di transizione di tale canale è della forma

$$T = \begin{pmatrix} 1-p & p \\ p & 1-p \end{pmatrix}.$$

È bene notare che nel caso di canale binario simmetrico vengono trascurate, in fase di decodifica, tutte le informazioni sulla "qualità del segnale" che potrebbero essere altrimenti disponibili. In particolare, il decodificatore non possiede informazioni sulla qualità di un bit ricevuto.

Supponiamo ora che i simboli 0 ed 1 vengano trasmessi sul canale con la medesima probabilità, pari ad 1/2. Allora, l'entropia della sorgente è esattamente

$$H(x) = -\log_2 \frac{1}{2} = 1.$$

L'entropia condizionale denota l'ambiguità di quanto ricevuto; essa corrisponde all'entropia di un meccanismo che, con probabilità p, inverte i bit sul canale, mentre con probabilità $1-p$ li lascia invariati. Ne segue che

---

[5] Binary Symmetric Channel (BSC)

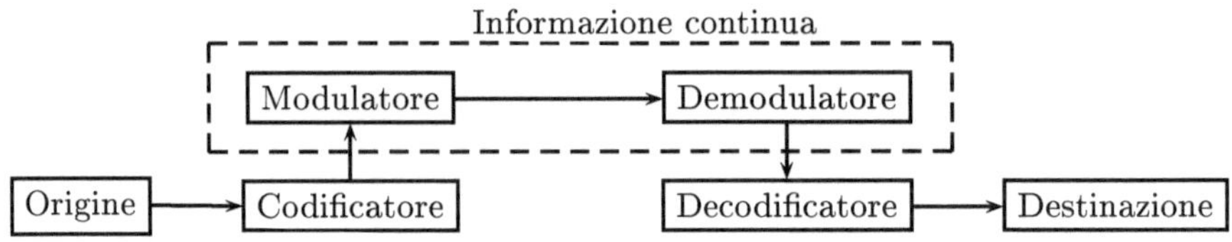

Fig. 1.9. Decodifica hard

$$H_x(y) = -[p \log p + (1 - p) \log(1 - p)].$$

La capacità effettiva del canale risulta pertanto

$$C = H(x) - H_x(y) = 1 - H(p),$$

ove $H(p)$ denota la funzione entropia di Hilbert binaria. In particolare, se $p = 1/2$, non c'è modo di sapere se un bit è stato alterato e la capacità del canale risulta nulla.

Per implementare un canale di tipo BSC in presenza di un sistema di trasmissione analogico è necessario effettuare, in fase di ricezione, un'operazione di discretizzazione. Il metodo più semplice è quello di usare un *algoritmo a soglia* , descritto da una funzione $f : [0, 1] \mapsto \{0, 1\}$ del tipo

$$f(x) = \begin{cases} 0 & \text{se } 0 \leq x < 1/2 \\ 1 & \text{se } 1/2 \leq x \leq 1. \end{cases}$$

Notiamo che, in questo caso, la decisione di discretizzare il valore $1/2$ come 1 è assolutamente arbitraria.

Un modello di canale discreto più sofisticato di quello precedente, che consente di fornire al decodificatore un numero maggiore di informazioni è quello presentato nell'Esempio 1.10. Codici adatti a tale tipo di canale saranno studiati nel dettaglio nel Capitolo 10.

Esempio 1.10. Un secondo esempio di canale discreto è il *canale binario con cancellatura*[6]. In questo caso si suppone che si possano verificare le seguenti eventualità:

1. il simbolo viene ricevuto esattamente come trasmesso;
2. viene ricevuto un simbolo diverso rispetto quello trasmesso;
3. viene identificato un errore in ricezione.

In questo caso, dunque $r = 2$ e $s = 3$.

---

[6] Binary Erasure Channel (BEC)

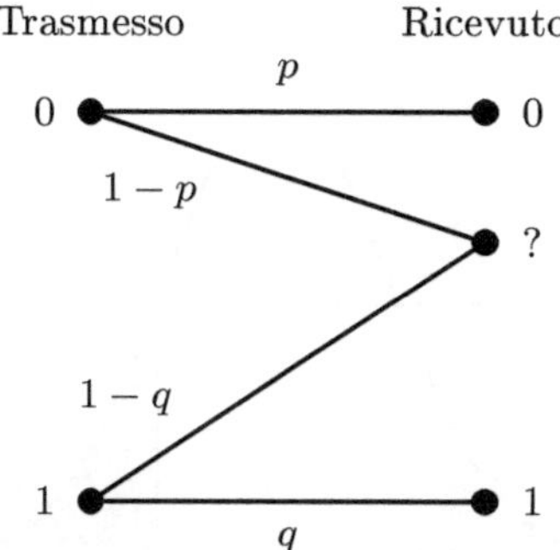

Fig. 1.10. Grafo del canale binario con cancellatura

Consideriamo il caso particolare in cui tutti gli errori di ricezione sono individuati, per cui la seconda possibilità sopra elencata non si verifica. Indichiamo con p e q rispettivamente le probabilità che i simboli 0 e 1 vengano ricevuti come trasmessi. Allora, la matrice di transizione risulta della forma

$$\begin{pmatrix} p\,0\,1-p \\ 0\,q\,1-q \end{pmatrix}.$$

Il grafo di questo canale, ove il terzo simbolo di S è indicato con ? è rappresentato in Figura 1.10.

In generale, un algoritmo di discretizzazione per un canale binario con cancellatura suddivide il range di valori possibili in tre bande, per cui la funzione di discretizzazione $f : [0,1] \mapsto \{0,1,?\}$ può assumere 3 distinti valori e diviene

$$f(x) = \begin{cases} 0 & \text{se } 0 \leq x \leq 1/3 \\ ? & \text{se } 1/3 < x < 2/3 \\ 1 & \text{se } 2/3 \leq x \leq 1. \end{cases}$$

Esempio 1.11. È interessante analizzare cosa succede quando si effettua una discretizzazione a soglia del canale AWGN, di modo da ottenere un canale binario simmetrico (BSC). Il parametro da determinare è la probabilità di transizione p. Supponendo che la soglia di discretizzazione sia esattamente 1/2, si vede che tale probabilità corrisponde all'area segnata in Figura 1.11. Denotiamo con $g(x)$ la distribuzione gaussiana

$$g(x) = \frac{1}{\sqrt{\pi N_0}} e^{-\frac{x^2}{N_0}}.$$

La probabilità totale di transizione in questo modello risulta

$$p = 2 \int_{\frac{1}{2}}^{\infty} \frac{1}{\sqrt{\pi N_0}} e^{-\frac{x^2}{N_0}}.$$

È evidente che più piccolo è N_0, più basso e il valore di p.

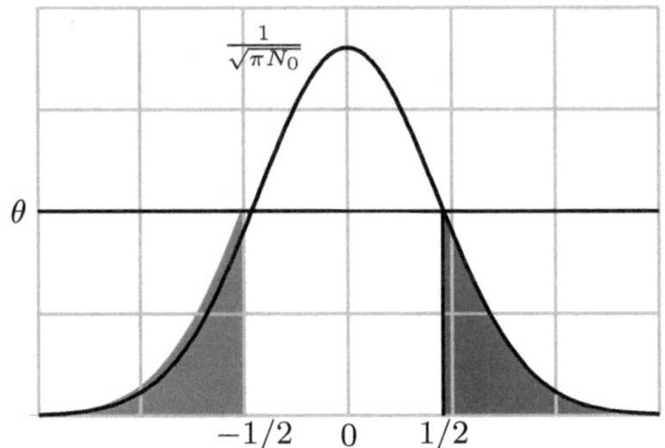

Fig. 1.11. Probabilità di transizione per AWGN

1.5 Conclusioni

Il Teorema 1.7 è puramente astratto: in particolare, nel punto 2 si afferma che è sempre possibile comunicare (seppure in presenza di rumore) garantendo che la frequenza di errore sia arbitrariamente piccola, ma non fornisce alcun metodo per realizzare tale codifca.

La teoria dei codici studia le modalità per realizzare operazioni di codifica e decodifica di messaggi in modo tale da minimizzare la probabilità di errore e, al contempo, consentire di sfruttare i canali di comunicazione al massimo della loro capacità.

2

Protocolli e codici

Il modello di sistema di comunicazione di Shannon è stato originariamente ispirato dal funzionamento del telegrafo, ma prescinde da come i segnali vengono effettivamente trasmessi su di un canale di comunicazione. In particolare, per poter concretamente comunicare, si rivela indispensabile definire preventivamente in che modo i segnali trasmessi debbano essere interpretati e, al contempo, fornire metodologie per identificare l'inizio e la fine di una comunicazione. L'insieme di tutte le regole che definiscono il comportamento di un sistema di comunicazione è detto *protocollo*. Costruire un protocollo di comunicazione non è un problema di facile soluzione, in quanto si devono considerare contemporaneamente aspetti di natura molto diversa: dalle proprietà fisiche del mezzo utilizzato, sino all'intenzione finale delle persone che stanno cercando di trasmettere un messaggio. Il metodo più comune ed efficiente per definire un protocollo è quello di procedere a strati: partendo dagli elementi costitutivi elementari, sino ad arrivare agli aspetti più ricchi di semantica.

Esempio 2.1. A titolo di primo esempio, consideriamo il metodo tradizionale in cui viene introdotto lo studio di una lingua parlata:

1. al livello più basso c'è la *fonetica*, che introduce le unità di suono fondamentali; tali unità possono corrispondere anche a grafemi utilizzati per rappresentare il linguaggio;
2. ad un livello immediatamente superiore si trova la *grammatica* che descrive l'organizzazione dei suoni in modo da ottenere delle strutture formalmente corrette per la lingua oggetto di studio (ad esempio, come declinare un sostantivo,etc);
3. il modo in cui le forme grammaticali debbono essere organizzate in unità più grandi viene determinato dalla *sintassi*;
4. utilizzando tutti gli strumenti introdotti in precedenza è possibile veicolare dell'informazione in modo *semantico*.

Due sono le proprietà fondamentali caratteristiche dell'Esempio 2.1:

1. ogni livello dipende dai precedenti (non si può descrivere una sintassi in assenza di grammatica), ma, fondamentalmente, astrae dai dettagli degli stessi (ad esempio, molte lingue della famiglia indo–europea hanno una sintassi simile fra loro, sebbene gli aspetti fonetici e grammaticali possano risultare molto diversi);
2. i livelli, sebbene fra loro collegati, sono indipendenti; ad esempio il linguaggio parlato e quello scritto utilizzano metodi differenti per rappresentare i costituenti fondamentali, ma in buona parte condividono la medesima grammatica.

2.1 Comunicazione a pacchetto

Un sistema di comunicazione digitale differisce notevolmente da un linguaggio naturale, nella misura in cui tutti i dettagli devono essere descritti in modo formalmente rigoroso. La descrizione di un tale sistema viene effettuata fornendo uno *schema di protocolli*.

Consideriamo, ad esempio, il sistema TCP/IP utilizzato per la rete Internet. I due principi guida nella descrizione di tale sistema sono:

1. la stratificazione dei protocolli;
2. la pacchettizzazione dei dati.

Lo schema TCP/IP prevede 4 livelli (o strati) distinti[1]

1. Collegamento (*link*): questo strato corrisponde ai dettagli della connessione fisica del dispositivo alla rete; esempi di possibili protocolli di collegamento sono *ethernet* (RFC 894), o tutta la famiglia di protocolli IEEE 802;
2. Rete (*network*): questo strato si preoccupa di gestire il movimento dei pacchetti di dati attraverso la rete globale; esempi di protocolli di tale fatta sono IP, ICMP e IGMP.
3. Trasporto (*transport*): seguendo le regole di questo strato viene descritto il flusso di dati fra due sistemi in comunicazione fra loro; protocolli di trasporto sono TCP e UDP;
4. Applicazione (*application*): questo strato definisce i dettagli di implementazione per una particolare applicazione che interagisce con l'utente finale: esempi di protocollo di applicazione sono SMTP per la posta, SSH per l'accesso remoto ad un calcolatore o HTTP per la trasmissione di pagine web.

Ad ogni livello, i dati da trasmettere vengono raggruppati in unità discrete con un formato ben definito, i cosiddetti *pacchetti*. In particolare, i pacchetti possono contenere, oltre al messaggio originale, richiesto dall'utente, anche informazioni aggiuntive utili per instradare i dati sulla rete; la proprietà fondamentale di cui essi godono è che hanno sempre un formato prevedibile, sia nella lunghezza che

---

[1] Lo schema ISO/OSI prevede 7 livelli: fisico, collegamento dati, rete, trasporto, sessione, presentazione e applicazione. In particolare, i livelli ISO/OSI 1 e 2 corrispondono al livello 1 di TCP/IP, mentre i livelli 5, 6 e 7 corrispondono al livello 4 di TCP/IP.

nel modo in cui i dati sono immagazzinati. Questo fatto semplifica notevolmente l'implementazione di apparecchiature digitali di comunicazione.

La preparazione di un blocco di dati da inviare avviene in una sorta di catena di montaggio, come illustrato in Figura 2.1. L'utilità di uno schema stratificato di

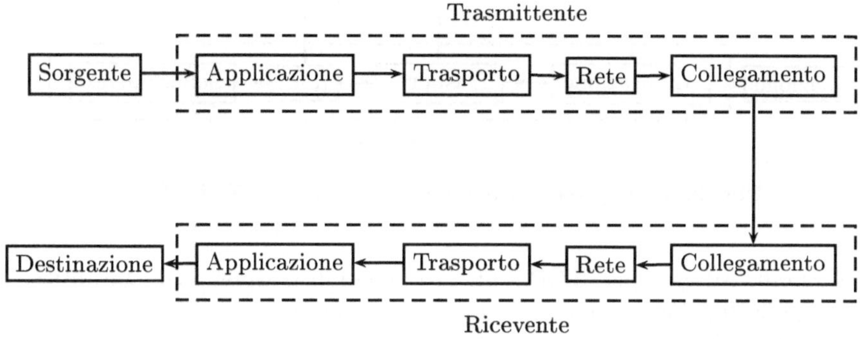

Fig. 2.1. Stratificazione protocolli in un pacchetto TCP/IP

questo tipo è che un livello superiore è completamente indipendente dai dettagli di implementazione dei livelli inferiori e può sfruttare il canale come se stesse comunicando direttamente con un protocollo di alto livello. Ad esempio, un browser web può ignorare completamente i dettagli di implementazione del canale fisico su cui è realizzato un collegamento internet e, in effetti, il medesimo programma funziona su calcolatori connessi in rete direttamente mediante rete ethernet, via ADSL, con modem analogici o sistemi senza fili. La situazione logica, è quella illustrata in Figura 2.2: ogni strato si comporta come se avesse una connessione diretta e bidirezionale con lo strato omologo della controparte; diciamo che ogni connessione di livello superiore al primo opera su *canali virtuali*. Per maggiori dettagli su TCP/IP si vedano [95] e [94].

Un codice correttore di errore è necessario per garantire che i collegamenti fisici (livello 1) siano protetti da disturbi. I canali logici, fra i livelli superiori sono, in tale caso, automaticamente protetti; d'altro canto, se un pacchetto non è comprensibile a livello 1, allora si rivela molto difficile interpretarlo ai livelli superiori. Da questo punto di vista, potrebbe sembrare inutile implementare protezioni sui canali virtuali. In realtà, questo non è il caso. Infatti, la rete internet è eterogenea, sia nelle apparecchiature utilizzate che nei protocolli di basso livello implementati; in particolare, un pacchetto, nel suo percorso dalla sorgente alla destinazione può essere ricodificato varie volte e queste operazioni possono introdurre ulteriori errori, non rilevabili a livello di collegamento. Inoltre, alcuni pacchetti di dati possono essere persi, a causa di guasti occasionali della rete. È dunque utile implementare una protezione anche sui canali virtuali. In effetti, si cerca di avere codici correttori in opera sia a livello di collegamento che di trasporto; a livello di applicazione, invece, solitamente si richiede, in caso di problemi, di ritrasmettere i dati giunti

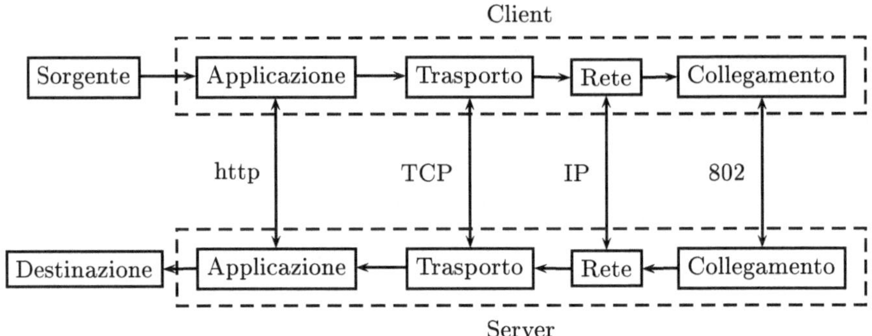

Fig. 2.2. Rappresentazione virtuale del canale TCP/IP

non intellegibili. Ad esempio, TCP è un protocollo di trasporto che garantisce un canale affidabile fra due macchine, indipendentemente da quanto possa accadere a livello di rete (IP).

Da un punto di vista economico, la situazione ideale si verifica quando ogni pacchetto trasmesso coincide con una parola di codice. In particolare, sotto queste ipotesi ogni singolo pacchetto è protetto integralmente, e, in caso di perdita totale dei dati basta richiedere la ritrasmissione dell'ultimo blocco inviato.

2.2 Alfabeti

Un insieme finito di simboli A, contenente $q > 1$ elementi, è detto *alfabeto*. Sia $n \in \mathbb{N}$ con $n > 1$. Una qualsiasi n–pla ordinata $\mathbf{w}$ di elementi di A è una *parola* di lunghezza n su A. In generale, se questo non dà luogo ad ambiguità, scriveremo la n–pla $\mathbf{w} = (w_1, w_2, \ldots, w_n)$ come

$$\mathbf{w} = (w_1 \, w_2 \, \cdots \, w_n),$$

o, più semplicemente $\mathbf{w} = w_1 w_2 \cdots w_n$. Per convenzione, indichiamo con $\emptyset$ la parola nulla, di lunghezza 0, su di un alfabeto A.

Esempio 2.2. Sia A l'insieme formato dai 3 simboli $\{a, b, c\}$. Con tali simboli è possibile formare esattamente 3^n parole di lunghezza n. Ad esempio, le 27 parole su A di lunghezza 3 sono

$$aaa \ aab \ aac \ aba \ abb \ abc \ aca \ acb \ acc$$
$$baa \ bab \ bac \ bba \ bbb \ bbc \ bca \ bcb \ bcc$$
$$caa \ cab \ cac \ cba \ cbb \ cbc \ cca \ ccb \ ccc$$

Esempio 2.3. Il più piccolo alfabeto possibile è quello che contiene solamente 2 simboli, convenzionalmente indicati come 0 e 1. Tale alfabeto $\mathfrak{B} = \{0, 1\}$ è detto *binario* ed è particolarmente importante per i sistemi digitali. Un simbolo dell'alfabeto binario $\mathfrak{B}$ è detto *bit*. L'insieme di tutte le possibili parole su di un alfabeto A, denotato con $A^\star$ si può formalmente definire come

$$A^\star = \bigcup_{i=0}^{\infty} A^i,$$

ove con A^0 si intende l'insieme che contiene semplicemente la parola nulla. In particolare, per ogni parola $\mathbf{w}$ in $A^\star$ esiste sempre un unico intero finito $|\mathbf{w}| = n$ tale che $\mathbf{w} \in A^n$. Tale intero n è, chiaramente, la lunghezza di $\mathbf{w}$. Siano ora $\mathbf{p} = p_1 p_2 \cdots p_n$ e $\mathbf{q} = q_1 q_2 \cdots q_m$ due parole di lunghezza maggiore di 1 su di un medesimo alfabeto A. La *somma* o *concatenazione* di $\mathbf{p}$ e $\mathbf{q}$ è la parola su A

$$\mathbf{p} * q = p_1 \, p_2 \, \cdots \, p_n \, q_1 \, q_2 \cdots \, q_m,$$

avente lunghezza $n + m$. Poniamo, per convenzione

$$\mathbf{p}\emptyset = \emptyset\mathbf{p} = \mathbf{p}.$$

La rappresentazione interna dei dati nei moderni calcolatori elettronici[2] è binaria e tutte le operazioni fondamentali sono implementate a livello di bit.

Possiamo ora fornire una definizione formale di codice.

Definizione 2.1. Si dice *codice* ogni insieme finito $\mathcal{C}$ di parole tutte definite su di un medesimo alfabeto A.

A priori, non è formulata alcuna ipotesi sulla struttura dell'insieme $\mathcal{C}$. In particolare, la nozione di messaggio è sempre formalmente espressa in termini di codice, eventualmente linguistico. Alcuni codici, come ad esempio quello utilizzato dalla lingua italiana scritta, possono essere fruibili direttamente dall'utente finale; altri (ad esempio, i codici associati ai protocolli di comunicazione digitale) richiedono di essere trasformati in un modo algoritmico.

Se A è il campo finito $\mathbb{F}_q$ con q elementi. Un codice $\mathcal{C}$ su A è detto *codice q–ario*. In particolare, ogni codice su $\mathbb{F}_2 = \{0, 1\}$ è un codice *binario*.

Definizione 2.2. Dati due codici $\mathcal{C}$, $\mathcal{C}'$ diciamo *funzione di codifica da $\mathcal{C}$ in $\mathcal{C}'$* una applicazione iniettiva $\varphi : \mathcal{C} \mapsto \mathcal{C}'$. Ogni inversa sinistra $\vartheta : \mathcal{C}' \mapsto \mathcal{C}$ di φ, cioè ogni funzione ϑ tale che

$$\vartheta\varphi : \mathcal{C} \mapsto \mathcal{C}$$

sia l'identità, viene detta *funzione di decodifica per $\mathcal{C}'$*.

---

[2] I primi elaboratori elettronici, quali, ad esempio, l'ENIAC o l'IBM/650 utilizzavano una rappresentazione dei numeri in forma decimale, la cosiddetta forma BCD (*binary coded decimal*).

Esempio 2.4. Consideriamo tre distinti codici su di un alfabeto binario, utilizzati, per rappresentare caratteri alfanumerici: ASCII, EBCDIC e UNICODE.

Il codice ASCII[3] o ISO-646-US contiene 127 simboli; ogni simbolo ha la medesima lunghezza ed è rappresentato mediante una sequenza di 7 bit. Questo codice consente di rappresentare tutti i caratteri dell'alfabeto inglese, le cifre da 0 a 9, i segni di interpunzione e alcuni caratteri di controllo (ad esempio, il segno di 'a capo'). L'equivalenza fra i caratteri alfabetici e i simboli binari è presentata in Figura 2.3. La sequenza di 7 bit corrispondente ad un carattere **c** si determina considerando il numero esadecimale la cui prima cifra corrisponde alla riga in cui **c** si trova, e la cui seconda cifra corrisponde alla colonna dello stesso. Ad esempio, la lettera "A" si trova nella riga 4 e nella colonna 1, pertanto, essa è rappresentata dall'espansione binaria del numero esadecimale 41, ovvero la sequenza binaria 1000001. Per lungo tempo, il codice ASCII è stato quello maggiormente utilizzato dai calcolatori per rappresentare del testo.

Il codice EBCDIC[4] è un codice che contiene 256 simboli, tutti della medesima lunghezza e rappresentati mediante sequenze di 8 bit; tale codice contiene, oltre a tutti i caratteri del codice ASCII (in posizioni differenti), anche alcune lettere accentate ed è impiegato soprattutto sui *mainframe* IBM.

Il codice UNICODE[5] è finalizzato a consentire di esprimere tutti i possibili caratteri (alfabetici e non) esistenti. Un carattere UNICODE può essere rappresentato in vari modi; in particolare, può avere lunghezza minima compresa fra 7 (UTF–7) e 32 (UCS–4) bit. Uno dei formati correntemente più utilizzati è quello UTF–8, che rappresenta i caratteri come successioni di blocchi di 8 bit in modo compatibile con il codice ASCII.

Definizione 2.3. Sia C un codice su di un alfabeto A. Si dice *spettro* di C la funzione $||C|| : \mathbb{N} \mapsto \mathbb{N}$ che associa ad ogni intero i il numero $||C||_i$ di parole in C con lunghezza i. In simboli,

$$||C|| : \begin{cases} \mathbb{N} \mapsto \mathbb{N} \\ n \mapsto |\{\, \mathbf{x} \in C : |\mathbf{x}| = n\}|. \end{cases}$$

Lo spettro di un codice è 0 tranne che per al più un numero finito di interi. In particolare, la cardinalità del supporto di $||C||_i$ è sempre minore o uguale rispetto la cardinalità del codice C.

In un sistema di comunicazione definito mediante una stratificazione di protocolli vi possono essere più codici ed alfabeti in uso contemporaneamente. Il seguente esempio illustra tale situazione.

Esempio 2.5. Il codice Morse è un codice introdotto per la trasmissione di testo su linee telegrafiche; su tali linee è possibile trasmettere solamente un tipo di segnale:

---

[3] American Standard Code for Information Interchange
[4] Extended Binary Coded Decimal Interchange Code
[5] Universal Character Set, altrimenti noto come UCS

	0	1	2	3	4	5	6	7	8	9	A	B	C	D	E	F
0	NUL	SOH	STX	ETX	EOT	ENQ	ACK	BEL	BS	HT	LF	VT	FF	CR	SO	SI
1	DLE	DC1	DC2	DC3	DC4	NAK	SYN	ETB	CAN	EM	SUB	ESC	FS	GS	RS	US
2	SPACE	!	"	#	$	%	&	'	(	)	*	+	,	-	.	/
3	0	1	2	3	4	5	6	7	8	9	:	;	<	=	>	?
4	@	A	B	C	D	E	F	G	H	I	J	K	L	M	N	O
5	P	Q	R	S	T	U	V	W	X	Y	Z	[	\	]	^	_
6	`	a	b	c	d	e	f	g	h	i	j	k	l	m	n	o
7	p	q	r	s	t	u	v	w	x	y	z	{	|	}	~	DEL

Fig. 2.3. Codice ASCII

presenza o assenza di corrente; il canale è pertanto binario. Rappresenteremo la presenza di corrente con il segno 1 e l'assenza con il segno 0.

Apparentemente, anche il codice Morse è un codice binario, i cui elementi fondamentali sono il punto · e la linea −. Si potrebbe pensare di far corrispondere direttamente i segni del codice Morse con le correnti trasmesse sul canale, ma in questo modo non sarebbe possibile (fra l'altro) distinguere la trasmissione di un punto · dall'assenza di segnale.

Per conseguenza, il codice Morse ha bisogno di un ulteriore simbolo: un *separatore* fra i caratteri trasmessi. In particolare, vigono le seguenti regole di modulazione:

1. Il punto · (indicato sul canale mediante un 1) corrisponde all'unità fondamentale di tempo trasmissibile.
2. La linea − corrisponde ad un segnale continuato di durata tripla rispetto quello del punto; in binario questo corrisponde ad inviare una sequenza 111.
3. Ogni carattere dell'alfabeto è rappresentata mediante una successione di punti e di linee; i distinti costituenti di ogni carattere sono separati da una pausa della durata di un punto; tale pausa è indicata in binario con 0.
4. I caratteri all'interno di una stessa parola sono separati da una pausa della durata di una linea; pertanto tale pausa si può rappresentare in binario con 000.
5. Parole distinte sono separate fra loro da una pausa della durata di 7 punti, in binario 0000000.

Come preannunciato, ogni carattere è rappresentato da una successione di punti e linee. Le Tabelle 2.4 e 2.5 illustrano la codifica dei caratteri alfabetici. Tali tabelle devono essere interpretate nel seguente modo: la riga in cui un carattere si trova indica quanti simboli servono per codificarlo; inoltre, se tale carattere si trova nella tabella di Figura 2.4 il primo simbolo della sua codifica è un punto, mentre se si trova nella tabella di Figura 2.5, il primo simbolo della sua codifica è una linea. Per ricavare quali sono i simboli successivi da utilizzare, si determini il percorso che, partendo dalla posizione in alto a sinistra raggiunge il carattere cercato e, per ogni riga attraversata si scriva un punto o una linea in dipendenza dal se si è visitata la colonna più a sinistra o quella più a destra. Ad esempio, la lettera Z si trova nella quarta riga della tabella di Figura 2.5, per cui è codificata mediante 4 simboli; partendo dalla prima riga, il percorso per raggiungere tale lettera è T–M–G–Z: poiché tale carattere si trova in Figura 2.5, il suo primo simbolo è −; M è a destra nella seconda riga, per cui anche il secondo simbolo è −; G è nella cella a sinistra sotto M, per cui il terzo simbolo è un punto ·; Z è pure esso a sinistra, da cui segue che anche il quarto simbolo è ·. Ne segue che la codifica di Z è "− − · ·". Indicando con 1 la presenza di segnale e con 0 l'assenza, la lettera Z viene effettivamente trasmessa come 00011101110101000.

Nel seguito di questo libro, considereremo sempre come alfabeto l'insieme di tutti i simboli distinti che possono essere trasmessi da un apparato di comunicazione in un'unità di tempo prefissata.

← Punto   Linea →

<table>
<tr><td colspan="16" align="center">E</td></tr>
<tr><td colspan="8" align="center">I</td><td colspan="8" align="center">A</td></tr>
<tr><td colspan="4" align="center">S</td><td colspan="4" align="center">U</td><td colspan="4" align="center">R</td><td colspan="4" align="center">W</td></tr>
<tr><td colspan="2" align="center">H</td><td colspan="2" align="center">V</td><td colspan="2" align="center">F</td><td colspan="2" align="center">Ü</td><td colspan="2" align="center">L</td><td colspan="2" align="center">Ä</td><td colspan="2" align="center">P</td><td colspan="2" align="center">J</td></tr>
<tr><td>5</td><td>4</td><td></td><td>3</td><td>É</td><td></td><td></td><td>2</td><td></td><td></td><td></td><td></td><td></td><td>À</td><td></td><td>1</td></tr>
</table>

Fig. 2.4. Codice Morse: caratteri inizianti con un punto

← Punto   Linea →

<table>
<tr><td colspan="16" align="center">T</td></tr>
<tr><td colspan="8" align="center">N</td><td colspan="8" align="center">M</td></tr>
<tr><td colspan="4" align="center">D</td><td colspan="4" align="center">K</td><td colspan="4" align="center">G</td><td colspan="4" align="center">O</td></tr>
<tr><td colspan="2" align="center">B</td><td colspan="2" align="center">X</td><td colspan="2" align="center">C</td><td colspan="2" align="center">Y</td><td colspan="2" align="center">Z</td><td colspan="2" align="center">Q</td><td colspan="2" align="center">Ö</td><td colspan="2" align="center">CH</td></tr>
<tr><td>6</td><td>=</td><td>/</td><td></td><td></td><td></td><td></td><td></td><td>7</td><td></td><td></td><td></td><td>8</td><td></td><td>9</td><td>0</td></tr>
</table>

Fig. 2.5. Codice Morse: caratteri inizianti con una linea

In particolare, nel caso del codice Morse, è opportuno considerare come alfabeto i segnali effettivamente inviati sul canale binario 0 e 1 e non le unità di codifica dei caratteri (il punto e la linea). Per i codici a lunghezza fissa, quali il codice ASCII, è invece possibile utilizzare direttamente un blocco di bit come alfabeto; nel caso specifico, si può adottare come alfabeto un insieme di blocchi formati da 7 bit.

Un caso particolare di codice è quello in cui gli alfabeti sono implementati in modo da minimizzare la lunghezza del messaggio in funzione delle proprietà statistiche della sorgente associata ad un canale, come mostra il seguente esempio.

Esempio 2.6. Nel caso del sistema di codifica di messaggi T9, visto nel capitolo precedente, l'alfabeto è dato dall'insieme dei possibili tasti

$$A = \{1, 2, 3, 4, 5, 6, 7, 8, 9, 0, \#\}.$$

Il simbolo $\#$ corrisponde allo spazio, 1 ai diversi segni di interpunzione e 0 viene utilizzato per selezionare fra parole che sarebbero altrimenti associate alla medesima sequenza. Ogni messaggio viene codificato mediante una sequenza di tali simboli di base, ma non c'è una corrispondenza biunivoca fra i caratteri in alfabeto latino e i tasti premuti. Ad esempio si ha

$$\underbrace{240}_{\text{Ci}} \ \underbrace{\#} \ \underbrace{8334266}_{\text{vediamo}}.$$

2.3 Codici a lunghezza variabile

Sia $\mathcal{C}$ un codice. Poniamo $\mathcal{C}^1 = \mathcal{C}$. Per ogni $k > 1$, definiamo

$$\mathcal{C}^k = \{\mathbf{c} * \mathbf{d} : \mathbf{c} \in \mathcal{C}^{k-1}, \mathbf{d} \in \mathcal{C}\}.$$

Definizione 2.4. Un codice $\mathcal{C}$ è detto *univocamente decodificabile* se, per $k \geq 1$, ogni elemento in $\mathcal{C}^k$ si può scrivere in modo unico come concatenazione di k parole di $\mathcal{C}$.

In particolare, se

$$\tau_1 * \tau_2 * \cdots * \tau_\mathbf{k} = \sigma_1 * \sigma_2 * \cdots * \sigma_\mathbf{k} \in \mathcal{C}^k,$$

allora

$$\tau_1 = \sigma_1, \tau_2 = \sigma_2, \ldots, \tau_\mathbf{k} = \sigma_\mathbf{k}.$$

Esempio 2.7. Sia $\mathcal{C}$ il codice binario $C = \{0, 10, 100, 101\}$. Osserviamo che $\mathcal{C}$ non è univocamente decodificabile, infatti la parola $101010 \in C^3$ può scriversi come

$$101010 = 10 * 101 * 0 = 101 * 0 * 10.$$

Esempio 2.8. Il codice Morse, come codifica di caratteri non è univocamente decodificabile; ad esempio

$$\mathtt{A} = \cdot * - = \mathtt{ET}.$$

Il codice Morse, come modulato sul canale binario, è invece univocamente decodificabile; ad esempio

$$\mathtt{A} = 000 * \underbrace{1}_{\cdot} *0* \underbrace{111}_{-} *000; \qquad \mathtt{ET} = 000 * \underbrace{1}_{\cdot} *000* \underbrace{111}_{-} *000.$$

In particolare, per decodificare in modo unico un messaggio in codice morse si devono dapprima identificare i separatori fra i singoli caratteri (che corrispondono alle sequenze 000) e poi decomporre i simboli che formano ogni lettera secondo quanto presentato nelle figura 2.4 e 2.5.

Teorema 2.9. *Ogni codice a blocchi $\mathcal{C}$ è univocamente decodificabile.*

Dimostrazione. Supponiamo che ogni parola in $\mathcal{C}$ abbia lunghezza n. In particolare, per ogni k abbiamo che ogni $\mathbf{a} \in \mathcal{C}^k$ si decompone

$$\mathbf{a} = \underbrace{a_1 a_2 \cdots a_n}_{\sigma_1} * \underbrace{a_{n+1} a_{n+2} \cdots a_{2n}}_{\sigma_2} * \cdots * \underbrace{a_{(k-1)n+1} \cdots a_{kn}}_{\sigma_\mathbf{k}},$$

e gli elementi $\sigma_\mathbf{i} \in \mathcal{C}$ sono, pertanto, univocamente determinati. Segue la tesi. $\square$

Definizione 2.5. Una parola $\mathbf{c} \in \mathcal{C}$ di lunghezza m è detta *prefisso* di una parola $\mathbf{d} \in \mathcal{C}$ di lunghezza $n \geq m$ se esiste un elemento $\mathbf{r} \in A^{n-m}$ tale che

$$\mathbf{d} = \mathbf{c} * \mathbf{r}.$$

In particolare, in questa definizione *non* si richiede che $\mathbf{r}$ appartenga a $\mathcal{C}^k$.

Definizione 2.6. Un codice $\mathcal{C}$ è detto *codice a prefisso* se nessuna parola in $\mathcal{C}$ è prefisso di alcun altra parola dello stesso.

Teorema 2.10. *Ogni codice a prefisso è univocamente decodificabile.*

Dimostrazione. Per ogni $\mathbf{w} \in \mathcal{C}^k$, sia $\underline{\mathbf{w}}_i$ la parola formata dai primi i caratteri di $\mathbf{w}$ e $\overline{\mathbf{w}}^i$ la parola ottenuta da $\mathbf{w}$ rimuovendo $\underline{\mathbf{w}}_i$, per cui

$$\mathbf{w} = \underline{\mathbf{w}}_i * \overline{\mathbf{w}}^i.$$

Al fine di decodificare un codice a prefisso, si può procedere come segue:

$\boxed{\text{S1}}$ sia $k = 1$;

$\boxed{\text{S2}}$ se $\mathbf{w} = \emptyset$, allora l'algoritmo termina e si restituisce

$$(\sigma_1\, \sigma_2 \, \cdots \, \sigma_k);$$

$\boxed{\text{S3}}$ sia $i = 1$;

$\boxed{\text{S4}}$ se $\sigma_k = \underline{\mathbf{w}}_i \in \mathcal{C}$, allora:
   a) si incrementi k di 1;
   b) si ponga $\mathbf{w} = \overline{\mathbf{w}}^i$;
   altrimenti
   a) si incrementi i di 1;

$\boxed{\text{S5}}$ si torni al punto 2.

Supponiamo ora che una parola $\mathbf{w}$ ammetta due decomposizioni distinte, diciamo

$$\mathbf{w} = \sigma_1 * \sigma_2 = \vartheta_1 * \vartheta_2,$$

con $\sigma_1 \neq \vartheta_1$. Allora, necessariamente, $|\sigma_1| \neq |\vartheta_1|$. Poniamo $n = |\sigma_1| < |\vartheta_1|$. I primi n caratteri di ϑ_1 coincidono con i caratteri di σ_1, per cui σ_1 è un prefisso di ϑ_1, contro l'ipotesi sul codice. $\qquad\square$

Esempio 2.11. Il codice binario $C = \{0, 10, 110, 1110, 1111\}$ è a prefisso e, dunque, univocamente decodificabile.

Cerchiamo ora di caratterizzare lo spettro dei codici univocamente decodificabili. Il primo teorema mostra che lo spettro di ogni codice univocamente decodificabile deve soddisfare una disuguaglianza non banale.

Teorema 2.12 (McMillan). *Sia A un alfabeto contenente s caratteri e sia $\mathcal{C} = \{\sigma_0, \sigma_1, \ldots, \sigma_{r-1}\}$ un codice univocamente decodificabile su A. Allora,*

$$\sum_{j=0}^{\infty} ||\mathcal{C}||_j s^{-j} \leq 1. \tag{2.1}$$

Prima di procedere alla dimostrazione del teorema, osserviamo che se $\mathcal{C} = \{\sigma_0, \sigma_1, \ldots, \sigma_{r-1}\}$, allora la relazione 2.1 può riscriversi nella forma

$$\sum_{i=0}^{r-1} s^{-|\sigma_i|} \leq 1. \tag{2.2}$$

Tale disuguaglianza è detta *disuguaglianza di Kraft–McMillan*.

⚠️ *Dimostrazione.* Sia k un intero positivo. Poiché $\mathcal{C}$ è univocamente decodificabile, ogni parola in $\mathcal{C}^k$ si può scrivere in modo unico come prodotto di k parole in $\mathcal{C}$; pertanto,

$$\sum_{\sigma \in \mathcal{C}^k} s^{-|\sigma|} = \left(\sum_{\sigma \in \mathcal{C}} s^{-|\sigma|} \right)^k = \left(\sum_{i=0}^{r-1} s^{-|\sigma_i|} \right)^k. \tag{2.3}$$

Siano ora $n_{\min}$ e $n_{\max}$ rispettivamente la lunghezza minima e massima di una parola in $\mathcal{C}$ e richiamiamo che $||\mathcal{C}^k||_l$ è il numero di parole $\sigma_{i_1} \sigma_{i_2} \cdots \sigma_{i_k} \in \mathcal{C}^k$ aventi lunghezza l. Allora,

$$\sum_{\sigma \in \mathcal{C}^k} s^{-|\sigma|} = \sum_{l=kn_{\min}}^{kn_{\max}} ||\mathcal{C}^k||_l s^{-1}. \tag{2.4}$$

Siccome A contiene esattamente s elementi, sicuramente vale la disuguaglianza

$$||\mathcal{C}^k||_l \leq s^l. \tag{2.5}$$

In particolare, la relazione (2.5) implica

$$\sum_{l=kn_{\min}}^{kn_{\max}} ||\mathcal{C}^k||_l s^{-1} \leq kn_{\max},$$

e dunque

$$\left(\sum_{i=0}^{r-1} s^{-|\sigma_i|} \right)^k \leq kn_{\max}. \tag{2.6}$$

La tesi segue a questo punto elevando alla potenza $1/k$ entrambi i membri di (2.6) e, successivamente, passando al limite $k \to \infty$.

Esempio 2.13. Non esiste alcun codice ternario univocamente decodificabile $\mathcal{C} = \{\sigma_0, \sigma_1, \ldots, \sigma_9\}$ il cui spettro sia

$$||\mathcal{C}||_x = \begin{cases} 1 & \text{se } x = 1 \\ 5 & \text{se } x = 2 \\ 4 & \text{se } x = 3 \\ 0 & \text{altrimenti;} \end{cases}$$

infatti, per un codice di questo tipo avremmo

$$\sum_{i=0}^{9} 3^{-|\sigma_i|} = 3^{-1} + 5 \cdot 3^{-2} + 4 \cdot 3^{-3} = \frac{28}{27} > 1.$$

Esempio 2.14. Lo spettro del codice $\mathcal{M}$ dei punti e delle linee del codice Morse è illustrato in tabella 2.1. In particolare, abbiamo che

$$\sum_{\sigma \in \mathcal{M}} 2^{-|\sigma|} = 2 \cdot \frac{1}{2} + 4 \cdot 2^{-2} + 8 \cdot 2^{-3} + 16 \cdot 2^{-4} + 14 \cdot 2^{-5} = \frac{71}{16} > 1.$$

Conseguentemente, tale codice non è univocamente decodificabile.

i	$\|\|\mathcal{M}\|\|_i$
0	0
1	2
2	4
3	8
4	16
5	14

Tabella 2.1. Spettro del codice dei punti e delle linee Morse

⚠ Il seguente teorema mostra come fissato arbitrariamente un intero s e data una funzione $\phi : \mathbb{N} \mapsto \mathbb{N}$ tale che

$$\sum_{i=0}^{\infty} \phi(i)s^{-i} \leq 1,$$

sicuramente esiste un codice a prefisso (e quindi univocamente decodificabile) $\mathcal{C}$ con $\|\|\mathcal{C}\|\|_x = \phi(x)$.

Teorema 2.15 (Kraft). *Siano $r, s > 0$ degli interi e assegnamo per $i = 0, 1, \ldots, r - 1$, dei numeri naturali n_i. Allora, esiste un codice a prefisso $\mathcal{C} = \{\sigma_0, \sigma_1, \ldots, \sigma_{r-1}\}$ sull'alfabeto A con $|A| = s$ e $|\sigma_i| = n_i$ se, e soltanto se,*

$$\sum_{i=0}^{r-1} s^{-n_i} \leq 1.$$

Dimostrazione. La necessità della condizione è esattamente la tesi del Teorema 2.12. Sia adesso $A = \{0, 1, \ldots, s - 1\}$ e supponiamo che gli interi n_i siano ordinati di modo che

$$n_0 \leq n_1 \leq \cdots \leq n_{r-1}.$$

Per ogni j compreso fra 0 e $r - 1$ definiamo l'intero w_j come segue
1. se $j = 0$, allora $w_0 = 0$;
2. se $j > 0$, allora $w_j = \sum_{i=0}^{j-1} s^{n_j - n_i}$.

Poiché $\sum_{i=0}^{r-1} s^{-n_i} \leq 1$, abbiamo che

$$w_j = \sum_{i=0}^{j-1} s^{n_j - n_i} = s_j^n \sum_{i=0}^{j-1} s^{-n_i} < s^{n_j}. \tag{2.7}$$

Sia ora σ_j la rappresentazione in base s dell'intero w_j, con eventualmente un numero di 0 iniziali sufficiente ad avere lunghezza n_j. Chiaramente il codice $\mathcal{C} = \{\sigma_0, \sigma_1, \ldots, \sigma_{r-1}\}$ soddisfa le ipotesi del teorema. Mostriamo ora che $\mathcal{C}$ è effettivamente un codice a prefisso. Se così non fosse, esisterebbero j, k con $0 \leq j < k \leq r - 1$ tali che σ_j sarebbe un prefisso di σ_k. Allora, $w_j = \lfloor w_k / s^{n_k - n_j} \rfloor$. D'altro canto

$$\frac{w_k}{s^{n_k - n_j}} = \frac{\sum_{i=0}^{k-1} s^{n_k - n_i}}{s^{n_k - n_j}} = \sum_{i=0}^{k-1} s^{n_j - n_i} = w_j + \sum_{i=j}^{k-1} s^{n_j - n_i} \geq w_j + 1,$$

una contraddizione. Segue la tesi.

2.4 Adattamento dei codici alla sorgente

La decisione di quale codice utilizzare per un determinato sistema di comunicazione dipende da svariati fattori. Alcuni di questi sono strettamente legati al contesto in cui ci si trova ad operare, ad esempio:

1. il numero di errori previsti,
2. il modello di canale e di rumore adottato,
3. la tipologia dei messaggi trasmessi.

Altri fattori possono essere dettati da considerazioni di tipo ingegneristico e sono legati all'implementazione. Fra questo tipo di considerazioni si annoverano

1. la disponibilità commerciale di apparecchiature che possono essere adattate al dispositivo;
2. limitazioni imposte da standard preesistenti;
3. esistenza di brevetti su alcuni tipi di algoritmo di codifica o decodifica.

Un tipo di problema che talvolta si pone è quello di cercare di costruire un codice a lunghezza variabile che consenta di sfruttare al meglio la capacità totale del canale. L'idea base è la stessa originariamente applicata nella costruzione del codice Morse: i messaggi più frequenti (nel caso del codice Morse la lettere E e T) sono codificati con parole più brevi, mentre le parole lunghe codificano messaggi la cui trasmissione è improbabile.

Supponiamo che i messaggi siano originariamente espressi in un alfabeto $A = \{0, 1, \ldots, r-1\}$ e che il carattere $i \in A$ appaia con probabilità p_i. Le proprietà del linguaggio in cui il messaggio è originariamente scritto sono ben caratterizzate dal vettore di probabilità $\mathbf{p} = (p_0, p_1, \ldots, p_{r-1})$, come si vede nel seguente esempio.

Esempio 2.16. In Tabella 2.2 e 2.3 sono mostrate le probabilità p_i che compaia una lettera prefissata in un messaggio rispettivamente in lingua italiana e in lingua inglese.

A 0,1110	H 0,0141	O 0,0954	V 0,0225
B 0,0073	I 0,0973	P 0,0255	W 0,0000
C 0,0483	J 0,0000	Q 0,0087	X 0,0002
D 0,0398	K 0,0000	R 0,0604	Y 0,0000
E 0,1269	L 0,0614	S 0,0565	Z 0,0044
F 0,0116	M 0,0288	T 0,0568	
G 0,0190	N 0,0706	U 0,0327	

Tabella 2.2. Probabilità delle singole lettere in Italiano

Indichiamo mediante σ_i la codifica del carattere $i \in A$ e sia $\mathcal{C} = \{\sigma_0, \ldots, \sigma_{r-1}\}$ il codice così costruito. Chiaramente, p_i è esattamente la probabilità che la parola σ_i venga trasmessa sul canale.

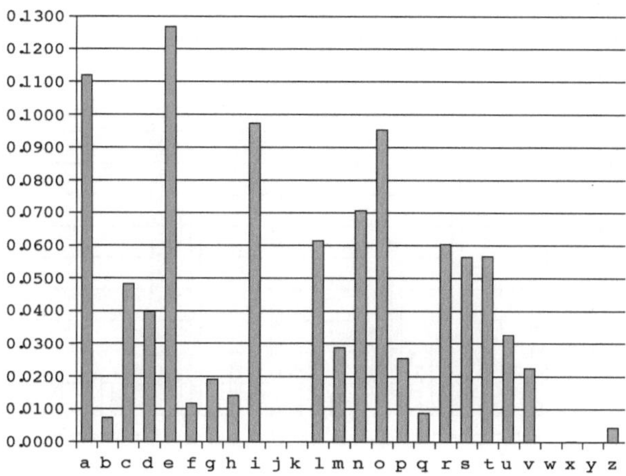

Fig. 2.6. Grafico della probabilità delle singole lettere in Italiano

A 0,0804	H 0,0549	O 0,0760	V 0,0099
B 0,0154	I 0,0276	P 0,0200	W 0,0192
C 0,0306	J 0,0016	Q 0,0011	X 0,0019
D 0,0399	K 0,0067	R 0,0612	Y 0,0173
E 0,1251	L 0,0414	S 0,0654	Z 0,0009
F 0,0230	M 0,0253	T 0,0925	
G 0,0196	N 0,0709	U 0,0271	

Tabella 2.3. Probabilità delle singole lettere in Inglese

Definizione 2.7. La *lunghezza media* di un codice $\mathcal{C}\{\sigma_0, \sigma_1, \ldots, \sigma_{r-1}\}$ rispetto una sorgente con vettore di probabilità $\mathbf{p} = (p_0, p_1, \ldots, p_{r-1})$ è il numero

$$n = \sum_{i=0}^{r-1} p_i |\sigma_i|.$$

La nozione di lunghezza media di un codice è strettamente legata all'entropia della sorgente, come espresso nel Teorema 2.17, che riportiamo senza dimostrazione.

Teorema 2.17. *Sia $n_s(\mathbf{p})$ la minima lunghezza media possibile per un codice univocamente decodificabile s–ario associato ad una sorgente con vettore di probabilità $\mathbf{p}$. Allora,*

$$H_s(\mathbf{p}) \leq n_s(\mathbf{p}) < H_s(\mathbf{p}) + 1,$$

ove per H_s si intende l'entropia s–aria non *normalizzata.*

Il Teorema di Shannon per il canale privo di rumore 1.5, garantisce a questo punto l'esistenza di un codice in grado di trasmettere in media $C/n_s(\mathbf{p}) - \epsilon$ caratteri

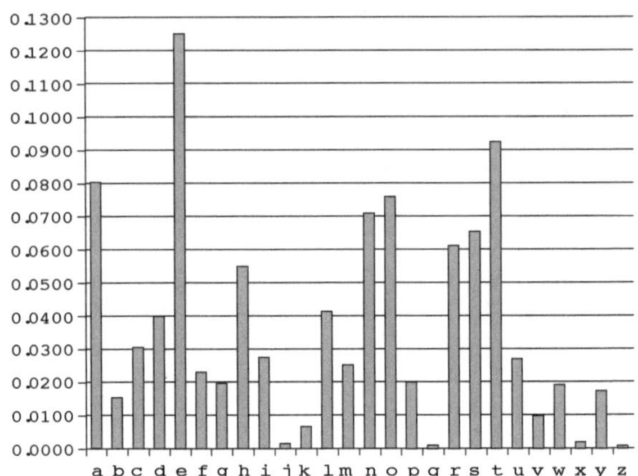

Fig. 2.7. Grafico della probabilità delle singole lettere in Inglese

di A, ove C è il numero di bit al secondo che il canale è in grado di trasmettere. La costruzione concreta di codici di questo tipo è l'oggetto della teoria della compressione dati, per cui rimandiamo a [83].

⚠ Un metodo che fornisce buoni risultati per codici binari, quando il vettore di probabilità di sorgente **p** è noto, è la tecnica di codifica di Shannon e Fano. Essa si basa sulla seguente procedura:

1. Si ordinino i caratteri dell'alfabeto A in ordine decrescente di probabilità;
2. Si divida l'insieme così ottenuto in due sottoinsiemi A_0, A_1 che hanno all'incirca la stessa probabilità totale; chiaramente il sottoinsieme A_1 con i caratteri meno probabili conterrà più elementi;
3. Tutti i simboli in A_0 verranno codificati con parole che iniziano con uno 0; tutti i simboli di A_1 con parole che iniziano con 1;
4. Si proceda in modo analogo a quello di cui sopra con gli insiemi A_0 e A_1, in modo da ottenere

$$A_0 = A_{00} \cup A_{01}, \qquad A_1 = A_{10} \cup A_{11},$$

sino a che ogni insieme non contenga solamente un simbolo.

5. A questo punto, la codifica del simbolo $\mathbf{x} \in A_{\sigma_i}$ è esattamente il vettore binario σ_i.

La codifica di Shannon e Fano non è, solitamente, ottimale ma fornisce buoni risultati.

Esempio 2.18. Consideriamo un alfabeto $A = \{1, 2, 3, \ldots, 7\}$ il cui vettore di probabilità è quello descritto in Tabella 2.4. L'insieme $\{1, 2, 3\}$ ha probabilità 0.60, mentre l'insieme $\{1, 2\}$ ha probabilità 0.45. Poniamo pertanto

$$A_0 = \{1, 2\}, \qquad A_1 = \{3, 4, 5, 6, 7\}.$$

Dividiamo ulteriormente tali insiemi in sottoinsiemi equiprobabili. Si ottiene

A	p_i
1	0.25
2	0.20
3	0.15
4	0.15
5	0.10
6	0.10
7	0.05

Tabella 2.4. Vettore di probabilità per l'Esempio 2.18

A	$\mathbf{c} \in \mathcal{C}$
1	00
2	01
3	100
4	101
5	110
6	1110
7	1111

Tabella 2.5. Codifica dei caratteri nell'Esempio 2.18

$$A_{00} = \{1\}, A_{01} = \{2\}, \quad A_{10} = \{3,4\}, A_{11} = \{5,6,7\}.$$

Pertanto, deduciamo che 1 sarà codificato con la stringa 00 e 2 con la stringa 01. Per i restanti caratteri non possiamo ancora dire nulla. L'insieme A_{10} si ripartisce in

$$A_{100} = \{3\}, A_{101} = \{4\},$$

e questo fornisce la codifica di altri due caratteri. Per A_{11}, invece, otteniamo

$$A_{110} = \{5\}, \qquad A_{111} = \{6,7\}.$$

Ne segue $A_{1110} = \{6\}$ e $A_{1111} = \{7\}$. La codifica finale adottata per tutti i caratteri dell'alfabeto A è riportata in Tabella 2.5.

Esercizi

2.1. Usando i valori presentati in Tabella 2.2, si utilizzi la costruzione di Shannon e Fano per ottenere un codice a prefisso per la lingua italiana.

2.2. Si calcoli la lunghezza media del codice determinato nel problema 2.1 e la si paragoni con la lunghezza minima teoricamente possibile per un codice univocamente decodificabile e con quella per un codice binario a blocchi per il medesimo insieme di caratteri.

2.3. Si calcoli la lunghezza media della codifica binaria dei caratteri alfabetici mediante il codice Morse per la lingua italiana e per quella inglese. Cosa succede se si adotta la codifica ternaria i cui simboli sono il punto ·, la linea − e un separatore * fra i vari caratteri?

3

Codici a blocchi

What, tongueless blocks were they? Would
they not speak?

W. SHAKESPEARE, RICHARD III

In questo capitolo inizieremo lo studio dei codici a blocchi. Questi codici sono sempre univocamente decodificabili e risultano particolarmente semplici da implementare. Nei capitoli successivi si studieranno codici a blocchi particolari, dotati di ulteriori proprietà (quali la linearità) che consentono di meglio gestirli.

3.1 Blocchi di informazione

In un codice *a blocchi*, il flusso di dati da trasmettere viene codificato in unità discrete, ognuna contenente n caratteri, ove n è preassegnato: i blocchi. La proprietà fondamentale di questo tipo di codici è che ogni blocco è codificato e decodificato in modo indipendente e autonomo sia da quelli che lo precedono che da quelli che lo seguono. In particolare, per descrivere l'azione generale dell'apparecchiatura di codifica e di decodifica basta descrivere il comportamento della stessa su uno solo di essi.

La definizione formale di codice a blocchi è la seguente.

Definizione 3.1. Un *codice a blocchi C di lunghezza n con M parole di codice sopra un alfabeto A* è un insieme contenente M parole, ognuna di lunghezza n, sull'alfabeto A.

Per un siffatto codice si userà il termine (n, M)*-codice* sopra A o, più semplicemente, qualora non vi sia ambiguità sulla scelta dell'alfabeto, (n, M)*-codice*.

⚠ Lo spettro $||\mathcal{C}||$ di un codice a blocchi $\mathcal{C}$ di lunghezza n è la funzione $||\mathcal{C}|| : \mathbb{N} \mapsto \mathbb{N}$ tale che

$$||C||(x) = \begin{cases} M & \text{se } x = n \\ 0 & \text{altrimenti.} \end{cases}$$

Esempio 3.1. Il codice ASCII è un $(7, 128)$–codice a blocchi.

Esempio 3.2. L'insieme

$$\mathcal{C} = \{(00000), (10110), (01011), (11101)\}$$

è un $(5,4)$–codice binario.

Siano adesso A, B due alfabeti, possibilmente distinti. Diremo che un codice a blocchi $\mathcal{C}$ di lunghezza n su A codifica le parole di lunghezza k su B se esiste una biiezione $\theta : B^k \mapsto \mathcal{C}$. Chiaramente, il numero di parole in $\mathcal{C}$ deve, in questo caso, essere $|B|^k$.

3.2 Metrica di Hamming

Un elemento fondamentale per la costruzione di un codice correttore è la possibilità di quantificare il livello di somiglianza fra due parole di lunghezza n. Questo viene realizzato introducendo una distanza sull'insieme A^n.

Definizione 3.2. Ricordiamo che una *distanza* d su di un insieme arbitrario V è una funzione $d : V \times V \mapsto \mathbb{R}$ che, per ogni $\mathbf{a}, \mathbf{b}, \mathbf{c} \in V$, soddisfa le seguenti proprietà:

1. $d(\mathbf{a}, \mathbf{b}) \geq 0$ con $d(\mathbf{a}, \mathbf{b}) = 0$ se, e soltanto se, $\mathbf{a} = \mathbf{b}$;
2. $d(\mathbf{a}, \mathbf{b}) = d(\mathbf{b}, \mathbf{a})$;
3. vale la disuguaglianza triangolare

$$d(\mathbf{a}, \mathbf{c}) \leq d(\mathbf{a}, \mathbf{b}) + d(\mathbf{b}, \mathbf{c}).$$

La distanza che considereremo nel caso dei codici a blocchi è la cosiddetta distanza di Hamming.

Definizione 3.3. Date due parole $\mathbf{x}, \mathbf{y}$ di lunghezza n su di un medesimo alfabeto A, si dice *distanza di Hamming* $d(\mathbf{x}, \mathbf{y})$ il numero di posizioni in cui esse differiscono; in simboli

$$d(\mathbf{x}, \mathbf{y}) = |\{\, i : x_i \neq y_i \}|.$$

Esempio 3.3. Siano $\mathbf{x} = (10110)$ ed $\mathbf{y} = (11011)$ sopra l'alfabeto $A = \{0, 1\}$; allora, $d(\mathbf{x}, \mathbf{y}) = 3$. Considerando invece le parole $\mathbf{x} = (21012)$ ed $\mathbf{y} = (12001)$ sopra l'alfabeto $A = \{0, 1, 2\}$, otteniamo $d(\mathbf{x}, \mathbf{y}) = 4$.

Teorema 3.4. *La distanza di Hamming soddisfa gli assiomi della Definizione 3.2.*

Dimostrazione. Chiaramente, la distanza di Hamming è non negativa. Siano $\mathbf{x}, \mathbf{y}, \mathbf{z}$ tre parole di lunghezza n sull'alfabeto A.

1. Chiaramente $d(\mathbf{x}, \mathbf{y}) = 0$ se, e soltanto se, $\mathbf{x}$ e $\mathbf{y}$ coincidono in tutte le loro componenti, per cui $\mathbf{x} = \mathbf{y}$.

2. Per definizione di $d(\mathbf{x}, \mathbf{y})$ abbiamo

$$d(\mathbf{x}, \mathbf{y}) = d(\mathbf{y}, \mathbf{x}).$$

3. Mostriamo ora che vale la disuguaglianza triangolare, ovvero

$$d(\mathbf{x}, \mathbf{z}) \leq d(\mathbf{x}, \mathbf{y}) + d(\mathbf{y}, \mathbf{z}).$$

La quantità a sinistra nella relazione di cui sopra è la cardinalità dell'insieme

$$D_1 = \{\, i : x_i \neq z_i \,\};$$

la quantità a destra corrisponde invece alla cardinalità di

$$D_2 = \{\, i : x_i \neq y_i \text{ oppure } y_i \neq z_i \,\}.$$

Notiamo che $x_i \neq z_i$ e $z_i = y_i$ implicano $x_i \neq y_i$; ne segue che $D_1 \subseteq D_2$, da cui si deduce la tesi.

$\square$

Definizione 3.4. Sia $\mathcal{C}$ un insieme di parole della medesima lunghezza n su un alfabeto A. Fissato $\mathbf{w} \in \mathcal{C}$, la *sfera di Hamming* di centro $\mathbf{w}$ e raggio δ è l'insieme

$$B_\delta(\mathbf{w}) = \{\, \mathbf{c} \in \mathcal{C} : d(\mathbf{c}, \mathbf{w}) \leq \delta \}.$$

Esempio 3.5. Nel caso reale, le sfere di Hamming hanno una forma molto diversa da quelle euclidee; in particolare esse non sono compatte. A titolo di esempio, sia $\mathcal{C} = \mathbb{R}^2$ uno spazio vettoriale di dimensione 2 sul campo reale, e consideriamo $\mathbf{p} = (p_1, p_2) \in \mathcal{C}$. Osserviamo che

$$B_1(\mathbf{p}) = \{\, (x, p_2) : x \in \mathbb{R} \} \cup \{\, (p_1, y) : y \in \mathbb{R} \}.$$

mentre
$$B_2(\mathbf{p}) = \mathbb{R}^2.$$

La situazione è descritta in Figura 3.1.

3.3 Algoritmi di codifica e decodifica

In questo paragrafo descriveremo un modo in cui un codificatore e un decodificatore possono operare per consentire di correggere in modo automatico degli errori. Sia dunque $\mathcal{C}$ un (n, M) codice a blocchi per parole di lunghezza k e sia $\lambda : A^k \mapsto \mathcal{C}$ la funzione di codifica. La funzione di decodifica μ deve, per ogni parola ricevuta $\mathbf{m}'$, agire come segue:

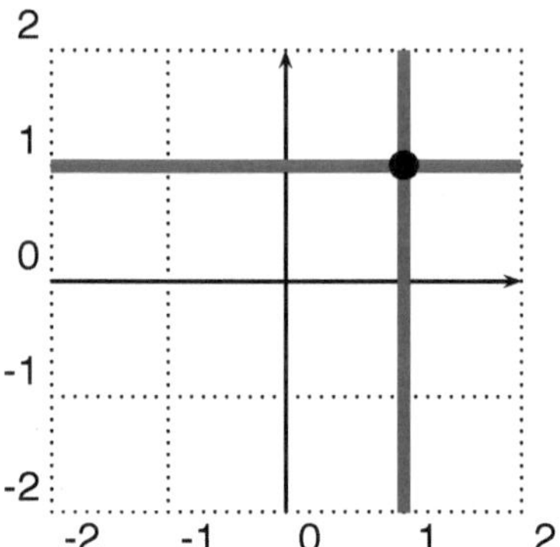

Fig. 3.1. Sfera di Hamming in $\mathbb{R}^2$.

1. determinare la parola di codice $\mathbf{c}'$ più vicina a $\mathbf{m}'$;
2. restituire

$$\mu(\mathbf{m}') := \mu(\mathbf{c}') = \lambda^{-1}(\mathbf{c}').$$

Il seguente algoritmo descrive una prima strategia elementare che può essere implementata per cercare di decodificare un messaggio.

Algoritmo 3.1 (Algoritmo elementare di decodifica).

DATI:

D1 Un codice a blocchi $\mathcal{C}$;

D2 Un messaggio $\mathbf{m}$.

DETERMINARE:

G1 La minima distanza e fra $\mathbf{m}$ ed una parola di codice;

G2 Se esiste, un unico $\mathbf{m}' \in \mathcal{C}$ tale che $d(\mathbf{m}, \mathbf{m}') = e$.

SI PROCEDA COME SEGUE:

S1 Sia $E = \{d(\mathbf{c}, \mathbf{m}) : \mathbf{c} \in \mathcal{C}\}$;

S2 si ponga $e = \min E$.

S3 se $B_e(\mathbf{m}) \cap \mathcal{C}$ contiene un unico elemento $\mathbf{x}$, si ponga $\mathbf{m}' = \mathbf{x}$ e si restituisca $(e, \mathbf{m}')$; altrimenti si restituisca solamente e.

L'Algoritmo 3.1 richiede di calcolare M distanze distinte, per ogni operazione di decodifica. Il numero di operazioni da compiere è dunque una funzione lineare del numero di parole in $\mathcal{C}$. Notiamo che tale cardinalità cresce in modo esponenziale con la lunghezza del codice n.

È possibile fare di meglio; l'algoritmo seguente fornisce esattamente gli stessi risultati dell'Algoritmo 3.1, ma, in media, risulta molto più economico, in quanto vengono calcolate solamente le distanze indispensabili a fornire una risposta.

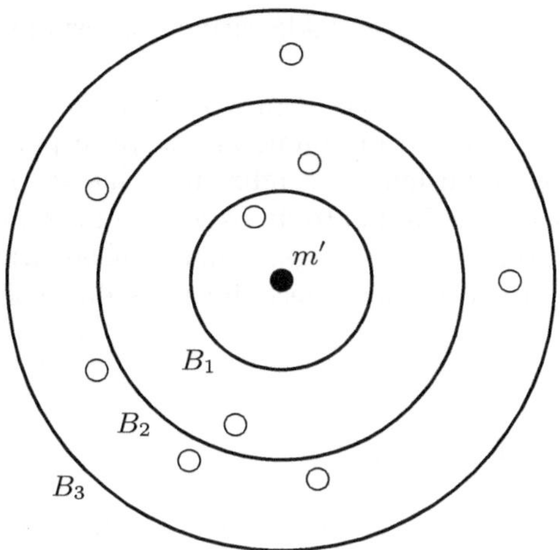

Fig. 3.2. Algoritmo generico di decodifica

Algoritmo 3.2 (Algoritmo generico di decodifica (MDD[1])).

DATI:

D1 Un codice a blocchi $\mathcal{C}$;
D2 Un messaggio **m**.

DETERMINARE:

G1 La minima distanza e fra **m** ed una parola di codice;
G2 Se esiste, un unico $\mathbf{m}' \in \mathcal{C}$ tale che $d(\mathbf{m}, \mathbf{m}') = e$.

SI PROCEDA COME SEGUE:

S1 si ponga $e = 0$.
S2 se $D_e = B_e(\mathbf{m}) \cap \mathcal{C} \neq \emptyset$ si distinguano due casi
    1. $|D_e| = 1$; allora si restituiscano e e l'unico elemento di D_e;
    2. $|D_e| > 1$; allora si restituisca solamente e;
S3 si ponga $e = e + 1$;
S4 si ritorni al punto S2.

Se esiste una sola parola $\mathbf{m}' \in \mathcal{C}$ tale che $d(\mathbf{m}, \mathbf{m}') = e$, si dice che sono stati corretti e errori nel messaggio ricevuto e la versione corretta è $\mathbf{m}'$. Se, al contrario, vi sono più elementi di $\mathcal{C}$ a distanza e da **m** si dice che sono stati individuati *almeno* e errori ma la correzione non è possibile. Per concludere, si noti che se $\mathcal{C}$ è

---

[1] Minimum Distance Decoding

un codice non vuoto di lunghezza n, l'Algoritmo 3.2 termina, dopo al massimo n passaggi.

Un modo elementare per risolvere il problema di calcolare gli insiemi D_e, al variare di e fra 0 ed n, è quello di enumerare tutte le parole del codice $\mathcal{C}$ e di controllare quali di esse soddisfano le condizioni richieste. Tale approccio risulta però decisamente dispendioso dal punto di vista computazionale. Si rivela dunque opportuno investigare codici che posseggano una qualche struttura aggiuntiva grazie alla quale le procedure di codifica e decodifica possono essere rese notevolmente più veloci.

3.4 Efficienza di un codice

Sia k la lunghezza delle parole che si vogliono trasmettere mediante un (n, M) codice $\mathcal{C}$. In generale, si vuole, fissato il numero di errori che possono essere corretti, che la lunghezza n del codice sia la più piccola possibile. Al fine di quantificare il rapporto fra i blocchi da codificare e quelli trasmessi si introduce la nozione di efficienza di un codice.

Definizione 3.5. L'*efficienza* di un (n, M)–codice su un alfabeto A finalizzato alla trasmissione di parole di lunghezza k è la quantità

$$R = \frac{k}{n}.$$

In generale, si avrà $M \approx |A|^k$; se $|A| = q$, si può dunque scrivere

$$R = \frac{\log_q M}{n};$$

infine, da $M \le q^n$ segue $R \le 1$.

Definizione 3.6. La *ridondanza* di un (n, M)–codice finalizzato alla trasmissione di parole di lunghezza k è la quantità

$$r = n - k.$$

Notiamo che sia l'efficienza che la ridondanza misurano l'aumento di dimensioni causato dalla codifica, ma non indicano quanti errori sia effettivamente possibile correggere. Inoltre si tratta di quantità inversamente correlate, nel senso che ad un'elevata ridondanza corrisponde una bassa efficienza. Supponiamo che sia $M = |A|^k$. Allora, ridondanza e efficienza sono legate fra loro dalla seguente relazione:

$$\frac{r}{n} = 1 - R.$$

Esempio 3.6. Supponiamo che il codice $\mathcal{C}$ di cui all'Esempio 3.2 sia impiegato per trasmettere l'informazione rappresentata dalle coppie (00), (01), (10) e (11) mediante la corrispondenza

$$(00) \mapsto (00000)$$
$$(10) \mapsto (10110)$$
$$(01) \mapsto (01011)$$
$$(11) \mapsto (11101).$$

Allora, $R = 2/5$ ed $r = 3$.

Per concludere, osserviamo che un'elevata ridondanza corrisponde ad una bassa entropia sulle parole trasmesse, e questo suggerisce che, in questo caso, si possa avere una buona capacità correttiva.

3.5 Distanza minima

Efficienza e ridondanza di un codice dipendono solamente dalla lunghezza dei blocchi codificati e da quella dei blocchi da codificare. Esse, pertanto, possono fornire soltanto un'indicazione di massima sul possibile migliore comportamento di un codice con parametri assegnati, ma non dicono nulla relativamente quanti errori e un sistema *garantisca* di poter individuare o correggere.

Per rispondere a quest'ultima domanda è necessario introdurre un'ulteriore nozione: quella di distanza minima.

Definizione 3.7. Sia $\mathcal{C}$ un (n, M)–codice. La *distanza di Hamming* o *distanza minima* di $\mathcal{C}$ è la quantità:

$$d = \min\{\, d(\mathbf{x}, \mathbf{y}) : \mathbf{x}, \mathbf{y} \in \mathcal{C},\ \mathbf{x} \neq \mathbf{y} \,\}.$$

Esempio 3.7. Il codice $\mathcal{C}$ dell'Esempio 3.2 ha distanza minima $d = 3$.

Nel seguito indicheremo un (n, M)–codice $\mathcal{C}$ di distanza minima d con la dicitura (n, M, d)–codice.

Esempio 3.8. Consideriamo un codice $\mathcal{C} = \{\mathbf{c}_1, \mathbf{c}_2, \mathbf{c}_3, \mathbf{c}_4, \mathbf{c}_5\}$ sopra l'alfabeto $A = \{a, b, c, d, e\}$ con

$$\mathbf{c}_1 = (abcde) \quad \mathbf{c}_2 = (acbed) \quad \mathbf{c}_3 = (eabdc)$$
$$\mathbf{c}_4 = (dceda) \quad \mathbf{c}_5 = (adebc).$$

Per $i \neq j$ otteniamo $d(\mathbf{c}_i, \mathbf{c}_j) = 4$, pertanto tale codice ha distanza minima $d = 4$.

È chiaro, per definizione di distanza di Hamming, che la distanza minima è sempre minore della lunghezza di un codice, per cui $d < n$.

Per poter confrontare fra loro codici di lunghezza differente è utile fornire una nozione di distanza relativa.

Definizione 3.8. La *distanza relativa* di un (n, M, d)–codice è il numero

$$\delta = \frac{d}{n}.$$

Si noti che si ha sempre $\delta < 1$.

Per determinare la distanza minima d di un codice $\mathcal{C}$ è necessario, a priori, calcolare la distanza fra $\binom{M}{2}$ coppie di parole. Nel caso di codici dotati di una struttura algebrica ricca, come ad esempio quelli del Capitolo 4, i calcoli si possono però notevolmente semplificare.

Dato un un (n, M)–codice $\mathcal{C}$ di distanza minima d, ogni due sfere di Hamming centrate in punti distinti di $\mathcal{C}$ e con raggio $r \leq \frac{d-1}{2}$ sono necessariamente disgiunte fra loro. Questo conduce ad una strategia per la decodifica di un messaggio $\mathbf{m}$ ricevuto: cercare un $\mathbf{m}' \in \mathcal{C}$ tale che $d(m, m') \leq \frac{d-1}{2}$, e dichiarare un errore non correggibile qualora tale $\mathbf{m}'$ non esista. Sotto tale ipotesi, l'Algoritmo 3.2 può essere semplificato notevolmente come segue.

Algoritmo 3.3 (Decodifica a distanza minima limitata (BMDD[2])).

DATI:

| D1 | Un codice $\mathcal{C}$ di lunghezza n e distanza minima d;
| D2 | Una parola $\mathbf{m}$.

DETERMINARE:

| G1 | Se esiste, $\mathbf{m}' \in \mathcal{C}$ tale che $d(\mathbf{m}', \mathbf{m}) \leq \frac{d-1}{2}$;
| G2 | $e = d(\mathbf{m}, \mathbf{m}')$.

SI PROCEDA COME SEGUE:

| S1 | sia $D = B_{(d-1)/2}(\mathbf{m})$;
| S2 | se $D \cap \mathcal{C} = \{\mathbf{m}'\}$ si restituiscano $\mathbf{m}'$ e $e = d(\mathbf{m}, \mathbf{m}')$;
| S3 | se $D \cap \mathcal{C} = \emptyset$ si segnali che si sono verificati *almeno* $d/2$ errori.

⚠ Notiamo che esistono degli errori che vengono corretti dall'Algoritmo 3.2 che l'Algoritmo 3.3 riesce solamente ad individuare. Tali errori corrispondono al caso in cui vi è un'unica parola di codice che minimizza la distanza da $\mathbf{m}$, ma tale parola si trova a distanza maggiore di $(d-1)/2$ dalla stessa.

---

[2] Bounded minimum distance decoding

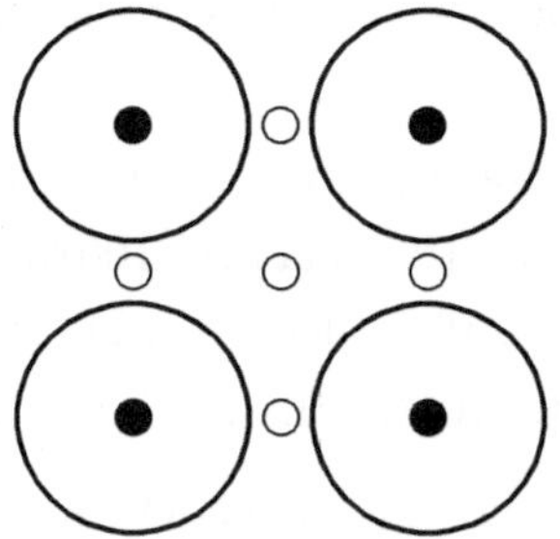

Fig. 3.3. Raggio di impacchettamento

Alla luce degli algoritmi 3.2 e 3.3 è possibile formulare il seguente teorema: esso mostra quanto un (n, M)–codice possa garantire di essere in grado di fare.

Teorema 3.9. *Sia C un (n, M)-codice avente distanza minima d. Allora C può correggere automaticamente almeno $e = \lfloor (d-1)/2 \rfloor$ errori. Il medesimo codice, se usato solamente per individuare la presenza di errori, è in grado di individuarne almeno $d-1$ in ogni blocco. Si dice che C è un* codice $e = \lfloor (d-1)/2 \rfloor$ *correttore.*

Dimostrazione. Dato un (n, M) codice con distanza minima d, l'Algoritmo 3.3 può essere usato per correggere automaticamente almeno $e = \lfloor (d-1)/2 \rfloor$ errori. D'altro canto, siccome due parole di codice differiscono in almeno d componenti fra loro, un numero di errori $1 \le t \le d - 1$ su di una parola m necessariamente produce una parola $m' \notin C$.   □

Se si verificano più di e errori, chiaramente, l'Algoritmo 3.3 non è in grado di effettuare la correzione; al contrario è possibile che, in questo caso, l'Algoritmo 3.2 riesca, per particolari parole ricevute, a correggere gli errori.

Definizione 3.9. Il numero e degli errori che un (n, M, d)–codice C garantisce di poter correggere mediante l'algoritmo 3.3 è detto *raggio di impacchettamento* di C, in quanto coincide con il massimo intero i tale che

$$B_i(\mathbf{c}) \cup B_i(\mathbf{c}') = \emptyset,$$

per ogni coppia di parole distinte $\mathbf{c}, \mathbf{c}' \in C$.

Esempio 3.10. Sia $C = \{\mathbf{c}_1, \mathbf{c}_2, \mathbf{c}_3, \mathbf{c}_4\}$, con

$$\mathbf{c}_1 = (00000), \qquad \mathbf{c}_2 = (10110), \qquad \mathbf{c}_3 = (01011), \qquad \mathbf{c}_4 = (11101).$$

nuovamente il codice dell'Esempio 3.2. Come visto, la distanza minima di questo codice è $d = 3$; pertanto, per il Teorema 3.9, è sempre possibile correggere esattamente un errore. Sia adesso S l'insieme di tutte le possibili sequenze di lunghezza

5 su $A = \{0, 1\}$; chiaramente, $|S| = 32$. Si considerino tutte le sfere di raggio 1 centrate nelle parole di $\mathcal{C}$.

$$S_{\mathbf{c}_1} = \{(00000), (10000), (01000), (00100), (00010), (00001)\}$$
$$S_{\mathbf{c}_2} = \{(10110), (00110), (11110), (10010), (10100), (10111)\}$$
$$S_{\mathbf{c}_3} = \{(01011), (11011), (00011), (01111), (01001), (01010)\}$$
$$S_{\mathbf{c}_4} = \{(11101), (01101), (10101), (11001), (11111), (11100)\}.$$

L'unione di tali sfere contiene solamente 24 delle possibili 32 sequenze di lunghezza 5. Indichiamo con S^* l'insieme delle sequenze che non cadono in alcuna delle sfere; allora,

$$S^* = \{(11000), (01100), (10001), (00101), (01110), (00111), (10011), (11010)\}.$$

Supponiamo che sia stata ricevuta la parola $\mathbf{r} = (00011)$; calcolando la distanza da ogni parola di $\mathcal{C}$, otteniamo:

$$d(\mathbf{c}_1, \mathbf{r}) = 2, \qquad d(\mathbf{c}_2, \mathbf{r}) = 3, \qquad d(\mathbf{c}_3, \mathbf{r}) = 1, \qquad d(\mathbf{c}_4, \mathbf{r}) = 4.$$

Poiché $\mathbf{r} \in S_{\mathbf{c}_3}$, si può decodificare $\mathbf{r}$ con $\mathbf{m}' = \mathbf{c}_3$. Se fosse stata ricevuta la parola $\mathbf{s} = (11000)$, il calcolo delle distanze dalle parole di codice avrebbe fornito

$$d(\mathbf{c}_1, \mathbf{s}) = 2, \qquad d(\mathbf{c}_2, \mathbf{s}) = 3, \qquad d(\mathbf{c}_3, \mathbf{s}) = 3, \qquad d(\mathbf{c}_4, \mathbf{s}) = 2.$$

A questo punto non saremmo più stati in grado si correggere automaticamente l'errore; l'unica informazione sicura sarebbe stata la presenza di (almeno due) errori, in quanto $\mathbf{s}$ non è una parola di codice. Notiamo, infine, che qualora si sia a conoscenza che sul canale si possono verificare 3 o più alterazioni, non è possibile utilizzare il codice $\mathcal{C}$ nemmeno per identificare gli errori, in quanto in $\mathcal{C}$ esiste una coppia di parole a distanza esattamente 3.

Per ogni parola $\mathbf{w} \in A$, definiamo la distanza di $\mathbf{w}$ da $\mathcal{C}$ come

$$d(\mathbf{w}, \mathcal{C}) := \min_{\mathbf{c} \in \mathcal{C}} d(\mathbf{w}, \mathbf{c}),$$

Definizione 3.10. Si dice *raggio di copertura* di un codice $\mathcal{C} \subseteq A^n$ il numero

$$\rho(\mathcal{C}) = \max_{\mathbf{x} \in A^n} d(\mathbf{x}, \mathcal{C}).$$

Il raggio di copertura di un codice fornisce una limitazione superiore al numero di iterazioni che l'Algoritmo 3.2 può dover compiere prima di fornire una risposta. Infatti, per qualsiasi n–pla $\mathbf{m}$ ricevuta, l'insieme $B_\rho(\mathbf{m}) \cap \mathcal{C}$ è sicuramente non vuoto.

Definizione 3.11. Un codice per cui il raggio di copertura e quello di impacchettamento coincidano è detto *perfetto*.

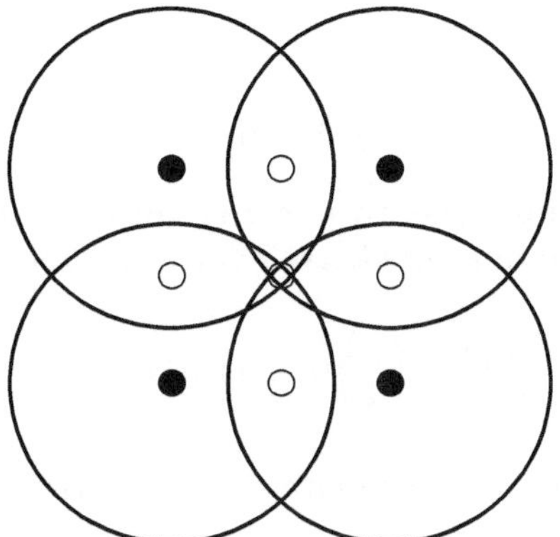

Fig. 3.4. Raggio di copertura

In particolare, un (n, M) codice $\mathcal{C}$ su di un alfabeto A è perfetto se esso garantisce di poter correggere e errori e ogni parola di lunghezza n su A cade in una sfera di raggio e centrata in una parola di $\mathcal{C}$. Sotto queste ipotesi, la distanza minima di $\mathcal{C}$ deve essere necessariamente $2e + 1$.

La Definizione 3.11 fornisce una condizione in cui i risultati dell'Algoritmo 3.3 e quelli dell'Algoritmo 3.2 coincidono.

3.6 Limitazioni

I parametri n, M e d associati ad un codice a blocchi $\mathcal{C}$ su di un alfabeto A non sono completamente indipendenti fra loro. Uno dei principali oggetti di studio nella teoria dei codici è formulare delle limitazioni che leghino tali parametri fra loro e, al contempo, trovare dei codici che siano ottimali dal punto di vista dei parametri. Chiaramente $M \leq |A|^n$ e $d \leq n$. Il seguente teorema presenta una prima relazione non banale che deve essere soddisfatta.

Teorema 3.11 (Limitazione di Singleton). *Sia $\mathcal{C}$ un (n, M, d)–codice su di un alfabeto A. Allora,*

$$M \leq |A|^{n-d+1}. \tag{3.1}$$

Dimostrazione. Consideriamo l'insieme di tutte le M parole del codice $\mathcal{C}$ e rimuoviamo da ognuna di esse gli ultimi $d - 1$ simboli. Siccome due qualsiasi parole distinte di $\mathcal{C}$ differiscono in almeno d posizioni, le parole così ottenute sono ancora tutte diverse fra loro e dunque formano un $(n - d + 1, M, 1)$–codice su A. Ne segue $M \leq |A|^{n-d+1}$, che è la tesi. $\qquad\square$

È possibile esprimere la limitazione di Singleton anche in termini di efficienza di codice e distanza relativa. Poniamo $|A| = q$; estraendo il logaritmo in base q in entrambi i termini della relazione (3.1) e dividendo per n si ottiene

$$R = \frac{\log_q M}{n} \leq 1 - \delta + \frac{1}{n},$$

da cui si deduce

$$\delta \leq 1 - R. \tag{3.2}$$

Teorema 3.12 (Limitazione per impacchettamento di sfere). *Sia $C \subseteq A^n$ un (n, M)–codice e–correttore e sia altresì $q = |A|$. Allora,*

$$M \sum_{i=0}^{e} \binom{n}{i} (q-1)^i \leq q^n, \tag{3.3}$$

con l'uguaglianza soddisfatta se, e soltanto se, C è un codice perfetto.

Dimostrazione. Per definizione di raggio di impacchettamento e,

$$M |B_e(x)| \leq q^n.$$

Una sfera di Hamming $B_e(x)$ in dimensione n può sempre vedersi come l'unione del punto x con n "rette" concorrenti in x, $\binom{n}{2}$ "piani" (contenenti le "rette" di cui sopra), etc. Ne segue

$$|B_e(x)| = \sum_{i=0}^{e} \binom{n}{i} (q-1)^i.$$

Da questo e dalla considerazione precedente, discende la relazione (3.3).   □

La limitazione appena dimostrata è detta anche *limitazione di Hamming*. Il numero di punti contenuti in una sfera di Hamming B, di raggio r in dimensione n, su un alfabeto q–ario è il *volume* di B ed è denotato dal simbolo $V_q(n, r)$.

Il valore di $V_q(n, r)$ può esprimersi mediante la funzione entropia di Hilbert (1.2), come mostra il seguente lemma.

Lemma 3.13. *Sia $0 < \delta < 1/2$. Allora,*

$$\lim_{n \to \infty} \frac{1}{n} \log_2 V_2(n, n\delta) = H(\delta).$$

Dimostrazione. Per definizione di $V_2(n, n\delta)$ abbiamo

$$V_2(n, n\delta) = \sum_{i=0}^{n\delta} \binom{n}{i}. \tag{3.4}$$

D'altro canto, per le ipotesi su δ

$$\frac{\binom{n}{i+1}}{\binom{n}{i}} = \frac{n-i}{i+1} \geq 1,$$

per ogni i compreso fra 0 e $n\delta$. Poiché l'ultimo termine nella sommatoria (3.4) è il più grande, possiamo stimare il valore di $V_2(n, n\delta)$ come

$$\binom{n}{n\delta} \leq V_2(n, n\delta) \leq (n\delta + 1)\binom{n}{n\delta}. \tag{3.5}$$

La formula di Stirling è la seguente approssimazione del fattoriale:

$$k! \approx k^{(k+1)/2} e^{-k}\sqrt{2\pi}.$$

Utilizzandola, è possibile scrivere il logaritmo del coefficiente binomiale più a sinistra come

$$\log_2\binom{n}{n\delta} = -n(1-\delta)\log_2(1-\delta) - n\delta\log_2\delta + o(\log n) = nH(\delta).$$

Sostituendo ora quest'espressione nella relazione (3.5) si ottiene

$$H(\delta) \leq \frac{1}{n}\log V_2(n, n\delta) \leq \frac{1}{n}\log_2 n\delta + 1 + H(\delta).$$

La tesi segue dall'osservazione che se $n \to \infty$, allora $\log_2(n\delta + 1)/n \to 0$. $\qquad\square$

Una variante della stima presentata nel Lemma 3.13 si può applicare anche ai codici definiti su di un alfabeto con q simboli; la formula in tale caso asserisce che, per ogni δ compreso fra 0 ed 1,

$$\lim_{n\to\infty}\frac{1}{n}\log_q V_q(n, n\delta) = H_q(\delta) + \delta\log_q(q-1).$$

ove $H_q(x)$ denota, al solito, la funzione entropia di Hilbert q–aria.

⚠ Utilizzando il Lemma 3.13 si riesce a dare una forma particolarmente interessante alla limitazione di Hamming per i codici binari.

Teorema 3.14. *Sia C un codice binario di efficienza R e distanza relativa δ. Supponiamo che la lunghezza di C sia grande. Allora,*

$$R + H_2\left(\frac{\delta}{2}\right) \leq 1.$$

Dimostrazione. Sia $p = \delta/2$, poiché $(d-1)/2 \simeq pn$, la limitazione di Hamming può riscriversi come

$$MV_2(n, pn) \leq 2^n;$$

estraendo il logaritmo in base 2 da entrambe le parti e dividendo per n si ottiene

$$R + \frac{\log V_2(n, pn)}{n} \leq 1.$$

La tesi segue ora applicando il Lemma 3.13. $\qquad\square$

3.7 Codici equivalenti

In questo paragrafo discuteremo il problema di identificare quando due codici godono delle medesime proprietà e, pertanto, possono ritenersi equivalenti.

Definizione 3.12. Sia A un alfabeto e $n \geq 1$ un intero. Una applicazione $\varphi : A^n \mapsto A^n$ è detta *isometria* di A^n se, per ogni $\mathbf{l}, \mathbf{m} \in A^n$,

$$d(\varphi(\mathbf{l}), \varphi(\mathbf{m})) = d(\mathbf{l}, \mathbf{m}).$$

In particolare, ogni isometria di A^n è una biiezione.

Definizione 3.13. Due codici C e C' di lunghezza n su di un alfabeto A sono detti *equivalenti* se è possibile ottenere C a partire da C' applicando le seguenti due operazioni:

1. permutare le posizioni dei simboli in tutte le parole di C;
2. permutare i caratteri in ogni singola posizione di C.

In generale, se due codici sono equivalenti, allora esiste un'isometria di A^n che trasforma l'uno nell'altro.

Esempio 3.15. Consideriamo un alfabeto $A = \{a, b, c\}$. Sia C il $(3,3)$–codice le cui parole sono

$$(aaa), (abc), (cbb).$$

Allora, il codice C' le cui parole sono

$$(aaa), (bac), (bcb),$$

è equivalente a C, in quanto le sue parole sono state ottenute permutando le posizioni in ogni parola di C. La permutazione è quella che scambia fra loro il primo e il secondo carattere di ogni parola. Anche il codice C''

$$(baa), (bbc), (abb),$$

è equivalente a C. In questo caso le parole si sono ottenute sostituendo nella prima posizione il carattere b al carattere a, il carattere a al carattere c e il carattere c al carattere b. Infine, il codice C'''

$$(baa), (cac), (ccb)$$

è anch'esso equivalente a C ed è ottenuto effettuando entrambe le operazioni di cui sopra. Per concludere, il codice $\mathcal{D}$

$$(aaa), (aab), (aca)$$

non è equivalente a nessuno di quelli di cui sopra, in quanto non isometrico ad essi.

Per definizione di isometria, due codici equivalenti hanno le stesse proprietà metriche; pertanto distanza minima, raggio di copertura e raggio di impacchettamento coincidono. Inoltre, poiché φ è biiettiva su A^n anche il numero di parole dei codici è il medesimo e, pertanto, anche ridondanza ed efficienza sono le stesse.

⚠ L'obiettivo di quest'ultima parte del capitolo è quello di caratterizzare formalmente tutte le equivalenze di codice e fornire un teorema di struttura sul gruppo delle stesse.

Iniziamo introducendo due tipi di biiezione di A^n in sé. Una *permutazione* è semplicemente un elemento del gruppo simmetrico S_n, che agisce sugli indici corrispondenti ai singoli simboli in una parola. Le seguenti due definizioni formalizzano tale nozione.

Definizione 3.14. Sia $\mathbf{c} = (c_1, c_2, \ldots, c_n)$ una parola di lunghezza n. Una parola $\mathbf{c}' = (c_1', c_2', \ldots, c_n')$ è *ottenuta per permutazione* da $\mathbf{c}$ se esiste $\sigma \in S_n$ tale che per ogni i con $1 \leq i \leq n$,

$$c_i' = c_{\sigma(i)}.$$

In tale caso, scriveremo $\mathbf{c}' = \mathbf{c}^\sigma$.

Definizione 3.15. Sia $\mathcal{C}$ un codice di lunghezza n e $\sigma \in S_n$ una permutazione sull'insieme degli indici $I = \{1, 2, \ldots, n\}$. Il *codice permutato* $\mathcal{C}^\sigma$ è il codice

$$\mathcal{C}^\sigma = \{\, \mathbf{c}^\sigma : \mathbf{c} \in \mathcal{C} \,\}.$$

L'insieme di tutte le permutazioni su A^n è chiaramente il gruppo simmetrico S_n. La nozione di sostituzione è leggermente più difficile da scrivere. Infatti, una sostituzione corrisponde ad assegnare una biiezione $A \mapsto A$ (possibilmente diversa) per ogni posizione in una parola.

Definizione 3.16. Sia A un alfabeto e n un intero. Una qualsiasi funzione $\alpha : \{1, 2, \ldots, n\} \mapsto \mathrm{Sym}(A)$ è detta *sostituzione* di A per parole di lunghezza n.

Il prodotto di due sostituzioni α, β per parole di lunghezza n è definito come la sostituzione γ tale che

$$\gamma(x) = \alpha(x)\beta(x),$$

per ogni $x \in \{1, 2, \ldots, n\}$. È immediato vedere che l'insieme $\Gamma_n(A)$ di tutte le sostituzioni per parole di lunghezza n, dotato di questa operazione di prodotto, è un gruppo. Per semplificare la notazione, indicheremo con α_i la permutazione $\alpha(i)$. Al fine di caratterizzare la struttura del gruppo $\Gamma_n(A)$, consideriamo l'azione di una sostituzione sulle singole posizioni di una parola.

Definizione 3.17. Per ogni $\theta \in \mathrm{Sym}(A)$ sia

$$(\theta, i)(j) = \begin{cases} \theta & \text{se } i = j \\ 1 & \text{se } i \neq j. \end{cases}$$

La sostituzione (θ, i) è detta *sostituzione indotta da θ nella i-esima componente.*

Notiamo che l'insieme

$$\Gamma_n^i(A) := \{(\theta, i) : \theta \in \mathrm{Sym}(A)\}$$

è un gruppo isomorfo a $\mathrm{Sym}(A)$. Indicata con 1 l'identità di $\Gamma_n(A)$, è immediato verificare che $\Gamma_n^i(A) \cap \Gamma_n^j(A) = \{1\}$ ogni qual volta $i \neq j$. D'altro canto, per ogni $\alpha \in \Gamma_n(A)$,

$$\alpha = \prod_{i=1}^{n}(\alpha_i, i), \qquad (\alpha_i, i) \in \Gamma_n^i(A)$$

e dati $(\alpha_i, i) \in \Gamma_n^i$, $(\alpha_j, j) \in \Gamma_n^j$ con $i \neq j$ si ha

$$(\alpha_i, i)(\alpha_j, j) = (\alpha_j, j)(\alpha_i, i).$$

Ne segue che

$$\Gamma_n(A) = \prod_{i=1}^{n} \Gamma_n^i(A)$$

è isomorfo al prodotto diretto di n copie di $\mathrm{Sym}(A)$.

Introdotta la nozione di sostituzione, è possibile mostrare come essa agisce sulle parole di codice.

Definizione 3.18. Sia $\mathbf{c} = (c_1, c_2, \ldots, c_n)$ una parola di lunghezza n sull'alfabeto A e sia $\alpha \in \Gamma_n(A)$. La parola ottenuta mediante la *sostituzione* α da $\mathbf{c}$ è

$$\mathbf{c}_\alpha = (\,\alpha_1(c_1), \alpha_2(c_2), \ldots, \alpha_n(c_n)).$$

Dato un codice $\mathcal{C}$ di lunghezza n e una sostituzione $\alpha \in \Gamma_n(A)$, il *codice per sostituzione* α in $\mathcal{C}$ è il codice

$$\mathcal{C}_\alpha = \{\mathbf{c}_\alpha : \mathbf{c} \in \mathcal{C}\}.$$

L'azione del gruppo $\Gamma_n(A)$ sull'insieme A^n è transitiva, come mostra il seguente teorema.

Teorema 3.16. *Il gruppo $\Gamma_n(A)$ è transitivo sull'insieme A^n.*

Dimostrazione. Siano $\mathbf{c} = (c_1, c_2, \ldots, c_n)$ e $\mathbf{d} = (d_1, d_2, \ldots, d_n)$ due parole di A^n. Chiamiamo α l'applicazione che associa all'intero i la permutazione $(c_i d_i)$. Chiaramente, $\alpha \in \Gamma_n(A)$ e $\alpha(\mathbf{c}) = \mathbf{d}$, da cui segue la tesi. $\qquad\square$

In particolare, si può sempre supporre che, a meno di sostituzioni, una parola "conveniente" appartenga al codice.

È immediato vedere che se $\mathcal{C}$ è un (n, M)–codice sull'alfabeto A, allora sia $\mathcal{C}_\alpha$ che $\mathcal{C}^\sigma$ sono anche essi (n, M)–codici sul medesimo alfabeto. In particolare, il gruppo $\Xi_n(A) = S_n\Gamma_n(A)$ risulta un sottogruppo del gruppo $\mathrm{Sym}(A^n)$ di tutte le permutazioni su A^n.

Definizione 3.19. Un elemento di $S_n\Gamma_n$ è detto *equivalenza di codice*.

Chiaramente, due codici sono equivalenti se esiste un'equivalenza di codici fra gli stessi. Possiamo ora dimostrare il teorema fondamentale.

Teorema 3.17. *Siano $\mathcal{C}$, $\mathcal{D}$ due codici equivalenti; allora, esiste una isometria* $\vartheta : \mathcal{C} \mapsto \mathcal{D}$.

Dimostrazione. Le due operazioni elementari di sostituzione e permutazione sono biiezioni, per cui la composizione di un numero finito di esse è ancora un'applicazione biiettiva $\vartheta : \mathcal{C} \mapsto \mathcal{D}$. Per ottenere la tesi, basta ora dimostrare che sostituzioni nella prima componente e permutazioni preservano la distanza di Hamming. Siano $\mathbf{l}, \mathbf{m} \in \mathcal{C}$. Fissato $\sigma \in S_n$, si ha

$$d(\mathbf{l}^\sigma, \mathbf{m}^\sigma) =$$
$$|\{\, i : m_\sigma i \neq l_\sigma i \}| = |\{\, \sigma(i) : m_i \neq l_i \}| = |\{\, i : m_i \neq l_i \}| = d(\mathbf{l}, \mathbf{m}),$$

per cui le permutazioni preservano la distanza. Sia ora $\alpha \in \Gamma_n(A)$. Per ogni $1 \leq i \leq n$, si ha $l_i = m_i$ se, e soltanto se, $\alpha_i(l_i) = \alpha_i(m_i)$. In particolare,

$$d(\mathbf{l}_\alpha, \mathbf{m}_\alpha) = |\{\, i : \alpha_i(l_i) \neq \alpha_i(m_i) \}| = |\{\, i : l_i \neq m_i \}| = d(\mathbf{l}, \mathbf{m}),$$

da cui discende la tesi. $\qquad\square$

In realtà, è possibile dire qualche cosa di più relativamente il gruppo $\Xi_n(A)$.

Teorema 3.18. *Il gruppo $\Xi_n(A)$ di tutte le equivalenze di codici di lunghezza n sull'alfabeto A è il prodotto semidiretto di S_n con $\Gamma_n(A)$.*

Dimostrazione. Il gruppo $\Xi_n(A)$ è, per definizione, il prodotto di S_n con $\Gamma_n(A)$. Per dimostrare la tesi, basta far vedere che S_n normalizza $\Gamma_n(A)$, cioè che per ogni $\alpha \in \Gamma_n(A)$ e $\sigma \in S_n$, si ha $\sigma\alpha\sigma^{-1} \in \Gamma_n(A)$. Sia dunque $\mathbf{c} \in A^n$ una generica parola. Allora

$$(\sigma\alpha\sigma^{-1})(\mathbf{c}) =$$
$$(\sigma\alpha)(c_{\sigma(1)}, c_{\sigma(2)}, \ldots, c_{\sigma(n)} = \sigma(\alpha_1(c_{\sigma(1)}), \alpha_2(c_{\sigma(2)}), \ldots, \alpha_n(c_{\sigma(n)})) =$$
$$(\alpha_{\sigma^{-1}(1)}(c_1), \alpha_{\sigma^{-1}(2)}(c_2), \ldots, \alpha_{\sigma^{-1}(n)}(c_n)).$$

Ne segue che $(\sigma\alpha\sigma^{-1})$ è una sostituzione, il che implica la tesi. $\qquad\square$

Esercizi

3.1. Assegnati l'alfabeto $A = \{a, b, c\}$ ed il codice $\mathcal{C} = \{aab,\ abc,\ cbb\}$, si determini un codice $\mathcal{C}'$, equivalente a $\mathcal{C}$ e contenente la parola ccc.

3.2. Si fornisca una limitazione superiore per il numero M di parole di un $(6, M, 4)$–codice binario.

3.3. Sia $\mathcal{C}$ un (n, M, d)–codice su di un alfabeto A. Si ponga

$$\mathcal{C}^{(t)} = \{\mathbf{c}_1 \mathbf{c}_2 \ldots \mathbf{c}_t : \mathbf{c}_i \in \mathcal{C}\}$$

e si determinino i parametri di $\mathcal{C}^{(t)}$.

3.4. Dato il $(8, 4, 5)$–codice binario

$$\mathcal{C} = \{(1001\,0100), (1000\,1011), (0111\,0011), (0110\,1100)\},$$

si decodifichi il vettore

$$\mathbf{r} = (0001\,0011).$$

Codici lineari

4

Codici lineari

So are those errors that in thee are seen
To truths translated and for true things deem'd.

W. SHAKESPEARE, SONNET XCVI

Un codice correttore è costituito da due componenti di base:

1. un insieme di parole su di un alfabeto;
2. una corrispondenza fra tali parole e i messaggi che si vogliono trasmettere.

È sempre possibile descrivere questi due elementi scrivendo per esteso l'insieme delle parole e la corrispondenza necessaria fra di esso e i messaggi; d'altro canto, questo approccio, tranne che nei casi più semplici, quali ad esempio [47], si rivela estremamente poco pratico.

In effetti, per poter concretamente implementare un codice correttore sono necessari tre elementi:

1. Un algoritmo di codifica;
2. Un algoritmo per individuare e eventualmente correggere gli errori;
3. Un algoritmo di decodifica.

Tutti e tre questi algoritmi devono, idealmente, essere efficienti, anche se, in funzione del tipo di applicazione considerata, è possibile talvolta accettare dei compromessi[1]. In questo capitolo inizieremo a studiare codici dotati di una struttura aggiuntiva di spazio vettoriale: i codici lineari. In particolare, si vedrà come sia possibile per essi fornire in modo semplice e conciso una descrizione degli algoritmi sopra indicati.

---

[1] In particolare, vi sono casi di *comunicazione asimmetrica* in cui è importante che una delle procedure sia veloce, mentre le altre possono anche essere meno efficienti. Un esempio tipo è quello della televisione digitale, in cui l'apparato ricevente è molto meno potente da un punto di vista computazionale di quello trasmittente (per cui deve essere facile decodificare); un altrro esempio è offerto dalle sonde interplanetarie, per cui la procedura di codifica deve essere efficiente (mentre la decodifica può richiedere anche molto tempo).

4.1 Generalità

L'alfabeto A su cui un codice correttore è definito è, a priori, solamente un insieme finito di simboli, senza alcuna ipotesi su sue ulteriori proprietà. Casi interessanti si verificano quando su A sono definite delle operazioni algebriche; in particolare, si rivela molto utile investigare il caso in cui A sia quantomeno un gruppo. In questo capitolo e nei successivi considereremo una situazione ancora più particolare, ma di fondamentale importanza: quella in cui A è un campo finito. Per i richiami di algebra relativi le proprietà fondamentali dei campi finiti, si veda l'Appendice A; un testo di riferimento è [56].

Nel seguito, supporremo sempre di avere un alfabeto $A = \mathbb{F}_q$, ove $\mathbb{F}_q$ è un campo contenente esattamente q elementi. Sotto questa prima ipotesi, le parole di un codice $\mathcal{C}$ di lunghezza n possono vedersi come elementi dello spazio vettoriale $V_n(\mathbb{F}_q) = \mathbb{F}_q^n$, di dimensione n sul campo $\mathbb{F}_q$. Supponiamo ora, in aggiunta, che l'insieme delle parole di codice $\mathcal{C}$ sia esso stesso un sottospazio vettoriale di dimensione k e che, al contempo, l'insieme K di tutti i possibili messaggi sia lo spazio vettoriale $V_k(\mathbb{F}_q)$ di dimensione $k \leq n$ su $\mathbb{F}_q$. In questo modo, si ottengono codici contenenti $M = q^k$ parole e ogni codifica è descritta da un'applicazione iniettiva $\vartheta : V_k(\mathbb{F}_q) \mapsto V_n(\mathbb{F}_q)$. La situazione più interessante si verifica quando ϑ è lineare.

Definizione 4.1. Un (n, M)–codice $\mathcal{C}$ è un $[n, k]$–codice *lineare* quando sono soddisfatte contemporaneamente le seguenti condizioni:

1. L'alfabeto su cui il codice è definito è un campo finito $\mathbb{F}_q$.
2. l'insieme K delle parole codificabili è uno spazio vettoriale di dimensione k su $\mathbb{F}_q$ e, dunque, esso può identificarsi con con $V_k(\mathbb{F}_q)$; in particolare, $M = q^k$.
3. L'operazione di codifica $\vartheta : V_k(\mathbb{F}_q) \mapsto V_n(\mathbb{F}_q)$ preserva la struttura di spazio vettoriale ed è iniettiva; dunque, ϑ è un monomorfismo.

Il numero dei sottospazi k dimensionali di $V_n(\mathbb{F}_q)$ è

$$s_k = \frac{(q^n - 1)(q^{n-1} - 1)\ldots(q^{n-k+1} - 1)}{(q^k - 1)(q^{k-1} - 1)\ldots(q - 1)};$$

pertanto, vi sono esattamente s_k possibili $[n, k]$–codici differenti.

Per brevità si userà il temine $[n, k, d]$–*codice* per indicare un $[n, k]$-codice lineare con distanza minima di Hamming d.

Esempio 4.1. Costruiamo un codice lineare $\mathcal{C}$ su $\mathbb{F}_2$ di dimensione 2 e lunghezza 5. Sia $K = V_2(\mathbb{F}_2)$ l'insieme di tutti i possibili messaggi; pertanto, $K = \{(0\,0), (1\,0), (0\,1), (1\,1)\}$ e indichiamo con $\mathcal{C}$ il sottospazio vettoriale di $V_5(\mathbb{F}_2)$ avente per base

$$\mathfrak{B} = \{(10111), (11110)\}.$$

Si ottiene in modo naturale la seguente applicazione di codifica:

$$(00) \mapsto (00000)$$
$$(10) \mapsto (10111)$$
$$(01) \mapsto (11110)$$
$$(11) \mapsto (01001).$$

Quindi,
$$\mathcal{C} = \{(00000), (10111), (01001), (11110)\}.$$
Una verifica diretta mostra come la distanza minima di $\mathcal{C}$ sia 2.

L'operazione di codifica di un messaggio mediante un codice lineare è una trasformazione lineare e, pertanto, risulta relativamente semplice da descrivere mediante una matrice, una volta che si siano fissate delle basi opportune in $V_k(\mathbb{F}_q)$ e $V_n(\mathbb{F}_q)$. In generale, al variare della base di $V_k(\mathbb{F}_q)$ rispetto cui si scrive un messaggio si ottengono codici *differenti* che hanno le medesime proprietà; questo però non è il caso se si rappresentano le parole da trasmettere in differenti basi di $V_n(\mathbb{F}_q)$. Nel Paragrafo 4.2, si illustra come si possa teoricamente ovviare al problema di dover scegliere delle basi per poter descrivere la codifica, mentre nel Paragrafo 4.5 si discute la nozione di equivalenza per i codici lineari.

È bene notare che, in molte applicazioni pratiche, sia la lunghezza n che la dimensione k sono talmente grandi da rendere poco pratico descrivere il monomorfismo ϑ fornendo esplicitamente la matrice ad esso corrispondente. In tali casi, anche solo per calcolare l'immagine di una parola, si rende indispensabile sfruttare eventuali ulteriori proprietà del codice, quali, ad esempio, la ciclicità. Queste situazioni saranno studiate nei capitoli successivi.

⚠ 4.2 Codici lineari astratti

Uno dei vantaggi principali nel descrivere i codici lineari come sottospazi k–dimensionali di $V_n(\mathbb{F}_q)$ è quello di potere fornire una rappresentazione esplicita delle parole. D'altro canto, come si vedrà nel Paragrafo 4.5, una trasformazione lineare invertibile generica non è un'isometria per la distanza di Hamming; pertanto, le proprietà specifiche di codice non sono indipendenti rispetto la scelta della base. Un metodo per ovviare a tale problema è quello di fissare le basi degli spazi coinvolti una volta per tutte, ad esempio adottando, tacitamente, quelle canoniche. Un altro è quello di cercare di fornire una differente descrizione formale di codice lineare che evidenzi quali sono le sue effettive proprietà intrinseche. Chiaramente, tale definizione, una volta che sia stata fissata una base $\mathfrak{B}$ di $V_n(\mathbb{F}_q)$, deve risultare equivalente a quanto introdotto nel paragrafo precedente. Questo è l'obiettivo del presente paragrafo.

Siano $\mathbb{F}$ un campo e X un insieme non vuoto; indichiamo con $\mathbb{F}^X$ l'insieme di tutte le funzioni $f : X \mapsto \mathbb{F}$. Comunque dati $f, g \in \mathbb{F}^X$ e $\lambda, \mu \in \mathbb{F}$, sia

$$(\lambda f + \mu g)(x) := \lambda f(x) + \mu g(x).$$

Chiaramente, $(\lambda f + \mu g) \in \mathbb{F}^X$. È immediato verificare che $\mathbb{F}^X$, con le operazioni di somma e prodotto per uno scalare così introdotte, soddisfa tutti gli assiomi di spazio vettoriale su $\mathbb{F}$. Quando X è un insieme finito con $|X| = n$, possiamo sempre supporre $X = \{1, 2, \ldots, n\}$. In tale caso, una base $\mathfrak{E}$ di $\mathbb{F}^X$ è data dalle funzioni

$$e_i(j) = \begin{cases} 1 & \text{se } i = j \\ 0 & \text{se } i \neq j, \end{cases}$$

con $i \in X$, ordinate secondo l'indice i. Si noti che, in particolare, la dimensione di $\mathbb{F}^X$ è proprio $n = |X|$.

Definizione 4.2. Sia $T \subseteq X$ un insieme. La *funzione caratteristica di T su $\mathbb{F}$* è la funzione $\chi_T : X \mapsto \mathbb{F}$ data da

$$\chi_T(j) = \begin{cases} 1 & \text{se } j \in T \\ 0 & \text{se } j \notin T. \end{cases}$$

La funzione χ_T, in particolare, si può sempre scrivere rispetto la base $\mathfrak{E}$ come

$$\chi_T(x) = \sum_{i \in T} e_i(x).$$

Definizione 4.3. Sia $\mathbb{F}_q$ un campo finito e X un insieme finito non vuoto con $|X| = n$. Un *$[n, k]$–codice lineare astratto* è un sottospazio vettoriale k–dimensionale di $\mathbb{F}_q^X$ dotato della distanza

$$d(f(x), g(x)) = |\{ x \in X : f(x) \neq g(x) \}|.$$

Definizione 4.4. Il *peso di Hamming* di una parola $f \in \mathcal{C}$, ove $\mathcal{C} \leq \mathbb{F}^X$ è un codice lineare astratto, è l'intero

$$w(f) = |\{ x \in X : f(x) \neq 0 \}|.$$

Verifichiamo subito l'equivalenza fra la Definizione 4.3 e la più semplice nozione della Definizione 4.1, di (n, M)–codice dotato di struttura di spazio vettoriale. Tale verifica sarà compiuta nei seguenti due teoremi.

Teorema 4.2. *Un $[n, k, d]$–codice lineare $\mathcal{C}$ su $\mathbb{F}_q$ è un (n, q^k, d)–codice.*

Dimostrazione. Posto $X = \{1, 2, \ldots, n\}$, sia $\Theta : \mathcal{C} \mapsto \mathbb{F}_q^n$ l'applicazione

$$\Theta : f \mapsto (f(1), f(2), \ldots, f(n)).$$

Poniamo $\mathcal{C}^\Theta = \{(f(1), f(2), \ldots, f(n)) : f \in \mathcal{C}\}$. Chiaramente, $\mathcal{C}^\Theta$ è un insieme di parole di lunghezza n in $\mathbb{F}_q^n$. D'altro canto, la cardinalità di $\mathcal{C}^\Theta$ coincide con quella di $\mathcal{C}$, che è q^k. Dunque, $\mathcal{C}^\Theta$ è un (n, q^k)–codice. Per concludere la dimostrazione, resta da verificare che la distanza minima di $\mathcal{C}$ coincide con la distanza minima di $\mathcal{C}^\Theta$. In realtà, verificheremo una condizione più forte: l'applicazione Θ è un'isometria. Infatti, date $f, g \in \mathcal{C}$, si ha

$$\mathbf{f} = \Theta(f) = (f(1), f(2), \ldots, f(n)) \qquad \mathbf{g} = \Theta(g) = (g(1), g(2), \ldots, g(n));$$

da questo si deduce

$$d(\Theta(f), \Theta(g)) = |\{ x \in X : f(x) \neq g(x) \}| = d(f(x), g(x)).$$

Ne segue, in particolare, che $\mathcal{C}$ è un (n, q^k, d)–codice. $\qquad\square$

Notiamo, incidentalmente, che $\Theta(f)$ è esattamente la rappresentazione di f in componenti rispetto la base $\mathfrak{E}$. Mostriamo ora che vale anche l'inverso del Teorema 4.2.

Teorema 4.3. *Sia q una potenza di primo, e n, d due interi. Supponiamo che C sia un $[n, k, d]$–codice lineare. Allora, esiste un $[n, k, d]$–codice lineare astratto C' tale che gli elementi di C sono proprio la rappresentazione in componenti rispetto la base canonica $\mathfrak{E}$ degli elementi di C'.*

Dimostrazione. Poniamo $X = \{1, 2, \ldots, n\}$ e introduciamo l'applicazione

$$\xi : \begin{cases} \mathbb{F}_q^n \mapsto \mathbb{F}_q^X \\ \mathbf{a} = (a_1, a_2, \ldots, a_n) \mapsto a(x) = \sum_{i=1}^n a_i e_i(x). \end{cases}$$

È immediato vedere che ξ è un isomorfismo di spazi vettoriali e che

$$d(\mathbf{a}, \mathbf{b}) = d(a(x), b(x)).$$

La tesi si ottiene ora scrivendo $C' = \xi(C)$. $\qquad\qquad\qquad\qquad\square$

La Definizione 4.3 consente di introdurre una metrica su di un codice lineare astratto in modo intrinseco, cioè indipendentemente dalla rappresentazione in coordinate dei suoi elementi; questo consente di prescindere dalla scelta di una base privilegiata.

4.3 Proprietà dei codici lineari

Le limitazioni viste nel Capitolo 3 possono essere riscritte nel modo seguente per i codici lineari:

- **Limitazione di Singleton:** $d \le n - k + 1$;
- **Limitazione per impacchettamento di sfere (Hamming):**

$$\sum_{i=0}^e (q - 1)^i \binom{n}{i} \le q^{n-k}.$$

Definizione 4.5. Un $[n, k, d]$–codice su $\mathbb{F}_q$ si dice *MDS (maximum distance separable)* se i suoi parametri soddisfano l'uguaglianza nella limitazione di Singleton, ovvero $d = n - k + 1$.

Esempio 4.4. Consideriamo il codice lineare C su $\mathbb{F}_5$ generato dai vettori

$$\mathfrak{B} = \{(3\,4\,1\,0), (0\,3\,4\,1)\}.$$

Questo codice ha parametri $[4, 2]$. I suoi 25 elementi sono elencati in Tabella 4.1. Un calcolo diretto, oppure l'impiego del successivo Corollario 4.6, mostrano che la distanza minima di questo codice è 3. Poiché $3 = 4 - 2 + 1$, ne segue che C è un codice MDS.

$$(0\,0\,0\,0)\ (0\,1\,3\,2)\ (0\,2\,1\,4)\ (0\,4\,2\,3)\ (0\,3\,4\,1)$$
$$(1\,0\,3\,4)\ (1\,1\,1\,1)\ (1\,2\,4\,3)\ (1\,4\,0\,2)\ (1\,3\,2\,0)$$
$$(2\,0\,1\,3)\ (2\,1\,4\,0)\ (2\,2\,2\,2)\ (2\,4\,3\,1)\ (2\,3\,0\,4)$$
$$(4\,0\,2\,1)\ (4\,1\,0\,3)\ (4\,2\,3\,0)\ (4\,4\,4\,4)\ (4\,3\,1\,2)$$
$$(3\,0\,4\,2)\ (3\,1\,2\,4)\ (3\,2\,0\,1)\ (3\,4\,1\,0)\ (3\,3\,3\,3)$$

Tabella 4.1. Parole del codice nell'Esempio 4.4

Definizione 4.6. Il *peso di Hamming* $w(\mathbf{x})$ di un vettore $\mathbf{x} \in V_n(\mathbb{F})$ è il numero di componenti di $\mathbf{x}$ diverse da 0.

⚠ Il peso di Hamming di una parola $f \in C$, ove C è un codice lineare astratto coincide col peso di Hamming di una rappresentazione in componenti di $\mathbf{f} = \xi^{-1}(f)$ rispetto la base canonica $\mathfrak{E}$ di $\mathbb{F}^X$. Tale relazione non vale, in generale, se il vettore viene rappresentato rispetto una differente base.

———

Definizione 4.7. Il *peso di Hamming* o *peso minimo* $w(C)$ di un $[n,k]$–codice C è dato da

$$w(C) = \min\{\, w(\mathbf{x}) : \mathbf{x} \in C,\ \mathbf{x} \neq \mathbf{0} \,\}.$$

L'importanza del peso minimo di un codice lineare è dovuta ai seguenti teoremi che mostrano come esso coincida con la distanza minima.

Teorema 4.5. *Sia C un codice lineare. Per ogni coppia di parole $\mathbf{f}, \mathbf{g} \in C$ si ha*

$$d(\mathbf{f}, \mathbf{g}) = w(\mathbf{f} - \mathbf{g}).$$

Dimostrazione. La distanza fra due parole $\mathbf{f}, \mathbf{g}$ qualsiasi in C è la cardinalità dell'insieme $\Delta = \{\, i : f_i \neq g_i \,\}$; chiaramente, $\Delta = \{\, i : f_i - g_i \neq 0 \,\}$. Dunque,

$$d(\mathbf{f}, \mathbf{g}) = d(\mathbf{f} - \mathbf{g}, \mathbf{0}) = w(\mathbf{f} - \mathbf{g}).$$

$\square$

Corollario 4.6. *Sia d la distanza minima di un codice lineare C; allora,*

$$d = w(C).$$

Un'applicazione diretta della nozione di peso di una parola è data dagli insiemi di livello.

Definizione 4.8. Sia C un codice di lunghezza n su $\mathbb{F}_q$. Per ogni intero $t \leq n$, *l'insieme di livello t* $\mathcal{W}_t(C)$ è

$$\mathcal{W}_t(C) := \{\, \mathbf{w} \in C : w(\mathbf{w}) = t \}.$$

Per il Teorema 4.5, la cardinalità dell'insieme $\mathcal{W}_t(\mathcal{C})$ coincide con il numero di parole di $\mathcal{C}$ che sono a distanza t da una *qualsiasi* parola $\mathbf{c} \in \mathcal{C}$.

Esempio 4.7. I vettori $\mathbf{v}_1 = (1\,0\,0\,0\,1)$, $\mathbf{v}_2 = (1\,1\,0\,1\,0)$ e $\mathbf{v}_3 = (1\,1\,1\,0\,1)$ formano una base per un $[5,3]$–codice $\mathcal{C}$ binario. Scriviamo

$$G = \begin{pmatrix} \mathbf{v}_1 \\ \mathbf{v}_2 \\ \mathbf{v}_3 \end{pmatrix} = \begin{pmatrix} 1\,0\,0\,0\,1 \\ 1\,1\,0\,1\,0 \\ 1\,1\,1\,0\,1 \end{pmatrix}.$$

Comunque dato un vettore $\mathbf{m} = (m_1\,m_2\,m_3) \in \mathbb{F}_2^3$, rappresentante l'informazione da trasmettere, possiamo calcolare la parola di codice corrispondente

$$\mathbf{c} = \mathbf{m}G = m_1\mathbf{v}_1 + m_2\mathbf{v}_2 + m_3\mathbf{v}_3.$$

Questo è il vettore che sarà trasmesso. Ad esempio, per $\mathbf{m} = (1\,0\,1)$ si ha

$$\mathbf{m}G = (1\,0\,1) \begin{pmatrix} 1\,0\,0\,0\,1 \\ 1\,1\,0\,1\,0 \\ 1\,1\,1\,0\,1 \end{pmatrix} = (0\,1\,1\,0\,0).$$

La distanza minima di questo codice è $d = 2$.

Esempio 4.8. Generiamo ora un altro $[5,3]$–codice mediante la base $\mathbf{u}_1 = (10001)$, $\mathbf{u}_2 = (01010)$ e $\mathbf{u}_3 = (00111)$. In questo caso, il sottospazio 3–dimensionale di $V_5(\mathbb{Z}_2)$ ottenuto è diverso rispetto quello dell'Esempio 4.7. In particolare, si ha

$$G = \begin{pmatrix} \mathbf{u}_1 \\ \mathbf{u}_2 \\ \mathbf{u}_3 \end{pmatrix} = \begin{pmatrix} 1\,0\,0\,0\,1 \\ 0\,1\,0\,1\,0 \\ 0\,0\,1\,1\,1 \end{pmatrix}.$$

Anche questo codice ha distanza minima $d = 2$.

4.4 Matrice generatrice di un codice lineare

Gli elementi di un codice lineare $\mathcal{C}$ di dimensione k e lunghezza n costituiscono uno spazio vettoriale V, sottospazio di $V_n(\mathbb{F}_q)$; pertanto, risulta possibile caratterizzarli fornendo una base di V rispetto una qualsiasi base prefissata di $V_n(\mathbb{F}_q)$; solitamente, supporremo che tale base preassegnata sia quella canonica $\mathfrak{E}$. In questo modo, si riescono a elencare le q^k parole di $\mathcal{C}$ a partire da un dato costituito da soli k vettori. Per definire completamente un codice serve anche una funzione di codifica. Le matrici che compaiono negli esempi 4.7 e 4.8 consentono per l'appunto di avere ciò.

Definizione 4.9. Una *matrice generatrice* di un $[n,k]$–codice lineare $\mathcal{C}$ è una matrice $k \times n$ le cui righe sono le componenti rispetto la base canonica $\mathfrak{E}$ di $V_n(\mathbb{F}_q)$ dei vettori che formano una base di $\mathcal{C}$.

La base di uno spazio vettoriale non è unica; conseguentemente non lo è nemmeno la matrice generatrice di un codice lineare. Se si applicano alle righe della matrice generatrice di un codice lineare $\mathcal{C}$ le seguenti tre operazioni:

1. moltiplicazione per uno scalare;
2. somma di un multiplo scalare di una differente riga;
3. permutazione;

si ottiene una nuova matrice che genera lo stesso codice lineare. Si noti, comunque, che il peso delle righe in due matrici generatrici distinte per lo stesso codice non è necessariamente lo stesso e che la codifica dei messaggi che si ottiene è differente. Le manipolazioni sulle colonne corrispondenti alle operazioni sopra indicate per le righe, in generale, forniscono codici con parole differenti.

Nel seguito di questo paragrafo descriveremo una forma particolarmente comoda che può assumere la matrice generatrice di un codice: la cosiddetta *forma standard*. Non tutti i codici lineari ammettono una matrice generatrice di tale tipo; nel successivo Paragrafo 4.5 mostreremo che è comunque possibile introdurre una nozione di equivalenza di codici lineari, tale che in ogni classe esiste almeno un codice che ammette una matrice generatrice in forma standard.

Definizione 4.10. Una matrice generatrice G per un codice $\mathcal{C}$ è detta *matrice generatrice standard*, quando essa ha la forma

$$G = (I_k \, A),$$

dove I_k denota la matrice identica $k \times k$ ed A è una matrice $k \times (n - k)$.

Un codice per cui è possibile fornire una matrice generatrice standard è detto *sistematico*. La matrice G dell'Esempio 4.8 è in forma standard.

Definizione 4.11. Sia $\mathcal{C}$ un $[n, k]$–codice. Un insieme $I = \{i_1, \ldots, i_k\}$ di k posizioni è un *insieme di informazione* se, comunque dati $v_1, \ldots, v_k$, esiste un'unica parola di codice **c** con $c_{i_1} = v_1, c_{i_2} = v_2, \ldots, c_{i_k} = v_k$.

In particolare, un insieme I è di informazione per un codice $\mathcal{C}$ se, e soltanto se, le colonne indicizzate da I nella matrice generatrice di $\mathcal{C}$ sono fra loro linearmente indipendenti. Si vede immediatamente che un codice $\mathcal{C}$ è sistematico se, e soltanto se, l'insieme $I = \{1, 2, \ldots, k\}$ è di informazione per una sua matrice generatrice.

Esempio 4.9. Consideriamo la codifica della parola $\mathbf{m} = (101)$ secondo il codice G' dell'Esempio 4.8; essa è $\mathbf{c} = (10110)$. Si osserva che in questo caso una copia del vettore **m** compare nelle prime tre componenti di **c**; in effetti, tale proprietà vale per tutte le parole codificate mediante G' e risulta particolarmente vantaggiosa in sede di decodifica. Il codice dell'Esempio 4.7, al contrario, non gode di tale proprietà.

Esempio 4.10. Sia $\mathcal{C}$ il $[7, 3, 3]$–codice lineare su $\mathbb{F}_2$ con matrice generatrice

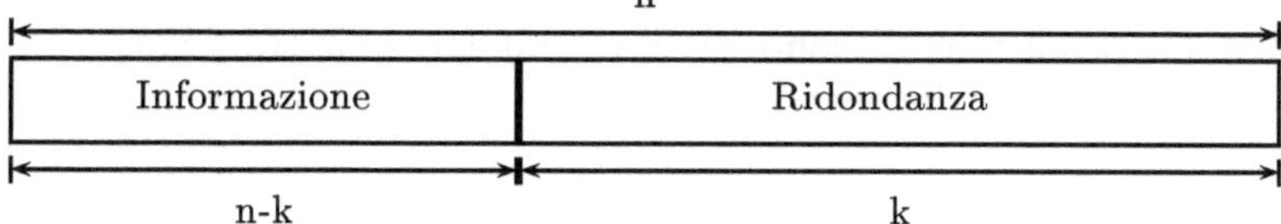

Fig. 4.1. Codifica sistematica

$$G = \begin{pmatrix} 1\,1\,0\,1\,0\,0\,1 \\ 1\,1\,1\,0\,1\,0\,0 \\ 0\,0\,1\,1\,0\,1\,0 \end{pmatrix}.$$

In questo caso l'insieme $I = \{1,2,3\}$ non è di informazione, per cui $\mathcal{C}$ non è un codice sistematico. Un possibile insieme di informazione per $\mathcal{C}$ è $I = \{1,3,4\}$.

Come visto in precedenza, un codice sistematico ammette una funzione di codifica tale che una copia del messaggio originario compare nelle prime k posizioni di ogni parola codificata, mentre le restanti $n - k$ posizioni forniscono ridondanza. I caratteri che compaiono nelle prime k posizioni sono detti *simboli di informazione*, mentre quelli nelle rimanenti $n - k$ sono chiamati *simboli di controllo*. È importante in ogni caso ricordare che anche altri insiemi di k colonne oltre a $\{1, 2, \ldots, k\}$ potrebbero essere d'informazione, per cui la distinzione fra simboli di informazione e simboli di controllo è, in un certo senso, artificiale.

4.5 Equivalenza e isomorfismo

Nel Capitolo 3 si è introdotta la nozione di equivalenza per codici a blocchi; tale nozione, chiaramente, può essere applicata anche ai codici lineari. In generale, però, con questa definizione, un codice lineare può risultare equivalente ad un codice non lineare, come si vede nell'Esempio 4.11.

Esempio 4.11. Sia $\mathcal{C} = \{(0,1),(0,0)\}$ un $[2,1]$–codice binario. Esso è un $(2,2)$–codice che è anche lineare. Per la Definizione 3.19, $\mathcal{C}$ è equivalente al $(2,2)$–codice $\mathcal{C}' = \{(1,1),(1,0)\}$ che non è lineare.

D'altro canto la nozione usuale di isomorfismo per spazi vettoriali, ovvero l'esistenza di una trasformazione lineare invertibile, risulta troppo debole quando si vogliono studiare dei codici: infatti, due qualsivoglia $[n,k]$–codici sono sempre, come spazi vettoriali, isomorfi fra loro, ma la struttura metrica (e, in particolare, la distanza minima) non è necessariamente preservata.

Esempio 4.12. Consideriamo i due $[7,3]$–codici lineari $\mathcal{C}$ e $\mathcal{C}'$ aventi matrici generatrici rispettivamente

$$G = \begin{pmatrix} 1\,0\,0\,0\,0\,0\,0 \\ 0\,1\,0\,0\,0\,0\,0 \\ 0\,0\,1\,0\,0\,0\,0 \end{pmatrix}, \quad G' = \begin{pmatrix} 1\,0\,0\,1\,0\,1\,0 \\ 0\,1\,0\,0\,1\,0\,1 \\ 0\,0\,1\,0\,1\,1\,0 \end{pmatrix}.$$

Come spazi vettoriali $\mathcal{C}$ e $\mathcal{C}'$ sono isomorfi; infatti, una trasformazione lineare biiettiva $\mathcal{C} \leftrightarrow \mathcal{C}'$ è data dalla matrice

$$T = \begin{pmatrix} 1 & 0 & 0 & 0 & 0 & 0 & 0 \\ 0 & 1 & 0 & 0 & 0 & 0 & 0 \\ 0 & 0 & 1 & 0 & 0 & 0 & 0 \\ 1 & 0 & 0 & 1 & 0 & 0 & 0 \\ 0 & 1 & 1 & 0 & 1 & 0 & 0 \\ 1 & 0 & 1 & 0 & 0 & 1 & 0 \\ 0 & 1 & 0 & 0 & 0 & 0 & 1 \end{pmatrix} ;$$

in questo caso particolare, $T = T^{-1}$. D'altro canto, la distanza minima di $\mathcal{C}$ è 1, mentre quella di $\mathcal{C}'$ è 3, per cui i due codici sono da considerare differenti.

Le osservazioni precedenti motivano la seguente definizione.

Definizione 4.12. Due codici $\mathcal{C}$, $\mathcal{C}'$ si dicono *equivalenti* se esiste un'equivalenza di codici a blocchi $\varphi : \mathcal{C} \mapsto \mathcal{C}'$ lineare.

In particolare, è possibile verificare quando due codici sono equivalenti semplicemente a partire dalle rispettive matrici generatrici.

Teorema 4.13. *Siano $\mathcal{C}$, $\mathcal{C}'$ due codici lineari di rispettive matrici generatrici G, G'. Allora, $\mathcal{C}$, $\mathcal{C}'$ sono fra loro equivalenti se, e soltanto se, è possibile ottenere G' da G ripetendo un numero finito di volte le seguenti operazioni elementari:*

1. *moltiplicazione di una riga per uno scalare non nullo;*
2. *sostituzione di una riga con la somma della stessa e di un multiplo scalare di un'altra;*
3. *permutazione delle righe fra loro;*
4. *permutazione delle colonne fra loro;*
5. *moltiplicazione di una colonna per uno scalare non nullo.*

Notiamo che il sostituire una colonna con la somma della stessa e un multiplo scalare di un'altra non preserva l'equivalenza di codici. In particolare, il ruolo ricoperto dalle righe e dalle colonne non è simmetrico.

L'equivalenza di codici può essere utilizzata per mostrare che ogni codice lineare è equivalente ad un codice sistematico.

Teorema 4.14. *Per ogni $[n, k]$–codice $\mathcal{C}$ sopra un campo $\mathbb{F}_q$ esiste una matrice*

$$G = (I_k \, A)$$

le cui righe generano $\mathcal{C}$ come spazio vettoriale, oppure generano un $[n, k]$–codice $\mathcal{C}'$ equivalente a $\mathcal{C}$.

Dimostrazione. Il teorema può essere dimostrato per induzione sulla dimensione k del codice $\mathcal{C}$. Sia $G = (g_{ij})$ una matrice generatrice di $\mathcal{C}$.

1. Se $k = 1$, allora esiste almeno una colonna di G che contiene un elemento non nullo. Poiché la permutazione di colonne preserva l'equivalenza dei codici, possiamo supporre che tale colonna sia la prima e, a meno del prodotto della riga per g_{11}^{-1} possiamo anche supporre che il valore dell'entrata sia 1. Ne segue che il codice ammette matrice generatrice standard.

2. Supponiamo che ogni codice di dimensione $k - 1$ sia equivalente ad un codice con matrice generatrice standard. Sia dunque $\mathcal{C}$ un codice di dimensione k e indichiamo con $\mathcal{C}'$ il codice di dimensione $k - 1$ ottenuto a partire da $\mathcal{C}$ cancellando l'ultima riga della matrice G. Allora, $\mathcal{C}'$ è equivalente ad un codice $\mathcal{C}''$ che ammette matrice generatrice standard. Tale matrice viene ottenuta a partire dalla matrice generatrice $G'' = (g_{ij}'')$ di $\mathcal{C}'$ applicando operazioni sulle righe e, eventualmente, una permutazione σ sulle colonne. La matrice $k \times n$ data da

$$\widetilde{G} = \begin{pmatrix} 1 & 0 & \cdots & 0 & g_{1,k}'' & \cdots & g_{1,n}'' \\ 0 & 1 & \cdots & 0 & g_{2,k}'' & \cdots & g_{2,n}'' \\ \vdots & & \ddots & \vdots & \vdots & & \vdots \\ 0 & & \cdots & 1 & g_{k-1,k}'' & \cdots & g_{k-1,n}'' \\ g_{k,\sigma(1)} & g_{k,\sigma(2)} & \cdots & g_{k,\sigma(k-1)} & g_{k,\sigma(k)} & \cdots & g_{k,\sigma(n)} \end{pmatrix}$$

genera, evidentemente, un codice equivalente a $\mathcal{C}$. Sottraendo dall'ultima riga di $\widehat{G}$ la prima riga moltiplicata per $g_{k,\sigma(1)}$, la seconda moltiplicata per $g_{k,\sigma(2)}$ e così via si ottiene una matrice in forma standard per un codice equivalente a $\mathcal{C}$.

$\square$

Il resto di questo paragrafo è finalizzato a caratterizzare le equivalenze di codici lineari astratti e a descriverne nei dettagli il gruppo.

⚠️ Premettiamo alcune definizioni formali.

Definizione 4.13. Siano $\mathcal{C} \leq \mathbb{F}^X$ e $\mathcal{D} \leq \mathbb{F}^Y$ due codici lineari astratti. Un *omeomorfismo di codice* è un'applicazione lineare $\varphi : \mathcal{C} \mapsto \mathcal{D}$ tale che, per ogni $f \in \mathcal{C}$,

$$w(\varphi(f)) \leq w(f).$$

In particolare, per quanto visto nella dimostrazione del Corollario 4.6, un omeomorfismo di codice è una contrazione della metrica, nel senso che, per ogni $f, g \in \mathcal{C}$ si ha

$$d(\varphi(f), \varphi(g)) \leq d(f, g).$$

Dunque, in generale, l'applicazione inversa di un omeomorfismo di codice, seppur biiettivo, *non* è a sua volta un omeomorfismo.

Definizione 4.14. Siano $\mathcal{C}$, $\mathcal{D}$ due codici lineari astratti. Un *isomorfismo di codice* è un omeomorfismo di codice $\varphi : \mathcal{C} \mapsto \mathcal{D}$ che ammette un'applicazione inversa $\psi : \mathcal{D} \mapsto \mathcal{C}$ che è anch'essa un omeomorfismo. Se esiste un isomorfismo fra i codici $\mathcal{C}$ e $\mathcal{D}$, si dice che $\mathcal{C}$ e $\mathcal{D}$ sono *codici isomorfi*.

In particolare, ogni isomorfismo di codice è una isometria lineare, nel senso della Definizione 3.12, e viceversa.

Esempio 4.15. L'applicazione lineare descritta nell'Esempio 4.12 non è un omeomorfismo di codice fra $\mathcal{C}$ e $\mathcal{C}'$ ma è un omeomorfismo fra $\mathcal{C}'$ e $\mathcal{C}$.

Teorema 4.16. *Un'applicazione lineare* $\varphi : V_n \mapsto V_n$ *è un'isometria se, e soltanto se, essa preserva il peso di Hamming di ogni vettore* $\mathbf{w} \in V_n$.

Dimostrazione. Da $\varphi(\mathbf{0}) = \mathbf{0}$ segue che ogni isometria lineare deve preservare il peso di Hamming di ogni vettore di V_n. Viceversa, sia φ un'applicazione lineare che preserva il peso di Hamming di ogni $\mathbf{v}, \mathbf{w} \in V_n$. Allora, per il Teorema 4.5,

$$d(\mathbf{v},\mathbf{w}) = w(\mathbf{v} - \mathbf{w}) = w(\varphi(\mathbf{v} - \mathbf{w})) = w(\varphi(\mathbf{v}) - \varphi(\mathbf{w})) = d(\varphi(\mathbf{v}), \varphi(\mathbf{w})).$$

Ne segue che φ è un'isometria. $\qquad\qquad\qquad\qquad\qquad\qquad\qquad\qquad\qquad\square$

L'ipotesi che φ sia lineare è essenziale nel teorema precedente. Infatti, ogni *trasformazione affine* del tipo

$$\varphi_{\mathbf{v}}(\mathbf{x}) = \mathbf{x} + \mathbf{v},$$

ove $\mathbf{v}$ è un vettore fissato di V_n diverso da $\mathbf{0}$ è un'isometria di V_n in sé, ma non risulta mai lineare se $\mathbf{v} \neq \mathbf{0}$; tali isometrie, in particolare, *non* preservano il peso di Hamming dei vettori.

Siano ora X, Y due insiemi, $\sigma : Y \mapsto X$ una qualsiasi applicazione fra di essi e $\mathbb{F}$ un campo. Allora, per ogni $f \in \mathbb{F}^X$ esiste esattamente un'applicazione $\sigma^\star(f) \in \mathbb{F}^Y$ che fa commutare il seguente diagramma

$$
\begin{array}{ccc}
X & \xrightarrow{\ f\ } & \mathbb{F} \\
{\scriptstyle\sigma}\big\uparrow & {\style\nearrow} & \\
Y & & \sigma^\star(f)
\end{array}
$$

La funzione $\sigma^\star(f)$ cercata è, esplicitamente, l'elemento di $\mathbb{F}^Y$ tale che, per ogni $y \in Y$,

$$\sigma^\star(f)(y) = f(\sigma(y)).$$

Costruiamo esplicitamente il gruppo di tutte le isometrie lineari fra $[n,k]$–codici. A tal fine, introduciamo alcuni tipi particolari di trasformazioni lineari.

Definizione 4.15. Siano X e Y due insiemi finiti non vuoti, $\mathbb{F}$ un campo finito e $\sigma : X \mapsto Y$ un'applicazione iniettiva. Sia inoltre $\alpha : Y \mapsto \mathbb{F}^\star$ una funzione da Y nel gruppo moltiplicativo del campo $\mathbb{F}$. La *trasformazione monomiale lineare* $\Phi_{\sigma,\alpha}$ definita da σ e da α è la funzione $\mathbb{F}^X \mapsto \mathbb{F}^Y$ data da

$$\Phi_{\sigma,\alpha}(f)(y) := f(\sigma(y))\alpha(y).$$

In generale, quando $X = Y$, denoteremo con α anche l'applicazione indotta

$$\alpha : \begin{cases} \mathbb{F}^X \mapsto \mathbb{F}^X \\ f(x) \mapsto \alpha(x)f(x), \end{cases}$$

di modo che $\Phi_{\sigma,\alpha}$ possa scriversi semplicemente come composizione di funzioni:

$$\Phi_{\sigma,\alpha}(f) = f\sigma\alpha.$$

Teorema 4.17. *La trasformazione monomiale lineare $\Phi_{\sigma,\alpha}$ è un'applicazione lineare dallo spazio vettoriale $\mathbb{F}^X$ nello spazio $\mathbb{F}^Y$.*

Dimostrazione. Siano $f, g \in \mathbb{F}^X$. Allora, per ogni $y \in Y$,

$$\Phi_{\sigma,\alpha}(f)(y) + \Phi_{\sigma,\alpha}(g)(y) = f(\sigma(y))\alpha(y) + g(\sigma(y))\alpha(y) =$$
$$(f(\sigma(y)) + g(\sigma(y)))\alpha(y) =$$
$$(f + g)(\sigma(y))\alpha(y) = \Phi_{\sigma,\alpha}(f + g)(y).$$

Similmente, fissato $\lambda \in \mathbb{F}$,

$$\lambda\Phi_{\sigma,\alpha}(f)(y) = \lambda f(\sigma(y))\alpha(y) = (\lambda f)(\sigma(y))\alpha(y) = \Phi_{\sigma,\alpha}(\lambda f)(y).$$

$\square$

Date due funzioni $\alpha, \beta : X \mapsto \mathbb{F}$, denotiamo con $\alpha \cdot \beta$ la funzione $X \mapsto \mathbb{F}$ tale che per ogni $x \in X$,

$$(\alpha \cdot \beta)(x) = \alpha(x)\beta(x).$$

Tale funzione, detta *prodotto puntuale* di α e β è, chiaramente, un elemento di $\mathbb{F}^X$. Tale prodotto è commutativo e associativo, e ammette come elemento neutro la funzione che associa a ogni $x \in X$ l'elemento $1 \in \mathbb{F}$. Le funzioni invertibili rispetto tale prodotto sono tutte e sole quelle che non assumono mai il valore $0 \in \mathbb{F}$. L'insieme delle applicazioni $X \mapsto \mathbb{F}^\star = \mathbb{F} \setminus \{0\}$, dotato dell'operazione "$\cdot$" sopra introdotta forma dunque gruppo: il *gruppo moltiplicativo* $\mathbb{F}_X^\star$ delle applicazioni $X \mapsto \mathbb{F}^\star$.

Sia, al solito $n = |X|$. Assegnata una qualsiasi biiezione $\beta : X \mapsto \{1, 2, \ldots n\}$, per quanto visto in precedenza, il gruppo moltiplicativo $\mathbb{F}_X^\star$ è isomorfo a $\mathbb{F}_{\{1,2,\ldots,n\}}^\star$, che è un sottogruppo del gruppo $\Gamma_n(\mathbb{F}_q)$ di tutte le sostituzioni su $\mathbb{F}_q$ in n caratteri introdotto nella Definizione 3.16. In particolare, ogni $\gamma \in \Gamma_n(\mathbb{F}_q)$ agisce sulle parole di codice $f \in \mathbb{F}^X$ come

$$f^\gamma(x) = f(\beta^{-1}\gamma(\beta(x))).$$

Tale azione, chiaramente, dipende dalla scelta della biiezione β.

Esattamente come si è operato nel Capitolo 3 studiando Γ_n, introduciamo ora un metodo per descrivere gli elementi di $\mathbb{F}_X^\star$ "per componenti".

Definizione 4.16. Sia $x \in X$ un intero e $\alpha \in \mathbb{F}_q^\star$. Indichiamo con (α, x) l'applicazione di $\mathbb{F}_X^\star$ data da

$$(\alpha, x)(y) = \begin{cases} \alpha y & \text{se } x = y \\ y & \text{se } x \neq y. \end{cases}$$

Si noti che per ogni $x \in X$ fissato, l'insieme $\Upsilon_x = \{(\alpha, x) : \alpha \in \mathbb{F}^\star\}$ è un gruppo isomorfo a $\mathbb{F}^\star$; ne segue che

$$\mathbb{F}_X^\star = \prod_{x \in X} \Upsilon_x$$

è isomorfo al prodotto diretto di $|X| = n$ copie di $\mathbb{F}^\star$.

Teorema 4.18. *L'insieme Σ delle trasformazioni monomiali di $\mathbb{F}^X$ in sé, dotato dell'operazione di composizione di funzioni, è un gruppo.*

Dimostrazione. Siano $\Phi_{\sigma,\alpha}$ e $\Phi_{\vartheta,\beta}$ due elementi di Σ. Allora,

$$(\Phi_{\sigma,\alpha}\Phi_{\vartheta,\beta})(f)(x) = \Phi_{\sigma,\alpha}(f(\vartheta(x)\beta(x))) = f(\vartheta(\sigma(x))\beta(\sigma(x)))\alpha(x) =$$
$$f(\vartheta(\sigma(x)))\beta(\sigma(x))\alpha(x) = \Phi_{\vartheta\sigma,\beta\sigma\cdot\alpha}(f)(x).$$

Chiaramente, $\vartheta\sigma \in \mathrm{Sym}(X)$. Se $\beta \in \mathbb{F}_X^\star$, allora $\beta\sigma \in \mathbb{F}_X^\star$, in quanto essa è l'applicazione che associa ad $x \in X$ l'elemento $\beta(\sigma(x)) \in \mathbb{F}^\star$. Infine, il prodotto puntuale di due elementi $\alpha, \beta \in \mathbb{F}_X^\star$ associa a un elemento $x \in X$ l'elemento $\alpha(x)\beta(x) \in \mathbb{F}^\star$; pertanto, anch'esso è un elemento di $\mathbb{F}_X^\star$. Ne segue che la composizione di funzioni è un'operazione interna a Σ.

Sia $1 : X \mapsto \mathbb{F}$ la funzione che associa ad ogni elemento di X l'identità del campo $\mathbb{F}$, e sia $\mathbf{1}_X$ la permutazione identica su X. Allora,

$$\Phi_{\mathbf{1}_X,1}\Phi_{\sigma,\alpha} = \Phi_{\sigma\mathbf{1}_X,\alpha\mathbf{1}_X1} = \Phi_{\sigma,\alpha}, \tag{4.1}$$
$$\Phi_{\sigma,\alpha}\Phi_{\mathbf{1}_X,1} = \Phi_{\mathbf{1}_X\sigma,1\sigma\alpha} = \Phi_{\sigma,\alpha}, \tag{4.2}$$

per cui Σ contiene un elemento identico.

Fissato ora $\Phi_{\sigma,\alpha} \in \Sigma$, sia $\overline{\alpha} : X \mapsto \mathbb{F}$ l'applicazione descritta da

$$\overline{\alpha}(x) = \alpha(\sigma^{-1}(x))^{-1}.$$

Si ha

$$\Phi_{\sigma^{-1},\overline{\alpha}}\Phi_{\sigma,\alpha} = \Phi_{\sigma\sigma^{-1},\overline{\alpha}\sigma\alpha} = \Phi_{\mathbf{1}_X,(\alpha\sigma^{-1}\sigma)^{-1}\alpha} = \Phi_{\mathbf{1}_X,1};$$

pertanto, ogni elemento di Σ ammette inverso.

Infine, assegnati tre elementi $\Phi_{\sigma,\alpha}$, $\Phi_{\theta,\beta}$ e $\Phi_{\eta,\gamma}$ di Σ, si ha

$$\Phi_{\eta,\gamma}(\Phi_{\sigma,\alpha}\Phi_{\theta,\beta}) = \Phi_{\eta,\gamma}(\Phi_{\theta\sigma,\beta\sigma\cdot\alpha}) = \Phi_{(\theta\sigma)\eta,(\beta\sigma\eta\cdot\alpha\eta)\cdot\gamma} = \Phi_{(\sigma\eta),\alpha\eta\cdot\gamma}\Phi_{\theta,\beta} =$$
$$(\Phi_{\eta,\gamma}\Phi_{\sigma,\alpha})\Phi_{\theta,\beta},$$

per cui anche la proprietà associativa è soddisfatta. $\square$

Il seguente teorema caratterizza esplicitamente la struttura di Σ.

Teorema 4.19. *Il gruppo Σ di tutte le trasformazioni monomiali di $\mathbb{F}^X$ è il prodotto semidiretto del gruppo simmetrico $\mathrm{Sym}(X)$ per $\mathbb{F}_X^\star$.*

Dimostrazione. L'applicazione

$$\Upsilon : \begin{cases} \mathrm{Sym}(X) \mapsto \Sigma \\ \sigma \mapsto \Phi_{\sigma^{-1},1} \end{cases}$$

è un monomorfismo di gruppi. Infatti,
1. $\Upsilon(1) = \Phi_{\mathbf{1}_X,1}$;
2. $\Upsilon(\sigma^{-1})\Upsilon(\sigma) = \Phi_{\sigma,1}\Phi_{\sigma^{-1},1} = \Phi_{\mathbf{1}_X,1}$, per cui $\Upsilon(\sigma^{-1}) = (\Upsilon(\sigma))^{-1}$;
3. $\Upsilon(\sigma)\Upsilon(\eta) = \Phi_{\sigma^{-1},1}\Phi_{\eta^{-1},1} = \Phi_{\eta^{-1}\sigma^{-1},1} = \Upsilon(\sigma\eta)$;
4. $\Upsilon(\sigma) = \Phi_{\mathbf{1}_X,1}$ se, e soltanto, se σ^{-1} è l'identità di $\mathrm{Sym}(X)$, da cui segue $\sigma = 1$.

Similmente, anche l'applicazione

$$\Lambda : \begin{cases} \mathbb{F}_X^\star \mapsto \Sigma \\ \alpha \mapsto \Phi_{1_X,\alpha} \end{cases}$$

è un monomorfismo di gruppi. Infatti,

1. $\Lambda(1) = \Phi_{1_X,1}$;
2. $\Lambda(\alpha)\Lambda(\alpha^{-1}) = \Phi_{1_X,\alpha}\Phi_{1_X,\alpha^{-1}} = \Phi_{1_X,\alpha 1_X \cdot \alpha^{-1}} = \Phi_{1_X,\alpha\alpha^{-1}} = \Phi_{1_X,1}$, da cui $\Lambda(\alpha^{-1}) = (\Lambda(\alpha))^{-1}$;
3. $\Lambda(\alpha)\Lambda(\beta) = \Phi_{1_X,\alpha}\Phi_{1_X,\beta} = \Phi_{1_X,\alpha 1_X \cdot \beta} = \Phi_{1_X,\alpha\beta} = \Lambda(\alpha\beta)$;
4. $\Phi_{1_X,\alpha} = \Phi_{1_X,1}$ se, e soltanto se, α è l'identità di $\mathbb{F}_X^\star$.

In particolare, ogni elemento della forma $\Phi_{1_X,\beta}$ è immagine secondo Λ di un elemento di $\mathbb{F}_X^\star$. D'altro canto, dati $\sigma^{-1} \in \mathrm{Sym}(X)$ e $\alpha \in \mathbb{F}_X^\star$ si ha

$$\Lambda(\alpha)\Upsilon(\sigma^{-1}) = \Phi_{1_X,\alpha}\Phi_{\sigma,1} = \Phi_{\sigma,1\sigma \cdot \alpha} = \Phi_{\sigma,\alpha},$$

per cui Σ è isomorfo a un prodotto di $\mathrm{Sym}(X)$ per $\mathbb{F}_X^\star$. Per dimostrare che tale prodotto è semidiretto, rimane da verificare che dato $\alpha \in \mathbb{F}_X^\star$ e $\sigma \in \mathrm{Sym}(X)$,

$$\Upsilon(\sigma)^{-1}\Lambda(\alpha)\Upsilon(\sigma) \in \Lambda(\mathbb{F}_X^\star).$$

Abbiamo

$$\Upsilon(\sigma)^{-1}\Lambda(\alpha)\Upsilon(\sigma) = \Phi_{\sigma,1}\Phi_{1_X,\alpha}\Phi_{\sigma^{-1},1} = \Phi_{\sigma,1}\Phi_{\sigma^{-1},\alpha\sigma} = \Phi_{1_X,\sigma^{-1}\alpha\sigma}.$$

Per l'osservazione precedente sugli elementi del tipo $\Phi_{1_X,\beta}$, il sottogruppo $\Lambda(\mathbb{F}_X^\star)$ è normale in Σ, per cui Σ è effettivamente il prodotto semidiretto indicato. $\square$

In coordinate, una trasformazione monomiale di V_n si può sempre rappresentare come una permutazione delle componenti applicata a tutti i vettori, seguita dal prodotto di ogni componente per scalari (possibilmente diversi fra loro) non nulli. In particolare, se $\theta : V_n \mapsto V_n$ è una trasformazione monomiale di V_n, allora esistono $\sigma \in S_n$ e $\alpha_1, \ldots, \alpha_n \in \mathbb{F}^\star$ tali che per ogni $\mathbf{x} = (x_1, x_2, \ldots, x_n) \in V_n$,

$$\theta : (x_1, x_2, \ldots, x_n) \mapsto (\alpha_1 x_{\sigma(1)}, \alpha_2 x_{\sigma(2)}, \ldots, \alpha_n x_{\sigma(n)}).$$

Forniamo ora una descrizione esplicita delle matrici associate ad una tale trasformazione.

Definizione 4.17. Una matrice di permutazione di ordine n è una trasformata della matrice identica I_n mediante permutazione delle righe o delle colonne.

Si deduce direttamente dalla decomposizione del gruppo di tutte le trasformazioni monomiali presentata nel Teorema 4.19 che ogni matrice M di una trasformazione monomiale si fattorizza nel prodotto di una matrice di permutazione P per una matrice diagonale D non singolare. In particolare tale matrice deve contenere in ogni riga e in ogni colonna esattamente un'entrata diversa da 0. Per tale motivo le matrici che soddisfano quest'ultima proprietà sono chiamate *matrici monomiali*. Due codici lineari $\mathcal{C}$ e $\mathcal{C}'$, per cui esiste una trasformazione monomiale $\theta : \mathcal{C} \mapsto \mathcal{C}'$, sono equivalenti nel senso della Definizione 3.19; pertanto, tali codici sono equivalenti anche ai sensi della Definizione 4.12. Le osservazioni di cui sopra si traducono nel seguente teorema, che corrisponde esattamente al Teorema 4.13, scritto in forma matriciale.

Teorema 4.20. *Due $[n, k]$–codici lineari C e C' sopra un medesimo campo $\mathbb{F}_q$ sono* equivalenti *se, e soltanto se, ammettono rispettive matrici generatrici G e G' tali che*

$$G' = GD,$$

dove D è una matrice monomiale. I due codici C e C' si dicono fortemente equivalenti *se*

$$G' = GP,$$

ove P è una matrice di permutazione.

Definizione 4.18. Due codici codici lineari C, C' di lunghezza n si dicono *isometrici* se esiste un'isometria lineare suriettiva $\varphi : C \mapsto C'$.

Si noti che, in generale, anche se C e C' sono isometrici, non è detto che ogni trasformazione lineare suriettiva $\theta : C \mapsto C'$ sia un'isometria.

Esempio 4.21. Sia C il codice lineare di matrice generatrice

$$G = \begin{pmatrix} 1 & 0 & 0 \\ 0 & 1 & 1 \end{pmatrix}.$$

Ovviamente, l'identità è un'isometria di C. D'altro canto, la trasformazione

$$\theta : (c_1, c_2, c_2) \mapsto (c_2, c_1, c_1),$$

è un automorfismo di C come spazio vettoriale, ma non è un'isometria.

Nel seguito di questo paragrafo vedremo che due codici sono equivalenti se, e soltanto se, essi sono isometrici. Questo implica, in particolare, che la nozione di equivalenza introdotta per i codici lineari è la "più generale possibile", nel senso che due codici lineari C, D risultano equivalenti se, e soltanto se, la loro struttura metrica e la loro struttura lineare sono entrambe isomorfe. Rammentiamo comunque che vi sono altre proprietà di un codice che non sono necessariamente conservate dalle equivalenze; un esempio è l'essere sistematico; un altro la ciclicità, che sarà studiata a partire dal Capitolo 5. Notiamo che l'esistenza di un'isometria invertibile fra C e D comporta che C e D siano isomorfi anche a norma della Definizione 4.14. Le tre nozioni di "codici equivalenti", "codici isometrici" e "codici isomorfi" vengono dunque a coincidere nel caso dei codici lineari. In generale, opteremo fra queste tre espressioni per la dicitura classica di *codici equivalenti*, anche perché in letteratura l'espressione *codici isomorfi* è talvolta utilizzata con un'accezione diversa (ad esempio, per indicare i codici fortemente equivalenti).
Al fine di dimostrare il risultato preannunciato è necessario investigare più a fondo le proprietà delle trasformazioni monomiali.

Lemma 4.22. *Due codici lineari equivalenti C, D di lunghezza n sono isometrici.*

Dimostrazione. Due codici lineari astratti C e D, della medesima lunghezza, definiti sul campo $\mathbb{F}_q$, sono entrambi sottospazi di $\mathbb{F}_q^X$, ove $X = \{1, 2, \ldots, n\}$.
Per la caratterizzazione dell'equivalenza, esiste una trasformazione monomiale $\Phi_{\sigma,\alpha} : C \mapsto D$. Per il Teorema 4.19, detta trasformazione si può sempre scrivere come

$$\Phi_{\sigma,\alpha} = \Lambda(\alpha)\Upsilon(\sigma),$$

ove $\alpha \in \mathbb{F}_{q\,X}^{\star}$ e $\sigma \in \mathrm{Sym}(X)$. Al fine di dimostrare la tesi, basta far vedere che sia $\Lambda(\alpha)$ che $\Upsilon(\sigma)$ sono isometrie di $\mathbb{F}^X$, ovvero, usando il Teorema 4.16, che esse preservano entrambe il peso di Hamming di ogni funzione $f \in \mathbb{F}^X$. Iniziamo osservando che $\Lambda(\alpha)(f)(x) = \alpha(x)f(x)$ è 0 se, e soltanto se, $f(x) = 0$ oppure $\alpha(x) = 0$. Per ipotesi, $\alpha(x)$ è diversa da zero per ogni x; se ne deduce che

$$w(\Lambda(\alpha)(f)) = w(f);$$

quindi $\Lambda(\alpha)$ è un'isometria. Per quanto riguarda $\Upsilon(\sigma)$, si noti che

$$w(f) = |\{\, x \in X : f(x) \neq 0\}| = |\{\, \sigma(x) \in X : f(\sigma(x)) \neq 0\}| =$$
$$|\{\, x :\in X : f(\sigma(x)) \neq 0\}| = w(\Upsilon(\sigma)(f));$$

da questo discende la tesi. $\square$

Una conseguenza immediata del lemma precedente è che il gruppo Σ di tutte le trasformazioni monomiali di $\mathbb{F}^X$ è un insieme di isometrie e, dunque, non può agire in modo transitivo su tutto $\mathbb{F}^X$.

Lemma 4.23. *Le orbite del gruppo Σ su $\mathbb{F}^X$ sono esattamente gli insiemi di livello $\mathcal{W}_t(\mathbb{F}^X)$, al variare di t fra 0 e $n = |X|$.*

Dimostrazione. Per il Lemma 4.22, ogni insieme $\mathcal{W}_t(\mathbb{F}^X)$ è unione di orbite di Σ, nella sua azione su $\mathbb{F}^X$. Al fine di dimostrare la tesi basta dunque provare che Σ è transitivo su ognuno degli insiemi $\mathcal{W}_t(\mathbb{F}^X)$. Sia t un intero fissato con $0 \leq t \leq n$ e consideriamo $f, g \in \mathcal{W}_t(\mathbb{F}_X)$. Poniamo

$$\omega_f = \{\, x \in X : f(x) = 0\}, \qquad \omega_g = \{\, x \in X : g(x) = 0\}.$$

Per ipotesi, $|\omega_f| = |\omega_g| = t$. Esiste dunque una biiezione $\beta : \omega_g \mapsto \omega_f$. In particolare, $f(\beta(x)) = 0$ se, e soltanto se, $g(x) = 0$. La biiezione β si può sempre estendere a una permutazione σ di tutto X, per cui gli zeri di $f(\sigma(x))$ e quelli di $g(x)$ coincidono. Si ponga adesso

$$\alpha(x) = \begin{cases} g(x)/f(\sigma(x)) & \text{se } g(x) \neq 0 \\ 1 & \text{se } g(x) = 0 \end{cases}$$

Chiaramente, $\alpha(x) \in \mathbb{F}_X^{\star}$. D'altro canto,

$$\Phi_{\sigma,\alpha}(f)(x) = \alpha(x)f(\sigma(x)) = \left.\begin{cases} 0 & \text{se } g(x) = 0 \\ g(x)f(\sigma(x))/f(\sigma(x)) & \text{se } g(x) \neq 0 \end{cases}\right\} = g(x),$$

da cui discende il risultato. $\square$

Dimostriamo ora che il gruppo delle isometrie lineari di $\mathbb{F}^X$ coincide con quello delle trasformazioni monomiali.

Teorema 4.24. *Le isometrie lineari di $\mathbb{F}^X$ sono tutte e sole le trasformazioni monomiali di Σ.*

Dimostrazione. Sia Ψ un'isometria lineare di $\mathbb{F}^X$. Chiaramente, Ψ è biiettiva; essa è, pertanto, un automorfismo di $\mathbb{F}^X$ e trasforma basi in basi. Poiché Ψ è anche lineare, essa è univocamente determinata dalla sua azione sui vettori della base $\mathfrak{E}$. Inoltre, poiché Ψ preserva il peso di ogni vettore, per ogni $i \in X$ esistono $j \in X$ e $\lambda \in \mathbb{F}^\star$ tali che

$$\Psi(e_i) = \lambda_i e_{i'}.$$

Siano ora $\alpha : X \mapsto \mathbb{F}_X$ l'applicazione definita da $\alpha(i) = \lambda_i$ e $\sigma \in \mathrm{Sym}(X)$ la permutazione che associa ad ogni $i \in X$ il corrispondente elemento i'. Consideriamo la trasformazione monomiale $\Phi_{\sigma,\lambda}$. Per ogni $x \in X$, abbiamo

$$\Phi_{\sigma,\alpha}(e_i)(x) = \alpha(x)e_i(\sigma(x)) = \lambda_i(x)e_{\sigma(i)}(x) = \lambda_i e_{i'}(x);$$

pertanto, $\Phi_{\sigma,\alpha} = \Psi$. La tesi segue adesso dal Lemma 4.22. $\qquad\square$

Per poter ora completare la caratterizzazione dell'equivalenza di codici è necessario un teorema che consenta di estendere le isometrie fra sottospazi di uno spazio vettoriale $\mathbb{F}^X$ a isometrie di tutto lo spazio.

Teorema 4.25 (MacWilliams). *Siano $\mathcal{C}$, $\mathcal{D}$ due sottospazi vettoriali di $\mathbb{F}^X$ e supponiamo che esista un'isometria $\Psi : \mathcal{C} \mapsto \mathcal{D}$. Allora, esiste un'isometria $\widetilde{\Psi}$ di $\mathbb{F}^X$ in se stesso tale che $\widetilde{\Psi}_{|\mathcal{C}} = \Psi$.*

Una dimostrazione di tale teorema, si può trovare in [108]; estensioni del risultato a moduli su anelli si trovano in [112].

Teorema 4.26. *Siano $\mathcal{C}$, $\mathcal{D}$ due codici lineari sul medesimo campo $\mathbb{F}_q$. Le seguenti tre condizioni sono equivalenti:*
   1. esiste una trasformazione monomiale $\Phi : \mathcal{C} \mapsto \mathcal{D}$;
   2. esiste un'isometria lineare $\Psi : \mathcal{C} \mapsto \mathcal{D}$;
   3. esiste un isomorfismo $\Xi : \mathcal{C} \mapsto \mathcal{D}$.

Dimostrazione. Per il Lemma 4.22, ogni trasformazione monomiale Φ è un'isometria, da cui segue che 1 implica 2. D'altro canto, se Ψ è un'isometria $\mathcal{C} \mapsto \mathcal{D}$, allora essa si estende, per il Teorema 4.25, a un'isometria $\widetilde{\Psi}$ di tutto $\mathbb{F}^X$ in se stesso. Per il Teorema 4.24, tale isometria lineare $\widetilde{\Psi}$ è una trasformazione monomiale, per cui 2 implica 1. Per l'osservazione in calce alla Definizione 4.14, ogni isomorfismo è un'isometria lineare, per cui 3 implica 2. D'altro canto, ogni isometria lineare è un isomorfismo, in quanto è un omeomorfismo di codice la cui inversa è ancora un omeomorfismo. Ne segue che 2 implica 3. $\qquad\square$

4.6 Ortogonalità e codice duale

Come visto nei paragrafi precedenti, l'insieme delle parole di un codice lineare costituisce un sottospazio di uno spazio vettoriale finito. In tali spazi vettoriali non si può introdurre la nozione di prodotto scalare in senso euclideo; è però ugualmente possibile definire il concetto ortogonalità fra vettori. Usando tale nozione introdurremo il codice duale di un codice assegnato.

⚠️**Definizione 4.19.** Sia V uno spazio vettoriale su di un campo $\mathbb{F}$. Una *forma bilineare* B su V è un'applicazione $B : V \times V \mapsto \mathbb{F}$ tale che per ogni $\mathbf{x}, \mathbf{y}, \mathbf{z} \in V$ e $\alpha \in \mathbb{F}$,

1. $B(\mathbf{x} + \mathbf{y}, \mathbf{z}) = B(\mathbf{x}, \mathbf{z}) + B(\mathbf{y}, \mathbf{z})$;
2. $B(\mathbf{x}, \mathbf{y} + \mathbf{z}) = B(\mathbf{x}, \mathbf{y}) + B(\mathbf{x}, \mathbf{z})$;
3. $B(\alpha \mathbf{x}, \mathbf{y}) = B(\mathbf{x}, \alpha \mathbf{y}) = \alpha B(\mathbf{x}, \mathbf{y})$.

Per ogni fissato elemento $\mathbf{t}$, entrambe le applicazioni

$$B_{\mathbf{t}} : \begin{cases} V \to \mathbb{F} \\ \mathbf{x} \to B(\mathbf{t}, \mathbf{x}) \end{cases} \qquad B^{\mathbf{t}} : \begin{cases} V \to \mathbb{F} \\ \mathbf{x} \to B(\mathbf{x}, \mathbf{t}) \end{cases}$$

sono forme lineari su V. Denotiamo con $\underline{0}_V$ l'applicazione lineare nulla $V \mapsto \mathbb{F}$, che associa ad ogni $\mathbf{v} \in V$ lo scalare $0 \in \mathbb{F}$.

Definizione 4.20. Si dice *radicale sinistro* una forma bilineare B, sullo spazio vettoriale V, l'insieme

$$\operatorname{rad}{}_V B = \{ \mathbf{t} \in V : B_{\mathbf{t}} = \underline{0}_V \}.$$

Similmente, si introduce la nozione di *radicale destro*

$$\operatorname{rad}{}^V B = \{ \mathbf{t} \in V : B^{\mathbf{t}} = \underline{0}_V \}.$$

Osserviamo che
$$\operatorname{rad}{}_V = \{ \mathbf{t} \in V : B(\mathbf{t}, \mathbf{x}) = \mathbf{0}, \forall \mathbf{x} \in V \},$$

mentre
$$\operatorname{rad}{}^V = \{ \mathbf{t} \in V : B(\mathbf{x}, \mathbf{t}) = \mathbf{0}, \forall \mathbf{x} \in V \}.$$

In generale, radicale destro e radicale sinistro di una forma bilineare possono essere differenti. Vale comunque il seguente teorema.

Teorema 4.27. *Sia B una forma bilineare su di uno spazio vettoriale V di dimensione finita su di un campo $\mathbb{F}$. Allora, gli insiemi $\operatorname{rad}{}_V B$ e $\operatorname{rad}{}^V B$ sono entrambi spazi vettoriali sul campo $\mathbb{F}$; inoltre, $\dim \operatorname{rad}{}_V B = \dim \operatorname{rad}{}^V B$. In particolare, $\operatorname{rad}{}_V B = \{\mathbf{0}\}$ se, e soltanto se, $\operatorname{rad}{}^V B = \{\mathbf{0}\}$.*

Definizione 4.21. Una forma bilinare B sullo spazio V per cui $\operatorname{rad}{}_V B = \operatorname{rad}{}^V B$ è detta *riflessiva*. Quando per ogni $\mathbf{x}, \mathbf{y} \in V$,

$$B(\mathbf{x}, \mathbf{y}) = B(\mathbf{y}, \mathbf{x}),$$

la forma B è detta *simmetrica* .

In particolare, ogni forma bilineare simmetrica è riflessiva.

Definizione 4.22. Una forma bilineare B è detta *non degenere* se

$$\operatorname{rad}{}_V B = \operatorname{rad}{}^V B = \{\mathbf{0}\}.$$

Possiamo ora introdurre, come anticipato, la nozione di ortogonalità in uno spazio vettoriale arbitrario V.

Definizione 4.23. Sia V uno spazio vettoriale sul campo $\mathbb{F}$. Si dice *ortogonalità* di V ogni forma bilineare simmetrica $\langle \cdot, \cdot \rangle : V \times V \mapsto \mathbb{F}$ non degenere.

Ogni ortogonalità definisce un prodotto fra gli elementi di uno spazio vettoriale V. Un tipo particolare di ortogonalità è descritto nel seguente esempio.

Esempio 4.28. Sia $V \simeq \mathbb{R}^n$ uno spazio vettoriale di dimensione finita n sul campo $\mathbb{R}$. Allora, il prodotto scalare

$$\langle \cdot, \cdot \rangle : \begin{cases} V \times V \mapsto \mathbb{R} \\ \mathbf{x}, \mathbf{y} \mapsto \sum_{i=1}^{n} x_i y_i \end{cases}$$

è un'ortogonalità. Infatti, per ogni $\mathbf{x}, \mathbf{y}, \mathbf{z} \in V$ si ha

1.
$$\langle \mathbf{x}, \mathbf{y} \rangle = \sum_{i=1}^{n} x_i y_i = \sum_{i=1}^{n} y_i x_i = \langle \mathbf{y}, \mathbf{x} \rangle;$$

2.
$$\langle \mathbf{x} + \mathbf{y}, \mathbf{z} \rangle = \sum_{i=1}^{n} (x_i + y_i) z_i = \sum_{i=1}^{n} x_i z_i + \sum_{i=1}^{n} y_i z_i = \langle \mathbf{x}, \mathbf{z} \rangle + \langle \mathbf{y}, \mathbf{z} \rangle;$$

3. per ogni $\alpha \in \mathbb{R}$,
$$\langle \alpha \mathbf{x}, \mathbf{y} \rangle = \sum_{i=1}^{n} (\alpha x_i) y_i = \sum_{i=1}^{n} x_i (\alpha y_i) = \alpha \sum_{i=1}^{n} x_i y_i = \alpha \langle \mathbf{x}, \mathbf{y} \rangle = \langle \mathbf{x}, \alpha \mathbf{y} \rangle;$$

4. sia $\mathfrak{B} = \{\mathbf{e_1}, \ldots, \mathbf{e_n}\}$ la base canonica di V. Allora, per ogni $\mathbf{y} \in V$, si ha

$$y_i = \langle \mathbf{y}, \mathbf{e_i} \rangle.$$

In particolare, se $\mathbf{y}$ appartiene al radicale della forma bilineare, deve essere $y_i = 0$ per ogni i; dunque, $\mathbf{y} = \mathbf{0}$.

Il prodotto scalare di $\mathbb{R}^n$ gode inoltre di un'importante proprietà: è positivo definito, nel senso che per ogni vettore $\mathbf{x} \in \mathbb{R}^n \setminus \{\mathbf{0}\}$,

$$\langle \mathbf{x}, \mathbf{x} \rangle > 0.$$

In generale, data un'ortogonalità B in uno spazio vettoriale V su un campo finito $\mathbb{F}$, esisteranno sempre dei vettori $\mathbf{x} \in V$ con $\mathbf{x} \neq \mathbf{0}$ tali che $B(\mathbf{x}, \mathbf{x}) = 0$. Tali vettori sono detti *isotropi* per la forma B.

Sia adesso X un insieme finito. Lo spazio vettoriale $\mathbb{F}^X$ è dotato in modo naturale di un'ortogonalità data da

$$\langle f, g \rangle = \sum_{x \in X} f(x) g(x).$$

Rappresentando le applicazioni f e g in componenti, rispetto la base canonica $\mathfrak{E}$, si ha

$$\langle \mathbf{f}, \mathbf{g} \rangle = \sum_{i=1}^{n} f_i g_i.$$

Nel seguito di questo paragrafo considereremo sempre codici lineari rappresentati come vettori rispetto la base $\mathfrak{E}$.

L'esempio di ortogonalità più importante che considereremo in questo libro è l'applicazione

$$\langle \cdot, \cdot \rangle : \begin{cases} V_n(\mathbb{F}_q) \times V_n(\mathbb{F}_q) \mapsto \mathbb{F}_q \\ (\mathbf{f}, \mathbf{g}) \mapsto \sum_{i=1}^n f_i g_i. \end{cases}$$

Definizione 4.24. Il *codice duale*, o *complemento ortogonale*, $\mathcal{C}^\perp$ di un $[n,k]$–codice $\mathcal{C}$ sopra un campo $\mathbb{F}_q$, è il sottospazio vettoriale di $V_n(\mathbb{F}_q)$

$$\mathcal{C}^\perp = \{\, \mathbf{x} \in V_n(\mathbb{F}_q) : \langle \mathbf{x}, \mathbf{y} \rangle = 0 \text{ per ogni } \mathbf{y} \in \mathcal{C} \,\}.$$

Teorema 4.29. *Se $\mathcal{C}$ è un $[n,k]$-codice sul campo $\mathbb{F}$, allora $\mathcal{C}^\perp$ è un $[n, n-k]$-codice su $\mathbb{F}$.*

Dimostrazione. Osserviamo che $\mathcal{C}^\perp$ è un insieme di elementi di $V_n(\mathbb{F}_q)$ descritto da k condizioni lineari fra loro indipendenti; ne segue che la dimensione di $\mathcal{C}$ è proprio $n - k$. $\qquad\square$

Diversamente da quanto succede in spazi vettoriali reali col prodotto scalare ordinario, lo spazio vettoriale $\mathcal{C}^\perp$ non è, in generale, disgiunto da $\mathcal{C}$; in particolare, è possibile che si verifichi $\mathcal{C}^\perp = \mathcal{C}$. In quest'ultimo caso si dice che il codice $\mathcal{C}$ è *autoduale*. Ogni vettore $\mathbf{c} \in \mathcal{C}^\perp \cap \mathcal{C}$ è *isotropo*.

Data una matrice generatrice in forma standard per il codice $\mathcal{C}$, risulta facile scrivere una matrice generatrice per $\mathcal{C}^\perp$, come mostra il seguente teorema.

Teorema 4.30. *Sia $G = (I_k \, A)$ è una matrice generatrice per il codice $\mathcal{C}$; allora*

$$H = (-A^T \, I_{n-k})$$

è una matrice generatrice per $\mathcal{C}^\perp$.

Dimostrazione. La matrice H contiene $n - k$ righe, fra loro linearmente indipendenti. Ne segue che il codice generato da H ha la medesima dimensione di $\mathcal{C}^\perp$. Si deve dunque solamente mostrare che ogni riga di H è un elemento di $\mathcal{C}^\perp$. A tal fine, sia $\mathbf{m}$ un messaggio. La parola di codice corrispondente ad $\mathbf{m}$ è

$$\mathbf{c} = \mathbf{m}G.$$

D'altro canto, per costruzione di H, si ha

$$GH^T = 0,$$

da cui

$$\mathbf{c}H^T = \mathbf{m}GH^T = \mathbf{0},$$

per ogni parola di codice $\mathbf{c}$. Ne segue che tutte le colonne di H^T corrispondono a vettori di $\mathcal{C}^\perp$, da cui si deduce la tesi. $\qquad\square$

Esempio 4.31. Sia $\mathcal{C}$ il $[7, 4]$–codice sopra $\mathbb{Z}_3$ con matrice generatrice

$$G = \begin{pmatrix} 0 & 0 & 0 & 2 & 1 & 1 & 0 \\ 0 & 0 & 1 & 1 & 0 & 2 & 0 \\ 2 & 1 & 0 & 2 & 0 & 2 & 0 \\ 2 & 0 & 0 & 1 & 0 & 0 & 1 \end{pmatrix}.$$

Per trovare una matrice del tipo $G' = (I_4 \, A)$ che generi un codice $\mathcal{D}$ equivalente a $\mathcal{C}$, risulta necessario permutare le colonne di G in modo che assumano l'ordine 5, 3, 2, 7, 1, 4, 6, cioè moltiplicare a destra G per la matrice di permutazione

$$P = \begin{pmatrix} 0 & 0 & 0 & 0 & 1 & 0 & 0 \\ 0 & 0 & 1 & 0 & 0 & 0 & 0 \\ 0 & 1 & 0 & 0 & 0 & 0 & 0 \\ 0 & 0 & 0 & 0 & 0 & 0 & 1 \\ 1 & 0 & 0 & 0 & 0 & 0 & 0 \\ 0 & 0 & 0 & 1 & 0 & 0 & 0 \\ 0 & 0 & 0 & 0 & 0 & 1 & 0 \end{pmatrix}.$$

In tal modo si riesce a scrivere

$$G' = \begin{pmatrix} 1 & 0 & 0 & 0 & 0 & 2 & 1 \\ 0 & 1 & 0 & 0 & 0 & 1 & 2 \\ 0 & 0 & 1 & 0 & 2 & 2 & 2 \\ 0 & 0 & 0 & 1 & 2 & 1 & 0 \end{pmatrix} = (I_4 \, A), \qquad A = \begin{pmatrix} 0 & 2 & 1 \\ 0 & 1 & 2 \\ 2 & 2 & 2 \\ 2 & 1 & 0 \end{pmatrix}.$$

Una matrice generatrice di $\mathcal{D}^{\perp}$ è

$$H' = (-A^T \, I_3) = \begin{pmatrix} 0 & 0 & 1 & 1 & 1 & 0 & 0 \\ 1 & 2 & 1 & 2 & 0 & 1 & 0 \\ 2 & 1 & 1 & 0 & 0 & 0 & 1 \end{pmatrix};$$

ripermutando le colonne di H' secondo l'ordine 5, 3, 2, 6, 1, 7, 4, cioè moltiplicandola a destra per la matrice di permutazione

$$P^T = \begin{pmatrix} 0 & 0 & 0 & 0 & 1 & 0 & 0 \\ 0 & 0 & 1 & 0 & 0 & 0 & 0 \\ 0 & 1 & 0 & 0 & 0 & 0 & 0 \\ 0 & 0 & 0 & 0 & 0 & 1 & 0 \\ 1 & 0 & 0 & 0 & 0 & 0 & 0 \\ 0 & 0 & 0 & 0 & 0 & 0 & 1 \\ 0 & 0 & 0 & 1 & 0 & 0 & 0 \end{pmatrix},$$

si ottiene la seguente matrice generatrice per $\mathcal{C}^{\perp}$:

$$H = \begin{pmatrix} 1 & 1 & 0 & 0 & 0 & 0 & 1 \\ 0 & 1 & 2 & 1 & 1 & 0 & 2 \\ 0 & 1 & 1 & 0 & 2 & 1 & 0 \end{pmatrix}.$$

Osserviamo che $GH^T = 0$; inoltre, H ha, come previsto, rango $n - k = 3$.

4.7 Controllo di parità

La nozione di codice ortogonale si rivela particolarmente utile per costruire algoritmi di decodifica specifici per i codici lineari.

Definizione 4.25. Sia C un $[n,k]$–codice su $\mathbb{F}_q$. Si dice *matrice di controllo di parità* di C una matrice generatrice H di $C^\perp$.

L'utilità della matrice controllo di parità H associata ad un $[n,k]$–codice C discende dalla seguente fondamentale osservazione:

> *un vettore* $\mathbf{v}$ *dello spazio vettoriale* $V_n(\mathbb{F}_q)$ *è una parola di codice per* C *se, e soltanto se,* $\mathbf{v}H^T = 0$.

Definizione 4.26. Sia H la matrice controllo di parità associata ad un $[n,k]$–codice C sopra $\mathbb{F}$. La *sindrome* di un vettore $\mathbf{x} \in V_n(\mathbb{F}_q)$ è il vettore $\mathbf{s} \in V_{n-k}(\mathbb{F}_q)$ ottenuto come

$$\mathbf{s} = \mathbf{x}H^T.$$

Per definizione di matrice di controllo di parità, le parole di codice sono tutti e soli i vettori di sindrome nulla. In particolare, un metodo per identificare eventuali errori di trasmissione è quello di calcolare la sindrome di ogni parola ricevuta e segnalare un errore se essa risulta diversa dal vettore nullo $\mathbf{0}$. Si vedrà in seguito, nel Paragrafo 4.12, come la sindrome risulti anche un ausilio fondamentale per la correzione di errore.

Chiudiamo questo paragrafo con alcuni teoremi che mostrano come le proprietà strutturali della matrice di controllo di parità di C possano essere utilizzate per determinare una limitazione inferiore alla distanza minima dello stesso.

Teorema 4.32. *Il rango della matrice matrice di controllo di parità H di un $[n,k,d]$–codice C è almeno $d-1$.*

Dimostrazione. Supponiamo che H abbia rango r, e denotiamo con $\mathbf{H_i}$ la sua i–esima riga. Allora, esistono degli indici $i_1, i_2, \ldots, i_{r+1}$ tali che

$$c_{i_1}\mathbf{H_{i_1}} + c_{i_2}\mathbf{H_{i_2}} + \cdots + c_{i_{r+1}}\mathbf{H_{i_{r+1}}} = \mathbf{0},$$

ove i c_{i_j} non sono tutti nulli. Ne segue che la parola $\mathbf{c}$, che ha come componente i_j–esima c_{i_j}, appartiene sicuramente a C ed ha peso $r+1$; pertanto, $d \leq r+1$, da cui deriva il teorema. $\square$

Vale anche una forma di viceversa per il teorema appena dimostrato.

Teorema 4.33. *Sia H la matrice di controllo di parità di un $[n,k]$–codice C e supponiamo che ogni insieme di $r-1$ colonne di H sia linearmente indipendente. Allora, la distanza minima d del codice C è almeno r.*

Dimostrazione. Per ipotesi, ogni insieme di $r - 1$ colonne di H è linearmente indipendente; questo significa che, affinché un vettore $\mathbf{r} \neq \mathbf{0}$ abbia sindrome $\mathbf{0}$, e dunque appartenga al codice, esso deve contenere almeno r entrate non nulle. Ne segue $d \geq r$. $\qquad\square$

Teorema 4.34. *È possibile caratterizzare i codici MDS in termini della matrice di controllo di parità:*

1. *Un codice lineare $\mathcal{C}$ su $\mathbb{F}_q$ di parametri $[n, k, d]$ è MDS se, e soltanto se, comunque dato un insieme T di $n - k$ colonne della sua matrice di controllo di parità, tale insieme risulta formato da vettori linearmente indipendenti in $\mathbb{F}_q^{n-k}$.*
2. *Un codice lineare $\mathcal{C}$ è MDS se, e soltanto se, $\mathcal{C}^\perp$ è MDS.*

Dimostrazione.

1. Se ogni insieme di $n - k$ colonne della matrice di controllo parità H di $\mathcal{C}$ è linearmente indipendente, per il Teorema 4.33, abbiamo che $w(\mathcal{C}) \geq n - k + 1$. Viceversa, se $w(\mathcal{C}) = n - k + 1$, allora ogni combinazione lineare non banale delle colonne di H che fornisce il vettore nullo $\mathbf{0}$ deve avere almeno $n - k + 1$ coefficienti non nulli. Ne segue che ogni $n - k$ colonne sono linearmente indipendenti.
2. Supponiamo che $\mathcal{C}$ sia un codice MDS di parametri $[n, k, d]$. Una matrice di controllo parità H per $\mathcal{C}$ è una matrice generatrice per $\mathcal{C}^\perp$. Ogni parola $\mathbf{v} \in \mathcal{C}^\perp$ diversa dal vettore nullo può essere selezionata come prima riga di H. Poiché ogni insieme di $d - 1 = n - k$ colonne di H è linearmente indipendente, $\mathbf{v}$ non può avere $d - 1$ entrate tutte uguali a 0. Ne segue che il peso di $\mathbf{v}$ è almeno $n - (d - 1) + 1 = k + 1$; questo è il peso minimo di $\mathcal{C}^\perp$. Il risultato segue ora dalla limitazione di Singleton. $\qquad\square$

Corollario 4.35. *Un $[n, k, d]$–codice $\mathcal{C}$ è MDS se, e soltanto se, ogni insieme di k colonne di ogni matrice generatrice per $\mathcal{C}$ è linearmente indipendente; in particolare, ogni insieme di k colonne di un codice MDS costituisce un insieme di informazione.*

4.8 Enumeratori dei pesi

La distanza minima fornisce una buona indicazione di quanti errori un codice a blocchi $\mathcal{C}$ possa garantire di essere in grado di correggere. Come si vedrà nel successivo Paragrafo 4.13, la probabilità che un errore non venga identificato è collegata alla struttura degli insiemi di livello di $\mathcal{C}$ e, in particolare, alla distribuzione dei pesi del codice.

Una tecnica combinatorica standard per descrivere le cardinalità di una collezione di insiemi è quella di scrivere una *funzione generatrice* per la stessa, ovvero una funzione i coefficienti del cui sviluppo in serie siano collegati ai numeri cercati. Nel caso degli insiemi di livello di un codice $\mathcal{C}$, le funzioni che vengono considerate risultano essere due polinomi: il *polinomio enumeratore delle distanze* e il *polinomio enumeratore dei pesi*. È bene osservare che il rappresentare l'elenco dei possibili pesi delle parole di un codice lineare mediante un polinomio non è solamente un esercizio di natura formale; in effetti, è possibile esprimere una relazione funzionale semplice (ma non ovvia) fra il polinomio enumeratore di un codice lineare e quello del suo codice ortogonale.

Definizione 4.27. Si dice *polinomio enumeratore delle distanze* di un codice $\mathcal{C}$ su di un alfabeto A il polinomio

$$D_{\mathcal{C}}(Z) = \frac{1}{|\mathcal{C}|} \sum_{\mathbf{c},\mathbf{d} \in \mathcal{C}} Z^{d(\mathbf{c},\mathbf{d})}.$$

Definizione 4.28. Sia $\mathcal{C}$ un codice lineare. Il *polinomio enumeratore dei pesi* di $\mathcal{C}$ è il polinomio

$$A_{\mathcal{C}}(Z) := \sum_{c \in \mathcal{C}} Z^{w(c)}.$$

Se $\mathcal{C}$ è un codice lineare, allora

$$A_{\mathcal{C}}(Z) = D_{\mathcal{C}}(Z).$$

In particolare, per il Teorema 4.5, la struttura metrica di un codice lineare è completamente descritta dalla distribuzione dei pesi.

Supponiamo che $\mathcal{C}$ abbia lunghezza n e indichiamo con A_i il numero di parole di $\mathcal{C}$ aventi peso i; il polinomio enumeratore dei pesi si può scrivere anche come:

$$A_{\mathcal{C}}(Z) = \sum_{i=0}^{n} A_i Z^i.$$

La sequenza $(A_i)_{i=0}^{n}$ è detta *distribuzione dei pesi* del codice $\mathcal{C}$. Notiamo che determinare il grado del polinomio enumeratore dei pesi richiede di conoscere la distanza massima fra due parole di codice. Una forma in cui viene frequentemente scritto un polinomio enumeratore è quella *omogenea*: in questo caso si scrive

$$W_{\mathcal{C}}(X,Y) = \sum_{i=0}^{n} A_i X^i Y^{n-i},$$

e il grado in questo caso è, ovviamente, n.

Calcolare esattamente il polinomio enumeratore per un codice arbitrario risulta in generale non agevole. in effetti si tratta di un problema NP–difficile; si vedano al proposito [38], [24]. Chiaramente, il fatto che un problema sia in generale di difficile risoluzione non preclude l'esistenza di risposte per alcuni casi particolari. In particolare, se $\mathcal{C}$ è un $[n,d,k]$–codice MDS su $\mathbb{F}_q$, una forma chiusa per la distribuzione dei pesi di $\mathcal{C}$ è la seguente:

$$A_i = \binom{n}{i}(q-1)\sum_{j=0}^{i-d}(-1)^j \binom{i-1}{j} q^{i-j-d}.$$

Una volta che la distribuzione delle distanze di un codice è nota, risulta possibile determinare direttamente quella del corrispondente codice ortogonale; questo è il contenuto del seguente teorema.

Teorema 4.36 (MacWilliams). *Il polinomio (omogeneo) enumeratore dei pesi di un codice q–ario C è legato a quello del suo codice ortogonale $C^\perp$ dalla relazione*

$$W_{C^\perp}(X, Y) = \frac{1}{|C|} W_C(Y - X, Y + (q-1)X).$$

⚠ Una dimostrazione basata sulla teoria dei caratteri del Teorema 4.36 si trova in [102]. La dimostrazione che noi presentiamo in questa sede è tratta da [8] e si basa sulla trasformata discreta di Hadamard. Sia $\omega \in \mathbb{F}_q$ una radice primitiva n–esima dell'unità, cioè un elemento tale che $\omega^n = 1$, mentre $\omega^j \neq 1$ per $0 < j < n$. Indichiamo con il simbolo $\mathrm{Tr} : \mathbb{F}_q \mapsto \mathbb{F}_p$ la applicazione di traccia assoluta da $\mathbb{F}_q$ in $\mathbb{F}_p$ e poniamo $V = \mathbb{F}_q^n$.

Definizione 4.29. La *trasformata discreta di Hadamard* di un'applicazione $f : V \mapsto \mathbb{F}$ è l'applicazione $\hat{f} : V \mapsto \mathbb{F}$ data da

$$\hat{f}(\mathbf{u}) = \sum_{\mathbf{v} \in V} \omega^{\mathrm{Tr}\langle \mathbf{u}, \mathbf{v}\rangle} f(\mathbf{v}).$$

In generale, la trasformata di Hadamard non è invertibile. Il seguente teorema giustifica il suo impiego nell'ambito della teoria dei codici.

Teorema 4.37. *Sia C un codice su $\mathbb{F}_q$. Allora,*

$$\sum_{\mathbf{u} \in C} \hat{f}(\mathbf{u}) = |C| \sum_{\mathbf{v} \in C^\perp} f(\mathbf{v}).$$

Dimostrazione. Osserviamo che

$$\sum_{\mathbf{u} \in C} \hat{f}(\mathbf{u}) = \sum_{\mathbf{u} \in C} \sum_{\mathbf{v} \in V} \omega^{\mathrm{Tr}\langle \mathbf{u}, \mathbf{v}\rangle} f(\mathbf{v}) = \sum_{\mathbf{v} \in V} f(\mathbf{v}) \sum_{\mathbf{u} \in C} \omega^{\mathrm{Tr}\langle \mathbf{u}, \mathbf{v}\rangle}.$$

Se $\mathbf{v} \in C^\perp$, allora $\mathrm{Tr}\langle \mathbf{u}, \mathbf{v}\rangle = 0$; dunque, la somma più interna vale $|C|$. Se $\mathbf{v} \notin C^\perp$, allora tutti i valori di $\mathbb{F}_p$ vengono presi con la medesima frequenza ν, per cui la somma interna vale

$$\nu(1 + \omega + \cdots + \omega^{p-1}) = 0.$$

Da questo segue il teorema. □

Abbiamo ora tutti gli strumenti per procedere alla dimostrazione del teorema di MacWilliams.

Dimostrazione (Teorema 4.36). Sia R l'anello dei polinomi in X, Y sopra il campo complesso $\mathbb{C}$; denotiamo con V_n lo spazio vettoriale di dimensione n su $\mathbb{F}_q$, in cui giacciono sia C che $C^\perp$. Per ogni vettore $\mathbf{v} \in V_n$, sia

$$f(\mathbf{v}) = X^{w(\mathbf{v})} Y^{n-w(\mathbf{v})}.$$

La trasformata di Hadamard di f è

$$\hat{f}(\mathbf{u}) = \sum_{\mathbf{v} \in V_n} X^{w(\mathbf{v})} Y^{n-w(\mathbf{v})} \omega^{\mathrm{Tr}(\mathbf{u},\mathbf{v})}.$$

Sia $\delta : \mathbb{F}_q \mapsto \{0,1\}$ la funzione tale che $\delta(0) = 0$ e $\delta(a) = 1$ per ogni $a \neq 0$. Per ogni $\mathbf{x} \in V_n$, si ha $w(\mathbf{x}) = \sum \delta(x_i)$. Utilizzando la rappresentazione in componenti, $\hat{f}$ si riscrive come

$$\sum_{v_1,v_2,\ldots,v_n \in \mathbb{F}} X^{\delta(v_1)+\cdots+\delta(v_n)} Y^{(1-\delta(v_1))+\cdots+(1-\delta(v_n))} \omega^{\mathrm{Tr}(u_1 v_1 + \cdots + u_n v_n)};$$

in sintesi,

$$\hat{f}(\mathbf{u}) = \prod_{i=1}^{n} \sum_{v_i \in \mathbb{F}} X^{\delta(v_i)} Y^{1-\delta(v_i)} \omega^{\mathrm{Tr}(u_i v_i)}.$$

Ora:

1. se $u_i = 0$, allora la somma interna è $Y + (q-1)X$;
2. se $u_i \neq 0$, allora la somma interna è

$$Y - X + q/p(1 + \omega + \cdots + \omega^{p-1})X = Y - X.$$

Ne segue,

$$\hat{f}(\mathbf{u}) = (Y - X)^{w(\mathbf{u})}(Y + (q-1)X)^{n-w(\mathbf{u})},$$

da cui, per il Teorema 4.37, si deduce la tesi. $\square$

Il legame fra il polinomio enumeratore dei pesi non omogeneo $A_\mathcal{C}(Z)$ di un $[n,k]$–codice $\mathcal{C}$ e il polinomio enumeratore $A_{\mathcal{C}^\perp}(Z)$ del codice ortogonale $\mathcal{C}^\perp$ è dato da

$$A_{\mathcal{C}^\perp}(Z) = \frac{(1 + (q-1)Z)^n}{|\mathcal{C}|} A_\mathcal{C}\left(\frac{1 - Z}{1 + (q-1)Z}\right). \tag{4.3}$$

Concludiamo questo paragrafo mostrando la relazione fra il polinomio enumeratore dei pesi di un codice e quello del suo ortogonale in un'altra forma, mediante i cosiddetti polinomi di Krawtchouk, una famiglia di polinomi ortogonali, [54].

Definizione 4.30. Siano m, n, s tre interi con $0 \leq m \leq n$ e $s \geq 2$. L'm–esimo *polinomio di Krawtchouk* s–ario in x è

$$K_m(x; n, s) = \sum_{j=0}^{m} (-1)^j \binom{x}{j} n - x m - j (s-1)^{m-j},$$

ove si pone, per definizione,

$$\binom{x}{j} = \frac{x(x-1)\cdots(x-j+1)}{j!},$$

con $x \in \mathbb{R}$.

Teorema 4.38. *Il polinomio di Krawtchouk $K_m(x; n, s)$ ha grado m in x. Inoltre, per ogni i con $0 \leq i \leq n$, si ha che $K_m(i; n, s)$ è il coefficiente di z^m nell'espressione*

$$(1 + (s-1)z)^{n-i}(1 - z)^i.$$

Dimostrazione. Per definizione di $K_m(x; n, s)$, il grado in x di tale polinomio è al più m. Il coefficiente di x^m in $K_m(x; n, s)$ è

$$\sum_{j=0}^{m}(-1)^j \frac{1^j}{j!}\frac{(-1)^{m-j}}{(m-j)!}(s-1)^{m-j} = \frac{(-1)^m}{m!}\sum_{j=0}^{m}\binom{m}{j}(s-1)^{m-j} =$$

$$\frac{(-s)^m}{m!} \neq 0,$$

da cui discende la prima parte della tesi. Per quanto riguarda la seconda parte del teorema, si noti che il coefficiente di z^m è esattamente

$$\sum_{j=0}^{m}\left(\binom{n-i}{m-j}(s-1)^{m-j}\right)\left(\binom{i}{j}(-1)^j\right).$$

$\square$

Corollario 4.39. *I polinomi $K_m(i; n, s)$ soddisfano le seguenti relazioni*
1. $K_0(i; n, s) = 1$;
2. $K_1(i; n, s) = (n-i)(s-1) - i = (s-1)n - si$;
3. $K_m(0; n, s) = (s-1)^n \binom{n}{m}$;
4. per $1 \leq m \leq n$ e $1 \leq i \leq n$,

$$K_m(i; n, s) = K_m(i-1; n, s) - K_{m-1}(i-1; n, s) - (s-1)K_{m-1}(i; n, s).$$

Dimostrazione. I primi tre punti del corollario derivano direttamente dalla definizione dei polinomi in oggetto. Per quanto concerne la relazione ricorsiva, consideriamo l'uguaglianza

$$((1+(s-1)z)^{n-i}(1-z)^i)(1+(s-1)z) =$$

$$((1+(s-1)z)^{n-(i-1)}(1-z)^{i-1})(1-z).$$

Calcolando i coefficienti di z^m in entrambi i termini si ottiene

$$K_m(i; n, s) + (s-1)K_{m-1}(i; n, s) == K_m(i-1; n, s) - K_{m-1}(i-1; n, s),$$

da cui discende la tesi. $\square$

Teorema 4.40 (Relazione di MacWilliams in forma di Krawtchouk). *Dato un codice lineare C su $\mathbb{F}_s$ di lunghezza n, poniamo $D = C^{\perp}$. Supponiamo $A_C(z) = \sum_{i=0}^{n} c_i z^i$ e $A_D(z) = \sum_{i=0}^{n} b_i z^i$. Allora,*

$$\frac{1}{|C|}\sum_{i=0}^{n} K_m(i; n, s)a_i = b_m.$$

Dimostrazione. Per la relazione (4.3),

$$A_D(z) = \frac{1}{|C|}\sum_{i=1}^{n} a_i(1+(s-1)z)^{n-i}(1-z)^i,$$

da cui si deduce

$$A_D(z) = \frac{1}{|C|}\sum_{i=1}^{n} a_i K(i; n, s)z^i,$$

che implica la tesi. $\square$

In particolare, per ogni codice lineare

$$\sum_{i=0}^{n} a_i K_m(i; n, s) \geq 0. \tag{4.4}$$

La disuguaglianza (4.4) è detta *disuguaglianza di Delsarte* e deve essere soddisfatta dai coefficienti del polinomio enumeratore delle distanze $D_C(z)$ di un qualsiasi codice, possibilmente anche non lineare.

4.9 Codici di Hamming

In questo paragrafo verrà fornita una costruzione di una classe di codici lineari particolarmente adatti a situazioni in cui è necessaria la correzione di un singolo errore. Questi codici, fra i primi introdotti storicamente, sono stati presentati in [47]. L'approccio da noi seguito non è quello originale, bensì uno geometrico, basato sull'insieme dei sottospazi di uno spazio vettoriale.

Definizione 4.31. Sia $n = (q^r - 1)/(q-1)$. Il *codice di Hamming* $H_r(q)$, di ordine r su $\mathbb{F}_q$, è un $[n, n-r]$–codice la cui matrice di controllo di parità P_r è una matrice $r \times n$ tale che ogni colonna è linearmente indipendente da ogni altra colonna.

La definizione di cui sopra ha senso in quanto il numero di sottospazi 1–dimensionali di $\mathbb{F}_q^r$ è esattamente $(q^r - 1)/(q-1)$. A priori, un codice di Hamming dipende dalla scelta di opportuni rappresentanti per i sottospazi di $\mathbb{F}_q^r$, ma è possibile verificare che codici ottenuti selezionando rappresentanti diversi dei medesimi spazi risultano fra loro equivalenti. Pertanto, un codice di Hamming è, a meno di equivalenza, univocamente individuato dai suoi parametri.

Per $k \geq 2$, il rango della matrice P_r è sempre 2: ogni due colonne C_1, C_2 sono linearmente indipendenti, ma, chiaramente, il sottospazio generato da $C_1 + C_2$ è rappresentato a sua volta in P_r. Per il Teorema 4.33, ne segue che tutti i codici di Hamming con $r \geq 2$ hanno distanza minima $d = 3$ e sono, pertanto, in grado di correggere automaticamente 1 errore in ogni blocco ricevuto, o, alternativamente, di identificarne 2.

Esempio 4.41. Un caso particolare di codici di Hamming è quello binario, in cui la matrice di controllo di parità di P_r contiene tutti e soli i vettori non nulli di $\mathbb{F}_2^r$.

Teorema 4.42. *Ogni codice di Hamming di ordine r sopra $\mathbb{F}_q$ è un codice perfetto, nel senso della Definizione 3.11.*

Dimostrazione. Per ogni $\mathbf{x} \in H_r(q)$,

$$|B_1(\mathbf{x})| = 1 + n(q - 1) = q^r.$$

Pertanto, le q^{n-k} sfere disgiunte di raggio 1, centrate sulle parole di H_r, contengono esattamente $|H_r| q^k = q^n$ parole, ovvero tutti i possibili vettori di $\mathbb{F}_q^n$. Ne segue che H_r è perfetto. $\qquad\square$

I parametri dei codici perfetti sopra alfabeti con un numero primo di simboli sono stati completamente determinati, si veda a proposito il Teorema 12.15.

Esempio 4.43. Il codice di Hamming di ordine $r = 3$ sopra $\mathbb{F}_2$ è definito dalla seguente matrice di controllo di parità:

$$P_3 = \begin{pmatrix} 1\,0\,0\,1\,0\,1\,1 \\ 0\,1\,0\,1\,1\,0\,1 \\ 0\,0\,1\,0\,1\,1\,1 \end{pmatrix}.$$

Tale codice è un $[7, 4]$–codice con distanza minima $d = 3$. Calcoliamo ora l'enumeratore dei pesi di $H_3(2)$: il codice ha dimensione 4 e dunque contiene $2^4 = 16$ parole. Siccome il codice è lineare, $A_0 = 1$; il fatto che la distanza minima sia almeno 3 implica altresì $A_1 = A_2 = 0$. Il numero di entrate non nulle in ogni riga della matrice di controllo di parità è *pari*; dunque, (1111111) è, a sua volta, una parola di codice, per cui $A_7 = 1$. Infine, il codice è lineare ed ha dimensione 4. Sia $\mathbf{x}$ una parola di codice di peso p; allora $(1111111) - \mathbf{x}$ è a sua volta una parola di codice con peso $7 - p$. Ne consegue $A_5 = A_1 = 0$, $A_6 = A_2 = 0$. Rimangono $A_3 = A_4 = 7$. Il polinomio enumeratore di $H_3(2)$ risulta dunque

$$1 + 7x^3 + 7x^4 + x^7.$$

Definizione 4.32. Il codice duale del codice di Hamming $H_r(q)$ è detto *codice simplesso* $S_r(q)$.

Il codice simplesso ha dimensione r e lunghezza $(q^r - 1)/(q - 1)$.

Definizione 4.33. Un codice lineare $\mathcal{C}$ è detto *equidistante* se tutte le parole in $\mathcal{C}$ diverse da $\mathbf{0}$ hanno il medesimo peso.

Esempio 4.44. Consideriamo il codice $\mathcal{C} = S_3(2)$. Questo codice ha, per costruzione, parametri $[7, 3]$. L'enumeratore dei pesi omogeneo per il codice di Hamming è

$$f(X, Y) = Y^7 + 7X^3Y^4 + 7X^4Y^3 + X^7.$$

Il Teorema 4.36 consente di scrivere l'enumeratore dei pesi per $\mathcal{C}$; otteniamo

$$g(X, Y) = \frac{1}{2^4} f(Y - X, Y + X) = Y^7 + 7X^4Y^3,$$

per cui $\mathcal{C}$ risulta un codice equidistante con distanza minima $d = 4$.

In effetti, ogni codice simplesso binario risulta equidistante, come mostra il seguente Teorema 4.45.

Teorema 4.45. *Ogni parola diversa da $\mathbf{0}$ del codice simplesso $\mathcal{C} = S_r(q)$ ha peso* q^{r-1}.

Dimostrazione. Le colonne della matrice generatrice G di $S_r(q)$ sono tutti i rappresentanti delle classi di proporzionalità dei vettori q–ari non nulli di lunghezza r. Denotiamo tali vettori con $\mathbf{v_i}$. Per ogni parola $\mathbf{c}$ di $\mathcal{C}$ diversa da $\mathbf{0}$ esiste un insieme di indici $I \subseteq \{1, 2, \ldots, r\}$ tale che

$$\mathbf{c} = \sum_{i \in I} \alpha_i (\mathbf{v_0}_i, \mathbf{v_1}_i, \ldots, \mathbf{v_{q^r-1}}_i),$$

con $\alpha_i \in \mathbb{F}_q^{\star}$. In particolare, il peso di $\mathbf{c}$ corrisponde al numero di vettori $\mathbf{v}$ di $\mathbb{F}_q^r$ tali che $\sum_{i \in I} \alpha_i v_i \neq 0$. Abbiamo dunque

$$w(\mathbf{c}) = \frac{q^r - 1}{q - 1} - \left| \left\{ \mathbf{v} \in \mathbb{F}_q^r : \sum_{i \in I} \alpha_i v_i = 0 \right\} \right| = \frac{q^r - 1}{q - 1} - \frac{q^{r-1} - 1}{q - 1} = q^{r-1}.$$

$\square$

L'enumeratore dei pesi del codice simplesso, in particolare, è

$$A_{S_r(q)}(z) = 1 + (q^r - 1)z^{q^{r-1}}.$$

Utilizzando il Teorema 4.36 è ora possibile scrivere esplicitamente l'enumeratore dei pesi per ogni codice di Hamming.

Esempio 4.46. L'enumeratore dei pesi per il codice di Hamming binario $H_r(2)$ è

$$A(z) = \frac{1}{2^r}[(1 + z)^n + n(1 - z^2)^{(n-1)/2}(1 + z)].$$

Esempio 4.47. Sia $r = 3$ ed $F = \mathbb{F}_3$. In tal caso si può costruire il $[13, 10]$–codice di Hamming di ordine 3 mediante la seguente matrice di controllo di parità:

$$P_3 = \begin{pmatrix} 1 & 0 & 0 & 1 & 0 & 1 & 1 & 2 & 0 & 1 & 2 & 1 & 1 \\ 0 & 1 & 0 & 1 & 1 & 0 & 1 & 1 & 2 & 0 & 1 & 2 & 1 \\ 0 & 0 & 1 & 0 & 1 & 1 & 1 & 0 & 1 & 2 & 1 & 1 & 2 \end{pmatrix}.$$

La distribuzione dei pesi del codice $H_3(3)$ è molto più complicata di quella del codice precedente, come si vede in Tabella 4.2. I valori sono stati calcolati utilizzando il programma [36].

4.10 Decodifica del codice di Hamming binario

Sia $\mathcal{C}$ un $[n, k]$–codice correttore e sia $\mathbf{r}$ una parola ricevuta. La procedura normale per individuare e correggere un eventuale errore $\mathbf{e}$ consiste nel cercare la parola $\mathbf{c} \in \mathcal{C}$ che si trova a distanza minima da $\mathbf{r}$ e restituire $\mathbf{c} - \mathbf{r}$. D'altro canto, se $\mathcal{C}$ è un codice binario 1–correttore, allora il vettore di errore $\mathbf{e} = \mathbf{r} - \mathbf{c}$ contiene al più un bit diverso da 0. È dunque possibile descrivere un errore semplicemente fornendo

i	A_i		i	A_i
0	1		7	8424
1	0		8	11934
2	0		9	13442
3	104		10	11232
4	468		11	5616
5	1404		12	2080
6	4056		13	288

Tabella 4.2. Distribuzione dei pesi di $H_3(3)$

un intero compreso fra 0 ed n, ove con 0 si intende che non si è verificato alcun errore individuabile.

A meno di equivalenza, è possibile disporre le colonne della matrice di controllo di parità di un codice binario 1–correttore di modo che la sindrome del vettore ricevuto indichi direttamente la posizione di errore. In particolare, nel caso dei codici di Hamming $H_r(2)$ si può scegliere come matrice generatrice quella le cui colonne sono disposte in ordine di rappresentazione binaria dei primi $n - r$ numeri naturali non nulli.

Esempio 4.48. Una matrice di controllo parità sistematica per $H_3(2)$ è

$$H = \begin{pmatrix} 1\,1\,0\,1\,1\,0\,0 \\ 1\,0\,1\,1\,0\,1\,0 \\ 0\,1\,1\,1\,0\,0\,1 \end{pmatrix}.$$

Una matrice equivalente è la seguente

$$H' = \begin{pmatrix} 1\,0\,1\,0\,1\,0\,1 \\ 0\,1\,1\,0\,0\,1\,1 \\ 0\,0\,0\,1\,1\,1\,1 \end{pmatrix}.$$

In questo caso la sindrome coincide esattamente con la rappresentazione binaria della posizione dell'errore; infatti, un errore nella posizione i–esima comporta che la sindrome restituita sia esattamente una copia della i–esima colonna.

Qualora venga adottata una codifica di questo genere per $H_r(2)$, il codice di Hamming con parametri $[2^r - 1, 2^r - 1 - r]$, una copia della matrice identica si può sempre estrarre prendendo le colonne di H' con indice $1, 2, 4, \ldots, 2^{r-1}$. Tali colonne formano dunque un insieme di informazione.

4.11 Decodifica mediante matrice standard

In questo paragrafo presenteremo un algoritmo di decodifica per codici lineari in cui si utilizzano le proprietà della matrice di controllo di parità. Tale algoritmo è nettamente più efficiente di quelli generici visti nel Capitolo 3, ma presenta comunque un elevato livello di complessità qualora la lunghezza n del codice in esame sia grande.

Un $[n, k]$–codice lineare $\mathcal{C}$ su $\mathbb{F}_q$ è, in modo naturale, un sottogruppo di ordine q^k del gruppo (additivo) di $V_n(\mathbb{F}_q)$; in particolare, esso induce una partizione di $V_n(\mathbb{F})$ in $t = q^n/q^k = q^{n-k}$ classi laterali; denoteremo tali classi con $\mathcal{C}_0 = \mathcal{C}$, $\mathcal{C}_1, \ldots \mathcal{C}_{t-1}$.

Esempio 4.49. Sia $\mathcal{C}$ il $[7, 4]$–codice di Hamming $H_3(2)$. Le classi laterali indotte da $\mathcal{C}$ in $V_7(\mathbb{F}_2)$ sono $2^3 = 8$. Rappresentanti di peso minimo di tali classi laterali sono i vettori

$$(0000000) \ (1000000) \ (0100000) \ (0010000)$$
$$(0001000) \ (0000100) \ (0000010) \ (0000001) \ ^\cdot$$

Fissiamo per ognuna di tali classi $\mathcal{C}_i$ con $0 \leq i \leq t - 1$ un rappresentante di peso minimo, $\mathbf{I}_i$. Poniamo inoltre $\mathbf{I}_0 = \mathbf{0}$ e scriviamo gli elementi di $\mathcal{C}$ come

$$\mathcal{C} = \{\mathbf{I}_0, \mathbf{c}_1, \ldots, \mathbf{c}_{q^k-1}\}.$$

Definizione 4.34. La *matrice standard*[2] associata al codice $\mathcal{C}$ è la matrice S di dimensioni $q^{n-k} \times q^k$ ad elementi in $V_n(\mathbb{F}_q)$ che contiene nella posizione $(i+1, j+1)$ il vettore

$$\mathbf{I}_i + \mathbf{c}_j.$$

È immediato osservare che:

1. tutti i vettori di $V_n(\mathbb{F})$ compaiono nella matrice S;
2. le parole di codice di $\mathcal{C}$ si trovano tutte nella prima riga di tale matrice.

Esempio 4.50. Sia $\mathcal{C}$ il $[5, 2]$-codice binario generato dalla matrice

$$G = \begin{pmatrix} 1 \ 0 \ 1 \ 0 \ 1 \\ 0 \ 1 \ 1 \ 1 \ 0 \end{pmatrix}.$$

Possiamo ora costruire la matrice standard associata a $\mathcal{C}$ come nella tabella 4.3, i cui la prima riga contiene esattamente le parole di codice.

Lemma 4.51. *Sia $\mathcal{C}$ un $[n, k]$–codice sopra $\mathbb{F}_q$, le cui parole non nulle sono $\mathbf{c}_j$, $0 \leq j \leq q^k - 1$. Se S è la matrice standard associata a $\mathcal{C}$ con rappresentanti di classe $\mathbf{I}_i$ per $0 \leq i \leq q^{n-k} - 1$ ed elemento $(i+1, j+1)$ dato da $\mathbf{I}_i + \mathbf{c}_j$, allora*

$$d(\mathbf{I}_i + \mathbf{c}_j, \mathbf{c}_j) \leq d(\mathbf{I}_i + \mathbf{c}_j, \mathbf{c}_h)$$

per ogni i, j ed h tali che $0 \leq i \leq q^{n-k} - 1$, $0 \leq j, k \leq q^k - 1$.

---

[2] Standard array

$\mathbf{I}_i$	
00000	10101 01110 11011
00001	10100 01111 11010
00010	10111 01100 11001
00100	10001 01010 11111
01000	11101 00110 10011
10000	00101 11110 01011
11000	01101 10110 00011
10010	00111 11100 01001

Tabella 4.3. Matrice standard associata al codice dell'Esempio 4.50

Dimostrazione. Osserviamo che $d(\mathbf{I}_i + \mathbf{c}_j, \mathbf{c}_j) = w(\mathbf{I}_i)$. Similmente, si nota che

$$d(\mathbf{I}_i + \mathbf{c}_j, \mathbf{c}_h) = w(\mathbf{I}_i + (\mathbf{c}_j - \mathbf{c}_h)).$$

D'altro canto, $\mathbf{c}_j - \mathbf{c}_h \in \mathcal{C}$, per cui $\mathbf{I}_i + (\mathbf{c}_j - \mathbf{c}_h) \in \mathcal{C}_i$. Il lemma ora segue dalla minimalità del peso di $\mathbf{I}_i$ in C_i. $\square$

Il lemma precedente suggerisce un metodo per trovare una parola di codice a distanza minima da un qualsiasi vettore $\mathbf{w} \in V_n(\mathbb{F}_q)$. Infatti, dato $\mathbf{w}$ si può:

1. identificare la posizione di $\mathbf{w}$ nella matrice standard S; in particolare sia i la colonna cui $\mathbf{w}$ appartiene;
2. restituire la parola di codice $\mathbf{c}$ in posizione $(1, i)$ nella matrice standard.

A priori, una classe laterale $\mathcal{C}_i$ potrebbe contenere più di un elemento con peso minimo, per cui la costruzione della matrice standard potrebbe non essere unica. Il seguente lemma mostra come per, almeno alcune delle classi, sia possibile determinare un unico rappresentante.

Teorema 4.52. *Sia $\mathcal{C}$ un codice lineare con distanza minima d su $\mathbb{F}_q$. Sia inoltre* $\mathbf{x}$ *un vettore tale che*

$$w(\mathbf{x}) \leq \lfloor \frac{d-1}{2} \rfloor.$$

Allora, $\mathbf{x}$ *è l'unico elemento di peso minimo nella propria classe laterale del quoziente* $V_n(\mathbb{F}_q)/\mathcal{C}$.

Dimostrazione. Supponiamo che esista un $\mathbf{y}$ nella classe laterale di $\mathbf{x}$ tale che $w(\mathbf{y}) \leq w(\mathbf{x})$. Allora, $\mathbf{z} = \mathbf{y} - \mathbf{x} \in \mathcal{C}$ e $w(\mathbf{z}) < d$. Ne segue $\mathbf{z} = 0$ e dunque $\mathbf{y} = \mathbf{x}$. $\square$

In particolare, nessun vettore $\mathbf{x}$ che soddisfi le ipotesi del Teorema 4.52 può essere una parola di codice. Il senso del teorema è che tutti i vettori di questo tipo devono apparire nella prima colonna della matrice standard. Tali vettori corrispondono esattamente ai possibili vettori di errore $\mathbf{e}$ correggibili. Pertanto, per ogni messaggio ricevuto $\mathbf{r}$, diciamo che il vettore $\mathbf{I}_j$, rappresentante di peso minimo della classe laterale cui $\mathbf{r}$ appartiene è il *vettore d'errore* ad esso associato.

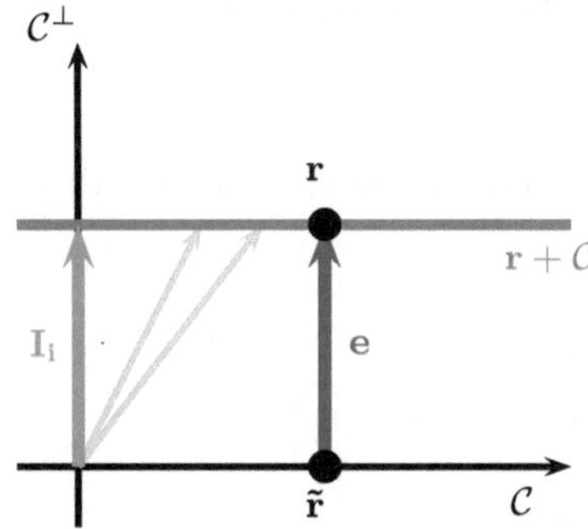

Fig. 4.2. Significato geometrico della decodifica a sindrome

Riassumendo, la decodifica di un messaggio **r** è equivalente ad identificare il rappresentante dalla classe laterale cui **r** appartiene. Un metodo elementare è quello di esaminare direttamente la matrice standard, ma questo (soprattutto per codici grandi) è difficilmente praticabile.

4.12 Decodifica assistita con sindrome

Si è visto nel Paragrafo 4.7 come la sindrome possa essere un utile strumento per individuare rapidamente la presenza di errori; inoltre, nel caso dei codici di Hamming è possibile sfruttarla direttamente per correggere un singolo errore, come visto nel Paragrafo 4.10. Come mostra il seguente teorema, essa è una funzione lineare $\mathbb{F}^n \mapsto \mathbb{F}^{n-k}$ costante sulle classi laterali del codice.

Teorema 4.53. *Sia H la matrice controllo di parità associata ad un $[n, k]$–codice $\mathcal{C}$ sopra $\mathbb{F}_q$. Due vettori* $\mathbf{x}, \mathbf{y} \in V_n(\mathbb{F}_q)$ *sono nella stessa classe del quoziente $V_n(\mathbb{F}_q)/\mathcal{C}$ se, e soltanto se, essi hanno la medesima sindrome, cioè*

$$\mathbf{x}H^T = \mathbf{y}H^T.$$

Dimostrazione. La sindrome di un vettore **z** è nulla se, e soltanto se, $\mathbf{z} \in \mathcal{C}$. D'altro canto **x**, **y** appartengono alla medesima classe laterale se, e soltanto se, $\mathbf{x} - \mathbf{y} = 0$. Il teorema segue. $\square$

Il Teorema 4.53 consente di realizzare un metodo di decodifica nettamente più efficiente rispetto l'Algoritmo 3.3. Tale algoritmo è un miglioramento della procedura vista nel precedente Paragrafo 4.11. In particolare, in questo caso si determina il rappresentante $\mathbf{I}_j$ della classe laterale cui appartiene un vettore **r** utilizzando una tabella di corrispondenza con le sindrome al posto della matrice standard.

Algoritmo 4.1 (Decodifica a sindrome).

DATI:

$\boxed{\text{D1}}$ Un codice lineare $\mathcal{C}$ di lunghezza n e matrice di controllo di parità H

$\boxed{\text{D2}}$ Un vettore $\mathbf{r}$;

DETERMINARE:

$\boxed{\text{G1}}$ $\tilde{\mathbf{r}} \in \mathcal{C}$, se esiste, tale che $d(\mathbf{r}, \tilde{\mathbf{r}}) < \lfloor \frac{d-1}{2} \rfloor$.

SI PROCEDA COME SEGUE:

$\boxed{\text{S1}}$ Determinare (una volta per tutte) una corrispondenza biunivoca fra rappresentanti di classe del quoziente $V_n(F)/\mathcal{C}$ e sindrome.

$\boxed{\text{S2}}$ Ricevuto il vettore $\mathbf{r}$, calcolarne la sindrome $\mathbf{s} = \mathbf{r}H^T$.

$\boxed{\text{S3}}$ Trovare il rappresentante di classe $\mathbf{e} = \mathbf{I}_i$ associato a $\mathbf{s}$ usando la corrispondenza di cui sopra.

$\boxed{\text{S4}}$ Applicare la correzione $\tilde{\mathbf{r}} \mapsto \mathbf{r} - \mathbf{e}$;

$\boxed{\text{S5}}$ Restituire $\tilde{\mathbf{r}}$.

Tale algoritmo è detto *algoritmo di decodifica assistito mediante sindrome*.

Il vettore $\mathbf{e}$ calcolato nell'Algoritmo 4.1 è il vettore di errore. Chiaramente, per un qualsiasi codice devono esistere almeno tante sindrome distinte quanti sono i vettori di errore che si vuole essere in grado di correggere in questo modo.

Esempio 4.54. Sia $\mathcal{C}$ il $[6, 3]$–codice binario le cui matrici generatrice e di controllo di parità sono date da

$$G = \begin{pmatrix} 1\,1\,0\,1\,0\,0 \\ 0\,1\,1\,0\,1\,0 \\ 1\,0\,1\,0\,0\,1 \end{pmatrix}, \qquad H = \begin{pmatrix} 1\,0\,0\,1\,0\,1 \\ 0\,1\,0\,1\,1\,0 \\ 0\,0\,1\,0\,1\,1 \end{pmatrix}.$$

Tale codice ha distanza minima $d = 3$. La matrice standard S di $\mathcal{C}$ risulta come in Tabella 4.4. Per il Teorema 4.52, i vettori di peso $w = 1$ possono senz'altro essere utilizzati per rappresentare sei delle classi di coniugio del quoziente $V_6(\mathbb{Z}_2)/\mathcal{C}$. Un'altra classe è quella rappresentata dall'unico vettore di peso 0. Per quanto riguarda l'ottavo vettore, si può procedere per tentativi; ad esempio, cercando un vettore la cui sindrome sia diversa da quelle dei sette vettori già scelti. Alla fine, otteniamo la corrispondenza biunivoca indicata nella tabella 4.5. Supponiamo ora di ricevere il vettore $\mathbf{r} = (100011)$. Calcoliamo $\mathbf{r}H^T = (010)$; siccome (010) è associato al rappresentante di classe $\mathbf{I}_5$, correggiamo l'errore in

$$\mathbf{r} - \mathbf{I}_5 = (100011) - (010000) = (110011).$$

L'Algoritmo 4.1 decodifica contemporaneamente tutti gli errori che si sono verificati in una parola. In particolare, esso richiede di precomputare e memorizzare l'associazione fra tutte le possibili sindrome e i rappresentanti di classe. Questo, se il codice $\mathcal{C}$ utilizza parole molto lunghe, può occupare notevole spazio.

Ad esempio, già per un $[70, 50]$–codice binario $\mathcal{C}$, abbiamo ben 2^{50} parole di codice. Ciò implica che i rappresentanti di classe sono ben $2^{20} = 2^{70}/2^{50}$. Ogni rappresentante di classe richiede 70 *bit* per essere memorizzato, tutto il codice viene a necessitare di almeno

$$70 \cdot 2^{20} + 20 \cdot 2^{20} = 90 \cdot 2^{20} \, bit,$$

ovvero 11 *megabyte*. Un metodo di implementazione finalizzato a ridurre l'occupazione di memoria di un decodificatore per un codice binario è quello presentato nel seguente Algoritmo 4.2 di decodifica "passo–passo" o iterativa. I dati sono gli stessi che nell'Algoritmo 4.1.

Algoritmo 4.2 (Decodifica passo–passo).

S1 Precomputare una Tabella T che associa ad ogni sindrome **s** il peso minimo di un elemento con sindrome **s**; denotiamo tale numero come $T(\mathbf{s})$.

S2 Porre $i = 1$.

S3 Calcolare la sindrome del vettore ricevuto $\mathbf{s} = \mathbf{r}H^T$ e determinare, per mezzo della Tabella T, il peso $w = T(\mathbf{s})$ del corrispondente rappresentante di classe.

S4 • Se $w = 0$, allora non sono stati individuati errori e si può terminare il processo di decodifica restituendo $\mathbf{c} = \mathbf{r}$.

• Se $w \neq 0$ e

$$T((\mathbf{r} + \mathbf{e}_i)H^T) \leq T(\mathbf{r}H^T),$$

sostituire $\mathbf{r} \mapsto \mathbf{r} + \mathbf{e}_i$, ove $\mathbf{e}_i$ è un vettore le cui componenti sono tutte 0 tranne la i–esima.

S5 Porre $i = i + 1$.

$\mathbf{I}_i$	
000000	110100 011010 101001 101110 110011 011101 000111
000001	110101 011011 101000 101111 110010 011100 000110
000010	110110 011000 101011 101100 110001 011111 000101
000100	110000 011110 101101 101010 110111 011001 000011
001000	111100 010010 100001 100110 111011 010101 001111
010000	100100 001010 111001 111110 100011 001101 010111
100000	010100 111010 001001 001110 010011 111101 100111
001100	111000 010110 100101 100010 111111 010001 001011

Tabella 4.4. Matrice standard associata al codice dell'Esempio 4.54

$\mathbf{I}_i$	$\mathbf{s}$
000000	000
000001	101
000010	011
000100	110
001000	001
010000	010
100000	100
001100	111

Tabella 4.5. Tabella della sindrome per il codice dell'Esempio 4.54

|S6| Se $i > n$, segnalare che non si è riusciti a correggere l'errore.

|S7| Tornare al passo S3.

Essenzialmente l'Algoritmo 4.2 tratta singolarmente ogni *bit* di $\mathbf{r}$. In particolare, vengono invertiti i valori di quei bit che consentono di avvicinarsi (nel senso della distanza di Hamming) al codice. Il punto essenziale nel funzionamento della procedura è che, durante tutto il processo, di decodifica, il peso dell'errore non può mai crescere. Dopo al più n passi, viene determinato un vettore che può cadere nella classe il cui rappresentante ha peso nullo; se questo si verifica, allora il vettore è stato decodificato propriamente.

Esempio 4.55. Sia C nuovamente il codice dell'Esempio 4.54. Invece che considerare la Tabella 4.5, che associa ad ogni rappresentante di classe la corrispettiva sindrome, basta impiegare la più piccola Tabella 4.6 in cui i rappresentanti delle classi laterali sono stati sostituiti con i propri pesi.

$\mathbf{s}$	$w(\mathbf{I}_j)$
000	0
101	1
011	1
110	1
001	1
010	1
100	1
111	2

Tabella 4.6. Tabella ridotta delle sindrome per il codice dell'Esempio 4.54

4.13 Codici lineari e canali di comunicazione

Un codice correttore può essere utilizzato in diversi modi, a seconda del tipo di esigenze cui deve rispondere. In particolare, si può impiegarlo semplicemente per identificare errori (ignorando le potenzialità di correzione) oppure per correggere errori casuali. Nei capitoli seguenti vedremo come sia talvolta possibile disegnare algoritmi che sfruttano informazioni aggiuntive sulla natura del sistema di comunicazione, per consentire al codice di comportarsi in modo ottimale.

In questo paragrafo considereremo il caso più semplice: un codice correttore lineare $\mathcal{C}$ utilizzato per identificare e correggere eventuali errori di trasmissione su di un canale binario simmetrico. In particolare, ricevuto un vettore $\mathbf{r}$ supporremo che la parola trasmessa originariamente sia il vettore $\mathbf{c} \in \mathcal{C}$, a distanza minima da $\mathbf{r}$, e che l'algoritmo impiegato sia sempre in grado di individuare tale vettore quando esiste. Vogliamo determinare le probabilità che un errore sia identificato e corretto.

Esiste uno stretto legame fra la distribuzione dei pesi di un codice lineare e la probabilità che un errore di trasmissione non sia identificato.

Definizione 4.35. Per ogni codice $\mathcal{C}$ indichiamo con $P_u(\mathcal{C})$ la *probabilità di errore non identificabile* del codice $\mathcal{C}$.

Concretamente, $P_u(\mathcal{C})$ è la probabilità che $\mathbf{r} \in \mathcal{C}$ con $\mathbf{r} \neq \mathbf{c}$.

Teorema 4.56. *La probabilità che si verifichi un errore non identificabile da parte di un codice $\mathcal{C}$ su di un canale binario simmetrico (BSC) con probabilità di transizione p è esattamente*

$$P_u(\mathcal{C}) = W_{\mathcal{C}}(p, 1 - p) - (1 - p)^n,$$

ove $W_{\mathcal{C}}(X, Y)$ è il polinomio omogeneo enumeratore dei pesi di $\mathcal{C}$.

Dimostrazione. Per ogni $1 \leq i \leq n$, la probabilità che un vettore di errore $\mathbf{e}$ abbia peso esattamente i è esattamente

$$P(\mathbf{e}, i) = p^i (1 - p)^{n-i},$$

in quanto i componenti devono essere errate e le restanti $n - i$ corrette. In particolare, un errore non viene identificato se, e soltanto se, il vettore di errore $\mathbf{e}$ è una parola del codice $\mathcal{C}$. Questo vuole dire che i possibili vettori di errore di peso i che non sono identificati sono esattamente A_i, ove A_i è il numero di parole di peso i in $\mathcal{C}$. Ne discende che

$$P_u(\mathcal{C}) = \sum_{i=1}^{n} A_i P(\mathbf{e}, i) = \sum_{i=1}^{n} A_i p^i (1 - p)^{n-i} = W_{\mathcal{C}}(p, 1 - p) - (1 - p)^n.$$

$\square$

Forniamo ora alcune stime relative la probabilità di decodifica corretta da parte di un codice lineare $\mathcal{C}$ mediante il metodo della matrice standard. Indichiamo con il simbolo L_i il numero di rappresentanti di classe laterale aventi peso i nella matrice standard. Un messaggio ricevuto $\mathbf{r} = \mathbf{m} + \mathbf{e}$ viene decodificato in modo corretto se, e soltanto se, il vettore di errore $\mathbf{e}$ coincide con uno dei rappresentanti di classe laterale. Un ragionamento identico a quello usato nella dimostrazione del Teorema 4.56 mostra che la probabilità $P_c(\mathcal{C})$ di decodifica corretta deve essere

$$P_c(\mathcal{C}) = \sum_{i=0}^{n} L_i p^i (1-p)^{n-i}.$$

Chiaramente, la probabilità di una decodifica incorretta $P_e(\mathcal{C})$ è

$$P_e(\mathcal{C}) = 1 - P_c(\mathcal{C}).$$

Esempio 4.57. Consideriamo il codice $\mathcal{C}$ dell'Esempio 4.54. Tale codice ha polinomio enumeratore dei pesi

$$A_{\mathcal{C}}(Z) = 1 + 4Z^3 + 3Z^4.$$

La matrice standard di questo codice è riportata in Tabella 4.4. In particolare, si ha $L_0 = 1$, $L_1 = 6$, $L_2 = 1$. Supponendo che tale codice sia usato su di un BEC con probabilità di transizione $1/10$ si ottiene

$$P_u(\mathcal{C}) = \tfrac{3159}{10^6} \approx 0.0032$$

$$P_d(\mathcal{C}) = \tfrac{110717}{125000} \approx 0.8857$$

$$P_e(\mathcal{C}) = \tfrac{14283}{125000} \approx 0.1142.$$

In Figura 4.3 riportiamo i valori di queste probabilità al variare della probabilità di transizione p. La probabilità massima di errori non identificati si ha per

$$p = \frac{5}{4} + \frac{\sqrt{5}}{4} - \frac{5^{1/4}\sqrt{\sqrt{5}+3}}{2\sqrt{2}} \approx 0.5992.$$

Per tale valore di p, risulta $P_u(\mathcal{C}) \approx 0.087$. Il codice risulta dunque in grado di individuare errori con buona probabilità, indipendentemente dalle condizioni del canale. Diverso è il discorso relativo la correzione di errore mediante l'Algoritmo 4.1: non appena $p > 0.2644$, la probabilità di avere una parola diversa da quella originariamente trasmessa è superiore rispetto quella che la correzione abbia buon fine. Questo risultato non deve sorprendere, infatti la probabilità che il messaggio ricevuto $\mathbf{r}$ non contenga errori è $(1-p)^6$; quella che $\mathbf{r}$ contenga esattamente 1 errore è $p(1-p)^5$. Poiché il codice $\mathcal{C}$ è 1–correttore, abbiamo che con probabilità

$$1 - (1-p)^6 - p(1-p)^5$$

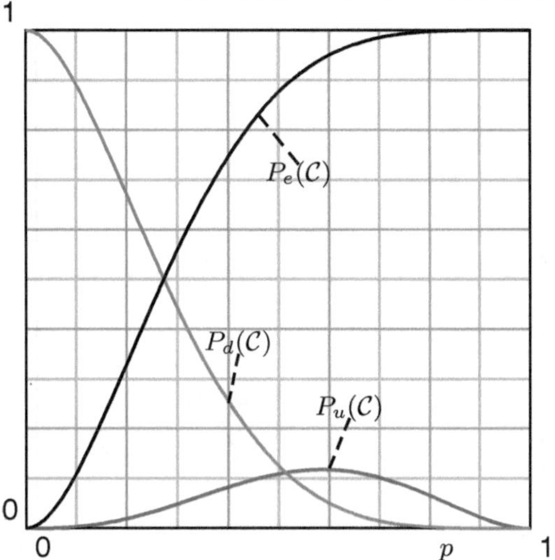

Fig. 4.3. Probabilità per il codice dell'Esempio 4.54

sono presenti più errori di quanti sono correggibili e tale quantità è maggiore di $1/2$ per $p > 0.1297$. In particolare, si nota come la conoscenza approfondita della struttura di un codice consenta di dimostrare che è possibile trasmettere su canali con probabilità di transizione più che doppia rispetto a quella suggerita dalla sola distanza minima.

Poiché la distanza minima di $\mathcal{C}$ è 3, sappiamo che questo codice è sicuramente in grado di individuare almeno 2 errori in ogni parola ricevuta. Con ragionamento analogo a quanto visto sopra, la probabilità che si verifichino almeno di 3 errori è

$$1 - (1-p)^6 - p(1-p)^5 - p^2(1-p)^4. \tag{4.5}$$

Tale quantità risulta superiore a $1/2$ per $p > 0.1502$. In realtà, grazie alla distribuzione dei pesi di $\mathcal{C}$, si è potuto dimostrare che $P_u(\mathcal{C})$ è sempre inferiore ad $1/2$.

Come visto nell'Esempio 4.57, la conoscenza della distanza minima di un codice non basta per stimare bene quale possa essere il valore massimo di probabilità di transizione di un canale BSC per cui il codice possa essere utilizzato. In realtà è possibile fornire delle buone stime per le probabilità che un errore non sia identificato, anche senza conoscere la distribuzione dei pesi del codice.

Teorema 4.58. *Sia $\mathcal{C}$ un codice lineare binario di lunghezza n e distanza minima d. La probabilità $P_u(\mathcal{C})$ che si verifichi un errore non identificato da $\mathcal{C}$ nel caso di BSC con probabilità di transizione p deve soddisfare la seguente disuguaglianza:*

$$P_u(\mathcal{C}) \leq \sum_{i=d}^{n} \binom{n}{i} p^i (1-p)^{n-i}. \tag{4.6}$$

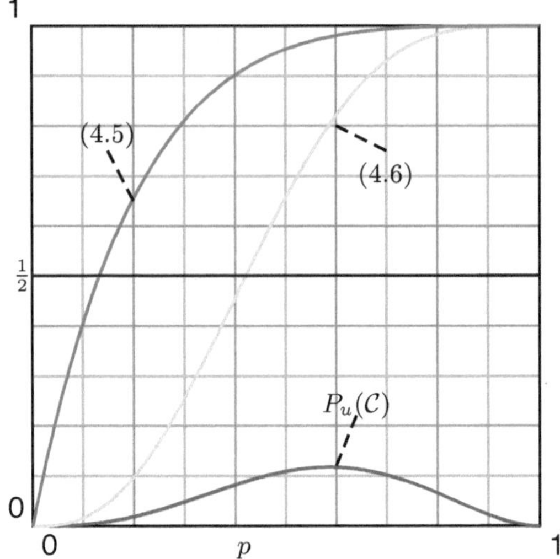

Fig. 4.4. Confronto fra valore reale e stimato di $P_u(\mathcal{C})$

Dimostrazione. Il risultato segue dal medesimo ragionamento applicato nella dimostrazione del Teorema 4.56, considerando che il numero di parole nel codice aventi peso i è sicuramente non superiore al numero $\binom{n}{i}$ di tutte le parole di lunghezza n e peso i.   □

Esempio 4.59. In Figura 4.4 sono mostrate le differenze fra il valore di $P_u(\mathcal{C})$ ottenuto mediante la distribuzione dei pesi e quello stimato con il Teorema 4.58 per il codice dell'Esempio 4.54. La probabilità stimata di trovare errori non identificabili risulta maggiore di $1/2$ per $p > 0.4215$; sebbene tale risultato sia lontano dal vero, si tratta comunque di un notevole miglioramento rispetto l'argomento elementare, precedentemente mostrato, che forniva $p > 0.1502$.

4.14 Alcune limitazioni sui codici lineari

Come visto in precedenza, i codici lineari, come tutti i codici a blocchi, devono soddisfare i vincoli imposti dalle limitazioni di Singleton (Teorema 3.11) e di Hamming (Teorema 3.12). In particolare i parametri n, k, d non possono essere indipendenti.

Sfruttando la struttura di spazio vettoriale è possibile dimostrare ulteriori condizioni che i parametri di tali codici debbono soddisfare.

⚠ Un primo importante risultato è la seguente limitazione, ottenuta applicando la formula sull'enumeratore dei pesi ricavata nel Paragrafo 4.8.

Teorema 4.60 (Limitazione per programmazione lineare[3]). *Sia $\mathcal{C}$ un codice di lunghezza n su di un alfabeto con s simboli e distanza minima almeno d. Posto*

____

[3] *Linear Programming Bound* oppure *LPB*

$$\Omega_{n,d} = \left\{ (A_0, A_1, \ldots, A_n) : \begin{array}{l} A_0 = 1; \\ A_i = 0 \ per \ 1 \leq i \leq d-1; \\ A_i \geq 0 \ per \ d \leq i \leq n; \\ \sum_{i=0}^{n} A_i K_m(i; n, s) \geq 0 \ per \ 1 \leq m \leq n \end{array} \right\},$$

si ha

$$|\mathcal{C}| \leq \max \left\{ \sum_{i=0}^{n} A_n : \mathbf{A} = (A_0, A_1, \ldots, A_n) \in \Omega_{n,d} \right\}.$$

Dimostrazione. Sia $A_{\mathcal{C}}(x) = \sum_{i=0}^{n} a_i x^i$ il polinomio enumeratore dei pesi di $\mathcal{C}$. Osserviamo che

$$|\mathcal{C}| = \sum_{i=0}^{n} a_i.$$

Chiaramente, $a_0 = 1$; inoltre, non esistono parole in $\mathcal{C}$ con peso compreso fra 1 e $d-1$. Per la disuguaglianza (4.4),

$$\sum_{i=0}^{n} a_i K_m(i; n, s) \geq 0,$$

per ogni m compreso fra 1 e n. Ne segue $\mathbf{a} = (a_0, a_1, \ldots, a_n) \in \Omega$, da cui si deduce immediatamente la condizione sulla cardinalità di $\mathcal{C}$. $\qquad\square$

Solitamente è purtroppo difficile riuscire a calcolare esplicitamente i valori che la cardinalità di $\mathcal{C}$ deve soddisfare a partire da questa prima limitazione.

Un modo per stimare dall'alto la distanza minima d di un codice è quello di maggiorarla con la distanza media di due qualsivoglia parole distinte. Se denotiamo con M il numero di parole del codice $\mathcal{C}$ e con $\binom{\mathcal{C}}{2}$ l'insieme dei sottoinsiemi di $\mathcal{C}$ contenenti esattamente 2 elementi, abbiamo

$$\frac{1}{\binom{M}{2}} \sum_{\{x,y\} \in \binom{\mathcal{C}}{2}} d(x,y) \leq \frac{1}{\binom{M}{2}} \sum_{\{x,y\} \in \binom{\mathcal{C}}{2}} d = d \frac{1}{\binom{M}{2}} \binom{M}{2} = d.$$

Chiaramente, l'uguaglianza è possibile se, e soltanto se, ogni due parole distinte di $\mathcal{C}$ sono alla medesima distanza fra loro, cioè il codice è equidistante. Nel teorema seguente viene fornita una limitazione superiore per il primo termine della diseguaglianza, in modo da imporre una condizione esplicita su d.

Teorema 4.61 (Limitazione di Plotkin). *Supponiamo esista un codice lineare su $\mathbb{F}_q$ di lunghezza n, contenente M parole e distanza minima d. Allora,*

$$d \leq \frac{nM(q-1)}{(M-1)q}.$$

Dimostrazione. Sia $\mathcal{C}$ un $[n,k]$–codice lineare su $\mathbb{F}_q$ e indichiamo con Λ la somma dei pesi di tutte le parole di $\mathcal{C}$, per cui

$$\Lambda = \sum_{\mathbf{c} \in \mathcal{C}} w(\mathcal{C}).$$

Fissiamo un indice i con $1 \leq i \leq n$ e osserviamo che la colonna i–esima delle parole di codice contribuisce alla somma totale dei pesi dello stesso per al più un fattore $q^{k-1}(q-1)$. Infatti, il sottospazio $\mathcal{D}_i$ di $\mathcal{C}$ formato da tutti i vettori la cui i–esima componente è 0, ha codimensione 1 in $\mathcal{C}$ e dunque $|\mathcal{D}_i| = q^{k-1}$. Poiché le classi laterali che non contengono $\mathcal{D}_i$ nel quoziente $\mathcal{C}/\mathcal{D}_i$ sono $q-1$, si ottiene il fattore di cui sopra. Dunque, $nq^k(q-1)$ fornisce una limitazione *superiore* per Λ. D'altro canto, il numero di parole di codice non nulle è $q^k - 1$, per cui $d(q^k - 1)$ è chiaramente una limitazione *inferiore* per Λ. Si deduce

$$nq^{k-1}(q-1) \geq \Lambda \geq d(q^k - 1).$$

Isolando il termine in d, otteniamo

$$d \leq \frac{\Lambda}{q^k - 1} \leq \frac{nq^{k-1}(q-1)}{(q^k - 1)} = \frac{nM(q-1)}{(M-1)q}.$$

$\square$

In particolare, per $d > n\frac{q-1}{q}$, si ha

$$M \leq d \left(d - n\frac{q-1}{q} \right)^{-1}. \tag{4.7}$$

Usando una variante dell'argomento qui presentato è possibile dimostrare come qualsiasi (n, M, d)–codice (possibilmente non lineare) su $\mathbb{F}_q$ debba soddisfare la limitazione di Plotkin. Si osservi che, in effetti, ogni codice che realizza l'uguaglianza nella limitazione di Plotkin deve essere equidistante.

In generale, ci si può chiedere quale sia il numero massimo di parole che un codice di lunghezza n e distanza minima d su $\mathbb{F}_q$ può contenere. Questo è lo spirito della seguente definizione.

Definizione 4.36. Fissati due interi positivi n, d, sia

$$A_q(n, d) = \max\{ M : \text{esiste un } (n, M, d) \text{ codice } q\text{–ario} \}.$$

Un (n, M, d)–codice $\mathcal{C}$ tale che $|\mathcal{C}| = A_q(n, d)$ è detto *ottimale*.

Per la limitazione di Plotkin, quando $d > n\frac{q-1}{q}$, si ha

$$A_q(n, d) \leq d \left(d - n\frac{q-1}{q} \right)^{-1}.$$

Se vale l'uguaglianza in tale relazione, si ottiene un codice ottimale. Similmente, si vede che anche ogni codice MDS è ottimale.

⚠️Determinare il valore reale di $A_q(n,d)$ per coppie (n,d) per cui non esiste un codice MDS è, in generale, estremamente difficile. La *teoria dei combinatoria dei codici* si occupa di cercare buone limitazioni (superiori ed inferiori) per questa funzione. Il seguente teorema fornisce un esempio del tipo di argomento che si applica in questo tipo di indagine.

Teorema 4.62. *Per i codici binari si ha sempre*

$$A_2(n, 2l - 1) = A_2(n + 1, 2l).$$

Dimostrazione. Sia C un codice ottimale di lunghezza n e distanza minima $2l - 1$. Sicuramente C contiene parole di peso dispari. Ne segue che il codice esteso $\overline{C}$ ottenuto aggiungendo a C un controllo di parità ha lunghezza $n + 1$, distanza minima $2l$ e contiene il medesimo numero di parole di C.
Supponiamo ora di avere un codice ottimale C' di lunghezza $n + 1$ e distanza minima $2l$. Allora, il codice ottenuto punzonando C' in una sua qualsiasi componente contiene ancora il medesimo numero di parole ed ha lunghezza n e distanza minima $2l - 1$. La tesi segue. $\square$

Una altra tecnica utilizzata per determinare limitazioni per i parametri di un codice lineare è quella di considerare dei cosiddetti *codici derivati*: si parte da un codice C e, in qualche modo, si costruisce un nuovo codice C' collegato a C ma più facile da studiare. Dalle proprietà di C' risulta poi possibile dedurre il comportamento del codice originario. Un insieme di tecniche utilizzabili a tal fine è presentato nel Capitolo 14. Per gli obiettivi del presente paragrafo basta la seguente definizione.

Definizione 4.37. Sia C un $[n, k, d]$–codice su $\mathbb{F}_q$ con matrice generatrice G. È sempre possibile assumere, a meno di equivalenza, che G sia della forma

$$G = \begin{pmatrix} 1\ 1\ \dots\ 1 & 0\ 0\ \dots\ 0 \\ G_1 & G_2 \end{pmatrix}.$$

Il codice generato dalla matrice G_2 è detto *codice residuo* di C rispetto la prima riga di G.

Lemma 4.63. *Il codice residuo C' di un $[n, k, d]$–codice lineare C rispetto una riga di peso d ha parametri $[n - d, k - 1]$.*

Dimostrazione. Sia G la matrice generatrice di C e G_2 la matrice corrispondente a C'. Indichiamo con $\mathbf{g}$ la prima riga di G. Per costruzione, la lunghezza di C' è $n - d$ e G_2 ha $k - 1$ righe. Supponiamo che esista una combinazione non banale di tali righe che fornisce il vettore nullo. Poiché il codice C ha dimensione k, la corrispondente combinazione lineare $\mathbf{c}$ delle righe di G non può essere il vettore nullo. Poiché la distanza minima di C è d, si ha che nessuna delle prime d componenti del vettore $\mathbf{c}$ può essere nulla. In particolare $\mathbf{c} - c_1\mathbf{g}$ è una parola di C con peso inferiore a d; conseguentemente, $\mathbf{c} = c_1\mathbf{g}$. Questa è una contraddizione, in quanto implica che il rango di G sia inferiore a k. $\square$

Esempio 4.64. Consideriamo il caso $q = 2$. Sia $\mathcal{C}$ dunque un codice binario e $\mathcal{C}'$ il suo codice residuo ottenuto come in Definizione 4.37. Supponiamo che la prima riga abbia peso d. Ad ogni parola di $\mathbf{c}'\mathcal{C}'$ corrispondono almeno due parole di $\mathcal{C}$, delle quali almeno una ha $w \leq d/2$ delle prime d componenti diverse da 0. Ne segue che il peso di ogni parola di $\mathcal{C}'$ è *almeno* $d - d/2 = d/2$.

Teorema 4.65 (Limitazione di Griesmer). *Per ogni* $[n, k, d]$*–codice su* $\mathbb{F}_q$ *si ha*

$$n \geq \sum_{i=0}^{k-1} \lceil d/q^i \rceil.$$

Dimostrazione. Sia G la matrice generatrice di $\mathcal{C}$. A meno di equivalenza, possiamo sempre supporre che la prima riga abbia peso d e che sia effettivamente della forma

$$(\underbrace{111 \cdots 1}_{d} \underbrace{0 \cdots 0}_{n-d}).$$

Ogni riga di G diversa dalla prima possiede almeno $\lceil d/q \rceil$ coordinate che sono uguali fra loro nelle prime d posizioni. Pertanto, usando un argomento simile a quello dell'Esempio 4.64, il codice residuo di $\mathcal{C}$ rispetto la prima riga di G è un $[n - d, k - 1, d']$–codice lineare con $d' \geq \lceil d/q \rceil$. La limitazione segue ora per induzione. $\qquad\square$

Tutte le limitazioni viste sino ad ora impongono un limite superiore alla distanza minima che un $[n, k]$–codice può avere. Il seguente teorema, basato su di una variante della limitazione per impacchettamento di sfere, dimostra una proprietà diversa ma ugualmente importante: l'esistenza di codici lineari con distanza minima abbastanza grande. Questo teorema appartiene ad una famiglia più generale di risultati, si veda il Capitolo 15, che consentono di dimostrare, in astratto, che esistono dei codici con delle proprietà prescritte anche prima che essi siano effettivamente costruiti.

Teorema 4.66 (Limitazione di Gilbert–Varshamov). *Siano* n, k, d *interi positivi tali che*

$$q^{n-k} > \sum_{i=0}^{d-2} \binom{n-1}{i} (q-1)^i = V_q(n-1, d-2);$$

allora esiste un $[n, k]$*–codice lineare su* $\mathbb{F}_q$ *con distanza minima non inferiore a* d.

Dimostrazione. Realizziamo il codice $\mathcal{C}$ richiesto costruendo la sua matrice di controllo parità H. Chiaramente, H deve essere una matrice $(n - k) \times n$. Sia H_1, la prima colonna di H, una qualsivoglia $(n - k)$–upla non nulla di $\mathbb{F}_q$. Come seconda colonna H_2 scegliamo un qualsiasi altro vettore in $\mathbb{F}_q^{n-k}$ che non sia un multiplo scalare di H_1. Supponiamo ora che $j - 1$ colonne siano state scelte in modo tale che ogni $d - 1$ di esse siano linearmente indipendenti fra loro. Lo spazio generato da non più di $d - 2$ colonne scelte fra queste $j - 1$ contiene al massimo

$$\sum_{i=0}^{d-2} \binom{j-1}{i}(q-1)^i$$

vettori. Quando la disuguaglianza dell'ipotesi è soddisfatta, sicuramente esiste almeno un altro vettore H_j in $\mathbb{F}_q^{n-k}$ che è linearmente indipendente rispetto qualsiasi insieme di $d-2$ delle prime $j-1$ colonne. Questa costruzione può essere ripetuta sino a che H non abbia $n - k$ colonne. Siccome nessun insieme di $d - 1$ colonne di H è legato, per il Teorema 4.33 la distanza minima del codice è almeno d. $\square$

I codici di Hamming sono esattamente quelli ottenuti mediante la costruzione del Teorema 4.66, ponendo $d = 3$ e $k = n - r$.

La Tabella 4.7 riassume le limitazioni introdotte in questo capitolo per i codici lineari.

Limitazione	Condizione	Tipo di codice
Hamming	$n - k \geq \log_q\left(\sum_{i=0}^{e}(q-1)^i\binom{n}{i}\right)$	Perfetto
Singleton	$n - k \geq d - 1$	MDS
Plotkin	$d \leq nq^{k-1}(q-1)/(q^k - 1)$	Equidistante
Griesmer	$n \geq \sum_{i=0}^{k-1}\lceil d/q^i \rceil$	

Tabella 4.7. Limitazioni per codici lineari

Esercizi

4.1. Si determinino i parametri e la distribuzione dei pesi dell'$[n, k, d]$–codice lineare binario $\mathcal{C}$ definito dalla matrice di controllo di parità.

$$H = \begin{pmatrix} 1 & 1 & 1 & 1 & 0 & 0 & 0 & 0 \\ 1 & 1 & 0 & 0 & 1 & 1 & 0 & 0 \\ 1 & 0 & 1 & 0 & 1 & 0 & 1 & 0 \\ 0 & 1 & 1 & 0 & 1 & 0 & 0 & 1 \end{pmatrix}.$$

4.2. Si decodifichi il vettore $\mathbf{r} = (0001\,0101\,1011)$ mediante il il $[12, 4, 6]$–codice lineare binario $\mathcal{C}$ di matrice generatrice

$$G = \begin{pmatrix} 1 & 0 & 0 & 0 & 0 & 1 & 1 & 1 & 1 & 0 & 1 & 0 \\ 0 & 1 & 0 & 0 & 1 & 0 & 1 & 1 & 0 & 1 & 1 & 0 \\ 0 & 0 & 1 & 0 & 1 & 1 & 1 & 0 & 1 & 1 & 1 & 1 \\ 0 & 0 & 0 & 1 & 0 & 0 & 0 & 1 & 1 & 1 & 1 & 1 \end{pmatrix}.$$

4.3. Si forniscano limitazioni sul massimo valore k per cui esiste un $[12, k, 5]$–codice binario?

5

Codici ciclici

> *Time is come round,*
> *and where I did begin, there shall I end.*
>
> W. Shakespeare, Julius Caesar

Come visto nel precedente capitolo, un metodo per per descrivere un $[n, k]$–codice lineare $\mathcal{C}$, è quello di fornire fornire k vettori che formino una base dello stesso. Questi vettori costituiscono le righe della matrice generatrice G del codice; in tal modo, si ottiene anche una funzione di codifica dei messaggi.

In questo capitolo studieremo un'importante sottoclasse di codici lineari: i codici ciclici. Ogni codice di questa famiglia gode di notevoli proprietà, fra cui:

1. può essere costruito a partire da un singolo vettore;
2. ammette degli algoritmi di decodifica efficienti;
3. può rivelarsi particolarmente efficace per correggere alcune tipologie di errore.

5.1 Sottospazi ciclici

A partire da questo paragrafo, per ragioni che saranno chiare in seguito, le componenti dei vettori vengono sempre enumerate a partire da 0.

Definizione 5.1. Un sottospazio T di $V_n(\mathbb{F}_q)$ è detto *ciclico* se ,comunque dato

$$(a_0 \, a_1 \, \ldots \, a_{n-2} \, a_{n-1}) \in T$$

si ha sempre

$$(a_{n-1} \, a_0 \, a_1 \, \ldots \, a_{n-2}) \in T.$$

Tutto lo spazio $V_n(\mathbb{F}_q)$, così come il sottospazio $\{\mathbf{0}\}$, formato dal solo vettore nullo, sono sempre ciclici. Tali sottospazi sono, pertanto, detti *banali*.

Sia $\mathbf{v} = (v_0 \, v_1 \ldots v_{n-1}) \in V$ un vettore e indichiamo con $\sigma \in S_n$ la permutazione $(1 \, 2 \, \ldots \, n-1)$. Un vettore $\mathbf{w} \in V$ è *permutazione ciclica* di $\mathbf{v}$ se esiste un intero $i \in \{0, 1, \ldots n - 1\}$ tale che

$$\mathbf{w} = (v_{\sigma^i(0)} \, v_{\sigma^i(1)} \, \cdots \, v_{\sigma^i(n-1)}) = \sigma^i(\mathbf{v}).$$

In particolare, il vettore $\mathbf{w}$ può scriversi come

$$\mathbf{w} = (v_i\, v_{i+1}\, \ldots\, v_{n-1}\, v_0 \ldots v_{i-1}).$$

Considerando gli indici ridotti modulo n, il vettore $\mathbf{w}$ si può anche riscrivere, più semplicemente, come

$$\mathbf{w} = (v_i\, v_{i+1}\, \ldots\, v_{i+n-1}).$$

Teorema 5.1. *Sia T un sottospazio ciclico di uno spazio vettoriale V. Allora, T contiene tutte le possibili permutazioni cicliche di un suo qualsiasi elemento.*

Dimostrazione. Sia $\mathbf{s} = (s_0\, s_1\, \ldots\, s_{n-1}) \in T$ e fissiamo $i \in \{0, 1, \ldots n - 1\}$. Chiaramente, $\sigma^0(\mathbf{s}) = \mathbf{s} \in T$; per definizione di sottospazio ciclico, si ha anche $\sigma^1(\mathbf{s}) \in T$. D'altro canto, se $\sigma^i(\mathbf{s}) \in T$, allora $\sigma^{i+1}(\mathbf{s}) = \sigma(\sigma^i(\mathbf{s})) \in T$. Ne segue che tutte le possibili permutazioni cicliche σ^j con $j = 0, \ldots n - 1$ di $\mathbf{s}$ appartengono ad T. $\square$

Possiamo ora formulare la definizione formale di codice ciclico.

Definizione 5.2. Un *codice ciclico* di lunghezza n su $\mathbb{F}_q$ è un codice lineare su $\mathbb{F}_q$ che è al contempo un sottospazio ciclico di $V_n(\mathbb{F}_q)$.

5.2 Rappresentazione mediante polinomi

Il metodo più conveniente per rappresentare un sottospazio ciclico $\mathcal{C}$ è quello di considerarlo come un opportuno insieme di polinomi. In particolare, dato un vettore

$$\mathbf{c} = (c_0\, c_1\, \cdots\, c_{n-1}) \in \mathcal{C},$$

è sempre possibile scrivere un polinomio

$$c(x) = c_0 + c_1 x + \cdots + c_{n-1} x^{n-1}$$

che lo rappresenta. Lo spazio vettoriale $V_n(\mathbb{F}_q)$, di dimensione n viene dunque rappresentato dall'insieme di tutti i polinomi in x su $\mathbb{F}_q$ aventi grado al più $n - 1$.

Indicheremo con $\mathbb{F}_q[x]$ l'insieme di tutti i polinomi nell'indeterminata x a coefficienti in $\mathbb{F}_q$. L'insieme che ci interessa è

$$R_n(\mathbb{F}_q) = \{f(x) \in \mathbb{F}_q[x] : \deg f(x) \le n - 1\},$$

l'insieme di tutti i polinomi in $\mathbb{F}_q[x]$ di grado al più $n - 1$. Tale insieme $R_n(\mathbb{F}_q)$ è, in modo naturale, uno spazio vettoriale di dimensione n su $\mathbb{F}_q$; come sua base si possono scegliere i monomi

$$\mathfrak{E} = \{1, x, x^2, \ldots, x^{n-1}\}.$$

Pertanto, l'insieme $R_n(\mathbb{F}_q)$ risulta isomorfo a $V_n(\mathbb{F})$ come spazio vettoriale e un isomorfismo è proprio l'applicazione $\varphi : V_n(\mathbb{F}_q) \mapsto R_n(\mathbb{F}_q)$ fornita da

$$\varphi : (a_0, a_1, \ldots, a_{n-1}) \mapsto a_0 + a_1 x + \ldots a_{n-1} x^{n-1}.$$

È possibile introdurre in $R_n(\mathbb{F}_q)$ un'operazione di moltiplicazione: il prodotto di due vettori è determinato calcolando il prodotto usuale fra i polinomi associati e, successivamente estraendo il resto della divisione di questo rispetto $(x^n - 1)$. La struttura algebrica così costruita è l'*anello quoziente* di $\mathbb{F}_q[x]$ rispetto l'ideale generato dal polinomio $(x^n - 1)$.

Più nei dettagli, rammentiamo che l'insieme $\mathbb{F}_q[x]$ oltre ad essere uno spazio vettoriale su $\mathbb{F}$ è anche dotato di una struttura di anello, ove il prodotto è quello usuale fra polinomi. L'insieme $R_n(\mathbb{F})$ non è un anello, in quanto il prodotto di due polinomi di grado inferiore ad n può avere grado $2n - 2$. È però possibile costruire un altro anello i cui elementi sono polinomi e che ha, come spazio vettoriale su $\mathbb{F}$ esattamente dimensione n. Mostriamo ora come si può procedere.

Sia $f(x) \in \mathbb{F}_q[x]$ un qualsiasi polinomio di grado r. L'anello $\mathbb{F}_q[x]/(f(x))$, ottenuto quozientando $\mathbb{F}_q[x]$ con l'ideale generato da $f(x)$, possiede, in modo naturale, una struttura di spazio vettoriale di dimensione r su $\mathbb{F}_q$. Infatti, ogni classe di $\mathbb{F}_q[x]/(f(x))$ contiene esattamente un polinomio di grado non superiore ad $r - 1$; inoltre, si verifica direttamente che una base di tale spazio vettoriale è data dalle classi

$$\mathfrak{F} = \{1 + (f(x)), x + (f(x)), x^2 + (f(x)), \ldots, x^{r-1} + (f(x))\}.$$

Sia ora $\mathbb{F}_q[x]_n$ l'anello quoziente

$$\mathbb{F}_q[x]_n = \mathbb{F}_q[x]/(x^n - 1).$$

La proiezione $\pi : \mathbb{F}_q[x] \mapsto \mathbb{F}_q[x]_n$ descritta da

$$\pi : f(x) \mapsto f(x) + (x^n - 1),$$

quando ristretta all'insieme $R_n(\mathbb{F}_q)$, è un isomorfismo di spazi vettoriali. In tal modo abbiamo anche ottenuto un isomorfismo di spazi vettoriali $\xi = \pi\varphi : V_n(\mathbb{F}_q) \mapsto \mathbb{F}_q[x]_n$, come descritto dal seguente diagramma commutativo

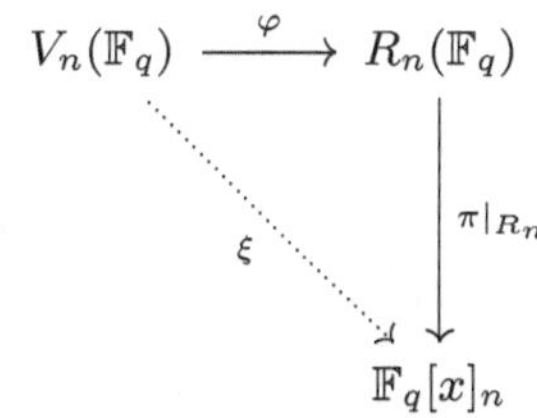

Come preannunciato, considereremo tutte le parole di un codice ciclico $\mathcal{C}$ come polinomi, ovvero come rappresentanti di grado minimo di classi della struttura quoziente $\mathbb{F}_q[x]_n$. In particolare, una parola $\mathbf{v} = (v_0 \, v_1 \ldots v_{n-1}) \in \mathcal{C}$ viene trasformata, mediante ξ, nel laterale $v(x) + (x^n - 1)$, ove

$$v(x) = v_0 + v_1 x + \cdots + v_{n-1}x^{n-1}.$$

Il vettore $\sigma(\mathbf{v}) = (v_1 \, v_2 \ldots v_{n-1} \, v_0)$ corrisponde al rappresentante di grado minimo della classe $xv(x) + (x^n - 1) = x\,(v(x) + (x^n - 1))$ in $\mathbb{F}_q[x]_n$.

Sfruttando l'applicazione ξ^{-1} è possibile dotare anche lo spazio V di una struttura di anello: date due parole di codice $\mathbf{a}, \mathbf{b}$ il loro *prodotto* è definito come

$$\mathbf{ab} = \xi^{-1}(\xi(\mathbf{a})\xi(\mathbf{b})).$$

Sottolineiamo comunque che, dal punto di vista formale, V non è un sottoanello di $\mathbb{F}_q[x]$.

Possiamo ora fornire una caratterizzazione algebrica dei sottospazi ciclici di uno spazio vettoriale.

Lemma 5.2. *Sia I un ideale di $\mathbb{F}_q[x]_n$ e consideriamo l'insieme*

$$I' = \{\, f(x) \in \mathbb{F}_q[x] : \pi f(x) \in I \,\}.$$

Allora, I' è il più grande ideale di $\mathbb{F}_q[x]$ tale che $\pi(I') = I$.

Dimostrazione. Per costruzione di I', si ha $\pi(I') = I$; inoltre, se $t(x) \in \mathbb{F}_q[x] \setminus I'$, allora $\pi(t(x)) \notin I$. Questo implica che I' è il più grande sottoinsieme di $\mathbb{F}_q[x]$ la cui immagine è I.

Siano adesso $f(x), g(x) \in I'$. Allora, $\pi(f(x) + g(x)) = \pi(f(x)) + \pi(g(x)) \in I$; ne consegue che $f(x) + g(x) \in I'$. Chiaramente, il polinomio nullo appartiene ad I'. Dato $h(x) \in \mathbb{F}_q[x]$, consideriamo $h(x)f(x)$. Poiché $\pi(h(x)f(x)) = \pi(h(x))\pi(g(x)) \in I$, abbiamo che $h(x)f(x) \in I'$. In particolare, anche $-1f(x) = -f(x) \in I'$. Da questo segue che I' è un ideale di $\mathbb{F}_q[x]$. $\square$

Pertanto, l'applicazione π introdotta nel lemma precedente induce una corrispondenza biunivoca fra tutti gli ideali di $\mathbb{F}_q[x]_n$ e gli ideali di $\mathbb{F}_q[x]$ che contengono il polinomio $(x^n - 1)$.

Teorema 5.3. *Un sottoinsieme T di uno spazio vettoriale $V_n(\mathbb{F}_q)$ è un sottospazio ciclico se, e soltanto se, l'insieme I delle classi di polinomi in $\mathbb{F}_q[x]_n$ associato ad T mediante ξ è un ideale dell'anello $\mathbb{F}_q[x]_n$.*

Dimostrazione. Innanzi tutto, se T è un sottospazio ciclico di V, allora $xI = I$ in $\mathbb{F}_q[x]_n$. Dato $f(x) = a_0 + a_1 x + \ldots \in \mathbb{F}_q[x]$, l'insieme $f(x)T$ può essere scritto come

$$\begin{aligned}
&a_0 I + a_1 x I + a_2 x(xI) + \ldots = \\
&a_0 I + a_1 x I + a_2 x I + \ldots = \\
&a_0 I + a_1 I + a_2 I + \ldots = \\
&I.
\end{aligned}$$

Segue immediatamente che I è un ideale di $\mathbb{F}_q[x]_n$. Viceversa, supponiamo che I sia un ideale di $\mathbb{F}_q[x]_n$. Allora, in particolare, $xI = I$. Ne segue, applicando ξ^{-1}, che T è un sottospazio ciclico di V. $\square$

Il polinomio $v(x)$, associato ad un vettore $\mathbf{v} \in \mathbb{F}_q[x]_n$ è detto *polinomio di codice* della parola $\mathbf{v}$.

5.3 Polinomio generatore di un codice ciclico

In questo paragrafo mostreremo come sia possibile generare un codice ciclico a partire da un suo vettore particolare.

⚠ Nel paragrafo precedente si è visto che ogni codice ciclico $\mathcal{C}$ può essere identificato con un opportuno ideale dell'anello $\mathbb{F}_q[x]$. Tale anello è un *dominio euclideo*; in particolare, esso è un *dominio ad ideali principali*, ovvero ogni suo ideale I è 1-generato. In altre parole, per ogni ideale I di $\mathbb{F}_q[x]$ esiste un elemento $g(x) \in I$ tale che

$$I = \{\, g(x)h(x) : h(x) \in \mathbb{F}_q[x]\}.$$

In termini di codici ciclici, grazie al Teorema 5.3, si ha che, assegnato un codice ciclico $\mathcal{C}$ di lunghezza n esiste sempre almeno un polinomio di codice $g(x) \in \mathcal{C}$ tale che le permutazioni cicliche di $g(x)$ costituiscano un insieme di generatori per $\mathcal{C}$.

In generale, il polinomio $g(x)$ non è unico, ma esso può sempre venire scelto in modo canonico, come mostra il seguente teorema.

Teorema 5.4. *Sia $\mathcal{C} \neq \{0\}$ un codice ciclico di lunghezza n su $\mathbb{F}_q$. Allora,*

1. Esiste un unico polinomio monico $g(x)$ avente grado minimo r in $\mathcal{C}$ tale che $\dim \mathcal{C} = n - r$ *e*

$$\mathcal{C} = \{\, g(x)q(x) : q(x) \in \mathbb{F}_q[x]; \deg q(x) < n - r\}.$$

2. Il polinomio $g(x)$ divide $x^n - 1$ in $\mathbb{F}_q[x]$.

⚠ *Dimostrazione.*
1. L'esistenza di un generatore monico $g(x)$ per $\mathcal{C}$ è conseguenza diretta del Teorema A.15 che asserisce che $\mathbb{F}_q[x]$ è un dominio ad ideali principali. Le condizioni che legano il grado di $g(x)$ e la dimensione di $\mathcal{C}$ sono conseguenza immediata della scrittura fornita per il codice. Infatti, una base di $\mathcal{C}$ come spazio vettoriale su $\mathbb{F}_q$ è:

$$\mathfrak{C} = \{g(x), g(x)x, \ldots, g(x)x^{n-r-1}\}.$$

2. Usando l'Algoritmo Euclideo per la divisione tra polinomi (Teorema A.14), possiamo sempre scrivere

$$x^n - 1 = h(x)g(x) + s(x),$$

con $\deg s(x) < \deg g(x)$. Riducendo modulo $(x^n - 1)$ si ottiene $s(x) = (-h(x))g(x) \in \mathcal{C}$. Se fosse $s(x) \neq 0$, allora esisterebbe un multiplo monico di $s(x) \in \mathcal{C}$ e tale multiplo avrebbe grado inferiore ad r, una contraddizione. Ne segue $s(x) = 0$.

$\square$

Chiaramente, il Teorema 5.3 può essere riformulato anche direttamente in termini dell'anello $\mathbb{F}_q[x]_n$.

Definizione 5.3. Sia $\mathcal{C}$ un codice ciclico visto come ideale di $\mathbb{F}_q[x]$; il polinomio monico di grado minimo $g(x) \in \mathcal{C}$ è detto *polinomio generatore* di $\mathcal{C}$.

Definizione 5.4. Un codice ciclico $\mathcal{C}$ su $\mathbb{F}_q$ si dice *irriducibile* se il suo polinomio generatore è irriducibile in $\mathbb{F}_q[x]$.

⚠ L'anello quoziente $D = \mathbb{F}_q[x]/(g(x))$, ove $g(x)$ è il polinomio generatore di un $[n,k]$–codice ciclico $\mathcal{C}$ ha dimensione $n - k$ e dunque *come spazio vettoriale su* $\mathbb{F}_q$ è isomorfo a $\mathcal{C}^\perp$. Inoltre, comunque dato un polinomio $v(x) \in R_n(\mathbb{F}_q)$, la proiezione di $v(x)$ su D è nulla se, e soltanto se, $v \in \mathcal{C}$.

Il seguente teorema, conseguenza delle osservazioni sopra presentate, fornisce un metodo per caratterizzare di tutti i codici ciclici di lunghezza assegnata n.

Teorema 5.5. *Vi è una corrispondenza biunivoca fra i sottospazi ciclici di $V_n(\mathbb{F}_q)$ e i polinomi monici $g(x) \in \mathbb{F}_q[x]$ che sono divisori di $f(x) = x^n - 1$.*

Esempio 5.6. Consideriamo tutti i possibili codici ciclici binari di lunghezza 7. Tali codici sono sottospazi di $V_7(\mathbb{Z}_2)$. Poniamo $f(x) = x^7 - 1$. In $\mathbb{Z}_2$ tale polinomio si fattorizza in irriducibili come

$$x^7 - 1 = (x+1)(x^3 + x^2 + 1)(x^3 + x + 1);$$

pertanto, i divisori monici di $f(x)$ sono tutti e soli i seguenti

$$g_1(x) = 1$$
$$g_2(x) = x + 1$$
$$g_3(x) = x^3 + x^2 + 1$$
$$g_4(x) = x^3 + x + 1$$
$$g_5(x) = (x+1)(x^3 + x^2 + 1)$$
$$g_6(x) = (x+1)(x^3 + x + 1)$$
$$g_7(x) = (x^3 + x^2 + 1)(x^3 + x + 1)$$
$$g_8(x) = f(x).$$

Ne segue che $V_7(\mathbb{Z}_2)$ contiene esattamente 8 sottospazi ciclici.

A titolo di esempio, osserviamo che il polinomio $g_6(x)$ genera il sottospazio ciclico

$$\begin{aligned} S = \{ & (0000000), (1011100), (0101110), (0010111) \\ & (1001011), (1100101), (1110010), (0111001) \}. \end{aligned}$$

Similmente, il polinomio $g_7(x)$ genera il sottospazio ciclico

$$S = \{(0000000), (1111111)\}.$$

Esempio 5.7. Supponiamo di dover costruire un $[15, 9]$–codice ciclico binario. Dato che $g(x) = (1 + x + x^2)(1 + x + x^4)$ è un divisore monico di $x^{15} - 1$, si ha che $g(x)$ genera un sottospazio ciclico di dimensione 9 in $V_{15}(\mathbb{Z}_2)$.

5.4 Matrice generatrice di un codice ciclico

La forma naturale per la matrice generatrice di un codice ciclico è *a scala*[1], ottenuta considerando k scorrimenti ciclici del vettore corrispondente ai coefficienti del polinomio generatore. In particolare, la matrice quadrata ottenuta considerando le prime $k = n - r$ colonne è triangolare superiore e ha determinante non nullo. Pertanto, le prime k posizioni bastano a ricostruire, in assenza di errori, la parola originariamente trasmessa e sono di informazione. D'altro canto questa forma ciclica non risulta quasi mai standard, per cui la codifica non è sistematica.

Una forma interessante, che è sempre possibile dare agevolmente alla matrice generatrice di un tale codice, è quella *"antisistematica"*, ottenuta mediante la costruzione descritta qui di seguito. Tale forma si rivela particolarmente comoda in fase di implementazione di algoritmi di decodifica, in quanto una copia della parola originale si trova nelle ultime k posizioni trasmesse. Sia $\mathcal{C}$ un $[n, k]$–codice ciclico sopra $\mathbb{F}_q$ con polinomio generatore $g(x)$. Il nostro obiettivo è determinare per $\mathcal{C}$ una matrice generatrice della forma $G = (R\,I_k)$. Premettiamo una definizione tecnica.

Definizione 5.5. Sia $f(x)$ un qualsiasi polinomio, denotiamo con $\deg^0 f(x)$ il grado del polinomio ottenuto sottraendo da $f(x)$ il suo termine di grado massimo. Se $\deg f(x) - \deg^0 f(x) > 1$, allora il polinomio $f(x)$ si dice *lacunoso*.

Possiamo ora procedere a costruire la matrice G.

1. Per ogni $i = 0, 1, \ldots, k - 1$, si divida x^{n-k+i} per $g(x)$, in modo da determinare

$$x^{n-k+i} = q_i(x)g(x) + r_i(x),$$

   con $\deg r_i(x) < \deg g(x) = n - k$ oppure $r_i(x) = 0$;
2. Si ponga

$$p_i(x) = x^{n-k+i} - r_i(x) = q_i(x)g(x) \in C;$$

3. Si osservi

$$\deg p_i(x) - \deg^0 p_i(x) \geq i;$$

4. Considerando i coefficienti di $p(x) = x^{n-k+i} - r_i(x)$ come righe di una matrice, si ottiene una struttura del tipo

$$\begin{pmatrix} \boxed{\quad -r_0(x) \quad} & \begin{matrix} 1 & 0 & \ldots & 0 \end{matrix} \\ \boxed{\quad -r_1(x) \quad} & \begin{matrix} 0 & 1 & \ddots & \vdots \end{matrix} \\ \vdots & \begin{matrix} \vdots & \ddots & \ddots & 0 \end{matrix} \\ \boxed{\quad -r_{k-1}(x) \quad} & \begin{matrix} 0 & \ldots & 0 & 1 \end{matrix} \end{pmatrix},$$

   ovvero una matrice $G = (R\,I_k)$ in cui le righe di R corrispondono a $-r_i(x)$ con $0 \leq i \leq k - 1$;

---

[1] *row–echelon*

5. Ogni riga di G è una parola di $\mathcal{C}$; inoltre le righe sono tutte fra loro linearmente indipendenti, per cui G è una matrice generatrice per il codice $\mathcal{C}$ avente la forma desiderata.

Esempio 5.8. Sia $\mathcal{C}$ il $[7,4]$–codice ciclico generato dal polinomio $1 + x + x^3$. Per mezzo dell'Algoritmo Euclideo, determiniamo

$$x^3 = (1)(x^3 + x + 1) + (1 + x)$$
$$x^4 = (x)(x^3 + x + 1) + (x + x^2)$$
$$x^5 = (x^2 + 1)(x^3 + x + 1) + (1 + x + x^2)$$
$$x^6 = (x^3 + x + 1)(x^3 + x + 1) + (1 + x^2).$$

In tal modo si ottiene la seguente matrice generatrice:

$$G = \begin{pmatrix} 1\,1\,0\,1\,0\,0\,0 \\ 0\,1\,1\,0\,1\,0\,0 \\ 1\,1\,1\,0\,0\,1\,0 \\ 1\,0\,1\,0\,0\,0\,1 \end{pmatrix} = (R\,I_4), \quad \text{con } R = \begin{pmatrix} 1\,1\,0 \\ 0\,1\,1 \\ 1\,1\,1 \\ 1\,0\,1 \end{pmatrix}.$$

Come già osservato, le righe di R corrispondono ai vettori dei coefficienti dei polinomi $1+x$, $x+x^2$, $1+x+x^2$ ed $1+x^2$. Una sequenza di informazione $\mathbf{m} = (1011)$ viene codificata mediante G in $\mathbf{c} = \mathbf{m}G = (100\,1011)$.

5.5 Polinomio di controllo di parità

La matrice generatrice di un codice ciclico, come visto nel precedente paragrafo, può essere costruita a partire da un singolo polinomio $g(x)$. Similmente è possibile determinare anche una matrice di controllo di parità, utilizzando semplicemente un altro polinomio.

Definizione 5.6. Sia $h(x) = \sum_{i=0}^{k} a_i x^i$, con $\deg h(x) = k$. Si dice *polinomio reciproco* $h_R(x)$ di $h(x)$ il polinomio dato da

$$h_R(x) = \sum_{i=0}^{k} a_{k-i} x^i.$$

Poiché $\deg h(x) = k$, il polinomio $h_R(x)$ può sempre scriversi formalmente come $x^k h(1/x)$.

Definizione 5.7. Dato un codice ciclico $\mathcal{C}$, il *codice invertito* $\mathcal{C}^R$ di $\mathcal{C}$ è il codice ottenuto da $\mathcal{C}$ invertendo ogni parola di codice.

In particolare, $(c_0\,c_1\,\ldots\,c_{n-1}) \in \mathcal{C}$ se, e soltanto se, $(c_{n-1}\,c_{n-2}\,\ldots\,c_1\,c_0) \in \mathcal{C}^R$. Notiamo che se $g(x)$ è un generatore per $\mathcal{C}$, allora $g_0^{-1} g_R(x)$ è un generatore monico per $\mathcal{C}^R$.

Definizione 5.8. Sia $\mathcal{C}$ un codice ciclico con polinomio generatore $g(x)$. Il *polinomio di controllo di parità* di $\mathcal{C}$ è il polinomio $h(x)$ tale che

$$g(x)h(x) = x^n - 1.$$

Osserviamo che in $\mathbb{F}_q[x]_n$ si ha sempre

$$\left(g(x) + (x^n - 1)\right)\left(h(x) + (x^n - 1)\right) = 0 + (x^n - 1).$$

Il seguente teorema fornisce la motivazione per il nome dato al polinomio $h(x)$ nella Definizione 5.8.

Teorema 5.9. *Sia $g(x) \in \mathbb{F}_q[x]$ un divisore monico di grado $n-k$ di $f(x) = x^n - 1$ e sia $\mathcal{C}$ il $[n, k]$–codice ciclico da esso generato. Denotiamo con $h(x) = (x^n - 1)/g(x)$ il polinomio di controllo di parità di $\mathcal{C}$. Allora,*

$$\mathcal{C} = \{\, c(x) \in \mathbb{F}_q[x] : \deg c(x) \le n, c(x)h(x) = 0 \quad (\mathrm{mod}\ x^n - 1)\}.$$

Dimostrazione.

1. Sia $c(x) \in \mathcal{C}$. Per il Teorema 5.4, esiste un polinomio $q(x)$ con $\deg q(x) < n$ tale che $c(x) = q(x)g(x)$. Ne segue che

$$c(x)h(x) = q(x)g(x)h(x) = q(x)(x^n - 1) = 0 \quad (\mathrm{mod}\ x^n - 1).$$

2. Consideriamo un polinomio qualsiasi $c(x) \in \mathbb{F}_q[x]$ con $\deg c(x) < n$ e tale che

$$c(x)h(x) = p(x)(x^n - 1).$$

In particolare

$$c(x)h(x) = p(x)(x^n - 1) = p(x)g(x)h(x);$$

dunque,

$$(c(x) - p(x)g(x))h(x) = 0$$

in $\mathbb{F}_q[x]$. Siccome $g(x)h(x) = x^n - 1$, è impossibile che sia $h(x) = 0$. Ne segue che $c(x) = p(x)g(x)$, da cui si deduce $c(x) \in \mathcal{C}$. $\qquad\square$

In altri termini, le parole $c(x)$ del codice $\mathcal{C}$ sono univocamente determinate dal fatto che il prodotto $c(x)h(x)$ sia divisibile per $x^n - 1$.

È ora possibile mostrare come i concetti di polinomio generatore, polinomio reciproco e polinomio di controllo di parità sono associati a quello di codice ortogonale. In tale modo si potrà fornire un metodo diretto per determinare $h(x)$.

Teorema 5.10. *Sia $g(x)$ il polinomio generatore di un $[n, n-r]$–codice ciclico $\mathcal{C}$ sopra $\mathbb{F}_q$. Il codice ortogonale $\mathcal{C}^\perp$ è il codice ciclico generato da $h_R(x)$ ove $h(x)$ è il polinomio di controllo di parità di $\mathcal{C}$.*

⚠ **Lemma 5.11.** *Siano* $\mathbf{v}$ *e* $\mathbf{w}$ *due vettori in* $V_n(\mathbb{F}_q)$ *e denotiamo con* σ *la permutazione* $(0\,1\,2\,\cdots\,n-1)$*, introdotta nel paragrafo 5.1. Per ogni intero* $i = 0, 1, \ldots n-1$ *si ha*

$$\langle \mathbf{v}, \mathbf{w} \rangle = \langle \sigma^i(\mathbf{v}), \sigma^i(\mathbf{w}) \rangle.$$

Dimostrazione. Si osservi che

$$
\langle \sigma^i(\mathbf{v}), \sigma^i(\mathbf{w}) \rangle = \sum_{j=0}^{n-1} v_{j+i} w_{j+i} =
$$
$$
\sum_{j=0}^{n-i} v_{j+i} w_{j+i} + \sum_{j=0}^{i-1} v_j w_j =
$$
$$
\sum_{j=i}^{n} v_j w_j + \sum_{j=0}^{i-1} v_j w_j =
$$
$$
\sum_{j=0}^{n-1} v_j w_j = \langle \mathbf{v}, \mathbf{w} \rangle.
$$

La tesi segue. □

Dimostrazione (Teorema 5.10). Verifichiamo dapprima la condizione di ortogonalità

$$\langle \mathbf{g}, \mathbf{h_R} \rangle = 0,$$

ove $\mathbf{g}$ ed $\mathbf{h_R}$ sono i vettori di lunghezza n associati, rispettivamente, ai polinomi $g(x)$ ed $h_R(x)$. Poniamo

$$g(x) = \sum_{i=0}^{r} g_i x^i; \qquad h_R(x) = \sum_{i=0}^{n-r} h_{n-r-i} x^i.$$

Il prodotto scalare da determinare è esattamente

$$\sum_{i=0}^{n-r} g_i h_{n-r-i},$$

in quanto tutte le componenti del vettore $\mathbf{h_R}$ di indice superiore a $n-r$ sono sicuramente nulle. Scrivendo

$$(x^n - 1) = g(x)h(x) = \sum_{t=0}^{n} \sum_{i=0}^{t} g_i h_{t-i},$$

si nota che il prodotto $\langle \mathbf{g}, \mathbf{h_R} \rangle$ è il coefficiente del termine di grado $n-r$ in $g(x)h(x) = x^n - 1$. Poiché $0 < r < n$, tale prodotto scalare è necessariamente 0. Ne segue che le parole di codice corrispondenti a $g(x)$ ed $h_R(x)$ sono fra loro ortogonali.

Sia ora $\mathcal{D}$ il codice ciclico generato da $h_R(x)$ e consideriamo $m(x) \in \mathcal{C}$ e $n(x) \in \mathcal{D}$. Per il Teorema 5.4, esistono due polinomi $a(x), b(x)$ tali che

$$m(x) = a(x)g(x), \qquad n(x) = b(x)h_R(x).$$

Denotati con $\mathbf{m}$ e $\mathbf{n}$ i vettori associati a $m(x)$ e $n(x)$ si può allora scrivere

$$\langle \mathbf{m}, \mathbf{n} \rangle = \sum_{i=0}^{n} a_i b_i \langle \sigma^i(\mathbf{g}), \sigma^i(\mathbf{h_R}) \rangle = \sum_{i=0}^{n} a_i b_i \langle \mathbf{g}, \mathbf{h_R} \rangle = 0,$$

per cui ogni vettore di $\mathcal{D}$ è ortogonale a tutti i vettori in $\mathcal{C}$.

Per concludere la dimostrazione basta ora mostrare che la dimensione di $\mathcal{D}$ è pari alla dimensione r del codice ortogonale $\mathcal{C}^{\perp}$. A tal fine, osserviamo che $\deg h_R(x) = \deg h(x) = n - r$; pertanto, la dimensione di $\mathcal{D}$ è r; ne segue che $h_R(x)$ è un generatore (non necessariamente monico) per $\mathcal{C}^{\perp}$. $\qquad\square$

5.6 Codifica dei codici ciclici

Nel Paragrafo 5.4 si è visto come sia possibile costruire la matrice generatrice G di un $[n, k]$–codice ciclico $\mathcal{C}$ a partire dal suo polinomio generatore $g(x)$. In particolare, si può assumere che tale matrice abbia forma

$$G = (R \, I_k),$$

come fatto nella costruzione di Pagina 109. Vedremo ora come, in effetti, sia possibile codificare una sequenza di informazione $\mathbf{a}$ senza dover necessariamente scrivere tutta la matrice.

Per ogni $i = 0, 1, \ldots, k - 1$ chiamiamo $r_i(x)$ il polinomio in x tale che

$$x^{n-k+i} = q_i(x)g(x) + r_i(x).$$

Richiamiamo che, data una sequenza di informazione $\mathbf{a} = (a_0 \, a_1 \, \ldots \, a_k)$, possiamo sempre costruire un polinomio

$$a(x) = \sum_{i=0}^{k-1} a_i x^i.$$

Poiché la forma della matrice G è antisistematica, ogni parola di codice conterrà i k simboli rappresentanti l'informazione nelle ultime componenti, mentre i simboli di controllo di parità saranno i primi $n - k$. Pertanto, per determinare l'immagine di $a(x)$ nel codice basta trovare l'unico vettore di $\mathcal{C}$ contenente i termini

$$a_0 x^{n-k}$$
$$a_1 x^{n-k+1}$$
$$\vdots$$
$$a_k x^n.$$

In altre parole, si deve scrivere un polinomio $q(x)$ tale che

$$x^{n-k}a(x) = q(x)g(x) + t(x), \tag{5.1}$$

ossia

$$q(x)g(x) = -t(x) + x^{n-k}a(x),$$

con $t(x) = 0$ oppure $\deg t(x) < \deg g(x) = n - k$. La forma di una parola di codice risulta pertanto

$$
\begin{aligned}
&[\quad\boxed{-a_0 r_0(x)}\quad a_0\ 0\ \ldots 0\quad]+ \\
&[\quad\boxed{-a_1 r_1(x)}\quad 0\ a_1\ \cdots 0\quad]+ \\
&[\quad\ \ \vdots\qquad\qquad \vdots\ \ \ddots\ \ddots\ \vdots\quad]+ \\
&[\quad\boxed{-a_{k-1} r_{k-1}(x)}\quad 0\ \ldots 0\ a_{k-1}]= \\[4pt]
&[\quad\boxed{-t(x)}\quad a_0\ a_1\ \ldots a_{k-1}]\ .
\end{aligned}
$$

In particolare, i simboli di controllo di parità, associati all'informazione rappresentata da $a(x)$, sono proprio i coefficienti di un polinomio $-t(x)$ dove $t(x) = \sum_{i=0}^{k-1} a_i r_i(x)$. Da questo fatto, per la relazione (5.1), discende che il polinomio $t(x)$ è esattamente il resto della divisione di $x^{n-k}a(x)$ per il polinomio generatore del codice $g(x)$.

Descriviamo ora formalmente un primo conciso algoritmo di codifica, per un $[n, k]$–codice ciclico binario, basato su quanto appena osservato.

Algoritmo 5.1 (Codifica codici ciclici).

DATI:

$\boxed{\text{D1}}$ Un $[n, k]$–codice ciclico $\mathcal{C}$ con polinomio generatore $g(x)$;

$\boxed{\text{D2}}$ Un vettore di informazione $\mathbf{a} = (a_0\ a_1\ \ldots\ a_{k-1})$.

DETERMINARE:

$\boxed{\text{G1}}$ Un vettore $\mathbf{s} = (s_0\ s_1\ \ldots\ s_{n-k-1})$ di simboli di controllo parità tale che $(\mathbf{a}\,\mathbf{s}) \in \mathcal{C}$

Si ponga $\tilde{\mathbf{g}} = (g_0\ g_1 \ldots g_{n-k-1})$.

SI PROCEDA COME SEGUE:

$\boxed{\text{S1}}$ Porre $s_j = 0$ per $0 \leq j \leq n - k - 1$.

$\boxed{\text{S2}}$ Porre $i = 1$.

$\boxed{\text{S3}}$ Distinguiamo due casi:
1. Se $a_{k-i} = s_{n-k-1}$, porre $s_j = s_{j-1}$ per j che va da $n - k - 1$ ad 1 ed $s_0 = 0$.
2. Se $a_{k-i} \neq s_{n-k-1}$, porre $s_j = s_{j-1} + g_j$ per j che va da $n - k - 1$ ad 1 ed $s_0 = g_0$.

$\boxed{\text{S4}}$ Se $i > k$ fermarsi, altrimenti tornare al passo S3.

Il grande vantaggio di questo algoritmo è che non si richiede di memorizzare tutta la matrice generatrice $G = (R\,I_k)$ e nemmeno di calcolare a priori i polinomi $r_i(x)$.

Esempio 5.12. Consideriamo nuovamente il codice $\mathcal{C}$ dell'Esempio 5.8 e supponiamo di dover codificare la sequenza di informazione $\mathbf{m} = (1011)$. Abbiamo $\tilde{\mathbf{g}} = (110)$, $(a_0 a_1 a_2 a_3) = (1011)$. Iniziamo con il vettore $(s_0 s_1 s_2) = (000)$. Procedendo con i calcoli, al variare di i, si ottiene

i	$\mathbf{s}$	a_{k-i}
0	000	
1	110	1
2	101	1
3	100	0
4	100	1

Pertanto i simboli controllo di parità cercati sono dati da (100), e dunque codifichiamo $\mathbf{m} = (1011)$ con la parola di codice

$$\mathbf{c} = (1001011).$$

Esempio 5.13. Sia $g(x) = 1 + x^4 + x^6 + x^7 + x^8$ il polinomio generatore di un $[15, 7]$–codice ciclico binario. Per codificare $\mathbf{m} = (1011\,011)$, partiamo da $\tilde{\mathbf{g}} = (1000\,1011)$ e calcoliamo

i	$\mathbf{s}$	a_{k-i}
0	0000 0000	
1	1000 1011	1
2	0100 0101	1
3	1010 1001	0
4	0101 0100	1
5	1010 0001	1
6	1101 1011	0
7	0110 1101	1

Pertanto, la sequenza $\mathbf{m} = (1011\,011)$ è codificata come

$$\mathbf{c} = (0110\,1101\,1011\,011).$$

5.7 Decodifica dei codici ciclici

Anche la decodifica di un codice ciclico può essere implementata in modo particolarmente conciso in termini di polinomi.

Al solito, fissiamo un $[n, k]$–codice ciclico $\mathcal{C}$ sopra $\mathbb{F}_q$, con polinomio generatore $g(x)$. Per quanto visto nel precedente Paragrafo 5.6, è sempre possibile rappresentare l'operazione di codifica mediante una matrice generatrice G della forma $G = (R|I_k)$. Conseguentemente, la matrice di controllo di parità di $\mathcal{C}$ deve essere del tipo

$$H = \left(I_{n-k}| - R^T\right). \tag{5.2}$$

In termini dei polinomi $r_i(x)$ si vede immediatamente che

$$H = \begin{pmatrix} 1 & 0 & \dots & 0 \\ 0 & 1 & \ddots & \vdots \\ \vdots & \ddots & \ddots & 0 \\ 0 & \dots & 0 & 1 \end{pmatrix} \begin{array}{|c|c|c|c|} \hline r_0(x) & r_1(x) & \cdots & r_{k-1}(x) \\ \hline \end{array} \Bigg) .$$

Sia $h(x)$ il polinomio di controllo di parità di $\mathcal{C}$; consideriamo una possibile sequenza ricevuta $\mathbf{r}$. Poniamo $\mathbf{s} = \mathbf{r}H^T$; pertanto, il vettore $\mathbf{s}$ è la sindrome associata a $\mathbf{r}$. Rammentiamo che, per costruzione, la matrice di controllo di parità H è la matrice generatrice di un codice ciclico con polinomio generatore $h_R(x)$. In particolare, il calcolo della sindrome corrisponde, in termini polinomiali, ad un prodotto del polinomio $s(x)$ associato alla sequenza ricevuta $\mathbf{s}$ per il polinomio $h(x)$, il tutto calcolato nell'anello $\mathbb{F}_q[x]_{n-k}$. Il seguente teorema mostra che c'è una particolare convenienza nello scegliere per $\mathcal{C}$ una matrice di controllo di parità H del tipo della (5.2).

Teorema 5.14. *Consideriamo un $[n,k]$–codice ciclico $\mathcal{C}$ sopra $\mathbb{F}_q$ generato da $g(x)$ e sia H una sua matrice di controllo di parità come nell'espressione (5.2). Sia $\mathbf{v} \in \mathbb{F}_q^n$ un vettore e indichiamo con $\mathbf{s}$ la sua sindrome rispetto ad H. Siano poi $v(x)$ e $s(x)$ le corrispondenti rappresentazioni polinomiali. Allora, $s(x)$ è il resto della divisione di $v(x)$ per $g(x)$.*

Dimostrazione. Determiniamo mediante l'Algoritmo Euclideo due polinomi $t(x)$ e $q(x)$ con $\deg t(x) < \deg g(x) = n - k$ e $v(x) = q(x)g(x) + t(x)$. Se $v'(x) \in \mathcal{C} + v(x)$, allora,

$$v'(x) = q'(x)g(x) + t(x);$$

in altre parole, il polinomio $t(x)$ così determinato è costante su ogni laterale $\mathcal{C}+v(x)$. Scriviamo $s(x) = \sum_{i=0}^{n-k} s_i x^i$. Per costruzione della matrice di controllo di parità,

$$s_i = v_i \left(1 + \sum_{j=0}^{k-1} r_{j,i} \right),$$

ove con $r_{j,i}$ si intende il coefficiente di x^i in $r_j(x)$. Poiché $r_j(x)$ è il polinomio corrispondente al resto della divisione di x^{n-k+i} per $g(x)$, risulta possibile riscrivere $t(x)$ come

$$t(x) = \sum_{j=n-k}^{n-1} v_j r_{j-(n-k)}(x) + \sum_{j=0}^{n-k-1} v_j x^j.$$

In particolare, il coefficiente t_i di x^i in $t(x)$ risulta

$$t_i = v_i + \sum_{j=0}^{k-1} v_i r_{j,i},$$

da cui discende $t(x) = s(x)$, che è la tesi. $\qquad\square$

Il Teorema 5.14 mostra, in altre parole, che la sindrome di una sequenza può essere determinata semplicemente eseguendo una divisione fra polinomi mediante l'algoritmo Euclideo. Questo può risultare molto più agevole da implementare che non l'usuale prodotto matrice/vettore.

Esempio 5.15. Sia $\mathcal{C}$ il $[7, 4]$–codice ciclico binario dell'Esempio 5.8. Con calcoli diretti si determina una matrice generatrice

$$G = (R\, I_4) = \begin{pmatrix} 1\,1\,0\,1\,0\,0\,0 \\ 0\,1\,1\,0\,1\,0\,0 \\ 0\,0\,1\,1\,0\,1\,0 \\ 0\,0\,0\,1\,1\,0\,1 \end{pmatrix}.$$

Pertanto, una matrice di controllo di parità è data da

$$H = (I_3 \mid -R^T) = \begin{pmatrix} 1\,0\,0\,1\,0\,1\,1 \\ 0\,1\,0\,1\,1\,1\,0 \\ 0\,0\,1\,0\,1\,1\,1 \end{pmatrix}.$$

Supponiamo di avere ricevuto la sequenza $\mathbf{r} = (101\,1011)$; la sindrome di $\mathbf{r}$ è data da $\mathbf{s} = \mathbf{r}H^T = (001)$. Consideriamo ora la rappresentazione polinomiale di $\mathbf{r}$:

$$r(x) = 1 + x + x^2 + x^3 + x^5 + x^6.$$

Dividendo $r(x)$ per $g(x)$ otteniamo

$$r(x) = (x^3 + x^2 + x + 1)g(x) + x^2.$$

Come previsto, il polinomio associato alla sindrome di $\mathbf{r}$ è $s(x) = x^2$.

Chiudiamo il paragrafo mostrando una metodologia pratica per implementare la decodifica di un codice ciclico $\mathcal{C}$.

⚠️ La sindrome di un vettore $\mathbf{v}$ e quelle di tutti i vettori ottenuti mediante permutazione ciclica delle componenti di $\mathbf{v}$ sono strettamente legate fra loro.

Lemma 5.16 (Lemma di Meggitt). *Sia $\mathcal{C}$ il $[n, k]$–codice ciclico sopra $\mathbb{F}_q$ generato dal polinomio $g(x)$, e sia $r(x)$ un polinomio con sindrome $s(x) = \sum_{i=0}^{n-k-1} s_i x^i$. Allora,*
1. *se $\deg s(x) < n - k - 1$, la sindrome di $xr(x)$ è $xs(x)$;*
2. *se $\deg s(x) = n - k - 1$, la sindrome di $xr(x)$ è $xs(x) - s_{n-k-1}g(x)$.*

Dimostrazione. Per il Teorema 5.14, la sindrome $s(x)$ e' semplicemente il resto della divisione di $r(x)$ per $g(x)$. Sia dunque $r(x) = g(x)q(x) + s(x)$; allora, $xr(x) = xg(x)q(x) + xs(x)$. Si possono verificare 2 eventualità:
1. $\deg xs(x) < \deg g(x)$; allora, il quoziente della divisione di $xr(x)$ per $g(x)$ è esattamente $xq(x)$, mentre il resto è $xs(x)$; pertanto, la sindrome di $xr(x)$ risulta $xs(x)$;

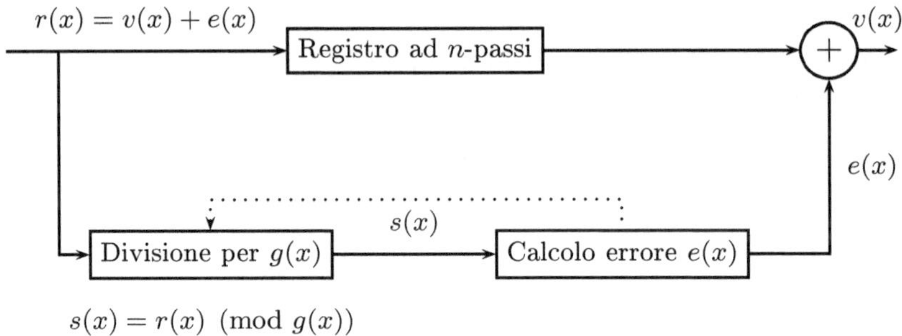

Fig. 5.1. Decodificatore di codici ciclici

2. $\deg xs(x) = \deg g(x)$. In questo caso, il quoziente della divisione è $(xq(x) + s_{n-k-1})$; pertanto, la sindrome risulta $xs(x) - s_{n-k-1}g(x)$. $\qquad\qquad\square$

Esempio 5.17. Consideriamo i vettori e il codice introdotti nell'Esempio 5.15. Vogliamo determinare la sindrome di una sequenza ottenuta mediante permutazione ciclica delle componenti di $\mathbf{r}$; sia dunque $\mathbf{w} = (1\,1\,0\,1\,1\,0\,1)$, il vettore corrispondente al polinomio $w(x) = xr(x)$. Calcolando la sindrome di $\mathbf{w}$ mediante la matrice controllo di parità otteniamo

$$\mathbf{w}H^T = (1\,1\,0) = \mathbf{t}.$$

Similmente, applicando la riduzione sui polinomi descritta in precedenza si ottiene

$$xs(x) - 1 \cdot g(x) = x^3 - (x^3 + x + 1) = 1 + x.$$

Pertanto, la conoscenza della sindrome di $\mathbf{r}$ consente di semplificare notevolmente il calcolo di quella di $\mathbf{w}$.

Un metodo per implementare efficientemente la procedura di decodifica di un codice ciclico si basa sulla nozione di catena.

Definizione 5.9. Sia $\mathbf{v} = (v_0\,v_1\,\cdots\,v_{n-1})$ un vettore; due componenti v_i, v_j di $\mathbf{v}$ sono dette *ciclicamente consecutive* se $j = i + 1$ oppure $i = n - 1$ e $j = 0$. Una successione di $k \leq n$ componenti $v_{i_0}, v_{i_1}, \dots v_{i_k}$ ciclicamente consecutive di un vettore $\mathbf{v}$ è detta *catena ciclica* di lunghezza k.

Poniamoci ora nella condizione in cui si possa supporre che vi siano almeno k posizioni ciclicamente consecutive nel vettore ricevuto $\mathbf{r}$ prive di errore; questo tipo di situazione è investigato nei dettagli nel successivo Capitolo 10. Al solito, identificheremo i vettori $\mathbf{r}$ e $\mathbf{e}$ con i corrispondenti polinomi $r(x)$ ed $e(x)$. Sia dunque $e(x)$ la possibile sequenza di errore con $w(\mathbf{e}) \leq t$. Per l'ipotesi di cui sopra, vi è sicuramente in $\mathbf{e}$ una catena ciclica di zeri avente lunghezza almeno k, corrispondente alle posizioni non alterate. Osserviamo che non possiamo sapere a priori dove tale catena ciclica inizi. D'altro canto, si può sicuramente asserire che deve esistere un intero i con $0 \le i \le n - 1$ e una permutazione ciclica σ_i degli elementi di $\mathbf{e}$ tali che

1. σ_i sposta ogni elemento di $\mathbf{e}$ di i posizioni;
2. tutte le componenti non nulle di $\mathbf{e}^{\sigma_i}$ si trovano nelle prime $n - k$ posizioni.

Noto tale intero i, la metodologia precedentemente introdotta consente di correggere l'errore. Mostriamo ora come tale indice possa essere determinato.

Consideriamo il vettore ricevuto $\mathbf{r}$. Per ogni i, la sindrome $s_i(x)$ di $x^i r(x)$ coincide con la sindrome di $x^i e(x)$; inoltre, $w(\mathbf{e}) \le t$ implica $w(\mathbf{s_j}) \le t$. Se i è l'indice cercato, di modo che tutte le componenti non nulle di $x^i e(x)$ siano le prime, oltre alla usuale condizione $w(s_i(x)) \le t$, deve anche valere

$$\deg s_i(x) < t. \tag{5.3}$$

Poiché il polinomio $s_i(x)$ è il resto della divisione di $x^i r(x)$ per $g(x)$,

$$g(x) \mid x^i(r(x) - e(x));$$

pertanto, è sempre possibile scrivere una congruenza

$$x^i e(x) = s_i(x) \quad (\mathrm{mod}\ x^n - 1). \tag{5.4}$$

Dalla relazione (5.4) è possibile dedurre, con leggero abuso di notazione,

$$x^i e(x) = (\mathbf{s}_i, \mathbf{0}).$$

Ne segue che $e(x) = x^{n-i}(\mathbf{s}_i, \mathbf{0})$, ove $x^{n-i}(\mathbf{s}_i, \mathbf{0})$ è un vettore le cui componenti sono una permutazione ciclica di lunghezza $n - i$ del vettore $(\mathbf{s}_i, \mathbf{0})$.

Riassumiamo quanto visto sino ad ora nella formulazione del seguente algoritmo. Osserviamo che, in particolare, il Lemma 5.16 può essere utilizzato per determinare ricorsivamente $s_j(x)$ a partire da $s_{j-1}(x)$.

Algoritmo 5.2 (Decodifica dei codici ciclici).

Dati:

$\boxed{\text{D1}}$ Un $[n, k]$–codice ciclico binario $\mathcal{C}$ con polinomio generatore $g(x)$ e distanza minima d;

$\boxed{\text{D2}}$ Un messaggio $\mathbf{r} = r(x)$.

Determinare:

$\boxed{\text{G1}}$ $c(x) \in \mathcal{C}$, se esiste, a distanza minima da $r(x)$.

Si proceda come segue:

$\boxed{\text{S1}}$ Sia $t = \lfloor (d-1)/2 \rfloor$.

$\boxed{\text{S2}}$ Porre $i = 0$.

$\boxed{\text{S3}}$ Calcolare la sindrome $s_0(x)$ di $r(x)$ mediante l'Algoritmo Euclideo

$$r(x) = q(x)g(x) + s(x).$$

$\boxed{\text{S4}}$ Se $w(s_i(x)) \leq t$,
    1. porre $e(x) = x^{n-i}(\mathbf{s}_i, \mathbf{0})$,
    2. porre $c(x) = r(x) - e(x)$,
    3. restituire $c(x)$

$\boxed{\text{S5}}$ Porre $i = i + 1$.

$\boxed{\text{S6}}$ Se $i = n$ fermarsi perché si è individuato un errore troppo grande per poter essere corretto in questo modo.

$\boxed{\text{S7}}$ Calcolare $s_i(x)$:
    1. Se $\deg s_{i-1}(x) < n - k - 1$, allora $s_i(x) = xs_{i-1}(x)$.
    2. Se $\deg s_{i-1}(x) = n - k - 1$, allora $s_i(x) = xs_{i-1}(x) - g(x)$.

$\boxed{\text{S8}}$ Tornare al punto S4.

Tale algoritmo si applica solamente al caso di alfabeto binario. Per generalizzare la procedura ad un $[n, k]$–codice ciclico sopra un alfabeto qualsiasi nel passo S7 occorre determinare $s_i(x)$ nella forma più generale del Lemma 5.16.

Esempio 5.18. Il polinomio $g(x) = 1 + x^2 + x^3$ genera un $[7, 4]$–codice binario con distanza minima $d = 3$. Questo codice è equivalente al $[7, 3]$–codice di Hamming. Sia $\mathbf{c}$ la parola di codice rappresentata dal polinomio $c(x) = a(x)g(x)$ ed associata all'elemento di informazione $\mathbf{a} = (111)$, rappresentato dal polinomio $a(x) = 1 + x + x^2$; dunque, $c(x) = 1 + x + x^5$. Supponiamo ora che un disturbo nella trasmissione di $\mathbf{c}$ abbia introdotto un errore, sicché quello che riceviamo è la sequenza $\mathbf{r} = \mathbf{c} + \mathbf{e}$ associata a $r(x) = 1 + x + x^5 + x^6$. Al fine di determinare $\mathbf{e}$ calcoliamo la sindrome $s(x)$ di $r(x)$:

$$r(x) = (x^3 + 1)g(x) + (x + x^2)$$
$$s(x) = x + x^2.$$

Dato che $w(s(x)) > 1$, è necessario calcolare la sindrome $s_1(x)$ di $xr(x)$; essendo $\deg s(x) = 2 = n - k - 1$, si può moltiplicare $s(x)$ per x e sottrarre da esso $g(x)$ in modo da ottenere $s_1(x) = 1$. Siccome $w(s_1(x)) \leq 1$, si ottiene la sequenza di errore

$$e(x) = x^{7-1}(\mathbf{s}_1, \mathbf{0}) = x^6(1000000) = x^6,$$

da cui si ricava la parola corretta

Esempio 5.19. Sia $\mathcal{C}$ il $[15, 7, 5]$–codice ciclico binario generato da $g(x) = 1 + x^4 + x^6 + x^7 + x^8$. Si tratta di un codice 2–correttore. Ogni sequenza di errore di peso non superiore a 2 deve necessariamente contenere una catena di zeri di lunghezza almeno 7. Pertanto, l'algoritmo di decodifica appena visto è in grado di correggere automaticamente 1 o 2 errori. Immaginiamo di aver ricevuto la sequenza

$$\mathbf{r} = (1100\,1110\,1100\,010).$$

La prima cosa da fare è calcolare la sindrome $s(x)$ di $r(x)$ per mezzo dell'Algoritmo Euclideo.

$$r(x) = (x^5 + x^4 + x^2 + x)g(x) + (1 + x^2 + x^5 + x^7)$$
$$s(x) = 1 + x^2 + x^5 + x^7.$$

Successivamente, si deve determinare la sindrome $s_i(x)$ di $x^i r(x)$, incrementando i ad ogni passo, sino a che $w(s_i(x)) \leq 2$; i risultati sono in Tabella 5.1. Dato che

i	$s_i(x)$
0	1010 0101
1	1101 1001
2	1110 0111
3	1111 1000
4	0111 1100
5	0011 1110
6	0001 1111
7	1000 0100

Tabella 5.1. Sindrome per l'Esempio 5.19

$w(s_7(x)) \leq 2$, la sequenza di errore risulta

$$\mathbf{e} = x^{15-7}(\mathbf{s}_7, \mathbf{x}) = x^8(1000\,0100\,0000\,0000) = (0000\,0000\,1000\,010).$$

Pertanto, possiamo decodificare il messaggio come

$$\mathbf{r} \mapsto \mathbf{r} - \mathbf{e} = \mathbf{c} = (1100\,1110\,0100\,000).$$

Esempio 5.20. Sia $\mathcal{C}$ il $[15, 5, 7]$–codice ciclico binario generato da $g(x) = 1+x+x^2+ x^4+x^5+x^8+x^{10}$. Ogni sequenza di errore di peso $b \leq 3$ deve contenere una catena di zeri di lunghezza almeno 5, a meno che non risulti $\hat{\mathbf{e}} = (10000\,10000\,10000)$ o una sua qualsiasi permutazione ciclica. L'algoritmo di decodifica precedentemente visto permette di correggere tutte le sequenze di errore di peso non superiore a 3, trane che $\hat{\mathbf{e}}$ e tutte le sue permutazioni cicliche. Non risulta tuttavia difficile modificare leggermente lo schema di decodifica in modo da correggere anche quest'ultimo tipo di errori. Infatti, la sindrome di $\hat{e}(x)$ è $1+x^5+r_1(x)$, con $r_1(x)$ resto della divisione di x^{10} per $g(x)$. Ora, per ogni sequenza ricevuta $\mathbf{r}$ calcoliamo le sindrome $s_i(x)$ di $x^i r(x)$, con $0 \leq i \leq 14$, e quindi verifichiamo se $w(\mathbf{s}_i) \leq 3$ oppure $w(\mathbf{s}_i - \mathbf{r}_1) \leq 2$. Nel secondo caso, la sequenza di errore è $x^{15-i}(\mathbf{s}_i - \mathbf{r}_1, (10000))$.

Supponiamo di avere ricevuto la sequenza

$$\mathbf{r} = (11110\,10100\,11101).$$

Calcoliamo $s_i(x)$ partendo dal caso $i = 0$. Si ottiene

i	$s_i(x)$
0	$01100\,00100.$

Dato che $w(\mathbf{s}_0) \leq 3$, la sequenza di errore risulta essere

$$\mathbf{e} = x^{15-0}(\mathbf{s}_0, \mathbf{0}) = (01100\,00100\,00000);$$

pertanto, possiamo scrivere la parola

$$\mathbf{c} = \mathbf{r} - \mathbf{e} = (10010\,10000\,11101).$$

Se si fosse ricevuta sequenza

$$\mathbf{r} = (11100\,01111\,00100),$$

si sarebbero dovute calcolare sia le sindrome $s_i(x)$ di $x^i r(x)$ con $i = 0, 1, 2, \ldots$, che i polinomi $s_i(x) - r_1(x)$, dove $r_1(x)$ è stato precedentemente determinato come $r_1(x) = 1 + x + x^2 + x^4 + x^5 + x^8$. I risultati sono presentati in Tabella 5.2 Dato

i	$s_i(x)$	$s_i(x) - r_1(x)$
0	$00110\,10001$	$11011\,00011$
1	$11110\,11010$	$00011\,01000$
2	$01111\,01101$	$10010\,11111$
3	$11010\,00100$	$00111\,10110$
4	$01101\,00010$	$10000\,10000$

Tabella 5.2. Sindrome e correzioni per l'Esempio 5.20

che $w(\mathbf{s}_4 - \mathbf{r}_1) \leq 2$, la sequenza di errore è

$$\mathbf{e} = x^{11}(10000\,10000\,10000) = (01000\,01000\,01000);$$

pertanto, possiamo decodificare il messaggio come

$$\mathbf{c} = \mathbf{r} - \mathbf{e} = (10100\,00111\,01100).$$

Esercizi

5.1. Quali sono i parametri del codice ternario $\mathcal{C}$ di lunghezza 10 generato dal polinomio

$$g(x) = x^4 + x^3 + x^2 + x + 1$$

5.2. Si consideri il $[12, 3, 6]$–codice ciclico binario $\mathcal{C}$ generato dal polinomio

$$g(x) = x^9 + x^8 + x^5 + x^4 + x + 1.$$

Si scriva la codifica del vettore $\mathbf{m} = (0\,1\,1)$ secondo $\mathcal{C}$. Si determini il polinomio controllo di parità $h(x)$ di $\mathcal{C}$ e si decodifichi il vettore ricevuto

$$\mathbf{r} = (0\,1\,1\,0\,0\,1\,0\,1\,0\,1\,1\,0)$$

5.3. Sia

$$g(x) = x^2 + x + 1$$

Si dimostri che il $[9, 7, 2]$–codice ciclico $\mathcal{C}_2$ generato da $g(x)$ su $\mathbb{F}_2$ non è contenuto in alcun altro codice ciclico, mentre quello generato su $\mathbb{F}_4$ è contenuto in un $[9, 8, 2]$–codice ciclico.

6

Radici e idempotente di un codice ciclico

> *Brave followers, yonder stands the thorny wood*
> *Which, by the heavens' assistance and your strength,*
> *Must by the roots be hewn up yet ere night.*
>
> W. SHAKESPEARE, 3 KING HENRY VI

Un $[n, k]$–codice ciclico q–ario, come visto nel Capitolo 5, è univocamente individuato dal proprio polinomio generatore $g(x) \in \mathbb{F}_q[x]$ di grado $n - k$. Tale polinomio ha grado $n - k$ e può essere descritto, essenzialmente, in tre modi equivalenti:

1. elencando per $i = 0, \dots, n - k - 1$ tutti i coefficienti g_i dei termini x^i, per cui

$$g(x) = x^{n-k} + \sum_{i=0}^{n-k-1} g_i x^i;$$

2. enumerando tutte le radici α_i di $g(x)$ sul suo campo di spezzamento, ognuna contata con la debita molteplicità, per cui

$$g(x) = \prod_{i=1}^{n-k} (x - \alpha_i);$$

3. fornendo $n - k$ valori assunti dal polinomio coppie del tipo $(\gamma_i, g(\gamma_i))$ ove i γ_i sono elementi distinti di un campo che contiene $\mathbb{F}_q$.

Il primo approccio è stato seguito nel Capitolo 5; il terzo è quello che adotteremo per i codici di Reed–Solomon nel Capitolo 9. Nel presente capitolo seguiremo il secondo metodo; tale approccio sarà poi applicato nel Capitolo 8 per costruire alcuni codici ciclici con distanza minima preassegnata.

6.1 Radici di un codice ciclico

Sia $\gamma \in \overline{\mathbb{F}_q}$ una radice n–esima dell'unità; in altre parole γ è un elemento che soddisfa l'equazione

$$x^n - 1 = 0. \tag{6.1}$$

Consideriamo la fattorizzazione di (6.1) in polinomi irriducibili su $\mathbb{F}_q$; rammentiamo che tale fattorizzazione è unica a meno dell'ordine; pertanto possiamo scrivere

$$x^n - 1 = f_1(x)f_2(x)\cdots f_t(x) \in \mathbb{F}_q[x].$$

Per ogni indice $i = 1, \ldots, t$, denotiamo con γ_i una radice di $f_i(x)$ in una opportuna estensione di $\mathbb{F}_q$. Poiché ogni $f_i(x) \in \mathbb{F}_q[x]$ è irriducibile, si ha che $f_i(x)$ è necessariamente il polinomio minimo di γ_i. In particolare, $f_i(x)$ è univocamente individuato dall'elemento γ_i. Osserviamo che $f_i(x)$ deve necessariamente dividere tutti i polinomi $c(x) \in \mathbb{F}_q[x]$ tali che $c(\gamma_i) = 0$. Pertanto, il codice $\mathcal{C}$ di polinomio generatore $f_i(x)$ può rappresentarsi come

$$\mathcal{C} = \{c(x) \in \mathbb{F}_q[x] : c(\gamma_i) = 0, \deg c(x) \leq n\}. \tag{6.2}$$

Consideriamo ora un codice ciclico $\mathcal{C}$ qualsiasi e sia

$$g(x) = g_1(x)g_2(x)\cdots g_w(x)$$

una fattorizzazione del suo polinomio generatore in irriducibili su $\mathbb{F}_q$. Per ogni $i = 1, \ldots, w$, indichiamo con β_i una radice di $g_i(x)$ in un'opportuna estensione algebrica di $\mathbb{F}_q$. In particolare, si ha

$$\mathcal{C} = \{c(x) : g(x)|c(x), \deg c(x) \leq n\} = \bigcap_{i=1}^{w}\{c(x) : c(\beta_i) = 0, \deg c(x) \leq n\};$$

pertanto, il codice $\mathcal{C}$ può sempre scriversi come

$$\mathcal{C} = \{c(x) : c(\beta_1) = c(\beta_2) = \ldots = c(\beta_w) = 0, \deg c(x) \leq n\}. \tag{6.3}$$

In generale, un possibile metodo per costruire un codice ciclico è il seguente:

1. Siano n, m, w interi positivi fissati.
2. Consideriamo degli elementi $\alpha_1, \alpha_2, \ldots, \alpha_w \in \mathbb{F}_{q^m}$.
3. Identifichiamo $\mathbb{F}_{q^m}$ con lo spazio vettoriale $\mathbb{F}_q^m$.
4. Per ogni $1 \leq i \leq w$ consideriamo la matrice H_i di dimensioni $m \times n$, contenente come colonne le rappresentazioni vettoriali di

$$1, \alpha_i, \alpha_i^2, \ldots, (\alpha_i)^{n-1}.$$

5. Uniamo le w matrici di cui sopra per giustapposizione in una matrice H di dimensioni $wm \times n$ ad entrate in $\mathbb{F}_q$.
6. Prendiamo il codice ortogonale a quello generato dalle righe di H.

Sia $\mathbf{c} = (c_0\, c_1 \ldots c_{n-1})$ un vettore e poniamo, come al solito,

$$c(x) = \sum_{i=0}^{n-1} c_i x^i.$$

Osserviamo che $\mathbf{c}H^T = \mathbf{0}$ se, e soltanto se, $c(\alpha_i) = 0$ per ogni $i = 1, 2, \ldots, w$; infatti, la condizione $\mathbf{c}H^T = \mathbf{0}$ è equivalente al seguente sistema su $\mathbb{F}_q^m$:

$$\begin{cases} c_0 + c_1\alpha_1 + c_2\alpha_1^2 + \cdots + c_{n-1}\alpha_1^{n-1} = 0 \\ c_0 + c_1\alpha_2 + c_2\alpha_2^2 + \cdots + c_{n-1}\alpha_2^{n-1} = 0 \\ \vdots \\ c_0 + c_1\alpha_w + c_2\alpha_w^2 + \cdots + c_{n-1}\alpha_w^{n-1} = 0. \end{cases}$$

Ne segue che il codice ortogonale a quello generato dalle righe di H è ciclico. Inoltre, poiché l'ortogonale di un codice ciclico è esso stesso ciclico, anche il codice generato da H risulta ciclico. Si noti, comunque, che le righe di H non sono necessariamente linearmente indipendenti, per cui può rendersi necessario cancellare alcune di esse al fine di ottenere una matrice di controllo di parità per il codice $\mathcal{C}$.

Esempio 6.1. Siano $\alpha_1, \alpha_2, \ldots, \alpha_{n-k}$ elementi fissati di $\mathbb{F}_q$ e consideriamo il codice

$$\mathcal{C} = \{\, c(x) \in \mathbb{F}_q[x] : c(\alpha_1) = c(\alpha_2) = \ldots = c(\alpha_{n-k}) = 0\}.$$

Per quanto visto sopra, le righe della matrice

$$H = \begin{pmatrix} \alpha_1^0 & \alpha_1^1 & \alpha_1^2 & \cdots & \alpha_1^{n-1} \\ \alpha_2^0 & \alpha_2^1 & \alpha_2^2 & \cdots & \alpha_2^{n-1} \\ \vdots & \vdots & \vdots & \ddots & \vdots \\ \alpha_{n-k}^0 & \alpha_{n-k}^1 & \alpha_{n-k}^2 & \cdots & \alpha_{n-k}^{n-1} \end{pmatrix}$$

generano lo spazio $\mathcal{C}^\perp$ ortogonale al sottospazio di $\mathbb{F}_q$ generato da $\mathcal{C}$. La matrice H, in questo caso, ha dimensioni $(n - k) \times n$ ed entrate in $\mathbb{F}_q$.

Il seguente teorema mostra come sia possibile costruire un codice ciclico equivalente a quello di Hamming.

Teorema 6.2 (Codice ciclico di Hamming). *Fissiamo $n = (q^m - 1)/(q - 1)$, e sia $\beta \in \mathbb{F}_{q^m}$ una radice primitiva n-esima dell'unità. Supponiamo inoltre che $\gcd(m, q - 1) = 1$. Allora, il codice ciclico*

$$\mathcal{C} = \{c(x) : c(\beta) = 0, \deg c(x) \leq n\}$$

è equivalente al codice di Hamming $H_m(q)$ di parametri $[n, n - m]$ su $\mathbb{F}_q$.

Dimostrazione. Poiché

$$n = (q - 1)(q^{m-2} + 2q^{m-3} + \cdots + m + 1) + m,$$

si ha che $\gcd(n, q - 1) = \gcd(m, q - 1) = 1$; in particolare, $\beta^{i(q-1)} \neq 1$ per ogni $i = 1, 2, \ldots, n-1$. Questo è equivalente ad asserire che $\beta^i \notin \mathbb{F}_q$ per ogni $i = 1, 2, \ldots, n-1$. Ne consegue che le colonne di H, che rappresentano gli elementi $1, \beta, \beta^2, \ldots, \beta^{n-1}$ visti come vettori di $\mathbb{F}_q^m$, sono a due a due linearmente indipendenti su $\mathbb{F}_q$. La matrice H è dunque la matrice di controllo di parità di un codice di Hamming di parametri $[n, n - m]$, da cui segue la tesi. $\qquad\square$

⚠ 6.2 Idempotente di un codice ciclico

L'elemento più importante per lo studio di un codice ciclico $\mathcal{C}$ è senza dubbio il polinomio generatore $g(x)$. Vi è però anche un altro polinomio che si rivela particolarmente utile per investigare le proprietà del codice, il cosiddetto idempotente.

Grazie al Teorema 5.3 un codice ciclico $\mathcal{C}$ di lunghezza n su $\mathbb{F}_q$ può sempre essere rappresentato come un ideale dell'anello quoziente $\mathbb{F}_q[x]_n = \mathbb{F}_q[x]/(x^n - 1)$; tale ideale è generato da un polinomio monico irriducibile $g(x)$. Una diversa rappresentazione del medesimo codice è considerando l'anello quoziente di $\mathbb{F}_q[x]_n$ rispetto l'ideale generato dal polinomio di controllo di parità $h(x)$. Infatti, anche questo è uno spazio vettoriale di dimensione k su $\mathbb{F}_q$ e, come vedremo nel presente paragrafo, tale punto di vista presenta alcuni vantaggi.

Sia $R_{\mathcal{C}} = \mathbb{F}_q[x]_n/(h(x)) \simeq \mathcal{C}$. Rammentiamo che il codice $\mathcal{C}$, visto come ideale, non può contenere l'identità $1 \in \mathbb{F}_q[x]$, in quanto, in caso contrario, si avrebbe $\mathcal{C} = \mathbb{F}_q[x]_n$. L'anello $R_{\mathcal{C}}$, al contrario, risulta spesso dotato di identità, come mostra il seguente teorema.

Teorema 6.3. *Sia $\mathcal{C}$ un codice ciclico di lunghezza n sul campo $\mathbb{F}_q$ con polinomio generatore $g(x)$ e polinomio di controllo di parità $h(x)$. Se $g(x)$ e $h(x)$ non hanno fattori in comune, allora esiste un unico polinomio $c(x) \in \mathcal{C}$ che è elemento identico per $R_{\mathcal{C}}$.*

Dimostrazione. Poiché $g(x)$ e $h(x)$ non hanno fattori in comune, esistono, per l'Algoritmo Euclideo (Algoritmo 8.1), due polinomi $a(x), b(x) \in \mathbb{F}_q[x]$ tali che

$$a(x)g(x) + b(x)h(x) = 1.$$

Poniamo

$$c(x) = a(x)g(x) = 1 - b(x)h(x).$$

Per il Teorema 5.4, sicuramente $c(x) \in \mathcal{C}$. Inoltre, data una qualsiasi altra parola di codice $p(x)g(x) \in \mathcal{C}$, si ha

$$c(x)p(x)g(x) = p(x)g(x) - b(x)h(x)p(x)g(x) = p(x)g(x) \quad (\mathrm{mod}\ x^n - 1),$$

per cui $c(x)$ appartiene alla classe dell'identità dell'anello $R_{\mathcal{C}}$. Ne discende che esiste un unico polinomio $c(x) \in R_n(\mathbb{F}_q)$ con le proprietà richieste. $\square$

In generale si ha $\deg c(x) > \deg g(x)$. D'altro canto, poiché per ogni polinomio di codice $p(x)$ vale $c(x)p(x) = p(x) \ (\mathrm{mod}\ h)(x)$, il polinomio $c(x)$ è un generatore (non di grado minimo) per $\mathcal{C}$.

Quando $\gcd(q, n) = 1$, la derivata prima formale di $f(x) = x^n - 1$ è $nx^{n-1} \neq 0$ per ogni $x \neq 0$; pertanto $f(x)$ non ha radici multiple; conseguentemente, esso si spezza in fattori lineari distinti nella chiusura algebrica di $\mathbb{F}_q$. In particolare, $g(x)$ e $h(x)$ non possono in questo caso avere fattori in comune, per cui si è sicuramente nelle ipotesi del Teorema 6.3.

Nel seguito di questo paragrafo supporremo sempre $\gcd(n, q) = 1$. Nello specifico, considereremo codici binari di lunghezza dispari.

Definizione 6.1. Il polinomio di codice $c(x) \in \mathcal{C}$, un rappresentante di grado minimo dell'identità di $R_{\mathcal{C}}$, è detto *idempotente* di $\mathcal{C}$.

La motivazione del nome idempotente è che $c(x)^2 = c(x)$. Chiaramente, $c(x)$ non è necessariamente l'unico elemento del codice $\mathcal{C}$ che coincide col proprio quadrato ma, sicuramente, è l'unico di grado minimo che appartiene alla classe dell'identità dell'anello $R_{\mathcal{C}}$.

Come visto in precedenza, ogni polinomio di codice $v(x) \in \mathcal{C}$ può scriversi in $\mathbb{F}_q[x]_n$ come $v(x)c(x)$; ne segue che $c(x)$ genera l'ideale $R_{\mathcal{C}}$ di $\mathbb{F}_q[x]_n$. D'altro canto, $g(x)$ è il polinomio di grado minimo in $\mathbb{F}_q[x]$ che genera $\mathcal{C}$. Pertanto, in $\mathbb{F}_q[x]$ vale la seguente inclusione di ideali

$$(c(x)) \subset (g(x)) \qquad g(x) \notin (c(x)),$$

anche se, in ogni caso, $\pi(c(x)) = \pi(g(x)) = J$ ove J è l'ideale in $\mathbb{F}_q[x]_n$ associato al codice.

L'utilizzo degli idempotenti può consentire di determinare in modo semplice il codice intersezione e il codice somma di due codici ciclici.

Teorema 6.4. *Siano $\mathcal{C}_1$ e $\mathcal{C}_2$ due codici ciclici con idempotenti rispettivamente $c_1(x)$ e $c_2(x)$. Allora,*
1. *$\mathcal{C}_1 \cap \mathcal{C}_2$ ha idempotente $c_1(x)c_2(x)$;*
2. *se la caratteristica di $\mathbb{F}_q$ è 2, allora $\mathcal{C}_1 + \mathcal{C}_2$, ovvero il codice formato da tutte le parole $\mathbf{a} + \mathbf{b}$ con $\mathbf{a} \in \mathcal{C}_1$ e $\mathbf{b} \in \mathcal{C}_2$ ha idempotente*

$$c_1(x) + c_2(x) + c_1(x)c_2(x).$$

Dimostrazione.
1. La prima parte dell'enunciato è conseguenza diretta del precedente Teorema 6.3; infatti, il generatore dell'intersezione dei due ideali associati rispettivamente a $\mathcal{C}_1$ e $\mathcal{C}_2$ è il prodotto dei generatori degli stessi.
2. Chiaramente l'elemento

$$c_1(x) + c_2(x) + c_1(x)c_2(x) = c_1(x) + (1 + c_1(x))c_2(x)$$

si trova in $\mathcal{C}_1 + \mathcal{C}_2$. D'altro canto, ogni polinomio di codice di $\mathcal{C}_1 + \mathcal{C}_2$ ha la forma $p(x) = a(x)c_1 + b(x)c_2$. Poiché la caratteristica di $\mathbb{F}_q$ è 2, abbiamo

$$
\begin{aligned}
&p(x)(c_1(x) + c_2(x) + c_1(x)c_2(x)) = \\
&\quad a(x)c_1^2(x) + a(x)c_1(x)c_2(x) + a(x)c_1^2(x)c_2(x) + \\
&\quad b(x)c_2c_1(x) + b(x)c_2^2(x) + b(x)c_1(x)c_2^2(x) = \\
&\quad a(x)c_1(x) + 2a(x)c_1(x)c_2(x) + 2b(x)c_1(x)c_2(x) + b(x)c_2(x) = p(x);
\end{aligned}
$$

questo implica la seconda parte della tesi. $\qquad\square$

In generale, indipendentemente dalla caratteristica di $\mathbb{F}_q$, dati due codici ciclici $\mathcal{C}_1$ e $\mathcal{C}_2$ di generatori rispettivamente $g_1(x)$ e $g_2(x)$, un generatore per il codice $\mathcal{C}_1 \cap \mathcal{C}_2$ è dato dal polinomio $g_1(x)g_2(x)$, eventualmente ridotto modulo $x^n - 1$.

6.3 Classi ciclotomiche e codici ciclici minimali

Come visto nei precedenti paragrafi, esiste uno stretto legame fra la struttura dei campi finiti e i codici ciclici; in particolare, è interessante studiare i codici associati ad una preassegnata classe ciclotomica. Per una descrizione dell'algebra relativa tali classi, si rimanda al Paragrafo A.9; qui richiameremo solamente le definizioni di base.

Definizione 6.2. Sia $q = p^t$, ove p è un primo. Un elemento $\alpha \in \mathbb{F}_q$ è una *radice primitiva n–esima dell'unità* su $\mathbb{F}_q$ se $\alpha \in \mathbb{F}_{p^n}$ e $\alpha^k \neq 1$ per ogni $0 < k < n$.

In particolare,

$$\alpha^n - 1 = 0.$$

Sia α è una radice n–esima dell'unità. Allora, l'elemento α^i, per ogni $0 \leq i \leq n$, è a sua volta una radice m–esima dell'unità, per qualche $m|n$. In effetti, per ogni indice i, esiste esattamente un intero d, divisore di n, tale che α^i sia radice primitiva d–esima dell'unità.

Definizione 6.3. La *classe ciclotomica* C_i di q modulo n contenente i è l'insieme di tutti gli m tali che α^{im} siano radici d–esime distinte dell'unità.

In particolare, si può sempre scrivere

$$C_i = \{i, iq, iq^2, \ldots, iq^{m-1}\},$$

ove m è il più piccolo intero positivo tale che $iq^m = i \pmod{n}$.

Consideriamo ora il caso dei codici binari, per cui $p = 2$. Se $c(x)$ è un idempotente per il codice $\mathcal{C}$ e $c(x)$ contiene il monomio x^i, allora $c(x)$ deve contenere anche il monomio x^{2i}. Infatti,

$$c(x) = \sum_{i=0}^{n-1} c_i x^i = c(x)^2 = \sum_{i=0}^{n-1} c_i x^{2i}.$$

Ne segue che ogni idempotente deve essere, in realtà, una somma di elementi idempotenti del tipo

$$x^i + x^{2i} + \cdots + x^{2^{t-1}i}$$

ove $\{i, i2, \cdots, i2^{t-1}\} = C_i$ è una classe ciclotomica. Risulta dunque possibile enumerare tutti i codici binari ciclici di lunghezza assegnata senza alcuna necessità di fattorizzare $x^n - 1$. La generalizzazione al caso p generico si effettua osservando che

$$c(x)^p = c(x),$$

e applicando il medesimo ragionamento di cui sopra alle classi ciclotomiche.

Data una classe ciclotomica C_i, possiamo sempre costruire un polinomio irriducibile su $\mathbb{F}_q$

$$f_i(x) = \prod_{t \in C_i} (x - \alpha^t),$$

ove α è una radice primitiva n–esima dell'unità. Poiché $\alpha^{tn} = 1$, il polinomio $f_i(x)$ è un divisore (irriducibile) di $(x^n - 1)$.

Definizione 6.4. Sia $f_i(x)$ il divisore irriducibile di $(x^n - 1)$ associato alla classe ciclotomica i. Denotiamo con M_i^+ il codice generato da $f_i(x)$. Tale codice è detto *codice ciclico massimale*. Similmente denotiamo con M_i^- il codice ciclico generato dal polinomio di controllo di parità $h_i(x) = (x^n - 1)/f_i(x)$. Questo ultimo codice è detto *codice ciclico minimale*.

In letteratura si trova talvolta la dicitura che il codice M_i^- è il *duale* di M_i^+. In generale $(M_i^+)^\perp \neq M_i^-$, per cui questa nozione non coincide con quella di codice ortogonale.

La motivazione della terminologia adottata nella Definizione 6.4 è che M_i^+ risulta un ideale massimale di $\mathbb{F}_q[x]_n$ mentre M_i^- è un ideale minimale di tale anello.

Caratterizziamo ora gli elementi dei codici ciclici minimali.

Teorema 6.5. *Sia M_i^- un $[n, k]$–codice ciclico q–ario minimale. Allora, esiste un polinomio $g(x) \in M_i^-$ tale che, per qualsiasi $c(x) \in M_i^-$ diverso dal polinomio nullo esiste un intero j con $0 \leq j \leq q^k - 1$ tale che*

$$c(x) = t(x)^j.$$

Dimostrazione. Il codice M_i^- è isomorfo *come anello* a

$$R_{M_i^-} = \mathbb{F}_q[x]_n / M_i^+ = \mathbb{F}_q[x]_n / (f_i(x)),$$

in quanto $f_i(x)$ è il polinomio di controllo di parità di M_i^-; inoltre, $f_i(x)$ è sempre un polinomio irriducibile. In particolare, se $a(x), b(x) \in M_i^-$ e $a(x)b(x) = 0$, allora, necessariamente, $f_i(x)$ divide $a(x)$ oppure $b(x)$. In altre parole, nella struttura quoziente si ha $a(x) = 0$ oppure $b(x) = 0$. Pertanto, M_i^- è un dominio di integrità finito. Per il Teorema A.3 M_i^- risulta un campo finito isomorfo a $\mathbb{K} = \mathbb{F}_{q^k}$ con $k = \deg f_i$. Il Teorema A.42 garantisce che il gruppo moltiplicativo $\mathbb{K}^\star$ di $\mathbb{K}$ è un gruppo ciclico, ovvero che esiste un $\phi \in \mathbb{K}^\star$ tale che

$$\mathbb{K}^\star = \{ \phi^i : i = 0, 1, \ldots, q^k - 1 \}.$$

A questo punto, scegliamo come $t(x)$ esattamente l'elemento corrispondente a tale ϕ. $\qquad\qquad\square$

In alcuni casi, il polinomio $t(x)$ determinato nel precedente teorema è proprio il polinomio generatore del codice. Un esempio è presentato nel seguente corollario.

Corollario 6.6. *Sia M_i^- un codice ciclico binario minimale con polinomio generatore $g(x)$, con $\dim M_i^- = k$ e lunghezza $n = 2^k - 1$ Allora, per ogni $c(x) \in M_i^-$, $c(x) \neq 0$ esiste un j tale che*

$$c(x) = x^j g(x) \quad (\text{mod } x^n - 1)$$

Dimostrazione. Per la condizione sulla lunghezza n, tutti gli $n = 2^k - 1$ slittamenti ciclici di $g(x)$ sono fra loro distinti. Pertanto, $g(x)$ è un generatore del gruppo moltiplicativo di M_i^- e questo implica la tesi. $\square$

Per il Teorema 6.5, il peso di ogni parola non nulla in un codice ciclico minimale M_i^- è costante; ne segue che tutti questi codici sono equidistanti e possiamo dunque calcolarne direttamente la distanza minima.

⚠ Il seguente lemma fornisce gli strumenti necessari a determinare tale distanza.

Lemma 6.7. *Sia C un $[n, k]$–codice su $\mathbb{F}_q$ e supponiamo che la matrice generatrice di C non contenga colonne nulle. Allora, la somma dei pesi di tutte le parole di codice di C è $n(q-1)q^{k-1}$.*

Dimostrazione. Sia i un intero compreso fra 0 e $n - 1$ e fissiamo un elemento $t \in \mathbb{F}_q$. Ci sono esattamente q^{k-1} parole $\mathbf{c} \in C$ tali che $c_i = t$. In particolare, vi sono $(q - 1)q^{k-1}$ parole per cui la i–esima componente è non nulla. Sommando tutte le n componenti si determina la somma dei pesi di tutte le parole del codice; questo implica direttamente il conteggio. $\square$

Per il Lemma 6.7, la distanza minima di un $[2^k - 1, k]$–codice ciclico minimale binario è

$$\frac{n2^{k-1}}{2^k - 1} = \frac{2^{k-1}(2^k - 1)}{2^k - 1} = 2^{k-1}.$$

Definizione 6.5. L'idempotente di un codice ciclico irriducibile minimale M_i^-, corrispondente alla classe ciclotomica contenente i, è chiamato *idempotente primitivo* e denotato col simbolo 0_i.

È chiaro che un codice ciclico irriducibile non può contenere sottocodici ciclici propri.

Esempio 6.8. Su $\mathbb{F}_2$ abbiamo la seguente fattorizzazione

$$(x^7 - 1) = (x - 1)(x^3 + x + 1)(x^3 + x^2 + 1).$$

Sia $g(x) = (x - 1)(x^3 + x + 1) = x^4 + x^3 + x^2 + 1$; il polinomio $g(x)$ genera un $[7, 3]$–codice C. Il polinomio

$$(x^2 + 1)g(x) = x^6 + x^5 + x^3 + 1$$

è un idempotente primitivo C e anche esso genera il medesimo codice.

⚠ Fissato un campo $\mathbb{F}_q$ di caratteristica sia 2 è possibile scrivere delle relazioni di ortogonalità fra tutti gli idempotenti primitivi. I prodotti, chiaramente, devono essere intesi ridotti modulo $x^n - 1$.

Teorema 6.9. *Dati degli idempotenti primitivi θ_i si ha*

   1. $\theta_i(x)\theta_j(x) = 0$ ogni qual volta $i \neq j$;

   2. $\sum_{i=1}^{t} \theta_i(x) = 1$ ove t è il numero di classi ciclotomiche;

   3. $1 + \theta_{i_1}(x) + \theta_{i_2}(x) + \cdots + \theta_{i_r}(x)$ è l'idempotente del codice con generatore $f_{i_1}(x)f_{i_2}(x)\cdots f_{i_r}(x)$.

Dimostrazione.

1. Osserviamo che $M_i \cap M_j = \{0\}$ per $i \neq j$. La relazione è dunque conseguenza immediata del Teorema 6.4.

2. Per il Teorema 6.4 e il punto precedente, abbiamo

$$M_1^- + M_2^- + \cdots + M_t^- = \mathbb{F}_q[x]_n,$$

da cui segue l'affermazione.

3. Il polinomio di controllo di $M_{i_1} + M_{i_2} + \cdots + M_{i_r}$ è $f_{i_1}(x)f_{i_2}(x)\cdots f_{i_r}(x)$; da questo, segue il risultato.

$\square$

6.4 Insiemi di definizione

La costruzione dei codici ciclici introdotta nei precedenti paragrafi non è canonica, nel senso che, in generale, elementi differenti in una stessa estensione algebrica possono definire il medesimo codice.

Esempio 6.10. Sia ω un elemento primitivo di $\mathbb{F}_{16}$, radice del polinomio $x^4 + x + 1$. Il codice ciclico su $\mathbb{F}_4$ di lunghezza 15 associato all'elemento ω ha come polinomio generatore

$$x^2 + x + \zeta,$$

ove ζ è un elemento primitivo di $\mathbb{F}_4$ con $\zeta^2 + \zeta + 1 = 0$. Osserviamo che il medesimo codice è anche associato ad ω^4.

Vogliamo ora mostrare come sia possibile associare ad ogni codice ciclico un insieme che lo caratterizza univocamente.

Definizione 6.6. Sia $\mathcal{C}$ un codice ciclico di lunghezza n. Ogni insieme $D_{\mathcal{C}} = \{\alpha^{i_1}, \alpha^{i_2}, \ldots, \alpha^{i_l}\}$ di radici n–esime dell'unità tale che

$$c(x) \in \mathcal{C} \iff \forall \xi \in D_{\mathcal{C}} : c(\xi) = 0$$

è detto *insieme di definizione* per il codice $\mathcal{C}$. Un insieme di definizione $D_{\mathcal{C}}$ per il codice $\mathcal{C}$ massimale rispetto la relazione di inclusione è detto *completo*.

Chiaramente, ogni codice ciclico ammette un unico insieme di definizione completo.

Definizione 6.7. Un insieme $D = \{\alpha^{i_1}, \alpha^{i_2}, \ldots, \alpha^{i_l}\}$ è detto *consecutivo* se esistono una radice primitiva n–esima dell'unità β e un intero i tali che

$$D = \{\beta^i, \beta^{i+1}, \ldots, \beta^{i+l-1}\}.$$

Mostriamo ora come gli insiemi di definizione possano essere utilizzati per costruire dei codici ciclici.

Definizione 6.8. Dato un insieme $D = \{\alpha^{i_1}, \alpha^{i_2}, \ldots, \alpha^{i_l}\}$, denotiamo con $M(D)$ la matrice $l \times n$ che ha $1, \alpha^{i_k}, \alpha^{2i_k}, \ldots, \alpha^{(n-1)i_k}$ come k–esima riga, per cui

$$M(D) = \begin{pmatrix} 1 & \alpha^{i_1} & \alpha^{2i_i} & \ldots & \alpha^{(n-1)i_i} \\ 1 & \alpha^{i_2} & \alpha^{2i_2} & \ldots & \alpha^{(n-1)i_2} \\ \vdots & \vdots & \vdots & & \vdots \\ 1 & \alpha^{i_l} & \alpha^{2i_l} & \ldots & \alpha^{(n-1)i_l} \end{pmatrix}.$$

Tale matrice è detta *matrice di controllo di parità* per l'insieme D.

Esiste uno stretto legame fra la lunghezza di un insieme di definizione D, la dimensione del codice con matrice generatrice $M(D)$ e le posizioni di informazione in tale codice.

Lemma 6.11. *Sia D un insieme consecutivo di lunghezza l. Allora la sottomatrice di $M(D)$ ottenuta prendendo, in qualsivoglia modo, l delle sue colonne ha rango l.*

Dimostrazione. Si considerino le l colonne della matrice $M(D)$ di indici rispettivamente $j_1, j_2, \ldots, j_l$. Il determinante della sottomatrice ottenuta selezionando tali colonne è un determinante di Vandermonde con valore

$$\beta^{(j_1+j_2+\ldots+j_l)i} \prod_{r>s} (\beta^{j_r} - \beta^{j_s}).$$

Tale determinante è non nullo in quanto β è radice primitiva dell'unità. Il risultato segue. $\square$

Corollario 6.12. *Sia β una radice primitiva n–esima dell'unità e consideriamo degli indici $i_1, i_2, \cdots i_k$ tali che*

$$i_1 < i_2 < \cdots < i_k = i_1 + t - 1 \leq n.$$

Ogni insieme di t colonne della matrice $M(\beta^{i_1}, \beta^{i_2}, \cdots, \beta^{i_k})$ ha rango k.

———

Dati due qualsiasi insiemi $A, B \subseteq \mathbb{F}_{q^m}$, poniamo

$$AB = \{\xi\eta : \xi \in A, \eta \in B\}.$$

È possibile introdurre un prodotto $*$ fra matrici tale che, dati due insiemi di definizione A, B, le righe di $M(A) * M(B)$ coincidano proprio con le righe di $M(AB)$. Rammentiamo che, assegnati due codici $\mathcal{C}_1$ e $\mathcal{C}_2$ di lunghezza rispettivamente n_1 e n_2 con $n_1 \leq n_2$, è sempre possibile vedere le parole di $\mathcal{C}_1$ come elementi di

$$\mathbb{F}_q[x]_{n_2} = \mathbb{F}[x]/(x^{n_2} - 1).$$

Chiaramente, in questo contesto, $\mathcal{C}_1$ non è più un sottospazio ciclico, ma tale identificazione suggerisce di definire come prodotto fra un vettore di $\mathbf{c_1} \in \mathcal{C}_1$ e un vettore $\mathbf{c_2} \in \mathcal{C}_2$, rappresentati rispettivamente dai polinomi $c_1(x)$ e $c_2(x)$, il vettore $\mathbf{d}$ rappresentato dal polinomio

$$c_1(x)c_2(x) \quad (\mathrm{mod}\ (x^{n_2} - 1))$$

nell'anello $\mathbb{F}_q[x]_{n-2}$.

Definizione 6.9. Date due matrici A, B la matrice $A * B$ è la matrice che ha come righe tutti i possibili prodotti $\mathbf{ab}$, ove $\mathbf{a}$ è una riga di A e $\mathbf{b}$ è una riga di B, entrambe viste come elementi di un opportuno anello.

Supponiamo ora che sia A che B abbiano il medesimo numero n di colonne; allora, anche $A * B$ è ancora una matrice di n colonne.

La costruzione prodotto appena introdotta consente di ottenere dei codici ciclici con interessanti proprietà.

⚠️**Lemma 6.13.** *Siano A, B due matrici con n colonne. Se una qualsiasi combinazione lineare di tutte le colonne di $A * B$ con coefficienti non nulli risulta essere nulla, allora*
$$\mathrm{rank}\,(A) + \mathrm{rank}\,(B) \leq n.$$

Dimostrazione. Siano λ_i per $j = 1, \ldots, n$ i coefficienti della combinazione lineare richiesta nell'ipotesi; consideriamo una matrice B' ottenuta moltiplicando la colonna j–esima di B per λ_j. Per ipotesi, ogni riga di A ha prodotto scalare nullo con ogni riga di B', da cui segue direttamente

$$\mathrm{rank}\,(A) + \mathrm{rank}\,(B) = \mathrm{rank}\,(A) + \mathrm{rank}\,(B') \leq n,$$

che è la tesi. □

Sfruttando quest'ultimo lemma è possibile determinare la distanza minima di numerosi codici ciclici. Prima di procedere, ricordiamo che il supporto $\mathrm{Supp}\,\mathbf{c}$ di un vettore $\mathbf{c} = (c_0\, c_1 \cdots c_{n-1})$ è l'insieme delle coordinate i tali che $c_i \neq 0$. In generale, una parola in un codice binario è univocamente determinata dal proprio supporto, ma questo non è il caso quando si considerano codici su alfabeti più grandi. Per ogni $\mathbf{c} \in \mathcal{C}$, ove $\mathcal{C}$ è un codice arbitrario, $w(\mathbf{c}) = |\mathrm{Supp}\,(\mathbf{c})|$. Data una matrice A e un insieme di indici I, scriviamo A_I per indicare la matrice ottenuta da A cancellando le posizioni *non* enumerate in I. A questo punto possiamo formulare il teorema principale del presente paragrafo.

Teorema 6.14. *Siano A e B due matrici ad entrate su $\mathbb{F}$ e supponiamo che $A*B$ sia una matrice di controllo di parità per un codice $\mathcal{C}$ su $\mathbb{F}$. Allora,*

$$\operatorname{rank}(A_I) + \operatorname{rank}(B_I) \leq |I|,$$

ove I è il supporto di un qualsiasi vettore $\mathbf{c} \in \mathcal{C}$.

Dimostrazione. Il risultato è conseguenza immediata del Lemma 6.13, osservando che A_I e B_I contengono entrambe esattamente $|I|$ colonne. $\square$

In generale, calcolare la distanza minima d di un codice (anche ciclico) è un problema difficile; al proposito si veda [24]. Utilizzando il Teorema 6.14, si può stimare la distanza minima d per ogni codice ottenuto mediante la costruzione col prodotto $*$ sopra presentata, supposto che essa sia stata determinata per i singoli codici costituenti. In particolare, osserviamo che se esiste un δ tale che la somma dei ranghi di A_I e B_I sia maggiore di $|I|$ per ogni sottoinsieme I di $\{1, 2, \dots, n\}$ con $|I| < \delta$, allora la distanza minima d del codice è necessariamente $d \geq \delta$. Come esempio concreto di come questi risultati possano essere utilizzati, dimostriamo la seguente limitazione.

Teorema 6.15 (Limitazione di Roos). *Sia A un insieme di definizione per un codice ciclico con distanza minima d_A e sia B un insieme di radici n–esime dell'unità, tale che il più corto insieme consecutivo contenente B abbia lunghezza non superiore a $|B| + d_A - 2$. Allora, il codice con insieme di definizione AB ha distanza minima $d \geq |B| + d_A - 1$.*

⚠ *Dimostrazione.* Osserviamo che

$$\operatorname{rank}(M(A)_I) = \begin{cases} |I|, & \text{se } |I| < d_A \\ \geq d_A - 1 & \text{se } |I| \geq d_A. \end{cases}$$

Usando il Corollario 6.12, è possibile calcolare esplicitamente il rango di tutte le sottomatrici di $M(B)$; esso risulta

$$\operatorname{rank}(M(B)_I) = \begin{cases} 1, & \text{se } |I| < d_A \\ |I| - d_A + 2 & \text{se } d_A \leq |I| \leq |B| + d_A - 2, \end{cases}$$

Per il Teorema 6.14, otteniamo

$$\operatorname{rank}(M(A)_I) + \operatorname{rank}(M(B)_I) > |I| \quad \text{se } |I| \leq |B| + d_A - 2;$$

pertanto, nessun insieme I con cardinalità inferiore a $|B| + d_A - 1$ può essere supporto di una parola non nulla di un codice $\mathcal{C}$ con insieme di definizione AB. Ne segue che il peso minimo del codice $\mathcal{C}$ è almeno $|B| + d_a - 1$. $\square$

La conoscenza di un insieme di definizione completo per un codice $\mathcal{C}$ consente di dimostrare anche alcune ulteriori proprietà che le parole di $\mathcal{C}$ devono soddisfare. Il seguente teorema fornisce delle indicazioni molto forti sulla distribuzione dei pesi per una notevole famiglia di codici binari.

Teorema 6.16 (McEliece). *Sia $\mathcal{C}$ un codice binario ciclico di lunghezza n che ammette R come insieme di definizione completo. Se il prodotto di due qualsiasi radici dell'unità non in R è sempre diverso da 1, allora il peso di ogni parola di codice $\mathbf{c} \in \mathcal{C}$ è divisibile per 4.*

Dimostrazione. Chiaramente, $1 \in R$; inoltre, per la completezza di R, si ha che $\gamma \in R$ oppure $\gamma^{-1} \in R$, per ogni radice dell'unità γ. Sia ora $c(x) = x^{i_1} + x^{i_2} + \cdots + x^{i_k}$ il polinomio che rappresenta una qualsiasi parola di codice $\mathbf{c} \in \mathcal{C}$. Per costruzione, $w(\mathbf{c}) = k$. Poiché $1 \in R$, l'intero k deve essere pari. Inoltre, per ogni radice n–esima dell'unità ξ si ha $c(\xi)c(\xi^{-1}) = 0$ in $\mathbb{F}[x]_n$. Da $\xi^{i-j} = \xi^{l-m}$ segue che $\xi^{j-i} = \xi^{m-l}$; dunque, i termini nel prodotto $c(\xi)c(\xi^{-1})$ si cancellano a 4 a 4. D'altro canto, esattamente k di tali termini sono pari ad 1, per cui $k(k-1) = 0 \pmod 4$ da cui discende la tesi. $\qquad\square$

⚠ 6.5 Descrizione dei codici ciclici mediante traccia

Fissiamo un primo p e sia k il suo ordine moltiplicativo modulo n, per cui $p^k = p \pmod n$. Scriviamo $q = p^k$. Il seguente teorema mostra come costruire un $[n, k]$–codice ciclico irriducibile su $\mathbb{F}_p$.

Teorema 6.17. *Sia $\beta \in \mathbb{F}_q$ una radice primitiva n–esima dell'unità. L'insieme*

$$\mathcal{V} = \{\, \mathbf{v}(\xi) = (\mathrm{Tr}(\xi)\, \mathrm{Tr}(\xi\beta) \, \ldots \, \mathrm{Tr}(\xi\beta^{n-1})) : \xi \in \mathbb{F}_q \},$$

ove $\mathrm{Tr}(\xi)$ è la traccia di ξ su $\mathbb{F}_p$, è un codice ciclico irriducibile su $\mathbb{F}_p$ di parametri $[n, k]$.

Dimostrazione. Procediamo per passi.
1. L'insieme $\mathcal{V}$ è uno spazio vettoriale su $\mathbb{F}_p$, in quanto la traccia assoluta $\mathrm{Tr}(\xi\beta^i)$ è un'applicazione lineare $\mathbb{F}_q \mapsto \mathbb{F}_p$.
2. Se $\mathbf{v}(\xi)$ appartiene a $\mathcal{V}$, allora anche $\mathbf{v}(\xi\beta^{-1}) \in \mathcal{V}$. D'altro canto, per costruzione di $\mathbf{v}(x)$, la parola $\mathbf{v}(\xi\beta^{-1})$ è uno scorrimento ciclico di $\mathbf{v}(\xi)$, per cui $\mathcal{V}$ è un sottospazio ciclico di $V_n(\mathbb{F}_p)$.
3. Poiché β, per costruzione, non appartiene ad alcun sottocampo di $\mathbb{F}_q$, abbiamo che esso è radice di un polinomio

$$t(x) = t_0 + t_1 x + \cdots + t_k x^k$$

   irriducibile su $\mathbb{F}_p[x]$ e di grado k. Scritto $\mathbf{v}(\xi) = (v_0\, v_1\, \ldots\, v_{n-1})$, si ha

$$\sum_{i=0}^{k} v_i t_i = \mathrm{Tr}(\xi t(\beta)) = \mathrm{Tr}(0) = 0.$$

   Pertanto, $t(x)$ definisce delle equazioni di controllo di parità.
4. Un polinomio $h(x)$, di controllo di parità per tutto il codice $\mathcal{V}$, deve dividere $x^k t(x^{-1})$. Poiché $t(x)$ è irriducibile, si ha, a meno di uno scalare non nullo,

$$h(x) = t_R(x) = x^k t(x^{-1}).$$

5. Dalle considerazioni sul grado di $h(x)$ discende che il sottospazio $\mathcal{V}$ ha dimensione k; pertanto, si è costruito un codice irriducibile che ha, come richiesto, parametri $[n, k]$.

$\square$

Esercizi

6.1. Sia $\mathcal{C}$ il $[15, 11, 3]$–codice ciclico binario generato dal polinomio

$$g(x) = x^4 + x + 1.$$

Si determini l'idempotente di $\mathcal{C}$.

6.2. Si enumerino tutti i codici ciclici binari di parametri $[63, 57]$.

6.3. Si determini un insieme di definizione completo per il $[31, 20, 6]$–codice ciclico binario $\mathcal{C}$ con polinomio generatore

$$g(x) = x^{11} + x^{10} + x^9 + x^6 + x^5 + 1.$$

Errori concentrati o *burst*

The instant burst of clamour that she made
(Unless things mortal move them not at all)
Would have made milch the burning eyes of heaven
And passion in the gods.

W. SHAKESPEARE, HAMLET

In questo capitolo, considereremo una tipologia di errore particolarmente frequente e mostreremo come i codici ciclici si rivelino particolarmente adatti per correggerla: i cosiddetti errori *concentrati* o *burst*.

In alcuni sistemi di comunicazione, come ad esempio il canale binario simmetrico, la probabilità di errore in un bit di una parola ricevuta è indipendente da quella di tutti gli altri bit. In particolare, il fatto che la posizione i di un vettore sia errata non fornisce alcuna indicazione sulla "bontà" della posizione $i+1$ o $i-1$. Esistono però casi in cui gli errori tendono ad essere raggruppati in blocchi consecutivi. Un esempio concreto è fornito dai graffi o dalle alterazioni del supporto di un disco digitale, quale un CD o un DVD (si vedano [26–28]): la presenza di un graffio in una posizione i è casuale e, in generale, non si può prevedere; d'altro canto, i bit che risultano alterati, in questo caso, tendono ad essere consecutivi.

Un altro esempio è quello di disturbo radio: in questo caso è estremamente improbabile che un solo singolo bit sia alterato ma i dati danneggiati sono tutti in sequenza.

I metodi per ottimizzare la decodifica in presenza di errori del tipo sopra presentato sono essenzialmente due:

1. utilizzo di codici ciclici opportuni;
2. costruzione di codici intrecciati.

La protezione offerta dai codici intrecciati è intrinseca, nel senso che non richiede di decidere a priori quale sia la tipologia di errore che si vuole correggere; la costruzione e le proprietà degli stessi saranno discusse in seguito, nel Capitolo 14. In questo capitolo studieremo le proprietà generali degli errori concentrati nonché il modo in cui i codici ciclici possano essere sfruttati per cercare di correggerli.

7.1 Descrizione dei burst di errore

La nozione di errore concentrato, o burst di errore, è strettamente legata a quella di catena ciclica, già introdotta nella Definizione 5.9.

Definizione 7.1. Un *errore concentrato* o *burst di errore* di lunghezza b è un vettore **e** le cui componenti non nulle sono contenute in una catena ciclica **p** di lunghezza b. Tale catena inizia e finisce sempre con una componente non nulla.

Si rendono opportune due osservazioni:

1. La catena ciclica può andare oltre la fine della sequenza in cui compare, per continuare dall'inizio; quando ciò non accade, parleremo di burst *non–ciclico*.
2. La prima e l'ultima posizione del vettore **p** sono sempre, per definizione, errate.

La proprietà fondamentale degli errori burst è che essi possono sempre essere descritti in una forma "compressa", come segue. Supponiamo che **e** sia un vettore di errore che contiene un errore burst.

Definizione 7.2. Il *formato* dell'errore burst in **e** è un sottovettore **p** di **e** contenente tutte le componenti non nulle di **e**. La *lunghezza* di **p** sarà denotata con $|\mathbf{p}|$. La *posizione* l dell'errore è l'indice della prima componente di **p** in **e**. Indicheremo un errore di formato **p** e posizione i col simbolo $(\mathbf{p}, i)$. Tale coppia ordinata è detta *descrizione di errore*.

Notiamo che, dalla conoscenza contemporanea di **p**, i ed n, è sempre possibile ricostruire tutto il vettore **e**.

Esempio 7.1. Un vettore di errore può avere differenti descrizioni. Sia, ad esempio, $\mathbf{e} = (01000\,00110)$. Sono possibili per **e** le tre descrizioni in Tabella 7.1. In effetti,

Formato	Posizione	Lunghezza
100 00011	1	8
11001	6	5
10010 00001	7	10

Tabella 7.1. Descrizioni possibili per un errore burst di peso 3

ogni vettore **e** di peso w ammette esattamente w descrizioni differenti.

Il Teorema 7.4 consente di ovviare all'inconveniente della mancanza di unicità della scrittura.

⚠Prima di procedere alla dimostrazione è bene premettere una definizione e due lemmi.

Definizione 7.3. Sia **e** un errore e sia $(\mathbf{p}, i)$ una sua descrizione. Le componenti di **e** non in **p** formano una catena ciclica di 0, che inizia (ciclicamente) nella posizione $i + |\mathbf{p}| + 1$ e finisce nella posizione $i - 1$. L'insieme degli indici corrispondenti a tale catena è detto *catena zero* di $(\mathbf{p}, i)$.

Formato	Posizione	Catena zero
100 00011	1	$(8,0)$
11001	6	$(2,3,4,5)$
10010 00001	7	—

Tabella 7.2. Catene zero per l'errore burst di Tabella 7.1

Lemma 7.2. *Le catene zero associate a due differenti descrizioni di un medesimo errore* **e** *sono necessariamente disgiunte.*

Dimostrazione. Siano $(\mathbf{p},i)$ e $(\mathbf{p}',i')$ due possibili descrizioni dell'errore

$$\mathbf{e} = (e_0\, e_1\, \cdots\, e_{n-1}).$$

Denotiamo con Z e Z' le catene zero corrispondenti le due descrizioni. Se $\mathbf{p} = \mathbf{e}$, allora $Z = \emptyset$, e la tesi è verificata. Supponiamo dunque $\mathbf{p}, \mathbf{p}' \neq \mathbf{e}$. Sotto quest'ultima ipotesi, si ha, necessariamente, $i \neq i'$, in quanto il formato di errore può essere costruito in modo univoco a partire dall'indice i, considerando la sottosequenza del vettore **e** che inizia con la componente e_i e termina con l'ultima componente (ciclicamente) non nulla. Supponiamo dunque che esista un $t \in Z \cap Z'$ e sia j l'indice della prima entrata non nulla di **e** successiva a t. Allora, entrambe le catene cicliche Z e Z' devono terminare con la posizione $j - 1$ e, conseguentemente, $i = j = i'$. Ne discende che $(\mathbf{p},i) = (\mathbf{p}',i')$ e quindi le due descrizioni di errore coincidono. $\qquad\square$

Lemma 7.3. *La somma delle cardinalità di tutte le possibili catene zero associate ad un medesimo errore* **e** *è* $n - w$ *ove* $w = w(\mathbf{e})$.

Dimostrazione. Poiché ogni due catene zero distinte sono disgiunte, ogni zero di **e** compare in al più una catena, per cui la somma delle cardinalità è al più $n - w$. D'altro canto, fissato un qualsiasi indice i tale che $e_i = 0$, è sempre possibile costruire una catena zero contenente i, semplicemente considerando la successione di zeri compresa fra l'ultima posizione non nulla precedente i e la prima posizione non nulla che lo segue. Ne segue che ogni posizione nulla di **e** appartiene ad esattamente una catena zero; dunque, la somma delle cardinalità è esattamente $n - w$. $\qquad\square$

Teorema 7.4. *Sia* **e** *un vettore di errore di lunghezza* n *con due descrizioni di errore del tipo* $(\mathbf{p},i)$ *e* $(\mathbf{p}',i')$. *Se* $|\mathbf{p}| + |\mathbf{p}'| \leq n + 1$, *allora* $(\mathbf{p},i) = (\mathbf{p}',i')$.

Dimostrazione. Sia w il peso di **e**. Se $w = 0$ oppure $w = 1$ non c'è nulla da dimostrare, in quanto vi è un'unica possibile descrizione di errore. Supponiamo dunque $w \geq 2$. Il formato $\mathbf{p}$ di una qualsiasi descrizione di **e** deve contenere tutte le componenti non nulle di **e**. Ogni formato di errore deve iniziare con una componente diversa da 0; pertanto vi sono $w = w(\mathbf{e})$ possibili descrizioni. Supponiamo che le due descrizioni $(\mathbf{p},i)$ e $(\mathbf{p}',i')$ siano distinte. Per il Lemma 7.2, le catene zero ad esse corrispondenti sono disgiunte e, pertanto, contengono $(n - |\mathbf{p}|) + (n - |\mathbf{p}'|)$ zeri di **e**. Per ipotesi $|\mathbf{p}| + |\mathbf{p}'| \leq n + 1$; pertanto,

$$(n - |\mathbf{p}|) + (n - |\mathbf{p}'|) \geq 2n - n + 1 = n - 1,$$

da cui $w(\mathbf{e}) \leq 1$, una contraddizione. Ne segue $(\mathbf{p_1}, i_1) = (\mathbf{p_2}, i_2)$, che è la tesi. $\square$

Conseguenza immediata del Teorema 7.4 è il seguente corollario.

Corollario 7.5. *Ogni vettore di errore* $\mathbf{e}$ *ammette al più una descrizione come errore burst di lunghezza minore o uguale a* $(n + 1)/2$.

Si osservi che è comunque possibile avere errori burst che non ammettono una tale descrizione di errore. Questo è il caso, ad esempio, di tutti quegli errori che hanno peso strettamente maggiore di $(n + 1)/2$.

7.2 Limitazioni

In generale, la capacità correttiva di un codice lineare è legata al numero di sindrome distinte possibili. In particolare, un $[n, k, d]$–codice su $\mathbb{F}_q$ può, a priori, correggere al più q^{n-k} diverse tipologie di errore. Ogni codice con distanza minima d è sicuramente in grado di correggere almeno $t = \lfloor (d - 1)/2 \rfloor$ errori casuali. In questo paragrafo formuleremo delle limitazioni sul numero b di errori burst che un codice è in grado di correggere.

Un errore burst di b bit è descritto mediante un formato di errore che è una catena ciclica di lunghezza b. Al fine di determinare quanto lungo possa essere un burst correggibile, è dunque necessario determinare il numero di tutte le catene cicliche di lunghezza al più $(n + 1)/2$. Il seguente teorema fornisce un metodo per contare tutte le catene cicliche di tale tipo nel caso binario.

Teorema 7.6. *Sia* n *fissato, e supponiamo che* b *sia un intero tale che* $1 \leq b \leq (n + 1)/2$. *Allora, esistono esattamente* $n2^{b-1} + 1$ *vettori di lunghezza* n *su* $\mathbb{F}_2$ *che contengono catene cicliche di lunghezza al più* b.

Dimostrazione. Per il Corollario 7.5, ogni catena ciclica che soddisfa l'ipotesi ammette un'unica descrizione. Al fine di contare tali catene, è pertanto sufficiente enumerare tutte le possibili descrizioni. Il formato $\mathbf{p}$ deve avere lunghezza al più b e iniziare con un 1; vi è dunque una corrispondenza biunivoca fra i possibili vettori $\mathbf{p}$ e le 2^{b-1} sequenze di lunghezza b inizianti con 1. Ne segue che vi sono esattamente $n2^{b-1}$ possibili descrizioni per le catene cicliche diverse da 0. Aggiungendo 1 a tale numero, in modo da conteggiare anche la catena nulla, si ottiene la tesi. $\square$

Il seguente teorema è una riformulazione della limitazione di Hamming per codici binari che correggano errori burst. Fra le ipotesi non si richiede che il codice sia lineare.

Teorema 7.7 (Limitazione di Hamming per errori burst). *Sia* $1 \leq b \leq (n + 1)/2$. *Un codice binario* $\mathcal{C}$ *di lunghezza* n *che corregge tutti gli errori burst di lunghezza* b *contiene al più* $2^n / (n2^{b-1} + 1)$ *parole.*

Dimostrazione. Per il Teorema 7.6 vi sono esattamente $n2^{b-1}+1$ possibili vettori di errore burst con peso non superiore a b. Sia M il numero delle parole di codice di $\mathcal{C}$. Il numero di parole che differiscono da un elemento di $\mathcal{C}$ in un vettore ciclico di peso al più b è dunque $M(n2^{b-1}+1)$. Poiché tutti tali vettori si trovano in $V^n(\mathbb{F}_2)$, ne segue che $M(n2^{b-1}+1) \leq 2^n$. $\square$

Il seguente teorema introduce alcune ulteriori condizioni necessarie che un codice deve rispettare per poter essere in grado di correggere errori burst di lunghezza b.

Teorema 7.8 (Limitazioni di Abramson). *Sia $1 \leq b \leq (n+1)/2$. Un $[n,k]$–codice binario che corregge errori burst di lunghezza al più b deve soddisfare la condizione*

$$n \leq 2^{r-b+1} - 1 \qquad \textit{Limitazione forte di Abramson,}$$

ove $r = n - k$ è la ridondanza. Una formulazione alternativa della limitazione è

$$r \geq \lceil \log_2(n+1) \rceil + (b-1) \qquad \textit{Limitazione debole di Abramson.}$$

Dimostrazione. Un $[n,k]$–codice binario contiene $M = 2^k$ parole; segue dalla limitazione di Hamming per gli errori burst (Teorema 7.7) che

$$2^k \leq \frac{2^b}{n2^{b-1}+1}.$$

Mediante manipolazioni algebriche otteniamo $n \leq 2^{r-b+1} + 2^{-b+1}$. Siccome n è intero, tale disuguaglianza si può riscrivere come

$$n \leq 2^{r-b+1} - 1,$$

che è esattamente la limitazione forte di Abramson. La forma debole di tale limitazione si deduce esplicitando r in quest'ultima espressione. $\square$

Un'altra variante della limitazione di Hamming è contenuta nel seguente lemma; osserviamo che, come per il Teorema 7.7, non vi è alcuna ipotesi sulla linearità del codice.

Lemma 7.9. *Sia $b \leq n/2$. Un codice binario $\mathcal{C}$ di lunghezza n, in grado di correggere errori burst di lunghezza b, contiene al più 2^{n-2b} parole.*

Dimostrazione. Sia M il numero di parole di $\mathcal{C}$. Se $M > 2^{n-2b}$, allora, a meno di una permutazione delle componenti del codice, devono esserci almeno due parole $\mathbf{x}, \mathbf{y} \in \mathcal{C}$ che coincidono nelle prime $n - 2b$ posizioni. Queste due parole possono essere scritte come

$$\mathbf{x} = \overbrace{\mathrm{VVVVVVVVV}}^{n-2b}\ \overbrace{\mathrm{AAAAAA}}^{2b}$$
$$\mathbf{y} = \mathrm{VVVVVVVVV}\ \mathrm{BBBBBB},$$

ove i vettori coincidono nelle posizioni marcate con una V e differiscono nelle posizioni indicate con A e B. Ora, il vettore

$$\mathbf{z} = \overbrace{\mathsf{V\,V\,V\,V\,V\,V\,V\,V\,V}}^{n-2b}\ \underbrace{\overbrace{\mathsf{A\,A\,A}}_{b}\ \overbrace{\mathsf{B\,B\,B}}_{b}}^{2b}$$

differisce sia da X che da Y per una catena ciclica di lunghezza b; questo implica, in particolare, che il codice non può correggere errori ciclici arbitrari di lunghezza b. Da quest'ultima contraddizione segue direttamente la tesi.   □

L'analogo della limitazione di Singleton per codici b–correttori è contenuto nel seguente teorema.

Teorema 7.10 (Limitazione di Reiger). *Sia $0 \leq b \leq n/2$. Un $[n,k]$–codice binario $\mathcal{C}$, in grado di correggere errori burst di lunghezza b, deve sempre soddisfare*

$$r \geq 2b,$$

ove $r = n - k$ è la ridondanza.

Dimostrazione. Il numero di parole di codice in un $[n,k]$–codice binario è 2^k. Per il Lemma 7.9, si ha

$$2^k \leq 2^{n-2b}. \tag{7.1}$$

La tesi segue ora estraendo il logaritmo in base 2 di entrambi i termini in 7.1.   □

7.3 Campi di ordine non primo

I campi finiti più facili da implementare sono quelli di ordine primo, $\mathbb{F}_p \simeq \mathbb{Z}_p$. Infatti, ogni elemento di tali campi può essere rappresentato mediante un intero z con $0 \leq z \leq p-1$ e le operazioni di somma e prodotto si ottengono semplicemente riducendo il risultato delle corrispondenti operazioni fra interi modulo p. L'implementazione di un campo $\mathbb{F}_q$, ove $q = p^h$ con $h > 1$ presenta maggiori difficoltà, sia da un punto di vista teorico (è necessario determinare un opportuno polinomio irriducibile di grado h su $\mathbb{F}_p$) che pratico. I codici correttori costruiti su campi di ordine non primo godono però di alcune importanti proprietà ne che giustificano l'impiego. In effetti, molti dei codici implementati in applicazioni di tipo commerciale (CD, DVD, Televisione Digitale, etc.) sono definiti su campi di questo tipo. Questo è il caso, ad esempio, dei codici di Reed–Solomon, che saranno studiati nel Capitolo 9.

In questo paragrafo mostreremo uno dei vantaggi più importanti che si hanno lavorando con un codice $\mathcal{C}$ definito su di un campo di ordine composto: il fatto che $\mathcal{C}$ induce, in modo naturale, un codice su $\mathbb{F}_p$ in grado di correggere un numero di errori ciclici molto più elevato rispetto quanto ci si potrebbe attendere a partire dalla sua sola conoscenza della distanza minima.

Siano q una potenza di primo e $m \geq 1$ un intero.

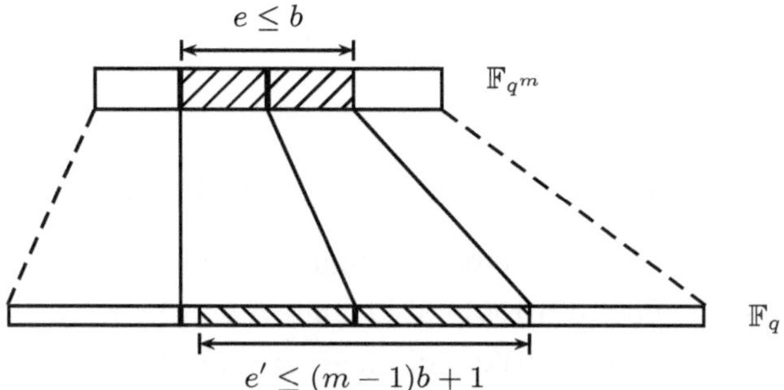

Fig. 7.1. Codici q^m–ari e codici q–ari

Teorema 7.11. *Dato un $[n,k]$–codice $\mathcal{C}$ su $\mathbb{F}_{q^m}$ in grado di correggere errori burst di lunghezza al più b, esiste sempre un $[mn, mk]$ codice $\mathcal{C}'$ su $\mathbb{F}_q$ in grado di correggere almeno $(m-1)b+1$ errori burst.*

Dimostrazione. Fissiamo una base $\mathfrak{B}$ di $\mathbb{F}_{q^m}$, visto come spazio vettoriale su $\mathbb{F}_q$ di dimensione m e consideriamo il $[mn, mk]$–codice $\mathcal{C}'$ su $\mathbb{F}_q$ ottenuto a partire da $\mathcal{C}$, sostituendo ad ogni elemento del codice originario il vettore su $\mathbb{F}_q$ che lo rappresenta rispetto $\mathfrak{B}$. Sia $\pi : \mathcal{C} \mapsto \mathcal{C}'$ l'applicazione che realizza questa trasformazione. Il teorema ora segue osservando che un vettore $\mathbf{r}' \in \mathcal{C}'$, contenente un errore burst di lunghezza al più $(m-1)b+1$, viene trasformato da π^{-1} in un vettore $\mathbf{r} \in \mathcal{C}$, contenente un errore burst di lunghezza al più b. La situazione è illustrata nella Figura 7.1. In particolare, il vettore $\mathbf{r}$ può essere corretto in un vettore $\mathbf{c}$ che, mediante π fornisce la parola corretta $\mathbf{c}' = \pi(c) \in \mathcal{C}'$. $\qquad\square$

È importante osservare che l'ipotesi che gli errori siano burst è essenziale per la dimostrazione del Teorema 7.11. Infatti, la distanza minima di $\mathcal{C}$ e quella di $\mathcal{C}'$ coincidono, per cui il numero t di errori generici che entrambi i codici possono correggere è il medesimo. In particolare, quando m è abbastanza grande non è necessario che il codice di partenza su $\mathbb{F}_{q^m}$ possegga proprietà particolari per poter correggere numerosi errori burst.

7.4 Codici ciclici per errori burst

La nozione di errore burst è stata introdotta a partire da quella di catena ciclica. Non è dunque sorprendente che molti dei codici specializzati per la correzione di errori burst siano ciclici.

In particolare, ogni errore burst $\mathbf{e}$ di lunghezza b e formato $(\mathbf{v}, i)$ è rappresentato naturalmente mediante un polinomio

$$e(x) \equiv x^{i-1}v(x) \pmod{x^n - 1}, \tag{7.2}$$

dove

$$v(x) = \sum_{t=0}^{b-1} v_t x^t$$

ha grado $b - 1$.

Esempio 7.12. Consideriamo i seguenti possibili dati di errore

$$\mathbf{e}_1 = (0101\,0110\,000) \text{ di lunghezza 6 in } V_{11}(\mathbb{Z}_2),$$
$$\mathbf{e}_2 = (0000\,0010\,001) \text{ di lunghezza 5 in } V_{11}(\mathbb{Z}_2),$$
$$\mathbf{e}_3 = (0100\,0000\,000) \text{ di lunghezza 5 in } V_{11}(\mathbb{Z}_2).$$

La rappresentazione polinomiale ad essi corrispondente è rispettivamente

$$e_1(x) = x(1 + x^2 + x^4 + x^5),$$
$$e_2(x) = x^6(1 + x^4),$$
$$e_3(x) = x^8(1 + x^4).$$

L'idea base di ogni algoritmo a sindrome, quale quello del Paragrafo 4.12, è la seguente:

1. per ogni parola ricevuta $\mathbf{r}$ calcolare una sindrome $\mathbf{s}$ che dipende solamente dall'eventuale errore verificatosi;
2. fra tutti i vettori che hanno la medesima sindrome $\mathbf{s}$ selezionare quello "minimale" come vettore di errore $\mathbf{e}$;
3. restituire la parola corretta $\mathbf{m} = \mathbf{r} - \mathbf{e}$.

Nel caso di errori generici, il vettore "minimale" selezionato nel punto 2 è quello di peso di Hamming minimo contenuto nella classe $V_n(\mathbb{F})/\mathcal{C}$. Questo è lo scopo degli algoritmi 4.1 e 5.2. Nel caso in cui si vogliano correggere errori ciclici è necessaria una diversa nozione di "minimalità"; ad esempio quella che associa ad ogni sindrome i vettori contenenti una catena ciclica di lunghezza minima nella corrispondente classe laterale. Tale relazione è proprio quella che sarà studiata nel presente paragrafo. I due approcci qui presentati non sono fra loro compatibili, nel senso che, qualora si siano verificati molti errori, il vettore "corretto" restituito dal vecchio algoritmo generico e quello fornito dal nuovo saranno diversi. Spetterà dunque all'implementatore del sistema decidere che strategia di decodifica adottare in funzione del tipo di disturbo previsto.

Richiamiamo che esiste una biiezione fra le possibili sindrome $\mathbf{s}$ e i possibili vettori di errore $\mathbf{e}$ correggibili; pertanto, *ci devono essere tante sindrome distinte quanti possibili vettori di errore distinti correggibili*. Tale osservazione, congiunta al fatto che la struttura quoziente $V_n(\mathbb{F})/\mathcal{C}$ contiene esattamente q^{n-k} elementi è riassunta nel Teorema 7.13.

Teorema 7.13. *Un $[n, k]$–codice $\mathcal{C}$ su $\mathbb{F}_q$ può correggere al più $q^{n-k} - 1$ tipi di errore distinti.*

Esempio 7.14. Consideriamo il codice ciclico $\mathcal{C}$ di lunghezza 15 generato dal polinomio $1 + x + x^2 + x^3 + x^6$ su $\mathbb{F}_2$. Si tratta di un $[15, 9]$–codice. Le sindrome di questo codice sono vettori di lunghezza $15 - 9 = 6$; pertanto, il codice può correggere al più 63 tipi di errore diversi.

La distanza minima di $\mathcal{C}$ è 3, per cui si tratta di un codice 1–correttore. Mostriamo ora che tale codice può altresì correggere tutti gli errori burst di lunghezza $b \leq 3$. A tal fine, calcoliamo la sindrome associata ad ogni possibile sequenza di errore.

Gli errori burst di lunghezza $b = 1$ sono del tipo

$$e(x) = x^i, \qquad 0 \leq i \leq 14.$$

La sindrome di ciascuno di essi è riportata nella Tabella 7.3; in particolare, ad ogni sindrome è associato l'intero corrispondente alla sua interpretazione come numero binario le cui cifre sono lette in ordine inverso. La Tabella 7.3 contiene anche le sindrome degli errori di lunghezza 2. Gli errori visti finora hanno tutti sindrome

| $b = 1$ | | | | $b = 2$ | | |
Errore	Sindrome	Valore		Errore	Sindrome	Valore
x^0	100000	1		$1 + x$	110000	3
x^1	010000	2		$x(1 + x)$	011000	6
x^2	001000	4		$x^2(1 + x)$	001100	12
x^3	000100	8		$x^3(1 + x)$	000110	24
x^4	000010	16		$x^4(1 + x)$	000011	48
x^5	000001	32		$x^5(1 + x)$	111101	47
x^6	111100	15		$x^6(1 + x)$	100010	17
x^7	011110	30		$x^7(1 + x)$	010001	34
x^8	001111	60		$x^8(1 + x)$	110100	11
x^9	111011	55		$x^9(1 + x)$	011010	22
x^{10}	100001	33		$x^{10}(1 + x)$	001101	44
x^{11}	101100	13		$x^{11}(1 + x)$	111010	23
x^{12}	010110	26		$x^{12}(1 + x)$	011101	46
x^{13}	001011	52		$x^{13}(1 + x)$	110010	19
x^{14}	111001	39		$x^{14}(1 + x)$	011001	38

Tabella 7.3. Errori burst di lunghezza $b = 1$ o $b = 2$ nell'Esempio 7.14

distinte. Consideriamo ora gli errori burst di lunghezza 3. Tali errori possono avere una delle due seguenti espressioni:

$$e(x) = x^i(1 + x^2), \qquad 0 \leq i \leq 14, \tag{7.3}$$

$$e(x) = x^i(1 + x + x^2), \qquad 0 \leq i \leq 14. \tag{7.4}$$

Le sindrome degli errori di tipo (7.3) sono elencate a sinistra nella Tabella 7.4, mentre quelle degli errori di tipo (7.4) sono elencate a destra. Esaminando le

Tipo (7.3)

Errore	Sindrome	Valore
$1 + x^2$	101000	5
$x(1 + x^2)$	010100	10
$x^2(1 + x^2)$	001010	20
$x^3(1 + x^2)$	000101	40
$x^4(1 + x^2)$	111110	31
$x^5(1 + x^2)$	011111	62
$x^6(1 + x^2)$	110011	51
$x^7(1 + x^2)$	100101	41
$x^8(1 + x^2)$	101110	29
$x^9(1 + x^2)$	010111	58
$x^{10}(1 + x^2)$	110111	59
$x^{11}(1 + x^2)$	100111	57
$x^{12}(1 + x^2)$	101111	61
$x^{13}(1 + x^2)$	101011	53
$x^{14}(1 + x^2)$	101001	37

Tipo (7.4)

Errore	Sindrome	Valore
$1 + x + x^2$	111000	7
$x(1 + x + x^2)$	011100	14
$x^2(1 + x + x^2)$	001110	28
$x^3(1 + x + x^2)$	000111	56
$x^4(1 + x + x^2)$	111111	63
$x^5(1 + x + x^2)$	100011	49
$x^6(1 + x + x^2)$	101101	45
$x^7(1 + x + x^2)$	101010	21
$x^8(1 + x + x^2)$	010101	42
$x^9(1 + x + x^2)$	110110	27
$x^{10}(1 + x + x^2)$	011011	54
$x^{11}(1 + x + x^2)$	110001	35
$x^{12}(1 + x + x^2)$	100100	9
$x^{13}(1 + x + x^2)$	010010	18
$x^{14}(1 + x + x^2)$	001001	36

Tabella 7.4. Errori burst di lunghezza $b = 3$ nell'Esempio 7.14

tabelle 7.3, e 7.4 notiamo che le 60 sindrome corrispondenti ai possibili errori burst di lunghezza $b \leq 3$ sono tutte distinte fra loro. Ne concludiamo che $\mathcal{C}$ può correggere tutti gli errori burst di lunghezza $b \leq 3$. In ogni caso, esistono solamente 63 sequenze binarie di lunghezza 6 e diverse da zero. Qualora la sindrome di un vettore ricevuto non sia nessuna delle precedenti si può asserire che sicuramente si è verificato un burst di errore di lunghezza superiore a 3, ma non è possibile correggere tale errore direttamente

Per concludere, si noti che il vettore di errore di peso 2 corrispondente al polinomio $e(x) = x^8 + x^{10}$ ha sindrome 111111 esattamente come l'errore burst di peso 3 dato da $x^4(1 + x + x^2)$. Pertanto, in questo caso, la decodifica per errori burst e la decodifica per errori generici forniscono parole "corrette" differenti.

Per decodificare un codice come quello dell'Esempio 7.14, si può procedere in un modo non molto dissimile da quanto visto a pag. 119 con l'Algoritmo 5.2. Innanzi tutto, il metodo per ottenere la sindrome è sempre lo stesso: dividere il polinomio $r(x)$ corrispondente alla parola ricevuta per il polinomio generatore del codice $g(x)$ e ricavare, mediante l'algoritmo euclideo, il resto. Nell'Esempio 7.14 si è scritta la tabella completa di corrispondenza fra sindrome e vettori di errore. In realtà è possibile sfruttare il Corollario 5.16 al fine di semplificare la determinazione di tale corrispondenza e, pertanto, memorizzare solamente le sindrome relative i formati di errore trascurando la posizione. Sempre con riferimento al codice dell'Esempio 7.14, sia $\mathbf{r}$ un vettore ricevuto e supponiamo che si sia verificato un errore burst $\mathbf{e}$ di lunghezza non superiore a 3. Se la sequenza di errore compare nelle prime tre componenti del vettore ricevuto, si ha

$$\mathbf{s} = \mathbf{r}H^T = \mathbf{e}H^T,$$

ed **e** corrisponde ad un errore burst, non ciclico, di lunghezza al più 3. Pertanto, la sindrome calcolata evidenzia immediatamente le posizioni in cui l'informazione è risultata alterata. Se invece l'errore burst non si trova nelle prime tre componenti del vettore ricevuto, è comunque possibile applicare una permutazione ciclica a **r**, in modo da spostare l'errore in quelle posizioni. Così facendo, si determina la sindrome per un errore burst di lunghezza al più 3, grazie alla quale è nuovamente possibile ricostruire il vettore d'errore **e**.

Forniamo ora una versione modificata dell'Algoritmo 5.2 per decodificare gli errori burst basata su tali osservazioni.

Algoritmo 7.1 (Decodifica a sindrome per errori burst).

DATI:

$\boxed{\text{D1}}$ Un $[n,k]$–codice ciclico $\mathcal{C}$ in grado di correggere tutti gli errori burst di lunghezza b;

$\boxed{\text{D2}}$ Un vettore **r**.

DETERMINARE:

$\boxed{\text{G1}}$ Un vettore, se esiste, **e** tale che $\mathbf{r} - \mathbf{e} \in \mathcal{C}$ ove **e** contenga una catena ciclica di lunghezza minima.

SI PROCEDA COME SEGUE:

$\boxed{\text{S1}}$ Porre $i = 0$.

$\boxed{\text{S2}}$ Calcolare, utilizzando l'algoritmo euclideo, il polinomio $s_i(x)$, sindrome del vettore associato al polinomio $x^i r(x)$.

$\boxed{\text{S3}}$ Se $s_i(x)$ è la sindrome di un errore non ciclico di lunghezza al più b, porre
$$e(x) = x^{(n-i) \bmod n} s_i(x)$$

$\boxed{\text{S4}}$ Porre $i = i + 1$.

$\boxed{\text{S5}}$ Se $i = n$, fermarsi perché l'errore non è correggibile.

$\boxed{\text{S6}}$ Tornare al passo S2.

Esempio 7.15. Come già visto, il codice $\mathcal{C}$ dell'Esempio 7.14 è in grado di correggere errori burst di lunghezza massima $b = 3$. A titolo di esempio, supponiamo di ricevere il vettore $\mathbf{r} = (1110\,1110\,1100\,000)$. Dapprima calcoliamo

$$r(x) = (x^3 + x^2)g(x) + 1 + x + x^4 + x^5,$$
$$s_0(x) = 1 + x + x^4 + x^5.$$

Dato che $w(\mathbf{s}_0) > 3$, si deduce che la posizione di errore deve essere $i > 0$; è pertanto necessario procedere. In particolare, $s_1(x) = x s_0(x) \pmod{g(x)} = 1 + x^3 + x^5$. Osserviamo che $w(\mathbf{s}_1) = 3$, ma $\mathbf{s}_1$ non corrisponde ad un errore burst di lunghezza al più 3; pertanto l'algoritmo deve procedere oltre e $i > 1$. La Tabella 7.5 contiene tutte le sindrome che vengono determinate in questo modo. Ad $s_9(x)$ è associato

i	$s_i(x)$
0	110011
1	100101
2	101110
3	010111
4	110111
5	100111
6	101111
7	101011
8	101001
9	101000

Tabella 7.5. Sindrome per l'Esempio 7.15

un errore burst di lunghezza 3; pertanto, si determina la sequenza di errore:

$$\mathbf{e} = (0000\,0010\,1000\,00),$$

e, per conseguenza, il segnale ricevuto viene decodificato come

$$\mathbf{r} \mapsto \mathbf{r} - \mathbf{e} = \mathbf{c} = (1110\,1100\,0100\,0000).$$

Molti dei migliori $[n, k]$–codici ciclici in grado di correggere errori burst sono stati finora trovati mediante ricerca esaustiva al calcolatore. Nella tabella 7.6 sono elencati alcuni esempi noti di polinomi generatori per codici siffatti; tutti questi raggiungono la limitazione di Abramson (Teorema 7.8). Un codice di questo tipo si dice *codice ottimale correttore di errori burst*[1] .

$g(x)$	$[n, k, d]$	b
$(x + 1)(x^3 + x + 1)$	$[7, 3, 4]$	2
$(x + 1)(x^4 + x + 1)$	$[15, 10, 4]$	2
$(x^4 + x + 1)(x^2 + x + 1)$	$[15, 9, 3]$	3
$(x + 1)(x^5 + x^2 + 1)$	$[31, 25, 4]$	2

Tabella 7.6. Codici che raggiungono la limitazione di Abramson

⚠7.5 Codici fortemente correttori e codici di Fire

In generale, un codice t–correttore lineare può essere utilizzato per correggere t errori oppure per identificarne $d - 1 = 2t$, ove d è la distanza minima. Le due modalità non possono essere impiegate contemporaneamente, in quanto in

---

[1] Optimal burst error correcting code

presenza di un numero $h > t$ di errori l'algoritmo di decodifica, che cerca la parola di codice più vicina al vettore ricevuto, potrebbe fornire un risultato errato. Per gli errori ciclici è talvolta possibile fare di meglio: in particolare, utilizzando dei codici che soddisfino la Definizione 7.4 è possibile disegnare un decodificatore che contemporaneamente corregga alcuni errori ciclici e ne identifichi altri. Questo è il contenuto del Teorema 7.16.

Definizione 7.4. Un $[n, k]$–codice è detto *fortemente b–correttore (di burst)* se, dati due vettori di errore $\mathbf{e_1}$ e $\mathbf{e_2}$ con la medesima sindrome e descrizioni rispettivamente $(\mathbf{p_1}, i_1)$ e $(\mathbf{p_2}, i_2)$ con $|\mathbf{p_1}| + |\mathbf{p_2}| \leq 2b$, si ha $\mathbf{e_1} = \mathbf{e_2}$.

Teorema 7.16. *Sia $\mathcal{C}$ un codice fortemente b–correttore di errore burst. Allora, per ogni b_1, b_2 tali che $b_1 \leq b_2$ e $b_1 + b_2 = 2b$, è possibile implementare un decodificatore che corregga tutti gli errori burst di lunghezza al più b_1 e, contemporaneamente, identifichi tutti gli errori burst di lunghezza al più b_2.*

Dimostrazione. Sia E_i con $i = 1, 2$ l'insieme di tutti gli errori burst di lunghezza al più b_i. Consideriamo $\mathbf{e_1} \in E_1$ e $\mathbf{e_2} \in E_2$. Per costruzione, la somma delle lunghezze della forma di $\mathbf{e_1}$ e $\mathbf{e_2}$ è inferiore a $2b$ e dunque, per definizione di codice fortemente correttore, $\mathbf{e_1}$ e $\mathbf{e_2}$ posseggono sindrome differenti. Ne segue che $\mathcal{C}$ è in grado di agire come indicato. $\square$

Forniamo ora una costruzione per alcuni codici fortemente b–correttori di burst. Richiamiamo che il *periodo* di un polinomio $f(x) \in \mathbb{F}_q[x]$ è l'ordine del gruppo moltiplicativo del campo di spezzamento di $f(x)$. In particolare, se α è una radice di $f(x)$ e $f(x)$ ha periodo n, allora $\alpha^n = 1$.

Teorema 7.17 (Costruzione di Fire). *Sia $g_1(x)$ il polinomio generatore di un $[n_1, k_1]$–codice ciclico che è (fortemente) b_1–correttore di burst e sia $g_2(x)$ il polinomio generatore di un $[n_2, k_2]$–codice ciclico. Supponiamo che*
  1. tutti i fattori irriducibili di $g_2(x)$ abbiano grado almeno m;
  2. $g_1(x)$ e $g_2(x)$ siano relativamente primi fra loro.
Allora, $g(x) = g_1(x)g_2(x)$ è il polinomio generatore per un $[n, k]$–codice ciclico che è (fortemente) b–correttore di burst, ove

$$n = n_1 n_2 / \gcd(n_1, n_2)$$
$$k = n - \deg g_1(x) - \deg g_2(x)$$
$$b = \min\{b_1, m, (n_1 + 1)/2\}.$$

Dimostrazione. Il polinomio $g_1(x)$ divide $x^{n_1} - 1$ e $g_2(x)$ divide $x^{n_2} - 1$; al contempo sia $x^{n_1} - 1$ che $x^{n_2} - 1$ dividono $x^n - 1$. Poiché $g_1(x)$ e $g_2(x)$ sono relativamente primi, anche $g(x) = g_1(x)g_2(x)$ divide $x^n - 1$. Ne segue che $g(x)$ genera un $[n, k]$–codice con

$$k = n - \deg g(x) = n - \deg g_1(x) - \deg g_2(x).$$

Nel seguito della dimostrazione supporremo che il codice generato da $g_1(x)$ sia fortemente b_1–correttore, e mostreremo come il codice generato da $g(x)$ deve essere a sua volta fortemente b–correttore. Il caso in cui $g_1(x)$ non è fortemente correttore si affronta in modo simile. Siano dunque $\mathbf{e_1}$ e $\mathbf{e_2}$ due vettori di errore di lunghezza n, con la medesima sindrome e di descrizioni rispettivamente $(\mathbf{p_1}, i)$ e $(\mathbf{p_2}, j)$. Supponiamo inoltre che

$$|\mathbf{p_1}| + |\mathbf{p_2}| \leq 2b.$$

Dobbiamo mostrare che $\mathbf{e_1} = \mathbf{e_2}$. Chiamati $p_1(x)$ e $p_2(x)$ i polinomi associati ai due formati di errore $\mathbf{p_1}$ e $\mathbf{p_2}$, possiamo scrivere i polinomi associati ai vettori $\mathbf{e_1}$ e $\mathbf{e_2}$ come

$$e_1(x) = x^i p_1(x); \qquad e_2(x) = x^j p_2(x).$$

Le sindrome di questi polinomi sono rispettivamente

$$S_1(x) = x^i p_1(x) \pmod{g(x)} \qquad S_2(x) = x^j p_2(x) \pmod{g(x)}.$$

Per ipotesi si ha $S_1(x) = S_2(x)$; dunque,

$$x^i p_1(x) = x^j p_2(x) \pmod{g(x)}. \tag{7.5}$$

D'altro canto, $g(x)$ coincide col prodotto $g_1(x)g_2(x)$; dalla relazione (7.5) segue

$$x^i P_1(x) = x^j P_2(x) \pmod{g_1(x)}.$$

Per ipotesi, $l = |\mathbf{p_1}| + |\mathbf{p_2}| \leq 2b \leq 2b_1$; se ne deduce che, dal punto di vista del codice ciclico generato da $g_1(x)$, i due vettori $\mathbf{e_1}$ e $\mathbf{e_2}$ devono coincidere, cioè

$$x^i p_1(x) = x^j p_2(x) \pmod{x^{n_1} - 1}.$$

Abbiamo $l \leq 2b \leq n_1 + 1$; dunque, per il Teorema 7.4, $\mathbf{p_1} = \mathbf{p_2}$ e anche $i = j$ $\pmod{n_1}$. A questo punto,

$$x^i p_1(x) = x^j p_2(x) = 0 \pmod{g_2(x)}$$

implica

$$(x^i - x^j)p_1(x) = 0 \pmod{g_2(x)}.$$

D'altro canto, $2|\mathbf{p_1}| \leq 2b$; quindi, $p_1(x)$ ha grado minore di $b-1 < m$, che è il grado del più piccolo divisore di $g_2(x)$. Ne segue che $p_1(x)$ e $g_2(x)$ sono relativamente primi e

$$x^i - x^j = 0 \pmod{g_2(x)}.$$

Infine, la sequenza $x^t \pmod{g_2(x)}$ ha periodo n_2; dunque, $i = j \pmod{n_2}$. Considerato che n è il minimo comune multiplo di n_1 e n_2, possiamo concludere $i = j$ $\pmod{n}$ e, poiché $i, j \in \{0, 1, \ldots, n-1\}$, si ha $i = j$. Questo completa la dimostrazione. $\qquad\square$

Corollario 7.18 (Codici di Fire). *Fissato b, sia $h(x) = (x^{2b-1} - 1)$. Consideriamo un polinomio $f(x)$ che goda delle seguenti proprietà:*

1. $f(x)$ è irriducibile;

2. $f(x)$ non divide $h(x)$;

3. $m = \deg f(x) \geq b$;

4. il periodo di $f(x)$ è n_0.

Allora, $g(x) = f(x)h(x)$ è il polinomio generatore per un $[n, n-2b+1-m]$–codice ciclico fortemente b–correttore di errori burst, ove $n = \mathrm{lcm}\,(2b-1, n_0)$.

Dimostrazione. Il corollario segue direttamente dal Teorema 7.17 ponendo $g_1(x) = h(x)$ e $g_2(x) = f(x)$. $\qquad\square$

Esempio 7.19. Consideriamo il codice binario generato da $g(x) = (x^3+1)(x^3+x+1) = x^6 + x^4 + x + 1$. Si tratta di un $[21, 15, 4]$–codice fortemente 2–correttore di errori burst. Con questo codice si può implementare un decodificatore che svolge esattamente una delle seguenti funzioni:

1. corregge tutti gli errori burst di lunghezza al più 2; oppure
2. corregge tutti gli errori burst di lunghezza al più 1 e identifica tutti gli errori burst di lunghezza al più 3;
3. identifica tutti gli errori burst di lunghezza al più 4.

Esercizi

7.1. Si forniscano tutte le possibili descrizioni come catena del vettore

$$\mathbf{v} = (1\,1\,0\,0\,0\,0\,0\,1\,0\,1\,1).$$

Successivamente, si identifichino le corrispondenti catene zero.

7.2. Sia $\mathcal{C}$ il $[9, 3, 3]$–codice ciclico binario di polinomio generatore

$$g(x) = x^6 + x^3 + 1.$$

Si scrivano tutte le sindrome corrispondenti ad errori burst di lunghezza al più 2. Successivamente, si decodifichi il vettore

$$\mathbf{r} = (111\,100\,100).$$

7.3. Si applichi la costruzione di Fire (Corollario 7.18) per costruire un codice $\mathcal{C}$ fortemente 3–correttore di errori burst con parametri $[35, 27]$.

Trasformata di Fourier e codici BCH

Deliver me the key:
Here do I choose, and thrive as I may.

W. SHAKESPEARE, THE MERCHANT OF VENICE

La distanza minima di un codice fornisce, in prima istanza, un'indicazione delle sue possibili capacità correttive. Pertanto, assegnato un problema concreto e formulate delle ipotesi sul numero di errori che è lecito attendersi, si rivela fondamentale poter costruire un codice che abbia distanza minima preassegnata. La costruzione BCH, dovuta a R. C. Bose e D. Ray–Chaudhuri (1960) e, indipendentemente, A. Hocquenghem (1959), consente di fare proprio questo. Lo studio dei codici ottenuti in tale modo è l'oggetto di questo capitolo.

8.1 Trasformata di Fourier e polinomio di Mattson–Solomon

Come visto nei capitoli precedenti, le proprietà dei codici ciclici sono strettamente legate a quelle dei polinomi in una variabile su di un campo finito $\mathbb{F}_q$. Uno strumento fondamentale per manipolare tali polinomi è la trasformata di Fourier discreta o DFT[1]. Essa mostra come sia possibile rappresentare in modo equivalente uno stesso polinomio $u(x)$, di grado $n-1$

1. mediante l'elenco di tutti i coefficienti dei termini $u(x)$, oppure
2. mediante un insieme di n valori assunti dal polinomio al variare di x in un opportuno campo.

Definizione 8.1. Sia dato un polinomio $u(x) = u_0 + u_1 x + \cdots + u_{n-1} x^{n-1}$ di grado al più $n-1$ a coefficienti in $\mathbb{F}_q$. Indichiamo con ω una radice primitiva n–esima dell'unità, in un'opportuna estensione algebrica di $\mathbb{F}_q$. La *trasformata discreta di Fourier* o *DFT* di $u(x)$ è il polinomio

$$\hat{u}(x) = u(\omega^0) + u(\omega)x + \cdots + u(\omega^{n-1})x^{n-1}.$$

---

[1] Discrete Fourier Transform

L'ipotesi sul polinomio si può riassumere dicendo che $u(x) \in R_n(\mathbb{F}_q)$. Si noti che, poiché ω è una radice primitiva n–esima dell'unità, è impossibile che la caratteristica di $\mathbb{F}_q$ divida n.

Il coefficiente $\hat{u}_k$ del termine di grado k in $\hat{u}(x)$ risulta esattamente

$$\hat{u}_k = \sum_{i=0}^{n-1} \omega^{ik} u_i. \tag{8.1}$$

Nella trattazione qui seguita, la trasformata è stata introdotta per polinomi a coefficienti in un campo finito; chiaramente, essa è definita, mediante la relazione (8.1), anche per un generico vettore $\mathbf{u} = (u_0\, u_1\, \cdots\, u_{n-1})$, le cui componenti sono proprio i coefficienti del polinomio

$$u(x) = u_0 + u_1 x + \cdots + u_{n-1} x^{n-1}.$$

In teoria dei codici il polinomio $U(x) = \hat{u}(x)$ associato al vettore $\mathbf{u}$ viene chiamato *polinomio di Mattson–Solomon* di $\mathbf{u}$.

L'applicazione $u(x) \mapsto \hat{u}(x)$ è una trasformazione lineare dello spazio vettoriale $R_n(\mathbb{F}_{\hat{q}})$ di tutti polinomi di grado al più $n-1$ sul campo $\mathbb{F}_{\hat{q}}$, estensione di $\mathbb{F}_q$ contenente ω, in se stesso; in particolare, tale trasformazione ha la seguente forma rispetto la base canonica

$$\mathfrak{E} = \{1, x, x^2, \ldots, x^{n-1}\}$$

di tale spazio vettoriale:

$$\begin{pmatrix} 1 & 1 & 1 & \ldots & 1 \\ 1 & \omega & \omega^2 & \ldots & \omega^{n-1} \\ 1 & \omega^2 & \omega^4 & \ldots & \omega^{2(n-1)} \\ \vdots & \vdots & \vdots & & \vdots \\ 1 & \omega^{n-1} & \omega^{2(n-1)} & \ldots & \omega^{(n-1)^2} \end{pmatrix}.$$

Mostriamo ora che la trasformata di Fourier è sempre invertibile invertibile.

Lemma 8.1. *Sia $\alpha \in \mathbb{F}_{n+1}$ un elemento di un campo finito. Allora,*

$$\sum_{i=0}^{n-1} \alpha^i = \begin{cases} n & se\ \alpha = 1 \\ 0 & altrimenti. \end{cases}$$

Dimostrazione. Consideriamo l'espressione

$$\alpha \sum_{i=0}^{n-1} \alpha^i = \sum_{i=0}^{n-1} \alpha^{i+1} = \sum_{i=1}^{n} \alpha^i.$$

Poiché $\alpha^n = 1 = \alpha^0$ per ogni $\alpha \in \mathbb{F}_{n+1}$,

$$(\alpha - 1)\left(\sum_{i=0}^{n-1} \alpha^i\right) = 0.$$

Ne segue $\alpha = 1$ oppure la sommatoria è nulla. $\qquad\square$

Teorema 8.2 (Inversione della trasformata di Fourier). *Sia $u(x) = u_0 + u_1 x + \cdots + u_{n-1}x^{n-1}$ un polinomio e $\hat{u}(x) = \hat{u}_0 + \hat{u}_1 x + \cdots + \hat{u}_{n-1}x^{n-1}$ la sua trasformata di Fourier. Allora,*

$$u_k = \frac{1}{n}\sum_{i=0}^{n-1} \omega^{-ik}\hat{u}_i. \tag{8.2}$$

Dimostrazione. Scriviamo la componente t–esima della trasformata:

$$\hat{\hat{u}}_t = \sum_{i=0}^{n-1} \hat{u}_i \omega^{it} = \sum_{i=0}^{n-1}\left(\sum_{j=0}^{n-1} u_j \omega^{ij}\right)\omega^{it} = \sum_{j=0}^{n-1} u_j \left(\sum_{i=0}^{n-1} \omega^{i(j+t)}\right).$$

Per il Lemma 8.1, la somma fra parentesi è nulla tranne che nel caso $j + t = n$; in questa eventualità, essa vale n. Pertanto,

$$\hat{\hat{u}}_t = n u_{n-t},$$

ove gli indici sono da intendersi ridotti modulo n. È dunque sempre possibile ricavare le componenti del vettore $\mathbf{u}$ a partire da quelle di $\hat{\mathbf{u}}$. $\qquad\square$

In termini polinomiali, i coefficienti dell'antitrasformata si possono sempre scrivere come

$$u_t = \frac{1}{n}\hat{\hat{u}}(\omega^{-t}). \tag{8.3}$$

Si noti che, a meno di un fattore di scala $1/n$, la trasformata inversa di Fourier è, a sua volta, una trasformata di Fourier.

Definizione 8.2. Sia $\mathbf{u}$ un vettore. Il coefficiente del termine di grado $j - 1$–esimo di $\hat{u}(x)$ è detto *armonica j–esima* di $\mathbf{u}$.

⚠ Talvolta, dato un vettore $\mathbf{u} = (u_0\, u_1\, \ldots\, u_{n-1})$, si dice che le coordinate u_i rappresentano $\mathbf{u}$ *nel dominio temporale*; le coordinate corrispondenti del vettore trasformato $\hat{\mathbf{u}} = (\hat{u}_0, \hat{u}_1, \ldots, \hat{u}_{n-1})$ sono chiamate coordinate di $\mathbf{u}$ *nel dominio in frequenza* . Per la formula di inversione della trasformata, questi due insiemi di coordinate rappresentano il medesimo vettore rispetto basi differenti.

Come prima applicazione della trasformata di Fourier, studiamo alcune proprietà della distribuzione dei pesi di un codice ciclico. Premettiamo un lemma tecnico.

Lemma 8.3. *Sia K un insieme fissato di indici e denotiamo con C il codice ciclico su $\mathbb{F}_q$ generato da*

$$g(x) = \prod_{k \in K} (x - \omega^k).$$

Supponiamo che $1, 2, \ldots, d - 1 \in K$ e che $\mathbf{c}$ sia una parola di C. Allora, il grado del polinomio di Mattson–Solomon di $\mathbf{c}$ è al più $n - d$.

Dimostrazione. Chiaramente $c(\omega^j) = 0$ per ogni $1 \leq j \leq d - 1$, in quanto il polinomio $c(x)$, associato a $\mathbf{c}$, è divisibile per $g(x)$. Ne segue che i coefficienti di grado $n - 1, n - 2, \ldots, n - d + 1$ di $C(X) = \hat{c}(x)$ sono nulli, da cui si deduce la tesi. $\qquad\square$

Teorema 8.4. *Supponiamo che esistano esattamente r radici n–esime[2] dell'unità che sono zeri del polinomio di Mattson–Solomon $C(X)$ di una parola di codice $\mathbf{c}$. Allora, $w(\mathbf{c}) = n - r$.*

Dimostrazione. Per la formula di inversione della trasformata di Fourier, l'esistenza di r radici n–esime dell'unità che sono zeri di $C(X)$ implica che esattamente r dei coefficienti di $\mathbf{c}$ sono nulli. Il risultato segue. $\qquad\square$

8.2 Costruzione BCH

Fissato un campo $\mathbb{F}_q$, vogliamo ora costruire un codice su $\mathbb{F}_q$ che abbia distanza minima $d \geq \delta$, dove δ è un intero arbitrario. L'idea base dei codici BCH è quella di a partire da elementi che giacciono in un'estensione algebrica di $\mathbb{F}_q$.

Definizione 8.3. Un codice ciclico di lunghezza $n = q^m - 1$ su $\mathbb{F}_q$ è detto *codice BCH* con *distanza designata* (o *distanza di Bose*) δ se è generato da un polinomio $g(x)$ che è il minimo comune multiplo dei polinomi minimi su $\mathbb{F}_q$ di

$$\alpha^l, \alpha^{l+1}, \ldots, \alpha^{l+\delta-2},$$

con α radice primitiva n–esima dell'unità e l intero fissato. Quando $l = 1$ il codice si dice *BCH in senso stretto*. In generale, denoteremo un codice BCH (in senso stretto) q–ario di lunghezza n e distanza designata δ con il simbolo $\mathrm{BCH}_q(n, \delta)$.

Definizione 8.4. Quando α è un elemento primitivo di $\mathbb{F}_{q^m}$, il codice BCH di lunghezza $n = q^m - 1$ è detto *primitivo*.

Poiché l'elemento α è una radice n–esima dell'unità, anche ogni sua potenza α^j è radice n–esima dell'unità. Conseguentemente,

$$x - \alpha^j$$

divide sempre $x^n - 1$; pertanto, il polinomio $g(x)$ della Definizione 8.3 deve, anche esso, dividere $x^n - 1$ e il codice generato ha lunghezza n e dimensione pari a $n - \deg g(x)$.

---

[2] Non necessariamente primitive

⚠ Un codice BCH di lunghezza n e distanza designata δ su $\mathbb{F}_q$ può sempre rappresentarsi come l'intersezione di δ codici massimali M_i^+, come introdotti nella Definizione 6.4.

La costruzione dei codici BCH può essere effettuata anche con $l = 0$; in tale caso si ottiene un sottocodice del corrispondente codice BCH in senso stretto che contiene solamente parole di peso pari.

Il numero δ che compare nella definizione 8.3 non è necessariamente la distanza minima di un codice BCH, ma ne fornisce una limitazione inferiore, come mostra il seguente teorema.

Teorema 8.5 (Limitazione BCH). *Sia $\mathcal{C}$ un codice BCH sopra $\mathbb{F}_q$ di distanza designata δ. Allora, $\mathcal{C}$ ha distanza minima $d \geq \delta$.*

⚠ *Dimostrazione.* Senza perdere in generalità, possiamo supporre che si stia considerando un codice BCH in senso stretto, per cui $l = 1$. Il polinomio generatore di $\mathcal{C}$ si scrive, nella chiusura algebrica $\overline{\mathbb{F}_q}$ di $\mathbb{F}_q$, come

$$
\begin{aligned}
g(x) &= (x - \alpha)\widetilde{f_1}(x)(x - \alpha^2)\widetilde{f_2}(x) \cdots (x - \alpha^{\delta-1})\widetilde{f_{\delta_1}}(x) \\
&= (x - \alpha)(x - \alpha^2) \cdots (x - \alpha^{\delta-1})\widetilde{g}(x).
\end{aligned}
$$

Rammentiamo che i coefficienti del polinomio trasformato $\hat{g}(x)$ sono esattamente i valori assunti da $g(x)$ su tutte le radici n–esime dell'unità. In particolare, i coefficienti che corrispondono alle radici α^i sono tutti nulli. Usando la medesima tecnica impiegata nella dimostrazione del Lemma 8.3, si verifica che il grado del polinomio di Mattson–Solomon di una qualsiasi parola di codice è al più $v = n - \delta$. A questo punto, il Teorema 8.4 garantisce che il peso di una qualsiasi parola di $\mathcal{C}$ sia almeno $v - l = \delta$, da cui segue la tesi. □

In generale, per determinare una radice primitiva n–esima dell'unità si deve trovare l'estensione algebrica $\mathbb{F}_{q^m} \supseteq \mathbb{F}_q$ definita dal più piccolo intero m tale che n divida $q^m - 1$. In particolare, se $q^m - 1 = kn$ e ω è un elemento primitivo di $\mathbb{F}_{q^m}$, allora $\alpha = \omega^k$ è una radice primitiva n–esima dell'unità, esattamente come nel caso dell'esempio seguente.

Esempio 8.6. Consideriamo un codice $\mathcal{C} = \mathrm{BCH}_2(9, 2)$. Per poterlo costruire, ci serve innanzi tutto una radice primitiva nona dell'unità su $\mathbb{F}_2$. Il campo di spezzamento di $x^9 - 1$ è $\mathbb{F}_{2^6}$. Indichiamo con ξ il generatore del gruppo moltiplicativo di $\mathbb{F}_{2^6}$ che è radice del polinomio

$$
x^6 + x^4 + x^3 + x + 1.
$$

L'ordine di ξ è $2^6 - 1 = 63$. Ne segue che $\alpha = \xi^{63/9} = \xi^7$ è una radice primitiva nona dell'unità. Le radici che servono per costruire il codice BCH cercato sono

$$
\alpha, \alpha^2.
$$

Entrambe hanno polinomio minimo

$$x^6 + x^3 + 1.$$

Ne segue che il codice cercato ha dimensione $9 - 6 = 3$. Possiamo ora scrivere esplicitamente una matrice generatrice per $\mathcal{C}$:

$$G = \begin{pmatrix} 1\,0\,0\,1\,0\,0\,1\,0\,0 \\ 0\,1\,0\,0\,1\,0\,0\,1\,0 \\ 0\,0\,1\,0\,0\,1\,0\,0\,1 \end{pmatrix}.$$

Le 8 parole di $\mathcal{C}$ sono date da

1. il vettore nullo (peso 0);
2. le 3 righe della matrice G (peso 3);
3. le 3 combinazioni delle righe di G a 2 a 2 (peso 6);
4. il vettore ottenuto sommando tutte e 3 le righe di G (peso 9).

Ne segue che il codice $\mathcal{C}$ ha distanza minima 3, strettamente maggiore della distanza designata.

Per costruire un codice BCH si deve lavorare contemporaneamente su due campi, potenzialmente distinti: il campo $\mathbb{F}_q$, cui appartengono le parole di codice e su cui è definito lo spazio vettoriale che viene considerato e il campo $\mathbb{F}_{q^m}$ in cui giacciono le radici dell'unità utilizzate nella costruzione. Come vedremo in seguito, l'algoritmo di decodifica viene implementato su quest'ultimo campo che è detto *campo di calcolo* del codice.

Esempio 8.7. In questo esempio mostriamo come sia possibile ottenere $\mathrm{BCH}_2(15, 7)$. La lunghezza del codice è 15, pertanto serve una radice 15–esima dell'unità α. Poichè $15 = 2^4 - 1$, possiamo scegliere come α un elemento primitivo di $\mathbb{F}_{16}$. In particolare, possiamo scegliere una radice del polinomio

$$x^4 + x + 1.$$

Alternativamente si possono considerare classi laterali ciclotomiche di 2 modulo 15, che sono le seguenti

$$\begin{aligned}
C_0 &= \{0\} \\
C_1 &= \{1, 2, 4, 8\} \\
C_3 &= \{3, 6, 9, 12\} \\
C_5 &= \{5, 10\} \\
C_7 &= \{7, 11, 13, 14\}.
\end{aligned}$$

I quattro polinomi $m_1(x)$, $m_3(x)$ ed $m_7(x)$ sono irriducibili di grado 4, mentre $m_5(x)$ è un polinomio irriducibile di secondo grado sopra $\mathbb{F}_2$. Fissato

$$g(x) = m_1(x)m_3(x)m_5(x),$$

si ha che $g(x)$ divide $f(x) = x^{15} - 1$, e quindi genera un $[15,5]$–codice ciclico. L'insieme delle radici di $g(x)$ è

$$R = \{\, \alpha^i : i \in \{1,2,4,8,3,6,9,12,5,10\}.$$

Tale insieme R contiene le potenze consecutive α, α^2, α^3, α^4, α^5 ed α^6, cosicché $\mathcal{C}$ risulta un codice BCH in senso stretto con distanza designata $\delta = 7$.

Scrivendo esplicitamente i polinomi si ottiene

$$m_1(x) = 1 + x + x^4$$
$$m_3(x) = 1 + x + x^2 + x^3 + x^4$$
$$m_5(x) = 1 + x + x^2;$$

pertanto,

$$g(x) = 1 + x + x^2 + x^4 + x^5 + x^8 + x^{10}.$$

Poiché $g(x)$ è una parola di codice di peso 7, questo implica che in questo caso $d = \delta$.

Una scelta alternativa per il polinomio $g(x)$ sarebbe potuta essere $g(x) = m_3(x)m_5(x)m_7(x)$; in questo caso l'insieme delle radici consecutive è α^9, α^{10}, α^{11}, α^{12}, α^{13}, α^{14}, per cui si ha sempre $\delta = 7$. Anche in questo caso, poiché $g(x) = 1 + x^2 + x^5 + x^6 + x^8 + x^9 + x^{10}$, si ottiene $d = \delta$, anche se il codice ottenuto non è BCH in senso stretto, in quanto $l = 9$.

Una limitazione superiore per la distanza minima di un codice BCH è contenuta nel seguente teorema, riportato senza dimostrazione.

Teorema 8.8. *Sia $\mathcal{C}$ un codice BCH primitivo binario di distanza designata δ. Allora, la distanza minima d di $\mathcal{C}$ soddisfa*

$$\delta \leq d \leq 2\delta - 1.$$

8.3 Descrizione compressa dell'errore

Il metodo più semplice per descrivere un errore per un codice su $\mathbb{F}_q$ è quello di scrivere tutte le componenti del vettore

$$\mathbf{r} - \mathbf{m} = \mathbf{e},$$

ove $\mathbf{r}$ è il vettore ricevuto e $\mathbf{m}$ è quanto trasmesso. Se le parole hanno tutte lunghezza n, questo corrisponde a fornire una lista ordinata

$$\mathbf{e} = (e_0\, e_1 \cdots e_{n-1})$$

di n elementi di $\mathbb{F}_q$ o, alternativamente, a scrivere n coppie ordinate della forma (i, e_i), ove i è un intero compreso fra 0 e $n-1$. Una ovvia ottimizzazione, quando il numero di errori è limitato, è quella di considerare l'insieme

$$\widehat{E} = \{\, (i, e_i) : e_i \neq 0\}.$$

Tale insieme costituisce una descrizione *compressa* del vettore di errore. La cardinalità di $\widehat{E}$ è, chiaramente, pari al peso di $\mathbf{e}$, mentre l'insieme

$$\{\, i : (i, e_i) \in \widehat{E}\}$$

è il supporto di $\mathbf{e}$. È immediato vedere che dalla conoscenza di $\widehat{E}$ è possibile ricostruire univocamente il vettore $\mathbf{e}$. Gli elementi i tali che esista un e_i con $(i, e_i) \in \widehat{E}$ sono detti *posizioni di errore*, mentre i corrispondenti elementi $e_i \in \mathbb{F}_q$ prendono il nome di *ampiezze*.

Nel caso di una trasmissione di un messaggio su di un canale $\mathbb{F}_q$–ario è necessario, per poter effettuare una correzione di errore, riuscire a determinare integralmente l'eventuale vettore di errore $\mathbf{e}$, ovvero sia le posizioni che le ampiezze d'errore sono incognite e devono venire calcolate.

8.4 L'equazione chiave

Mostriamo ora come sia effettivamente possibile descrivere un vettore in termini di posizioni e di ampiezze. Dal punto di vista della decodifica tale rappresentazione si rivela particolarmente utile, in quanto, se alcune posizioni di errore sono note *a priori*, si riesce a sfruttare tale informazione per correggere un numero superiore di errori rispetto quanto ci si potrebbe attendere dalla sola distanza minima del codice.

Sia α una radice primitiva n–esima dell'unità fissata.

Definizione 8.5. Il *polinomio localizzatore* di un vettore $\mathbf{v}$ di lunghezza n è dato da

$$\sigma_{\mathbf{v}}(x) = \prod_{j \in \operatorname{Supp} \mathbf{v}} (1 - \alpha^j x).$$

Il polinomio localizzatore di un vettore $\mathbf{v}$ descrive il supporto di $\mathbf{v}$.

Definizione 8.6. Sia $\mathbf{v}$ un vettore e $i \in \operatorname{Supp} \mathbf{v}$. Il *polinomio localizzatore punzonato* nella componente i di $\mathbf{v}$ è

$$\sigma_{\mathbf{v}}^{(i)}(x) = \prod_{\substack{j \in \operatorname{Supp} \mathbf{v} \\ j \neq i}} (1 - \alpha^j x).$$

Il polinomio localizzatore punzonato in $i \in \operatorname{Supp} \mathbf{v}$ corrisponde formalmente a

$$\sigma_{\mathbf{v}}^{(i)}(x) = \sigma_{\mathbf{v}}(x)/(1 - \alpha^i x).$$

Definizione 8.7. Il *polinomio di valutazione* di un vettore $\mathbf{v}$ è

$$\omega_{\mathbf{v}}(x) = \sum_{i \in \operatorname{Supp} \mathbf{v}} v_i \sigma_{\mathbf{v}}^{(i)}(x) = \sigma_{\mathbf{v}}(x) \sum_{i \in \operatorname{Supp} \mathbf{v}} \frac{v_i}{(1 - \alpha^i x)}. \tag{8.4}$$

Dalla conoscenza contemporanea dei polinomi $\sigma_{\mathbf{v}}$ e $\omega_{\mathbf{v}}$ è possibile ricostruire il vettore $\mathbf{v}$; questo è il contenuto del Teorema 8.10. Premettiamo un lemma di natura tecnica.

Lemma 8.9. *Per ogni vettore $\mathbf{v}$ si ha $\gcd(\sigma_{\mathbf{v}}(x), \omega_{\mathbf{v}}(x)) = 1$.*

Dimostrazione. Le radici del polinomio localizzatore sono tutti e soli gli elementi $\alpha^{(-i)}$ con $i \in \operatorname{Supp} \mathbf{v}$. Indichiamo con J l'insieme

$$J = \{\, i \in \operatorname{Supp} \mathbf{v} : \omega_{\mathbf{v}}(\alpha^{-i}) = 0 \};$$

pertanto,

$$\gcd(\sigma_{\mathbf{v}}(x), \omega_{\mathbf{v}}(x)) = \prod_{i \in J} (1 - \alpha^i x).$$

D'altro canto, dalla definizione di polinomio di valutazione segue che per ogni $i \in \operatorname{Supp} \mathbf{v}$,

$$\omega_{\mathbf{v}}(\alpha^{-i}) = v_i \sigma_{\mathbf{v}}^{(i)}(\alpha^{-i}). \tag{8.5}$$

ma, per definizione di polinomio localizzatore punzonato $\sigma^{(i)}(\alpha^{-i}) \neq 0$ e $v_i \neq 0$. Ne segue $J = \emptyset$ e dunque $\gcd(\sigma_{\mathbf{v}}(x), \omega_{\mathbf{v}}(x)) = 1$. □

La cosiddetta *equazione chiave* è un'espressione che lega fra loro i coefficienti della trasformata discreta di Fourier $\widehat{v}(x)$, il polinomio localizzatore $\sigma_{\mathbf{v}}(x)$ e quello di valutazione $\omega_{\mathbf{v}}(x)$. Essa fornisce dunque il modo per ricostruire il vettore $\mathbf{v}$ a partire dai due polinomi sopra introdotti.

Teorema 8.10 (Equazione chiave). *Per ogni vettore $\mathbf{v}$ di lunghezza n si ha*

$$\sigma_{\mathbf{v}}(x)\widehat{v}(x) = \omega(x)(1 - x^n). \tag{8.6}$$

Dimostrazione. Scriviamo esplicitamente la trasformata di Fourier di $\mathbf{v}$:

$$\widehat{v}(x) = \sum_{i \in \operatorname{Supp} \mathbf{v}} v_i \sum_{j=0}^{n-1} x^j \alpha^{ij}.$$

Per definizione di $\sigma_{\mathbf{v}}^{(i)}(x)$,

$$\sigma_{\mathbf{v}}(x) = \sigma_{\mathbf{v}}^{(i)}(x)(1 - \alpha^i x),$$

per ogni $i \in \operatorname{Supp} \mathbf{v}$, per cui

$$
\begin{aligned}
\sigma_{\mathbf{v}}(x)\widehat{v}(x) &= \sum_{i \in \operatorname{Supp} \mathbf{v}} v_i \sigma_{\mathbf{v}}^{(i)}(x)(1 - \alpha^i x) \sum_{j=0}^{n-1} x^j \alpha^{ij} \\
&= \sum_{i \in \operatorname{Supp} \mathbf{v}} v_i \sigma_{\mathbf{v}}^{(i)}(x)(1 - x^n) \\
&= \omega_{\mathbf{v}}(x)(1 - x^n),
\end{aligned}
$$

che è la tesi.   □

Nel seguente corollario mostriamo come ricostruire in modo diretto le componenti di $\mathbf{v}$ a partire dai polinomi localizzatore e di valutazione.

Corollario 8.11. *Per ogni $i \in \operatorname{Supp} \mathbf{v}$ abbiamo*

$$v_i = -\alpha^i \frac{\omega_{\mathbf{v}}(\alpha^{-i})}{\sigma_{\mathbf{v}}'(\alpha^{-i})}, \tag{8.7}$$

ove con $\sigma_{\mathbf{v}}'(x)$ si indica la derivata prima formale[3] del polinomio $\sigma_{\mathbf{v}}(x)$.

Dimostrazione. Derivando formalmente l'equazione chiave (8.6) si ottiene

$$\sigma_{\mathbf{v}}(x)\widehat{v}'(x) + \sigma_{\mathbf{v}}'(x)\widehat{v}(x) = \omega_{\mathbf{v}}(x)(-nx^{n-1}) + \omega_{\mathbf{v}}'(x)(1 - x^n).$$

Quando $x = \alpha^{-i}$ con $i \in \operatorname{Supp} \mathbf{v}$, entrambi i polinomi $\sigma_{\mathbf{v}}(x)$ e $1 - x^n$ sono nulli, per cui l'equazione diviene

$$\sigma_{\mathbf{v}}'(\alpha^{-i})\widehat{v}(\alpha^{-i}) = -n\alpha^i \omega_{\mathbf{v}}(\alpha^{-i}).$$

Per il Teorema 8.2, $\widehat{v}(\alpha^{-i}) = nv_i$; da questo il corollario segue.   □

È possibile ricostruire un vettore anche a partire dal suo polinomio localizzatore $\sigma_{\mathbf{v}}$ e solamente *alcune* componenti della trasformata $\widehat{v}$. Nel prossimo corollario vedremo come ricostruire tutte le componenti di $\widehat{v}$ a partire da $\sigma_{\mathbf{v}}$ e i primi valori, diciamo $\widehat{v}_i$.

Corollario 8.12. *Sia*

$$\sigma_{\mathbf{v}}(x) = 1 + \sigma_1 x + \ldots + \sigma_d x^d$$

il polinomio localizzatore del vettore $\mathbf{v}$ Allora, per ogni $0 \le j \le n-1$ si ha

$$\widehat{v}_j = -\sum_{i=1}^{d} \sigma_i \widehat{v}_{j-1}, \tag{8.8}$$

ove tutti gli indici sono da intendersi modulo n.

---

[3] La derivata prima formale di un polinomio $u(x) = \sum_{i=0}^{n-1} u_i x^i \in \mathbb{F}_q[x]$ è il polinomio $u'(x) = \sum_{i=0}^{n-2} (i+1)u_{i+1} x^i$.

Dimostrazione. Dall'equazione chiave segue

$$\sigma_{\mathbf{v}}(x)\widehat{v}(x) = 0 \quad (\mathrm{mod}\ 1 - x^n).$$

Dunque, per $0 \leq j \leq n - 1$ il coefficiente di x^j in $\sigma_{\mathbf{v}}(x)\widehat{v}(x)$ $(\mathrm{mod}\ 1 - x^n)$ è nullo. Tale coefficiente è esattamente $\sum_{i=0}^{d} \sigma_i \widehat{v}_{(j-i)\ (\mathrm{mod}\ n)}$; conseguentemente per ogni $0 \leq j \leq n - 1$,

$$\sum_{i=0}^{d} \sigma_i \widehat{v}_{j-i}.$$

A questo punto il risultato segue osservando che $\sigma_0 = 1$ e procedendo a ridurre tutti gli indici modulo n. $\qquad\qquad\square$

8.5 Polinomio sindrome per codici BCH

La struttura algebrica dei codici BCH è particolarmente ricca e questo rende particolarmente agevole l'impiego dell'equazione chiave per decodificarli. Questo è il contenuto del presente paragrafo.

Sia $\mathcal{C}$ un codice BCH sul campo $\mathbb{F}_q$, di lunghezza n e distanza designata $\delta = 2t + 1$. Indichiamo con $g(x)$ il polinomio generatore di $\mathcal{C}$. Al solito, indichiamo con $c(x)$ il polinomio associato ad una parola di codice $\mathbf{c} \in \mathcal{C}$ e con $e(x)$ il polinomio associato ad una certa sequenza di errore $\mathbf{e}$ con $w(\mathbf{e}) = l \leq t = \lfloor (\delta - 1)/2 \rfloor$.

Una volta ricevuto un vettore $\mathbf{r} = \mathbf{c} + \mathbf{e}$ vogliamo poter determinare il polinomio $e(x)$; questo è necessario per poter ricostruire $c(x)$. Come per tutti gli altri codici ciclici, la sindrome $s(x)$ di $r(x)$ si ottiene calcolando il resto della divisione di $r(x)$ per $g(x)$. Pertanto,

$$r(x) = h(x)g(x) + s(x).$$

Per semplicità di notazione, ci limiteremo a considerare codici BCH in senso stretto, con $l = 1$. I ragionamenti presentati si generalizzano (abbastanza) facilmente ad ogni $l \neq 1$.

Dato i, con $1 \leq i \leq \delta - 1$, possiamo esplicitamente determinare le quantità

$$S_i = r(\alpha^i).$$

Poiché gli α^i con $1 \leq i \leq \delta - 1$ sono radici di tutte le parole di codice, si ottiene $r(\alpha^i) = s(\alpha^i)$; inoltre, dato che $c(\alpha^i) = 0$ per ogni i, la relazione $r(x) = c(x) + e(x)$ implica $r(\alpha^i) = e(\alpha^i)$ con $1 \leq i \leq \delta - 1$. In particolare, le quantità S_i dipendono solamente dal polinomio di errore $e(x)$ nella parola ricevuta e descrivono dunque una sindrome. Scrivendo esplicitamente

$$S_i = \sum_{j=0}^{n-1} r_j \alpha^{ij},$$

notiamo che esso è, in effetti, l'i–esimo coefficiente della trasformata di Fourier discreta

$$\widehat{r}(x) = \sum_{j=0}^{n} r(\alpha^j)x^j$$

di $r(x)$. Tale coefficiente dipende solo dall'errore, infatti

$$S_i = \sum_{j=0}^{n-1} e_j \alpha^{ij}.$$

L'obiettivo è ora scrivere un vettore associato agli S_i. Notiamo a questo proposito che il coefficiente

$$S_0 = \sum_{j=0}^{n-1} r_j,$$

non è funzione solo dell'errore. Il nostro primo obiettivo è quello di ottenere un polinomio $E(x)$ la cui trasformata di Fourier sia esattamente

$$\widehat{E}(x) = \sum_{i=0}^{\delta-2} S_{i+1} x^i.$$

Definizione 8.8. Sia $\mathbf{e} = (e_0\, e_1, \dots e_{n-1})$ un vettore di errore. Si dice *polinomio di errore scalato* il polinomio

$$E(x) = \sum_{i=0}^{n-1} (e_i \alpha^i) x^i,$$

associato alla parola

$$\mathbf{E} = (e_0, \alpha e_1, \alpha^2 e_2, \dots, \alpha^{n-1} e_{n-1}).$$

Calcolando esplicitamente la trasformata di $\mathbf{F}$ si ha

$$\widehat{E}_i = \sum_{j=0}^{n-1} E_j \alpha^{ij} = \sum_{j=0}^{n-1} e_j \alpha^{i(j+1)} = S_{i+1},$$

per cui $E(x)$ risulta effettivamente il polinomio desiderato. È chiaro che

$$e_i = \frac{E_i}{\alpha^i}.$$

Notiamo, in particolare, che $e(x) = 0$ se, e soltanto se, $E(x) = 0$. Pertanto i due polinomi localizzatori $\sigma_{\mathbf{E}}(x)$ e $\sigma_{\mathbf{e}}(x)$ coincidono. Nel caso di un codice binario, l'errore è univocamente determinato dalla posizione, per cui su $\mathbb{F}_2$ il problema della correzione equivale a determinare il polinomio $\sigma_{\mathbf{E}}(x)$.

Definizione 8.9. Sia $r(x)$ il polinomio associato ad un vettore ricevuto $\mathbf{r}$ e poniamo

$$S_i = r(\alpha^i).$$

Il polinomio

$$S(x) = \sum_{j=0}^{\delta-2} S_{j+1} x^j = \widehat{E}(x)$$

è detto *polinomio sindrome* del vettore $\mathbf{r}$.

Il polinomio sindrome è chiaramente un polinomio in x a coefficienti in una estensione algebrica di $\mathbb{F}_q$. Esso contiene esattamente i termini di grado compreso fra 1 e δ della trasformata di Fourier $\widehat{r}(x)$. Possiamo ora riscrivere l'Equazione Chiave del Teorema 8.10 in questo caso, ottenendo

$$\sigma_{\mathbf{E}}(x)\widehat{E}(x) = \omega_{\mathbf{E}}(x)(1 - x^n). \tag{8.9}$$

Riducendo modulo x^δ e ricordando che $n \geq \delta$, si ottiene

$$\omega_{\mathbf{E}}(x)(1 - x^n) = \sigma_{\mathbf{E}}(x)S(x) \tag{8.10}$$

e quindi

$$\omega_{\mathbf{E}}(x) \equiv \sigma_{\mathbf{E}}(x)S(x) \pmod{x^\delta}, \tag{8.11}$$

con $\deg \omega_{\mathbf{E}}(x) = p - 1 \leq t - 1$, $\deg \sigma_{\mathbf{E}}(x) = m \leq t$ e $\deg S(x) \leq \delta - 1$. Questa è detta *equazione chiave per la decodifica dei codici BCH*.

> Quanto ora mostrato può essere utilizzato per fornire la seguente descrizione qualitativa dei codici BCH. Un codice BCH rappresenta un messaggio $m(x)$ mediante una parola per cui tutte le armoniche *basse* (ovvero di ordine positivo al più $\delta - 2$ ove δ è la distanza designata) sono nulle. Un errore correggibile è un alterazione di questi coefficienti.

8.6 L'algoritmo Euclideo Esteso

Prima di fornire un algoritmo esplicito per la decodifica dei codici BCH richiamiamo direttamente l'*algoritmo euclideo esteso*. Per ulteriori dettagli sullo stesso è possibile consultare [53].

Ricordiamo che l'*algoritmo euclideo* è una procedura che, comunque assegnati due polinomi $a(x)$ e $b(x)$ non nulli, a coefficienti in un campo $\mathbb{F}$, con $\deg a(x) \geq \deg b(x)$, consente di determinare il loro massimo comun divisore. L'*algoritmo euclideo esteso*, originariamente sviluppato da Aryabhatiya, consente contemporaneamente di calcolare il massimo comun divisore $g(x) = \gcd(a(x), b(x))$ dei due polinomi $a(x)$, $b(x)$, e di determinare due polinomi $u(x)$ e $v(x)$ tali che

$$u(x)a(x) + v(x)b(x) = g(x).$$

Algoritmo 8.1 (Algoritmo Euclideo Esteso).

DATI:

$\boxed{\text{D1}}$ $a(x) \in \mathbb{F}[x]$;

$\boxed{\text{D2}}$ $b(x) \in \mathbb{F}[x]$ con $\deg b(x) \leq \deg a(x)$.

DETERMINARE:

$\boxed{\text{G1}}$ $r(x) \in \mathbb{F}[x]$ tale che $r(x) = \gcd(a(x), b(x))$;

$\boxed{\text{G2}}$ $u(x), v(x) \in \mathbb{F}[x]$ tali che

$$u(x)a(x) + v(x)b(x) = r(x).$$

SI PROCEDA COME SEGUE:

$\boxed{\text{S1}}$ Si pongano innanzi tutto

$$u_{-1}(x) = 1, \; v_{-1}(x) = 0, \; r_{-1}(x) = a(x)$$
$$u_0(x) = 0, \quad v_0(x) = 1, \quad r_0(x) = b(x)$$

$\boxed{\text{S2}}$ Per $i \geq 1$ siano q_i e r_i dati da

$$r_{i-2}(x) = q_i(x)r_{i-1}(x) + r_i(x), \qquad \deg r_i < \deg r_{i-1}$$

$\boxed{\text{S3}}$ Siano inoltre u_i e v_i i polinomi

$$u_i(x) = u_{i-2}(x) - q_i(x)u_{i-1}(x);$$

$$v_i(x) = v_{i-2}(x) - q_i(x)v_{i-1}(x);$$

$\boxed{\text{S4}}$ osserviamo che $\deg r_i$ è strettamente decrescente in i; se $r_i \neq 0$, allora si incrementi i e si torni al punto S2.

$\boxed{\text{S5}}$ Se $r_i = 0$, porre $n = i - 1$ e restituire
   a) $r(x) = r_n(x)$;
   b) $u(x) = u_n(x)$;
   c) $v(x) = v_n(x)$.

La Tabella 8.1 riassume alcune proprietà notevoli dei polinomi prodotti dall'algoritmo Euclideo. In particolare, la quarta proprietà in Tabella 8.1 può essere riformulata come

$$v_i(x)b(x) \equiv r_i(x) \pmod{a(x)}$$

con

$$\deg v_i(x) = \deg r_i(x) < \deg a(x).$$

$v_i r_{i-1} - v_{i-1} r_i = (-1)^i a$	$0 \le i \le n+1$
$u_i r_{i-1} - u_{i-1} r_i = (-1)^{i+1} b$	$0 \le i \le n+1$
$u_i v_{i-1} - u_{i-1} v_i = (-1)^{i+1}$	$0 \le i \le n+1$
$u_i a + v_i b = r_i$	$-1 \le i \le n+1$
$\deg(u_i) + \deg(r_{i-1}) = \deg(b)$	$1 \le i \le n+1$
$\deg(v_i) + \deg(r_{i-1}) = \deg(a)$	$0 \le i \le n+1$

Tabella 8.1. Proprietà dell'algoritmo Euclideo Esteso

Lemma 8.13. *Siano $a(x)$ e $b(x)$ due polinomi con $\deg a \ge \deg b$. Dati due interi $\mu \ge 0$ e $\nu \ge 0$ con $\mu + \nu = \deg a - 1$ esiste un unico indice j con $0 \le j \le n$ tale che i polinomi prodotti dall'algoritmo Euclideo Esteso 8.1 soddisfino*

$$\deg v_j(x) \le \mu, \qquad \deg r_j(x) \le \nu.$$

Dimostrazione. Il grado $\deg r_j(x)$ è una funzione monotona strettamente decrescente in j, per $j < n$ e tale che $r_n(x) = \gcd(a,b)$. Scegliamo un indice j tale che

$$\deg r_{j-1}(x) \ge \nu + 1 \qquad \deg r_j(x) \le \nu.$$

Per la monotonicità di $\deg r_j(x)$, l'indice j è univocamente determinato. Sotto queste ipotesi otteniamo inoltre

$$\deg v_j(x) \le \mu \qquad \deg v_{j+1}(x) \ge \mu + 1,$$

da cui segue la tesi. $\qquad\square$

Forniamo ora una notazione per indicare i polinomi $v_j(x)$, $r_j(x)$ del Lemma 8.13.

Definizione 8.10 (Algoritmo Euclideo Esteso). Dati due polinomi non nulli $a(x)$, $b(x)$ con $\deg a(x) \ge \deg b(x)$ e una coppia di interi (μ, ν), non negativi, tali che

$$\mu + \nu = \deg a(x) - 1$$

denotiamo con $\texttt{Euclid}\,(a(x), b(x), \mu, \nu)$ la procedura che restituisce l'unica coppia di polinomi $(v_j(x), r_j(x))$ con

$$\deg v_j(x) \le \mu, \qquad \deg r_j(x) \le \nu$$

calcolata mediante l'algoritmo euclideo esteso.

⚠ Un'implementazione della procedura della Definizione 8.10 in [36] è presentata qui di seguito. Poniamo $\mathtt{m} = \mu$ e $\mathtt{n} = \nu$.

```
Euclid:=function(a,b,m,n)
 local xU, xV, xR, rTMP,i;
 xU:=[]; xV:=[]; xR:=[];
#Valori iniziali
 Add(xU,1); Add(xV,0); Add(xR,a);
```

```
  Add(xU,0); Add(xV,1); Add(xR,b);
 # STEP 2
  i:=2;
repeat
  i:=i+1;
  rTMP:=QuotientRemainder(xR[i-2],xR[i-1]);
  Add(xR,rTMP[2]);
  Add(xU,xU[i-2]-rTMP[1]*xU[i-1]);
  Add(xV,xV[i-2]-rTMP[1]*xV[i-1]);
  if (Degree(xV[i])<=m and Degree(xR[i])<=n)
    then return [xV[i],xR[i]];
  fi;
until (xR[i]=0*xR[i]);
return [xV[i-1],xR[i-1],xU[i-1]];
end;;
```

———

Teorema 8.14. *Siano dati quattro polinomi $a(x)$, $b(x)$, $v(x)$ e $r(x)$, non nulli, che soddisfano le seguenti condizioni*

$$v(x)b(x) \equiv r(x) \pmod{a(x)}, \quad \deg v(x) + \deg r(x) < \deg a(x).$$

Supponiamo inoltre che $v_j(x)$ e $r_j(x)$ per $j = -1, 0, \ldots, n+1$ siano le sequenze di polinomi prodotte dall'Algoritmo 8.1 a partire dalla coppia $(a(x), b(x))$. Allora, esiste un unico indice j con $0 \le j \le n$ e un unico polinomio $\lambda(x)$ tali che

$$v(x) = \lambda(x)v_j(x), \qquad r(x) = \lambda(x)r_j(x).$$

Dimostrazione. Sia j l'indice ottenuto nel Lemma 8.13 ove si sia posto $\nu = \deg r(x)$ e $\mu = \deg a(x) - \deg r(x) - 1$. Allora, per ipotesi, $\deg v(x) \le \mu$. Segue dalla dimostrazione di tale lemma che

$$\deg v_{j+1}(x) \ge \mu + 1 \ge \deg v(x) + 1$$
$$\deg r_{j-1}(x) \ge \nu + 1 = \deg r(x) + 1.$$

Quindi, se esiste un indice j che soddisfa la tesi, tale indice è unico. Osserviamo ora che

$$u_j(x)a(x) + v_j(x)b(x) = r_j(x),$$

da cui discende, per qualche $u(x)$ da determinarsi,

$$u(x)a(x) + v(x)b(x) = r(x).$$

Moltiplicando la prima espressone per $v(x)$ e la seconda per $v_j(x)$ otteniamo

$$u_j(x)v(x)a(x) + v_j(x)v(x)b(x) = r_j(x)v(x)$$
$$u(x)v_j(x)a(x) + v(x)v_j(x)b(x) = r(x)v_j(x).$$

Queste ultime due espressioni, considerate insieme, implicano

$$r_j(x)v(x) \equiv r(x)v_j(x) \quad (\text{mod } a(x)).$$

D'altro canto, si ha per ipotesi,

$$\deg r_j(x)v(x) = \deg r_j(x) + \deg v(x) \leq \nu + \mu < \deg a(x)$$
$$\deg r(x)v_j(x) = \deg r(x) + \deg v_j(x) \leq \nu + \mu < \deg a(x).$$

Ne segue $r_j(x)v(x) = r(x)v_j(x)$. Poiché $u_j(x)$ e $v_j(x)$ sono coprimi fra loro, se ne deduce

$$u(x) = \lambda(x)u_j(x)$$
$$v(x) = \lambda(x)v_j(x).$$

A questo punto, a partire dalla espressione di $r(x)$, possiamo scrivere

$$\lambda(x)u_j(x)a(x) + \lambda(x)v_j(x)b(x) = r(x),$$

il che implica

$$r(x) = \lambda(x)r_j(x).$$

$\square$

Il seguente corollario è il vero motivo per cui abbiamo introdotto la procedura `Euclid`.

Corollario 8.15. *Siano $v(x)$ e $r(x)$ due polinomi non nulli che soddisfano*

$$v(x)b(x) \equiv r(x) \quad (\text{mod } a(x))$$
$$\deg v(x) \leq \mu$$
$$\deg r(x) \leq \nu,$$

ove μ e ν sono interi non negativi con

$$\deg r(x) - 1 = \mu + \nu.$$

Chiamati $v_j(x)$ e $r_j(x)$ i due polinomi restituiti da `Euclid` $(a(x), b(x), \mu, \nu)$, *esiste un polinomio $\lambda(x)$ tale che*

$$v(x) = \lambda(x)v_j(x)$$
$$r(x) = \lambda(x)r_j(x).$$

Esempio 8.16. Supponiamo di voler risolvere la congruenza

$$(x^6 + x^4 + x^2 + x + 1)\sigma(x) \equiv \omega(x) \quad (\text{mod } x^8),$$

con la condizione aggiuntiva $\deg \sigma(x) \leq 3$ e $\deg \omega(x) \leq 4$. Usando l'Algoritmo $\texttt{Euclid}\,(x^8, x^6+x^4+x^2+x+1, 4, 3)$ e il Teorema 8.14, determiniamo i due polinomi

$$x^2 + 1$$
$$x^3 + x + 1.$$

Ne segue che ogni soluzione al problema è della forma

$$\sigma(x) = \lambda(x)(x^2 + 1)$$
$$\omega(x) = \lambda(x)(x^3 + x + 1),$$

con $\deg \lambda(x) \leq 1$. In particolare, se si richiede che σ e ω siano coprimi, la congruenza ammette un'unica soluzione.

8.7 Decodifica dei codici BCH

Mostriamo ora in dettaglio come le tecniche presentate nei paragrafi 8.4, 8.6 e 8.5 possano essere utilizzate congiuntamente per determinare un polinomio di errore scalato $E(x)$ nel caso di un codice BCH. Come visto nel Paragrafo 8.5, questo consente di correggere un numero $t \leq \lfloor (\delta - 1)/2 \rfloor$ di errori.

Il primo passaggio è quello di mostrare come il polinomio sindrome consenta di calcolare sia il polinomio localizzatore che quello di valutazione.

Teorema 8.17. *Dato il polinomio sindrome $S(x)$, il polinomio localizzatore dell'errore $\sigma(x)$ e il polinomio di valutazione dell'errore $\omega(x)$ sono univocamente determinati, a meno di un multiplo scalare.*

Dimostrazione. Supponiamo che sia possibile trovare dei polinomi non nulli $\omega_1(x)$ e $\sigma_1(x)$ tali che $\deg \omega_1(x) \leq p - 1 \leq t - 1$, $\deg \sigma_1(x) \leq t$ e

$$\omega(x)_1 \equiv \sigma_1(x)S(x) \pmod{x^\delta}. \tag{8.12}$$

Moltiplicando (8.11) per $\sigma_1(x)$ ed (8.12) per $\sigma(x)$ otteniamo

$$\omega(x)\sigma_1(x) = \omega_1(x)\sigma(x) \pmod{x^\delta},$$

ma $\deg \omega(x)\sigma_1(x) \leq 2p - 1$ e, per ipotesi, $2p - 1 \leq \delta - 2$; similmente si vede che anche $\deg \omega_1(x)\sigma(x) \leq 2t - 1 = \delta - 2$; pertanto,

$$\omega(x)\sigma_1(x) = \omega_1(x)\sigma(x). \tag{8.13}$$

Per il Lemma 8.9, $\gcd(\omega(x), \sigma(x)) = 1$. Pertanto, l'Equazione (8.13) implica che $\omega(x)$ divide $\omega_1(x)$ e $\sigma(x)$ divide $\sigma_1(x)$. Rammentando che, per ipotesi, $\omega_1(x) \neq 0$ e $\sigma_1(x) \neq 0$ e $\deg \omega_1(x) \leq \deg \omega(x)$, $\deg \sigma_1(x) \leq \deg \sigma(x)$, si ottiene che per qualche coppia di elementi $\lambda_1, \lambda_2 \in \mathbb{F}_q$,

$$\omega_1(x) = \lambda_1 \omega(x), \qquad \sigma_1(x) = \lambda_2 \sigma(x).$$

In particolare, le radici di $\sigma(x)$ sono le stesse di quelle di $\sigma_1(x)$; pertanto queste ultime determinano il vettore di errore. $\qquad\square$

A questo punto rimangono solamente da determinare dei polinomi $\omega(x)$ e $\sigma(x)$ soddisfacenti l'Equazione (8.12). A tal fine è possibile utilizzare l'algoritmo euclideo esteso come segue.

Poiché il numero di errori è inferiore a t, si ha $\deg\sigma(x) \leq t$ e $\deg\omega(x) \leq t-1$. Inoltre $\gcd(\sigma(x),\omega(x)) = 1$. Si può applicare il Teorema 8.14 con

$$a(x) = x^{2t},$$
$$b(x) = S(x),$$
$$v(x) = \sigma(x),$$
$$r(x) = \omega(x),$$
$$\mu = t$$
$$\nu = t-1.$$

In particolare la procedura $\texttt{Euclid}\,(x^{2t}, S(x), t, t-1)$ restituisce una coppia di polinomi $(v(x), r(x))$ con

$$v(x) = \lambda\sigma(x)$$
$$r(x) = \lambda\omega(x),$$

ove λ è uno scalare non nullo. In particolare, poiché $\sigma(0) = 1$, possiamo supporre $\lambda = v(0)^{-1}$; in tale modo, si determinano univocamente $\sigma(x)$ e $\omega(x)$. A questo punto, dalle radici di $\sigma(x)$ è possibile ricostruire le posizioni degli errori; una volta note queste ultime, è possibile calcolare la grandezza degli errori risolvendo un sistema di equazioni lineari su $\mathbb{F}_q$. Ovviamente, per $q = 2$ il calcolo della grandezza degli errori non è necessario.

Esempio 8.18. Il polinomio

$$g(x) = 1 + x + x^2 + x^4 + x^5 + x^8 + x^{10}$$

genera un $[15, 10]$–codice BCH binario con distanza designata 7. Infatti, se $\alpha \in \mathbb{F}_{16}$ è un elemento tale che $1 + \alpha + \alpha^4 = 0$. Allora α è una radice primitiva 15–esima dell'unità e

$$\alpha^2, \alpha^3, \alpha^4, \alpha^5, \alpha^6$$

sono radici di $g(x)$. Pertanto $g(x)$ genera un codice BCH con $l = 2$. Osserviamo che $g(x)$ può scriversi come il prodotto dei seguenti polinomi irriducibili:

$$m_1(x) = 1 + x + x^4$$
$$m_3(x) = 1 + x + x^2 + x^3 + x^4$$
$$m_5(x) = 1 + x + x^2.$$

Sia ora data la sequenza

$$\mathbf{r} = (10011\,11110\,00110).$$

Considerando la fattorizzazione in irriducibili sopra presentata, possiamo scrivere

$$r(x) = (1 + x + x^6 + x^8 + x^9)m_1(x) + (x^2 + x^3) \tag{8.14}$$

$$r(x) = (x^2 + x^7 + x^9)m_3(x) + (1 + x^2) \tag{8.15}$$

$$r(x) = (1 + x^2 + x^5 + x^8 + x^9 + x^{11})m_5(x) + x. \tag{8.16}$$

Utilizzando una tabella di logaritmi discreti per $\mathbb{F}_{16}$ e le equazioni (8.14)-(8.16), si deduce

$$S_1 = r(\alpha) = \alpha^2 + \alpha^3 = \alpha^6$$

$$S_2 = r(\alpha^2) = (r(\alpha))^2 = \alpha^{12}$$

$$S_3 = r(\alpha^3) = 1 + \alpha^6 = \alpha^{13}$$

$$S_4 = r(\alpha^4) = (r(\alpha))^4 = \alpha^9$$

$$S_5 = r(\alpha^5) = \alpha^5$$

$$S_6 = r(\alpha^6) = (r(\alpha^3))^2 = \alpha^{11}.$$

Pertanto, rammentando che $\widehat{e}_i = S_{i+1}$

$$S(x) = \alpha^6 + \alpha^{12}x + \alpha^{13}x^2 + \alpha^9x^3 + \alpha^5x^4 + \alpha^{11}x^5.$$

Tutti i coefficienti di $S(x)$ sono elementi di $\mathbb{F}_{16}$, anche se il codice considerato è binario.

Per trovare il polinomio localizzatore degli errori, applichiamo l'Algoritmo Euclideo Esteso ai polinomi $x^{\delta-1} = x^6$ ed $S(x)$. Nella tabella 8.2 sono elencati i coefficienti dei polinomi determinati nei vari passaggi. La procedura termina quan-

s_i	t_i	r_i	$\deg r_i$
1	0	x^6	6
0	1	$(\alpha^6, \alpha^{12}, \alpha^{13}, \alpha^9, \alpha^5, \alpha^{11})$	5
1	(α^{13}, α^4)	$(\alpha^4, 0, \alpha^6, \alpha^{12}, \alpha^8)$	4
(α^2, α^3)	$(0, \alpha^{11}, \alpha^7)$	$(0, \alpha^2, \alpha^3, \alpha^{14})$	3
$(1, \alpha^{11}, \alpha^{12})$	$(\alpha^{13}, \alpha^4, \alpha^5, \alpha)$	$(\alpha^4, 0, \alpha)$	2

Tabella 8.2. Coefficienti ottenuti mediante l'algoritmo euclideo esteso

do $\deg r_i(x) < (\delta-1)2 = 3$; a questo punto, si deduce che il polinomio localizzatore degli errori è un multiplo scalare di

$$\sigma_1(x) = \alpha^{13} + \alpha^4x + \alpha^5x^2 + \alpha x^3.$$

Le radici di $\sigma_1(x)$ sono le medesime di quelle di $\sigma(x)$, cioè: α^2, α^{14} ed α^{11}; pertanto il vettore di errore scalato è

$$\mathbf{E} = (01001\,00000\,00010).$$

Nel caso dei codici binari la conoscenza di $\sigma_{\mathbf{E}} = \sigma_{\mathbf{e}}$ è sufficiente a correggere l'errore e dunque $\mathbf{e} = \mathbf{E}$. In particolare, si può decodificare

$$\mathbf{r} \mapsto \mathbf{r} - \mathbf{e} = \mathbf{c} = (11010\,11110\,00100).$$

Esercizi

8.1. Si scriva il polinomio di Mattson–Solomon corrispondente al seguente vettore di $\mathbb{F}_2^{15}$:

$$\mathbf{r} = (101\,000\,111\,111\,01).$$

Si scelga come radice primitiva 15–esima dell'unità un elemento ω che soddisfa l'equazione
$$x^4 + x + 1 = 0.$$

8.2. Si costruisca un codice BCH binario $\mathcal{C}$ di lunghezza 31 e distanza designata 11. Qual è la distanza minima di questo codice?

8.3. Si costruisca un codice BCH su $\mathbb{F}_5$ con lunghezza 24 e distanza designata 5. Si verifichi che, in questo caso la distanza minima del codice è 6.

8.4. Utilizzando il codice $\mathcal{C}$ costruito nell'Esercizio 8.2, si decodifichi il vettore

$$\mathbf{r} = (111011\,111101\,0101001\,0011011\,11000).$$

Codici di Reed–Solomon

Let there be no noise made, my gentle friends;
Unless some dull and favourable hand
Will whisper music to my weary spirit.

W. SHAKESPEARE, 2 KING HENRY IV

I codici di Reed–Solomon [78] sono, fra tutti i codici lineari, senza dubbio quelli più importanti per le loro svariate applicazioni pratiche: essi vengono infatti correntemente impiegati nei sistemi di comunicazione digitali più diversi, dalle comunicazioni interplanetarie, alla correzione di errori nella riproduzione di CD audio.

9.1 Costruzione di Reed–Solomon

Ci sono, essenzialmente, due approcci per presentare i codici di Reed–Solomon: uno è basato sulla nozione di valutazione di polinomi; l'altro, sfrutta la costruzione BCH. In questo paragrafo seguiremo il primo approccio; nel successivo Paragrafo 9.5 vedremo l'equivalenza con il secondo.

Definizione 9.1. Siano p un primo fissato e $t > 0$ un intero. Poniamo $n = p^t - 1$ e indichiamo con ω un elemento primitivo di $\mathbb{F}_{n+1}$. Dato un polinomio $f(x) \in \mathbb{F}_{n+1}[x]$, la sua *valutazione* è la n–pla Θ_f data da

$$\Theta_f = (f(\omega^0), f(\omega^1), \cdots, f(\omega^{n-1})).$$

L'applicazione $\Theta : R_n(\mathbb{F}_{n+1}) \mapsto \mathbb{F}_{n+1}^n$ è lineare: infatti, dati due polinomi $f(x), g(x) \in \mathbb{F}_{n+1}[x]$, si ha

$$\Theta_{f+g} = ((f+g)(\omega^0), \cdots, (f+g)(\omega^{n-1})) =$$
$$(f(\omega^0), \cdots, f(\omega^{n-1})) + (g(\omega^0), \cdots, g(\omega^{n-1})) = \Theta_f + \Theta_g,$$

e, similmente,

$$\Theta_{\lambda f} = (\lambda f(\omega^0), \cdots, \lambda f(\omega^{n-1})) = \lambda \Theta_f.$$

Un polinomio non nullo $k(x)$ appartiene al nucleo di Θ se, e soltanto se, $k(\omega^0) = k(\omega^1) = \ldots = k(\omega^{n-1})$. Poiché, per $0 \leq i \leq n-1$, gli elementi ω^i sono tutti diversi fra loro, abbiamo che $k(x)$ deve avere almeno n radici distinte, da cui $\deg k(x) \geq n$.

Definizione 9.2. Siano p, n, t e ω come nella definizione precedente. Per ogni $k \leq n$, si dice *codice di Reed–Solomon* $\mathrm{RS}\,(n,k)$ di lunghezza n e dimensione k l'insieme

$$\mathrm{RS}\,(n,k) = \{\Theta_f : f(x) \in \mathbb{F}_{n+1}[x], \deg f < k\}.$$

Poiché Θ è un'applicazione lineare, l'insieme $\mathrm{RS}\,(n,k)$ è uno spazio vettoriale sul campo $\mathbb{F}_n$. Inoltre, poiché il grado minimo di un polinomio non nullo nel nucleo di Θ è n, l'applicazione $\Theta : R_{k-1}(\mathbb{F}_{n+1}) \longmapsto \mathbb{F}_{n+1}^n$ risulta, sotto le ipotesi date, un isomorfismo, per cui la dimensione di $\mathrm{RS}\,(n,k)$ è effettivamente k.

Calcoliamo ora la distanza minima del codice $\mathrm{RS}\,(n,k)$. Rammentiamo che un codice è detto MDS (*Maximum distance separable*) se i suoi parametri soddisfano con l'uguaglianza la limitazione di Singleton

$$d - 1 \leq n - k.$$

Teorema 9.1. *La distanza minima del codice* $\mathrm{RS}\,(n,k)$ *è esattamente* $n - k + 1$; *pertanto questo codice è MDS.*

Dimostrazione. Siano $p(x)$, $q(x)$ due polinomi distinti di grado al più $k - 1$. Poniamo $r(x) = p(x) - q(x)$. Chiaramente,

$$p(x) = q(x) \Leftrightarrow r(x) = 0,$$

$\deg r(x) < k$ e $r(x)$ non è il polinomio nullo. Sia I l'insieme degli indici tali che $p(\omega^i) = q(\omega^i)$. Per il teorema di Ruffini, possiamo scrivere

$$r(x) = \prod_{i \in I}(x - \omega^i).$$

In particolare, il grado di $r(x)$ è uguale alla cardinalità di I. Ne segue $|I| \leq k$; dunque, la distanza di Hamming fra le parole $\mathbf{p}$ e $\mathbf{q}$ associate a $p(x)$ e $q(x)$ deve soddisfare

$$d(\mathbf{p}, \mathbf{q}) \geq n - (k - 1) = n - k + 1.$$

Da questo discende la tesi. $\square$

Ogni codice di Reed–Solomon è, pertanto, univocamente individuato assegnate la sua lunghezza e distanza minima. Useremo, in generale, il simbolo $\mathrm{RS}_d(n)$ per denotare il codice di Reed–Solomon di distanza minima d e lunghezza n. In particolare,

$$\mathrm{RS}\,(n, n - d + 1) = \mathrm{RS}_d(n).$$

Esempio 9.2. Il codice di Reed–Solomon $\mathrm{RS}\,(15,7)$ è definito sul campo $\mathbb{F}_{16}$ ed ha, per il Teorema 9.1, distanza minima $15 - 7 + 1 = 9$.

Teorema 9.3. *Il codice di Reed–Solomon* $\mathrm{RS}\,(n,k)$ *è un codice ciclico.*

Dimostrazione. Sia $\mathbf{c} = (c_0\, c_1\, \cdots\, c_{n-1})$ una parola di RS (n, k). Allora, esiste un polinomio $c(x) \in \mathbb{F}_{n+1}[x]$ di grado al più $k - 1$ tale che

$$c_i = c(\omega^i).$$

Sia ora $\widetilde{c}(x) = c(\omega^{-1}x)$. Chiaramente $\deg \widetilde{c}(x) = \deg c(x) < k$. Inoltre, poiché $\omega^{-1} = \omega^{n-1}$, abbiamo

$$\widetilde{c}(\omega^i) = \begin{cases} c_{n-1} & \text{se } i = 0 \\ c_{i-1} & \text{se } 0 < i \leq n - 1. \end{cases}$$

Pertanto, il vettore

$$\Theta\widetilde{c} = (c_{n-1}\, c_0\, \cdots\, c_{n-2})$$

appartiene al codice RS (n, k); conseguentemente, tale codice è ciclico. $\square$

Esempio 9.4. Un polinomio generatore per il codice dell'Esempio 9.2 è

$$g(x) = x^8 + \omega^{14}x^7 + \omega^2 x^6 + \omega^4 x^5 + \omega^2 x^4 + \omega^{13}x^3 + \omega^5 x^2 + \omega^{11}x + \omega^6,$$

ove ω è una radice del polinomio di $\mathbb{F}_2[x]$

$$x^4 + x + 1.$$

Si vede che $g(x)$ si fattorizza come

$$g(x) = \prod_{i=1}^{8}(x - \omega^i),$$

per cui il codice in oggetto è, in effetti, BCH in senso stretto.

Per praticità, scriviamo esplicitamente il numero di errori che un codice di Reed–Solomon garantisce di poter correggere. Il seguente teorema è conseguenza immediata del precedente Teorema 9.8.

Teorema 9.5. *Il codice* RS (n, k) *su* $\mathbb{F}_{n+1}$ *può individuare sino a* $n - k$ *errori in ogni blocco o correggerne automaticamente* $\lfloor (n - k)/2 \rfloor$.

Il fatto che i codici di Reed–Solomon siano definiti su campi grandi può, in generale, costituire un problema dal punto di vista implementativo. In particolare, descrivere l'operazione di moltiplicazione per un campo $\mathbb{F}_q$ con $q = p^t$ non è immediato: in generale, esistono diversi tipi di metodologie (sia software che hardware) per implementare tale operazione, ognuna con vantaggi e svantaggi propri. Per alcuni aspetti delle implementazioni software si vedano, ad esempio, [21], [37]. D'altro canto, l'impiego campi che sono estensioni di grado elevato di un campo base presenta anche alcuni vantaggi in presenza di errori concentrati.

Teorema 9.6. *Dato un* $[n, k]$*–codice di Reed–Solomon* $\mathcal{C}$ *sopra* $\mathbb{F}_{2^m}$ *è possibile ottenere un* $[nm, km]$*–codice binario* $\mathcal{C}'$ *capace di correggere tutti gli errori concentrati di lunghezza* $b = m(\lfloor (n - k)/2 \rfloor - 1) + 1$.

Dimostrazione. Il teorema è conseguenza diretta del Teorema 7.11, osservando che la distanza minima di $\mathcal{C}$ è $n - k + 1$ e che, dunque, $\mathcal{C}$ è un codice $\lfloor (n - k)/2 \rfloor$–correttore. $\square$

9.2 Codifica e decodifica dei codici di Reed–Solomon

Un metodo particolarmente efficiente per codificare una messaggio

$$\mathbf{m} = (m_0\, m_1\, \cdots\, m_k)$$

mediante il codice RS (n, k) è il seguente. Rappresentiamo il messaggio $\mathbf{m}$ mediante un polinomio

$$m(x) = \sum_{i=0}^{n-d-1} m_i x^i.$$

A questo punto si associa a $m(x)$ il vettore

$$\mathbf{c} = \Theta_m = (m(\omega^0)\, m(\omega^1)\, \cdots\, m(\omega^{n-1})).$$

Per definizione di codice di Reed–Solomon, questa è una parola di codice, per cui abbiamo una codifica $\mathbb{F}_{n+1}^k \mapsto \mathbb{F}_{n+1}^n$. Si osservi che la componente c_i del vettore $\mathbf{c}$ è

$$c_i = \sum_{j=0}^{k} m_j \omega^{ij} = \sum_{j=0}^{n} m_j \omega^{ij} = \widehat{c}_i,$$

ove si è supposto $m_j = 0$ per $j \geq k$. Ne segue che $\mathbf{c}$ è esattamente la trasformata di Fourier del vettore $\mathbf{m}$. In particolare, per la formula dell'antitrasformata, è sempre possibile ricostruire facilmente il vettore $\mathbf{m}$ (ovvero i coefficienti del polinomio $m(x)$) a partire dalle componenti di $\mathbf{c}$. In effetti, l'antitrasformata di Fourier di un vettore $\mathbf{r}$ di lunghezza n è, a sua volta, un vettore $\mathbf{m}$ della medesima lunghezza. L'osservazione di cui sopra sull'invertibilità della codifica mostra che, in assenza di errori, l'antitrasformata di ogni vettore ricevuto corrisponde ad un polinomio di grado al più $k - 1$ e, pertanto, può avere solamente le prime k componenti non nulle. Questo suggerisce un semplice metodo per verificare la presenza di errori di trasmissione: ricevuto un vettore $\mathbf{r}$, antitrasformarlo e vedere se esistono componenti successive alla k–esima diverse da 0; se questo è il caso, riferire la presenza di un errore; altrimenti, restituire il vettore $\mathbf{m}$ contenente tali prime k componenti.

Si noti che la codifica presentata non è di tipo sistematico e, in generale, non ci si può aspettare di ritrovare i valori corrispondenti alle componenti m_i del vettore originario in alcuna posizione del vettore trasmesso.

9.3 Il problema dalla correzione

Nel paragrafo precedente si è visto come sia possibile codificare e decodificare una parola $\mathbf{m}$ con un codice di Reed–Solomon. Ora iniziamo a studiare il problema della correzione di errore. Il problema chiave da risolvere è il seguente.

Problema 9.7 (Interpolazione di polinomi). Siano

1. q una potenza di primo;
2. $t \leq n/2$ un intero.

Poniamo $n = q - 1$ e $k = n - 2t$.

DATI:

$\boxed{\text{D1}}$ n elementi distinti $x_0, x_1, x_2, \ldots, x_{n-1}$ di $\mathbb{F}_q$ e

$\boxed{\text{D2}}$ n elementi (non necessariamente distinti) $y_0, y_1, \ldots, y_{n-1} \in \mathbb{F}_q$;

$\boxed{\text{D3}}$ un intero $k > 0$;

DETERMINARE:

$\boxed{\text{G1}}$ un polinomio $P(x) \in \mathbb{F}_q[x]$ con:
     1. $\deg P(x) \leq k - 1$;
     2. $P(x_i) \neq y_i$ per al più t valori di i.

La formulazione generale questo problema è molto difficile da affrontare dal punto di vista computazionale[1]. Fortunatamente, la decodifica di un codice di Reed–Solomon corrisponde ad un'istanza particolare del problema sopra presentato ed è risolvibile con maggior facilità. Il seguente schema mostra come si possa procedere in questo caso.

1. Innanzi tutto verifichiamo che risolvere il Problema 9.7 è equivalente a decodificare una parola ricevuta con un codice di Reed–Solomon. Sia infatti $\mathcal{C}$ il codice RS (n, k). Poniamo $x_i = \alpha^i$ e supponiamo che sia stata ricevuta una parola

$$\mathbf{r} = (y_0 \, y_1 \, \cdots \, y_{n-1}),$$

associata ad una parola di codice originariamente trasmessa $\mathbf{c}$. Notiamo che $\mathbf{c}$ è la valutazione su tutti gli elementi non nulli di $\mathbb{F}_q$ di un qualche polinomio $c(x) \in \mathbb{F}_q[x]$ con $\deg c(x) \leq k - 1$. La presenza di errori correggibili, ovvero di peso non superiore a $t = \lfloor (d-1)/2 \rfloor$, implica che $\mathbf{r}$ differisce da $\mathbf{c}$ in al più t posizioni. Le condizioni del Problema 9.7, e, in particolare la (12), sono dunque soddisfatte; quindi, una soluzione di quel problema consente di determinare il polinomio $c(x)$ e, conseguentemente, la parola $\mathbf{c}$.

2. Proviamo ora che, se esiste una soluzione al problema, allora essa è, sotto le ipotesi correnti, unica e coincide esattamente con $c(x)$. La tecnica dimostrativa

---

[1] Esso sicuramente appartiene alla classe NP (si veda [38] per una trattazione approfondita della teoria della complessità), in quanto è possibile verificare in tempo polinomiale se una soluzione $P(x)$ è corretta, ma non sono correntemente noti algoritmi in tempo polinomiale per determinare tale $P(x)$. Inoltre, non è nemmeno noto se sia possibile dimostrare che una soluzione non possa essere calcolata in tempo polinomiale (quest'ultima condizione corrisponderebbe a mostrare che il Problema 9.7 appartiene alla classe co–NP).

è la seguente. Supponiamo esistano due polinomi $t(x)$, $u(x)$ che rispondano al Problema 9.7 e soddisfino le condizioni di cui sopra. Allora, il polinomio

$$v(x) = t(x) - u(x)$$

è diverso da 0 per al più $2t$ valori di x. L'ordine del campo $\mathbb{F}_q$ è $n + 1$, per cui $v(x)$ ha necessariamente almeno $n + 1 - 2t > k$ radici. Ne segue $v(x) = 0$ identicamente, oppure $\deg S(x) > k$. Nel secondo caso si ha una contraddizione, in quanto i gradi di $t(x)$ e $u(x)$ sono al più $k - 1$.

3. Dalle due considerazioni precedenti discende che, se il Problema 9.7 ammette soluzione, allora tale soluzione fornisce l'unica decodifica della parola $\mathbf{r}$ secondo il codice $\mathcal{C}$.

9.4 Algoritmo di Welch–Berlekamp

Presentiamo ora un algoritmo concreto di complessità polinomiale $O(n^3)$ per decodificare i codici di Reed–Solomon. Tale algoritmo è dovuto a Welch e Berlekamp; esso è stato successivamente migliorato: attualmente sono note versioni della procedura di decodifica con complessità $O(n\,\text{poly}\,\log n)$.

Supponiamo che $p(x)$ sia il polinomio *corretto* associato ad una parola ricevuta $\mathbf{y} = (y_0\, y_1 \cdots y_{n-1})$. Questo polinomio è quello che l'algoritmo di correzione deve ricostruire. Consideriamo ora un polinomio, $E(x)$, che goda della proprietà che $E(\omega^i) = 0$ se $p(\omega^i) \neq y_i$. In generale, gli elementi ω^i corrispondenti alle posizioni di errore sono tutti radici del polinomio $E(x)$, ma ma non è detto che tutte le radici di $E(x)$ siano posizioni di errore. Introduciamo ora un altro polinomio, $N(x)$ che dovrà rappresentare

$$N(x) = p(x)E(x).$$

In particolare vogliamo che

$$N(\omega^i) = p(\omega^i)E(\omega^i) = y_i E(\omega^i).$$

A priori, il polinomio $N(x)$ risulta altrettanto difficile da determinare quanto $E(x)$. Il seguente algoritmo mostra come, in realtà, sia possibile raggiungere questo obiettivo risolvendo un sistema lineare. La quantità t è il numero massimo di errori che vogliamo correggere; tale parametro controlla la complessità dell'algoritmo, per cui può aver senso, in casi particolari, scegliere valori inferiori al massimo possibile, che è il raggio di impacchettamento $\lfloor (d-1)/2 \rfloor$ del codice. Con $p(x)$ indichiamo il polinomio corrispondente alla parola corretta cercata, mentre gli ω^i sono, come al solito, potenze di un elemento primitivo del campo.

Algoritmo 9.1 (Welch–Berlekamp).

DATI:

$\boxed{\text{D1}}$ n, k interi;

$\boxed{\text{D2}}$ $t \leq \frac{n-k}{2}$ intero;

$\boxed{\text{D3}}$ $\omega^0, \omega^1, \ldots, \omega^{n-1} \in \mathbb{F}_{n+1}$ elementi tutti fra loro distinti;

$\boxed{\text{D4}}$ $y_0, y_1, \ldots, y_{n-1} \in \mathbb{F}$.

DETERMINARE:

$\boxed{\text{G1}}$ Un polinomio $p(x)$ tale che
1. $\deg p(x) < k$;
2. $p(\omega^i) = y_i$ per ogni i compreso fra 0 e $n-1$, tranne che, al più, per t valori di i.

SI PROCEDA COME SEGUE:

$\boxed{\text{S1}}$ Cerchiamo due polinomi $N(x) = \sum_{j=0}^{k+t-1} N_j x^j$ ed $E(x) = \sum_{j=0}^{t} E_j x^j$ tali che
a) $\deg E(x) = t$;
b) $E(x)$ è monico, cioè

$$E_t = 1; \tag{9.1}$$

c) $\deg N(x) \leq k + t - 1$;
d) per ogni $i = 0, \ldots, n-1$,

$$N(\omega^i) = y_i E(\omega^i). \tag{9.2}$$

$\boxed{\text{S2}}$ Le relazioni (9.1) e (9.2) corrispondono ad un sistema di $n+1$ equazioni nelle $k + t + t = k + 2t \leq n$ incognite $N_0, N_1, \ldots, N_{k+t-1}$, $E_0, E_1, \ldots E_{t-1}$. Tale sistema può essere risolto in $O(n^3)$ con tecniche standard e fornisce i due polinomi $N(x)$ e $E(x)$.

$\boxed{\text{S3}}$ A questo punto è possibile ricavare $p(x)$ come $p(x) = N(x)/E(x)$.

Presentiamo ora alcune osservazioni sulla procedura appena introdotta.

1. Il grado di $E(x)$ viene posto *esplicitamente* uguale a t; questo fatto è essenziale per il buon funzionamento dell'algoritmo.
2. In generale, la coppia $(N(x), E(x))$ che viene determinata non è unica. D'altro canto, se $(N(x), E(x))$ e $(N'(x), E'(x))$ sono due polinomi che soddisfano le condizioni di cui sopra, allora

$$y_i E(\omega^i) = N(\omega^i) \text{ ed } N'(\omega^i) = y_i E'(\omega^i),$$

da cui, moltiplicando le relazioni fra loro,

$$y_i E(\omega^i) N'(\omega^i) = y_i E'(\omega^i) N(\omega^i). \tag{9.3}$$

Dalla (9.3) segue che

$$E(\omega^i) N'(\omega^i) = E'(\omega^i) N(\omega^i) \tag{9.4}$$

per ogni i. Infatti, per $y_i \neq 0$ l'affermazione è banale, dividendo proprio per y_i. Se invece $y_i = 0$, allora $N(\omega^i) = N'(\omega^i) = 0$ e, dunque, abbiamo nuovamente che la relazione (9.4) è soddisfatta. Poiché

$$\deg E'(x)N(x) = \deg E(x)N'(x) \leq k + 2t - 1 < n,$$

i due polinomi $E(x)N'(x)$ e $E'(x)N(x)$ coincidono per un numero di valori superiore al loro grado e sono conseguentemente identici. Ne segue che $p(x) = N(x)/E(x)$ è univocamente determinato.

3. È immediato verificare che $\deg p(x) < k$; d'altro canto, se ω^i non è una radice di $E(x)$, allora

$$p(\omega^i) = N(\omega^i)/E(\omega^i) = y_i E(\omega^i)/E(\omega^i) = y_i,$$

per cui il polinomio $p(x)$ soddisfa le proprietà richieste ed è soluzione al problema della decodifica del codice di Reed–Solomon.

Sottolineiamo le proprietà essenziali che sono state sfruttate nella procedura di decodifica:

1. gli indici delle parole sono rappresentati da elementi $x_i = \alpha^i$ di $\mathbb{F}_q$;
2. le valutazioni di due polinomi che corrispondono a parole di codice distinte non possono coincidere in molti punti;
3. il prodotto di due polinomi di grado basso ha a sua volta grado basso;
4. il quoziente di due polinomi risulta (in casi opportuni), a sua volta un polinomio.

Nel capitolo 16 si sfrutteranno delle proprietà simili a queste per ottenere dei codici molto buoni che generalizzano quelli di Reed–Solomon.

9.5 Codici di Reed–Solomon come BCH

Come accennato in precedenza, i codici di Reed–Solomon costituiscono una sottofamiglia propria di quella dei codici BCH. Introduciamo pertanto la nozione di codice BCH di Reed–Solomon; l'oggetto del presente paragrafo sarà quello di dimostrare come questa nuova nozione sia, in realtà, del tutto equivalente alla Definizione 9.2.

Definizione 9.3. Sia $n = q - 1$, ove q è una potenza di primo. Il *codice BCH di Reed–Solomon* BRS (n, d) è un codice BCH su $\mathbb{F}_q$ di lunghezza $n = q - 1$ e distanza designata d.

Il polinomio generatore del codice BRS (n, d) deve, necessariamente, avere la forma

$$g(x) = \prod_{i=1}^{d-1} (x - \omega^i),$$

ove α è un elemento primitivo di $\mathbb{F}_q$; pertanto, il codice BCH di Reed–Solomon di lunghezza n e distanza designata d è, a meno di equivalenza, unico.

Per costruzione, tutte le radici del polinomio generatore di un codice BCH di Reed–Solomon appartengono al campo $\mathbb{F}_q$. In particolare, il campo di calcolo di un codice BCH di Reed–Solomon coincide col suo campo di definizione. In effetti, una delle proprietà che maggiormente differenziano i codici di Reed–Solomon rispetto quelli visti nel Capitolo 8 è proprio questa: mentre per un codice BCH generico l'elemento β giace in un'estensione algebrica $\mathbb{F}_{q^m} \supseteq \mathbb{F}_q$, per un codice di Reed–Solomon esso deve trovarsi nel campo $\mathbb{F}_q$. Si noti che il campo $\mathbb{F}_q$ è univocamente determinato dalla lunghezza n del codice.

Possiamo ora calcolare tutti i parametri di un codice BCH di Reed–Solomon.

Teorema 9.8. *Sia $\mathcal{C}$ un codice BCH di Reed–Solomon con distanza designata δ. Allora la dimensione di $\mathcal{C}$ è esattamente*

$$k = n - \delta + 1.$$

Conseguentemente, la distanza minima d di $\mathcal{C}$ è proprio δ.

Dimostrazione. I codici BCH di Reed–Solomon sono codici ciclici con polinomio generatore $g(x)$ che si spezza su $\mathbb{F}_{n+1}$. Il valore di k è pertanto $k = n - \deg g(x) = n - (d - 1)$, da cui segue la prima parte della tesi. La seconda, discende dalla limitazione di Singleton, $d \leq n - k + 1$, e dalla condizione BCH $\delta \leq d$. $\square$

Esempio 9.9. Si consideri l'elemento $\alpha = 2$ in $\mathbb{Z}_5$. L'ordine di α è 4; dunque, α è un elemento primitivo di $\mathbb{Z}_5$. Ogni codice BCH di Reed–Solomon su $\mathbb{Z}_5$ ha necessariamente lunghezza 4; pertanto, la sua distanza minima è al più 4. Procediamo ad elencare elencare tutti i codici BCH di Reed–Solomon di lunghezza 4. Il risultato è presentato nella Tabella 9.1.

Nome	$g(x)$	k
BRS $(4, 2)$	$(x - 2)$	3
BRS $(4, 3)$	$(x - 2)(x - 4)$	2
BRS $(4, 4)$	$(x - 2)(x - 4)(x - 3)$	1

Tabella 9.1. Codici BCH di Reed–Solomon di lunghezza 4

La costruzione BCH di Reed–Solomon può essere impiegata anche per ottenere dei codici con buoni parametri e lunghezza diversa da $p^t - 1$, ove p è un primo. Questi codici, chiaramente, non saranno di Reed–Solomon. Il seguente esempio mostra come si può procedere.

Esempio 9.10. Supponiamo che si voglia costruire un codice di lunghezza $n = 59$, distanza minima almeno $\delta = 14$ e caratteristica 2, per facilitare l'adattamento a sistemi di comunicazione binari. Poiché 59 non può essere scritto come potenza di un primo meno 1, sicuramente non esisterà un codice BRS$(59, 14)$. D'altro canto, esiste sicuramente un codice BRS$(63, \delta)$ per ogni δ compreso fra 1 e 62 e tale codice è definito su $\mathbb{F}_{64}$. Consideriamo dunque il codice BRS$(63, 14 + 4)$. Questo codice è definito su $\mathbb{F}_{64}$, ciclico e generato dal polinomio

$$g(x) = \prod_{i=1}^{17}(x - \alpha^i),$$

ove α è un elemento primitivo di $\mathbb{F}_{64}$. Sia ora la matrice generatrice G del codice $\mathcal{C}$ così ottenuto e cancelliamo le sue ultime 4 colonne (ed, eventualmente, le righe che risultano ora combinazione lineare di altre). Denotiamo con G' la matrice così ottenuta. Il codice $\mathcal{C}'$, che ha per matrice generatrice G', ha lunghezza 59. Verifichiamo che tale codice ha anche distanza minima almeno 14 come richiesto. Infatti, ogni due parole del codice $\mathcal{C} =$ BRS$(63, 18)$ sono a distanza almeno 18. Le parole di $\mathcal{C}'$ sono tutte e sole quelle ottenute rimuovendo le ultime quattro posizioni dalle parole di $\mathcal{C}$. Per ogni

$$\mathbf{x} = (x_0\, x_1\, \cdots\, x_{n-4}\, x_{n-3}\, x_{n-2}\, x_{n-1}) \in \mathcal{C}$$

scriviamo

$$\mathbf{x}^4 = (x_0\, x_1, \cdots x_{n-5}), \mathbf{x}_4 = (x_{n-4}\, x_{n-3}\, x_{n-2}\, x_{n-1}).$$

Dato dunque $\mathbf{x} \in \mathcal{C}$, si ha

$$w(\mathbf{x}) = w(\mathbf{x}^4) + w(\mathbf{x}_4) \geq 18,$$

e $w(\mathbf{x}_4) \leq 4$. D'altro canto, se $\mathbf{y} \in \mathcal{C}'$, allora esiste sicuramente un $\mathbf{x} \in \mathcal{C}$ tale che $\mathbf{y} = \mathbf{x}^4$. Pertanto, per ogni $\mathbf{y}$,

$$w(\mathbf{y}) = w(\mathbf{x}^4) \geq 18 - w(\mathbf{x}_4) = 14,$$

da cui si deduce che la distanza minima di $\mathcal{C}'$ è almeno 14, come richiesto. La dimensione di $\mathcal{C}$ è esattamente 47, mentre la dimensione di $\mathcal{C}'$ è, a priori, un intero k compreso fra 47 e $47 - 4 = 43$. Si può mostrare, mediante un calcolo diretto, che k in questo caso è proprio 43. Vedremo più avanti come si possa giustificare teoricamente questa proprietà.

L'operazione presentata nell'Esempio 9.10, e studiata in dettaglio nel Paragrafo 14.1, prende il nome di *accorciamento*.

Possiamo ora mostrare che i codici BCH di Reed–Solomon sono equivalenti ai codici di Reed–Solomon.

⚠ Per la costruzione BCH, da un lato, e la costruzione di Reed–Solomon dall'altro, abbiamo che esiste un codice BRS(n, d) se, e soltanto se, esiste un codice RS$_d(n)$ e, in questo caso, tutti i parametri coincidono.

Sia $\mathcal{C} = \mathrm{BRS}\,(n,d)$ un codice di Reed–Solomon fissato, di dimensione k e indichiamo con ω un elemento primitivo di $\mathbb{F}_{n+1}$. Data una parola $\mathbf{c} = (c_0 \cdots c_{n-1}) \in \mathcal{C}$ con associato polinomio $c(x)$, si ha per ogni i con $1 \le i \le d-1$,

$$c(\omega^i) = 0.$$

Ne segue, esattamente come visto nella dimostrazione del Teorema 8.5 per i codici BCH, che i coefficienti dei termini di grado $1,\ldots,d-1$ della trasformata

$$\widehat{c(x)} = \sum_{j=0}^{n} c(\omega^j)x^j = \sum_{i=0}^{n} \widehat{c}_i x^i,$$

sono anch'essi nulli, per cui

$$\widehat{c}_1 = \widehat{c}_2 = \ldots = \widehat{c}_{d-1} = 0;$$

in particolare, per ogni $1 \le j \le d-1$, si ha l'equazione

$$\widehat{c}_j = \sum_{i=0}^{n-1} c_i \omega^{ij} = 0. \tag{9.5}$$

A partire dalla (9.5) si può scrivere un sistema omogeneo di $d-1$ equazioni nelle incognite c_i. La matrice associata a tale sistema è

$$\begin{pmatrix} 1 & \alpha & \alpha^2 & \alpha^3 \ldots & \alpha^{n-1} \\ 1 & \alpha^2 & \alpha^4 & \ldots & \alpha^{2n-2} \\ \vdots & \vdots & & & \vdots \\ 1 & \alpha^{d-1} & \alpha^{2(d-1)} & \ldots & \alpha^{(d-1)(n-1)} \end{pmatrix}$$

Ai sensi della Definizione 6.8, si tratta proprio della matrice $M(D)$ di controllo di parità per l'insieme di definizione $D = \{\alpha, \alpha^2, \ldots, \alpha^{d-1}\}$. Pertanto le condizioni (9.5) identificano univocamente il codice $\mathcal{C}$. In particolare, per il Corollario 6.12, ogni insieme di $d-1$ colonne di questa matrice ha rango $d-1$.
Possiamo ora dimostrare il teorema fondamentale di questa paragrafo.

Teorema 9.11 (Interpolazione per i codici BCH di Reed–Solomon).
Sia $\mathcal{C}$ il codice BCH di Reed–Solomon $\mathrm{BRS}\,(n,d)$ su $\mathbb{F}_q$ con distanza designata d. Allora, esiste una corrispondenza lineare biunivoca fra le parole di codice $\mathbf{c} = (c_0, c_1, \ldots, c_{n-1}) \in \mathrm{BRS}\,(n,d)$ e l'insieme di tutti i polinomi

$$P(x) = P_0 + P_1 x + \ldots + P_{k-1} x^{k-1}$$

su $\mathbb{F}_q[x]$ di grado al più $k-1 = n-d$. Tale corrispondenza è data da

$$c_i = \omega^{-i(d+1)} P(\omega^{-i}).$$

Dimostrazione. Al fine di dimostrare il risultato, cerchiamo di costruire un polinomio $P_{\mathbf{c}}(x)$, associato ad ogni parola $\mathbf{c}$ mediante la trasformata discreta di Fourier. La condizione che si desidera ottenere per questo polinomio è che tutti i coefficienti dei termini di grado alto (superiore a k) siano nulli. Data una parola di codice $\mathbf{c} \in \mathcal{C}$, sia $\mathbf{f} = (f_0 \, f_1 \, \ldots \, f_{n-1})$ il *vettore scalato*, le cui componenti sono

$$f_j = \omega^{j(d+1-n)} c_j.$$

Allora, per $i \geq d - 1$ si ha

$$\widehat{f}_i = \sum_{j=0}^{n-1} f_j \omega^{ij} = \sum_{j=0}^{n-1} c_j \omega^{j(i+d+1-n)} = \widehat{c}_{i+d+1-n}.$$

Rammentando che $\widehat{c}_1 = \widehat{c}_2 = \ldots = \widehat{c}_d = 0$, si deduce che

$$\begin{cases} \widehat{f}_{n-1} = \widehat{c}_d = 0 \\ \widehat{f}_{n-2} = \widehat{c}_{d-1} = 0 \\ \vdots \\ \widehat{f}_{n-d} = \widehat{c}_1 = 0. \end{cases}$$

Pertanto, la trasformata discreta di Fourier del vettore $\mathbf{f}$, vista come il polinomio $\widehat{f}(x)$, ha grado al più $n - d - 1 = k - 1$. Poniamo ora

$$P(x) = \frac{1}{n}\widehat{f}(x).$$

Per la formula dell'antitrasformata

$$P(\alpha^{-i}) = \frac{1}{n}\sum_{j=0}^{k-1} \widehat{f}_i \alpha^{-ij} = f_i,$$

da cui segue la tesi. $\square$

Si è visto nel precedente teorema che, a meno di un fattore di scala $\omega^{j(d+1-n)}$ sulla colonna j–esima, le componenti di una parola di codice $\mathbf{c} \in \mathcal{C}$ sono proprio i valori assunti da un polinomio di grado al più $k - 1$ su $\mathbb{F}_q^{\star}$. Ne segue che le due definizioni presentate per i codici di Reed–Solomon sono fra loro equivalenti. È bene però notare che la funzione di codifica utilizzata per i codici ciclici e quella introdotta nel Paragrafo 9.1 sono differenti.

Esempio 9.12. Scriviamo una matrice generatrice per il codice $\mathcal{C} = \mathrm{RS}_4(10)$. Si tratta di un codice ciclico di dimensione 7 su $\mathbb{F}_{11}$. Un polinomio generatore per $\mathcal{C}$ è

$$g(x) = (x - \zeta)(x - \zeta^2)(x - \zeta^3) = x^3 + \zeta^3 x^2 + x + \zeta,$$

ove ζ è un elemento primitivo di $\mathbb{F}_{11}$. Si può scegliere, in particolare, $\zeta = 2$. Pertanto una matrice generatrice per $\mathcal{C}$ è

$$G = \begin{pmatrix} 2 & 1 & 8 & 1 & 0 & 0 & 0 & 0 & 0 & 0 \\ 0 & 2 & 1 & 8 & 1 & 0 & 0 & 0 & 0 & 0 \\ 0 & 0 & 2 & 1 & 8 & 1 & 0 & 0 & 0 & 0 \\ 0 & 0 & 0 & 2 & 1 & 8 & 1 & 0 & 0 & 0 \\ 0 & 0 & 0 & 0 & 2 & 1 & 8 & 1 & 0 & 0 \\ 0 & 0 & 0 & 0 & 0 & 2 & 1 & 8 & 1 & 0 \\ 0 & 0 & 0 & 0 & 0 & 0 & 2 & 1 & 8 & 1 \end{pmatrix}.$$

Usando il Teorema 9.11, possiamo costruire rapidamente un differente tipo di matrice generatrice. Innanzi tutto, osserviamo che i monomi $1, x, x^2, \ldots, x^6$ formano una base dello spazio vettoriale di tutti i polinomi di grado al più 6 in $\mathbb{F}_{11}[x]$; pertanto, una matrice generatrice per un codice equivalente $\mathcal{C}$ è quella che ha nella i–esima riga il valore che il monomio x^{i-1} assume sugli elementi del gruppo $\mathbb{F}_{11}^\star$. Nel caso specifico si ottiene quanto segue:

$$
\begin{array}{c}
 \quad \zeta^0 \ \zeta^1 \ \zeta^2 \ \zeta^3 \ \zeta^4 \ \zeta^5 \ \zeta^6 \ \zeta^7 \ \zeta^8 \ \zeta^9 \\[4pt]
G' = \begin{array}{c} 1 \\ x \\ x^2 \\ x^3 \\ x^4 \\ x^5 \\ x^6 \end{array}
\left(
\begin{array}{cccccccccc}
\zeta^0 & \zeta^0 & \zeta^0 & \zeta^0 & \zeta^0 & \zeta^0 & \zeta^0 & \zeta^0 & \zeta^0 & \zeta^0 \\
\zeta^0 & \zeta^1 & \zeta^2 & \zeta^3 & \zeta^4 & \zeta^5 & \zeta^6 & \zeta^7 & \zeta^8 & \zeta^9 \\
\zeta^0 & \zeta^2 & \zeta^4 & \zeta^6 & \zeta^8 & \zeta^{10} & \zeta^2 & \zeta^4 & \zeta^6 & \zeta^8 \\
\zeta^0 & \zeta^3 & \zeta^6 & \zeta^9 & \zeta^2 & \zeta^5 & \zeta^8 & \zeta^1 & \zeta^4 & \zeta^7 \\
\zeta^0 & \zeta^4 & \zeta^8 & \zeta^2 & \zeta^6 & \zeta^0 & \zeta^4 & \zeta^8 & \zeta^2 & \zeta^6 \\
\zeta^0 & \zeta^5 & \zeta^0 & \zeta^5 & \zeta^0 & \zeta^5 & \zeta^0 & \zeta^5 & \zeta^0 & \zeta^5 \\
\zeta^0 & \zeta^6 & \zeta^2 & \zeta^8 & \zeta^4 & \zeta^0 & \zeta^6 & \zeta^2 & \zeta^8 & \zeta^4
\end{array}
\right)
\end{array} .
$$

Esempio 9.13. Consideriamo nuovamente il codice $\mathcal{C}'$ costruito nell'Esempio 9.10. Come preannunciato, vogliamo ora dimostrare che la dimensione di $\mathcal{C}'$ è effettivamente 43. A tal fine, consideriamo l'applicazione lineare

$$
\varphi : \begin{cases} \mathcal{C}' \mapsto \mathbb{F}_{64}^{63} \\ \mathbf{x} = (x_0\, x_1 \cdots c_{59}) \mapsto (x_0\, x_1 \cdots c_{59}\, 0\,0\,0\,0). \end{cases}
$$

L'immagine $\widetilde{\mathcal{C}}$ di $\mathcal{C}'$ mediante φ è un sottospazio di $\mathcal{C}$ isomorfo (come codice) a $\mathcal{C}'$. Infatti, alla luce del Teorema 9.11, possiamo scrivere

$$
\widetilde{\mathcal{C}} = \{\, p(x) \in \mathcal{C} : p(\alpha^{59}) = p(\alpha^{60}) p(\alpha^{61}) = p(\alpha^{62}) = 0\},
$$

ovvero

$$
\widetilde{\mathcal{C}} = \{p(x) \in \mathbb{F}_{64}[x] : \deg p(x) \leq 47, (x - \alpha^{59})(x - \alpha^{60})(x - \alpha^{61})(x - \alpha^{62}) \mid p(x)\}.
$$

La dimensione di questo spazio vettoriale è $47 - 4$, da cui segue la tesi.

9.6 Decodifica a lista

Sia $\mathcal{C}$ un $[n, k, d]$–codice lineare su $\mathbb{F}_q$ e $\mathbf{r}$ un vettore di $\mathbb{F}_q^n$. In generale, possiamo considerare i seguenti tre tipi di decodifica:

1. *Decodifica nel limite*: trovare, se esiste, l'unica parola $\mathbf{c} \in \mathcal{C}$ tale che $d(\mathbf{r}, \mathbf{c}) \leq t$, ove $t = \lfloor (d-1)/2 \rfloor$.
2. *Decodifica oltre il limite*: trovare, se esiste, l'unica parola $\mathbf{c} \in \mathcal{C}$ a distanza minima da $\mathbf{r}$.

3. *Decodifica a lista*: fissato un parametro $0 \leq l \leq n - 1$, determinare l'insieme $\Delta_l(\mathbf{r}, \mathcal{C})$ di tutte le parole in $\mathbf{c} \in \mathcal{C}$ tali che $d(\mathbf{c}, \mathbf{r}) \leq l$.

I tre problemi 1–3 sono stati introdotti in ordine di crescente difficoltà e generalità. Infatti, per ogni i compreso fra 0 ed $n - 1$ si ha

$$\Delta_i(\mathbf{r}, \mathcal{C}) \subseteq \Delta_{i+1}(\mathbf{r}, \mathcal{C});$$

inoltre se $\mathbf{r} \notin \mathcal{C}$, allora esiste un indice $m < n$ tale che

$$\Delta_m(\mathbf{r}, \mathcal{C}) = \emptyset, \qquad \Delta_{m+1}(\mathbf{r}, \mathcal{C}) \neq \emptyset.$$

Pertanto, se esiste un modo efficiente per rispondere al problema 3, allora è sempre possibile risolvere il problema 2, utilizzando l'Algoritmo 3.2. In particolare, si procede determinando l'indice m tale che $\Delta_m(\mathbf{r}, \mathcal{C}) = \emptyset$ e $\Delta_{m+1}(\mathbf{r}, \mathcal{C}) \neq \emptyset$ e si restituisce (se è unico) l'elemento in $\Delta_{m+1}(\mathbf{r}, \mathcal{C})$.

Similmente, saper rispondere al problema 2 comporta anche il risolvere il problema 1, in quanto basta, in questo caso, limitare le risposte a quelle per cui la distanza fra la parola di minima distanza $\mathbf{c}$ e la parola ricevuta $\mathbf{r}$ è inferiore a t. La differenza fra le risposte ai due problemi 2 e 1 corrisponde a quella fra l'applicazione degli Algoritmi 3.2 e 4.1 per i codici lineari.

La motivazione dei nomi dei problemi è la seguente:

1. Nella decodifica nel limite ci si limita a considerare il numero di errori e che il codice *garantisce a priori* di essere in grado di correggere, secondo la limitazione $e \leq t = \lfloor (d - 1)/2 \rfloor$. L'unica proprietà metrica utilizzata è, in questo caso, la distanza minima e due codici con la medesima distanza minima risultano avere la medesima capacità correttiva.
2. Nella decodifica oltre il limite, si cerca di correggere tutti gli errori per cui è possibile trovare un'unica parola a distanza minima da quanto ricevuto. Il numero massimo di errori che si *garantisce* di essere in grado di correggere, per un generico vettore trasmesso, è anche in questo caso t, ma ci possono essere alcuni vettori per cui si riesce a correggere di più (trovando un'unica parola a distanza minima).
3. Nel caso della decodifica a lista l'algoritmo determina, per ogni vettore $\mathbf{r}$ assegnato, la lista di tutte le parole in $\mathcal{C}$ a distanza t da $\mathbf{r}$.

Dalla discussione sopra presentata, si evince che la situazione migliore, assegnato un codice $\mathcal{C}$, si ha quando si riesce a fornire una risposta esauriente al Problema 3. Per codici generici non sono noti metodi efficienti per raggiungere questo obiettivo, ma vi è una soluzione nel caso specifico dei codici di Reed–Solomon.

⚠9.7 Decodifica a lista dei codici di Reed–Solomon

Presentiamo ora un importante ed efficiente algoritmo di decodifica a lista per i codici di Reed–Solomon dovuto a V. Guruswami e M. Sudan [46]. Un'analisi accurata di questo algoritmo, e alcuni successivi miglioramenti, si può trovare in [68].

L'idea fondamentale è quella di generalizzare il Problema 9.7 come segue.

Problema 9.14. Siano
  1. q una potenza di primo;
  2. k, t interi.
Poniamo $n = q - 1$.

DATI:

$\boxed{\text{D1}}$ n elementi distinti $x_0, x_1, x_2, \ldots, x_{n-1}$ di $\mathbb{F}_q$,

$\boxed{\text{D2}}$ n elementi (non necessariamente distinti) $y_0, y_1, \ldots, y_{n-1} \in \mathbb{F}_q$.

DETERMINARE:

$\boxed{\text{G1}}$ *tutti* i polinomi $P(x) \in \mathbb{F}_q[x]$ con:
  1. $\deg P(x) \leq k - 1$;
  2. $P(x_i) \neq y_i$ per al più $n - t$ valori di i.

Con un ragionamento in tutto analogo a quanto visto nel Paragrafo 9.2, si vede che risolvere il Problema 9.14 è equivalente a fornire una decodifica a lista per un codice di Reed–Solomon. In particolare, se $t = \lfloor (n - k)/2 \rfloor$ allora il Problema 9.14 è esattamente equivalente al Problema 9.7 ed è garantita l'unicità del polinomio cercato.

Sia adesso $\mathbf{y} = (y_0 \, y_1 \, \cdots \, y_{n-1})$ un vettore ricevuto e consideriamo un polinomio localizzatore degli errori (da determinarsi) in due variabili $E(x, y)$ tale che
  1. $E(x_i, y_i) = 0$ per ogni coordinata di errore i;
  2. $E(x, y)$ non è identicamente nullo;
  3. il grado di $E(x, y)$ è *ragionevolmente* piccolo.
Se $p(x)$ è il polinomio della parola corretta di codice corrispondente al vettore $\mathbf{y}$, si ha $p(x_i) = y_i$ oppure $E(x_i, y_i) = 0$. Ne segue che il polinomio

$$Q(x, y) = E(x, y)(y - p(x))$$

è identicamente nullo per ogni coppia $(x, y) = (x_i, y_i)$. Questo è il polinomio che cercheremo di scrivere.

L'algoritmo che ora descriviamo procede in tre fasi:
  1. Determinare un polinomio $Q(x, y)$ tale che $Q(x_i, y_i) = 0$ per ogni coppia (x_i, y_i) e $Q(x, y) \not\equiv 0$;
  2. Cercare i fattori di $Q(x, y)$ di grado basso, ovvero i polinomi $p_i(x)$ tali che $(y - p_i(x))$ divida $Q(x, y)$ o, equivalentemente, $Q(x, p_i(x)) \equiv 0$ e $\deg p_i(x) < k$;
  3. Testare se i polinomi $p_i(x)$ sopra determinati appartengono al codice.
Notiamo che, a priori, i fattori $y - p_i(x)$ di $Q(x, y)$ possono essere più di uno; questo corrisponde a casi in cui l'insieme $\Delta_t(\mathbf{r}, \mathcal{C})$ contiene più di un elemento. Il punto più delicato della procedura è quello di trovare un polinomio $Q(x, y)$ che sia "buono" e di dimostrare che, per ogni polinomio $p(x)$ che risolve il Problema 9.14, si ha che $y - p(x)$ è un fattore di $Q(x, y)$. Prima di continuare è necessario introdurre una definizione tecnica.

Definizione 9.4 (Grado pesato). Dati due interi w_1, w_2, il (w_1, w_2)-*grado pesato* del monomio $x^i y^j$ è il numero $iw_1 + jw_2$. Il (w_1, w_2)-grado pesato di un polinomio $Q(x, y)$ è il massimo dei (w_1, w_2)-gradi pesati dei monomi che compaiono in $Q(x, y)$. Denoteremo il (w_1, w_2)-grado pesato di $Q(x, y)$ col simbolo

$$\deg^{(w_1, w_2)} Q(x, y).$$

Introduciamo ora l'algoritmo.

Algoritmo 9.2 (Ricostruzione polinomiale).

DATI:
D1 n, k, t interi positivi;
D2 (x_i, y_i) con $x_i, y_i \in \mathbb{F}$ per $i = 0, \ldots n-1$.

DETERMINARE:
G1 ogni polinomio $p(x)$ tale che
    i. $\deg p(x) < k$;
    ii. $p(x_i) = y_i$ per ogni i tranne che per al più t casi.

SI FISSINO I PARAMETRI:

$$r = 1 + \left\lfloor \frac{kn + \sqrt{k^2 n^2 + 4(t^2 - kn)}}{2(t^2 - kn)} \right\rfloor,$$

$$l = rt - 1.$$

SI PROCEDA COME SEGUE:
S1 Si determini un polinomio

$$Q(x, y) = \sum_{j_1} \sum_{j_2} q_{j_1 j_2} x^{j_1} y^{j_2}$$

tale che:
  a) $\deg^{(1,k)}(Q) \le l$;
  b) almeno un termine $q_{j_1 j_2}$ in $Q(x, y)$ è non nullo;
  c) posto, per ogni $i = 0, \ldots, n-1$,

$$Q^{(i)}(x, y) = Q(x + x_i, y + y_i),$$

tutti i coefficienti del polinomio $Q^{(i)}(x, y)$ di grado totale inferiore ad r sono nulli; in particolare, per ogni $i = 1 \ldots n$, e per ogni $j_1, j_2 \ge 0$ tali che $j_1 + j_2 < r$ dove valere

$$q_{j_1 j_2}^{(i)} = \sum_{v \ge j_1} \sum_{w \ge j_2} \binom{v}{j_1} \binom{w}{j_2} q_{vw} x^{v - j_1} y^{w - j_2} = 0.$$

S2 Si trovino tutti i polinomi $p(x) \in \mathbb{F}[x]$ con
    a) $\deg p(x) < k$;
    b) $y - p(x)$ fattore di $Q(x, y)$;
S3 Per ogni polinomio restituito dal passo S2 si verifichi se $p(x_i) = y_i$ per almeno t valori di i;
S4 Si restituisca la lista completa dei polinomi $p(x)$ che hanno superato l'ultima verifica.

Il passo S2 è risolvibile in tempo polinomiale usando algoritmi standard per la ricerca di radici di polinomi su campi finiti; si veda al proposto [37].

Dimostriamo ora che, sotto condizioni ragionevoli, esiste un polinomio $Q(x,y)$ che soddisfa le condizioni di cui al passo S1.

Lemma 9.15. *Supponiamo che*

$$n\binom{r+1}{2} < \frac{l(l+2)}{2k}.$$

Allora, esiste sicuramente un polinomio $Q(x,y)$ con le proprietà di cui al punto S1 dell'Algoritmo 9.2 e tale polinomio può essere trovato in tempo polinomiale risolvendo un opportuno sistema lineare.

Dimostrazione. Le condizioni imposte sui coefficienti $q_{j_1 j_2}$ di $Q(x,y)$ nel passo indicato dell'algoritmo costituiscono un sistema lineare omogeneo. Tale sistema lineare ammette una soluzione non banale se, e soltanto se, il rango della matrice incompleta associata è inferiore rispetto il numero delle incognite. Il numero di condizioni imposte (non necessariamente tutte indipendenti fra loro) è $n\binom{r+1}{2}$. Il numero di coefficienti incogniti, da determinare, è pari al numero di monomi di $(1,k)$-grado pesato al più l e tale numero soddisfa la condizione

$$\sum_{j_2=0}^{\lfloor \frac{l}{k}\rfloor} \sum_{j_1=0}^{l-kj_2} 1 = \sum_{j_2=0}^{\lfloor \frac{l}{k}\rfloor} (l+1-kj_2)$$

$$= (l+1)\left(\left\lfloor\frac{l}{k}\right\rfloor + 1\right) - \frac{k}{2}\left\lfloor\frac{l}{k}\right\rfloor\left(\left\lfloor\frac{l}{k}\right\rfloor + 1\right)$$

$$\geq \left(\left\lfloor\frac{l}{k}\right\rfloor\right)\left(l+1-\frac{l}{2}\right)$$

$$\geq \frac{l}{k}\frac{l+2}{2} > n\binom{r+1}{2}.$$

La tesi è dunque dimostrata.   □

Il seguente Teorema 9.17 mostra come polinomi del tipo di quelli cercati nell'Algoritmo 9.2 effettivamente dividano $Q(x,y)$. Premettiamo un lemma tecnico.

Lemma 9.16. *Sia (x_i, y_i) una qualsiasi coppia di valori in ingresso nell'Algoritmo 9.2 e sia $p(x)$ un qualsiasi polinomio tale che $y_i = p(x_i)$. Allora, il polinomio $(x-x_i)^r$ divide il polinomio $g(x) = Q(x,p(x))$.*

Dimostrazione. Poniamo $\widetilde{p}(x) = p(x+x_i) - y_i$; chiaramente, $\widetilde{p}(0) = 0$; per conseguenza, $\widetilde{p}(x) = xu(x)$, per qualche polinomio $u(x) \in \mathbb{F}[x]$. Consideriamo ora il polinomio $\widetilde{g}(x) = Q^{(i)}(x,\widetilde{p}(x))$. Osserviamo che $\widetilde{g}(x-x_i) = g(x)$, infatti

$$g(x) = Q(x,p(x)) = Q^{(i)}(x-x_i, p(x)-y_i)$$

$$= Q^{(i)}(x-x_i, \widetilde{p}(x-x_i)) = \widetilde{g}(x-x_i).$$

Per costruzione, $Q^{(i)}(x,y)$ non ha alcun coefficiente di grado totale inferiore ad r. Sostituendo $xu(x)$ al posto di y in $Q(x,y)$, si ottiene

$$\widetilde{g}(x) = Q^{(i)}(x,xu(x));$$

pertanto, possiamo raccogliere un termine x^r. Dal fatto che x^r divida $\widetilde{g}(x)$, segue che $(x-x_i)^r$ divide $\widetilde{g}(x-x^i) = g(x)$ e la tesi è verificata.   □

Il Lemma 9.16, mostra essenzialmente come tutti i punti (x_i, y_i) abbiano molteplicità almeno r per la curva di equazione $Q(x, y) = 0$.

Teorema 9.17. *Sia $p(x)$ un polinomio di grado al più k tale che $y_i = p(x_i)$ per almeno t valori di i e supponiamo $rt > l$. Allora, $y - p(x)$ divide $Q(x, y)$.*

Dimostrazione. Consideriamo il polinomio $g(x) = Q(x, p(x))$. Per definizione di grado pesato, alla luce del fatto che il $(1, k)$–grado di $Q(x, y)$ è al più l, abbiamo che

$$\deg g(x) \le l.$$

Per il Lemma 9.16, il polinomio $(x - x_i)^r$ divide $g(x)$ per ogni i tale che $y_i = p(x_i)$. Sia ora

$$S = \{\, i : y_i = p(x_i) \}.$$

Chiaramente,

$$h(x) = \prod_{i \in S} (x - x_i)^r$$

divide $g(x)$. Per ipotesi si ha $|S| \ge t$. Pertanto, $\deg h(x) \ge rt$. Siccome $rt > l$, necessariamente $g(x) \equiv 0$; conseguentemente, $p(x)$ è una radice di $Q(x, y)$. Da quest'ultima osservazione discende che $y - p(x)$ divide $Q(x, y)$, cioè la tesi. $\square$

Il lemma seguente mostra che i parametri r e l, come fissati nell'algoritmo, effettivamente soddisfano le ipotesi del Lemma 9.15 e del Teorema 9.17, purché t sia abbastanza grande.

Lemma 9.18. *Siano n, k, t tali che $t^2 > kn$. Allora, i parametri r e l come determinati nell'Algoritmo 9.2 soddisfano sia la condizione $n\binom{r+1}{2} \le \frac{l(l+2)}{2k}$ del Lemma 9.15 che la condizione $rt > l$ del Teorema 9.17.*

Dimostrazione. Poiché $l = rt - 1$, la condizione del Teorema 9.17 è chiaramente soddisfatta. Sostituendo tale valore nella condizione del Lemma 9.15 abbiamo

$$n\binom{r + 1}{2} < \frac{(rt - 1)(rt + 1)}{2k}, \tag{9.6}$$

che si semplifica in

$$r^2(t^2 - kn) - knr - 1 > 0.$$

Al fine di garantire che tale condizione sia soddisfatta basta che r sia un intero più grande della radice massima dell'equazione di secondo grado associata alla disequazione, per cui

$$r \ge 1 + \left\lfloor \frac{kn + \sqrt{k^2 n^2 + 4(t^2 - kn)}}{2(t^2 - kn)} \right\rfloor. \tag{9.7}$$

Da quest'ultima espressione si deduce la motivazione per la scelta del parametro effettuata nell'algoritmo. $\square$

Usando contemporaneamente i lemmi 9.15, 9.18 e il Teorema 9.17 si ottiene il seguente risultato.

Teorema 9.19. *Il problema di ricostruzione polinomiale 9.14 può essere risolto in tempo polinomiale nella lunghezza n, a condizione che $t > \sqrt{kn}$.*

Pertanto, possiamo concludere che esiste un algoritmo per la decodifica a lista di un codice di Reed–Solomon.

Corollario 9.20. *I codici di Reed–Solomon possono essere decodificati a lista usando un algoritmo che richiede un tempo polinomiale in funzione della lunghezza n del codice.*

9.8 Applicazioni dei codici di Reed–Solomon

In questo ultimo paragrafo mostreremo due esempi notevoli di applicazione dei codici di Reed–Solomon, il primo è il sistema comunicazione delle sonde Voyager, il secondo il formato di archiviazione dei dati correntemente utilizzato sui DVD.

Esempio 9.21. Le sonde Voyager sono state lanciate nel 1977. L'obiettivo originale era di fornire informazioni e immagini ad alta risoluzione di Giove e Saturno e, se possibile, dei pianeti più esterni. Il progetto del sistema prevedeva due canali di comunicazione, su bande di frequenza distinte, denominate con le lettere S (2115 MHz) e X (8415 MHz). In particolare, il canale sulla banda X era dedicato alla trasmissione dei dati dalle sonde verso terra, mentre il canale sulla banda S era per la trasmissione da terra verso le sonde, anche se, in caso di necessità, poteva operare come canale secondario di trasmissione dati. La capacità in bit al secondo del canale S è compresa fra 10 e 2560, mentre per sul canale X è possibile trasmettere sino a 115.2 kilobits al secondo; si veda [59] per i dettegli.

La distanza dalla terra della sonda Voyager 2 al momento dell'incontro con Giove è stata di circa 5.2 AU; al momento dell'incontro con Nettuno era quasi 6 volte tanto: 30 AU, ove un unità astronomica (AU) corrisponde a circa 1.496×10^8 chilometri. È naturale prevedere che su queste distanze si possano verificare errori nella propagazione del segnale, soprattutto quando si vogliano trasmettere dati ad alta velocià sulla banda X. Per poter correggere questi errori, i progettisti delle missioni provvidero ad implementare dei codici correttori di errore all'interno delle apparecchiature di comunicazione. Tali codici sono costruiti combinando un codice lineare con un codice convoluzionale (si veda a proposito di questi ultimi il Capitolo 18). Il codice lineare utilizzato per trasmettere le immagini da Giove e Saturno è stato il $[24, 12, 8]$–codice binario di Golay esteso $\mathcal{G}_{24}$ (presentato nel Capitolo 12). Questo codice è in grado di correggere al più 3 errori per ogni 24 bit di dati trasmessi (esattamente 1 errore per byte), ma ha una ridondanza di 12 bit, pari al 100% della lunghezza del messaggio originale. Per trasmettere le informazioni dai pianeti più esterni (Urano e Nettuno) si è reso necessario utilizzare una codifica più efficiente. A tal fine si è sostituito il codice $\mathcal{G}_{24}$ con il codice di Reed–Solomon $RS(255, 223)$ di distanza minima 33. Tale codice:

1. ha dimensione 223 su $\mathbb{F}_{2^8}$;
2. garantisce di correggere almeno 16 errori per ogni blocco di 255 bit, pari a 1 errore per ogni blocco di 16 bit;
3. ha una ridondanza di soli 32 bit pari al 14% della lunghezza del messaggio originario.

È chiaro che il codice di Reed–Solomon, da solo, può correggere meno errori che non quello di Golay, ma il risparmio in termini di informazione trasmessa rende l'operazione comunque conveniente. In realtà, la modifica dell'apparecchiatura di codifica nonché l'impiego di algoritmi più sofisticati di decodifica ha consentito di abbassare la frazione di errori non corretti da 5×10^{-3} per le missioni ai pianeti più interni sino a 10^{-6}.

Esempio 9.22. I DVD–RO (*Read–Only digital versatile disk*) sono un supporto di memorizzazione dati ad alta capacità che può contenere sino a 8.5 Gigabyte di informazioni. Dal punto di vista fisico si tratta di dischi del diametro di 120 millimetri con un foro centrale di 15 millimetri. Ogni disco è formato da due strati di supporto incollati fra loro che isolano una o due lamine parzialmente riflettenti, in cui i dati effettivamente immagazzinati mediante variazioni dell'indice di diffrazione. Questo tipo di supporto è soggetto a danni dovuti sia all'usura che all'invecchiamento del supporto interno. In particolare, vi può essere un'alterazione della lamina su cui sono archiviati i dati a causa di condizioni avverse (ad esempio, esposizione al calore o a luce solare intensa) oppure gli strati di supporto possono essere danneggiati da graffi e/o abrasioni. Pertanto, al fine di incrementare la vita utile dei dischi, i dati devono essere protetti mediante un codice a correzione di errore. Il procedimento di archiviazione è come segue. Ogni blocco di 192×172 byte viene rappresentato mediante una matrice rettangolare B. Dapprima si applica ad ogni riga della matrice il codice RS $(182, 172)$ di parametri $[182, 172, 11]$. In tal modo si ottiene una nuova matrice B' di dimensioni 192×182. A questo punto, ad ogni colonna di B' si applica il codice RS $(208, 192)$ di parametri $[208, 192, 17]$, di modo da ottenere una matrice finale B'' di dimensioni 208×182. Questo è il blocco di informazione che viene concretamente scritto su disco. Questa costruzione è un esempio di un modo di procedere più generale, quello della codifica prodotto, che è presentato nel Paragrafo 14.10, e consente di ottenere dei codici particolarmente adatti a correggere un elevato numero di errori concentrati.

In questa sede, richiamiamo solamente il risultato fondamentale del Paragrafo 14.10, cioè che la distanza minima del codice che associa a B il blocco B' nel modo sopra descritto è il prodotto $11 \times 17 = 187$. Pertanto, si ottiene un $[37856, 33024, 187]$–codice lineare $\mathcal{C}$. Questo codice ha una ridondanza di 4832 bit, pari al 6% della lunghezza del messaggio da codificare ed è sicuramente in grado di correggere almeno 93 errori, pari, in media, ad un errore ogni 407 byte.

Esercizi

9.1. Si determini un polinomio generatore del codice $\mathcal{C} = \mathrm{BRS}\,(15, 11)$.

$$\xleftarrow{\hspace{3em}} \text{172 bit} \longrightarrow \;\; \xleftarrow{\hspace{2em}} \text{10 bit} \longrightarrow$$

	172 bit				10 bit	
$B(0,0)$	$B(0,1)$	$\cdots$	$B(0,171)$	$B'(0,172)$	$\cdots$	$B'(0,181)$
$B(1,0)$	$B(1,1)$	$\cdots$	$B(1,171)$	$B'(1,172)$	$\cdots$	$B'(1,181)$
$\cdots$			$\cdots$	$\cdots$		$\cdots$
$B(191,0)$	$B(191,1)$	$\cdots$	$B(191,171)$	$B'(191,172)$	$\cdots$	$B'(191,181)$
$B''(192,0)$	$B''(192,1)$	$\cdots$	$B''(192,171)$	$B''(192,172)$	$\cdots$	$B''(192,181)$
$B''(193,0)$	$B''(193,1)$	$\cdots$	$B''(193,171)$	$B''(193,172)$	$\cdots$	$B''(193,181)$
$\cdots$			$\cdots$	$\cdots$		$\cdots$
$B''(207,0)$	$B''(207,1)$	$\cdots$	$B''(207,171)$	$B''(207,172)$	$\cdots$	$B''(207,181)$

(192 bit per le prime righe, 16 bit per le ultime)

Fig. 9.1. Struttura del codice usato per i DVD

9.2. Sia ω un elemento primitivo di $\mathbb{F}_{16}$. Si codifichi, mediante il codice $\mathcal{C} = \mathrm{RS}\,(15,5)$ il messaggio

$$\mathbf{m} = (1\,\omega\,\omega^2\,0\,1).$$

Si trovi il messaggio corrispondente alla parola di codice

$$\mathbf{c} = (\omega^9\omega^{12}\omega^2\omega^5\omega^{12}\;\omega^2\omega^4 1\omega^{10}\omega^{13}\;\omega^{13}\omega^{10}\omega\omega^6 0).$$

9.3. Si descriva un codice di Reed–Solomon di efficienza $3/4$.

9.4. Si consideri il codice $\mathcal{C} = \mathrm{RS}\,(10,6)$, definito su $\mathbb{F}_{11}$. Si decodifichi il vettore

$$\mathbf{r} = (4\,0\,8\,0\,6\,1\,1\,4\,0\,9\,7).$$

Cancellature o *erasures*

> *By whose direction found'st thou out this place?*
>
> W. SHAKESPEARE, ROMEO AND JULIET

In un sistema di comunicazione sono spesso disponibili informazioni sulla qualità del segnale in ricezione. In particolare, può risultare possibile sapere *a priori*, prima di iniziare la decodifica vera e propria dei messaggi, che alcuni caratteri ricevuti sono sicuramente non affidabili. Questo corrisponde concretamente ad avere informazioni su alcune posizioni di errore, anche se non si hanno dati su quale sia il valore effettivo che sarebbe dovuto essere ricevuto. Nel presente capitolo mostreremo come la conoscenza a priori della posizione di alcuni errori possa essere sfruttata per agevolare la decodifica di un messaggio. Usando la terminologia del Paragrafo 8.3, il problema che tratteremo è quello di cercare tutte le ampiezze di errore quando le posizioni sono parzialmente note.

10.1 Il canale q–ario con cancellatura

Il *canale q–ario con cancellatura* (o *erasure*) è una naturale generalizzazione del canale q–ario, introdotto nel Capitolo 1. La differenza fondamentale è che, in questo caso si suppone che l'apparato ricevente possa fornire al decodificatore anche un simbolo aggiuntivo oltre ai caratteri dell'alfabeto $\mathbb{F}_q$. Tale simbolo, denotato con ?, corrisponde a valori ritenuti a priori non intellegibili. Per implementare tale tipo di ricevitore, basta monitorare la qualità del segnale analogico in ingresso e decidere che quando questa è al di sotto di una soglia arbitrariamente prefissata il carattere sia da scartare.

Esempio 10.1. Consideriamo un'apparecchiatura che può trasmettere su di un canale analogico i due valori 0 e 1. Un decodificatore che implementi il canale binario con cancellatura può essere realizzato mediante la funzione $\phi : [0,1] \mapsto \{0,1,?\}$

$$
\phi(r) = \begin{cases} 0 & \text{se } x \leq \frac{1}{3} \\ ? & \text{se } \frac{1}{3} < x < \frac{2}{3} \\ 1 & \text{se } x \geq \frac{2}{3}. \end{cases}
$$

In questo modo si tiene conto del fatto che quando i valori ricevuti sono vicini ad $\frac{1}{2}$, il segnale è fortemente alterato e, conseguentemente, le informazioni non sono affidabili. In generale, la modulazione di un segnale digitale su di un canale analogico è molto più complessa di quanto sopra presentato. Al proposito si possono consultare [114], [110], [71].

Il vantaggio essenziale nell'impiego di un canale con cancellature piuttosto che un sistema completo di *soft decoding* è che vi si possono adattare molte delle metodologie di correzione sino ad ora presentate.

Per poter procedere, dobbiamo generalizzare la distanza di Hamming all'alfabeto esteso $\overline{\mathbb{F}_q}$.

Definizione 10.1. Sia $\mathbb{F}_q$ un alfabeto. Denotiamo con $\overline{\mathbb{F}_q}$ l'insieme $\mathbb{F}_q \cup \{?\}$. La *distanza di Hamming estesa* $\overline{d}(x,y)$ in $\overline{\mathbb{F}_q}$ è la seguente funzione $\overline{\mathbb{F}_q} \times \overline{\mathbb{F}_q} \mapsto \mathbb{Q}$

$$\overline{d}(x,y) = \begin{cases} 0 & \text{se } x = y \\ 1 & \text{se } x \neq y \text{ e inoltre } x, y \neq ? \\ \frac{1}{2} & \text{se } x \neq y \text{ e } x = ? \text{ oppure } y = ?. \end{cases}$$

La distanza di Hamming estesa si può applicare ad ogni coppia di vettori di lunghezza n ad entrate in $\overline{\mathbb{F}_q}$, ponendo, per definizione,

$$\overline{d}(\mathbf{x}, \mathbf{y}) = \sum_{i=1}^{n} \overline{d}(x_i, y_i).$$

Se il simbolo $?$ (che denota una cancellatura) non appare, allora la distanza $\overline{d}$ coincide la distanza di Hamming ordinaria. Si noti che le parole ricevute $\mathbf{r}$ sono definite sull'alfabeto $\overline{\mathbb{F}_q}$, ma sia gli errori $\mathbf{e}$, da determinare, che le eventuali parole decodificate $\mathbf{c}$ sono vettori su $\mathbb{F}_q$.

Forniamo ora una descrizione formale della nozione di cancellatura.

Definizione 10.2. Sia $\mathbf{r} = (r_0\, r_1 \cdots r_{n-1})$, una parola definita sull'alfabeto $\overline{\mathbb{F}_q}$. Si dice *cancellatura* o *erasure* in $\mathbf{r}$ ogni indice $0 \leq i \leq n-1$ tale che $r_i = ?$.

Per comodità di notazione, poniamo, per ogni $x \in \overline{\mathbb{F}_q}$,

$$x + ? = x.$$

10.2 Decodifica di cancellature

L'algoritmo generico di decodifica a distanza minima 3.2, visto nel Capitolo 3, può essere applicato direttamente anche nel caso in cui la parola ricevuta contenga delle cancellature. L'unica accortezza è che, nel passo S3, la distanza e da considerare deve essere incrementata di $\frac{1}{2}$ invece che di 1. In particolare, questo algoritmo fornisce, per ogni vettore ricevuto $\mathbf{r} \in \overline{\mathbb{F}_q}^n$, la parola di codice $\mathbf{c} \in \mathcal{C}$ tale che la distanza di Hamming estesa $\overline{d}(\mathbf{c}, \mathbf{r})$ sia minima. Il seguente teorema consente di formalizzare quale sia l'effettivo potere correttivo di un codice lineare su di un canale q–ario con cancellature.

Teorema 10.2. *Sia $\mathcal{C}$ un (n, M)-codice sopra un alfabeto $\mathbb{F}_q$ con distanza minima d. Allora, $\mathcal{C}$ è in grado di correggere ogni forma di errore composta da e_0 cancellature e e_1 errori ove*

$$e_0 + 2e_1 \le d - 1.$$

Dimostrazione. La dimostrazione del teorema si basa sull'algoritmo BMDD 3.3, di decodifica mediante distanza minima limitata. Sia $\mathbf{r}$ una parola ricevuta e supponiamo che si siano verificate e_0 cancellature ed e_1 errori con $e_0 + 2e_1 \le d - 1$. Dobbiamo dimostrare che, sotto tali ipotesi, esiste un'unica parola $\mathbf{c} \in \mathcal{C}$ a distanza di Hamming estesa minima da $\mathbf{r}$. La distanza di Hamming estesa di $\mathbf{r}$ dalla più prossima parola di codice $\mathbf{c}$ deve sicuramente soddisfare la condizione

$$\overline{d}(\mathbf{c}, \mathbf{r}) = \frac{1}{2}e_0 + e_1 \le \frac{1}{2}(d - 1). \tag{10.1}$$

Siano ora $\mathbf{c}, \mathbf{c}' \in \mathcal{C}$ due parole, entrambe a distanza minima da $\mathbf{r}$; per la disuguaglianza triangolare,

$$\begin{aligned}
\overline{d}(\mathbf{c}, \mathbf{c}') &\le \overline{d}(\mathbf{c}, \mathbf{r}) + \overline{d}(\mathbf{r}, \mathbf{c}') \\
&\le \frac{1}{2}(d - 1) + \frac{1}{2}(d - 1) \\
&= d - 1;
\end{aligned}$$

pertanto, $\mathbf{c} = \mathbf{c}'$. Ne segue che la parola di codice a distanza minima da $\mathbf{r}$ è unica e che, dunque, è possibile correggere gli errori indicati. $\square$

Il Teorema 10.2 mostra quale sia il numero di errori e cancellature che un codice generico $\mathcal{C}$ con distanza minima d garantisce di essere in grado di correggere, ma non esclude che per vettori particolari $\mathbf{r}$ si possa fare di meglio. Quando $e_0 = 0$, il contenuto del Teorema 10.2 è equivalente a quello del Teorema 3.9. In un certo senso, il risultato può essere riformulato dicendo che le cancellature sono "mezzi errori".

In generale, per un $[n, k]$–codice lineare sopra $\mathbb{F}_q$, le cancellature possono essere determinate risolvendo un opportuno sistema di equazioni lineari; questo è illustrato nel seguente esempio.

Esempio 10.3. Consideriamo il codice $\mathcal{C}$ su $\mathbb{F}_{16}$ costruito come segue. Sia $\alpha \in \mathbb{F}_{16}$ un elemento primitivo con $1 + \alpha + \alpha^4 = 0$ e poniamo $\beta = \alpha^3$. In particolare, β è una radice quinta primitiva dell'unità. Il polinomio

$$g(x) = (x - \beta)(x - \beta^2)(x - \beta^3)$$

genera un codice $\mathrm{BCH}_{16}(5, 4)$ di dimensione 2 e distanza designata 4. Si verifica direttamente che la distanza minima di tale codice è effettivamente 4. La matrice generatrice G e la matrice di controllo di parità H di $\mathcal{C}$ sono rispettivamente

$$G = \begin{pmatrix} \alpha^3 & \alpha^2 & \alpha^{11} & 1 & 0 \\ 0 & \alpha^3 & \alpha^2 & \alpha^{11} & 1 \end{pmatrix}, \qquad H = \begin{pmatrix} 1 & \alpha^{11} & \alpha^{12} & 0 & 0 \\ 0 & 1 & \alpha^{11} & \alpha^{12} & 0 \\ 0 & 0 & 1 & \alpha^{11} & \alpha^{12} \end{pmatrix}.$$

Consideriamo il vettore ricevuto

$$\mathbf{r} = (?\,\alpha^6\,?\,?\,1),$$

in cui "?" indica, come al solito, la presenza di cancellature. Supponiamo inoltre che si possa garantire che non si sono verificati altri errori. A norma del Teorema 10.2, è dunque possibile trovare un'unica parola in $\mathbf{c} \in \mathcal{C}$ a distanza minima dal vettore $\mathbf{r}$. Poiché non si sono verificati errori che non sono cancellature, possiamo sicuramente scrivere, in questo caso,

$$\mathbf{c} = (c_0\,c_1\,c_2\,c_3\,c_4) = \mathbf{r} + (e_0\,0\,e_2\,e_3\,0). \tag{10.2}$$

Dato che si deve avere $\mathbf{c}H^T = 0$, otteniamo $\mathbf{c}H^T = (e_0 r_1 e_2 e_3 r_4)H^T$, ossia, un sistema lineare di tre equazioni nelle tre incognite e_0, e_2, e_3:

$$\begin{cases} \alpha^2 = (\alpha^3 + \alpha^2 + \alpha + 1)e_2 + e_0 \\ \alpha^3 + \alpha^2 = (\alpha^3 + \alpha^2 + \alpha + 1)e_3 + (\alpha^3 + \alpha^2 + \alpha)e_2 \\ \alpha^3 + \alpha^2 + \alpha + 1 = (\alpha^3 + \alpha^2 + \alpha)e_3 + e_2 = 0. \end{cases}$$

Tale sistema può riscriversi come

$$\begin{cases} \alpha^2 = \alpha^{12}e_2 + e_0 \\ \alpha^6 = \alpha^{12}e_3 + \alpha^{11}e_2 \\ \alpha^{12} = \alpha^{11}e_3 + e_2. \end{cases}$$

Esso è di Cramer, e ammette, come unica soluzione, $e_0 = \alpha^3$, $e_2 = \alpha^9$, $e_3 = \alpha^{12}$. Ne consegue,

$$\mathbf{c} = (\alpha^3\,\alpha^6\,\alpha^9\,\alpha^{12}\,1).$$

La procedura di decodifica presentata nell'Esempio 10.3 consente di correggere le cancellature, ma risulta poco pratica nei casi concreti, in cui possono essersi verificati anche errori di altro tipo. Per i codici di Reed–Solomon (e, in parte, anche per i codici BCH) è possibile fornire un algoritmo molto più efficiente; questo è l'oggetto del paragrafo seguente.

10.3 Codici di Reed–Solomon e canali con cancellatura

Nei paragrafi 8.4 e 8.7 si è visto come per i codici BCH (e dunque anche per quelli di Reed–Solomon) sia possibile determinare il vettore di errore a partire da due polinomi: il polinomio localizzatore degli errori $\sigma_{\mathbf{e}}(x)$ e il polinomio di valutazione dell'errore $\omega_{\mathbf{e}}(x)$. In particolare, l'algoritmo di Welch–Berlekamp 9.1, come visto nel nel Paragrafo 9.2, consente di ricostruire direttamente il polinomio

$\sigma_{\mathbf{e}}(x)$. L'algoritmo di decodifica che ora presenteremo si basa sul fatto che in presenza di cancellature alcune delle radici di $\sigma_{\mathbf{e}}$ sono note a priori.

Premettiamo una riformulazione del Teorema 10.2 per i codici di Reed–Solomon.

Teorema 10.4. *Il codice* $\mathrm{RS}\,(n,k)$ *sul campo* $\mathbb{F}_q$ *è in grado di correggere efficientemente una qualsiasi forma di errore composta da* e_0 *cancellature e* e_1 *errori quando*

$$e_0 + 2e_1 \leq r,$$

ove $r = n - k$.

L'algoritmo di decodifica per cancellature e errori che ora presenteremo fornisce una dimostrazione costruttiva a tale teorema.

Algoritmo 10.1 (Decodifica con cancellature per codici BCH).

Dati:

$\boxed{\text{D1}}$ Un $[n,k]$–codice ciclico $\mathcal{C}$ su $\mathbb{F}_q$ di polinomio generatore

$$g(x) = (x - \alpha)(x - \alpha^2) \cdots (x - \alpha^r),$$

ove α è un elemento primitivo di $\mathbb{F}_q$ e $r = n - k$.

$\boxed{\text{D2}}$ Una parola

$$\mathbf{r} = (r_0\, r_1\, \cdots\, r_{n-1}) \in \overline{\mathbb{F}_q}^{\,n}.$$

Determinare:

$\boxed{\text{G1}}$ Una parola, se esiste,

$$\mathbf{c} = (c_0\, c_1\, \cdots\, c_{n-1}) \in \mathcal{C} \subseteq \mathbb{F}_q^n$$

con $\overline{d}(\mathbf{r}, \mathbf{c})$ minima.

Si proceda come segue:

$\boxed{\text{S1}}$ Definiamo l'*insieme delle cancellature* I_0 come

$$I_0 = \{\, i : r_i =\, ?\,\}$$

e a scriviamo il *polinomio localizzatore delle cancellature*

$$\sigma_0 = \prod_{i \in I_0} (1 - \alpha^i x);$$

se $I_0 = \emptyset$, poniamo, per convenzione, $\sigma_0 = 1$.

$\boxed{\text{S2}}$ Sostituiamo ora le cancellature ? in $\mathbf{r}$ con degli 0, in quanto il valore originario di queste componenti è ignoto. In tal modo otteniamo un vettore $\mathbf{r}' = (r'_0\, r'_1\, \cdots\, r'_{n-1}) \in \mathbb{F}_q^n$ con

$$r'_i = \begin{cases} r_i & \text{se } r_i \neq ? \\ 0 & \text{se } r_i = ?. \end{cases}$$

Il vettore $\mathbf{r}'$ è definito sul campo $\mathbb{F}_q$; dunque, è possibile utilizzare la struttura di spazio vettoriale di $\mathbb{F}_q^n$. Tale vettore corrisponde ad un messaggio in cui si sono verificati (a priori) $e_1 + e_2$ errori e non contiene alcuna informazione sulle cancellature.

$\boxed{\text{S3}}$ Procediamo ad effettuare una decodifica di $\mathbf{r}'$ in modo analogo a quanto fatto per il caso di sola correzione degli errori: in particolare,
SS1. Calcoliamo il polinomio sindrome $S(x) = S_1 + S_2 x + \cdots + S_r x^{r-1}$ ove

$$S_j = \sum_{i=1}^{n-1} r'_i \alpha^{ij},$$

SS2. Introduciamo il vettore di *errore e cancellatura* $\mathbf{e}' = \mathbf{r}' - \mathbf{c}$ e calcoliamo la sua versione scalata

$$\mathbf{v} = (e'_0, e'_1 \alpha, \cdots, e'_{n-1} \alpha^{n-1}).$$

SS3. Scriviamo l'equazione chiave

$$\sigma(x) S(x) = \omega(x) \quad (\mathrm{mod}\ x^r),$$

ove $\sigma(x)$ e $\omega(x)$ sono, rispettivamente, il polinomio *localizzatore degli errori e cancellature* e il polinomio di *valutazione degli errori e cancellature*.

$\boxed{\text{S4}}$ Osserviamo adesso che

$$\sigma(x) = \prod_{i \in I}(1 - \alpha^i x),$$

ove I è l'insieme di tutti gli errori e cancellature in $\mathbf{r}$. In particolare, $I = I_0 \cup I_1$, ove

$$I_1 = \{i : r_i \neq ?\ \text{ed}\ r_i \neq c_i\}.$$

Ne segue

$$\sigma(x) = \sigma_0(x) \sigma_1(x),$$

con $\sigma_1(x)$ noto e pari a

$$\sigma_1(x) = \prod_{i \in I_1}(1 - \alpha^i x),$$

S5 Calcoliamo dunque il *polinomio di sindrome modificato* $S_0(x)$ dato da

$$S_0(x) = \sigma_0(x)S(x) \quad (\mathrm{mod}\ x^r);$$

possiamo dunque riscrivere l'equazione chiave come

$$\sigma_1(x)S_0(x) = \omega(x) \quad (\mathrm{mod}\ x^r).$$

S6 A questo punto, $S_0(x)$ è noto e si possono determinare $\sigma_1(x)$ e $\omega(x)$ mediante l'Algoritmo Euclideo. Infatti,
1. $\deg \sigma_1(x) = e_1$,
2. $\deg \omega(x) \le e_0 + e_1 - 1$;
dunque,
$$\deg \sigma_1 + \deg \omega \le e_0 + 2e_1 - 1 < r = \deg x^r.$$

Si è nelle ipotesi del punto S1 dell'Algoritmo 9.1; in particolare, sebbene non sia necessariamente vero che $\gcd(\sigma(x), \omega(x)) = 1$, si ha sicuramente $\gcd(\sigma_1(x), \omega(x)) = 1$.

S7 I polinomi $\sigma_1(x)$ e $\omega(x)$ soddisfano, per costruzione, le tre condizioni

$$\deg \sigma_1(x) = e_1 \le \left\lfloor \frac{r - e_0}{2} \right\rfloor, \tag{10.3}$$

$$\deg \omega(x) \le e_0 + e_1 - 1 \le e_0 + \left\lfloor \frac{r - e_0}{2} \right\rfloor - 1 \le \left\lceil \frac{r + e_0}{2} \right\rceil - 1, \tag{10.4}$$

$$\lfloor (r - e_0)/2 \rfloor + \lceil (r + e_0)/2 \rceil = r. \tag{10.5}$$

S8 Pertanto, posto

$$\mu = \left\lfloor \frac{r - e_0}{2} \right\rfloor, \qquad \nu = \left\lceil \frac{r + e_0}{2} \right\rceil - 1$$

l'algoritmo Euclideo $\mathtt{Euclid}\,(x^r, S_0(x), \mu, \nu)$ restituisce due polinomi $v(x), r(x)$ di grado, rispettivamente, al più μ e ν tali che

$$\sigma_1(x) = \lambda v(x), \qquad \omega(x) = \lambda r(x).$$

S9 Per costruzione, $\sigma_1(0) = 1$; è quindi possibile determinare λ e

$$\sigma_1(x) = v(x)/v(0), \qquad \omega(x) = r(x)/v(0). \tag{10.6}$$

S10 A questo punto, $\omega(x)$ è noto e possiamo calcolare $\sigma(x)$.

S11 Usando ora le medesime tecniche presentate nell'Algoritmo 9.1 si può ricavare la parola corretta; in particolare, le componenti e_i del vettore di errore $\mathbf{e}$ sono

$$e_i = \begin{cases} 0 & \text{se } \sigma(\alpha^{-i}) \ne 0 \\ \alpha^i \frac{\omega(\alpha^{-i})}{\sigma'(\alpha^{-i})} & \text{se } \sigma(\alpha^{-i}) = 0. \end{cases}$$

Mostriamo ora un esempio concreto di codice di Reed–Solomon utilizzato per correggere contemporaneamente errori e cancellature.

Esempio 10.5. Sia $\mathcal{C} = \mathrm{RS}\,(10,6)$. Pertanto, $\mathcal{C}$ è un codice di Reed–Solomon con distanza minima 5, definito sul campo $\mathbb{F}_{11}$. Tale codice è in grado di correggere contemporaneamente 1 errore e 2 cancellature. Il polinomio generatore di $\mathcal{C}$ è

$$g(x) = 1 + \alpha^3 x + \alpha^4 x^2 + \alpha^8 x^3 + x^4,$$

ove α è un elemento primitivo di $\mathbb{F}_{11}$. Supponiamo che sia stato ricevuto il vettore

$$\mathbf{r} = (\alpha^5\ \alpha^6\ ?\ \alpha^4\ \alpha^3\ \alpha^3\ \alpha^6\ ?\ \alpha^4\ \alpha).$$

Applichiamo l'algoritmo 10.1.

$\boxed{\text{S1}}$ Determiniamo l'insieme delle cancellature

$$I_0 = \{2, 7\};$$

pertanto, il polinomio localizzatore delle cancellature è

$$\sigma_0(x) = (1 - \alpha^2 x)(1 - \alpha^7 x) = \alpha^9 x^2 + 1.$$

$\boxed{\text{S2}}$ Scriviamo
$$\mathbf{r}' = (\alpha^5\ \alpha^6\ 0\ \alpha^4\ \alpha^3\ \alpha^3\ \alpha^6\ 0\ \alpha^4\ \alpha).$$

$\boxed{\text{S3}}$ Il polinomio sindrome risulta

$$S(x) = 1 - x + x^2 + \alpha^2 x^3 + \alpha^7 x^4 + \alpha^3 x^5 + \alpha^7 x^6 + \alpha^6 x^7 + \alpha^3 x^8 + x^9.$$

$\boxed{\text{S4}}$ Il polinomio sindrome modificato è dunque

$$S_0(x) = 1 - x + \alpha^7 x^2 + \alpha^6 x^3 + \alpha x^4.$$

$\boxed{\text{S5}}$ Si ha $\mu = 1$ e $\nu = 2$. Usando l'algoritmo Euclideo si determina

$$\sigma_1(x) = x + 1, \qquad \omega(x) = \alpha^9 x^3 + \alpha^4 x^2 - 1.$$

$\boxed{\text{S6}}$ In particolare, $\sigma_1(\alpha^{-5}) = 0$; pertanto, si è verificato un errore che non è una cancellatura nella sesta componente del vettore $\mathbf{r}$.

$\boxed{\text{S7}}$ Si ha quindi
$$\sigma(x) = \sigma_0(x)\sigma_1(x) = \alpha^9 x^3 + \alpha^9 x^2 + x + 1$$

e, conseguentemente,
$$\sigma'(x) = \alpha^7 x^2 + x + 1.$$

S8 Le posizioni in cui si deve valutare l'ampiezza d'errore sono

$$I = \{2, 5, 7\},$$

per cui si ottiene

i	$\alpha^i \dfrac{\omega(\alpha^{-i})}{\sigma'(\alpha^{-i})}$
2	α^5
5	α^4
7	α^6

In particolare, il vettore di errore è

$$\mathbf{e} = (0\,0\,\alpha^5\,0\,0\,\alpha^4\,0\,\alpha^6\,0\,0).$$

S9 A questo punto si può ricavare la parola di codice originariamente trasmessa:

$$\mathbf{c} = \mathbf{r}' - \mathbf{e} = (\alpha^5\,\alpha^6\,1\,\alpha^4\,\alpha^3\,\alpha^8\,\alpha^6\,\alpha\,\alpha^4\,\alpha).$$

Esercizi

10.1. Si utilizzi il $[15, 5, 7]$–codice BCH binario per decodificare il vettore

$$\mathbf{r} = (0{?}1\,111\,0{?}1\,110\,00{?})$$

10.2. Sia $\alpha \in \mathbb{F}_{16}$ una radice primitiva dell'unità che soddisfa il polinomio $\alpha^4 + \alpha + 1$. Si utilizzi il codice RS $(15, 7)$ per decodificare il vettore

$$\mathbf{r} = (\alpha^{13}\,1\,{?}\,\alpha^{10}\,\alpha^{12}\,\alpha^6\,{?}\,\alpha^5\,\alpha^{13}\,{?}\,\alpha\,\alpha^8\,\alpha^7\,\alpha^2\,\alpha^9).$$

10.3. Sia $\mathcal{C}$ il $[7, 3, 4]$–codice ciclico binario con polinomio generatore

$$g(x) = x^4 + x^3 + x^2 + 1.$$

Tale codice può correggere tutte le cancellature di peso al più 3. Si individuino quali cancellature di peso 4 possono essere corrette da $\mathcal{C}$.

11

Disegni e codici

I hope,
My absence doth neglect no great designs,
Which by my presence might have been concluded.

W. SHAKESPEARE, KING RICHARD III

In questo capitolo si considereranno codici lineari costruiti a partire da strutture di incidenza dotate di una certa regolarità, quali i disegni. I codici così costruiti riflettono bene le proprietà della struttura originaria; pertanto, risulta possibile studiarli sfruttando anche metodi geometrici. Come referenza per gli argomenti qui trattati, si rimanda il lettore a [8].

11.1 Strutture di incidenza

Definizione 11.1. Una *struttura di incidenza finita* $\mathcal{S} = (\mathcal{P}, \mathcal{B}, \mathcal{I})$ è una terna di elementi tale che

1. $\mathcal{P}$ e $\mathcal{B}$ sono insiemi finiti;
2. $\mathcal{I} \subseteq \mathcal{P} \times \mathcal{B}$.

Gli elementi di $\mathcal{P}$ sono detti *punti* e quelli di $\mathcal{B}$ *blocchi*. Si dice che un punto p è *incidente* con un blocco B se $(p, B) \in \mathcal{I}$. Un elemento di $\mathcal{I}$, ovvero coppia (p, B) ove p è incidente con B è detto *bandiera*.

Esempio 11.1. Sia $\mathcal{P}$ un qualsiasi insieme e $\mathcal{B} \subseteq 2^{\mathcal{P}}$. Poniamo

$$\mathcal{I} = \{(x, Y) : Y \in \mathcal{B}, x \in Y\}.$$

La terna $(\mathcal{P}, \mathcal{B}, \mathcal{I})$ è una struttura di incidenza.

⚠ Descriviamo ora quando due strutture di incidenza sono fra loro legate.

Definizione 11.2. Siano $\mathcal{S} = (\mathcal{P}, \mathcal{B}, \mathcal{I})$ e $\mathcal{S}' = (\mathcal{P}', \mathcal{B}', \mathcal{I}')$ due strutture di incidenza e sia ϕ una biiezione da $\mathcal{P} \cup \mathcal{B}$ in $\mathcal{P}' \cup \mathcal{B}'$.
   1. Sotto le ipotesi che
      i. $\phi(\mathcal{P}) = \mathcal{P}'$ e $\phi(\mathcal{B}) = \mathcal{B}'$;
      ii. $(p, B) \in \mathcal{I}$ se, e soltanto se, $(\phi(p), \phi(B)) \in \mathcal{B}'$,

ϕ è detta *isomorfismo* da $\mathcal{S}$ in $\mathcal{S}'$. Qualora $\mathcal{S} = \mathcal{S}'$, l'applicazione ϕ è chiamata *automorfismo* o *collineazione*.

2. Sotto le ipotesi che
   i. $\phi(\mathcal{P}) = \mathcal{B}'$ e $\phi(\mathcal{B}) = \mathcal{P}'$;
   ii. con $(p, B) \in \mathcal{I}$ se, e soltanto se, $(\phi(B), \phi(p)) \in \mathcal{I}'$,

ϕ si dice *anti–isomorfismo* da $\mathcal{S}$ in $\mathcal{S}'$. Se $\mathcal{S} = \mathcal{S}'$, allora ϕ è detto *anti–automorfismo* o *correlazione*.

Chiaramente, l'insieme degli automorfismi di una struttura di incidenza $\mathcal{S}$ costituisce un gruppo rispetto la composizione di funzioni. Tale gruppo, il *gruppo di automorfismi di* $\mathcal{S}$ sarà denotato con Aut$(\mathcal{S})$.

È chiaro che la terna costruita nell'Esempio 11.1 è una struttura di incidenza. Mostriamo ora che questa è la struttura tipica, quando i blocchi sono univocamente identificati dalle loro incidenze.

Teorema 11.2. *Sia* $\mathcal{S} = (\mathcal{P}, \mathcal{B}, \mathcal{I})$ *una struttura di incidenza finita. Supponiamo che dati due blocchi* $B, B' \in \mathcal{B}$ *con* $B \neq B'$ *esista sempre almeno un* $p \in \mathcal{P}$ *con*

$$(p, B) \in \mathcal{B}, \qquad (p, B') \notin \mathcal{B}.$$

Allora, esiste una struttura di incidenza $\tilde{\mathcal{S}} = (\mathcal{P}, \tilde{\mathcal{B}}, \in)$ *isomorfa a* $\mathcal{S}$.

Dimostrazione. Per ogni $B \in \mathcal{B}$, si ponga

$$\tilde{B} = \{p \in \mathcal{P} : (p, B) \in \mathcal{I}\},$$

e conseguentemente

$$\tilde{\mathcal{B}} = \{\tilde{B} : B \in \mathcal{B}\}.$$

Per ipotesi, $B \neq B'$ implica $\tilde{B} \neq \tilde{B}'$. La terna $(\mathcal{P}, \tilde{\mathcal{B}}, \in)$ è, come visto nell'Esempio 11.1, una struttura di incidenza. Consideriamo ora l'applicazione $\phi : \mathcal{P} \cup \mathcal{B} \mapsto \mathcal{P} \cup \tilde{\mathcal{B}}$ definita come segue

$$\phi(x) = \begin{cases} x & \text{se } x \in \mathcal{P} \\ \tilde{x} & \text{se } x \in \mathcal{B}. \end{cases}$$

Per quanto visto prima, ϕ è una biiezione fra gli insiemi considerati. D'altro canto, se $(p, B) \in \mathcal{I}$, allora, per definizione di $\tilde{B}$, si ha $\phi(p) = p \in \phi(B)$. Ne segue che ϕ è un isomorfismo di strutture di incidenza. $\qquad\square$

In generale, quando ci troviamo nelle ipotesi del Teorema 11.2, diremo che un punto p appartiene al blocco B ogni volta che $(p, B) \in \mathcal{I}$ e identificheremo il blocco B con l'insieme $\tilde{B}$ dei punti che vi appartengono. Il pregio di questa convenzione è che si ottiene una semplificazione della notazione nei casi più interessanti. Anche l'approccio astratto della Definizione 11.1, presenta vantaggi, come mostra la seguente definizione.

Definizione 11.3. Sia $\mathcal{S} = (\mathcal{P}, \mathcal{B}, \mathcal{I})$ una struttura di incidenza. La struttura $\mathcal{S}^T = (\mathcal{B}, \mathcal{P}, \mathcal{I}^T)$ ove

$$\mathcal{I}^T = \{(x, y) : (y, x) \in \mathcal{I}\}$$

è detta *struttura duale* di $\mathcal{S}$.

———

11.2 Disegni

Un disegno è un tipo particolare di struttura di incidenza. La teoria dei disegni nasce nell'ambito della statistica, come metodo per confrontare fra loro degli enti nel modo più equo possibile. Il problema base è quello di organizzare un esperimento costituito da un insieme di saggi che rispetti le seguenti condizioni:

1. vi sono v enti da confrontare fra loro, in gruppi di t;
2. in ogni saggio vengono testati esattamente k enti;
3. ogni gruppo di t enti viene analizzato esattamente λ volte.

Una soluzione banale al problema è quella di porre $v = k$; d'altro canto, quando il numero di enti da analizzare è grande, si rivela opportuno cercare di strutturare l'esperimento di modo che $v < k$. Forniamo la seguente definizione formale.

Definizione 11.4. Una struttura di incidenza $\mathcal{D} = (\mathcal{P}, \mathcal{B}, \mathcal{I})$ si dice $t - (v, k, \lambda)$ *disegno* o più semplicemente t–*disegno* quando t, v, k, λ sono tutti interi non negativi con le seguenti proprietà:

1. ci sono $|\mathcal{P}| = v$ punti in $\mathcal{D}$;
2. ogni blocco $B \in \mathcal{B}$ è incidente con esattamente k punti;
3. ogni insieme di t punti distinti è incidente con esattamente λ blocchi.

Solitamente assumeremo $v > 0$ e $k > 0$. Il caso $t = 0$ è possibile. In tale situazione non si richiede alcuna condizione sul numero di blocchi a cui gli insiemi di punti devono appartenere. Chiaramente, quando $t = 0$ si deve anche avere $\lambda = 0$.

Anche nel caso generale, i 4 parametri non possono essere completamente indipendenti fra loro: in particolare, $\lambda \leq k \leq v$. Un disegno per cui $k = v$ è detto *banale*.

I blocchi di un disegno corrispondono esattamente ai saggi che devono essere effettuati, mentre i punti sono, nel modello sopra presentato, gli enti da testare.

⚠ Le correlazioni di disegni hanno dei nomi particolari.

> **Definizione 11.5.** Una correlazione ϕ di un disegno $\mathcal{S}$ è detta *polarità* se $\phi \cdot \phi$ è l'identità. Un punto p (ovvero un blocco B) è detto *assoluto* se $p \in \phi(B)$ (ovvero $\phi(B) \in B$). Se ogni punto di un disegno è assoluto rispetto ϕ, allora ϕ è detta *polarità nulla*.

––––––

Alcuni particolari tipi di disegno presentano particolare rilevanza e assumono dei nomi specifici.

Definizione 11.6. Un $t - (v, k, 1)$ disegno con $t \geq 2$ è chiamato *sistema di Steiner* e denotato con il simbolo $S(t, v, k)$.

Definizione 11.7. Un 1–disegno è detto *configurazione tattica*; un 2–disegno non banale è detto *disegno incompleto bilanciato* o *BIBD* (da *Balanced Incomplete Block Design*). Un $t - (v, 2, \lambda)$ disegno è detto *grafo* (non diretto, privo di cappi).

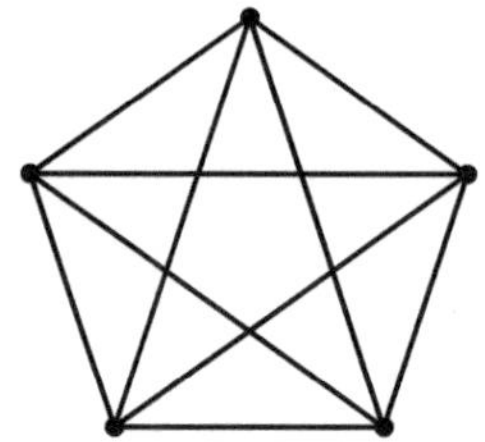

Fig. 11.1. Grafo completo K_5

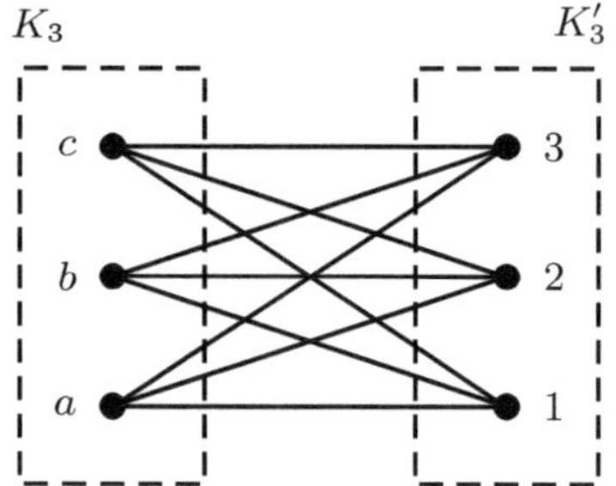

Fig. 11.2. Grafo bipartito $K_{3,3}$

Per un grafo si ha necessariamente $t \leq 2$. I punti di un grafo sono detti *vertici*, mentre i blocchi sono chiamati *spigoli*. Un grafo con $t \geq 1$ è detto *regolare* in quanto il numero di blocchi incidenti con un vertice è costante e, inoltre, $\lambda = r$.

Esempio 11.3. Un grafo che è un 2–disegno è detto *completo*; esso contiene tutti i possibili spigoli che congiungono due suoi vertici comunque scelti. Ad esempio, il grafo completo con 5 vertici è il $2 - (5, 2, 1)$ disegno i cui punti sono l'insieme

$$\mathcal{P} = \{1, 2, 3, 4, 5\}$$

e il cui insieme dei vertici $\mathcal{B}$ è semplicemente l'insieme di tutti i sottoinsiemi di cardinalità 2 di $\mathcal{P}$. Un grafo completo è univocamente identificato dal suo numero di vertici.

Esempio 11.4. Siano $K_3 = \{a, b, c\}$, $K_3' = \{1, 2, 3\}$. Consideriamo la struttura di incidenza $K_{3,3} = (\mathcal{P}, \mathcal{B})$ ove

$$\mathcal{P} = K_1 \cup K_2, \quad \mathcal{B} = \{\{x, y\} : x \in K_3, y \in K_3'\}.$$

Essa risulta un $1 - (6, 2, 1)$ disegno e, pertanto, è un grafo. Ogni grafo $(\mathcal{P}, \mathcal{B})$ tale che

1. $\mathcal{P} = K_1 \cup K_2$ con $K_1 \cap K_2 = \emptyset$;

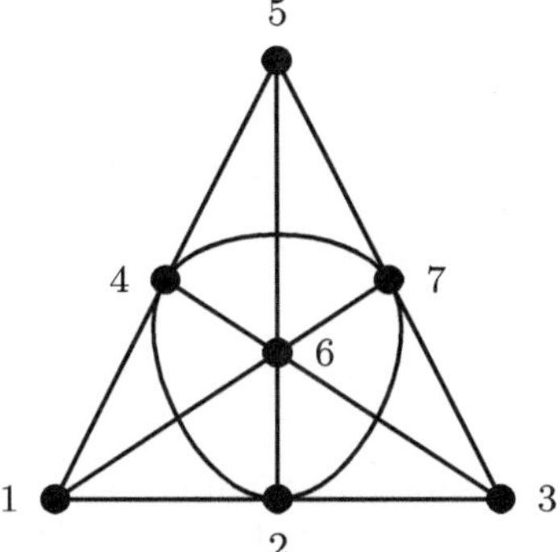

Fig. 11.3. Piano di Fano

2. per ogni blocco $B \in \mathcal{B}$ si ha

$$B \cap K_1 \neq \emptyset, \qquad B \cap K_2 \neq \emptyset$$

è detto *bipartito*.

In generale, il numero di punti e di blocchi di un disegno è differente; una famiglia di disegni particolarmente interessante è quella in cui tali numeri coincidono.

Definizione 11.8. Un disegno è detto *simmetrico* se esso possiede il medesimo numero di punti e di blocchi.

Esempio 11.5. Consideriamo il disegno $(\mathcal{P}, \mathcal{B})$ definito da

$$\mathcal{P} = \{1, 2, 3, 4, 5, 6, 7\},$$

$$\mathcal{B} = \{\{1, 2, 3\}, \{1, 4, 5\}, \{1, 6, 7\}, \{2, 4, 7\}, \{2, 5, 6\}, \{3, 5, 7\}, \{3, 4, 6\}\}.$$

È immediato verificare che $|\mathcal{P}| = 2^2 + 2 + 1$ e che per ogni $B \in \mathcal{B}$ si ha $|B| = 2 + 1$. Inoltre, dati due punti distinti esiste un unico blocco passante per essi. Si tratta dunque di un disegno simmetrico di parametri $2 - (7, 3, 1)$. Tale disegno è detto *piano di Fano*.

⚠ Mostriamo ora alcune condizioni non banali che devono essere sempre soddisfatte dai parametri di un disegno.

Teorema 11.6. *Sia* $\mathcal{D} = (\mathcal{P}, \mathcal{B})$ *un* $t - (v, k, \lambda)$ *disegno. Allora, per ogni intero* s *con* $0 \leq s \leq t$ *il numero* λ_s *di blocchi incidenti con* s *punti distinti è dato da*

$$\lambda_s = \lambda \frac{(v - s)(s - s - 1) \cdots (v - t + 1)}{(k - s)(k - s - 1) \cdots (k - t + 1)}.$$

In particolare $\mathcal{D}$ *è un* $s - (v, k, \lambda_s)$ *disegno per ogni* $1 \leq s \leq t$.

Dimostrazione. Sia S un insieme di $s \leq t$ punti. Denotiamo con m il numero dei blocchi che contengono ogni punto di S e poniamo inoltre

$$T = \{(V, B) : S \subset V \subseteq B, |V| = t, B \in \mathcal{B}\}.$$

Contando $|T|$ in due modi otteniamo,

$$|T| = \lambda \binom{v - s}{t - s} = m \binom{k - s}{t - s};$$

da questo discende che il numero m è indipendente dalla scelta di S. Esplicitando tale numero si ottiene esattamente la formula nella tesi. $\qquad \square$

I termini λ_s possono essere scritti più semplicemente in forma ricorsiva come

$$\lambda_s = \frac{v - s}{k - s} \lambda_{s+1}.$$

Definizione 11.9. L'*ordine* di un $t - (v, k, \lambda)$ disegno per $t \geq 2$ è il numero $n = \lambda_1 - \lambda_2$.

Talvolta il valore λ_1, il numero di blocchi passanti per un punto, è denotato col simbolo r e detto *numero di replicazione* del disegno.

Teorema 11.7. *Sia b il numero totale di blocchi di un disegno parzialmente bilanciato (cioè con $t = 2$) $\mathcal{D}$ di parametri (v, k, λ). Allora,*
   1. $\lambda(v - 1) = r(k - 1)$;
   2. $vr = bk$.

Dimostrazione. La prima affermazione è conseguenza diretta della scrittura ricorsiva dei λ_s sopra presentata, quando si pone $s = 1$.
La seconda affermazione si dimostra contando in due modi la cardinalità dell'insieme

$$A' = \{(x, B) \in \mathcal{P} \times \mathcal{B} : x \in B\}.$$

Infatti, ogni punto appartiene ad r blocchi diversi, per cui

$$|A'| = vr;$$

d'altro canto ogni blocco b contiene k elementi e dunque

$$|A'| = bk,$$

e la tesi segue. $\qquad \square$

In un 2–disegno simmetrico, $v = b$; in particolare, per il teorema precedente, anche il numero di punti incidenti con un blocco deve coincidere col numero di blocchi incidenti con un punto, cioè $r = k$.

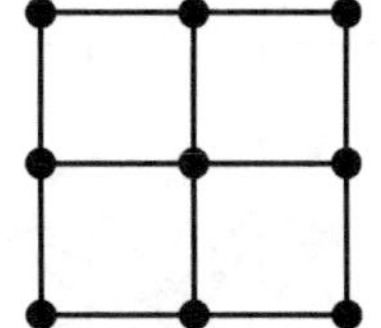

Fig. 11.4. Struttura duale di $K_{3,3}$

11.3 Matrici di incidenza

Ogni struttura di incidenza può essere rappresentata mediante una matrice.

Definizione 11.10. Sia $\mathcal{S} = (\mathcal{P}, \mathcal{B}, \mathcal{I})$ una struttura di incidenza $|\mathcal{P}| = v$ e $|\mathcal{B}| = b$. Supponiamo che i punti siano indicati come $\{p_1, p_2, \ldots, p_v\}$ e che i blocchi siano indicati come $\{B_1, B_2, \ldots, B_b\}$. Una *matrice di incidenza* della struttura $\mathcal{S}$ è una matrice $b \times v$ del tipo $A = (a_{ij})$, con entrate 0 ed 1, tale che

$$a_{ij} = \begin{cases} 1 & \text{se } (p_j, B_i) \in \mathcal{I} \\ 0 & \text{se } (p_j, B_i) \notin \mathcal{I}. \end{cases}$$

In generale, la matrice di incidenza associata ad una struttura di incidenza $\mathcal{S}$ non è unica; infatti ogni permutazione dei punti (o dei blocchi) fornisce una differente matrice.

⚠ Data una struttura di incidenza $\mathcal{S}$ con matrice di incidenza A, la struttura duale $\mathcal{S}^T$ ha matrice di incidenza A^T.

———

Esempio 11.8. La matrice di incidenza del grafo di cui all'Esempio 11.4 è

$$G = \begin{pmatrix} 1\,1\,1\,0\,0\,0\,0\,0\,0 \\ 0\,0\,0\,1\,1\,1\,0\,0\,0 \\ 0\,0\,0\,0\,0\,0\,1\,1\,1 \\ 1\,0\,0\,1\,0\,0\,1\,0\,0 \\ 0\,1\,0\,0\,1\,0\,0\,1\,0 \\ 0\,0\,1\,0\,0\,1\,0\,0\,1 \end{pmatrix}^T .$$

La struttura duale, ottenuta scambiando fra loro blocchi e punti, è mostrata in Figura 11.4.

Il peso di una riga della matrice di incidenza di un $t - (v, k, \lambda)$ disegno è k, mentre il peso di una colonna è il numero di replicazione r.

Esempio 11.9. La matrice di incidenza del piano di Fano, di cui all'Esempio 11.5, è

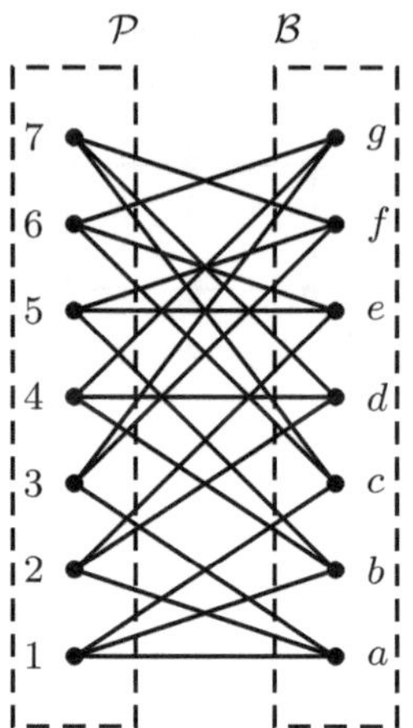

Fig. 11.5. Grafo di incidenza del piano di Fano

$$
A = \begin{pmatrix}
1 & 1 & 1 & 0 & 0 & 0 & 0 \\
1 & 0 & 0 & 1 & 1 & 0 & 0 \\
1 & 0 & 0 & 0 & 0 & 1 & 1 \\
0 & 1 & 0 & 1 & 0 & 0 & 1 \\
0 & 1 & 0 & 0 & 1 & 1 & 0 \\
0 & 0 & 1 & 0 & 1 & 0 & 1 \\
0 & 0 & 1 & 1 & 0 & 1 & 0
\end{pmatrix}.
$$

Si tratta di una matrice simmetrica. Questo significa che se il ruolo dei punti e quello delle rette viene ad essere scambiato fra loro, otteniamo una struttura isomorfa a quella data. In effetti, il duale del piano di Fano è a sua volta un piano di Fano.

Spesso le matrici di incidenza di un disegno sono *sparse*, cioè ogni riga contiene un numero limitato di entrate diverse da 0. Un metodo utile per rappresentare graficamente tali matrici in questo caso è il cosiddetto grafo di incidenza.

Definizione 11.11. Data una struttura di incidenza $\mathcal{S} = (\mathcal{P}, \mathcal{B}, \mathcal{I})$ è sempre possibile costruire un grafo $\Gamma(\mathcal{S})$ detto *grafo di incidenza* di $\mathcal{S}$ nel seguente modo:

1. i punti (vertici) di $\Gamma(\mathcal{S})$ sono gli elementi di $\mathcal{P} \cup \mathcal{B}$;
2. due vertici x, y appartengono ad uno spigolo (sono adiacenti) se, e soltanto se, $(x, y) \in \mathcal{I}$.

Il grafo di incidenza di una struttura è sempre un grafo bipartito $K_{v,b}$.

Esempio 11.10. In Figura 11.5 presentiamo il grafo di incidenza del piano di Fano.

Fissato un ordine nell'insieme dei punti $\mathcal{P}$ e dei blocchi $\mathcal{B}$, la riga[1] j–esima della matrice di incidenza, associata al blocco B_j corrisponde esattamente ai valori assunti dalla funzione caratteristica $\chi_{B_j}(P_i)$ al variare di i fra 1 e v.

Chiaramente, ogni matrice di incidenza può essere vista come insieme di r generatori per un codice di lunghezza n.

Determinare il rango che essa effettivamente ha si rivela dunque fondamentale per poter riuscire calcolare la dimensione del codice ad esso associato. Il teorema seguente mostra che tale rango, quando le entrate della matrice sono considerate su di un campo di caratteristica 0, è massimo.

Teorema 11.11. *Consideriamo un* $2-(v, k, \lambda)$ *disegno $\mathcal{D}$ con matrice di incidenza A, definita sul campo razionale $\mathbb{Q}$. Indichiamo, come nel paragrafo precedente, con $r = \lambda_1$ il numero di blocchi passanti per un punto di $\mathcal{D}$ e con $n = r - \lambda$ l'ordine del disegno. Siano I_v e J_v rispettivamente la matrice identica $v \times v$ e la matrice $v \times v$ le cui entrate sono tutte 1. Allora,*

$$A^T A = (r - \lambda)I_v + \lambda J_v, \qquad \det(A^T A) = rkn^{v-1}.$$

In particolare, quando il disegno $\mathcal{D}$ non è banale, il rango della matrice A su $\mathbb{Q}$ è massimo e dunque pari a v.

Dimostrazione. L'entrata in posizione (i, j) di $A^T A$ è esattamente il prodotto scalare della i–esima colonna di A per la j–esima, entrambe considerate come vettori. In particolare, se $i = j$ questo prodotto coincide con r, il numero di entrate non nulle in ogni colonna; se, al contrario, $i \neq j$ tale prodotto vale λ, ovvero il numero di entrate non nulle che due colonne distinte hanno in comune. Dunque,

$$A^T A = \begin{pmatrix} r & \lambda & \dots & \lambda \\ \lambda & r & \dots & \lambda \\ \vdots & \vdots & \ddots & \vdots \\ \lambda & \lambda & \dots & r \end{pmatrix} = (r - \lambda)I_v + \lambda J_v.$$

Per calcolare il determinante si può procedere direttamente mediante manipolazione delle righe e delle colonne. Un altro metodo, più interessante, è quello di notare che la matrice $A^T A$ è simmetrica e pertanto diagonalizzabile. Il vettore $\jmath = (1, 1, \dots, 1)$ è un autovettore di $A^T A$ con autovalore $r + (v - 1)\lambda = rk$. I $v - 1$ vettori della forma $(1, -1, 0, \dots, 0)$, $(0, 1, -1, 0, \dots, 0)$, etc. sono chiaramente fra loro linearmente indipendenti, e tutti questi risultano autovettori di autovalore $r - \lambda = n$. Il determinante ora si ottiene come il prodotto, con le debite molteplicità, di tutti gli autovalori.

Infine, supponiamo che $\mathcal{D}$ sia non banale. In generale, $\mathrm{rank}_{\mathbb{Q}}(A) \geq \mathrm{rank}_{\mathbb{Q}}(A^T A)$. Quest'ultima è una matrice quadrata; pertanto il rango di A è v se, e soltanto se,

---

[1] Chiaramente la scelta di usare le righe per indicare i blocchi invece che le colonne è solamente convenzionale. In questo caso usiamo la notazione di [8].

$\det(A^T A) \neq 0$. Per quanto visto in precedenza, $\det(A^T A) = rkn^{v-1}$ e, chiaramente, $r, k \neq 0$. Se fosse $n = 0$, allora $r = (v-1)\lambda/(k-1) = \lambda$ e dunque $v = k$, ovvero il disegno $\mathcal{D}$ sarebbe banale, contro l'ipotesi. $\square$

Poiché A^T è la matrice del disegno duale di A si ha anche

$$AA^T = (k - \mu)I_b + \mu J_b \qquad \det(AA^T) = rk(k - \mu),$$

ove μ denota il numero di punti che t blocchi hanno in comune fra loro.

⚠ Mostriamo ora come le matrici di incidenza possano essere applicate direttamente per investigare le proprietà di un disegno simmetrico.
Il seguente risultato è un corollario dei precedenti teoremi 11.7 e 11.11.

Corollario 11.12. *Per ogni* $2 - (v, k, \lambda)$ *disegno simmetrico non banale* $\mathcal{D}$ *si ha* $k > \lambda$.

Dimostrazione. Per definizione di disegno, il numero r dei blocchi passanti per un punto assegnato deve essere almeno λ. D'altro canto, la simmetricità del 2–disegno implica $r = k$ e dunque anche $k \geq \lambda$. Conseguentemente, la matrice di incidenza A di $\mathcal{D}$ è non–singolare e

$$\det(A^2) = \det(A^T A) = rk(r - \lambda)^{v-1} \neq 0,$$

da cui si deduce $k \neq \lambda$. $\square$

Chiaramente, un t–disegno con $t \geq 2$ è sempre anche un 2–disegno.
Data una qualsiasi matrice binaria, è sempre possibile costruire una struttura di incidenza, possibilmente banale, ad essa corrispondente.

Corollario 11.13 (Fisher). *Il numero dei punti di un* t–*disegno non banale* $\mathcal{D}$ *con* $r \geq 2$ *non può superare quello dei blocchi, per cui* $b \geq v$.

Dimostrazione. Un t–disegno non banale $\mathcal{D}$, è anche un 2–disegno non banale. Sia A la sua matrice di incidenza; allora, $\mathrm{rank}_{\mathbb{Q}}(A) = v$. Questo implica che ci devono essere almeno v colonne e v righe e quindi $b \geq v$. $\square$

I disegni simmetrici hanno tutti matrice di incidenza quadrata. In questo caso, possiamo mostrare che, quando il numero v dei punti è pari, l'ordine $n = k - \lambda$ deve sempre essere un quadrato.

Corollario 11.14. *Supponiamo esista un* $2 - (v, k, \lambda)$ *disegno simmetrico con* v *pari. Allora,* $n = k - \lambda$ *è un quadrato.*

Dimostrazione. Sia A la matrice di incidenza di un disegno simmetrico di parametri $2 - (v, k, \lambda)$. Osserviamo che

$$\det(A)^2 = \det(A^T)\det(A) = rkn^{v-1} = k^2(k - \lambda)^{v-1}.$$

Siccome $v - 1$ è dispari, ne segue che $k - \lambda$ deve essere un quadrato. $\square$

11.4 Piani proiettivi

Una classe molto importante di disegni che sono Sistemi di Steiner è costituita dai piani proiettivi.

Definizione 11.12. Una struttura di incidenza finita $\pi = (\mathcal{P}, \mathcal{B}, \mathcal{I})$ è detta *piano proiettivo* di ordine $n \geq 2$ se

1. Comunque dati due punti $a, b \in \mathcal{P}$ con $a \neq b$ esiste un unico blocco $B \in \mathcal{B}$ incidente con entrambi a e b. Tale blocco è detto la *retta* per a e b.
2. Comunque dati due blocchi $B, C \in \mathcal{B}$ con $B \neq C$ esiste un unico punto $p \in \mathcal{P}$ incidente con entrambi B e C.
3. Esistono almeno un blocco $B \in \mathcal{B}$ ed un punto $p \in \mathcal{P}$ tali che p non è incidente con $\mathcal{B}$.
4. Ogni blocco contiene $n + 1$ punti.

Il piano proiettivo di ordine 2 è unico e coincide col piano di Fano, presentato nell'Esempio 11.5. In generale, per un ordine $n \geq 9$ fissato possono o meno esistere più piani proiettivi non isomorfi di ordine n; si veda a questo proposito [51].

⚠️ La Definizione 11.12 rimane la medesima se le parole "punto" e "blocco" sono scambiate fra loro e la relazione di incidenza è invertita. Questa osservazione è detta *principio di dualità* per i piani proiettivi. È importante notare che, sebbene il duale di un piano proiettivo sia ancora un piano proiettivo del medesimo ordine, non è affatto garantito che questo nuovo piano sia isomorfo a quello di partenza, ai sensi della Definizione 11.2. In particolare, un piano proiettivo generico può non ammettere alcuna correlazione con se stesso.

———

Il seguente teorema presenta il legame fra i piani proiettivi finiti e i disegni.

Teorema 11.15. *I piani proiettivi di ordine n sono tutti e soli i $2 - (n^2 + n + 1, n + 1, 1)$ disegni.*

Dimostrazione. Per dimostrare la prima parte della tesi basta determinare la cardinalità dell'insieme dei punti di un piano proiettivo di ordine n. Consideriamo dunque un blocco $B \in \mathcal{B}$ e sia $p \in \mathcal{P} \setminus B$. Ogni blocco per p incontra B in esattamente un punto; inoltre, ogni blocco è determinato da due suoi punti distinti; pertanto vi sono $n + 1$ blocchi passanti per ogni punto p. Ne segue che $|\mathcal{P}| = (n + 1)n + 1 = n^2 + n + 1$.

Viceversa, sia $\mathcal{D} = (\mathcal{P}, \mathcal{B})$ un disegno con i parametri dell'ipotesi e consideriamo due blocchi $B, C \in \mathcal{B}$. Supponiamo $B \cap C = \emptyset$. Fissato $b \in B$, esistono esattamente $n + 1$ blocchi passanti per B e un punto di C; tali blocchi contengono in totale $n^2 + n + 1$ punti. D'altro canto, B contiene altri n punti, tutti distinti da quelli di cui sopra, per cui si dovrebbe avere $v = n^2 + 2n + 1$, contro l'ipotesi. Ne segue che $B \cap C = \emptyset$ e dunque $\mathcal{D}$ è un piano proiettivo. $\qquad\square$

In particolare, ogni piano proiettivo è un disegno simmetrico.

⚠️ In generale, l'ordine n di un piano proiettivo non può essere un intero arbitrario ma deve soddisfare delle condizioni, quali, ad esempio, quelle date dal seguente teorema, conseguenza di un risultato di Bruck, Ryser e Chowla.

Teorema 11.16. *Se esiste un piano proiettivo di ordine n e $n \equiv 1,2 \pmod 4$, allora n ammette una rappresentazione come somma di due quadrati interi.*

Nel seguente esempio mostriamo come costruire un piano proiettivo di ordine n, per ogni n potenza di primo.

Esempio 11.17. Sia q una potenza di primo e indichiamo con V lo spazio vettoriale di dimensione 3 su $\mathbb{F}_q$. Consideriamo la struttura di incidenza $\mathrm{PG}\,(2,q) = (\mathcal{P}, \mathcal{B}, I)$ definita come segue:

1. gli elementi di $\mathcal{P}$ sono i sottospazi 1–dimensionali di V;
2. gli elementi di $\mathcal{B}$ sono i sottospazi 2–dimensionali di V;
3. un punto $P \in \mathcal{P}$ è incidente con un blocco $B \in \mathcal{B}$ se, e soltanto se, $P \subseteq B$.

La struttura $\mathrm{PG}\,(2,q)$ è un piano proiettivo. Infatti,

1. il numero di sottospazi 1–dimensionali di V è pari a $(q^3-1)/(q-1) = q^2+q+1$;
2. ogni sottospazio 2–dimensionale di V contiene esattamente $(q^2-1)/(q-1) = (q+1)$ sottospazi 1–dimensionali;
3. dati due sottospazi 1–dimensionali distinti P, Q esiste esattamente un sottospazio $P \oplus Q$ di dimensione 2 che li contiene.

Il piano proiettivo $\mathrm{PG}\,(2,q)$ è detto *piano proiettivo Desarguesiano* di ordine q. Il piano di Fano è isomorfo al piano proiettivo Desarguesiano $\mathrm{PG}\,(2,2)$

Tutti i piani proiettivi noti hanno ordine $n = p^t$ con p primo.

11.5 Codici da disegni

In questo paragrafo mostreremo come costruire un codice a partire da un disegno.

Consideriamo una struttura di incidenza $\mathcal{S} = (\mathcal{P}, \mathcal{B}, \mathcal{I})$ e fissiamo un campo $\mathbb{F}_q$. Possiamo sempre considerare lo spazio vettoriale $\mathbb{F}_q^{\mathcal{P}}$ di tutte le funzioni $\mathcal{P} \mapsto \mathbb{F}_q$.

Tale spazio vettoriale possiede una base naturale, segnatamente quella descritta dalle funzioni caratteristiche dei singoletti di $\mathcal{P}$.

Il codice associato al disegno $\mathcal{S}$ è un sottospazio di tale spazio vettoriale.

Definizione 11.13. Il *codice sul campo $\mathbb{F}_q$ del disegno $\mathcal{S}$* è il sottospazio $C_{\mathbb{F}_q}(\mathcal{S})$ di $\mathbb{F}_q^{\mathcal{P}}$ generato dalle funzioni caratteristiche dei blocchi di $\mathcal{S}$, per cui

$$C_{\mathbb{F}_q}(\mathcal{S}) = \langle \chi_B : B \in \mathcal{B} \rangle.$$

La scelta del campo nella costruzione del codice $C_{\mathbb{F}_q}(\mathcal{S})$ è arbitraria e non ha nulla a che vedere con l'eventuale campo che si è utilizzato per costruire il disegno $\mathcal{S}$. D'altro canto, come è logico aspettarsi, essa influenza le proprietà del codice.

Lo spazio vettoriale $\mathbb{F}_q^{\mathcal{P}}$ ha una base naturale, costituita dalle funzioni caratteristiche dei singoletti di $\mathcal{P}$. In particolare, rispetto questa base, la funzione caratteristica di un blocco B si può sempre scrivere come

$$\chi_B = \sum_{(x,B)\in\mathcal{I}} \chi_{\{x\}}.$$

Definizione 11.14. Il *vettore di incidenza* di un blocco B è una rappresentazione $\mathbf{v}^B$ della funzione caratteristica χ_B rispetto la base naturale di $\mathbb{F}_q^{\mathcal{P}}$, supposta ordinata in modo arbitrario.

In questo paragrafo, per semplicità, identificheremo fra loro vettori di incidenza (espressi rispetto la base naturale ordinata in modo opportuno) e corrispondenti funzioni caratteristiche. In particolare, rammentiamo che i vettori di incidenza dei blocchi di un disegno $\mathcal{B}$ corrispondono alle righe della matrice di incidenza. Il codice $C_{\mathbb{F}_q}(\mathcal{S})$ può pertanto identificarsi, a meno di equivalenza, con il codice generato dalle righe della matrice di incidenza,

Esempio 11.18. Il determinante su $\mathbb{Z}$ della matrice di incidenza del piano di Fano Π è 24. Quando $\mathbb{F}$ è un campo di caratteristica diversa da 2 o 3, si ha $C_{\mathbb{F}}(\Pi) = \mathbb{F}^{\mathcal{P}}$ e dunque si ottiene il codice banale.

Il codice $C_2(\Pi)$ è esattamente il codice di Hamming $H_3(2)$. Questo si può verificare direttamente, scrivendo la matrice di incidenza di Π. Un altro metodo è quello di ricostruire Π a partire da un opportuno insieme di generatori di $H_3(2)$. I vettori di peso 3 di $H_3(2)$ sono i 7 elencati in Tabella 11.1. A questo punto, è immediato ricostruire le rette $\{a,\ldots,g\}$ di Π e verificare che la struttura di incidenza ottenuta è esattamente quella di Π. Incidentalmente, i 7 vettori di peso

$$
\begin{array}{cl}
 & 1\,2\,3\,4\,5\,6\,7 \\
a & [1\,1\,1\,0\,0\,0\,0] \\
b & [1\,0\,0\,1\,1\,0\,0] \\
c & [1\,0\,0\,0\,0\,1\,1] \\
d & [0\,1\,0\,1\,0\,1\,0] \\
e & [0\,1\,0\,0\,1\,0\,1] \\
f & [0\,0\,1\,1\,0\,0\,1] \\
g & [0\,0\,1\,0\,1\,1\,0]
\end{array}
$$

Tabella 11.1. Vettori di peso 3 in $H_3(2)$

4 di $H_3(2)$ sono in Tabella 11.2. Essi danno luogo ad un $2-(7,4,2)$ disegno, il *bipiano* di ordine 2.

$$
\begin{array}{c c}
 & 1\,2\,3\,4\,5\,6\,7 \\
a & [1\,1\,0\,1\,0\,0\,1] \\
b & [1\,1\,0\,0\,1\,1\,0] \\
c & [1\,0\,1\,1\,0\,1\,0] \\
d & [1\,0\,1\,0\,1\,0\,1] \\
e & [0\,1\,1\,1\,1\,0\,0] \\
f & [0\,1\,1\,0\,0\,1\,1] \\
g & [0\,0\,0\,1\,1\,1\,1]
\end{array}
$$

Tabella 11.2. Vettori di peso 4 in $H_3(2)$

Per concludere questo esempio, osserviamo che il codice $C_3(\Pi)$ è il codice su $\mathbb{F}_3$ generato da tutti i vettori di lunghezza 7 con esattamente due entrate, 1 e -1, diverse da 0. Si tratta di un $[7,6,2]$ codice ternario.

Definizione 11.15. Siano $\mathcal{S} = (\mathcal{P}, \mathcal{B}, \mathcal{I})$ una struttura di incidenza e p un primo. Si dice p–*rango* di $\mathcal{S}$ la dimensione del codice $C_{\mathbb{F}_p}(\mathcal{S})$. In generale, scriveremo

$$\operatorname{rank}_{\mathbb{F}_p}(\mathcal{S}) = \operatorname{rank}_p(\mathcal{S}) = \dim(C_{\mathbb{F}_p}(\mathcal{S})).$$

Esempio 11.19. Il 2–rango del piano di Fano Π è 4, mentre il 3–rango dello stesso è 6. Il 5–rango di Π è 7.

Definizione 11.16. Sia $\mathbb{F}$ un campo fissato, e sia $n \geq 1$. Denotiamo con il codice generato dal vettore $\jmath = (1\,1\,1 \cdots 1) \in \mathbb{F}^n$ con il simbolo $(\mathbb{F}\jmath_n)$.

Teorema 11.20. *Sia* $\mathcal{D} = (\mathcal{P}, \mathcal{B}, \mathcal{I})$ *un* $2 - (v, k, \lambda)$ *disegno non banale di ordine* n. *Siano inoltre* p *un primo che non divide* n *e* $\mathbb{F}$ *un campo di caratteristica* p. *Allora,*

$$\operatorname{rank}_p(\mathcal{D}) \geq (v - 1),$$

con l'uguaglianza solamente nel caso in cui p *divida* k. *In quest'ultimo caso,* $C_{\mathbb{F}}(\mathcal{D}) = (\mathbb{F}\jmath)^{\perp}$; *altrimenti* $C_{\mathbb{F}}(\mathcal{D}) = \mathbb{F}^{\mathcal{P}}$.

Dimostrazione. Supponiamo che p non divida n e sia $C = C_{\mathbb{F}}(\mathcal{D})$. Definiamo

$$\mathbf{w} = \sum_{B \in \mathcal{B}} v^B = r\jmath.$$

Per ogni $x \in \mathcal{P}$ sia $\mathbf{w_x} = \sum_{(x,B) \in \mathcal{I}} v^B$, di modo che

$$\mathbf{w_x}(t) = \begin{cases} r & \text{se } t = x \\ \lambda & \text{se } t \neq x. \end{cases}$$

Osserviamo che $\mathbf{w} - \mathbf{w_x} = n(\jmath - \mathbf{v}^x) \in C$, sicché $\jmath - \mathbf{v}^x \in C$ per ogni $x \in \mathcal{P}$; dunque anche $\mathbf{v}^x - \mathbf{v}^y \in C$. Ne segue $(F\jmath)^{\perp} \subseteq C$ e $\operatorname{rank}_p(\mathcal{D}) \geq v - 1$. L'uguaglianza è possibile se, e soltanto se, $C = (\mathbb{F}\jmath)^{\perp}$ e quest'eventualità si verifica se, e soltanto se, $\mathbf{v}^B \in (\mathbb{F}\jmath)^{\perp}$ per ogni $B \in \mathcal{B}$, cioè p divide k, in quanto $\langle \mathbf{v}^B, \jmath \rangle = |B| = k$. $\square$

Definizione 11.17. Data una struttura di incidenza $\mathcal{S} = (\mathcal{P}, \mathcal{B}, \mathcal{I})$ e un campo $\mathbb{F}$, l'*inviluppo* di $\mathcal{S}$ su $\mathbb{F}$ è il codice

$$H_{\mathbb{F}}(\mathcal{S}) = C_{\mathbb{F}}(\mathcal{S}) \cap C_{\mathbb{F}}(\mathcal{S})^{\perp}.$$

Similmente definiamo

$$B_{\mathbb{F}}(\mathcal{S}) = H_{\mathbb{F}}(\mathcal{S})^{\perp} = C_{\mathbb{F}}(\mathcal{S}) + C_{\mathbb{F}}(\mathcal{S})^{\perp}.$$

Due strutture sono *linearmente equivalenti* su F se i loro inviluppi sono codici equivalenti.

In generale, due strutture possono essere linearmente equivalenti su di un campo $\mathbb{F}$ ma indurre codici non isomorfi.

11.6 Piani proiettivi e codici

Come applicazione dei teoremi del paragrafo precedente consideriamo alcuni codici associati ai piani proiettivi desarguesiani.

Definizione 11.18. Un piano proiettivo $\Pi = (\mathcal{P}, \mathcal{B}, I)$ è detto *ciclico* se esiste un gruppo ciclico di collineazioni di Π, diciamo $\Sigma = \langle \sigma \rangle$, che agisce in modo regolare[2] sull'insieme dei punti $\mathcal{P}$. Il gruppo Σ, quando esiste, è detto *gruppo di Singer* di Π.

Teorema 11.21. *Sia* $\Pi = (\mathcal{P}, \mathcal{B}, I)$ *un piano proiettivo ciclico di ordine* n *e sia* $\Sigma = \langle \sigma \rangle$ *un suo gruppo di Singer. Allora* Σ *agisce in modo regolare anche sull'insieme dei blocchi* $\mathcal{B}$.

Dimostrazione. Poiché ogni piano proiettivo è un disegno simmetrico, abbiamo che $|\mathcal{P}| = |\mathcal{B}|$. Per dimostrare la tesi, basta pertanto mostrare che l'orbita di Σ su $\mathcal{B}$ ha lunghezza $n^2 + n + 1$, ovvero che nessun elemento di Σ diverso dall'identità fissa alcun blocco $B \in \mathcal{B}$. Siano dunque $\theta \in \Sigma$ e $B \in \mathcal{B}$ tali che $\theta(B) = B$. L'ordine di θ deve dividere $n^2 + n + 1$; d'altro canto θ agisce come permutazione sui punti di B, e non può fissarne alcuno; pertanto, il suo ordine deve anche dividere $n + 1$. Ne segue che l'ordine di θ deve dividere $\gcd(n^2 + n + 1, n + 1) = 1$, per cui θ è l'identità. $\square$

Nel 1938 Singer [90] ha dimostrato che tutti i piani proiettivi Desarguesiani sono ciclici; in particolare, questo significa che il codice di ogni disegno $\mathrm{PG}\,(2, q)$ è equivalente ad un codice ciclico. Non è noto se esistano piani proiettivi non Desarguesiani che sono ciclici.

---

[2] Questo significa che per ogni coppia di punti $P, Q \in \Pi$ esiste esattamente un intero $1 \le i \le n^2 + n + 1$ tale che $P = \sigma^i(Q)$.

Esempio 11.22. Siano $\mathcal{P} = \{1, 2, 3, 4, 5, 6, 7\}$, $B_0 = \{1, 2, 4\}$ e

$$\sigma = (1\,2\,3\,4\,5\,6\,7).$$

Indichiamo con $\mathcal{B}$ l'orbita dell'insieme B_0 sotto l'azione di $\Sigma = \langle \sigma \rangle$; gli elementi di $\mathcal{B}$ sono elencati in tabella 11.3. Per ogni due punti in $\mathcal{P}$ esiste un unico blocco e ogni

$$\begin{array}{ccc}
1 & 2 & 4 \\
2 & 3 & 5 \\
3 & 4 & 6 \\
4 & 5 & 7 \\
5 & 6 & 1 \\
6 & 7 & 2 \\
7 & 1 & 3
\end{array}$$

Tabella 11.3. Orbite del blocco B_0 sotto l'azione del gruppo Σ.

due blocchi distinti si intersecano in esattamente un punto. Pertanto $\Pi = (\mathcal{P}, \mathcal{B})$ è un piano proiettivo. La matrice di incidenza di questo piano è ciclica e ha la seguente forma

$$G = \begin{pmatrix}
1 & 1 & 0 & 1 & 0 & 0 & 0 \\
0 & 1 & 1 & 0 & 1 & 0 & 0 \\
0 & 0 & 1 & 1 & 0 & 1 & 0 \\
0 & 0 & 0 & 1 & 1 & 0 & 1 \\
1 & 0 & 0 & 0 & 1 & 1 & 0 \\
0 & 1 & 0 & 0 & 0 & 1 & 1 \\
1 & 0 & 1 & 0 & 0 & 0 & 1
\end{pmatrix}.$$

In particolare, dato un qualsiasi campo finito $\mathbb{F}$, il codice $C_{\mathbb{F}}(\Pi)$ è ciclico e ha polinomio generatore

$$g(x) = 1 + x + x^3.$$

Possiamo dunque utilizzare i risultati del capitolo 5 per calcolare le dimensioni di questo codice al variare di $\mathbb{F}$ e, conseguentemente, il p–rango della matrice G. In particolare, se $\mathbb{F} = \mathbb{F}_2$, allora

$$\gcd(1 + x + x^3, x^7 - 1) = 1 + x + x^3,$$

per cui la dimensione di $C_{\mathbb{F}_2}(\Pi)$ è $7 - 3 = 4$. Se invece, $\mathbb{F} = \mathbb{F}_3$, allora

$$\gcd(1 + x + x^3, x^7 - 1) = x - 1,$$

e quindi la dimensione di $C_{\mathbb{F}_3}(\Pi)$ è 6. Questo è in accordo con quanto visto per il piano di Fano nell'Esempio 11.19. In effetti, il piano Π qui costruito è isomorfo al piano di Fano. Un modo per vedere questo fatto è quello di considerare la biiezione $\psi : \mathcal{P} \mapsto \mathcal{P}$ definita come segue

$$\psi : \begin{cases} 1 \mapsto 1 \\ 2 \mapsto 2 \\ 3 \mapsto 4 \\ 4 \mapsto 3 \\ 5 \mapsto 7 \\ 6 \mapsto 6 \\ 7 \mapsto 5 \end{cases}.$$

Si verifica infatti che ψ associa a blocchi del piano di Fano blocchi di Π e pertanto è un isomorfismo di disegni.

Concludiamo questo paragrafo, fornendo un metodo per costruire la matrice di incidenza di un qualsiasi piano proiettivo Desarguesiano PG $(2, q)$. Per quanto dimostrato da Singer e per le osservazioni presentate nell'Esempio 11.22, basta determinare una retta del piano la cui orbita sotto l'azione del gruppo di Singer fornisce l'insieme di tutti i blocchi.

Definizione 11.19. Un (v, k, λ)-*insieme di differenze ciclico* modulo m è un sottoinsieme $D = \{d_1, d_2, \ldots, d_k\} \subseteq \mathbb{N}$ tale che ogni elemento

$$\{1, 2, \ldots, v\},$$

può essere scritto come differenza

$$d_i - d_j \quad (\mathrm{mod}\ m)$$

in esattamente λ modi diversi.

Esempio 11.23. L'insieme $D = \{1, 2, 4, 7\}$ è un insieme di differenze ciclico modulo 7 di parametri $(7, 4, 2)$.

Definizione 11.20. Un $(v, k, 1)$ insieme di differenze ciclico modulo v è detto (v, k) *insieme di differenze planare.*

Quando D è un insieme di differenze planare si ha che, comunque dati $i_1, i_2, i_3, i_4 \in I$ con $i_1 \neq i_2$,

$$i_1 - i_2 \quad (\mathrm{mod}\ v) = i_3 - i_4 \quad (\mathrm{mod}\ v)$$

se, e soltanto se, $i_i = i_3$ e $i_2 = i_4$.

Esempio 11.24. L'insieme $D = \{1, 2, 4\}$ è un insieme di differenze planare di parametri $(7, 3)$.

L'esistenza di un insieme di differenze D di parametri (v, k, λ) consente immediatamente di costruire un $2 - (v, k, \lambda)$ disegno. Consideriamo infatti, la struttura di incidenza $\mathcal{D} = (\mathcal{P}, \mathcal{B})$ ove

1. $\mathcal{P} = \{1, 2, \ldots, v\}$

2. $\mathcal{B} = \{\, B_i : i = 1, 2, \ldots v \,\}$ e $B_i = \{\, d + i \pmod{v} : d \in D \,\}$.

Chiaramente, vi sono v punti e ogni blocco B_i contiene esattamente k punti. Per verificare che B_i è un disegno simmetrico bisogna mostrare che per ogni 2 punti distinti vi sono esattamente λ blocchi. Siano dunque $a, b \in \mathcal{P}$ con $a \neq b$ e consideriamo l'insieme

$$\Omega_{a,b} = \{\, B_i : a, b \in B_i \,\}.$$

Dati $a, b \in B_i$, si ha $a = \mathfrak{a} + i$ e $b = \mathfrak{b} + i$ per $\mathfrak{a}, \mathfrak{b}$ elementi distinti di D. Pertanto, $a - b = \mathfrak{a} - \mathfrak{b}$ da cui si può dedurre $a = b + (\mathfrak{a} - \mathfrak{b})$. Per definizione di insieme di differenze, il numero $l = (\mathfrak{a} - \mathfrak{b})$ può scriversi in esattamente λ modi diversi come differenza di elementi di D; ne segue che esistono esattamente λ terne $(\mathfrak{a}, \mathfrak{b}, i)$ distinte tali che

$$a = \mathfrak{a} + i, \quad b = \mathfrak{b} + i.$$

Da questo si deduce che $|\Omega_{a,b}| = \lambda$, che implica la tesi.

Per quanto visto sopra, ogni $(n^2 + n + 1, n + 1)$ insieme di differenze planare consente di costruire un piano proiettivo ciclico. In particolare, per descrivere il codice associato alla matrice di incidenza di un piano proiettivo ciclico di ordine n si può procedere come segue:

1. Costruire un $(n^2 + n + 1, n + 1)$ insieme di differenze planare D;
2. Associare a D il polinomio

$$j(x) = \sum_{i \in D} x^i.$$

3. Calcolare il massimo comun divisore $g(x)$ fra $j(x)$ e $x^{n^2 + n + 1} - 1$.
4. Osservare che il blocco j–esimo del disegno associato a D corrisponde al grado dei termini non nulli del polinomio

$$x^j g(x) \pmod{x^{n^2 + n + 1} - 1}.$$

Esercizi

11.1. Si costruisca un $(13, 4)$–insieme di differenze planare e si determinino la dimensione di tutti i codici ad esso associati.

11.2. Sia $\mathrm{PG}\,(3, 4)$ lo spazio proiettivo di dimensione 3 su $\mathbb{F}_4$ (per la definizione di spazio proiettivo si rimanda al Paragrafo B.1). Si studi il codice binario associato al disegno dei punti e dei piani di tale spazio proiettivo. Si tratta di un codice ciclico?

Codici di Golay

It must be so; for miracles are ceased;
and therefore we must needs admit the means
How things are perfected.

W. SHAKESPEARE, KING HENRY V

I codici di Golay sono codici sporadici associati ai disegni di Mathieu; essi, insieme ai codici di Hamming, sono gli unici codici lineari perfetti non banali; per tale motivo, si rivelano particolarmente interessanti. In particolare, la struttura di tali codici è molto ricca. Pertanto, essi si prestano ad essere decodificati con facilità. Le prime sonde interplanetarie utilizzavano codici di Golay per la trasmissione dei dati, in quanto l'implementazione di questi è molto più semplice computazionalmente che non quella dei codici di Reed–Solomon.

12.1 Codice di Golay binario esteso e disegni di Mathieu

In questo paragrafo introdurremo il codice binario di Golay esteso e mostreremo come esso sia legato ad un sistema di Steiner particolarmente interessante.

Esordiamo con una definizione, apparente molto vaga.

Definizione 12.1. Ogni $[24, 12, 8]$–codice binario lineare è detto *codice binario di Golay esteso*

Dimostreremo ora che, a meno di equivalenza, esiste un unico codice binario di Golay esteso; tale codice sarà indicato col simbolo $\mathcal{G}_{24}$. Il primo passo consiste nel verificare che ogni codice di lunghezza 24 e dimensione almeno 12, ha distanza minima al più 8. Conseguenza immediata è che un eventuale $[24, 12, 8]$–codice è ottimale.

Teorema 12.1. *Un $[n, k, d]$–codice binario lineare C di lunghezza $n = 24$, dimensione almeno $k \geq 12$ e peso minimo almeno $d \geq 8$ è, necessariamente, un $[24, 12, 8]$–codice.*

Dimostrazione.

1. Determiniamo dapprima la dimensione di $\mathcal{C}$ e mostriamo che essa deve essere proprio 12. Sia $V = \mathbb{F}_2^{24}$ lo spazio vettoriale in cui giace $\mathcal{C}$. Fissiamo una componente per ogni vettore, diciamo la i–esima e indichiamo con S_i l'insieme di tutte le parole $\mathbf{v} \in V$ che soddisfano contemporaneamente le seguenti due condizioni:
   1. $w(\mathbf{v}) \leq 4$;
   2. $w(\mathbf{v}) = 4$ implica $v_i = 1$.

   Per $t < 4$, il numero di parole in S_i con peso t, è $\binom{24}{t}$. Le parole in S_i con peso 4 hanno un bit (quello in posizione i) fisso e pari ad 1, mentre gli altri tre sono scelti in $\binom{23}{3}$ possibili diversi modi. Pertanto,

$$|S_i| = \binom{24}{0} + \binom{24}{1} + \binom{24}{2} + \binom{24}{3} + \binom{23}{3} =$$
$$1 + 24 + 276 + 2024 + 1171 =$$
$$4096 = 2^{12}.$$

   Per costruzione, la somma di due qualsiasi elementi $\mathbf{a}, \mathbf{b} \in S_i$ ha peso massimo 8. D'altro canto, se il peso di $\mathbf{a} + \mathbf{b}$ fosse esattamente 8, allora entrambi gli elementi dovrebbero avere peso 4; in particolare si avrebbe $a_i = b_i = 1$, una contraddizione, dato che $1 + 1 = 0$ in $\mathbb{F}_2$. Ne segue che il peso della somma $\mathbf{f} = \mathbf{a} + \mathbf{b}$ è al più 7. Da questo deduciamo che il vettore $\mathbf{f}$ non può giacere nel codice $\mathcal{C}$; dunque, al variare di $\mathbf{v} \in S_i$, i laterali $\mathbf{v} + \mathcal{C}$ sono tutti distinti fra loro. Questo implica

$$2^{12} \leq |V/\mathcal{C}| = |V|/|\mathcal{C}| \leq 2^{24}/2^{12},$$

   da cui $|\mathcal{C}| \leq 2^{12}$. A questo punto, per l'ipotesi sulla dimensione di $\mathcal{C}$, si deduce che deve valere l'uguaglianza e si ha quindi $\dim \mathcal{C} = 12$.

<table>
<tr><td align="center">$s_{2^{12}} + \mathcal{C}$</td></tr>
<tr><td align="center">$\vdots$</td></tr>
<tr><td align="center">$s_2 + \mathcal{C}$</td></tr>
<tr><td align="center">$s_1 + \mathcal{C}$</td></tr>
<tr><td align="center">$\mathcal{C}$</td></tr>
</table>

Fig. 12.1. Classi laterali di $\mathcal{C}$ nel Teorema 12.1

2. Sia adesso $\mathbf{b} \in V$ un vettore di peso 4 con $b_i = 0$. Chiaramente, $\mathbf{b} \notin S_i$; d'altro canto, per quanto visto precedentemente, esiste sicuramente un vettore $\mathbf{a} \in S_i$ tale che $\mathbf{b} \in \mathbf{a} + \mathcal{C}$; dunque, $\mathbf{a} + \mathbf{b} \in \mathcal{C}$ è un elemento non nullo. Per costruzione, $\mathbf{a} + \mathbf{b}$ ha peso al più 8; per la condizione sulla distanza minima, deve essere anche

$$w(\mathbf{a} + \mathbf{b}) \geq 8.$$

   Pertanto, la distanza minima di $\mathcal{C}$ è esattamente 8.

$\square$

Mostriamo ora che le parole di peso 8 di un codice binario di Golay esteso $\mathcal{C}$ formano un disegno. Prima di enunciare il teorema, richiamiamo che ogni vettore binario è univocamente determinato dal proprio supporto. Pertanto, dati due vettori binari $\mathbf{c}, \mathbf{d}$ esiste un unico vettore binario $\mathbf{f}$ con $\mathrm{Supp}\,(\mathbf{f}) = \mathrm{Supp}\,(\mathbf{c}) \cap \mathrm{Supp}\,(\mathbf{d})$. Denoteremo con $\mathbf{f} = \mathbf{c} \cap \mathbf{d}$ tale vettore.

Teorema 12.2. *Sia $\mathcal{C}$ un $[24, 12, 8]$–codice binario. Le parole di $\mathcal{C}$ di peso 8 formano un $5 - (24, 8, 1)$ disegno di Steiner.*

Dimostrazione. Adottiamo nuovamente la notazione seguita nella dimostrazione del teorema 12.1 e interpretiamo ogni vettore $\mathbf{v} \in V$ come vettore di incidenza per una qualche struttura $(\mathcal{P}, \mathcal{B})$ con $\mathcal{P} = \{1, 2, \dots, 24\}$. Per praticità, identifichiamo la posizione delle componenti non nulle di $\mathbf{v}$ con il punto corrispondente in $\mathcal{P}$. In particolare, scriviamo $i \in \mathbf{a}$ se, e soltanto se, $a_i = 1$ o, equivalentemente, $i \in \mathrm{Supp}\,(\mathbf{a})$. In questo modo otteniamo un disegno con $v = 24$ e $k = 12$. Per avere la tesi, basta dunque dimostrare che per ogni 5 punti distinti passa un unico blocco. Siano dunque $1 \leq i, j, k, l, m \leq 24$ cinque interi distinti e consideriamo la classe S_i. Indichiamo con $\mathbf{b}$ il vettore di peso 4 il cui supporto è $\{j, k, l, m\}$ e sia $\mathbf{a} \in S_i$ il vettore tale che $\mathbf{b} \in \mathbf{a} + \mathcal{C}$. Osserviamo che $i \in (\mathbf{a} + \mathbf{b})$; inoltre, $\mathbf{a} + \mathbf{b} \in \mathcal{C}$. Il peso di $\mathbf{c} = \mathbf{a} + \mathbf{b}$, pertanto, deve essere almeno 8; dunque, $j, k, l, m \in \mathbf{a} + \mathbf{b}$. In particolare, ogni insieme di 5 punti è contenuto in almeno una sottoinsieme di cardinalità 8 che ha quale vettore di incidenza una parola di codice $\mathbf{c} \in \mathcal{C}$. Mostriamo ora che tale vettore è unico. In caso contrario, vi sarebbero infatti due parole distinte $\mathbf{c}, \mathbf{c}' \in \mathcal{C}$ con $w(\mathbf{c}) = w(\mathbf{c}') = 8$ e $5 \geq w(\mathbf{c} \cap \mathbf{c}') \leq 7$, da cui $w(\mathbf{c} + \mathbf{c}') \leq 2(8 - 5) = 6$, contro l'ipotesi che la distanza minima di $\mathcal{C}$ sia 8. Concludendo, si è dimostrato che le

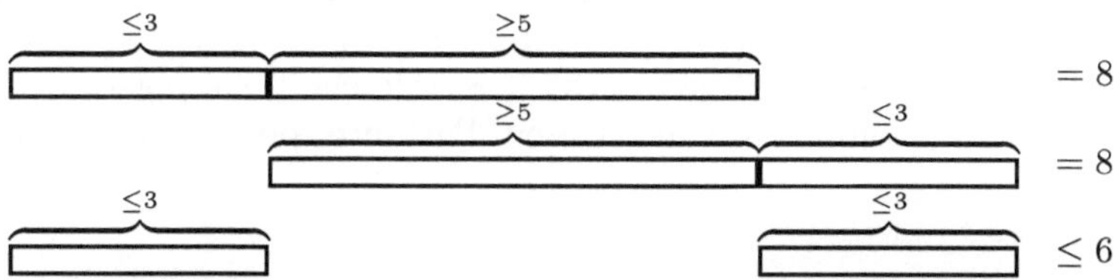

Fig. 12.2. Peso di $\mathbf{c} + \mathbf{c}'$ nel Teorema 12.2

parole di peso 8 di $\mathcal{C}$ formano un $5 - (24, 8, 1)$ disegno di Steiner ed esse sono in numero di

$$\binom{24}{5} / \binom{8}{5} = 759.$$

$\square$

Definizione 12.2. Un disegno si dice *di Mathieu* o *di Witt* se i suoi parametri sono fra i seguenti:

$$4-(11,5,1), \qquad 4-(23,7,1), \qquad 3-(22,6,1),$$
$$5-(12,6,1), \qquad 5-(24,8,1).$$

Per definizione, ogni disegno di Mathieu è un sistema di Steiner. Si riesce a dimostrare che i disegni di Mathieu sono univocamente determinati dai propri parametri e i loro gruppi di automorfismi sono, rispettivamente, i gruppi sporadici di Mathieu M_{11}, M_{23}, M_{22}, M_{12} e M_{24}.

⚠ In particolare, il disegno associato ad un $[24,12,8]$–codice binario è il disegno di Mathieu $\mathcal{M}_{24}$. Tale disegno, si può ottenere estendendo consecutivamente per 3 volte il piano proiettivo PG$(2,4)$ ed è unico. Il gruppo sporadico M_{24} agisce su $\mathcal{M}_{24}$ in modo 5–transitivo sui punti e 1–transitivo sui blocchi. Per una discussione approfondita di questi disegni e della loro costruzione (sia come estensioni di PG$(2,4)$ che in modo diretto a partire dai parametri che li descrivono) si rimanda a [65].

———

Per dimostrare l'unicità del codice esteso di Golay binario $[24,12,8]$, facciamo vedere che esso è generato da tutte le sue parole di peso 8.

Teorema 12.3. *Sia C un codice lineare binario di parametri $[24,12,8]$. Allora, C è generato da tutte le sue parole di peso 8.*

Dimostrazione. Sia C' il sottospazio di C generato da tutte le parole di C con peso 8. Chiaramente C' è un $[24,k,8]$ codice binario. Per ottenere la tesi, basta contare le parole e mostrare che $|C'| = |C|$. Se un insieme S_i, trasversale di C in $\mathbb{F}_2^{24}$, è anche un trasversale di C', si ottiene l'uguaglianza delle cardinalità. D'altro canto, la condizione sui trasversali di cui sopra è equivalente a provare che, per ogni $\mathbf{a} \in V$, esiste un $\mathbf{s} \in S_i$ (con i fissato), tale che $\mathbf{a} \in \mathbf{s} + C'$. Le parole di peso 8 di C' sono le stesse di quelle di C. Pertanto, per il Teorema 12.2, esse formano un $5-(24,8,1)$ disegno. In particolare, ogni vettore $\mathbf{a} \in \mathbb{F}_2^{24}$ di peso $w(\mathbf{a}) \geq 5$ identifica univocamente un vettore $\mathbf{c} \in C'$ con $w(\mathbf{c}) = 8$, tale che il supporto di $\mathbf{c}$ e quello di $\mathbf{a}$ hanno almeno 5 componenti in comune. Pertanto, possiamo determinare un

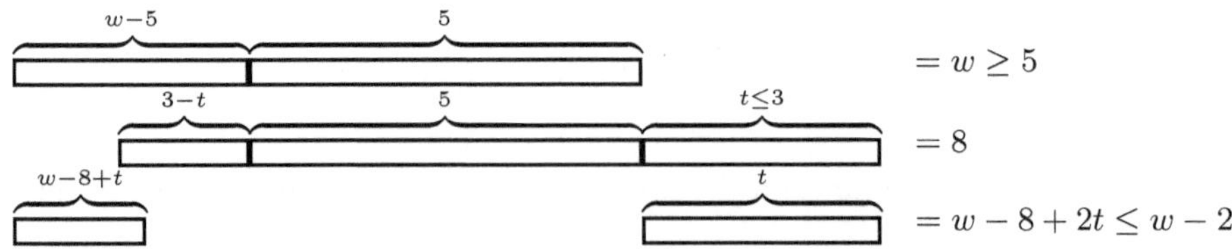

Fig. 12.3. Peso di $a+c$ nel Teorema 12.3

vettore $\mathbf{a}' = \mathbf{a} + \mathbf{c}$ appartenente al medesimo laterale e tale che $w(\mathbf{a}') \leq w(\mathbf{a}) - 2$. È possibile reiterare questa procedura sino a che non si ottiene un elemento $\widetilde{\mathbf{a}} \in V$

con $w(\tilde{\mathbf{a}}) \leq 4$. È evidente che $\tilde{\mathbf{a}}$ appartiene alla medesima classe laterale di $\mathbf{a}$ rispetto $\mathcal{C}'$. Fissiamo ora un indice i qualsiasi e consideriamo l'insieme S_i da esso definito. Si danno tre possibilità:

1. $w(\tilde{\mathbf{a}}) \leq 3$. Questo implica $\tilde{\mathbf{a}} \in S_i$ e, dunque, $\tilde{\mathbf{a}}$ identifica univocamente un laterale di $\mathcal{C}$ in V;
2. $w(\tilde{\mathbf{a}}) = 4$ e $\tilde{a}_i = 1$. Allora $\tilde{\mathbf{a}} \in S_i$ e, nuovamente, si identifica univocamente un laterale di $\mathcal{C}$ in V;
3. $w(\tilde{\mathbf{a}}) = 4$ e $\tilde{a}_i = 0$. Dunque, $\tilde{\mathbf{a}} \notin S_i$. D'altro canto, in questo caso, esiste un unico $\mathbf{x} \in S_i$ con $\tilde{\mathbf{a}} + \mathbf{x} \in \mathcal{C}$ e $w(\tilde{\mathbf{a}} + \mathbf{x}) = 8$. Ne segue che $\tilde{\mathbf{a}}$, anche in questo caso, identifica univocamente un laterale di $\mathcal{C}$ in V.

Dal ragionamento precedente segue che tutti gli elementi di V sono congrui modulo $\mathcal{C}'$ ad elementi di S_i; dunque,

$$|V/\mathcal{C}'| \leq |S_i| = |V/\mathcal{C}|.$$

Questo implica $|\mathcal{C}| = |\mathcal{C}'|$, da cui segue la tesi. $\square$

La Tabella 12.1 riassume i risultati utilizzati per dimostrare l'esistenza e unicità del codice di Golay binario esteso.

Teorema 12.1	Un $[24, \geq 12, \geq 8]_2$ codice è un $[24, 12, 8]_2$ codice $\mathcal{C}$
Teorema 12.2	Costruzione di un $2 - (24, 8, 1)$ disegno a partire da $\mathcal{C}$
Esistenza e unicità del $2 - (24, 8, 1)$ disegno $\mathcal{M}_{24}$	
Teorema 12.3	Un $[24, 12, 8]_2$ codice è il codice di $\mathcal{M}_{24}$
Esistenza e unicità del $[24, 12, 8]_2$ codice	

Tabella 12.1. Teoremi usati per costruire $\mathcal{G}_{24}$

⚠ 12.2 Unicità del $(24, 2^{12}, 8)$–codice binario

Nel paragrafo precedente si è dimostrato che esiste un unico codice lineare di parametri $[24, 12, 8]$; per ottenere il risultato si è utilizzata, senza dimostrazione, l'unicità dei disegni di Mathieu. In questo paragrafo presenteremo una differente costruzione del codice $\mathcal{G}_{24}$. Tale costruzione è di per sé interessante, in quanto, nello spirito del precedente capitolo 11, mostra un modo diretto per ottenere tale codice a partire da un disegno. Inoltre, dimostreremo che *ogni* codice binario di parametri $(24, 2^{12}, 8)$ è lineare e, pertanto, equivalente a $\mathcal{G}_{24}$.

Iniziamo con il verificare che esiste un unico disegno di parametri $2 - (11, 6, 3)$. Notiamo, in particolare, che questo disegno non è di Mathieu.

Teorema 12.4. *Esiste un unico disegno di parametri* $2 - (11, 6, 3)$.

$$N = \begin{pmatrix} 1\,1\,1\,1\,1\,1\,0\,0\,0\,0\,0 \\ 1\,1\,1\,0\,0\,0\,1\,1\,1\,0\,0 \\ 1\,1\,0\,1\,0\,0\,1\,0\,0\,1\,1 \\ 1\,0\,1\,0\,1\,0\,0\,1\,0\,1\,1 \\ 1\,0\,0\,1\,0\,1\,0\,1\,1\,1\,0 \\ 1\,0\,0\,0\,1\,1\,1\,0\,1\,0\,1 \\ 0\,1\,1\,0\,0\,1\,0\,0\,1\,1\,1 \\ 0\,1\,0\,1\,1\,0\,0\,1\,1\,0\,1 \\ 0\,1\,0\,0\,1\,1\,1\,1\,0\,1\,0 \\ 0\,0\,1\,1\,1\,0\,1\,0\,1\,1\,0 \\ 0\,0\,1\,1\,0\,1\,1\,1\,0\,0\,1 \end{pmatrix}$$

Fig. 12.4. Matrice di incidenza del $2 - (11, 6, 3)$ disegno

Dimostrazione. Sia $\mathcal{D} = (\mathcal{P}, \mathcal{D})$ un $2 - (11, 6, 3)$ disegno e denotiamo con N la sua matrice di incidenza. Per il Teorema 11.7, si ha $10\lambda = 5r$; pertanto, il numero di replicazione di $\mathcal{D}$ deve essere $r = 6$. Sfruttando sempre il medesimo teorema, si verifica anche la condizione $b = 11$, per cui $\mathcal{D}$ è un disegno simmetrico. Per il Teorema 11.11, si ha

$$N^T N = 3I + 3J. \tag{12.1}$$

Riducendo l'equazione (12.1) al campo $\mathbb{F}_2$, si deduce $N^T N = I + J \pmod 2$. In particolare, il 2–rango di N è 10 e l'unico vettore che giace in ker N è $\jmath$. Ogni blocco contiene $k = 6$ punti e il numero totale di punti del disegno è $v = 11$; pertanto, ogni due blocchi distinti hanno sempre in comune almeno un punto. Consideriamo ora una coppia (p, B) con $p \in \mathcal{P}$, $B \in \mathcal{B}$ e $P \notin \mathcal{B}$. Preso un qualsiasi $x \in B$, vi sono esattamente 3 blocchi passanti per x e p contemporaneamente. In questo modo vengono elencati $3 \times 6 = 18$ blocchi, non tutti distinti fra loro. D'altro canto il numero di blocchi passanti per p è *in totale* $6 = r$; ne segue che ogni blocco visitato sopra è stato contato 3 volte, ovvero che ogni blocco per p deve incontrare B in 3 punti. Sfruttando l'arbitrarietà di p e di B si ottiene che ogni ogni due blocchi distinti di $\mathcal{D}$ si devono intersecare in $\mu = 3$ punti.

Consideriamo ora nuovamente la matrice di incidenza N e osserviamo che il peso di ogni riga di N deve essere $k = 6$; inoltre, la somma (modulo 2) di due righe distinte i e j è il vettore di incidenza $\mathbf{b}_{ij}$ dell'insieme

$$(B_i \cup B_j) \setminus (B_i \cap B_j).$$

Passando alle cardinalità si deduce che

$$|(B_i \cup B_j) \setminus (B_1 \cap B_j)| =$$
$$(|B_i| + |B_j| - |B_i \cap B_j|) - |B_i \cap B_j|) =$$
$$2k - 2\mu = 12 - 6 = 6,$$

per cui anche il vettore $\mathbf{b}_{ij}$ ha peso 6. La somma di tre o quattro righe distinte non può mai essere il vettore nullo. Da tutte queste considerazioni si ottiene che N deve essere della forma illustrata in Figura 12.4. Poiché un disegno è univocamente individuato (a meno di isomorfismo) dalla propria matrice di incidenza, questo fornisce la tesi. $\square$

Vogliamo ora costruire il $[24, 12, 8]$ codice binario $\mathcal{G}_{24}$ a partire dalla matrice N sopra determinata. In particolare ci serve una matrice generatrice G in cui ogni riga ha peso 8 ed è linearmente indipendente dalle altre. Una siffatta matrice 12×24 può essere realizzata come $G = (I_{12}P)$ ove I_{12} è la matrice identica 12×12 e

$$P = \begin{pmatrix} 0 & 1 & \cdots & 1 \\ 1 & & & \\ \vdots & & N & \\ 1 & & & \end{pmatrix}.$$

La matrice G, sotto queste ipotesi, è già in forma standard e corrisponde ad un codice di lunghezza 24. Inoltre, ogni riga di G ha un peso che è divisibile per 4 ed il prodotto scalare di due qualsiasi righe di G è 0. Questo implica che ogni combinazione lineare delle righe di G ha peso congruo a 0 modulo 4. Con considerazioni analoghe a quelle usate per la matrice N si vede che la combinazione lineare di due qualsiasi righe di G deve avere peso almeno 8. Siccome il rango di G è, per costruzione, 12, essa genera dunque un $[24, 12, 8]$–codice.

Rammentando che la distribuzione dei pesi di un codice perfetto dipende solamente dai parametri dello stesso, possiamo ora fornire una seconda dimostrazione, tratta da [102], dell'unicità di $\mathcal{G}_{24}$. Tale teorema *non* richiede la linearità del codice nell'ipotesi, ma solamente che il vettore nullo $\mathbf{0}$ vi appartenga.

Teorema 12.5. *Sia $\mathcal{C}$ un codice binario, di lunghezza 24, contenente $|C| = 2^{12}$ parole e di distanza minima 8. Supponiamo, inoltre, che $\mathbf{0} \in \mathcal{C}$. Allora $\mathcal{C}$ è equivalente al codice binario di Golay esteso $\mathcal{G}_{24}$.*

Dimostrazione.

1. Dimostriamo, innanzi tutto, che $\mathcal{C}$ deve essere un codice *lineare*. Se si cancella una coordinata da ogni parola di $\mathcal{C}$, si ottiene un codice $\mathcal{C}'$ di lunghezza 23 e distanza minima 7, con $|\mathcal{C}'| = 2^{12}$. Il codice $\mathcal{C}'$ è dunque un codice perfetto e la sua distribuzione dei pesi (calcolabile a priori) è quella descritta in Tabella 12.2 a pag. 235. Tale distribuzione non dipende da quale colonna sia stata cancellata; pertanto, tutte le parole di $\mathcal{C}$ hanno peso $0, 8, 12, 16$ o 24. Inoltre, considerando la "traslazione" del codice, ottenuta sommando una parola di codice fissata a tutte le altre, si osserva che le possibili distanze fra due parole arbitrarie[1] in $\mathcal{C}$ sono proprio $0, 8, 12, 16, 24$. In particolare, tutti i pesi e tutte le distanze sono divisibili per 4; pertanto, il prodotto scalare di due parole è sempre nullo. Ne segue che le parole di $\mathcal{C}$ generano un codice lineare che è autoduale, ovvero tale che $\mathcal{C} = \mathcal{C}^{\perp}$. È chiaro che questo codice lineare ha dimensione al più 12 e dunque contiene al più 2^{12} parole. Ne segue che esso deve coincidere con $\mathcal{C}$ e, dunque, che $\mathcal{C}$ è un codice lineare.

2. Formiamo adesso una matrice generatrice G per $\mathcal{C}$. Scegliamo come prima riga una qualsivoglia parola di peso 12. A meno di equivalenza, possiamo sempre supporre

$$G = \begin{pmatrix} 1 \cdots 1 & 0 \cdots 0 \\ A & B \end{pmatrix}.$$

---

[1] In questo punto, non abbiamo ancora verificato la linearità, per cui la distribuzione dei pesi del codice potrebbe essere differente dalla distribuzione delle distanze.

Per quanto visto sopra, ogni combinazione lineare di righe in B deve avere peso pari e diverso da 0. Ne segue che B ha rango 11 e che il codice generato da B è il codice di parametri $[12, 11, 2]$ con tutte le parole con peso pari. Possiamo dunque supporre, senza perdere in generalità, che B sia la matrice identica I_{11} orlata con una colonna di 1. Effettuiamo ora una nuova permutazione delle colonne di G in modo da portare il codice in forma sistematica e sia G' la nuova matrice generatrice di forma $(I_{12}|P')$.

3. Dimostriamo ora che $P' = P$ ove P è la matrice definita nel Teorema 12.4. La presenza di una colonna di 1 in P' è conseguenza diretta della costruzione di B nel punto precedente; supponiamo che tale colonna sia la prima e indichiamo con N' il minore di P' ottenuto cancellando la prima riga e la prima colonna. Chiaramente, ogni riga di N' deve avere peso 6 e la somma di ogni due righe distinte deve anche essa avere peso 6. Questo implica che N è necessariamente la matrice di incidenza dell'unico $2 - (11, 6, 3)$ disegno; ne segue che il codice, a meno di equivalenza, è unico. $\square$

12.3 Codice binario di Golay

Il codice binario esteso di Golay $\mathcal{G}_{24}$ è generato da parole di peso pari; conseguentemente, ogni sua riga ha peso pari e, in particolare, non si può estenderlo ad un codice più lungo mediante l'aggiunta di un controllo globale di parità.

D'altro canto, proprio il fatto che il peso di tutte le righe di $\mathcal{G}_{24}$ sia pari comporta che ogni codice $\mathcal{G}_{23}$, ottenuto da $\mathcal{G}_{24}$ cancellando una colonna in tutte le parole, sia un $[23, 12]$–codice con distanza minima 7. Viceversa, dato un $[23, 12, 7]$–codice binario è sempre possibile costruire un $[24, 12, 8]$–codice binario aggiungendo ad ogni parola $\mathbf{c} = (c_0 \ldots c_{22})$ un *simbolo di controllo di parità* $c_{23} = \sum_{i=0}^{2} 2c_i$. Tale codice è, necessariamente, l'unico codice binario di Golay esteso $\mathcal{G}_{24}$. In particolare, anche il $[23, 12, 7]$–codice binario è unico.

Osserviamo che 7 è la massima distanza minima che un $[23, 12]$–codice binario $\mathcal{C}$ può assumere, per cui anche questo codice è ottimale. Infatti, ogni sfera $B_3(\mathbf{x})$ di raggio 3 centrata in una parola di $\mathcal{C}$ contiene

$$|B_3(\mathbf{x})| = \sum_{i=0}^{3} \binom{23}{i} = \binom{23}{0} + \binom{23}{1} + \binom{23}{2} + \binom{23}{3} = 2^{11},$$

punti. Pertanto, è soddisfatta l'uguaglianza

$$2^{23} = 2^{12} \left[\sum_{i=0}^{3} \binom{n}{i} \right]$$

nella limitazione di Hamming. Ne segue che il codice $\mathcal{G}_{23}$ è perfetto, con parametri $[23, 12, 7]$. Esso è detto il *codice binario di Golay*. Sono possibili diverse costruzioni dirette del codice $\mathcal{G}_{23}$; mostriamo in questo paragrafo come esso possa essere

i	A_i		i	A_i
0	1		12	1288
7	253		15	506
8	506		16	253
11	1288		23	1

Tabella 12.2. Distribuzione dei pesi per $\mathcal{G}_{23}$

realizzato come un $[23, 12]$–codice ciclico. Il gruppo moltiplicativo del campo finito $\mathbb{F}_{2^{11}}$ ha ordine $2^{11} - 1 = 2047 = 23 \cdot 89$. Ne segue che $\mathbb{F}_{2^{11}}$ contiene una radice primitiva 23–esima dell'unità, diciamo β. Un calcolo diretto consente di mostrare che il polinomio minimo di β deve essere

$$g(x) = \prod_{i \in R} (x - \beta^i),$$

ove

$$R = \{1, 2, 4, 8, 16, 9, 18, 13, 3, 6, 12\}.$$

Esplicitamente, si ha

$$g(x) = x^{11} + x^9 + x^7 + x^6 + x^5 + x + 1.$$

Tale polinomio è irriducibile di grado 11 nell'anello $\mathbb{F}_2[x]$. Inoltre, per costruzione, $g(x)$ divide $x^{23} - 1$; si tratta dunque del polinomio generatore di un $[23, 12]$–codice ciclico massimale $\mathcal{C}$. Al fine di dimostrare che il codice $\mathcal{C}$ così generato è effettivamente il codice di Golay $\mathcal{G}_{23}$ basta determinarne la distanza minima e mostrare che essa è 7. Iniziamo mostrando che la distanza minima di $\mathcal{C}$ è almeno 5.

Lemma 12.6. *Ogni parola non nulla di $\mathcal{C}$ ha peso almeno 5.*

Dimostrazione. Per costruzione di $g(x)$, abbiamo che per ogni parola $\mathbf{c} \in \mathcal{C}$, il polinomio $c(x)$ ha 4 radici consecutive, infatti

$$c(\beta) = c(\beta^2) = c(\beta^3) = c(\beta^4) = 0.$$

La tesi è pertanto conseguenza diretta della limitazione BCH (Teorema 8.5). $\quad\square$

Caratterizziamo ora l'enumeratore dei pesi di $\mathcal{C}$.

Lemma 12.7. *Sia A_i il numero di parole di peso i in $\mathcal{C}$. Allora,*

$$A_i = A_{23-i}.$$

Dimostrazione. Il polinomio minimo di $\beta^{22} = \beta^{-1}$ è

$$\widetilde{g}(x) = \prod_{j \in \widetilde{R}} (x - \beta^j),$$

con

$$\widetilde{R} = \{22, 21, 19, 15, 7, 14, 5, 10, 20, 17, 11\}.$$

Ora, $g(x)\widetilde{g}(x) = (x^{23} - 1)/(x - 1) = 1 + x + x^2 + \cdots + x^{22}$ e $g(x)\widetilde{g}(x) \in \mathcal{C}$. In particolare, il vettore $\jmath = (1\,1\,\ldots\,1)$ le cui componenti sono tutte 1 è una parola di codice. Questo significa che ogni parola di peso $23 - i$ può ottenersi come somma di $\jmath$ con una parola di peso i; dunque, la tesi è verificata. $\square$

Lemma 12.8. *Sia* $\mathbf{c} \in \mathcal{C}$ *una parola di peso pari. Allora,* $w(\mathbf{c}) = 0 \pmod 4$.

Dimostrazione. Sia $c(x)$ il polinomio di codice associato alla parola $\mathbf{c}$. Allora,

$$c(x) = x^{e_1} + x^{e_2} + \cdots + x^{e_w},$$

con $0 \leq e_1 < e_2 < \cdots < e_w \leq 22$. Cerchiamo ora una congruenza che leghi i polinomi $c(x)$ e

$$\widetilde{c}(x) = x^{-e_1} + x^{-e_2} + \cdots + x^{-e_w}. \tag{12.2}$$

Tutti gli esponenti sono, ovviamente, da intendersi modulo 23.

1. Poiché $\mathbf{c} \in \mathcal{C}$, abbiamo
$$c(x) = 0 \quad (\mathrm{mod}\ g(x));$$
   in particolare, $c(\beta) = 0$.
2. Poiché $\mathbf{c}$ ha peso pari, $c(1) = 0$, ovvero
$$c(x) = 0 \quad (\mathrm{mod}\ x - 1).$$

3. Per $\widetilde{c}(x)$ abbiamo
$$\widetilde{c}(\beta^{-1}) = c(\beta) = 0,$$
   da cui
$$\widetilde{c}(x) = 0 \quad (\mathrm{mod}\ \widetilde{g}(x)).$$

4. Combinando le condizioni precedenti deduciamo
$$c(x)\widetilde{c}(x) = 0 \quad (\mathrm{mod}\ x^{23} - 1).$$

Si può ora calcolare esplicitamente l'ultimo prodotto, rammentando che w è pari, e dunque $w = 0$ modulo 2:

$$c(x)\widetilde{c}(x) = \sum_{i,j=1}^{w} x^{e_i - e_j} \quad (\mathrm{mod}\ x^{23} - 1)$$

$$= w + \sum_{\substack{i,j=1 \\ i \neq j}}^{w} x^{e_i - e_j} \quad (\mathrm{mod}\ x^{23} - 1)$$

$$= \sum_{\substack{i,j=1 \\ i \neq j}}^{n} x^{e_i - e_j} \quad (\mathrm{mod}\ x^{23} - 1).$$

Ne segue

$$c(x)\widetilde{c}(x) = \sum_{b=1}^{22} \mu_b x^b, \tag{12.3}$$

ove μ_b è il numero di coppie ordinate (i,j) tali che $e_i - e_j = b$ (mod 23). Tale espressione è congruente a 0 modulo 2; conseguentemente, il coefficiente μ_b deve essere pari per ogni b. D'altro canto, da $e_i - e_j = b$ (mod 23) segue $e_j - e_b = 23 - b$ (mod 23), per cui

$$\mu_b = \mu_{23-b}.$$

Nella sommatoria che compare nell'espressione (12.3) sono contenuti $w(w-1)$ termini; pertanto,

$$\sum_{b=1}^{22} \mu_b = w(w-1).$$

Questo implica

$$w(w-1) = \sum_{b=1}^{22} \mu_b = 2 \sum_{b=1}^{11} \mu_b = 0 \quad (\text{mod } 4).$$

L'intero $w-1$ è dispari; ne segue che w deve essere un multiplo di 4, il che completa la dimostrazione. $\qquad\square$

Teorema 12.9. *Il peso i di una parola $\mathbf{c} \in \mathcal{C}$ appartiene all'insieme*

$$W = \{0, 7, 8, 11, 12, 15, 16, 23\}.$$

Dimostrazione. Per il Lemma 12.6, il codice $\mathcal{C}$ non ha parole di peso $2, 3, 4$ e, per il Lemma 12.7, questo significa che in $\mathcal{C}$ non ci sono nemmeno parole di peso $22, 21, 20$. Il Lemma 12.8 consente di verificare che in $\mathcal{C}$ non ci possono essere parole di peso $6, 10, 14, 18$. Usando nuovamente il Lemma 12.7, possiamo escludere anche l'esistenza parole di peso $17, 13, 9, 5$. Da tutto ciò discende il teorema. $\qquad\square$

Il Teorema 12.9 ha come conseguenza diretta che la distanza minima di $\mathcal{C}$ è 7; pertanto, essendo il $[23, 12, 7]$–codice unico, $\mathcal{C}$ è proprio il codice di Golay binario $\mathcal{G}_{23}$.

⚠12.4 L'esacodice e la codifica del codice di Golay

È possibile descrivere il $[24, 12, 8]$–codice di Golay binario esteso in modo estremamente compatto mediante un $[6, 3, 4]$–codice quaternario. Sia ω un elemento primitivo di $\mathbb{F}_4$ con polinomio minimo

$$x^2 + x + 1.$$

Poniamo $\overline{\omega} = \omega + 1$, di modo che $\mathbb{F}_4 = \{0, 1, \omega, \overline{\omega}\}$.

Definizione 12.3. L'*esacodice* H_6 è il $[6,3]$–codice su $\mathbb{F}_4$ le cui parole sono

$$H_6 = \{\, (a,b,c,a+b+c,\overline{\omega}a+\omega b+c,\omega a+\overline{\omega}b+c) : a,b,c \in \mathbb{F}_4 \}.$$

Ogni parola diversa da **0** in H_6 ha peso 4 oppure 6; pertanto, la distanza minima di H_6 è 4. Questo può vedersi anche calcolando direttamente l'enumeratore dei pesi di H_6, che risulta

$$A(Z) = 1 + 45Z^4 + 18Z^6. \tag{12.4}$$

Una matrice generatrice per H_6 è

$$\begin{pmatrix} 1 & 0 & 0 & 1 & \overline{\omega} & \omega \\ 0 & 1 & 0 & 1 & \omega & \overline{\omega} \\ 0 & 0 & 1 & 1 & 1 & 1 \end{pmatrix}.$$

Il seguente teorema, che richiamiamo senza dimostrazione, mostra qual'è il legame

$\mathbb{F}_4$	**c**		
0	1 5	9 13	17 21
1	2 6	10 14	18 22
ω	3 7	11 15	19 23
$\overline{\omega}$	4 8	12 16	20 24

Tabella 12.3. Organizzazione delle parole per l'esacodice

fra H_6 e $\mathcal{G}_{24}$.

Teorema 12.10. *Sia* **c** *un vettore binario di lunghezza* 24, *e supponiamo che i bit di* **c** *siano disposti come in Tabella 12.3. Associamo alla i–esima colonna* (v_0, v_1, v_2, v_3) *della stessa il valore* $w_i = 0v_1 + 1v_2 + \omega v_3 + \overline{\omega}v_4$. *Allora,* **c** $\in \mathcal{G}_{24}$ *se, e soltanto se, la parola* **w** $= (w_1\, w_2\, \cdots\, w_6)$ *su* $\mathbb{F}_4$ *appartiene all'esacodice.*

Esempio 12.11. Consideriamo la parola

$$\mathbf{c} = (1100\,1010\,0110\,0000\,0110\,0000).$$

Quando i bit sono disposti come in tabella, si ottiene

$\mathbb{F}_4$	**c**		
0	1 1		
1	1	1	1
ω	1	1	1
$\overline{\omega}$			
w	1 ω	$\overline{\omega}$ 0	$\overline{\omega}$ 0

In particolare $\mathbf{w} = (1\omega\,\overline{\omega}0\,\overline{\omega}0) \in H_6$, per cui $\mathbf{c} \in \mathcal{G}_{24}$.

12.5 Decodifica a logica di maggioranza

Definizione 12.4. Sia $\mathcal{C}$ un codice, e consideriamo per $1 \leq v \leq r$, $\mathbf{y}^{(v)} \in \mathcal{C}^{\perp}$. Un sistema di *equazioni di controllo di parità* $\langle x, \mathbf{y}^{(v)} \rangle = 0$ si dice *ortogonale rispetto la posizione* i per il codice $\mathcal{C}$ se

1. $y_i^{(v)} = 1$
2. $j \neq i$ implica $y_j^v \neq 0$ per al più un valore di v.

Supponiamo che sia stata ricevuta una parola $\mathbf{x}$ contenente al più t errori con $t \leq r/2$. Allora,

$$\langle \mathbf{x}, \mathbf{y}^v \rangle \neq 0 \qquad \text{per} \quad \begin{cases} \leq t \text{ valori di } v & \text{se } x_i \text{ è giusto} \\ \geq r - (t-1) \text{ valori di } v & \text{se } x_i \text{ è sbagliato.} \end{cases}$$

Siccome $r - (t-1) > t$, la maggioranza dei valori di $\langle \mathbf{x}, \mathbf{y}^{(v)} \rangle$ consente di determinare se il bit x_i è corretto o no. Questa tecnica è detta *decodifica a logica di maggioranza*.

Il codice di Golay $\mathcal{G}_{24}$ è autoduale, per cui possiamo scegliere $\mathbf{y}^{(v)} \in \mathcal{G}_{24}$ in modo opportuno. Per $1 \leq i \leq 253$, denotiamo con $\mathbf{y}_j^i$ le 253 parole di peso 8 in $\mathcal{G}_{24}$ con 1 in posizione j. Consideriamo, per ogni parola ricevuta $\mathbf{x}$, l'insieme di controlli di parità $\langle \mathbf{x}, \mathbf{y}_j^i \rangle$. Si verifica che il numero di controlli che forniscono 1 come risposta in presenza di t errori è in Tabella 12.4. Ne segue che se sono stati commessi meno di 4 errori, è possibile correggere il bit j; se invece ne sono stati commessi esattamente 4, allora è possibile identificare la presenza di errori ma non si riesce ad effettuare alcuna correzione.

t	x_j corretto	x_j errato
0	0	0
1	77	253
2	112	176
3	125	141
4	128	128

Tabella 12.4. Controlli di parità per $\mathcal{G}_{24}$

12.6 Codice ternario di Golay

Una costruzione simile a quella del Paragrafo 12.1, consente di ottenere, a partire dai *piccoli disegni di Mathieu*, un codice perfetto ternario, detto *codice ternario di Golay* $\mathcal{G}_{11}$ di parametri $[11, 6, 5]_3$. Esattamente come nel caso di $\mathcal{G}_{23}$, questo codice può estendersi ad un codice ternario $\mathcal{G}_{12}$ di parametri $[12, 6, 6]_3$. Descriviamo ora una costruzione diretta di $\mathcal{G}_{11}$ e dimostriamo che si tratta di un codice perfetto.

Gruppo	Ordine	Disegno	D. derivato	Parametri disegno	Codice
M_{11}	7920	$\mathcal{M}_{11}$	$AG(2,3)$	$4-(11,5,1)$	$[11,6,5]_3$
M_{12}	95040	$\mathcal{M}_{12}$	$\mathcal{M}_{11}$	$5-(12,6,1)$	$[12,6,6]_3$
M_{22}	443520	$\mathcal{M}_{22}$	$PG(2,4)$	$3-(22,6,1)$	$\ddagger[22,12,6]_2$
M_{23}	10200960	$\mathcal{M}_{23}$	$\mathcal{M}_{22}$	$4-(23,7,1)$	$[23,12,7]_2$
M_{24}	244823040	$\mathcal{M}_{24}$	$\mathcal{M}_{23}$	$5-(24,8,1)$	$[24,12,8]_2$

$\ddagger$Il codice lineare ottenuto per punzonatura da $\mathcal{G}_{23}$ ha parametri $[22,12,6]_2$ e ammette M_{22} come sottogruppo di indice 2 del suo gruppo di automorfismi.

Tabella 12.5. Codici di Golay associati ai gruppi di Mathieu

Definizione 12.5. Sia $\mathbb{F}_q$ un campo finito di caratteristica dispari. Si dice *carattere quadratico* di $\mathbb{F}_q$ l'applicazione $\chi : \mathbb{F}_q^\star \mapsto \{1,-1\}$ tale che

$$\chi(x) = \begin{cases} -1 & \text{se } x \text{ è un non quadrato in } \mathbb{F}_q^\star \\ 1 & \text{se } x \text{ è un quadrato in } \mathbb{F}_q^\star. \end{cases}$$

L'applicazione χ è l'unico omomorfismo di $\mathbb{F}_q^\star$ in $\mathbb{C}^\star$ che soddisfa la condizione che $\chi(x) = -1$, per x non quadrato. È possibile estendere χ a tutto $\mathbb{F}_q$, imponendo $\chi(0) = 0$.

Definizione 12.6. La *matrice di Paley* S di ordine q è la matrice quadrata di ordine q data da

$$S_{ij} = \chi(a_i - a_j),$$

ove a_i e a_j sono elementi di $\mathbb{F}_q$.

Richiamiamo alcune proprietà della matrice di Paley.

Teorema 12.12. *Sia S una matrice di Paley; denotiamo con I e J rispettivamente la matrice identica e la matrice formata da tutti 1 di ordine corrispondente. Allora,*

1. $SJ = JS = \mathbf{0}$,
2. $SS^T = qI - J$,
3. $S^T = (-1)^{(q-1)/2}S$.

Esempio 12.13. La matrice di Paley S_5 di ordine 5 è

$$S_5 = \begin{pmatrix} 0 & + & - & - & + \\ + & 0 & + & - & - \\ - & + & 0 & + & - \\ - & - & + & 0 & + \\ + & - & - & + & 0 \end{pmatrix},$$

ove, per brevità, si è scritto $+$ per l'elemento $+1$ e $-$ per l'elemento -1.

I valori del carattere quadratico χ possono essere visti anche come elementi di $\mathbb{Z}_3$. Pertanto, ogni matrice di Paley è, in effetti, una matrice ad entrate su $\mathbb{F}_3 \simeq \mathbb{Z}_3$. Possiamo ora costruire il codice di Golay ternario.

Definizione 12.7. Il codice ternario di Golay $\mathcal{G}_{11}$ è il codice su $\mathbb{F}_3$ con matrice generatrice

$$G = \left(I_6 \left| \begin{matrix} 1 \ldots 1 \\ S_5 \end{matrix} \right. \right).$$

In realtà, il codice $\mathcal{G}_{11}$ può essere visto anche come il codice ciclico su $\mathbb{F}_3$ di lunghezza 11, generato dal polinomio

$$g(x) = x^5 + x^4 - x^3 + x^2 - 1.$$

Mostriamo ora che il codice $\mathcal{G}_{11}$ è perfetto.

⚠ **Teorema 12.14.** *Il codice di Golay ternario $\mathcal{G}_{11}$ è perfetto.*

Dimostrazione.
1. Innanzi tutto, verifichiamo che la distanza minima di $\mathcal{G}_{11}$ è 5. Sia $\mathcal{G}_{12} = \overline{\mathcal{G}_{11}}$ il codice esteso aggiungendo un controllo di parità ad ogni parola di $\mathcal{G}_{11}$. Per il Teorema 12.12, $\mathcal{G}_{12}$ è un codice autoduale e, dunque, ogni riga deve avere peso divisibile per 3. Inoltre, la matrice generatrice $\overline{G}$ di $\mathcal{G}_{12}$ si ottiene da G aggiungendo la colonna $(0 - 1 - 1 - 1 - 1 - 1)^T$. Ogni riga di $\overline{G}$ ha peso 6; la combinazione lineare di due righe deve avere almeno peso $2 + 2$; dunque, per le condizioni di divisibilità, ha anche essa peso 6. Per costruzione di S_5, ogni combinazione lineare di due righe di $\overline{G}$ ha esattamente 2 zeri nelle ultime 6 posizioni; dunque, una combinazione lineare di 3 righe ha peso almeno $3 + 1$. Il medesimo ragionamento di cui sopra garantisce che la combinazione lineare di 3 righe ha, in realtà, peso 6 e che, conseguentemente, la distanza minima di $\mathcal{G}_{12}$ è 6; ne segue che $\mathcal{G}_{11}$ ha distanza minima 5 ed è dunque un $(11, 3^6, 5)$ codice.
2. Verifichiamo ora che ogni $(11, 3^6, 5)$ codice è perfetto. Ogni sfera di Hamming di raggio 2 contiene

$$|B_2(x)| = \sum_{i=0}^{2} \binom{11}{i} 2^i = 3^5 = 3^{11-6}$$

punti; vale dunque l'uguaglianza per la limitazione per impacchettamento di sfere. □

In realtà, ogni $(11, 3^6, 5)$ codice, anche senza ipotesi di linearità, è equivalente al codice di Golay ternario $\mathcal{G}_{11}$.

Prima di concludere il presente capitolo, richiamiamo i seguenti due risultati sui codici perfetti.

Teorema 12.15. *Sia q una potenza di primo. Ogni codice q–ario perfetto non banale ha i parametri di un codice di Hamming oppure di $\mathcal{G}_{11}$ o $\mathcal{G}_{23}$.*

Corollario 12.16. *Ogni codice lineare perfetto non banale è equivalente ad un codice di Hamming oppure ad uno dei due codici di Golay $\mathcal{G}_{11}$ e $\mathcal{G}_{23}$.*

i	A_i
0	1
5	132
6	132
8	330
9	110
12	24

Tabella 12.6. Distribuzione dei pesi di $\mathcal{G}_{11}$

Esercizi

12.1. Si calcoli la distribuzione dei pesi per il codice binario di Golay esteso $\mathcal{G}_{24}$.

12.2. Si decodifichi la parola

$$(1010\,1101\,0100\,1101\,1011\,1101)$$

mediante il codice $\mathcal{G}_{24}$.

13

Codici di Reed–Müller

Una parola in un codice di Reed–Solomon $RS\,(n,k)$ è descritta dall'insieme dei valori che un polinomio di grado al più $k-1$ in una variabile assume al variare della stessa in $\mathbb{F}^{\star}_{n+1}$. I codici di Reed–Müller generalizzano questa costruzione a polinomi in più variabili. In generale, a parità di lunghezza, le prestazioni di un codice di Reed–Müller sono inferiori rispetto quelle di un codice di Reed–Solomon; d'altro canto, risulta sempre possibile costruire dei codici di Reed–Müller di lunghezza arbitrariamente grande anche su campi piccoli, cosa che con i codici di Reed–Solomon non può essere fatta.

13.1 Codici di Reed–Müller q–ari

Richiamiamo la definizione di grado per un polinomio in più variabili.

Definizione 13.1. Sia

$$p(x_1, x_2, \ldots, x_m) = \sum_{i_1, i_2, \ldots, i_m} a_{i_1, i_2, \ldots, i_m} x_1^{i_i} x_2^{i_2} \cdots x_m^{i_m}$$

un polinomio di $\mathbb{F}_q[x_1, x_2, \ldots, x_m]$ nelle variabili $x_1, x_2, \ldots, x_m$. Il *grado* di p è il più grande intero r tale che vi siano degli indici $i_1, i_2, \ldots, i_m$ con

1. $i_1 + i_2 + \cdots + i_m = d$,
2. $a_{i_1, i_2, \ldots, i_m} \neq 0$.

Esempio 13.1. Il polinomio

$$p(x) = x_1^2 x_2 + x_1 x_2 x_3 - x_2^3 x_3 + x_3^2$$

definito in $\mathbb{F}_3[x_1, x_2, x_3]$ ha grado 4.

Quando $\mathbf{x} = (x_1, x_2, \ldots, x_m)$, porremo, per brevità

$$\mathbb{F}_q[\mathbf{x}] = \mathbb{F}_q[x_1, x_2, \ldots, x_m].$$

Definizione 13.2. Sia $\mathbf{x} = (x_1, x_2, \ldots, x_m)$. Indichiamo con $\mathbb{F}_q[\mathbf{x}]_r$ l'insieme di tutti i polinomi su $\mathbb{F}_q$ nelle variabili $x_1, x_2, \ldots, x_m$ aventi grado al più r.

L'insieme $\mathbb{F}_q[\mathbf{x}]_r$ è uno spazio vettoriale su $\mathbb{F}_q$ di dimensione

$$\binom{r+m}{r},$$

e una sua base $\mathfrak{B}$ è data da tutti i monomi di grado non superiore a r. In particolare, gli elementi di $\mathfrak{B}$ sono tutti della forma

$$x_{i_1}^{t_1} x_{i_2}^{t_2} \cdots x_{i_k}^{t_k},$$

con $i_1 < i_2 < \cdots < i_k$ e $t_1 + t_2 + \cdots + t_k \le r$. Per brevità scriveremo il polinomio $p(x_1, x_2, \ldots, x_m) \in \mathbb{F}_q[\mathbf{x}]_r$ come $p(\mathbf{x})$. In particolare, se $\mathbf{v} \in \mathbb{F}_q^r$, possiamo sempre calcolare l'elemento di $\mathbb{F}_q$ dato da

$$p(\mathbf{v}) = \sum_{i_1, i_2, \ldots i_m} a_{i_1, i_2, \ldots, i_m} v_1^{i_1} v_2^{i_2} \cdots v_m^{i_m}.$$

Fissiamo un ordine arbitrario fra gli elementi di $\mathbb{F}_q^m$, di modo che

$$\mathbb{F}_q^m = \{\mathbf{v}_1, \mathbf{v}_2, \ldots, \mathbf{v}_{q^m}\}.$$

Esattamente come nel caso dei codici di Reed–Solomon, possiamo introdurre un'applicazione di valutazione

$$\Theta : \mathbb{F}_q[\mathbf{x}]_r \mapsto \mathbb{F}_q$$

che associa ad ogni polinomio $p(\mathbf{x})$ il vettore

$$\Theta_p = (p(\mathbf{v}_1), p(\mathbf{v}_2), \ldots, p(\mathbf{v}_{q^m})).$$

Abbiamo ora tutti gli ingredienti per poter introdurre i codici di Reed–Müller.

Definizione 13.3. Il *codice di Reed–Müller* $\mathrm{RM}_q(r, m)$ di ordine r è l'insieme di tutti i vettori

$$\mathrm{RM}_q(r, m) = \{\Theta_p : p \in \mathbb{F}_q[\mathbf{x}], \deg p \le r\}.$$

In altre parole, $\mathrm{RM}_q(r, m)$ è in corrispondenza con l'insieme di tutte le funzioni polinomiali di grado al più r in m variabili. Conseguenza diretta di questo fatto è che, dati r, s con $r \leq s$, si ha sempre

$$\mathrm{RM}_q(r, m) \subseteq \mathrm{RM}_q(s, m).$$

La lunghezza di $\mathrm{RM}_q(r, m)$ è, chiaramente, q^m; la dimensione è al più quella di $\mathbb{F}_q[\mathbf{x}]_r$, ed è pertanto limitata da $\binom{r+m}{r}$ ma, in generale, non coincide con questa.

Lemma 13.2. *Siano* $f, g \in \mathbb{F}_q[\mathbf{x}]$ *con* $f \neq g$ *e* $\deg f, \deg g \leq r$. *Allora, si ha*

$$f(\mathbf{x}) = g(\mathbf{x})$$

per al più rq^{m-1} *elementi* $\mathbf{x} \in \mathbb{F}_q^m$.

Dimostrazione. La dimostrazione è per induzione sul numero m di variabili. Per $m = 1$, il risultato segue direttamente dalla dimostrazione del Teorema 9.1. Supponiamo dunque $m \geq 2$ e che il teorema sia vero per polinomi in $m - 1$ variabili. Allora, per ogni fissato valore dell'ultima variabile x_m vi sono al più rq^{m-2} vettori di $\mathbb{F}_q^m$ su cui i polinomi f e g coincidono. La tesi adesso segue osservando che x_m può essere scelto in esattamente q modi diversi. $\square$

In generale, la corrispondenza fra $\mathrm{RM}_q(r, m)$ e $\mathbb{F}_q[\mathbf{x}]_r$ è biunivoca soltanto se $q > r$; infatti, se $r > q$ due polinomi distinti di grado al più r coincidono su ogni vettore $\mathbf{v} \in \mathbb{F}_q^m$ e, pertanto, essi rappresentano la stessa parola di codice.

Possiamo ora a stimare la distanza minima di un codice di Reed–Müller q–ario.

Teorema 13.3. *La distanza minima del codice* $\mathrm{RM}_q(r, m)$ *è almeno* $q^m - rq^{m-1}$.

Dimostrazione. Per il Lemma precedente, vi sono al più rq^{m-1} vettori in $\mathbb{F}_q^m$ su cui due diversi elementi di $\mathbb{F}_q[\mathbf{x}]_r$, e conseguentemente di $\mathrm{RM}_q(r, m)$, coincidono. Pertanto, essi devono differire nei restanti $q^m - rq^{m-1}$. $\square$

Anche in questo caso, il risultato è significativo solamente per $q > r$; infatti, se $r \geq q$, il Teorema 13.3 risulta banale, in quanto la quantità rispetto la quale viene stimata la distanza minima non è positiva.

13.2 Il caso binario

Il Teorema 13.3 fornisce una stima utile per i codici di Reed–Müller binari solamente per $r = 1$. Nel presente paragrafo e nei successivi, studieremo, con l'ausilio della teoria delle funzioni Booleane, i codici $\mathrm{RM}_2(r, m)$.

Definizione 13.4. Una qualsiasi funzione $f : \mathbb{F}_2^m \mapsto \mathbb{F}_2$ è detta *funzione booleana in m variabili*. Si dice che una funzione booleana f è *soddisfatta* da un vettore $\mathbf{v} \in V$ se, e soltanto se, $f(\mathbf{v}) = 1$; in caso contrario f è *non soddisfatta*.

L'insieme Ω^m delle funzioni booleane in m variabili è, in modo naturale, uno spazio vettoriale di dimensione 2^m. Una sua base è data da tutte le funzioni caratteristiche dei vettori $\mathbf{w} \in \mathbb{F}_2^m$. Indichiamo, come in precedenza, con $v^{\mathbf{w}}$ la funzione caratteristica del vettore $\mathbf{w}$. Per praticità, poniamo

$$\mathbb{F}_2^m = \{\mathbf{v}_1, \mathbf{v}_2, \ldots, \mathbf{v}_{2^m}\}.$$

Definizione 13.5. Si dice *tabella di verità* di una funzione Booleana $f : \mathbb{F}_2^m \mapsto \mathbb{F}_2$ il vettore

$$\Theta_f = (f(\mathbf{v}_1), f(\mathbf{v}_2), \ldots, f(\mathbf{v}_{2^m})).$$

⚠ **Lemma 13.4.** *Sia V uno spazio vettoriale su $\mathbb{F}_q$ di dimensione m. Dati $\mathbf{w} = (w_1\, w_2\, \ldots\, w_m) \in V$ e $K = \{1, 2, \ldots, m\}$, sia*

$$I_{\mathbf{w}} = \{i \in K : w_i = 1\}$$

il supporto del vettore $\mathbf{w}$. Allora,

$$x^{\mathbf{w}} = \prod_{k=1}^{m}(x_k + 1 + w_k) = \sum_{I_{\mathbf{w}} \subseteq J \subseteq K} \prod_{j \in J} x_j. \tag{13.1}$$

Dimostrazione. Il termine

$$\prod_{k=1}^{m}(x_k + 1 + w_k) \tag{13.2}$$

assume il valore 0 se, e soltanto se, esiste un k per cui $x_k \neq w_k$. Il termine a destra nell'espressione (13.1) si ottiene espandendo questo prodotto; da ciò segue la tesi. $\square$

Il lemma precedente mostra che ogni funzione booleana si rappresenta in modo unico come un polinomio in m variabili, privo di termini quadrati.

———

Possiamo, dunque, fornire la seguente descrizione delle funzioni booleane.

Teorema 13.5. *Una* funzione booleana di grado r in m variabili è *un polinomio su $\mathbb{F}_2[\mathbf{x}]$ di grado r in cui non compaiono termini quadrati.*

Grazie a questa caratterizzazione, è immediato vedere che l'insieme delle funzioni booleane di grado r in m variabili è in corrispondenza biunivoca con l'insieme di vettori

$$\mathrm{RM}_2(r, m).$$

Pertanto, possiamo descrivere i codici di Reed–Müller binari in termini di tabelle di verità.

Teorema 13.6. *Per ogni $r = 0, 1, \ldots, m$, il codice di Reed–Müller binario di ordine r, denotato con $\mathrm{RM}_2(r, m)$ è l'insieme di tutte le tabelle di verità di funzioni booleane in m variabili di grado al più r.*

Per semplicità, nel seguito denoteremo gli elementi di $\mathrm{RM}_2(r,m)$ mediante i polinomi che descrivono le relative funzioni booleane. Fissata una base in $V = \mathbb{F}_2^m$, è sempre possibile scegliere come base di $\mathrm{RM}_2(r,m)$ l'insieme di tutti i monomi di grado al più r in $\mathbb{F}_2[\mathbf{x}]$ in cui non compaiono termini quadrati, per cui

$$\mathrm{RM}_2(r,m) = \left\langle \prod_{i \in I} x_i : I \subseteq \{1,2,\ldots,m\}, 0 \leq |I| \leq r \right\rangle. \tag{13.3}$$

Come visto in precedenza, la lunghezza di $\mathrm{RM}_2(r,m)$ è esattamente 2^m. Per quanto concerne la dimensione, basta contare i monomi in m variabili di cui sopra, per cui si ottiene

$$k = \sum_{i=0}^{r} \binom{m}{i}.$$

Esempio 13.7. Siano $m = 4$, $r = 2$. Il codice $\mathrm{RM}_2(2,4)$ ha una base costituita dalle funzioni

$$\mathfrak{B} = \{1, x_1, x_2, x_1x_2, x_3, x_1x_3, x_2x_3, x_4, x_1x_4, x_2x_4, x_3x_4\}.$$

Si tratta dunque di un $[16,11]$–codice.

Teorema 13.8. *La distanza minima del codice di Reed–Müller binario* $\mathrm{RM}_2(r,m)$ *di ordine r in m variabili è* 2^{m-r}.

Dimostrazione. Chiaramente, una parola di peso minimo nel codice di Reed–Müller corrisponde ad una funzione booleana soddisfatta dal minimo numero di vettori. Tali funzioni sono tutte della forma

$$f = \prod_{j \in J} x_j, \quad J \subseteq \{1,2,\ldots,m\}, |J| = r.$$

In particolare, $f(\mathbf{x}) \neq 0$ se, e soltanto se, per ogni $j \in J$ si ha $x_j = 1$. L'insieme dei vettori di lunghezza 2^m che soddisfano questa condizione ha cardinalità 2^{m-r}, da cui segue la tesi. $\qquad\square$

13.3 Codici del primo ordine

Gli elementi di un un codice di Reed–Müller $\mathrm{RM}_2(1,m)$ del primo ordine sono tutti combinazioni lineari dei monomi x_i e 1; in particolare, ogni parola, a parte la parola nulla $\mathbf{0}$ e $\jmath$, è descritta da una funzione lineare non nulla su $V = \mathbb{F}_2^m$ oppure da 1 più tale funzione.

Poiché ogni funzione lineare non nulla in m variabili ha esattamente 2^{m-1} zeri, ogni vettore di $\mathrm{RM}_2(1,m)$, a parte $\mathbf{0}$ e $\jmath$, ha peso 2^{m-1}. Scegliamo come base quella data dai monomi $\mathfrak{B} = \{x_1, x_2, \ldots, x_m, 1\}$; allora, una matrice generatrice di $\mathrm{RM}_2(1,m)$ si ottiene elencando nelle sue 2^m colonne i vettori $\mathbf{v_i}$ della forma

$$\mathbf{v_i} = (w_1\, w_2\, \ldots\, w_m, 1),$$

ove $\mathbf{w} = (w_1\, w_2\, \ldots\, w_m) \in \mathbb{F}_2^m$. In particolare, possiamo supporre che l'ultima colonna di tale matrice sia quella contenente il vettore $(0\,0\,\ldots\,0\,1)$. Pertanto, a meno di equivalenza, una matrice generatrice per $\mathrm{RM}_2(1, m)$ è sempre della forma

$$B_m = \left(\frac{H_m\,|\,\mathbf{0}^T}{J}\right),$$

ove H_m è la matrice di controllo di parità del codice di Hamming $H_m(2)$.

⚠**Definizione 13.6.** Il codice di Hamming esteso $\overline{H_m(2)}$ di lunghezza 2^m è il codice che ha come matrice di controllo di parità la matrice B_m.

Ogni codice di Hamming esteso ha la medesima dimensione del codice di Hamming corrispondente e distanza minima 4. Dunque,

$$\mathrm{RM}_2(1, m) = \left(\overline{H_m(2)}\right)^{\perp}.$$

Esempio 13.9. Costruiamo una matrice generatrice per il codice di Reed–Müller $\mathrm{RM}_2(1, 3)$. Si parte da

$$H_3 = \begin{pmatrix} 1\,0\,0\,1\,0\,1\,1 \\ 0\,1\,0\,1\,1\,0\,1 \\ 0\,0\,1\,0\,1\,1\,1 \end{pmatrix}.$$

Allora,

$$B' = (H_3\,\mathbf{0}^T) = \begin{pmatrix} 1\,0\,0\,1\,0\,1\,1\,0 \\ 0\,1\,0\,1\,1\,0\,1\,0 \\ 0\,0\,1\,0\,1\,1\,1\,0 \end{pmatrix};$$

quindi,

$$B_3 = \left(\frac{B'}{J}\right) = \left(\frac{H_r\,\mathbf{0}^T}{J}\right) = \begin{pmatrix} 1\,0\,0\,1\,0\,1\,1\,0 \\ 0\,1\,0\,1\,1\,0\,1\,0 \\ 0\,0\,1\,0\,1\,1\,1\,0 \\ 1\,1\,1\,1\,1\,1\,1\,1 \end{pmatrix}$$

genera $\mathrm{RM}_2(1, 3)$. Tutti i vettori di tale codice, con l'eccezione del vettore nullo $\mathbf{0}$ e del vettore J hanno peso 4; pertanto, $\mathrm{RM}_2(1, 3)$ è un $[8, 4, 4]$–codice lineare.

13.4 Codice ortogonale

Forniamo ora una descrizione del codice ortogonale di un codice di Reed–Müller binario. Per il caso $r = 1$ abbiamo già visto che tale codice è un codice di Hamming esteso.

Lemma 13.10. *Tutti i vettori di un codice di Reed–Müller binario* $\mathrm{RM}_2(r,m)$ *con* $r < m$ *hanno peso pari.*

Dimostrazione. Un vettore di peso 1 nello spazio delle funzioni booleane in m variabili corrisponde ad una funzione che vale 1 per un unico elemento $\mathbf{w} \in V = \mathbb{F}_2^m$. Tale funzione è dunque la funzione caratteristica $v^{\mathbf{w}}$. Per il Lemma 13.4, il suo grado è m; dunque, non può appartenere a $\mathrm{RM}_2(r,m)$ se $r < m$. In effetti, esiste un unico monomio di grado m privo di termini quadrati: $x_1 x_2 \cdots x_m$. Tale monomio, necessariamente, deve comparire come termine nella funzione caratteristica di ogni vettore di V. D'altro canto, un vettore di peso dispari si può scrivere come somma di un numero dispari di vettori di peso 1. In particolare, ogni vettore di peso dispari deve contenere il monomio di grado m. Ne segue che tale vettore non può appartenere a $\mathrm{RM}_2(r,m)$. $\qquad\square$

⚠️ La caratterizzazione dei pesi delle parole di un codice è molto importante per lo studio delle sue proprietà strutturali. Per evidenziare questo fatto, mostriamo un'applicazione del Lemma 13.10.

Definizione 13.7. Per ogni $0 \leq r < m$, il *codice di Reed–Müller binario di ordine* r *punzonato* $\mathrm{RM}_2(r,m)^\star$ è il codice ottenuto da $\mathrm{RM}_2(r,m)$ punzonando sul vettore $\mathbf{0}$, ovvero considerando l'insieme delle funzioni da $V^\star \mapsto \mathbb{F}_2$, ove $V^\star = \mathbb{F}_2^m \setminus \{\mathbf{0}\}$.

Teorema 13.11. *Per ogni* $r < m$, *il codice di Reed–Müller punzonato* $\mathrm{RM}_2(r,m)^\star$ *è un codice binario di parametri*

$$[2^m - 1, \binom{m}{0} + \binom{m}{1} + \cdots + \binom{m}{r}].$$

Dimostrazione. Sia π l'applicazione di proiezione $\pi : \mathrm{RM}_2(r,m) \mapsto \mathrm{RM}_2(r,m)^\star$. Chiaramente, $\dim \ker \pi \leq 1$. Il nucleo dell'applicazione $\bar{\pi}$, ottenuta estendendo π a tutto $\mathbb{F}_2^{2^m}$ è generato dal vettore $(1\,0\,0\ldots 0)$. D'altro canto, per il Lemma 13.10, $(1\,0\,0\ldots 0) \notin \mathrm{RM}_2(r,m)$. Ne consegue che $\ker \pi = \ker \bar{\pi} \cap \mathrm{RM}_2(r,m) = \{\mathbf{0}\}$; dunque, $\mathrm{RM}_2(r,m)^\star$ come spazio vettoriale (ma *non* come codice!) è isomorfo a $\mathrm{RM}_2(r,m)$. $\qquad\square$

Lemma 13.12. *Siano* f, g *due funzioni booleane e indichiamo con* Θ_f *e* Θ_g *le loro tabelle di verità, viste come vettori di lunghezza* 2^m. *Allora,*

$$\langle \Theta_f, Theta_g \rangle = \sum_{i=1}^{2^m} (\Theta_{fg})_i. \tag{13.4}$$

Dimostrazione. Osserviamo che

$$\langle \Theta_f, \Theta_g \rangle = \sum_{i=1}^{2^m} \Theta_{f_i} \Theta_{g_i}.$$

I termini che compaiono nella sommatoria a sinistra della precedente espressione, corrispondono esattamente ai vettori di $\mathbb{F}_2^{2^m}$ che soddisfano contemporaneamente sia f che g, ovvero corrispondono a tutti i $\mathbf{v}$ tali che

$$f(\mathbf{v}) = g(\mathbf{v}) = 1.$$

Questi sono esattamente i vettori che soddisfano fg, dal che segue la tesi. $\square$

Possiamo dunque introdurre una nozione di prodotto scalare fra funzioni booleane.

Definizione 13.8. Il *prodotto scalare* di due funzioni booleane f, g è

$$\langle f, g \rangle = \sum_{x \in \mathbb{F}_2^{2^m}} f(x)g(x).$$

Teorema 13.13. *Per ogni $m \geq 1$ ed ogni r tale che $0 \leq r < m$,*

$$\mathrm{RM}_2(r, m)^{\perp} = \mathrm{RM}_2(m - r - 1, m).$$

Dimostrazione. Siano $f \in \mathrm{RM}_2(m - r - 1, m)$ e $g \in \mathrm{RM}_2(r, m)$. In particolare f è un polinomio nelle x_i di grado al più $m - r - 1$, mentre g ha grado al più r. Ne segue che fg ha grado al più $m - 1$; dunque, $fg \in \mathrm{RM}_2(m - 1, m)$. Per il Lemma 13.10, la funzione booleana fg ha peso pari; quindi, per il Lemma 13.12, il prodotto scalare $\langle f, g \rangle$, che corrisponde alla somma modulo due delle entrate del vettore associato a fg è nullo. Ne segue

$$\mathrm{RM}_2(r, m)^{\perp} \supseteq \mathrm{RM}_2(m - r - 1, m).$$

L'inclusione inversa si dimostra mediante considerazioni sulla dimensione degli spazi. Infatti,

$$
\begin{aligned}
\dim(\mathrm{RM}_2(m - r - 1, m)) &= \binom{m}{0} + \binom{m}{1} + \cdots + \binom{m}{m-r-1} \\
&= 2^m - \left(\binom{m}{m-r} + \cdots + \binom{m}{m-1} + \binom{m}{m} \right) \\
&= 2^m - \left(\binom{m}{r} + \cdots + \binom{m}{1} + \binom{m}{0} \right) \\
&= 2^m - \dim(\mathrm{RM}_2(r, m)) = \\
&= \dim(\mathrm{RM}_2(r, m)^{\perp}).
\end{aligned}
$$

$\square$

In particolare, per il codice di Hamming esteso $\overline{H_m(2)}$ si ha

$$\mathrm{RM}_2(1, m)^{\perp} = \overline{H_m(2)} = \mathrm{RM}_2(m - 2, m).$$

13.5 Geometria e codici di Reed–Müller

In questo paragrafo mostriamo come i codici di Reed–Müller binari possano associarsi a disegni legati agli spazi affini. Si rimanda al Paragrafo B.1 per la definizione di questi ultimi.

Lemma 13.14. *I vettori di incidenza degli $(m-r)$–sottospazi di $\mathrm{AG}\,(m,2)$ sono tutti elementi di $\mathrm{RM}_2(r,m)$.*

Dimostrazione. Ogni sottospazio T di $\mathrm{AG}\,(m,2)$ con dimensione $m-r$ è formato da tutti i vettori di $\mathbb{F}_2^m$ che soddisfano un sistema (non omogeneo) di r equazioni lineari

$$\sum_{j=0}^{m} a_{ij}X_j = b_i, \qquad \text{per } i = 1,2,\ldots,r. \tag{13.5}$$

Ne segue che la funzione caratteristica di T,

$$\prod_{i=1}^{r}\left(b_i + 1 + \sum_{j=1}^{m} a_{ij}x_j\right),$$

ha grado al più r; dunque, il corrispondente vettore di incidenza giace in $\mathrm{RM}_2(r,m)$.
$\square$

Sia ora $\mathcal{A} = \mathcal{A}(m,r)$ il disegno dei punti di $\mathrm{AG}\,(m,2)$ e dei suoi sottospazi r–dimensionali. Per il Lemma 13.14,

$$C_{\mathbb{F}_2}(\mathcal{A}(m,r)) \subseteq \mathrm{RM}_2(m-r,m).$$

In realtà vale di più.

Teorema 13.15. *Il codice binario $C_{\mathbb{F}_2}(\mathcal{A}(m,r))$ è esattamente il codice di Reed–Müller $\mathrm{RM}_2(m-r,m)$.*

Dimostrazione. Poiché stiamo lavorando sul campo $\mathbb{F}_2$, la funzione caratteristica di un sottospazio H di dimensione $(t+1)$ di $\mathrm{AG}\,(n,2)$ è la somma delle funzioni caratteristiche di due sottospazi disgiunti t–dimensionali in esso contenuti. Pertanto, per ogni $r \le s \le m$, vale l'inclusione

$$C_{\mathbb{F}_2}(\mathcal{A}(m,r)) \subseteq C_{\mathbb{F}_2}(\mathcal{A}(m,s)).$$

In particolare, $C_{\mathbb{F}_2}(\mathcal{A}(m,r))$ contiene necessariamente i vettori caratteristici di tutti i sottospazi affini di $\mathrm{AG}\,(2,m)$ con dimensione $s \ge r$. Il codice $C_{\mathbb{F}_2}(\mathcal{A}(m,r))$ contiene dunque i vettori corrispondenti alle valutazioni di tutti i monomi di grado al più r sui punti di $\mathcal{A}(m,r)$. Ne segue

$$\mathrm{RM}_2(m-r,m) \subseteq C_{\mathbb{F}_2}(\mathcal{A}(m,r)),$$

che è la tesi.
$\square$

Esercizi

13.1. Si determinino i parametri del codice $RM_5(2,2)$.

13.2. Si determinino i parametri dei codici $RM_2(1,4)$ e $RM_2(1,4)^\star$.

13.3. Si calcoli il polinomio enumeratore dei pesi per il codice $RM_2(1,4)$ e per il codice $RM_2(2,4)$.

Modifica e combinazione di codici

Go take this shape,
and hirther come in 't. Go, hence with diligence!

W. Shakespeare, The tempest

Non sempre è possibile costruire agevolmente un codice con i parametri richiesti da un'applicazione concreta. Ad esempio, ogni codice di Reed–Solomon ha lunghezza $p^n - 1$, ove p è un primo, ma è possibile che un pacchetto di dati sia più corto di questa lunghezza. In questo capitolo mostreremo diverse tecniche grazie alle quali è possibile derivare da un codice di partenza C un altro codice con parametri differenti. Alcune di queste tecniche sono state viste in precedenza, come ad esempio la costruzione del codice residuo nella Definizione 4.37 o l'aggiunta di un controllo globale di parità a tutte le parole.

14.1 Accorciamento

L'operazione più semplice di modifica di un codice è l'accorciamento: esso consiste nel cancellare delle posizioni di informazione in ogni parola di un codice.

Definizione 14.1. Sia C un (n, M, d)–codice definito sull'alfabeto A e sia $a \in A$ un elemento fissato. Dato un intero $1 \le i \le n$, supponiamo che esista almeno una parola $\mathbf{c} = (c_1 \, c_2 \ldots c_n) \in C$ tale che $c_i \ne a$. Il *codice accorciato* in i (rispetto il simbolo a) è il $(n - 1, M', d')$–codice

$$C_{i,a} = \{ (c_1 \, c_2 \ldots c_{i-1} \, c_{i+1} \ldots c_n) : \mathbf{c} = (c_1 \, c_2 \ldots c_n) \in C, c_i = a \}.$$

Nel caso di un codice lineare C, è sempre possibile scegliere $a = 0 \in \mathbb{F}_q$ rispetto cui effettuare l'accorciamento in una posizione i. Il codice $C_i = C_{i,0}$ ottenuto accorciando C in i viene detto *accorciato per sezione trasversale*. Il seguente teorema fornisce una stima sul numero di parole di un codice accorciato.

Teorema 14.1. *Sia C un codice q–ario contenente M parole. Allora, il codice q–ario C_s ottenuto accorciando C per s volte consecutive contiene almeno M/q^s parole distinte.*

Dimostrazione. Chiaramente, basta dimostrare che il codice $\mathcal{C}_s$ ottenuto accorciando $\mathcal{C}$ una volta contiene almeno M/q parole e successivamente iterare la procedura.

Poiché l'alfabeto contiene q simboli distinti, esistono almeno M/q parole di $\mathcal{C}$ che hanno il medesimo simbolo nella colonna che viene cancellata nell'accorciamento. Ne segue che queste corrispondono a M/q parole distinte di $\mathcal{C}_s$, da cui discende la tesi. $\square$

Teorema 14.2. *Sia $\mathcal{C}$ un $[n, k, d]$–codice lineare e $1 \leq i \leq n$ un intero tale che esiste almeno una parola $\mathbf{c} \in \mathcal{C}$ con $c_i \neq 0$. Allora, il codice accorciato per sezione trasversale $\mathcal{C}_i$ è un $[n-1, k-1, d']$–codice.*

Dimostrazione. Esiste una biiezione fra le parole di $\mathcal{C}_i$ e il sottospazio

$$\mathcal{C}' = \{\, \mathbf{c} : \mathbf{c} \in C, c_i = 0 \} \neq \mathcal{C}$$

di $\mathcal{C}$. Da questo segue direttamente che la dimensione di $\mathcal{C}_i$ deve essere $k - 1$. $\square$

Quando $c_i = 0$ per ogni $\mathbf{c} \in \mathcal{C}$, il codice ottenuto cancellando la componente i–esima di ogni parola ha parametri $[n-1, k-1, d]$. Si noti che l'operazione di accorciamento iterata k volte su di un $[n, k]$–codice conduce sempre al codice nullo.

È possibile fornire una diversa descrizione dell'accorciamento di un codice lineare, in termini di matrici generatrici in forma standard. È immediato vedere che tale descrizione, a meno di equivalenza di codici, coincide esattamente con la precedente.

Sia dunque $\mathcal{C}$ un codice lineare di lunghezza n su $\mathbb{F}_q$. Supponiamo che la matrice generatrice di C sia in forma standard dalla forma

$$G = (I_k \mid P).$$

Un codice $\mathcal{C}_s$ si dice *accorciato s volte*, con $0 \leq s \leq k$ a partire da $\mathcal{C}$ se la matrice generatrice G_s di $\mathcal{C}_s$ può ottenersi da G cancellando s colonne $i_1, i_2 \ldots, i_s$ da I_k e rimuovendo le s righe $i_1, i_2 \ldots, i_s$ corrispondenti in G.

Chiaramente, se $\mathcal{C}$ ha matrice generatrice $k \times n$, la matrice generatrice di $\mathcal{C}'_s$ è $(k-s) \times (n-s)$. Inoltre, poiché la procedura di accorciamento riguarda solamente le componenti di informazione di $\mathcal{C}$, la distanza minima d_s del codice accorciato $\mathcal{C}_s$ dovrà soddisfare

$$d_s \geq d,$$

anche se solitamente si ha $d_s = d$.

Esempio 14.3. Consideriamo il codice di Hamming $H_3(2)$. La sua matrice generatrice è della forma

$$G = \begin{pmatrix} 1 & 0 & 0 & 0 & 1 & 0 & 1 \\ 0 & 1 & 0 & 0 & 1 & 1 & 1 \\ 0 & 0 & 1 & 0 & 1 & 1 & 0 \\ 0 & 0 & 0 & 1 & 0 & 1 & 1 \end{pmatrix}.$$

Rimuovendo le due colonne più a sinistra da G, congiuntamente alle righe corrispondenti otteniamo un $[5, 2, 3]$ codice con matrice generatrice

$$G_s = \begin{pmatrix} 1\ 0\ 1\ 1\ 0 \\ 0\ 1\ 0\ 1\ 1 \end{pmatrix}.$$

14.2 Estensione

Definizione 14.2. Sia $\mathcal{C}$ un codice di lunghezza n su $\mathbb{F}_q$. Il *codice esteso*[1] $\overline{\mathcal{C}}$ è dato dall'insieme

$$\overline{\mathcal{C}} = \left\{ (c_1\, c_2\, \dots\, c_n\, c_{n+1}) : (c_1\, c_2\, \dots\, c_n) \in \mathcal{C}, \sum_{i=1}^{n+1} c_i = 0 \right\}.$$

Se $\mathcal{C}$ è un codice lineare con matrice generatrice G di dimensioni $n \times k$ e matrice di controllo parità H, allora $\overline{\mathcal{C}}$ è un codice con matrice generatrice $\overline{G}$ di dimensioni $(n+1) \times k$. Tale matrice $\overline{G}$ viene ottenuta aggiungendo una colonna a G, di modo che la somma delle entrate in ogni riga di $\overline{G}$ sia 0. La matrice di controllo di parità $\overline{H}$ di detto codice risulta della forma

$$\overline{H} = \begin{pmatrix} 1\ 1\ 1\ \dots\ 1 \\ & & 0 \\ & H & 0 \\ & & \vdots \\ & & 0 \end{pmatrix}.$$

In particolare, quando $\mathcal{C}$ è un codice binario con distanza minima d dispari, allora $\overline{\mathcal{C}}$ ha distanza minima $d + 1$ e si dice *codice esteso a partire da $\mathcal{C}$ mediante aggiunta di un controllo di parità*.

Esempio 14.4. Consideriamo il codice di Hamming $H_3(2)$. Si tratta di un $[7, 4, 3]$–codice. Il codice esteso $\overline{H_3(2)}$ è un $[8, 4, 4]$–codice ed ha matrice di controllo parità

$$\begin{pmatrix} 1\ 1\ 1\ 1\ 1\ 1\ 1\ 1 \\ 1\ 1\ 1\ 0\ 1\ 0\ 0\ 0 \\ 0\ 1\ 1\ 1\ 0\ 1\ 0\ 0 \\ 1\ 1\ 0\ 1\ 0\ 0\ 1\ 0 \end{pmatrix}.$$

Tutte le parole di peso dispari in $H_3(2)$ incrementano il proprio peso di 1; quelle di peso pari lo mantengono inalterato. Ne consegue che il polinomio enumeratore dei pesi per questo codice è:

$$1 + 14x^4 + x^8.$$

---

[1] extended

Un ulteriore estensione di un codice esteso $\overline{C}$ produce un codice $\overline{\overline{C}}$ che ha esattamente lo stesso enumeratore dei pesi di $\overline{C}$, per cui una operazione di estensione iterata non fornisce alcun vantaggio, in quanto aumenta la lunghezza n del codice senza incrementare k o d.

14.3 Allungamento

L'operazione di estensione di un codice comporta un incremento del numero di simboli di ridondanza presenti, ma *non* del numero di parole di codice.

Definizione 14.3. Un'operazione in cui si aggiungono contemporaneamente alla matrice generatrice di un codice l colonne, l righe e l simboli addizionali di controllo parità è detta *allungamento*[2] .

Un metodo standard per realizzare tale operazione consiste nell'aggiungere contemporaneamente 1 nuovo simbolo di informazione e 1 bit di controllo globale di parità, costruito come nel caso dell'estensione di codici.

Esempio 14.5. Consideriamo il $[7, 3, 4]$ codice binario C avente come matrice generatrice

$$G = \begin{pmatrix} 1\,1\,0\,0\,1\,1\,0\,0 \\ 0\,1\,1\,0\,0\,1\,1\,0 \\ 0\,0\,1\,0\,1\,1\,0\,1 \end{pmatrix} .$$

Tale codice è equivalente al codice simplesso e risulta dunque equidistante; in particolare si ottiene che il suo enumeratore dei pesi è

$$w(x) = 1 + 7x^4.$$

Un metodo per costruire un allungamento C' di C è quello di

1. Aggiungere il vettore $\jmath = (1\,1\,1\,1\,1\,1\,1) \notin C$ alla matrice generatrice;
2. Estendere il $[7, 4, 3]$–codice così costruito mediante un simbolo di controllo di parità.

In questo modo si ottiene un codice C' con matrice generatrice

$$G' = \begin{pmatrix} 1\,1\,0\,0\,1\,1\,0\,0\,0 \\ 0\,1\,1\,0\,0\,1\,1\,0\,0 \\ 0\,0\,1\,0\,1\,1\,0\,1\,0 \\ 1\,1\,1\,1\,1\,1\,1\,1\,1 \end{pmatrix} .$$

Tale codice ha parametri $[8, 4, 4]$ e polinomio enumeratore dei pesi

$$w(x) = 1 + 14x^4 + x^8.$$

Incidentalmente, tale codice risulta equivalente al codice di Hamming esteso.

---

[2] lengthening

14.4 Punzonatura

Definizione 14.4. L'eliminazione di controlli di parità da un codice è detta *punzonatura*.

Tale operazione ha l'effetto di ridurre la lunghezza del codice di 1 e diminuire la distanza minima.

Supponiamo che $\mathcal{C}$ sia un codice lineare con matrice di controllo di parità H; a meno di equivalenza si può supporre che la forma di H sia

$$H = (H_0\, H_1\, \cdots\, H_{k-1} \mid I_{n-k})\,,$$

ove I_{n-k} è la matrice identica $(n-k) \times (n-k)$.

Definizione 14.5. Il codice $\mathcal{C}_p$ è detto *derivato per punzonatura*[3] p volte da $\mathcal{C}$, se la matrice di controllo di parità di $\mathcal{C}_p$ può ottenersi da H rimuovendo contemporaneamente

1. p colonne fra quelle più a destra;
2. le p righe corrispondenti ai valori non nulli nelle colonne rimosse di H.

La matrice di controllo di parità di $\mathcal{C}_p$ è una matrice $(n-k-p) \times (n-p)$ che può scriversi come

$$H_p = \left(H_0'\, H_1'\, \cdots\, H_{k-1}' \mid I_{j_0}'\, I_{j_1}'\, \cdots\, I_{j_k-p-1}'\right)\,,$$

ove $H_0', H_1', \ldots H_{k-1}'$ sono ottenuti rispettivamente da $H_0, H_1, \ldots$ rimuovendo p righe, mentre I_j' è una colonna di peso esattamente 1.

Esempio 14.6. Consideriamo il $[5, 2, 3]$–codice $\mathcal{C}$ la cui matrice di controllo di parità è

$$H = \begin{pmatrix} 1\,0\,1\,0\,0 \\ 1\,1\,0\,1\,0 \\ 0\,1\,0\,0\,1 \end{pmatrix}.$$

Il codice ottenuto cancellando la prima riga e la terza colonna in H ha parametri $[4, 2, 2]$ e matrice di controllo di parità

$$H_s = \begin{pmatrix} 1\,1\,1\,0 \\ 0\,1\,0\,1 \end{pmatrix}.$$

Il codice punzonato una volta, a partire da un codice assegnato di parametri $[n, k, d]$, ha lunghezza $n - 1$ e dimensione k o $k - 1$. La distanza minima di tale codice è d, oppure, più usualmente, $d - 1$.

---

[3] puncturing

14.5 Aumento e epurazione

Tutte le tecniche di modifica presentate nei precedenti paragrafi preservano la struttura lineare di un codice. Due ulteriori tecniche elementari che possono essere adottate sono l'*aumento*[4] e l'*epurazione*[5]. Esse consistono rispettivamente nel rimuovere o aggiungere parole al codice. In generale, un codice epurato o aumentato non è lineare, anche se il codice di partenza lo è.

La Tabella 14.1 descrive gli effetti delle operazioni di trasformazione di codice qui presentate.

Tecnica	Azione	Parametri
Accorciamento	Rimozione simboli di informazione	$[n - l, k - l, d_s \geq d]$
Allungamento	Aggiunta informazione/parità	$[n + l, k + l, d_s \leq d]$
Estensione	Aggiunta simboli di parità	$[n + l, k, d_e \geq d]$
Punzonatura	Rimozione simboli di parità	$[n - l, k, d_p \leq d]$
Aumento	Aggiunta di parole	$[n, k + l, d_a \leq d]$
Epurazione	Rimozione di parole	$[n, k - l, d_e \geq d]$

Tabella 14.1. Tecniche elementari di modifica di un codice

14.6 Condivisione temporale

Con questo paragrafo iniziamo a presentare delle tecniche che consentono di combinare fra loro due codici, al fine di ottenerne un terzo con opportune proprietà.

La *condivisione temporale* di due codici consiste nell'applicare in parallelo due codificatori. In questo modo, si riesce a lavorare su blocchi di dimensione superiore rispetto quella del singolo codice ma, purtroppo, il numero di errori identificabili e correggibili col nuovo codice è esattamente quello che si poteva gestire col codice originario di distanza minima più bassa.

Definizione 14.6. La *condivisione temporale*[6] di due codici $\mathcal{C}_1$ e $\mathcal{C}_2$ è il codice $|\mathcal{C}_1|\mathcal{C}_2|$ che trasmette una parola di codice di $\mathcal{C}_1$ seguita da una parola di codice di $\mathcal{C}_2$, per cui

$$|\mathcal{C}_1|\mathcal{C}_2| = \{ (\mathbf{c_1}\, \mathbf{c_2}) : \mathbf{c_1} \in \mathcal{C}_1, \mathbf{c_2} \in \mathcal{C}_2 \}.$$

Osserviamo che se $\mathbf{u} = \mathbf{u}_1\mathbf{u}_2$ e $\mathbf{u}' = \mathbf{u}_1\mathbf{u}'_2$ sono due messaggi da codificare, allora le parole di codice corrispondenti saranno $\mathbf{v} = \mathbf{v}_1\mathbf{v}_2$ e $\mathbf{v}' = \mathbf{v}_1\mathbf{v}'_2$. Ne segue che

---

[4] augmenting
[5] expurgating
[6] time–sharing

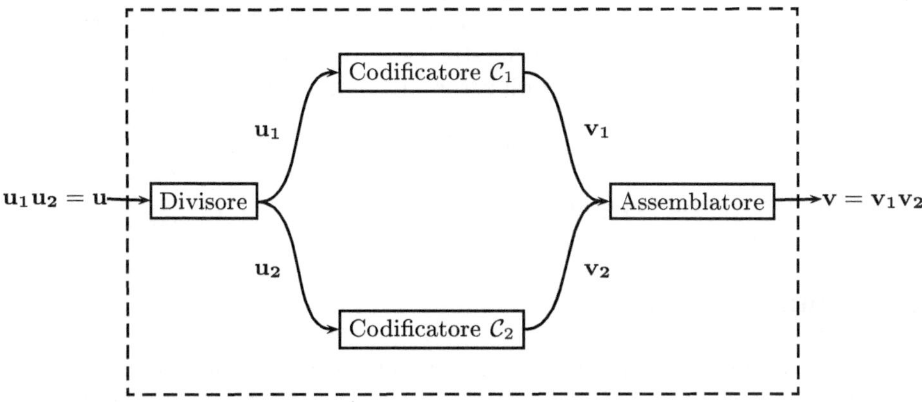

Fig. 14.1. Codificatore a condivisione temporale

$$d(\mathbf{v}, \mathbf{v}') = d(\mathbf{v}_1\mathbf{v}_2, \mathbf{v}_1\mathbf{v}_2') = d(\mathbf{v}_1, \mathbf{v}_1) + d(\mathbf{v}_2, \mathbf{v}_2') = d(\mathbf{v}_2, \mathbf{v}_2'),$$

per cui la distanza minima del codice $|C_1|C_2|$ risulta, come preannunciato, il minimo delle distanze minime dei codici originari.

Chiaramente l'operazione di condivisione può essere ripetuta un qualsiasi numero finito di volte. In generale, dati m codici lineari C_i di parametri rispettivamente $[n_i, k_i, d_i]$ con $1 \leq i \leq m$, la condivisione temporale di questi codici è un $[n, k, d]$–codice di parametri

$$n = \sum_{i=1}^{m} n_i, \quad k = \sum_{i=1}^{m} k_i, \quad d = \min_{1 \leq i \leq m} \{d_i\}.$$

Se G_i denota la matrice generatrice del codice C_i, la matrice generatrice G del codice a condivisione temporale ottenuto a partire da tutti i C_i stessi è la matrice diagonale a blocchi

$$G = \begin{pmatrix} G_1 & & & \\ & G_2 & & \\ & & \ddots & \\ & & & G_m \end{pmatrix}.$$

Esempio 14.7. Sia C_1 il $[4, 1, 4]$ codice a ripetizione e sia C_2 il codice di Hamming di parametri $[7, 4, 3]$. Allora, la condivisione temporale fra C_1 e C_2 dà luogo ad un codice lineare di parametri $[11, 5, 3]$.

La condivisone temporale di un codice C con se stesso è equivalente al trasmettere due parole di C per ogni unità di tempo. Questa costruzione è utilizzata quando la capacità di un canale di comunicazione è superiore rispetto a quella sfruttabile da un singolo codice.

Esempio 14.8. Supponiamo di avere un codice $\mathcal{C}$ che è in grado di codificare dei *byte* ($n = 8$) e di stare utilizzando un canale in cui le informazioni vengono trasmesse in blocchi di 32 bit. In questo caso la strategia solitamente adottata è quella di codificare 4 *byte* per volta con il codificatore a condivisione temporale

$$|\mathcal{C}|\mathcal{C}|\mathcal{C}|\mathcal{C}|$$

e trasmetterli tutti contemporaneamente.

14.7 Somma

La somma è un altro metodo per costruire dei nuovi codici a partire da codici pre-assegnati. In questo caso si suppone che ogni codice abbia la medesima lunghezza n e si cerca, a priori, di incrementare la dimensione k senza ingrandire lo spazio ambiente. Chiaramente, è possibile che la distanza minima in questo caso venga a diminuire.

Definizione 14.7. Siano $\mathcal{C}_i$ per $1 \leq i \leq m$ degli $[n, k_i, d_i]$–codici lineari. Il codice *somma diretta*[7] dei codici $\mathcal{C}_i$ è il codice

$$\bigoplus_{i=1}^{m} \mathcal{C}_i = \{\mathbf{v} : \mathbf{v} = \mathbf{v_1} + \mathbf{v_2} + \cdots + \mathbf{v_m}, \mathbf{v_i} \in \mathcal{C}_i\}.$$

In generale, abbiamo $k \leq k_1 + k_2 + \ldots + k_m$ mentre $d \leq \min_i\{d_i\}$.

Se G_i denota la matrice generatrice del codice $\mathcal{C}_i$, allora la matrice generatrice del codice somma $\mathcal{C}$ è

$$G = \begin{pmatrix} G_1 \\ G_2 \\ \vdots \\ G_m \end{pmatrix}.$$

Se i codici $\mathcal{C}_i$ si intersecano tutti banalmente nel vettore nullo, allora il codice somma è, come spazio vettoriale, la somma diretta degli stessi.

14.8 Codifica seriale

Definizione 14.8. Siano $\mathcal{C}_1$ e $\mathcal{C}_2$ rispettivamente un $[n_1, k_1, d_1]$ e un $[n_2, n_1, d_2]$ codice. Il codice in serie ottenuto da $\mathcal{C}_1$ e $\mathcal{C}_2$ (nell'ordine), denotato con il simbolo $\mathcal{C}_1\mathcal{C}_2$, è implementato come illustrato Figura 14.2, codificando dapprima una parola di lunghezza k_1 con $\mathcal{C}_1$ e, poi, il vettore di lunghezza n_1 così ottenuto con $\mathcal{C}_2$. Il codice $\mathcal{C}_1$ è detto *codice esterno*, mentre $\mathcal{C}_2$ viene chiamato *codice interno*.

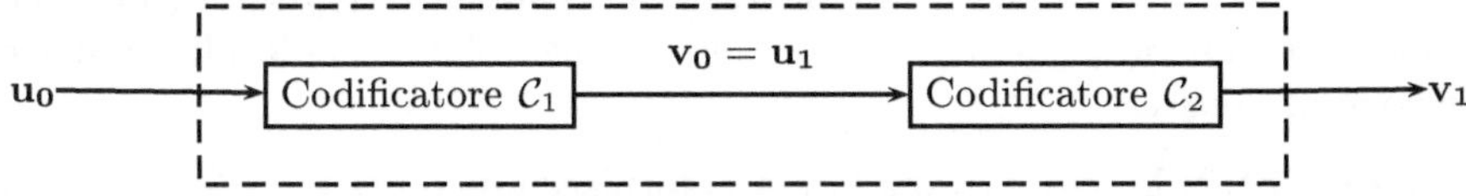

Fig. 14.2. Codice in serie

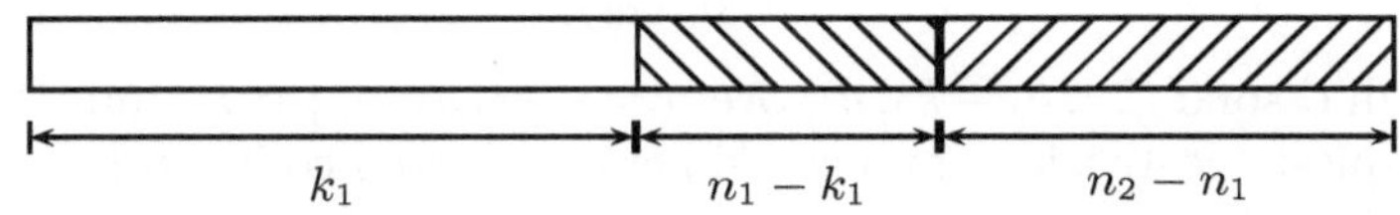

Fig. 14.3. Struttura di una parola nel codice in serie

Supponendo che entrambi i codici siano sistematici, la struttura di una parola di C_1C_2 è del tipo descritto in Figura 14.3. In generale, la distanza minima di un codificatore seriale è maggiore della più grande delle distanze minime dei codici componenti.

Teorema 14.9. *Il codice in serie C_1C_2 da C_1 e C_2 ha parametri $[n_2, k_1, d]$, con $d \geq \max\{d_1, d_2\}$.*

Dimostrazione. I valori n_2 della lunghezza e la dimensione k sono immediati da determinare, in quanto il codice C_1C_2 è un monomorfismo da uno spazio vettoriale di dimensione k_1 in uno spazio vettoriale di dimensione n_2.

Per quanto concerne la distanza minima, osserviamo che essa coincide col peso minimo di un vettore non nullo in C_1C_2. Supponiamo che C_2 sia sistematico e sia $\mathbf{p} \in C_1C_2$. Allora, le prime n_1 componenti di $\mathbf{p}$ formano una parola di C_1, per cui $w(\mathbf{p}) \geq d_1$. D'altro canto, $\mathbf{p}$ è una parola di C_2, per cui $w(\mathbf{p}) \geq d_2$. La tesi segue. $\qquad\square$

14.9 Costruzione $|u|u+v|$

Nessuna delle tecniche di combinazione sopra presentate consente di aumentare la distanza minima rispetto i codici componenti. Mostriamo ora una tecnica che consente proprio di fare questo.

---

[7] direct sum

Siano $\mathcal{C}_1$ e $\mathcal{C}_2$ due codici di lunghezza rispettivamente n_1, n_2 e di matrici generatrici G_1 e G_2. Se $n_1 \neq n_2$, aggiungiamo delle colonne nulle alla matrice di dimensione più bassa.

Definizione 14.9. La *costruzione* $|u|u+v|$ fornisce un codice $\mathcal{C} = |\mathcal{C}_1|\mathcal{C}_1 + \mathcal{C}_2|$ con matrice generatrice

$$G = \begin{pmatrix} G_1 & G_1 \\ 0 & G_2 \end{pmatrix}.$$

I parametri di $\mathcal{C}$ sono $(2n, k_1 + k_2, d)$, ove $n = \max\{n_1, n_2\}$ e $d = \min\{2d_1, d_2\}$. In particolare, questa costruzione può usarsi per esprimere i codici di Reed–Müller in modo molto semplice:

$$\mathrm{RM}_2(r+1, m+1) = |\mathrm{RM}_2(r+1, m)|\mathrm{RM}_2(r+1, m) + \mathrm{RM}_2(r, m)|.$$

14.10 Codici prodotto

Una generalizzazione della nozione di codice in serie è quella di codice prodotto. Tale costruzione richiede di applicare più operazioni di codifica in serie su opportuni insiemi di parole. È importante osservare che in tale costruzione entrambi i codici $\mathcal{C}_1$ e $\mathcal{C}_2$ da cui si parte possono avere parametri arbitrari.

Siano dunque $[n_1, k_1]$, $[n_2, k_2]$ rispettivamente i parametri di $\mathcal{C}_1$ e $\mathcal{C}_2$. La costruzione prodotto corrisponde a codificare k_2 parole di $\mathcal{C}_1$ in parallelo e poi ad applicare a tali parole n_1 codifiche in parallelo mediante $\mathcal{C}_2$, come illustrato in Figura 14.4. La struttura delle parole del codice così ottenuto è mostrata in Figura 14.5.

Definizione 14.10. Siano A, B due matrici rispettivamente $m_1 \times n_1$ e $m_2 \times n_2$. Il *prodotto secondo Kronecker* o *prodotto diretto* $A \otimes B$ di A con B è la matrice $n_1 n_2 \times t_1 t_2$ ottenuta sostituendo ogni entrata a_{ij} di A con la matrice $a_{ij} B$.

Esempio 14.10. Siano $A = \begin{pmatrix} 1 | 2 \end{pmatrix}$ e $B - \begin{pmatrix} 1 & 0 \\ 1 & 2 \end{pmatrix}$. Allora,

$$A \otimes B = \begin{pmatrix} 1 & 0 & 2 & 0 \\ 1 & 2 & 2 & 4 \end{pmatrix}.$$

⚠Ricordiamo che il prodotto tensoriale di due spazi vettoriali V, W è lo spazio vettoriale $V \otimes W$ generato da tutti gli elementi della forma $\mathbf{v} \otimes \mathbf{w}$ con $\mathbf{v} \in V_1$, $\mathbf{w} \in V_2$ che soddisfano le regole

$$(\mathbf{v_1} + \mathbf{v_2}) \otimes \mathbf{w} = \mathbf{v_1} \otimes \mathbf{w} + \mathbf{v_2} \otimes \mathbf{w},$$

$$\mathbf{v} \otimes (\mathbf{w_1} + \mathbf{w_2}) = \mathbf{v} \otimes \mathbf{w_1} + \mathbf{v} \otimes \mathbf{w_2},$$

$$\alpha(\mathbf{v} \otimes \mathbf{w}) = (\alpha \mathbf{v}) \otimes \mathbf{w} = \mathbf{v} \otimes (\alpha \mathbf{w}).$$

Da queste tre proprietà segue

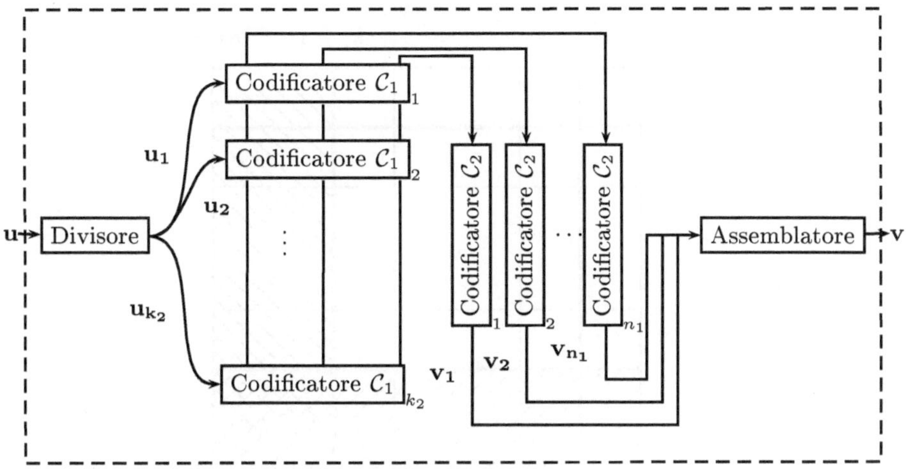

Fig. 14.4. Codificatore prodotto

$$\mathbf{v} \otimes \mathbf{w} = \mathbf{0} \text{ se, e soltanto se, } \mathbf{v} = \mathbf{0} \text{ oppure } \mathbf{w} = \mathbf{0}.$$

In particolare, se $\mathcal{C}_1$ è un codice con matrice generatrice G_1 e $\mathcal{C}_2$ è un codice con matrice generatrice G_2, allora lo spazio vettoriale $\mathcal{C}_1 \otimes \mathcal{C}_2$ ha matrice generatrice esattamente $G_1 \otimes G_2$.

———

Forniamo ora una definizione formale di codice prodotto.

Definizione 14.11. Siano $\mathcal{C}_1$, $\mathcal{C}_2$ due codici con matrici generatrici rispettivamente G_1, G_2. Il *codice prodotto*[8] $\mathcal{C}_1 \otimes \mathcal{C}_2$ è il codice la cui matrice generatrice è $G_1 \otimes G_2$.

Teorema 14.11. *Siano* $\mathcal{C}_1$ *e* $\mathcal{C}_2$ *rispettivamente un* $[n_1, k_1, d_1]$ *e un* $[n_2, k_2, d_2]$ *codice lineare. Allora il codice prodotto* $\mathcal{C}_1 \otimes \mathcal{C}_2$ *ha parametri* $[n_1 n_2, k_1 k_2, d_1 d_2]$.

Dimostrazione. È immediato vedere che la lunghezza di $\mathcal{C} = \mathcal{C}_1 \otimes \mathcal{C}_2$ è $n_1 n_2$. Inoltre ogni parola di $\mathcal{C}_1 \otimes \mathcal{C}_2$ è della forma $\mathbf{v_1} \otimes \mathbf{v_2}$ con $\mathbf{v_1} \in \mathcal{C}_1$ e $\mathbf{v_2} \in \mathcal{C}_2$. In particolare, una parola $\mathbf{v_1} \otimes \mathbf{v_2} \in \mathcal{C}_1 \otimes \mathcal{C}_2$ ha peso minimo se, e soltanto se, $\mathbf{v_1}$ ha peso minimo in $\mathcal{C}_1$ e $\mathbf{v_2}$ ha peso minimo in $\mathcal{C}_2$. A questo punto è immediato vedere che

$$w(\mathbf{v_1} \otimes \mathbf{v_2}) = w(\mathbf{v_1}) w(\mathbf{v_2}) = d_1 d_2.$$

Pertanto, la distanza minima di $\mathcal{C}_1 \otimes \mathcal{C}_2$ è $d_1 d_2$. Infine, tutte le righe della matrice $G_1 \otimes G_2$ sono linearmente indipendenti, da cui segue che la dimensione del codice prodotto è esattamente $k_1 k_2$. $\qquad\square$

———

———

[8] direct product

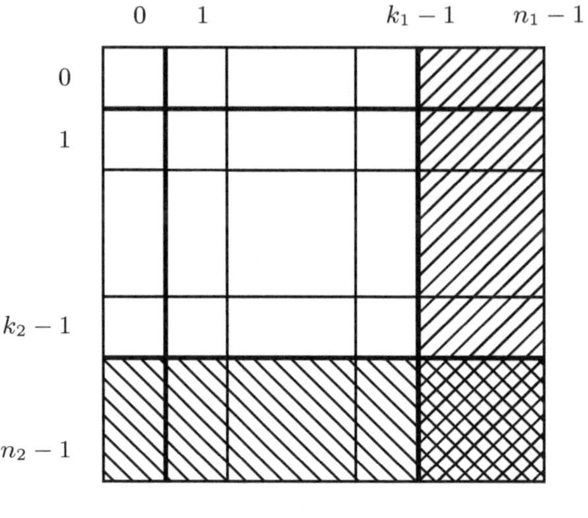

Fig. 14.5. Struttura di una parola nel codice prodotto

Teorema 14.12. *Siano C_1, C_2 due codici come sopra e si ponga $t_i = \lfloor (d_i - 1)/2 \rfloor$. Il codice prodotto $C = C_1 \otimes C_2$ è in grado di correggere tutte le* sequenze di errori concentrati *di lunghezza al più*

$$b = \max\{ n_1 t_2, n_2 t_1 \}.$$

Dimostrazione. Al variare di k, per ogni $0 \leq j \leq n_2 - 1$, le n_2 componenti $(j + k n_1)$–esime di una parola di codice di C formano una parola di codice di C_2. Il codice C_2 può essere usato per correggere t_2 errori in ognuna di queste n_1 parole. Ne segue che, qualora gli errori siano concentrati, è possibile correggerne $t_2 n_1$. Un ragionamento analogo mostra come usando C_1 sia possibile correggere $t_1 n_2$ errori concentrati, da cui si determina il valore di b.   □

Esempio 14.13. Siano C_1 e C_2 due copie del codice di Hamming di parametri $[7, 4, 3]$. Allora $C_1 \otimes C_2$ è un $[49, 16, 9]$–codice lineare capace di correggere 4 errori in qualsivoglia posizione e al più 7 errori concentrati. La distribuzione dei pesi di questo codice è presentata in Tabella 14.2. Per brevità, si indicano solamente i valori A_i diversi da 0. Si noti come, similmente a quanto accade per $H_3(2)$, anche in questo caso i valori A_i e A_{n-i} siano uguali.

i	A_i		i	A_i
0	1		25	16087
9	49		28	7826
12	98		29	5292
16	931		32	1764
17	1764		33	931
20	5292		37	98
21	7826		40	49
24	16087		49	1

Tabella 14.2. Distribuzione pesi per $H_3(2) \otimes H_3(2)$

$$
\begin{array}{cccc}
v_{1,1} & v_{1,2} & \cdots & v_{1,n_1} \\
v_{2,1} & v_{2,2} & \cdots & v_{2,n_1} \\
\vdots & & & \vdots \\
v_{n_2,0} & v_{n_2,1} & \cdots & v_{n_2,n_1}
\end{array}
$$

Fig. 14.6. Struttura di un codice intrecciato

14.11 Intrecciamento

Un caso particolare della costruzione prodotto vista nel Paragrafo 14.10 è quello dei codici intrecciati[9].

Definizione 14.12. Il *codice banale* di lunghezza n su $\mathbb{F}_q$ è l'unico codice di parametri $[n, n, 1]$. Denoteremo tale codice col simbolo $\mathcal{I}_{(n)}$.

Definizione 14.13. Si dice *codice intrecciato*[10] di *profondità* o *grado* n ottenuto a partire da $\mathcal{C}$ il codice $\mathcal{C}^{(n)}$ dato da

$$
\mathcal{C}^{(n)} = \mathcal{C} \otimes \mathcal{I}_{(n)}.
$$

Nel caso di un codice intrecciato n_2 volte ottenuto a partire da un codice $\mathcal{C}$ di parametri $[n_1, k_1]$, le parole vengono ad essere disposte in una matrice $n_2 \times n_1$, come illustrato in Figura 14.6, ove

$$
\mathbf{v_i} = (v_{i,1}\, v_{i,2} \cdots v_{i,n_1})
$$

è una parola di $\mathcal{C}$ per $1 \le i \le n_2$ Un aspetto positivo dei codici intrecciati è che

---

[9] interleaved

[10] block interleaved code

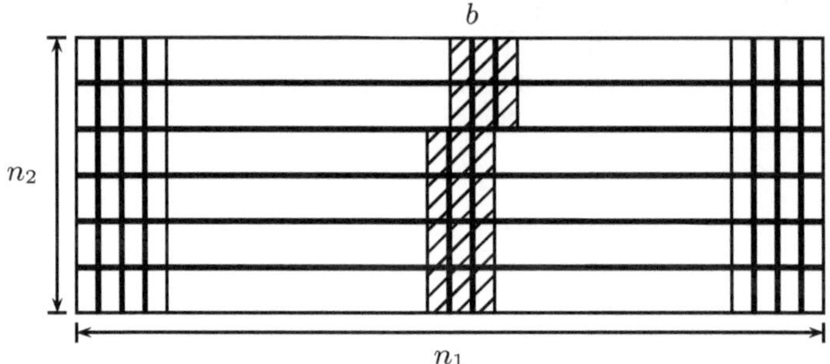

Fig. 14.7. Errori concentrati in codici intrecciati

risulta possibile utilizzare per $\mathcal{C}^{(n_2)}$ il medesimo algoritmo di decodifica che per $\mathcal{C}$. In particolare, sempre facendo riferimento alla Figura 14.6 le componenti di $\mathcal{C}^{(n_2)}$ vengono trasmesse per colonna, cioè nell'ordine

$$\mathbf{v} = (v_{1,1}\, v_{2,1}\, \cdots\, v_{n_2,0}\, v_{1,2}\, \cdots\, v_{1,n_1}\, \cdots\, v_{n_2,n_1}).$$

In fase di decodifica si deve dunque innanzi tutto ricostruire la tabella colonna per colonna e, successivamente, procedere a decodificare e correggere riga per riga.

L'importanza pratica dei codici intrecciati $\mathcal{C}^{(n_2)}$ è che, pur possedendo la medesima distanza minima del codice di partenza, essi sono particolarmente efficienti nella correzione di errori burst. Infatti, supponiamo che si verifichino b errori in sequenza in un messaggio $\mathbf{r}$. La situazione per il codice $\mathcal{C}^{(n_2)}$ è descritta in Figura 14.7, ove si suppone che $\mathcal{C}$ abbia lunghezza n_1 e raggio di impacchettamento e. In ogni riga della tabella vi sono solamente b/n_2 componenti alterate. Ne risulta che se $b < e n_2$, allora ogni riga, che è un vettore di lunghezza n_1 che deve appartenere al codice $\mathcal{C}$, contiene un numero di errori strettamente minore di e; pertanto è possibile ricostruirne tutti i valori originari del blocco.

Esercizi

14.1. Si costruisca un codice binario $\mathcal{C}$ di parametri $[63, 12, 9]$.

14.2. Si costruisca un codice binario di lunghezza 255, dimensione 159 e distanza minima almeno 7.

14.3. Si costruisca un codice binario di ridondanza $3/2$ e lunghezza 300. Si determini la percentuale massima di bit errati in una parola che possono essere corretti da tale codice.

15

Limitazioni asintotiche

What, is't too short? I'll lengthen it with mine: and,
having both together heaved it up, we'll both together lift
our heads to heaven.

W. Shakespeare, 2 King Henry IV

Le caratteristiche principali di un codice correttore sono, quantomeno in prima approssimazione, descritte da due fondamentali quantità: la ridondanza r e l'efficienza R. Come visto nel Capitolo 3, la prima fornisce una limitazione superiore alla massima distanza minima (e dunque alla massima capacità correttiva garantita); la seconda indica quanto la capacità effettiva di un canale sia sfruttata in fase di comunicazione. Questi due numeri sono inversamente correlati, ma, fissata una ridondanza, è sempre possibile, aumentando progressivamente la lunghezza dei blocchi, raggiungere un'efficienza che si avvicina ad 1. Più in concreto, quando la lunghezza n di un codice a blocchi è piccola, si possono avere comportamenti di tipo "patologico," in quanto compaiono delle ostruzioni che impediscono di raggiungere prestazioni ottimali. Ad esempio, esistono dei valori di n per cui non vi sono codici MDS.

Nel presente capitolo, mostreremo alcune limitazioni sul miglior comportamento possibile da parte di un codice a blocchi, supponendo che n possa essere scelta a piacere. In particolare, si vedrà che, per n abbastanza grande, è possibile dare indicazioni assolute sulla massima efficienza raggiungibile e che quasi tutti codici hanno prestazioni che si avvicinano a tale limite.

15.1 Famiglie di codici

Sia $\mathfrak{C} = \{\mathcal{C}_i\}$ una famiglia infinita di codici lineari q_i–ari di parametri rispettivamente $[n_i, k_i, d_i]$ e supponiamo che la successione $\{n_i\}$ sia non decrescente.

Definizione 15.1. Si dice *efficienza asintotica* della famiglia $\mathfrak{C} = \{\mathcal{C}_i\}$ il numero

$$R(\mathfrak{C}) = \liminf_{i \to \infty} \frac{k_i}{n_i}.$$

La *distanza relativa* di $\mathfrak{C}$ è il numero

$$\delta(\mathfrak{C}) = \liminf_{i \to \infty} \frac{d_i}{n_i}.$$

Definizione 15.2. Una famiglia di codici $\mathfrak{C}$ è detta *asintoticamente buona* se

$$R(\mathfrak{C}), \delta(\mathfrak{C}) > 0.$$

Esempio 15.1. Consideriamo la famiglia $\mathfrak{F}_q$ di tutti i codici di Hamming su $\mathbb{F}_q$. Il codice di Hamming $H_r(q)$ su $\mathbb{F}_q$ contiene $q^{n-r} = q^{n-\log(n(q-1)+1)}$ parole. In particolare,

$$R(\mathfrak{F}_q) = \liminf_{n \to \infty} \frac{n - \log(n(q-1)+1)}{n} = 1.$$

D'altro canto, la distanza minima di ogni codice di Hamming è 3, per cui la distanza relativa asintotica risulta $\delta(\mathfrak{F}_q) = 0$. Pertanto, i codici di Hamming non sono asintoticamente buoni.

15.2 Limitazioni universali sui codici

Assegnata una distanza relativa, è possibile chiedersi quale sia la migliore efficienza asintotica raggiungibile. La seguente definizione consente di formulare una risposta a tale questione.

Definizione 15.3. Sia q una potenza di primo. Per ogni $\delta \leq 1$ poniamo

$$\alpha_q(\delta) = \limsup_{n \to \infty} \frac{\log_q A(n, \delta n)}{n}. \tag{15.1}$$

La quantità $\alpha_q(\delta)$ è l'*efficienza massima asintotica* a distanza relativa assegnata.

Ricordiamo che $A(n, \delta n)$ è il numero massimo di parole contenute da un codice q-ario di lunghezza n e distanza minima δn. Pertanto, per la limitazione di Singleton, si ha $A(n, \delta n) \leq q^{n-\delta n+1}$, dal che si deduce che

$$\frac{1}{n} \log_q A(n, \delta n)$$

è sempre minore di 1; pertanto $\alpha_q(\delta)$ è una funzione limitata, definita per ogni valore di δ compreso fra 0 e 1. Inoltre, per lo stesso motivo

$$\alpha_q(\delta) \leq \frac{n - \delta n + 1}{n} \leq (1 - \delta). \tag{15.2}$$

La relazione 15.2 è detta *limitazione asintotica di Singleton*.

È possibile anche fornire, applicando il Teorema 3.14, una versione asintotica della limitazione di Hamming. Nel caso binario si ottiene

$$\alpha_2(\delta) \le 1 - H_2\left(\frac{\delta}{2}\right).$$

Più in generale, la *limitazione asintotica di Hamming* assume la forma

$$\alpha_q(\delta) \le \max\left\{0, 1 - H_q(\delta/2) - \frac{\delta}{2}\log_q(q-1)\right\}. \tag{15.3}$$

Nel seguito del presente paragrafo dimostreremo altre limitazioni asintotiche.

Teorema 15.2 (Limitazione asintotica di Plotkin). *Sia $\theta = \frac{q}{q-1}$. Per ogni $0 \le \delta \le 1$, si ha*

$$\alpha_q(\delta) \le \max\{0, 1 - \delta\theta\}. \tag{15.4}$$

Dimostrazione. Per quanto visto nella relazione (4.7), se $\theta \le \delta \le 1$,

$$A_q(n, \delta n) \le \delta\,(\delta - \theta)^{-1}.$$

L'espressione a destra non dipende da n, per cui

$$\lim_{n\to\infty} \frac{1}{n}\log_q A_q(n, \delta n) \le \lim_{n\to\infty} \frac{1}{n}\log_q (\delta - \theta)^{-1} = 0.$$

In particolare, il numero massimo di parole di un codice q–ario di distanza relativa superiore a θ non dipende dalla lunghezza n.

Supponiamo ora $0 \le \delta \le \theta$ e consideriamo una famiglia $\mathfrak{C} = \{C_i\}$ di codici q–ari di parametri (n_i, M_i, d_i), asintoticamente ottimale per δ, nel senso che $\{n_i\}$ è una successione crescente e

$$\lim_{n\to\infty} \frac{d_i}{n_i} = \delta, \qquad \lim_{n\to\infty} \frac{\log_q M_i}{n_i} = \alpha_q(\delta).$$

Per ogni i, poniamo $n_i' = \lfloor (d_i - 1)/\theta \rfloor$. Si osserva che

$$\lim_{i\to\infty} \frac{n_i'}{n_i} \ge \lim_{i\to\infty} \left(\frac{d_i}{n_i\theta} - \frac{1}{n_i\theta}\right) = \frac{\delta}{\theta}.$$

L'idea chiave del seguito della dimostrazione è quella di confrontare ora i codici C_i di lunghezza n_i con i codici C_i' di lunghezza n_i' ottenuti per accorciamento di $n_i - n_i'$ colonne. Per il Teorema 14.1, ognuno dei codici C' contiene almeno $M' \ge M/q^{n_i - n_i'}$ parole; inoltre, la distanza minima d_i' di tali codici soddisfa $d_i' \ge d_i$. Per definizione di n_i' abbiamo

$$\theta n_i' \le d_i - 1 \le d_i' - 1,$$

da cui discende che è possibile applicare la relazione (4.7) a tali codici. Questo implica

$$\frac{M_i}{q^{n_i - n_i'}} \le M_i' \le d_i'(d_i' - n\theta)^{-1} \le d_i'.$$

In particolare, $M_i \leq q^{n_i - n_i' d_i'}$. Usando quest'ultima stima, è possibile scrivere

$$
\begin{aligned}
\alpha_q(\delta) &= \lim_{i \to \infty} \tfrac{1}{n_i} \log_q M_i \\
&\leq \lim_{i \to \infty} \tfrac{1}{n_i} \log_q(q^{n_i - n_i' d_i}) \\
&\leq \lim_{i \to \infty} \left(1 - \tfrac{n_i'}{n_i} + \tfrac{\log_q d_i'}{n_i}\right) \\
&\leq 1 - \delta\theta.
\end{aligned}
$$

La tesi segue. $\qquad\qquad\square$

Una conseguenza immediata della limitazione di Plotkin è che, *fissato* un alfabeto $\mathbb{F}_q$, esiste solamente un numero finito di codici q–ari con distanza relativa superiore a θ^{-1}. Osserviamo che l'ipotesi che l'alfabeto sia fissato è essenziale per il teorema.

Esempio 15.3. Consideriamo la famiglia di codici $\mathfrak{R}_\delta = (\mathrm{RS}_{\delta n}(n))$ ove, al solito $\mathrm{RS}_{\delta n}(n)$ è il codice di Reed–Solomon su $\mathbb{F}_{(n+1)}$ di distanza designata δn. Chiaramente, la lunghezza di ogni elemento di $\mathfrak{R}_\delta$ è esattamente n e la dimensione è $n - \delta n + 1$, per cui

$$
R(\mathfrak{R}_\delta) = \liminf_{n \to \infty} \frac{(1-\delta)n + 1}{n} = 1 - \delta.
$$

D'altro canto, fissato q ogni codice di Reed–Solomon su $\mathbb{F}_q$ ha lunghezza $q - 1$, per cui tali codici risultano sempre in numero finito.

⚠️Introduciamo ora una generalizzazione della nozione di codice t–correttore. Tale generalizzazione sarà poi utilizzata per formulare nuove stime sul numero massimo di parole che possono essere contenute in un codice.

Definizione 15.4. Un codice C di lunghezza n è detto (t, ℓ)–*correttore* se, per ogni parola ricevuta $\mathbf{r} \in A^n$, la sfera di Hamming di raggio t centrata in $\mathbf{r}$ contiene al più ℓ parole di codice.

Chiaramente, i codici $(e, 1)$–correttori coincidono con quelli e–correttori.

Lemma 15.4. *Per ogni* (n, M, d)–*codice* q–*ario* (t, ℓ)–*correttore si ha*

$$
MV_q(n, t) \leq \ell q^n.
$$

Dimostrazione. Consideriamo tutte le sfere di raggio t centrate sulle parole di codice. Ogni parola di A^n è contenuta in al più ℓ di tali sfere. La limitazione segue direttamente.

Usando la stima

$$
\lim_{n \to \infty} \frac{1}{n} \log_q V_q(n, n\tau) = H_q(\tau) + \tau \log_q(q - 1),
$$

si riesce a dimostrare direttamente il seguente corollario.

Corollario 15.5. *Sia* $\mathfrak{C} = \{C_i\}$ *una famiglia di codici* q–*ari e supponiamo che, per ogni* i, *il codice* C_i *sia* $(i\tau, i)$–*correttore di parametri* (i, M_i). *Allora,*

$$
\lim_{i \to \infty} \frac{1}{i} \log M_i \leq 1 - H_q(\tau) - \tau \log_q(q - 1).
$$

Il seguente teorema descrive il legame fra codici correttori ordinari e codici (t, ℓ)–correttori.

Teorema 15.6 (Johnson). *Ogni $(n, M, \delta n)$–codice q–ario $\mathcal{C}$ è anche un codice $(\tau n - 1, (q-1)n)$–correttore, ove*

$$\tau = \frac{1}{\theta}(1 - \sqrt{1 - \theta \delta}).$$

Utilizzando questa relazione sarà possibile scrivere una nuova stima per $\alpha(\delta)$. Per dimostrare il Teorema 15.6 seguiremo l'approccio di [45], immergendo tutte le parole di un (n, M, d)–codice su di un alfabeto q–ario A in uno spazio vettoriale reale V e sfruttando poi alcune proprietà della metrica euclidea di tale spazio. Fissiamo, innanzi tutto, alcune notazioni. Sia $\beta : A \mapsto \{1, 2, \ldots, q\}$ una biiezione e denotiamo con $\mathfrak{R}_q = \{\mathbf{e}_1, \ldots, \mathbf{e_q}\}$ la base canonica di $\mathbb{R}^q$. Poniamo

$$\varepsilon := \begin{cases} A \to \mathbb{R}^q \\ a \to \mathbf{e}_{\beta(a)}. \end{cases}$$

L'applicazione ε può estendersi ad un'applicazione $\mathcal{E}_q : A^n \mapsto \mathbb{R}^{qn}$, definendo

$$\mathcal{E}_q(\mathbf{c}) = \mathcal{E}_q(c_1 \, c_2 \, \ldots \, c_n) = (\varepsilon(c_1) \, \varepsilon(c_2) \, \ldots \, \varepsilon(c_n)).$$

Chiaramente, $\mathcal{E}$ è iniettiva, a valori in $(\mathbb{R}^q)^n \simeq \mathbb{R}^{qn}$. Indichiamo con $\|\mathbf{x}\|$ la norma euclidea di un vettore $\mathbf{x} \in \mathbb{R}^{qn}$. Il prodotto scalare di due vettori reali $\mathbf{a}, \mathbf{b}$ sarà scritto $\langle \mathbf{a}, \mathbf{b} \rangle$. Per ogni $1 \leq i \leq n$, chiamiamo H_i l'iperpiano affine di $\mathbb{R}^{qn}$ di equazione

$$H_i : \sum_{j=1}^{q} x_{q(i-1)+j} = 1. \tag{15.5}$$

Si noti che ogni iperpiano H_i corrisponde esattamente ad una componente c_i di una parola di codice $\mathbf{c}$; pertanto, l'immagine di $\mathcal{C}$ mediante $\mathcal{E}_q$ è contenuta in

$$\mathcal{H} = \bigcap_{i=1}^{n} H_i.$$

Si ha dunque che $\mathbf{Q} = (\frac{1}{q}, \frac{1}{q}, \ldots, \frac{1}{q}) \in \mathcal{H}$; pertanto, $\mathcal{H} - \mathbf{Q} = \{\mathbf{x} - \mathbf{Q} : \mathbf{x} \in \mathcal{H}\}$ è uno spazio vettoriale. Poiché gli iperpiani H_i sono in posizione generale[1] tale spazio vettoriale ha codimensione q in $\mathbb{R}^{qn}$. Tutte queste osservazioni sono riassunte dal seguente lemma.

Lemma 15.7. *I vettori*

$$\{\mathcal{E}(\mathbf{x}) - \mathbf{Q} : \mathbf{x} \in A^n\}$$

giacciono tutti in uno spazio vettoriale di dimensione $(q-1)n$.

Determiniamo ora il legame fra la distanza di Hamming in A^n e la distanza euclidea in $\mathbb{R}^{nq}$.

Lemma 15.8. *Per ogni coppia di vettori $\mathbf{a}, \mathbf{b} \in A^n$,*

$$\|\mathcal{E}(\mathbf{a})\|^2 = n, \quad \langle \mathcal{E}(\mathbf{a}), \mathcal{E}(\mathbf{b}) \rangle = n - d(\mathbf{a}, \mathbf{b}).$$

---

[1] Nel senso che il sistema di equazioni lineari che essi determinano ha rango massimo

Dimostrazione. Comunque dato $\mathbf{a} \in A^n$, il vettore reale $\mathcal{E}(\mathbf{a})$ risulta somma di esattamente n vettori di una base ortonormale. Da questo si deduce la prima parte della tesi. Siano ora $\alpha = \mathcal{E}(\mathbf{a})$, $\beta = \mathcal{E}(\mathbf{b})$. Calcolando il prodotto scalare fra α e β abbiamo

$$\langle \alpha, \beta \rangle = \sum_{i=1}^{qn} \alpha_i \beta_i = |\{\, i : \alpha_i = \beta_i = 1 \}| = |\{\, i : \mathbf{a}_i = \mathbf{b}_i \}|. \tag{15.6}$$

La quantità a destra nell'equazione (15.6) corrisponde al numero di caratteri in cui $\mathbf{a}$ coincide con $\mathbf{b}$, per cui $\langle \alpha, \beta \rangle = n - d(\mathbf{a}, \mathbf{b})$, che è la tesi. $\square$

Ci servono ora due lemmi che consentano di controllare il numero di vettori reali che si trovino in un'immersione di codice $\mathcal{E}$.

Lemma 15.9. *Siano* $\mathbf{v_1}, \ldots, \mathbf{v_m}$ *vettori non nulli in* $\mathbb{R}^N$ *tali che* $\langle \mathbf{v_i}, \mathbf{v_j} \rangle \leq 0$ *per ogni* $1 \leq i < j \leq m$. *Allora,*
  1. *se esiste* $\mathbf{u} \in \mathbb{R}^N$ *tale che* $\langle \mathbf{u}, \mathbf{v_i} \rangle > 0$ *per ogni* $i = 1, 2, \ldots, m$, *allora*

$$m \leq N;$$

  2. *se esiste un vettore* $\mathbf{u} \in \mathbb{R}^N$ *tale che* $\langle \mathbf{u}, \mathbf{v_i} \rangle \geq 0$ *per ogni* $i = 1, 2, \ldots, m$, *allora*

$$m \leq 2N - 1;$$

  3. *in ogni caso,*

$$m \leq 2N.$$

Dimostrazione.
  1. Supponiamo, per assurdo, $m \geq N + 1$. Allora, i vettori $\mathbf{v_1}, \ldots, \mathbf{v_m}$ costituirebbero un insieme linearmente dipendente. Sia dunque $S \subseteq \{1, \ldots, m\}$ un insieme non vuoto di cardinalità minima tale che valga una relazione del tipo

$$\sum_{i \in S} a_i \mathbf{v_i} = \mathbf{0},$$

con, chiaramente, ogni $a_i \neq 0$. Gli scalari a_i devono avere tutti il medesimo segno; altrimenti, posto

$$T^+ = \{\, i \in S : a_i > 0\}; \quad T^- = \{\, i \in S : a_i < 0\},$$

avremmo

$$\mathbf{w} = \sum_{i \in T^+} a_i \mathbf{v_i} = \sum_{j \in T^-} (-a_j) \mathbf{v_j},$$

con $T^+ \subset S$. Dalla minimalità di S, seguirebbe $\mathbf{w} \neq \mathbf{0}$ e quindi $\langle \mathbf{w}, \mathbf{w} \rangle > 0$. D'altro canto,

$$\langle \mathbf{w}, \mathbf{w} \rangle = \left\langle \sum_{i \in T^+} a_i \mathbf{v_i}, \sum_{j \in T^-} (-a_j) \mathbf{v_j} \right\rangle = \sum_{i,j} -a_i a_j \langle \mathbf{v_i}, \mathbf{v_j} \rangle \leq 0,$$

in quanto $-a_i a_j > 0$ per $i \in T^+$ e $j \in T^-$, mentre, per ipotesi, $\langle \mathbf{v_i}, \mathbf{v_j} \rangle \leq 0$. Da tale contraddizione si deduce che è possibile supporre $a_i > 0$ per ogni $i \in S$. Poiché $a_i > 0$ per ogni $i \in S$ e, per ipotesi, $\langle \mathbf{v_i}, \mathbf{u} \rangle > 0$, si ha

$$0 = \langle \mathbf{0}, \mathbf{u} \rangle = \Big\langle \sum_{i \in S} a_i \mathbf{v_i}, \mathbf{u} \Big\rangle = \sum_{i \in S} a_i \langle \mathbf{v_i}, \mathbf{u} \rangle > 0.$$

Da quest'ultima contraddizione, segue che l'insieme dei vettori $\mathbf{v_1}, \ldots, \mathbf{v_m}$ deve essere libero e, in particolare, $m \leq N$.

2. Ragioniamo per induzione su N. Chiaramente, per $N = 1$ la tesi è soddisfatta. Se $m \leq N$, similmente, non vi è nulla da dimostrare. Supponiamo dunque $m > N$, sicché i vettori $\mathbf{v_1}, \ldots, \mathbf{v_m}$ sono sicuramente linearmente dipendenti. Come nel punto precedente, sia $S \subseteq \{1, \ldots, m\}$ un insieme non vuoto di cardinalità minimale tale che

$$\sum_{i \in S} a_i \mathbf{v_i} = \mathbf{0},$$

con ogni $a_i \neq 0$. A meno di una permutazione dei vettori $\mathbf{v_i}$, possiamo supporre $S = \{1, 2, \ldots, s\}$. Poiché $V = \{\mathbf{v_1}, \ldots, \mathbf{v_s}\}$ è un insieme di vettori linearmente dipendenti di cardinalità minima, esso genera un sottospazio vettoriale W di $\mathbb{R}^N$ di dimensione $(s-1)$. Dalla relazione $\sum_{i=1}^{s} a_i \mathbf{v_i} = \mathbf{0}$, deriva che

$$\sum_{i=1}^{s} \langle \mathbf{v_i}, \mathbf{v_j} \rangle = 0,$$

per ogni $j = s+1, \ldots, m$. D'altro canto, con un ragionamento simile a quello visto nel punto precedente si dimostra che per ogni $1 \leq i \leq s$ deve essere $a_i > 0$; inoltre, $\langle \mathbf{v_i}, \mathbf{v_j} \rangle \leq 0$; ne segue che $\mathbf{v_i}$ deve essere ortogonale a $\mathbf{v_j}$ per ogni $i = 1, 2, \ldots, s$ e $j = s+1, \ldots, m$. In particolare, i vettori $\mathbf{v_{s+1}}, \ldots, \mathbf{v_m}$ devono giacere in $W^{\perp}$ che ha dimensione $(N - s + 1)$. Per l'ipotesi induttiva, applicata a tali vettori, e tenuto conto che $s > 1$, si ha

$$m - s \leq 2(N - s + 1) - 1,$$

da cui segue immediatamente $m \leq 2N - s + 1 \leq 2N - 1$.

3. Applicando i risultati del punto precedente all'insieme di vettori $\mathbf{v_1}, \ldots, \mathbf{v_{m-1}}$ e ponendo $\mathbf{u} = -\mathbf{v_m}$, si ottiene $m - 1 \leq 2N - 1$, da cui deriva la tesi. $\square$

Lemma 15.10. *Sia $\epsilon > 0$ un numero reale positivo. Se $\mathbf{w_1}, \ldots, \mathbf{w_m}$ sono m vettori reali di norma unitaria tali che $\langle \mathbf{w_i}, \mathbf{w_j} \rangle \leq -\epsilon$ per ogni $1 \leq i < j \leq m$, allora*

$$m \leq 1 + \frac{1}{\epsilon}.$$

Dimostrazione. Scriviamo

$$0 \leq \Big\langle \sum_{i=1}^{m} \mathbf{w_i}, \sum_{i=1}^{m} \mathbf{w_i} \Big\rangle = \sum_{i=1}^{m} \langle \mathbf{w_i}, \mathbf{w_i} \rangle + 2 \sum_{1 \leq i < j \leq m} \langle \mathbf{w_i}, \mathbf{w_j} \rangle \leq m - m(m-1)\epsilon.$$

Dall'espressione precedente segue direttamente $m \leq 1 + 1/\epsilon$. $\square$

Poniamo ora, una volta per tutte, $\theta = \frac{q}{q-1}$. Il seguente teorema fornisce una stima del numero di parole che si trovano in opportune sfere di Hamming centrate in parole di codice.

Teorema 15.11. *Sia $\mathcal{C}$ un (n, M, d)–codice q–ario sull'alfabeto A con*

$$d = \frac{1}{\theta}(1 - \sigma)n.$$

Sia $\mathbf{c} \in \mathcal{C}$ e poniamo $e = \frac{1}{\theta}(1 - \gamma)n$ per qualche $0 < \gamma < 1$. Allora, per $\gamma > \sqrt{\sigma}$,

$$|B_e(\mathbf{c}) \cap \mathcal{C}| \leq \min\left\{ n(q-1), \frac{1-\sigma}{\gamma^2 - \sigma} \right\}.$$

Inoltre, se $\gamma = \sqrt{\sigma}$, allora $|B_e(\mathbf{c}) \cap \mathcal{C}| \leq 2n(q-1) - 1$.

Dimostrazione. Siano $\mathbf{c}_1, \ldots, \mathbf{c}_m$ le parole di codice a distanza al più t da un vettore arbitrario $\mathbf{b} \in A^n$. Per ogni $1 \leq i \leq m$, poniamo

$$\mathbf{v_i} = \mathcal{E}(\mathbf{c_i}), \quad \mathbf{r} = \mathcal{E}(\mathbf{b}).$$

Per il Lemma 15.7, i vettori $\mathbf{v_i}$ giacciono tutti in uno spazio affine di dimensione $(q - 1)n$, come pure $\mathbf{r}$. Sia ora

$$\mathbf{v} = \mathbf{v}(\alpha) = \alpha\mathbf{r} - \frac{1 - \alpha}{q}\jmath. \tag{15.7}$$

Mostriamo che è possibile scegliere il parametro α nell'espressione (15.7) in modo tale che

$$\langle \mathbf{v_i} - \mathbf{v}(\alpha), \mathbf{v_j} - \mathbf{v}(\alpha) \rangle < 0,$$

per ogni $i \neq j$ con $1 \leq i, j \leq m$, mentre

$$\langle \mathbf{v_i} - \mathbf{v}(\alpha), \mathbf{v}(\alpha) \rangle \geq 0.$$

Sia $e = \lfloor \frac{d-1}{2} \rfloor$ e poniamo $e_i = d(\mathbf{b}, \mathbf{c_i})$. Calcoliamo ora i seguenti prodotti scalari:

$$\langle \mathbf{v_i}, \mathbf{v_j} \rangle = n - d(\mathbf{c_i}, \mathbf{c_j}) \leq n - d$$

$$\langle \mathbf{v}, \mathbf{v} \rangle = \alpha^2 n + 2(1 - \alpha)\alpha\frac{n}{q} + (1 - \alpha)^2\frac{n}{q} = \frac{n}{q} + \frac{\alpha^2}{\theta}n$$

$$\langle \mathbf{v_i}, \mathbf{v} \rangle = \alpha\langle \mathbf{v_i}, \mathbf{r} \rangle + \frac{1 - \alpha}{q}\langle \mathbf{v_i}, \jmath \rangle = \alpha(n - e_i) + (1 - \alpha)\frac{n}{q} \geq \alpha(n - e) + (1 - \alpha)\frac{n}{q}.$$

In particolare, per $i \neq j$,

$$\langle \mathbf{v_i} - \mathbf{v}(\alpha), \mathbf{v_j} - \mathbf{v}(\alpha) \rangle \leq \frac{1}{\theta}n\left(\sigma + \alpha^2 - 2\alpha\gamma \right), \tag{15.8}$$

ove $e = (1 - 1/q)(1 - \gamma)n$ e $d = (1 - 1/q)(1 - \sigma)n$. Se

$$\gamma > \frac{1}{2}\left(\frac{\sigma}{\alpha} + \alpha \right), \tag{15.9}$$

allora tutti i prodotti scalari sono negativi. Scegliamo ora α in modo da minimizzare la quantità fra parentesi nell'espressione (15.9). Si ottiene $\alpha = \sqrt{\sigma}$ e, per $\gamma > \sqrt{\sigma}$, l'ipotesi del punto 1 del Lemma 15.9 è soddisfatta dai vettori $\mathbf{v_i}$ e dal vettore $\mathbf{u}$, proiezione di $\mathbf{v}(\sqrt{\sigma})$ su $\mathcal{H}$. Ne segue $m \leq (q - 1)n$.
Mostriamo ora che per $\gamma > \sqrt{\sigma}$ deve essere soddisfatta anche la condizione

$$m \leq \frac{1-\sigma}{\gamma^2 - \sigma}.$$

Sia $\alpha = \sigma$. Per la relazione (15.8), abbiamo

$$\langle \mathbf{v_i} - \mathbf{v}, \mathbf{v_j} - \mathbf{v} \rangle \leq \frac{1}{\theta} n(\sigma - \gamma^2) < 0.$$

Poniamo, per ogni $1 \leq i \leq m$,

$$\mathbf{w_i} = \frac{\mathbf{v_i} - \mathbf{v}}{||\mathbf{v_i} - \mathbf{v}||}.$$

Chiaramente i vettori $\mathbf{w_i}$ hanno tutti norma 1 e, inoltre, il prodotto scalare fra due di essi distinti è negativo: infatti,

$$\langle \mathbf{w_i}, \mathbf{w_j} \rangle \leq -\frac{\gamma^2 - \sigma}{1 - \gamma^2}.$$

A questo punto, il Lemma 15.10 garantisce che

$$m \leq \left(1 + \frac{1 - \gamma^2}{\gamma^2 - \sigma} \right) = \frac{1 - \sigma}{\gamma^2 - \sigma},$$

da cui segue la seconda limitazione.

Quando $\gamma = \sqrt{\sigma}$, è possibile applicare la parte 2 del Lemma 15.9, e si ottiene la stima $m \leq 2n(q - 1) - 1$. $\qquad\qquad\square$

Siamo ora in grado di dimostrare il Teorema 15.6.

Dimostrazione (Teorema 15.6). Per ottenere la tesi, basta far vedere che

$$|B_{\tau - \frac{1}{n}}(\mathbf{w}) \cap \mathcal{C}| \leq (q - 1)n,$$

per ogni parola $\mathbf{w} \in A^n$. Usando le notazioni e i risultati del Teorema 15.11, vediamo che questa condizione è sempre verificata quando

$$\tau - \frac{1}{n} \leq \frac{1}{\theta}(1 - \gamma), \qquad \gamma > \sqrt{\sigma}, \qquad \delta = \frac{1}{\theta}(1 - \sigma).$$

Ricavando σ in funzione di δ, si ottiene che deve essere

$$\gamma > \sqrt{1 - \theta\delta},$$

per cui

$$\tau \leq \frac{1}{\theta}(1 - \sqrt{1 - \theta\delta}).$$

$$\square$$

Nel caso binario, in particolare, si ha $\tau \leq \frac{1}{2}(1 - \sqrt{1 - 2\delta})$.

Utilizzando il teorema di Johnson, è possibile scrivere una limitazione sulla funzione $\alpha(\delta)$.

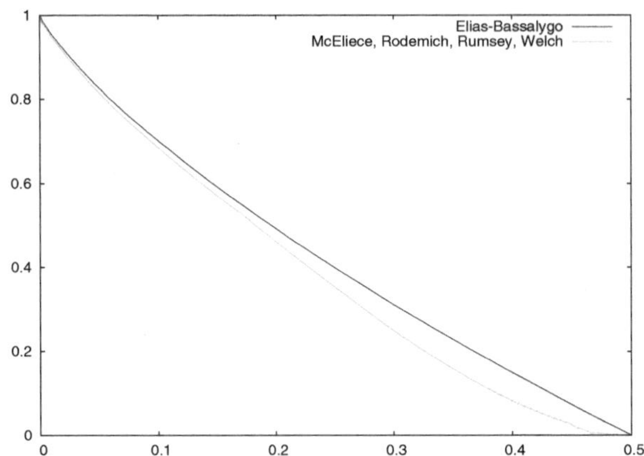

Fig. 15.1. Confronto numerico fra la limitazione (15.10) e Elias–Bassalygo

Teorema 15.12 (Elias–Bassalygo). *Sia τ come nel Teorema 15.6. Per ogni* $0 \le \delta \le \frac{1}{\theta}$*, si ha*

$$\alpha_q(\delta) \le 1 - H_q(\tau) = 1 - H_q\left(\frac{1}{\theta}(1 - \sqrt{1 - \theta\delta})\right).$$

Se $\frac{1}{\theta} \le \delta \le 1$*, necessariamente* $\alpha_q(\delta) = 0$.

Dimostrazione. Per il Teorema 15.6, ogni codice $(n, M, \delta n)$ correttore con $\delta \le \frac{1}{\theta}$ è un codice $(n\tau - 1, (q - 1)n)$–correttore. Di conseguenza, per il Corollario 15.5,

$$\lim_{n \to \infty} \frac{1}{n} M_n \le 1 - H_q(\tau) - \tau \log_q(q - 1) \le 1 - H_q(\tau),$$

che è la prima parte della tesi. La seconda parte del teorema discende immediatamente dalla limitazione asintotica di Plotkin (Teorema 15.2).   □

Nel caso binario si ha

$$\alpha_2(\delta) \le 1 - H_2\left(\tfrac{1}{2}(1 - \sqrt{1 - 2\delta})\right),$$

e questa condizione è migliore rispetto quella fornita dalla limitazione di Plotkin.

La migliore limitazione superiore nota per i codici binari, ottenuta a partire dal Teorema 4.60, è dovuta a McEliece, Rodemich, Rumsey e Welch ed è della forma

$$\alpha_2(q) \le \min_{0 \le u \le 1 - 2\delta}\{1 + g(u^2) - g(u^2 + 2\delta u + 2\delta)\}, \tag{15.10}$$

con $g(u) = H_2[(1 - \sqrt{1 - u})/2]$. Al proposito, si vedano [69] e [84].

È possibile anche scrivere delle limitazioni *inferiori* per il valore di $\alpha(\delta)$. Un esempio di queste ultime è la limitazione di Gilbert–Varshamov asintotica.

Teorema 15.13 (Gilbert–Varshamov). *Per ogni* $0 \leq \delta \leq \theta$, *si ha*

$$\alpha_q(\delta) \geq 1 - H_q(\delta).$$

Dimostrazione. La limitazione di Gilbert–Varshamov, dimostrata nel Teorema 4.66, stabilisce che, per ogni k, esiste un $[n, k, \delta n]$–codice lineare tale che

$$q^k < \frac{q^n}{\sum_{i=0}^{} \binom{n-1}{i}(q-1)^i} = \frac{q^n}{V_q(n-1, \delta n - 2)}.$$

In altre parole, esiste sicuramente un codice di distanza minima δn, purché la dimensione k soddisfi la condizione

$$k < n - \log_q V_q(n-1, \delta n - 2).$$

Poiché

$$V_q(n, \delta n) > V_q(n-1, \delta n - 2),$$

possiamo asserire che esistono sempre dei $[n, k, \delta]$–codici con $k = n - \log_q V_q(n, \delta n)$. Osserviamo ora che

$$\alpha_q(\delta) = \limsup_{\delta \to \infty} \frac{\log_q A(n, \delta n)}{n} \geq \limsup_{\delta \to \infty} \left(1 - \frac{1}{n} \log_q V_q(n, \delta n) \right) = 1 - H_q(\delta).$$

Segue la tesi. $\qquad\qquad\square$

Singleton	$\alpha_q(\delta) \leq 1 - \delta$
Plotkin	$\alpha_q(\delta) \leq 1 - \delta\theta$
Hamming	$\alpha_q(\delta) \leq 1 - H_q(\delta/2)$
Gilbert–Varshamov	$\alpha_q(\delta) \geq 1 - H_q(\delta)$
Elias–Bassalygo	$\alpha_q(\delta) \leq 1 - H_q((1 - \sqrt{1 - \delta\theta})/\theta)$

Tabella 15.1. Limitazioni asintotiche per i codici

⚠ Una limitazione inferiore a $\alpha(\delta)$ che è, in alcuni casi, migliore di quella di Gilbert–Varshamov è presentata nel Teorema 16.11 e si basa sulla costruzione di codici a partire da curve algebriche.

15.3 Insiemi di Wozencraft

Consideriamo ora un metodo per costruire concretamente dei codici che raggiungano la limitazione di Gilbert–Varshamov. In effetti, si può mostrare che *quasi tutti* i codici costruiti in modo casuale soddisfano tale limite. Confiniamo la nostra attenzione al caso binario.

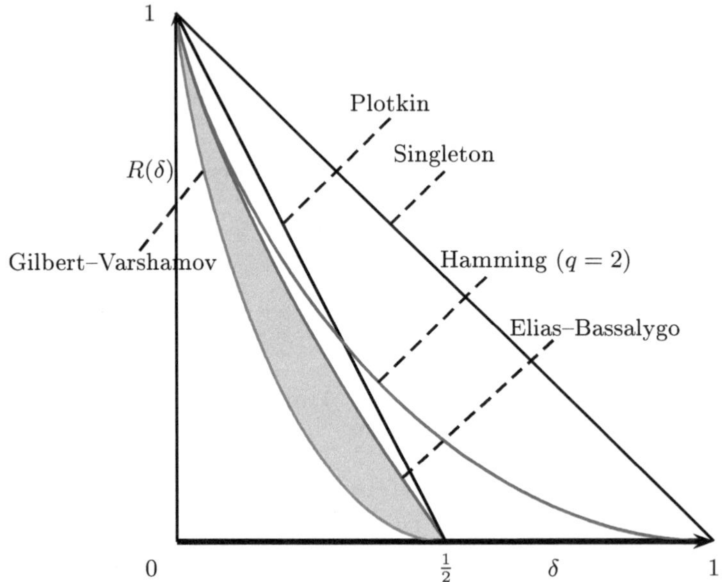

Fig. 15.2. Limitazioni asintotiche per codici binari

Definizione 15.5. Si dice che lo spazio $\mathbb{F}_2^n$ è *impacchettato* con codici lineari $\mathcal{C}_1, \mathcal{C}_2, \ldots, \mathcal{C}_t$ ognuno contenente 2^k elementi se:

1. per ogni $i \neq j$ si ha $\mathcal{C}_i \cap \mathcal{C}_j = \{\mathbf{0}\}$;
2. $\bigcup_{i=1}^{t} \mathcal{C}_i = \mathbb{F}_2^n$.

Per motivi di cardinalità, deve necessariamente essere

$$t = \frac{2^n - 1}{2^k - 1};$$

quindi, $2^k - 1$ deve dividere $2^n - 1$. Il seguente teorema mostra che la maggior parte dei codici di un impacchettamento $\mathfrak{C} = \{\mathcal{C}_i\}$ hanno distanza minima non inferiore ad una quantità che può essere prefissata in modo arbitrario.

Teorema 15.14. *Supponiamo che i codici* $\mathfrak{C} = \{\mathcal{C}_1, \mathcal{C}_2, \ldots, \mathcal{C}_t\}$ *impacchettino* $\mathbb{F}_2^n$ *e sia* $\epsilon t \geq V_2(n, d-1)$. *Allora, almeno* $t(1 - \epsilon)$ *codici in* $\mathfrak{C}$ *hanno distanza minima non inferiore a d.*

Dimostrazione. Consideriamo tutti i codici $\mathcal{C}_i \in \mathfrak{C}$ di distanza minima inferiore a d; ognuno di essi deve, necessariamente, contenere almeno una parola $\mathbf{v_i} \in \mathcal{C}_i$ diversa da $\mathbf{0}$ nella sfera $B_{d-1}(\mathbf{0})$. Per definizione di impacchettamento, si ha $\mathbf{v_i} \neq \mathbf{v_j}$ se $i \neq j$. In particolare, possono esserci al più $|B_{d-1}(\mathbf{0})| - 1 = V_2(n, d-1) - 1$ codici di distanza minima inferiore a d. Poiché $t\epsilon \geq V_2(n, d-1)$, il numero di tali codici non può certo essere maggiore di $t\epsilon$. La tesi ora segue osservando che il numero totale dei codici nell'insieme $\mathfrak{C}$ è proprio t. $\qquad\square$

In particolare, la frazione di codici in $\mathfrak{C}$ che hanno distanza minima non inferiore a d è almeno $(1 - \epsilon)$, per cui un impacchettamento fornisce sempre numerosi codici con distanza minima elevata.

Descriviamo ora un metodo per costruire effettivamente un insieme di codici $\mathfrak{C}$ che impacchettino $\mathbb{F}_2^n$. Tale costruzione è detta *costruzione di Wozencraft* di ordine n e lunghezza k. Ogni codice $\mathcal{C}_i \in \mathfrak{C}$ è uno spazio vettoriale di dimensione k su $\mathbb{F}_2$; dunque, in particolare, $\mathcal{C}_i \simeq \mathbb{F}_2^k$. Tale spazio vettoriale è dotato di una struttura di campo finito isomorfa a $\mathbb{F}_{2^k}$. Chiaramente, $\mathbb{F}_2^n = \mathbb{F}_{2^k}^c$ come $\mathbb{F}_2$–spazi vettoriali e ogni parola di codice $\mathbf{w} \in \mathcal{C}_i$ può vedersi come un vettore contenente c elementi a entrate in $\mathbb{F}_{2^k}$. Consideriamo ora tutti i vettori

$$\mathbf{w} = (w_1\, w_2 \,\ldots\, w_c) \in \mathbb{F}_{2^k}^c$$

che soddisfano le seguenti proprietà:

1. $\mathbf{w} \neq \mathbf{0}$;
2. se i è il più piccolo indice per cui $w_i \neq 0$, allora $w_i = 1$.

L'insieme di tali vettori è in corrispondenza biunivoca con i punti dello spazio proiettivo $\mathrm{PG}\,(c - 1, 2^k)$. In particolare, ne abbiamo enumerati esattamente

$$\frac{2^{ck} - 1}{2^k - 1} = \frac{2^n - 1}{2^k - 1} = t.$$

Definiamo il codice $\mathcal{C}_\mathbf{w}$ come l'insieme

$$\mathcal{C}_\mathbf{w} = \{\, (w_1 x, w_2 x, \ldots, w_c x) : x \in \mathbb{F}_{2^k} \,\}.$$

Ogni codice $\mathcal{C}_\mathbf{w}$ è uno spazio vettoriale di dimensione 1 su $\mathbb{F}_{2^k}$; per conseguenza, esso si può vedere come uno spazio vettoriale $\widetilde{\mathcal{C}}_\mathbf{w}$ di dimensione k su $\mathbb{F}_2$. Quando $\mathbf{w} \neq \mathbf{v}$, si ha per costruzione $\mathcal{C}_\mathbf{w} \cap \mathcal{C}_\mathbf{v} = \{\mathbf{0}\}$; quindi, $\widetilde{\mathcal{C}}_\mathbf{w} \cap \widetilde{\mathcal{C}}_\mathbf{v} = \{\mathbf{0}\}$.

Definizione 15.6. Diciamo *insieme di Wozencraft* l'insieme

$$\widetilde{\mathfrak{C}} = \{\, \widetilde{\mathcal{C}}_\mathbf{w} : \mathbf{w} \in \mathrm{PG}\,(c - 1, 2^k) \,\}.$$

Teorema 15.15. *L'insieme $\widetilde{\mathfrak{C}}$ è un impacchettamento di $\mathbb{F}_2^n$.*

Dimostrazione. La tesi è equivalente a dimostrare che

$$\mathfrak{C} = \{\, \mathcal{C}_\mathbf{w} : \mathbf{w} \in \mathrm{PG}\,(c - 1, 2^k) \,\}$$

è un impacchettamento di $\mathbb{F}_{2^k}^c$. Sia $\mathbf{y} = (y_1, y_2, \ldots, y_c) \in \mathbb{F}_{2^k}^c$ e supponiamo che $1 \leq j \leq c$ sia l'indice della prima componente non nulla di $\mathbf{y}$. Posto $\mathbf{w} = \frac{1}{y_j}\mathbf{y}$, abbiamo che $\mathcal{C}_\mathbf{w}$ è sicuramente uno dei codici sopra introdotti ed inoltre $\mathbf{y} \in \mathcal{C}_\mathbf{w}$. Si deduce l'asserto. $\qquad\square$

Sfruttiamo ora la costruzione di Wozencraft per costruire dei codici binari asintoticamente buoni.

Teorema 15.16. *Sia c un intero positivo fissato e poniamo $\delta = \left(H^{-1}(1 - \frac{1}{c}) - \epsilon \right)$, per $0 < \epsilon \leq 1$. Allora, per ogni k abbastanza grande, esiste una famiglia di $2^{(c-1)k}(1 - \epsilon)$ codici binari di parametri*

$$(ck, k, \delta(ck)) \, .$$

Si osservi che, in particolare, i codici del Teorema 15.16, al variare del parametro k, hanno distanza relativa δ e efficienza asintotica $R = \frac{1}{c} = 1 - H(\delta)$. Ne segue che essi, asintoticamente, raggiungono la limitazione di Gilbert–Varshamov.

Dimostrazione. Per ogni k, realizziamo un impacchettamento $\widetilde{\mathfrak{C}}$ di $\mathbb{F}_2^{ck}$ utilizzando la costruzione di Wozencraft. Si ponga $t = 2^{(c-1)k}$. Per il Lemma 3.13,

$$\lim_{k \to \infty} \frac{1}{ck} V_2(ck, \delta(ck)) \leq (1 - \frac{1}{c}),$$

da cui si deduce che, per k abbastanza grande,

$$\epsilon t = \epsilon 2^{(c-1)k} \geq V_2(ck, \delta ck).$$

La tesi discende ora direttamente dal Teorema 15.14. $\qquad\square$

Parte III

Argomenti avanzati

Codici Algebrico–Geometrici

Each hath his place and function to attend

W. SHAKESPEARE, 1 KING HENRY VI

In questo capitolo introdurremo una famiglia di codici che generalizza, in modo diverso rispetto i codici di Reed–Müller, la costruzione di Reed–Solomon: i codici Algebrico–Geometrici di Goppa. Tali codici lineari rivestono un ruolo importante per svariati motivi:

1. possono essere descritti in modo compatto, senza dover esplicitamente fornire una matrice generatrice;
2. sono dotati di algoritmi di decodifica più efficienti rispetto quello di base a sindrome;
3. risultano utilizzabili per costruire famiglie di codici non casuali che superino la limitazione di Gilbert–Varshamov.

La teoria dei codici algebrico–geometrici richiede, per poter essere affrontata nei dettagli, nozioni di geometria algebrica che esulano dallo scopo del presente testo. Nell'Appendice B sono richiamati alcuni teoremi relativi le curve algebriche che sono utili per fissare la terminologia relativamente gli argomenti qui presentati. In ogni caso, tali richiami non possono sostituire quanto contenuto in testi specifico, quali [34], [107], [72].

Sottolineiamo che lo studio dei codici algebrico–geometrici ha prodotto inoltre svariati testi specialistici che approfondiscono in dettaglio il loro comportamento. Fra questi citiamo [39], [101], [40], [96].

16.1 Codici di valutazione

Nel paragrafo 9.1 si è mostrato un modo particolarmente efficiente di costruire un $[n, n - k]_q$ codice di Reed–Solomon. Infatti, l'insieme delle parole di tale codice coincide l'insieme di tutti i valori che assumono i polinomi in una variabile di grado al più $k - 1$, al variare dell'indeterminata nell'insieme di tutti gli elementi non nulli di $\mathbb{F}_q$. Una costruzione analoga è stata introdotta nel caso dei codici di Reed–Müller, nel Paragrafo 13.1, sfruttando polinomi in più variabili.

Una generalizzazione di queste costruzioni è la seguente. Fissiamo un campo finito $\mathbb{F}_q$ ed un insieme qualsiasi $\mathcal{X}$.

Definizione 16.1. Dato un insieme Ω di applicazioni

$$\omega : \mathcal{X} \mapsto \mathbb{F}_q,$$

e una n–pla $\mathcal{D} = (d_0, d_1, \ldots, d_{n-1})$ di elementi di $\mathcal{X}$ chiamiamo $(\Omega, \mathcal{D})$–*codice* il sottoinsieme $\mathcal{E}$ di $\mathbb{F}_q^n$ dato da

$$\mathcal{E}(\Omega, \mathcal{D}) = \{(\omega(d_0)\, \omega(d_1)\, \ldots\, \omega(d_{n-1})) : \omega \in \Omega\}. \tag{16.1}$$

È immediato vedere che un $(\Omega, \mathcal{D})$–codice ha lunghezza n. In generale, se Ω è soltanto un insieme di funzioni, si può dire molto poco su tale codice. D'altro canto, come mostra il seguente teorema, qualora Ω sia uno spazio vettoriale rispetto le operazioni di prodotto per scalare

$$(\lambda\omega)(x) = \lambda(\omega(x))$$

e somma puntuale

$$(\omega + \theta)(x) = \omega(x) + \theta(x),$$

allora il codice $\mathcal{E}(\Omega, \mathcal{D})$ risulta lineare per qualsiasi $\mathcal{D}$ arbitrariamente fissato.

Teorema 16.1. *Sia Ω uno spazio vettoriale di applicazioni $\mathcal{X} \mapsto \mathbb{F}_q$. Allora, per ogni $\mathcal{D}$ arbitrariamente fissato, il codice $\mathcal{E}(\Omega, \mathcal{D})$ è lineare.*

Dimostrazione. Sia $l \in \mathbb{F}_q$. Per ogni $\omega \in \Omega$ abbiamo $l\omega \in \Omega$. Ne segue, in particolare, che per ogni parola

$$(c_0\, c_1\, \ldots\, c_{n-1}) = (\omega(d_0)\, \omega(d_1)\, \ldots\, \omega(d_{n-1})) \in \mathcal{E},$$

si ha

$$(l\omega(d_0)\, l\omega(d_1)\, \ldots\, l\omega(d_{n-1})) = (lc_0\, lc_1\, \ldots\, lc_{n-1}) \in \mathcal{E}.$$

Similmente, date due parole di codice $(c_0\, c_1\, \ldots\, c_{n-1})$, $(c_0'\, c_1'\, \ldots\, c_{n-1}')$ esistono due funzioni $\omega, \omega' \in \Omega$ tali che

$$(c_0\, \ldots\, c_{n-1}) = (\omega(d_0)\, \ldots\, \omega(d_{n-1})),$$

$$(c_0'\, \ldots\, c_{n-1}') = (\omega'(d_0)\, \ldots\, \omega'(d_{n-1})).$$

Siccome Ω è uno spazio vettoriale, $\psi = \omega + \omega' \in \Omega$ e dunque

$$(\psi(d_0)\, \ldots\, \psi(d_{n-1})) = (c_0 + c_0'\, \ldots\, c_{n-1} + c_{n-1}')$$

appartiene a $\mathcal{E}$, da cui discende la tesi. $\qquad\qquad\square$

Esempio 16.2. Un $[n, n-k]$ codice di Reed–Solomon è un $(\Omega, \mathcal{D})$–codice in cui Ω è l'insieme di tutti i polinomi su $\mathbb{F}_q$ aventi grado al più $k-1$, mentre $\mathcal{D}$ è la sequenza di tutte le $q-1$ potenze distinte di un elemento primitivo di $\mathbb{F}_q^\star$.

In generale, la dimensione di Ω come spazio vettoriale costituisce solamente una limitazione superiore per la dimensione del codice $\mathcal{E}(\Omega, \mathcal{D})$; questo è, ad esempio, il caso per i codici di Reed–Müller. Inoltre, in astratto, non è possibile garantire nulla relativamente la distanza minima del codice così ottenuto.

Il problema di costruire un buon $(\Omega, \mathcal{D})$–codice è pertanto quello di trovare spazi vettoriali di funzioni che godano di "buone" proprietà. I codici Algebrico-geometrici, di cui si occuperà il seguito del presente capitolo, sono ottenuti scegliendo come Ω un opportuno spazio vettoriale di funzioni razionali definite su di una curva algebrica e come $\mathcal{D}$ una n–pla di punti distinti della curva stessa. Si vedrà che per tali codici è spesso possibile determinare la dimensione k in modo esatto e fornire ottime stime sulla distanza minima d.

16.2 Costruzione dei codici geometrici

In questo paragrafo considereremo essenzialmente i cosiddetti codici geometrici di Reed–Solomon; si tratta della costruzione duale rispetto quella introdotta originariamente da Goppa nei primi anni '80 (al proposito si vedano [39, 40]) e fornisce dei codici di valutazione.

Gli ingredienti necessari per definire un codice algebrico geometrico sono i seguenti:

1. un campo finito $\mathbb{F}_q$;
2. una curva algebrica $\mathcal{C}$ definita su $\mathbb{F}_q$ che, per semplicità, supporremo priva di punti singolari;
3. due insiemi di punti $\mathbb{F}_q$–razionali di $\mathcal{C}$:

$$\mathfrak{P} = \{P_1, \ldots, P_n\}; \qquad \mathfrak{Q} = \{Q_1, \ldots, Q_s\}$$

con $\mathfrak{P} \cap \mathfrak{Q} = \emptyset$;
4. due divisori associati agli insiemi di cui sopra:

$$D = \sum_{i=1}^{n} P_i; \qquad E = \sum_{i=1}^{s} m_i Q_i,$$

con $\deg D > 0$.

Indichiamo con $\mathcal{L}(E)$ lo spazio di tutte le funzioni razionali su $\mathcal{C}$ associate al divisore E. Rammentiamo che gli elementi di $\mathcal{L}(E)$ sono tutte e sole le funzioni razionali f, definite sulla curva $\mathcal{C}$, tali che

$$\operatorname{div} f + E > 0.$$

Pertanto, una funzione in $\mathcal{L}(E)$ può avere poli solamente nel supporto $\mathfrak{Q}$ del divisore E; inoltre, l'ordine del polo nel punto Q_i è al più m_i. Per determinare gli elementi di $\mathcal{L}(E)$ si può utilizzare l'algoritmo di Brill–Noether; al proposito si guardi [111].

Definizione 16.2. Il *codice geometrico di Reed–Solomon* $C_{\mathcal{L}}(D, E)$ è l'$[n, k, d]$–codice lineare $\mathcal{E}(\mathcal{L}(E), \mathcal{P})$.

Si noti che talvolta i codici geometrici di Reed–Solomon sono chiamati semplicemente "codici di Goppa".

Forniamo ora una descrizione esplicita del codice $C_{\mathcal{L}}(D, E)$. Innanzi tutto, costruiamo la mappa di valutazione $\Theta : \mathcal{L}(E) \mapsto \mathbb{F}_q$ come segue

$$\Theta : \begin{cases} \mathcal{L}(E) \longrightarrow (\mathbb{F}_q)^n \\ \lambda \longmapsto (\lambda(P_1) \ldots \lambda(P_n)). \end{cases} \tag{16.2}$$

Poniamo adesso $\ell(E) = \dim \mathcal{L}(E)$ e consideriamo una base $\lambda_1, \lambda_2, \ldots, \lambda_{\ell(E)}$ di $\mathcal{L}(E)$. Possiamo allora scrivere una matrice $G = (g_{ij})$ come segue:

$$G := \begin{pmatrix} \lambda_1(P_1) & \cdots & \lambda_1(P_n) \\ \vdots & \ddots & \vdots \\ \lambda_{\ell(E)}(P_1) & \cdots & \lambda_{\ell(E)}(P_n) \end{pmatrix}. \tag{16.3}$$

In generale le righe di G generano il codice $C_{\mathcal{L}}(D, E)$ come un sottospazio vettoriale di $\mathbb{F}_q^n$, ma non è affatto garantito, a priori, che esse siano linearmente indipendenti.

Esempio 16.3. Scegliamo come curva la retta proiettiva $\mathrm{PG}\,(1, q)$, costituita dai punti

$$P_j = (j, 1); \qquad Q_\infty = (1, 0),$$

ove j varia in $\mathbb{F}_q$. Sia α un elemento primitivo di $\mathbb{F}_q^\star$ e poniamo

$$D = \sum_{i=0}^{q-1} P_{\alpha^i}.$$

Consideriamo, per ogni $k < q$ il codice $C_{\mathcal{L}}(D, kQ_\infty)$. Gli elementi dello spazio $\mathcal{L}(kQ_\infty)$ possono essere scritti come funzioni del tipo

$$\phi = Y^t f(X/Y),$$

ove f è un polinomio di $\mathbb{F}_q[x]$ e $t = \deg f \leq k$. Si noti che, per come è stata scelta la normalizzazione dei punti,

$$\phi(P_j) = 1 f(\alpha^j / 1) = f(\alpha^j), \tag{16.4}$$

per cui

$$\Theta_\phi = (f(1), f(\alpha), \ldots, f(\alpha^{q-1})).$$

In altre parole, l'immagine di ϕ mediante Θ coincide con la valutazione del polinomio $f(x)$ su tutti gli elementi non nulli di $\mathbb{F}_q$. Ne discende che le parole di $C_{\mathcal{L}}(D, kQ_\infty)$ sono tutte e sole le valutazioni dei polinomi di grado al più k sugli elementi di $\mathbb{F}_q^\star$. Pertanto $C_{\mathcal{L}}(D, kQ_\infty)$ coincide con il codice di Reed–Solomon $\mathrm{RS}\,(q - 1, k)$.

Esempio 16.4. La curva

$$\mathcal{C} : XZ^2 + X^2Z + Y^3 = 0,$$

è definita su $\mathbb{F}_4 = \{0, 1, \omega, \omega^2\}$, ove ω è una radice del polinomio $x^2 + x + 1$, irriducibile su $\mathbb{F}_2$. Essa possiede esattamente 9 punti razionali su $\mathbb{F}_4$, segnatamente:

$$Q_1(1,0,0), \quad Q_2(1,0,1), \quad Q_3(0,0,1),$$
$$P_1(\omega,1,1), \quad P_2(\omega^2,1,1), P_3(\omega,\omega,1),$$
$$P_4(\omega^2,\omega,1), \quad P_5(\omega,\omega^2,1), P_6(\omega^2,\omega^2,1).$$

Poniamo

$$D := P_1 + P_2 + P_3 + P_4 + P_5 + P_6; \qquad E := Q_1 + Q_2 + Q_3.$$

Mediante un calcolo diretto, è possibile mostrare che una base di $\mathcal{L}(E)$ è data dalle funzioni razionali

$$f_1 := 1, \qquad f_2 := X/Y, \qquad f_3 := Z/Y.$$

Applicando la mappa di valutazione Θ si ottiene la seguente matrice

$$G = \begin{pmatrix} 1 & 1 & 1 & 1 & 1 & 1 \\ \omega & \omega^2 & 1 & \omega & \omega^2 & 1 \\ 1 & 1 & \omega^2 & \omega^2 & \omega & \omega \end{pmatrix}.$$

Le righe di G sono tutte linearmente indipendenti. Ne segue che G è una matrice generatrice per il codice di Goppa $C_{\mathcal{L}}(D, E)$. Questo codice è, pertanto, un $[6,3]$–codice lineare. Sempre mediante un calcolo diretto si può vedere che la distanza minima di questo codice è 3.

In letteratura talvolta il codice della definizione 16.2 è chiamato anche *codice di Goppa duale*. Il codice di Goppa primario è definito come segue (si veda anche [77]).

Definizione 16.3. Siano $\mathbb{F}_q$, $\mathcal{C}$, D ed E come in precedenza. Si dice *codice di Goppa primario*, $C_\Omega(D, E)$ il codice formato da tutti i vettori $\mathbf{c} = (c_1, \ldots, c_n)$ tali che

$$\sum_{j=1}^{n} c_j \phi(P_j) = 0 \qquad \text{per ogni } \phi \in \mathcal{L}(E).$$

⚠ La notazione introdotta della definizione 16.3 deriva dal fatto che un codice di Goppa primario può essere rappresentato anche facendo uso dei residui dei differenziali relativi al divisore D. L'insieme di questi si denota usualmente con $\Omega(D)$. Il lettore interessato ad approfondire l'argomento può fare riferimento ad uno dei numerosi testi citati in bibliografia, fra cui, in particolare, [96].

———

Teorema 16.5. *Il codice di Goppa primario* $C_\Omega(D, E)$ *è il codice duale del codice geometrico di Reed–Solomon* $C_{\mathcal{L}}(D, E)$.

16.3 Stime sui codici geometrici

Le proprietà delle curve algebriche consentono di stimare la dimensione e la distanza minima di un codice geometrico di Reed–Solomon, e, conseguentemente, di un codice di Goppa. Richiamiamo alcune conseguenze generali del teorema di Riemann–Roch relative alla dimensione $\ell(E)$ dello spazio $\mathcal{L}(E)$ associato al divisore E:

1. se $\deg E < 0$, allora

$$\ell(E) = 0; \tag{16.5}$$

2. in generale,

$$\ell(E) \leq 1 + \deg E; \tag{16.6}$$

3. sia g il genere della curva $\mathcal{C}$ e supponiamo $\deg E > 2g - 2$; allora,

$$\ell(E) = \deg(E) - g + 1. \tag{16.7}$$

Sia dunque g il genere della curva $\mathcal{C}$ e poniamo

$$m = \deg E = \sum_{i=1}^{s} m_i.$$

Come al solito, indichiamo con d la distanza minima del codice di Goppa $C_{\mathcal{L}}(D, E)$, con k la sua dimensione e con n la sua lunghezza. Possiamo ora formulare la seguente stima.

Teorema 16.6. *Supponiamo $2g - 2 < \deg E < n$, allora i parametri del codice $C_{\mathcal{L}}(D, E)$ soddisfano le seguenti condizioni:*

1. $k = \deg(E) - g + 1$;
2. $d \geq n - \deg E$.

Dimostrazione.

1. Per l'equazione (16.7), la dimensione di $\mathcal{L}(E)$ è esattamente $\deg(E) - g + 1$. Al fine di dimostrare l'asserto sulla dimensione del codice, basta ora mostrare che la mappa di valutazione $\Theta : \mathcal{L}(E) \mapsto \mathbb{F}_q^n$ è iniettiva. Sia dunque $f \in \ker \Theta$. Allora, $f(P_i) = 0$ per ogni $P_i \in \mathfrak{P}$. In particolare,

$$f \in \mathcal{L}(E - D).$$

D'altro canto,

$$\deg(E - D) = \deg E - \deg D \leq (n - 1) - n \leq 0.$$

Ne segue che $\mathcal{L}(E - D) = \{\mathbf{0}\}$; pertanto, Θ è iniettiva.

2. Sia $f \in \mathcal{L}(E)$ e supponiamo che il peso del vettore Θ_f sia d. In tale caso vi sono $n - d$ punti in $\mathfrak{P}$, diciamo $P_{i_1}, \ldots, P_{i_{n-d}}$, tali che $f(P_{i_j}) = 0$. Poniamo

$$G = P_{i_1} + P_{i_2} + \cdots + P_{i_{n-d}}.$$

Chiaramente, $f \in \mathcal{L}(E - G)$, ma il divisore $E - G$ ha grado

$$\deg(E - G) = \deg E - (n - d).$$

Ne segue $\deg E - n + d \geq 0$, che implica la tesi.

$\square$

Il numero $n - \deg E$ è detto *distanza designata di Goppa* per il codice $C_{\mathcal{L}}(D, E)$ e viene indicato col simbolo $d_{\mathcal{L}}(E)$.

Esempio 16.7. Consideriamo la curva di equazione

$$\mathcal{C} : X^3 Y + Y^3 Z + Z^3 X = 0,$$

definita sul campo $\mathbb{F}_8$. Tale curva ha genere $g = 3$ ed è detta *quartica di Klein*. Rappresentiamo il campo $\mathbb{F}_8$ come l'estensione $\mathbb{F}_2(\xi)$, ove ξ è una radice del polinomio $x^3 + x + 1$. I punti di $\mathcal{C}$ definiti su $\mathbb{F}_8$ sono i 24 elencati in Tabella 16.1. Siano dati i due divisori

$$Q_1(0,0,1) \qquad Q_2(0,1,0) \qquad Q_3(1,0,0)$$

$$
\begin{array}{lll}
P_1(1,1,\xi) & P_2(1,1,\xi^2) & P_3(1,1,\xi^4) \\
P_4(1,\xi,1) & P_5(1,\xi,\xi^2) & P_6(1,\xi,\xi^6) \\
P_7(1,\xi^2,1) & P_8(1,\xi^2,\xi^4) & P_9(1,\xi^2,xi^5) \\
P_{10}(1,\xi^3,\xi^2) & P_{11}(1,\xi^3,\xi^3) & P_{12}(1,\xi^3,\xi^5) \\
P_{13}(1,\xi^4,1) & P_{14}(1,\xi^4,\xi) & P_{15}(1,\xi^4,\xi^3) \\
P_{16}(1,\xi^5,\xi) & P_{17}(1,\xi^5,\xi^5) & P_{18}(1,\xi^5,\xi^6) \\
P_{19}(1,\xi^6,\xi^3) & P_{20}(1,\xi^6,\xi^4) & P_{21}(1,\xi^6,\xi^6)
\end{array}
$$

Tabella 16.1. Punti $\mathbb{F}_8$–razionali della quartica di Klein

$$D = \sum_{i=1}^{21} P_i; \qquad E = 2(Q_1 + Q_2 + Q_3).$$

Osserviamo che $\deg E = 6$ e

$$2g - 2 = 4 < 6 = \deg E < 21 = n.$$

Siamo pertanto nelle ipotesi del Teorema 16.6. Pertanto, il codice $C_{\mathcal{L}}(D, E)$ ha dimensione $k = 6 - 3 + 1 = 4$ e distanza minima $d > n - 6 = 15$.

Anche il divisore $E' = 3(Q_1 + Q_2 + Q_3)$ soddisfa le ipotesi del Teorema 16.6. In questo caso si ottiene $k = 9 - 3 + 1 = 7$, mentre per la distanza minima si ottiene $d > n - 9 = 12$.

Per la limitazione di Singleton si ha sempre

$$n - \deg E \le d \le n - \deg E + g.$$

Pertanto, il genere g della curva corrisponde alla differenza fra la distanza massima ammissibile per la limitazione di Singleton e la distanza designata $d_{\mathcal{L}}$.

Esempio 16.8. I codici di Reed–Solomon classici, come visto nell'Esempio 16.3 sono associati a curve di genere $g = 0$. Pertanto, nel loro caso, la distanza designata coincide con la distanza fornita dalla limitazione di Singleton e si tratta di codici MDS.

Si ha il seguente corollario relativamente i parametri $[n, k, d]$ del codice di Goppa $C_\Omega(D, E)$ definito sopra la curva $\mathcal{C}$.

Corollario 16.9. *Supponiamo $2g - 2 < \deg E < n$, allora i parametri del codice $C_\Omega(D, E)$ soddisfano le seguenti condizioni:*

1. $k = n - \deg E + g - 1$;
2. $d \ge \deg E - (2g - 2)$.

La distanza designata di Goppa per $C_\Omega(D, E)$ è $d_\Omega(E) = \deg E - (2g - 2)$. simbolo $d_{\mathcal{L}}(E)$.

16.4 Codice Hermitiano

Interessanti codici algebrico–geometrici sono quelli associati alle curve Hermitiane. Fissiamo il campo finito $\mathbb{F}_{q^2}$, e consideriamo la curva Hermitiana non degenere $\mathcal{H}$ avente equazione canonica

$$X^{q+1} = ZY^q + Z^q Y. \tag{16.8}$$

Richiamiamo alcune proprietà di tale curva:

1. $\mathcal{H}$ contiene esattamente $q^3 + 1$ punti $\mathbb{F}_{q^2}$–razionali;
2. il genere di $\mathcal{H}$ è $g = q(q - 1)/2$; pertanto, la curva $\mathcal{H}$ è massimale su $\mathbb{F}_{q^2}$, in quanto contiene il numero massimo di punti possibile per la limitazione di Hasse–Weil, Teorema 16.12;
3. ogni punto P $\mathbb{F}_{q^2}$–razionale di $\mathcal{H}$ è un flesso e la tangente in P a $\mathcal{H}$ interseca $\mathcal{H}$ nel solo P;
4. essa è unicamente definita dal suo genere e dalla proprietà di massimalità, nel senso che ogni curva (non necessariamente piana) di genere $g = q(q - 1)/2$ e contenente $N = q^3 + 1$ punti è birazionalmente equivalente alla curva Hermitiana.

La curva $\mathcal{H}$ sopra indicata è tangente alla retta all'infinito $l_\infty : [Z = 0]$ e la interseca nel solo punto $Q_\infty = (0, 1, 0)$.

Definizione 16.4. Per ogni intero r il codice

$$H_r := \mathcal{C}_{\mathcal{H}}(D, rQ_\infty),$$

ove

$$D = \sum_{\substack{P \in \mathcal{H} \\ P \neq Q_\infty}} P,$$

è detto r*–esimo codice Hermitiano*.

Chiaramente, un codice Hermitiano ha lunghezza $n = q^3$; inoltre, per ogni $r \leq s$ si ha $H_r \subseteq H_s$. Quando $r \leq 0$, si ha $H_r = \{0\}$, mentre per $r > q^3$, segue dal Teorema di Riemann–Roch che $\dim H_r = n$ e, conseguentemente, la distanza minima è 1. Sono interessanti dunque i valori di r compresi fra questi due estremi. Usando il Teorema 16.6 si possono verificare le due seguenti proprietà per il codice H_r:

1. Per $q^2 - q - 2 < r < q^3$,

$$k = \dim H_r = r + 1 - g = r + 1 - q(q-1)/2.$$

2. La distanza minima d di H_r soddisfa sempre

$$d \geq q^3 - r.$$

Esempio 16.10. Mostriamo ora esplicitamente come decodificare un codice Hermitiano. Sia $q = 3$, per cui considereremo dei codici sul campo $\mathbb{F}_9$. La curva Hermiana $\mathcal{H}$ ha equazione

$$X^4 = ZY^3 + Z^3Y$$

e genere $g = 3$. L'elenco dei 28 punti $\mathbb{F}_9$–razionali di $\mathcal{H}$, normalizzati nella componente più a destra è in Tabella 16.2; con ξ si indica un elemento primitivo di $\mathbb{F}_9$ che soddisfa l'equazione $x^2 - x - 1 = 0$. Fissiamo $r = 7$, di modo che siano

$$
\begin{array}{llllll}
(0,1,0) & & & & & \\
(1,2,1) & (2,2,1) & (0,0,1) & (\xi,\xi^5,1) & (\xi^3,\xi^7,1) & (\xi^3,\xi^5,1) \\
(\xi,,\xi^7,1) & (\xi^5,\xi^5,1) & (\xi^7,\xi^7,1) & (\xi^7,\xi^5,1) & (\xi^5,\xi^7,1) & (\xi^6,\xi,1) \\
(\xi^2,\xi^3,1) & (1,\xi,1) & (1,\xi^3,1) & (\xi^2,\xi,1) & (\xi^6,\xi^3,1) & (2,\xi,1) \\
(2,\xi^3,1) & (\xi,1,1) & (\xi^3,1,1) & (\xi^5,1,1) & (\xi^7,1,1) & (\xi^2,2,1) \\
(\xi^6,2,1) & (0,\xi^2,1) & (0,\xi^6,1) & & &
\end{array}
$$

Tabella 16.2. Punti $\mathbb{F}_9$–razionali di $\mathcal{H}$

soddisfatte le ipotesi del Teorema 16.6. La dimensione di $\mathcal{L}(7Q_\infty)$ è

$$k = 7 + 1 - 3 = 5.$$

Pertanto si ottiene un codice di lunghezza $n = 27$, dimensione $k = 5$ e distanza designata $d_{\mathcal{L}} = 20$. Una base[1] per lo spazio ad asso associato è data dalle seguenti 5 funzioni razionali:

$$1, \quad \frac{X}{Z}, \quad \frac{Y}{Z}, \quad \frac{Y^3 + YZ^2}{X^2 Z}, \quad \frac{Y^4 + Y^2 Z^2}{X^3 Z}.$$

La matrice generatrice corrispondente è presentata nella Figura 16.1. Un calcolo diretto, a partire dalla matrice C, consente di vedere che il codice costruito ha effettivamente parametri $[27, 5, 20]$.

16.5 Sequenze di codici asintoticamente buone

Nel Capitolo 15 si sono mostrate alcune limitazioni assolute che le famiglie di codici devono soddisfare al crescere della lunghezza. Fra tali limitazioni è particolarmente interessante quella di Gilbert–Varshamov, in quanto asserisce che esistono sicuramente dei codici con parametri abbastanza buoni, a patto che la lunghezza sia sufficientemente grande. Praticamente nessuno dei codici classici si avvicina a tale limitazione, anche se la costruzione di Wozencraft, vista nel Paragrafo 15.3 mostra, fornendo un opportuno codice casuale, che "quasi tutti" i codici lunghi dovrebbero raggiungerla. D'altro canto, codici di questo tipo risultano estremamente poco pratici da utilizzare, in quanto, proprio per la loro mancanza di struttura, non permettono di implementare buoni algoritmi di codifica/decodifica.

I codici geometrici consentono di costruire delle famiglie di codici concretamente utilizzabili e, al contempo, asintoticamente buone. Rammentiamo che una sequenza di codici $\mathfrak{C} = \{\mathcal{C}_i : i \in \mathbb{N}\}$, ove ogni codice $\mathcal{C}_i$ ha parametri $[n_i, k_i, d_i]$ è detta asintoticamente buona se, al crescere della lunghezza n_i, la distanza relativa $\delta(\mathcal{C}_i) = d_i/n_i$ e la efficienza $R(\mathcal{C}_i) = k_i/n_i$ sono entrambe maggiori di 0. Per una trattazione più rigorosa e generale di questi concetti si rimanda al Capitolo 15 ove essi sono affrontati per esteso.

Il risultato fondamentale sul comportamento asintotico dei codici algebrico-geometrici è il seguente teorema.

Teorema 16.11 (Tsfasman–Vlăduţ–Zink). *Sia q un quadrato, potenza di primo. Allora, per ogni $0 \leq R \leq 1$ fissato, esiste una famiglia di codici $\mathfrak{C}$ asintoticamente buona tale che*

$$R(\mathfrak{C}) + \delta(\mathfrak{C}) \geq 1 - \frac{1}{\sqrt{q} - 1}. \tag{16.9}$$

La dimostrazione originale di tale risultato si basa sullo studio del numero di punti razionali di curve modulari ed esula dagli obiettivi del presente testo. Una differente costruzione dei codici richiesti può trovarsi in [105].

Il risultato del Teorema 16.11 può scriversi anche come segue:

---

[1] Tale base è stata determinata mediante l'utilizzo dell'algoritmo di Brill–Noether usando il programma [44].

$$C = \begin{pmatrix}
1 & 1 & 1 & 1 & 1 & 1 & 1 & 1 & 1 & 1 & 1 & 1 & 1 & 1 & 1 & 1 & 1 & 1 & 1 & 1 & 1 & 1 & 1 & 1 & 1 & 1 & 1 \\
1 & 2 & 0 & \xi & \xi^3 & \xi^3 & \xi^1 & \xi^5 & \xi^7 & \xi^7 & \xi^5 & \xi^6 & \xi^2 & 1 & 1 & \xi^2 & \xi^6 & 2 & 2 & \xi & \xi^3 & \xi^5 & \xi^7 & \xi^2 & \xi^6 & 0 & 0 \\
2 & 2 & 0 & \xi^5 & \xi^7 & \xi^5 & \xi^7 & \xi^5 & \xi^7 & \xi^5 & \xi^7 & \xi & \xi^3 & \xi & \xi^3 & \xi & \xi^3 & \xi & \xi^3 & 1 & 1 & 1 & 1 & 2 & 2 & \xi^2 & \xi^6 \\
1 & 1 & 0 & \xi^2 & \xi^6 & \xi^6 & \xi^2 & \xi^2 & \xi^6 & \xi^6 & \xi^2 & 2 & 2 & 1 & 1 & 2 & 2 & 1 & 1 & \xi^2 & \xi^6 & \xi^2 & \xi^6 & 2 & 2 & 0 & 0 \\
2 & 1 & 0 & \xi^6 & \xi^2 & 1 & 1 & \xi^2 & \xi^6 & 2 & 2 & \xi^7 & \xi^5 & \xi & \xi^3 & \xi^3 & \xi & \xi^5 & \xi^7 & \xi & \xi^3 & \xi^5 & \xi^7 & \xi^6 & \xi^2 & 0 & 0
\end{pmatrix}$$

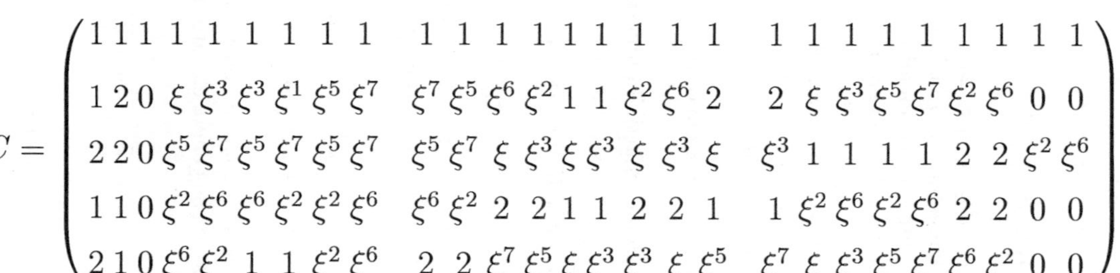

Fig. 16.1. Matrice generatrice del codice Hermitiano H_7

$$\alpha_q(\delta) \geq (1 - \delta) - \frac{1}{\sqrt{q} - 1}. \qquad (16.10)$$

Tale espressione prende il nome di *limitazione di Tsfasman–Vlăduţ–Zink* o, in breve, *limitazione TVZ* . La limitazione TVZ risulta migliore di quella di Gilbert–Varshamov per alcuni possibili intervalli di δ, quando $q \geq 49$ è un quadrato. Richiamiamo che, per la limitazione di Singleton asintotica, si ha sempre

$$\alpha_q(\delta) \leq (1 - \delta).$$

⚠ Prima di chiudere il presente paragrafo, accenniamo ad un possibile metodo per costruire delle famiglie di codici che soddisfino la limitazione TVZ. Indichiamo con il simbolo $N_q(\mathcal{C})$ il numero di punti $\mathbb{F}_q$ razionali di una curva $\mathcal{C}$ e con $g(\mathcal{C})$ il suo genere. Per il Teorema 16.6, al fine di ottenere una famiglia asintoticamente buona di codici Algebrico–Geometrici $C_{\mathcal{L}}(D_m, E_m)$ è necessario fornire
  1. un insieme di curve $\mathcal{X}_m$ $\mathbb{F}_q$–razionali, con $\lim_m N(\mathcal{X}_m) = \infty$;
  2. dei divisori D_m su $\mathcal{X}_m$ con $\lim_m \deg D_m = \infty$;
  3. dei divisori E_m su $\mathcal{X}_m$ con $\deg E_m > 2g - 2$.
La soluzione ideale sarebbe la seguente:
  1. fissare un divisore E, comune a tutte le curve $\mathcal{X}_m$;
  2. porre $D_m = \mathcal{X}_m \setminus E$
Purtroppo, tale approccio non funziona. Infatti, il numero di punti $\mathbb{F}_q$–razionali di una curva dipende dal genere della stessa, come mostrano i seguenti due teoremi.

Teorema 16.12 (Hasse–Weil). *Sia $\mathcal{C}$ una curva $\mathbb{F}_q$–razionale di genere g. Allora,*

$$|N_q(\mathcal{C}) - (q + 1)| \leq 2g\sqrt{q}.$$

Una curva $\mathcal{C}$ che contiene esattamente $(q + 1) + 2g\sqrt{q}$ punti è detta *massimale*. Quando q non è un quadrato perfetto, la limitazione di Hasse–Weil è migliorata dal seguente teorema di Serre.

Teorema 16.13 (Serre). *Sia $\mathcal{C}$ una curva $\mathbb{F}_q$–razionale di genere g. Allora,*

$$|N_q(\mathcal{C}) - (q + 1)| \leq g\lfloor 2\sqrt{q} \rfloor.$$

Pertanto, se si vogliono delle curve $\mathbb{F}_q$ razionali con un elevato numero di punti, allora è necessario che esse abbiano anche genere elevato. In quest'ottica, forniamo la seguente definizione.

Definizione 16.5. Una famiglia di curve $\mathbb{F}_q$–razionali $\{\mathcal{X}_m\}$ è detta *asintoticamente buona* se
  1.
$$\lim_{m \to \infty} g(\mathcal{X}_m) = \infty;$$
  2.
$$\lim_{m \to \infty} \frac{N_q(\mathcal{X}_m)}{g(\mathcal{X}_m)} = \infty.$$

Le famiglie di codici algebrico–geometrici che raggiungono la limitazione TVZ sono associate a famiglie di curve asintoticamente buone. Forniamo ora un esempio di come una famiglia di curve di tal tipo possa essere costruita.

Esempio 16.14. Consideriamo il campo $\mathbb{F}_4$ e denotiamo con il simbolo AG $(m, 4)$ lo spazio affine di dimensione m su $\mathbb{F}_4$. Indichiamo un punto generico di AG $(m, 4)$ con

$$(X_1, X_2, \ldots, X_m).$$

Sia ora $F(X, Y)$ il seguente polinomio in 2 variabili

$$F(X, Y) = XY^2 + Y + X^2.$$

Vogliamo utilizzare $F(X, Y)$ per definire delle curve in AG $(m, 4)$; rammentiamo che una curva in dimensione m può sempre rappresentarsi come intersezione di $m - 1$ ipersuperficie. Sia dunque $\mathcal{X}_m$ l'insieme di tutti i punti di AG $(m, 4)$ che soddisfano le equazioni

$$F(X_1, X_2) = F(X_2, X_3) = \ldots = F(X_{m-1}, X_m).$$

L'insieme $\mathcal{X}_m$ contiene almeno $3 \cdot 2^{m-1}$ punti razionali e corrisponde ad una curva che ha genere

$$g_m = \begin{cases} 2^m + 2^{m-1} - 2^{\frac{m+3}{2}} + 1 & \text{per } m \text{ dispari} \\ 2^m + 2^{m-1} - 2^{\frac{m}{2}} - 2^{\frac{m+2}{2}} + 1 & \text{per } m \text{ pari.} \end{cases}$$

Pertanto, la famiglia di curve $\{\mathcal{X}_m\}$ è asintoticamente buona.

16.6 Decodifica dei codici di Goppa

Informalmente, diciamo che un codice lineare ammette un buon algoritmo di decodifica se è possibile correggere gli errori con una procedura più efficiente rispetto quella generica di decodifica a sindrome. In generale, non è detto che tali algoritmi possano correggere tanti errori quanti quelli garantiti dalla decodifica a sindrome, ma basta che siano nettamente più veloci. Nel 1990, Skorobogatov e Vlăduţ [92] hanno dimostrato che un algoritmo di questo tipo esiste per codici algebrico–geometrici costruiti su curve arbitrarie.

Il loro approccio è stato successivamente perfezionato, ad esempio in [25]. In questo paragrafo seguiamo [50]. Le tecniche di decodifica per un codice di Goppa sono simili a quelle dell'Algoritmo 9.1 di Welch–Berlekamp per i codici di Reed–Solomon e dell'Algoritmo di decodifica per i codici BCH presentato nel Paragrafo 8.7. In particolare, per determinare il vettore d'errore $\mathbf{e}$ associato ad una parola ricevuta $\mathbf{r}$ si procede in due passi:

1. si calcola un divisore localizzatore d'errore Q;
2. si determinano le ampiezze di errore corrispondenti ai punti nel supporto di Q, risolvendo un opportuno sistema lineare.

Sia $\mathcal{C} = C_\Omega(D, E)$ un codice di Goppa con distanza designata d_Ω. L'algoritmo che introdurremo, pur non essendo il più generale (o veloce) noto, è quello più semplice e riesce a correggere almeno $t = \lfloor (d_\Omega - 1 - g)/2 \rfloor$ errori generici.

Per fissare la notazione, indichiamo con Q il divisore, da determinare, delle posizioni di errore. Fissiamo ora un divisore F, con supporto disgiunto da D. A priori, questo divisore F è completamente arbitrario, ma vedremo come sia bene che il suo grado soddisfi delle ipotesi aggiuntive, al fine di garantire il buon esito della procedura di decodifica.

Diciamo che una funzione $\phi \in \mathcal{L}(F)$ è *localizzatrice di errore* se ϕ si annulla sul supporto del vettore di errore $\mathbf{e}$. Il polinomio localizzatore introdotto nella Definizione 8.5 è un esempio di funzione localizzatrice. In generale, non si richiede che ogni zero di ϕ corrisponda ad una posizione di errore. Cercheremo le funzioni localizzatrici di errore all'interno dello spazio $\mathcal{L}(F)$. In particolare, l'insieme delle funzioni localizzatrici di errore si ottiene imponendo t condizioni lineari, ove t è il peso dell'errore, su $\mathcal{L}(F)$ e coincide con $\mathcal{L}(F - Q)$; quest'ultimo è proprio lo spazio che si deve determinare. Chiaramente, per poter ricostruire il divisore Q è indispensabile avere $\mathcal{L}(F - Q) \neq \{\mathbf{0}\}$, per qualsiasi possibile errore Q. Dobbiamo quindi imporre la condizione $\dim \mathcal{L}(F) \geq t + 1$. Tale asserto è sempre soddisfatto se $\deg F \geq t + g$. Nel seguito assumeremo sempre che quest'ipotesi sia verificata.

Sia ora $\mathbf{r} = (r_1\, r_2\, \cdots\, r_n)$ un vettore ricevuto e indichiamo con $\mathbf{e} = (e_1\, e_2\, \cdots\, e_n)$ il corrispondente vettore di errore, per cui

$$\mathbf{r} - \mathbf{e} \in C_\Omega(D, E).$$

Definizione 16.6. La *sindrome di $\mathbf{r}$ rispetto la funzione* $f \in \mathcal{L}(E)$ è il numero

$$\langle f | \mathbf{r} \rangle = \sum_{i=1}^{n} r_i f(P_i).$$

Osserviamo che $\mathbf{r} \in C_\Omega(D, E)$ se, e solamente se,

$$\langle f | \mathbf{r} \rangle = 0,$$

per ogni $f \in \mathcal{L}(E)$.

Siano ora $\psi \in \mathcal{L}(F)$, $\varphi \in \mathcal{L}(E - F)$; allora, $\psi\varphi \in \mathcal{L}(E)$, per cui $\Theta_{\psi\varphi} \in C_{\mathcal{L}}(D, E)$; in particolare, per ogni parola $\mathbf{c} \in C_\Omega(D, E)$,

$$\langle \psi\varphi | \mathbf{c} \rangle = 0.$$

D'altro canto, se ψ si annulla in tutte le posizioni di errore, allora sicuramente

$$\langle \psi\varphi | \mathbf{r} \rangle = \sum_{i=1}^{n} r_i \psi(P_i)\varphi(P_i) = \sum_{i=1}^{n} e_i \psi(P_i)\varphi(P_i) = 0. \qquad (16.11)$$

Possiamo ora cercare di determinare esplicitamente lo spazio $\mathcal{L}(F - Q)$. A tal fine, definiamo

$$K(\mathbf{r}, F) = \{\psi \in \mathcal{L}(F) : \langle \psi\varphi | \mathbf{r} \rangle = 0 \text{ per ogni } \varphi \in \mathcal{L}(E - F)\}.$$

Se $\mathbf{r} \in \mathcal{C}$, allora $K(\mathbf{r}, F) = \mathcal{L}(F)$; in generale, si ha

$$\mathcal{L}(F - Q) \subseteq K(\mathbf{r}, F). \tag{16.12}$$

Supponiamo che sia soddisfatta l'ipotesi aggiuntiva $\deg(E - F) > t + 2g - 2$, per cui $C_\Omega(Q, E - F) = \{\mathbf{0}\}$. Allora, $\psi \in K(\mathbf{r}, F)$ implica

$$0 = \sum r_i \psi(P_i)\varphi(P_i) = \sum e_i \psi(P_i)\varphi(P_i),$$

per ogni $\varphi \in \mathcal{L}(E - F)$. Pertanto, la parola $\mathbf{w}$ con componenti $w_i = e_i\psi(P_i)$ appartiene al codice duale di $C_\mathcal{L}(Q, E - F)$. Ne segue che $e_i\psi(P_i) = 0$, per ogni i; dunque ψ è nulla in tutte le posizioni di errore. Si deduce che

$$\mathcal{L}(F - Q) = K(\mathbf{r}, F). \tag{16.13}$$

In tal modo è possibile determinare Q come insieme di tutti gli zeri comuni fra tutte le funzioni di $K(\mathbf{r}, F)$.

Forniamo ora una descrizione esplicita dell'algoritmo di decodifica per i codici algebrico–geometrici di Goppa.

Algoritmo 16.1 (Algoritmo di base per $C_\Omega(D, E)$).

DATI:

D1 un $[n, k]$–codice geometrico di Goppa $C_\Omega(D, E)$ associato ad una curva $\mathbb{F}_q$–razionale $\mathcal{C}$ di genere g;

D2 un divisore F su $\mathcal{C}$ con
1. $\deg F \geq t + g$;
2. $\deg(E - F) > t + 2g - 2$;

D3 una matrice di controllo di parità H per il codice $C_\Omega(D, E)$;

D4 un vettore ricevuto $\mathbf{r}$.

DETERMINARE:

G1 Un vettore, se esiste, $\mathbf{c} \in C_\Omega(D, E)$ con $d(\mathbf{r}, \mathbf{c}) \leq (d_\Omega - 1)/2$

SI PROCEDA COME SEGUE:

S1 Si calcoli $K(\mathbf{r}, F)$;

S2 Se $K(\mathbf{r}, F) = \{\mathbf{0}\}$ si restituisca $\mathbf{r}$ e si termini l'algoritmo;

S3 Sia $\psi \in K(\mathbf{r}, F)$ con $\psi \neq \mathbf{0}$;

S4 Si ponga $J = \{j : \psi(P_j) = 0\}$;

S5 Si calcoli l'insieme $L(\mathbf{r})$ delle soluzioni del sistema dato da

$$\begin{cases} x_i = 0 & \text{per ogni } i \notin J \\ H\mathbf{x}^T = H\mathbf{r}^T; \end{cases}$$

S6   Se $L(\mathbf{r})$ contiene un unico elemento, $\mathbf{e}$, si restituisca

$$\mathbf{c} = \mathbf{r} - \mathbf{e};$$

S7   Se $L(\mathbf{r})$ contiene più elementi, si riferisca che sono stati identificati errori non correggibili.

Codici LDPC e grafi di Tanner

'Tis in few words, but spacious in effect

W. SHAKESPEARE, TIMON OF ATHENS

Un codice lineare $\mathcal{C}$ può essere descritto fornendo indifferentemente una matrice generatrice G o una matrice di controllo di parità H. In questo capitolo considereremo delle famiglie di codici che posseggono delle matrici di controllo di parità H *a bassa densità*. Si dimostra che alcuni di questi codici sono migliori di quelli postulati dalla limitazione di Gilbert–Varshamov (Teorema 4.66). Inoltre, sfruttando la struttura della matrice H si riesce a fornire un algoritmo che consente di decodificare una percentuale fissata a priori del numero massimo di errori individuabili in tempo lineare.

17.1 Matrici sparse e grafi

Definizione 17.1. Una matrice H si dice (d_v, d_c)-*sparsa* se gode delle seguenti due proprietà strutturali:

1. ogni riga contiene al più d_c entrate diverse da 0;
2. ogni colonna contiene al più d_v entrate diverse da 0.

Una matrice H è detta *regolare* (d_v, d_c)-*sparsa* se il numero di entrate non nulle in ogni riga è esattamente d_c e il numero di entrate non nulle in ogni colonna è d_v.

In generale, diremo semplicemente che una matrice è d–sparsa se essa è (d, d)–sparsa.

Definizione 17.2. Una famiglia di matrici $\mathfrak{F} = \{H_{n,m}\}$ è detta *a bassa densità* se esiste un intero costante d tale che ogni matrice $H \in \mathfrak{F}$ è d–sparsa.

Rammentiamo che, come visto nel Capitolo 11, ogni matrice binaria H di dimensioni $m \times n$ è la matrice di incidenza di una qualche struttura di incidenza $\mathcal{S}$. Questo giustifica la seguente definizione.

Definizione 17.3. Il *grafo di incidenza* Γ_H della matrice H è il grafo di incidenza della struttura di incidenza $\mathcal{S} = (\mathcal{P}, \mathcal{L}, \mathcal{I})$ che ha H come matrice di incidenza.

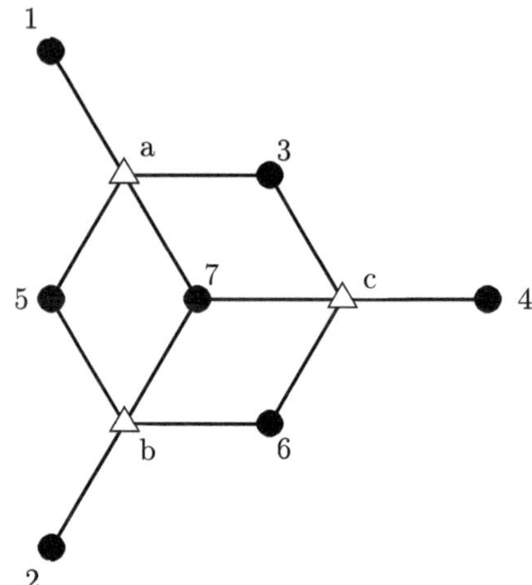

Fig. 17.1. Grafo di Tanner del $[7, 4]$–codice di Hamming

La nozione di grafo di incidenza per una struttura $\mathcal{S}$ è stata introdotta nella Definizione 11.11. In questa sede, ricordiamo solamente che Γ_H è un grafo bipartito $\Gamma_H = (V, E)$ con insieme dei vertici $V = R \cup L$, dove R e L sono rispettivamente l'insieme delle righe e delle colonne di H, ed esiste uno spigolo $\{r_i, l_j\} \in E$ se, e soltanto se, $H_{ij} = 1$.

17.2 Grafi di Tanner

Ad ogni matrice di controllo di parità binaria è possibile associare univocamente un grafo. Tale grafo descrive in modo sintetico la struttura del codice.

Definizione 17.4. Il grafo Γ_H di incidenza della matrice di controllo di parità H di un codice lineare $\mathcal{C}$ è detto *grafo di Tanner* di $\mathcal{C}$.

In generale, la struttura del grafo di Tanner di un codice dipende dalla particolare matrice di controllo di parità scelta.

Il grafo bipartito $\Gamma_H = (R \cup L, E)$ può essere interpretato come segue:

1. gli n elementi di L corrispondono alle n posizioni in una parola e vengono detti *variabili* ;
2. gli $n - k$ elementi di R corrispondono alle righe della matrice H e, pertanto, rappresentano delle equazioni di controllo di parità; pertanto, sono detti *nodi di controllo*;
3. esiste uno spigolo che collega una variabile l_i ad un nodo di controllo r_j se, e soltanto se, il valore dell'equazione di controllo corrispondente alla riga j–esima di H dipende dal valore della componente i–esima della parola ricevuta.

Esempio 17.1. Consideriamo un grafo di Tanner Γ associato al $[7,4]$–codice di Hamming $\mathcal{H}$. Ogni matrice di controllo di parità H di $\mathcal{H}$ ha 7 colonne e 3 righe, per cui Γ sarà un grafo bipartito $\Gamma_{7,3}$ su 10 punti. Fissiamo ora come matrice di controllo di parità H quella contenente come colonne tutti i vettori non nulli di $\mathbb{F}_2^3$. Il numero totale di 1 in H è $4 \times 3 = 12$ e questo corrisponde al numero di spigoli di Γ. Il grafo in oggetto è rappresentato in Figura 17.1. Come visto nel Paragrafo 4.10, ogni colonna di H può essere interpretata come la rappresentazione binaria di un numero intero i compreso fra 1 e 7. Denotiamo pertanto con l'intero i il nodo di controllo corrispondente alla colonna i–esima. Mostriamo ora una metodologia di decodifica per il codice di Hamming a partire dal grafo.

$\boxed{\text{S1}}$ Si scrivano i *bit* della parola ricevuta nei 7 nodi delle variabili;

$\boxed{\text{S2}}$ Nei 3 nodi di controllo si ponga la somma modulo 2 dei nodi variabili ad essi adiacenti;

$\boxed{\text{S3}}$ Se tutti i nodi di controllo sono 0, restituire il contenuto dei nodi variabili e dichiarare che nessun errore è stato individuato;

$\boxed{\text{S4}}$ Se esiste una variabile che è adiacente a tutti e soli i nodi di controllo che contengono 1, cambiare il suo valore (da 0 in 1 o da 1 in 0) e restituire la nuova parola ora contenuta nei nodi delle variabili;

$\boxed{\text{S5}}$ Se una variabile adiacente a tutti e soli i nodi di controllo che contengono 1 non esiste, restituire una segnalazione di errore non correggibile.

Definizione 17.5. Dato un grafo $\Gamma = (P, E)$, il *grado* di un vertice $v \in P$ è il numero di spigoli incidenti con v.

Sia ora Γ un grafo bipartito. Al solito, denoteremo con L e R le due partizioni che compongono l'insieme dei vertici di Γ.

Definizione 17.6. Un grafo bipartito $\Gamma = (L \cup R, E)$ è detto (l, r)–*regolare* se ogni vertice $v \in L$ ha grado l e ogni vertice $c \in R$ ha grado r.

Definizione 17.7. Un grafo $\Gamma = (P, E)$ è detto *sparso* quando il numero di spigoli $|E|$ di Γ è all'incirca lineare nel numero dei vertici $|P|$. Al contrario, il grafo Γ è detto *denso* se il numero dei suoi spigoli è all'incirca quadratico nel numero dei vertici. Il numero

$$\frac{|E|}{\binom{|E|}{2}}$$

è detto *densità degli spigoli* di Γ.

Il grafo di una matrice d–sparsa è sparso.

In generale la Definizione 17.7 può essere applicata a famiglie infinite di grafi con numero n di vertici crescente come segue.

Definizione 17.8. Sia $\mathfrak{G} = \{\Gamma_n = (P_n, E_n)\}_{n=0}^{\infty}$ una famiglia di grafi con $|P_n| = n$. Si dice che i grafi di $\mathfrak{G}$ sono *sparsi* se

$$|E_n| = O(n);$$

i grafi di $\mathcal{G}$ sono *densi* se invece

$$|E_n| = O(n^2).$$

17.3 Codici LDPC

Iniziamo ora a considerare la famiglia di tutti i codici che ammettono almeno una matrice di controllo di parità sparsa.

Definizione 17.9. Un codice $\mathcal{C}$ è detto un *codice con controllo di parità a bassa densità*[1] o *LDPC* se $\mathcal{C}$ ammette almeno un grafo di Tanner (o, equivalentemente, una matrice di controllo di parità) sparso.

Definizione 17.10. Un codice LDPC $\mathcal{C}$ è detto (l, r)–*regolare* se $\mathcal{C}$ ammette un grafo di Tanner (l, r)–regolare.

Un codice LDPC (l, r)–regolare $\mathcal{C}$ ammette sempre un grafo di Tanner che possiede esattamente ln spigoli, ove n è la lunghezza di $\mathcal{C}$. Chiaramente, a parità di parole, tale numero dipende linearmente dalla lunghezza del codice.

Esempio 17.2. Sia H la matrice 10×20 di controllo di parità data da

$$H = \begin{pmatrix}
00001000111000010001 \\
00000011001101010000 \\
01100010000000010101 \\
00000101010000001110 \\
11001000000010001010 \\
00000010001101100001 \\
00011101000010100000 \\
10000000100011100000 \\
11110000010000001000 \\
00010100100100000110
\end{pmatrix}.$$

Osserviamo che H è $(3, 6)$–sparsa, in quanto ogni sua colonna contiene esattamente 3 entrate diverse da 0, e ogni sua riga ne ha 6; pertanto, il grafo di Tanner associato ad H è $(3, 6)$–regolare. La Figura 17.3 mostra il grafo in oggetto. Il codice $\mathcal{C}$ associato ad H è un $[20, 10]$–codice binario. Una matrice generatrice G per $\mathcal{C}$ è presentata in Figura 17.2 e si verifica che la distanza minima di questo codice è 4.

In seguito si indicherà col simbolo $\mathfrak{C}^n(d_v, d_c)$ l'insieme di tutti i codici LDPC di lunghezza n con una matrice di controllo di parità (d_v, d_c)–sparsa regolare.

Talvolta, è comodo poter usare un'ipotesi più debole rispetto la regolarità in un codice LDPC, pur mantenendo garantita la sparsità del grafo di Tanner. La seguente definizione è esattamente in questo spirito.

---

[1] Low–Density Parity–Check code

$$G = \begin{pmatrix} 10011000100000000000 \\ 01001110010100000000 \\ 11001010001010000000 \\ 11000010000001000000 \\ 11100001011000100000 \\ 01011101000000010000 \\ 01110100000000001000 \\ 01101110001000000100 \\ 00011000010000000010 \\ 01001001011000000001 \end{pmatrix}$$

Fig. 17.2. Matrice generatrice del codice dell'Esempio 17.2

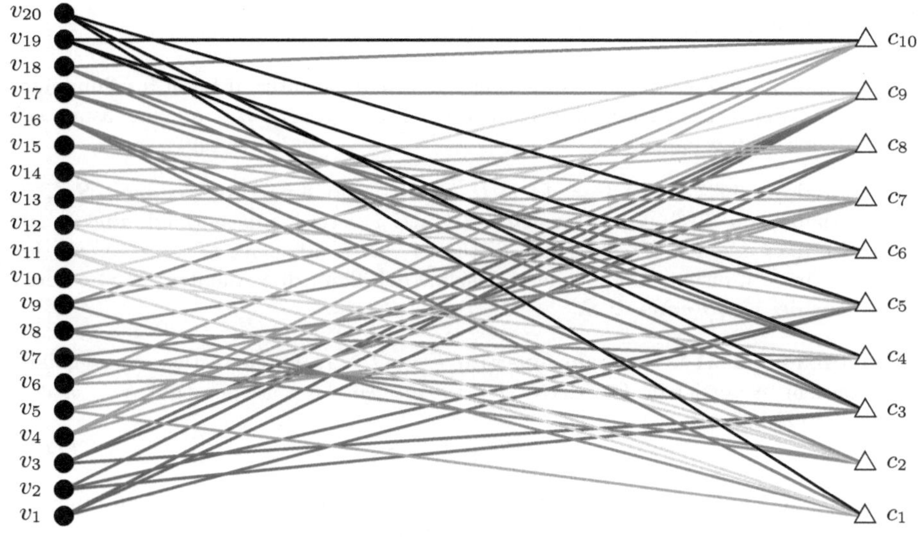

Fig. 17.3. Grafo di Tanner del codice dell'Esempio 17.2

Definizione 17.11. Un codice LDPC si dice (l, r)-*subregolare* se esso ammette un grafo di Tanner $\Gamma = (L \cup R, E)$ tale che

1. ogni vertice $v \in L$ ha grado al più l,
2. ogni vertice $w \in R$ ha grado al più r.

Esempio 17.3. Il grafo della Figura 17.1, associato al $[7, 3]$-codice di Hamming è $(3, 4)$-subregolare.

Il controllo di errore si può implementare in modo estremamente semplice a partire dal grafo di Tanner di un qualsiasi codice. La procedura, in tutto analoga a quanto visto nell'Esempio 17.1, è come segue:

S1 si riportano nei nodi variabili i valori ricevuti;

$\boxed{\text{S2}}$ si scrive in ogni nodo di controllo la somma modulo 2 dei valori dei nodi adiacenti;

$\boxed{\text{S3}}$ se ogni nodo di controllo contiene il valore 0, allora non si sono verificati errori; altrimenti segnalare un errore identificato.

Definizione 17.12. Sia Γ il grafo di Tanner di un codice $\mathcal{C}$ e supponiamo che si sia scritto un vettore $\mathbf{c}$ nei nodi variabili e che si siano calcolati i valori dei nodi di controllo come sopra descritto. Ogni nodo di controllo contenente il valore 0 al termine di tale procedura è detto *soddisfatto*. Ogni nodo di controllo il cui valore è diverso da 0 è detto *non soddisfatto* .

⚠17.4 Grafi espansori

Una famiglia interessante di codici per cui si può garantire il buon funzionamento di un algoritmo di decodifica lineare nella lunghezza n è quella basata sui cosiddetti grafi espansori.

Definizione 17.13. Sia $\Gamma = (L \cup R, E)$ un grafo bipartito. Per ogni $S \subseteq L$ denotiamo con $\Gamma(S) \subseteq R$ l'insieme di tutti i vertici adiacenti ad *almeno* un vertice di S e con $\Gamma_1(S)$ l'insieme di tutti i vertici adiacenti ad *esattamente* un vertice in S. L'insieme $\Gamma(S)$ è detto insieme dei *vicini* di S, mentre $\Gamma_1(S)$ è detto insieme dei *vicini unici* di S.

Definizione 17.14. Un grafo bipartito $\Gamma = (L \cup R, E)$ che è (l, r)–subregolare e contiene n vertici in L è detto (l, r, γ, δ)*-espansore*[2], se per ogni $S \subseteq L$ con $|S| \leq \delta n$ si ha

$$|\Gamma(S)| \geq l\gamma|S|. \tag{17.1}$$

In generale, la definizione di grafo espansore può fornirsi anche per grafi bipartiti in cui la condizione di (l, r)–subregolarità non è richiesta. In questo caso, si deve imporre che esistano due interi (α, β) tali che per ogni $S \subseteq L$ con $|S| \leq \beta n$ si abbia

$$|\Gamma(S)| \geq \alpha|S|.$$

È chiaro che un un (l, r, γ, δ)–espansore è necessariamente un (α, β)–espansore ove $\beta = \delta$ e $\alpha = l\gamma$.

Il seguente lemma mostra che quando un grafo bipartito è subregolare e (γ, δ)–espansore allora esistono sicuramente dei sottoinsiemi abbastanza grandi di nodi in R che hanno un unico vicino in L. Questa è la proprietà chiave che sarà usata per mostrare che l'algoritmo di decodifica funziona.

Lemma 17.4. *Sia* $\Gamma = (L \cup R, E)$ *un grafo* (l, r, γ, δ)*-espansore. Allora, per ogni* $S \subseteq L$ *con* $|S| \leq \delta n$ *si ha*

$$|\Gamma_1(S)| > l(2\gamma - 1)|S|.$$

---

[2] Expander graph

Dimostrazione. Sia $u = |\Gamma_1(S)|$ e poniamo $d = |\Gamma(S)| - u$. Per definizione di $(l\gamma, \delta)$–espansore, abbiamo $u + d \geq l\gamma|S|$. Siccome $S \subseteq L$, il numero di spigoli incidenti con S è esattamente $l|S|$. Ogni vicino unico di S è incidente con esattamente uno di questi spigoli; gli altri vicini, chiaramente, appartengono ad almeno 2 spigoli, per cui $u + 2d \leq l|S|$. Da questo segue

$$2d \leq l|S| - u. \tag{17.2}$$

Sostituendo questa disuguaglianza nell'espressione (17.1), otteniamo la seguente successione di disuguaglianze:

$$
\begin{aligned}
u + d &\geq l\gamma|S| \\
2u + 2d &\geq 2l\gamma|S| \\
2u &\geq 2l\gamma|S| - 2d \\
2u &\geq 2l\gamma|S| - (l|S| - u) \\
u &\geq l(2\gamma|S| - 1)|S|.
\end{aligned}
$$

L'ultima riga corrisponde alla tesi.   □

I controlli in $\Gamma_1(S)$ sono esattamente quelli che dipendono da un unico simbolo nell'insieme S. Questo fatto si rivela molto utile per la decodifica. Fissiamo, ad esempio, $r \in \Gamma_1(S)$ e sia $s \in S$ il simbolo ad esso associato. In questo caso, se
  1. tutti i simboli non nulli corrispondenti ad una parola sono nell'insieme S;
  2. $s = 1$,
allora, il controllo r fallisce e il codice identifica un errore nella posizione corrispondente ad s. In particolare nessuna parola di codice con supporto contenuto in S può avere i simboli associati agli elementi di $\Gamma_1(S)$ non nulli.
Possiamo ora stimare la distanza minima di un codice $\mathcal{C}$ associato ad un grafo espansore.

Teorema 17.5. *Sia $G = (L \cup R, E)$ un (l, r, γ, δ)–espansore e supponiamo $\gamma > \frac{1}{2}$. Allora, la distanza minima del codice $\mathcal{C}$ associato a G è almeno $n\delta$.*

Dimostrazione. Supponiamo che esista una parola di codice $\mathbf{c} \in \mathcal{C}$ di peso $\delta'n < \delta n$. Allora, deve esiste un insieme $S \subseteq L$ di cardinalità $\delta'n$ tale che $|\Gamma_1(S)| = 0$. D'altro canto, per il Lemma 17.4 abbiamo

$$|\Gamma_1(S)| \geq (2\gamma - 1)l|S| \geq |S| > 0,$$

da cui discende $\mathbf{c} = \mathbf{0}$, che implica la tesi.   □

17.5 Decodifica mediante scambio sequenziale

Come visto nel Paragrafo 17.3, è sempre possibile fornire un metodo immediato per identificare errori di trasmissione mediante un codice LDPC. Sotto alcune ipotesi aggiuntive, risulta altresì possibile fornire degli algoritmi di decodifica particolarmente efficienti, sia sotto l'ipotesi di hard decoding che sotto quella di soft.

L'algoritmo di *scambio sequenziale* è uno dei metodi preferiti per la decodifica *hard* di codici LDPC; si tratta di una generalizzazione dell'algoritmo presentato nell'Esempio 17.1.

Algoritmo 17.1 (Scambio sequenziale).

DATI:

$\boxed{\text{D1}}$ Un codice $\mathcal{C}$ con grafo di Tanner Γ;

$\boxed{\text{D2}}$ Un vettore $\mathbf{r}$;

DETERMINARE:

$\boxed{\text{G1}}$ Un vettore $\mathbf{v} \in \mathcal{C}$, se esiste, a distanza minima da $\mathbf{r}$.

SI PROCEDA COME SEGUE:

$\boxed{\text{S1}}$ Si associ ad ogni variabile $v_1, v_2, \ldots, v_n$ la corrispondente componente r_i del vettore ricevuto $\mathbf{r}$;

$\boxed{\text{S2}}$ Si calcolino i valori dei nodi di controllo, assegnando ad ognuno di essi la somma modulo 2 dei valori dei nodi variabili ad esso adiacenti;

$\boxed{\text{S3}}$ Se ogni nodo di controllo è soddisfatto (cioè contiene il valore 0), allora $\mathbf{v} = (v_1\, v_2 \cdots v_n)$ è una parola di codice; in tale caso si restituisca $\mathbf{v}$;

$\boxed{\text{S4}}$ Si cerchi l'indice i corrispondente alla variabile v_i adiacente al maggior numero di nodi non soddisfatti; se i non esiste, si restituisca una segnalazione di errore non correggibile e si termini l'algoritmo;

$\boxed{\text{S5}}$ Si inverta il valore del nodo v_i; diciamo che il vettore $\mathbf{v} = (v_1\, v_2 \ldots v_n)$ è la *stima corrente* del vettore trasmesso;

$\boxed{\text{S6}}$ Si ritorni al punto 2.

Se k è il numero di nodi di controllo inizialmente non soddisfatti, allora l'Algoritmo 17.1 termina dopo *al più* k iterazioni. In generale, sono possibili 3 risposte:

1. l'algoritmo restituisce la parola $\mathbf{y} \in \mathcal{C}$, a distanza minima da $\mathbf{r}$;
2. l'algoritmo restituisce una parola di codice $\mathbf{y}'$ non a distanza minima da $\mathbf{r}$;
3. l'algoritmo fallisce.

Per una classe molto vasta di codici, l'algoritmo trova effettivamente una parola di codice a distanza minima da quella inviata. Questo accade, fra l'altro, nel caso dei codici associati a grafi espansori, supponendo che il numero degli errori verificatisi non sia troppo grande.

⚠**Teorema 17.6.** *Sia Γ un (l, r, γ, δ)–espansore con $\gamma \geq \frac{3}{4}$ e indichiamo con $\mathcal{C}$ un codice con grafo di Tanner Γ. Allora, l'Algoritmo 17.1 applicato al codice $\mathcal{C}$ corregge correttamente tutti i formati di errore di peso non superiore a $\frac{\delta}{2}n$.*

Dimostrazione. Diciamo che una variabile v_i è *buona* se la stima che essa contiene è corretta e *cattiva* in caso contrario. Chiaramente, l'obiettivo della procedura di correzione è quella di ridurre a 0 il numero di variabili cattive. Abbiamo già osservato che l'algoritmo termina dopo al più $|R|$ iterazioni. Dimostriamo ora che l'algoritmo, sotto le ipotesi sopra elencate, converge ad una soluzione **y**.

Sia b_j il numero di variabili cattive all'inizio della j–esima iterazione dell'algoritmo e denotiamo con s_j e u_j rispettivamente il numero di nodi di controllo soddisfatti e quello di nodi insoddisfatti che sono adiacenti a variabili cattive nella medesima iterazione. Per costruzione dell'algoritmo, la sequenza $\{u_j\}_{j=1,2,...,k}$ è strettamente decrescente in quanto i nodi di controllo non soddisfatti devono essere necessariamente collegati con una variabile cattiva e il numero totale di nodi non soddisfatti è strettamente decrescente in l. Per ipotesi si ha

$$b_1 \le \frac{\delta}{2}n.$$

Mostriamo ora che, se $0 < b_j < \delta n$, l'algoritmo invertirà una variabile al passo l e inoltre $b_{j+1} < \delta n$. Quando questo è il caso, l'algoritmo prosegue sino a quando $u_j = 0$; in altre parole, l'algoritmo non può terminare sino a che non ha prodotto una parola di codice (a distanza minima o meno). In particolare, in questa situazione viene esclusa l'eventualità 3 sopra prospettata e il sistema converge ad una soluzione.

Supponiamo dunque $0 < b_j < \delta n$. Per la proprietà di espansore del grafo abbiamo

$$s_j + u_j > \frac{3}{4}lb_j. \tag{17.3}$$

D'altro canto, un nodo di controllo soddisfatto connesso con una variabile cattiva deve essere connesso con almeno 2 di tali variabili cattive; siccome vi sono esattamente lb_j spigoli che passano per le b_l variabili cattive abbiamo

$$2s_j + u_j \le lb_j. \tag{17.4}$$

Combinando le disuguaglianze (17.3) e (17.4) deduciamo

$$u_j > \frac{1}{2}b_j. \tag{17.5}$$

In altre parole, il numero medio di nodi di controllo non soddisfatti che sono connessi a variabili cattive è più grande di $l/2$. Conseguentemente, ci deve essere almeno una variabile (cattiva) connessa a più nodi di controllo non soddisfatti che soddisfatti. Ne segue che, al passo j, l'algoritmo può trovare una variabile da invertire. Proviamo ora che $b_{j+1} < \delta n$. Evidentemente, l'algoritmo ad ogni passo modifica una sola variabile, per cui sicuramente $b_{j+1} \le \delta n$. Supponiamo per assurdo che $b_{j+1} = \delta n$. Allora, usando il medesimo ragionamento sulla media dei nodi di cui sopra otterremmo

$$u_{j+1} > \frac{1}{2}b_{j+1} = \frac{l\delta}{2}n. \tag{17.6}$$

La relazione (17.6) è una contraddizione, in quanto $\{u_j\}_j$ è una sequenza strettamente decrescente e $u_1 \le lb_i \le \frac{l\delta}{2}n$. Abbiamo dunque verificato che l'algoritmo converge ad una parola di codice.

Resta da dimostrare che la parola a cui esso converge è quella a distanza minima dal vettore originariamente ricevuto. A tal fine, possiamo supporre, senza perdere in generalità, che la parola originariamente trasmessa sia stata $\mathbf{0}$. Come abbiamo visto, il numero dei nodi cattivi b_l non è mai superiore a δn. D'altro canto, l'unica parola di codice di peso inferiore a δn è, per il Teorema 17.5, il vettore nullo $\mathbf{0}$. Pertanto, l'algoritmo, sotto queste ipotesi, determina effettivamente la parola a distanza minima. $\qquad\square$

———

Codici convoluzionali

If there be breadth enough
in the world, I will hold a long distance.

W. Shakespeare, All's well that ends well

I codici lineari a blocchi posseggono una struttura algebrica ricca e, al contempo, semplice da implementare. Pertanto, essi si adattano bene a svariate applicazioni. Come visto nel Capitolo 15, la lunghezza n del blocco costituisce, però, un limite invalicabile alle prestazioni che, in media, ci si possono attendere. In questo capitolo, seguendo l'approccio di [66] e [63], introdurremo una famiglia di codici che generalizza quelli dei codici lineari. Tali codici, come si vedrà, consentono, al prezzo di una maggiore complessità di descrizione, di implementare dei sistemi di codifica/decodifica con eccellenti prestazioni e non fortemente condizionati dalla lunghezza del singolo blocco.

18.1 Motivazione

Nel capitolo 15, si è investigato il comportamento dei codici lineari al crescere della dei blocchi. Nel paragrafo 15.3, in particolare, si è visto che "quasi tutti" i codici lineari, purché sufficientemente lunghi, abbiano, a livello teorico, una capacità correttiva non inferiore a quella descritta nella limitazione di Gilbert–Varshamov. D'altro canto, un codice di lunghezza molto grande presenta due grosse controindicazioni:

1. complessità di codifica/decodifica;
2. latenza della comunicazione.

Per quanto concerne il primo punto, notiamo che la codifica di una parola mediante un codice lineare generico $\mathcal{C}$ è equivalente ad una operazione di prodotto fra una matrice $n \times k$ e un vettore di lunghezza k; pertanto, sono richieste $O(nk) \simeq O(n^2)$ moltiplicazioni. Per la decodifica il problema è ancora più serio; in effetti, l'algoritmo di decodifica che restituisce la parola di codice più vicina a quella ricevuta (come introdotto a pagina 12) è esponenziale nella ridondanza di $\mathcal{C}$: richiede infatti, nel caso binario, ben $O(2^{n-k})$ operazioni. In assenza di strutture aggiuntive (quali la ciclicità o la sparsità della matrice di controllo di parità utilizzata) è difficile fare di meglio. Un importante risultato generale di Berlekamp, McEliece e van Tilborg [14] mostra come anche il problema della decodifica a sindrome per generici codici lineari sia NP–completo. Chiaramente, questo teorema non esclude la possibilità che, per alcune classi particolari di codici, sia possibile avere prestazioni migliori. Un'utile referenza al proposito è [103], ove si mostra come anche il "semplice" problema di determinare la distanza minima di un codice lineare arbitrario è NP–difficile. Per i codici di tipo LDPC, presentati nel capitolo 17, è possibile fornire algoritmi di decodifica per il canale binario con cancellatura, di complessità $O(n)$; d'altro canto, in questi casi non sempre risulta banale scrivere una procedura di codifica efficiente.

Il problema della latenza sul canale di comunicazione è un effetto tipico di tutti i codici a blocchi, ma è particolarmente grave quando la lunghezza n è elevata. Come visto nel Capitolo 3, il comportamento ideale di un sistema a comunicazione a pacchetto si ha supponendo che la lunghezza n del codice impiegato coincida con quella dell'informazione trasmessa[1] in un singolo pacchetto di dati. D'altro canto, sotto l'ipotesi che la trasmissione di un bit di informazione richieda un tempo costante, il tempo necessario a trasmettere un pacchetto è una funzione lineare della sua lunghezza. L'usare pacchetti di lunghezza molto grande, pertanto, richiede di attendere un tempo lungo prima di poter iniziare a decodificare i dati. Questo, nel caso di protocolli interattivi (ad esempio la trasmissione di voce su reti digitali) o di canali ad elevata capacità può rendere il sistema inutilizzabile o costringere ad implementare dei dispositivi per l'immagazzinamento temporaneo dei dati mentre le informazioni sono ricevute, con un incremento dei costi e della complessità dei sistemi non indifferente.

18.2 Codificatori convoluzionali

Una proprietà caratterizzante di un codice a blocchi di lunghezza n è che la codifica di ogni blocco di informazione è indipendente da quella di tutti gli altri; tale situazione presenta notevoli vantaggi sia dal punto di vista teorico (in quanto il codificatore agisce su tutte le parole in ingresso al medesimo modo, senza dover tenere memoria di quanto accaduto in precedenza) che da quello implementativo, in quanto è possibile ignorare il problema di eventuali blocchi che siano stati persi *in itinere* mentre si stanno decodificando i successivi.

L'idea base dei codici convoluzionali è quella di generalizzare i codici lineari a blocchi, considerando codificatori e decodificatori dotati di uno "stato". In particolare, la codifica di una parola **w** dipenderà non solo dalla parola stessa, ma anche dalla codifica di tutte le parole che l'hanno preceduta. In questo modo risulta possibile approssimare, a partire da componenti che agiscono su blocchi di dati con lunghezza piccola (e quindi gestibili computazionalmente) codici di lunghezza virtualmente illimitata. Iniziamo fornendo una definizione formale codificatore convoluzionale.

---

[1] payload

Definizione 18.1. Siano fissati un campo $\mathbb{F}_q$ e tre interi m, n, k con $k \leq n$. Consideriamo quattro applicazioni lineari $\phi, \xi, \psi, \vartheta$ definite come segue

$$\phi \,:\, \mathbb{F}^m \,\mapsto\, \mathbb{F}^m$$
$$\xi \,:\, \mathbb{F}^k \,\mapsto\, \mathbb{F}^m$$
$$\psi \,:\, \mathbb{F}^m \,\mapsto\, \mathbb{F}^n$$
$$\vartheta \,:\, \mathbb{F}^k \,\mapsto\, \mathbb{F}^n.$$

Supponiamo, inoltre, che ϑ sia iniettiva. Il (n, k)–*codificatore convoluzionale* di grado m associato alle applicazioni $(\phi, \xi, \psi, \vartheta)$ è il dispositivo che associa ad una sequenza di vettori $\mathbf{u}_i \in \mathbb{F}_q^k$ con $i = 0, 1, \ldots$ una sequenza di vettori $\mathbf{c}_i \in \mathbb{F}_q^n$ definita nel seguente modo ricorsivo:

$$\mathbf{s}_0 = \mathbf{0} \tag{18.1}$$
$$\mathbf{c}_i = \psi(\mathbf{s}_i) + \vartheta(\mathbf{u}_i) \tag{18.2}$$
$$\mathbf{s}_{i+1} = \phi(\mathbf{s}_i) + \xi(\mathbf{u}_i). \tag{18.3}$$

Il vettore $\mathbf{s}$, di lunghezza m, è detto *stato* del codificatore.

Indichiamo con A, B, C, D le rappresentazioni matriciali delle quattro applicazioni lineari ϕ, ξ, ψ, ϑ. Allora, le dimensioni di queste quattro matrici sono

$$A : m \times m$$
$$B : k \,\times m$$
$$C : m \times n$$
$$D : k \,\times n.$$

In generale, chiameremo *codificatore convoluzionale associato alle quattro matrici* (A, B, C, D) il codificatore associato alle applicazioni rappresentate da tali matrici rispetto delle basi arbitrariamente fissate. In forma matriciale, le relazioni (18.1)–(18.3) assumono la forma

$$\mathbf{s}_0 = \mathbf{0} \tag{18.4}$$
$$\mathbf{c}_i = \mathbf{s}_i C + \mathbf{u}_i D \tag{18.5}$$
$$\mathbf{s}_{i+1} = \mathbf{s}_i A + \mathbf{u}_i B. \tag{18.6}$$

La matrice D ha le medesime dimensioni della matrice generatrice di un $[n, k]$–codice lineare. In particolare, se le matrici A, B, C sono tutte nulle, allora i blocchi prodotti dal codificatore convoluzionale associato ad (A, B, C, D) coincidono esattamente con quelli del codice lineare di matrice generatrice D. Tale situazione si verifica sempre per $m = 0$. Quanto presentato sopra è la motivazione per la seguente definizione.

Definizione 18.2. Si dice *lineare* un codificatore convoluzionale di grado 0.

La procedura di codifica descritta nella definizione 18.1 può essere invertita. Nel caso più semplice, si può procedere come segue.

Algoritmo 18.1.

DATI:

$\boxed{\text{D1}}$ Un codificatore convoluzionale associato alle matrici (A, B, C, D);

$\boxed{\text{D2}}$ Una sequenza di vettori ricevuti $\mathbf{r_i}$ con $i = 0, 1, \ldots, j$.

DETERMINARE:

$\boxed{\text{G1}}$ Il messaggio $\mathbf{u_j}$ originariamente trasmesso, corrispondente al vettore ricevuto $\mathbf{r_j}$.

Mostriamo che il problema è sempre risolubile sotto le due ipotesi che

1. per ogni $i < j$ sia possibile ricostruire $\mathbf{c_i}$;
2. si siano verificati nella ricezione di $\mathbf{c_j}$ meno errori rispetto quelli correggibili da un codice lineare $\mathcal{C}$ di matrice generatrice D.

Chiaramente, la seconda delle ipotesi è molto restrittiva ed è quella che si desidera poter indebolire.

SI PROCEDA COME SEGUE:

$\boxed{\text{S1}}$ se $j = 0$, allora $\mathbf{s_0} = \mathbf{0}$. Pertanto,

$$\mathbf{r_0} = \mathbf{e_0} + \mathbf{u_0} D,$$

ed è possibile ricavare il vettore $\mathbf{e_0}$ utilizzando le proprietà del codice lineare $\mathcal{C}$ di matrice generatrice D; in tale caso, si restituisca la preimmagine di

$$\mathbf{c_0} = \mathbf{r_0} - \mathbf{e_0},$$

sotto l'azione dell'applicazione iniettiva di matrice D.

$\boxed{\text{S2}}$ supponiamo ora $j > 0$ e che per ogni $0 \leq i < j$ si siano ottenuti i messaggi corretti $\mathbf{u_i}$. Allora, è possibile determinare il vettore $\mathbf{s_j}$; infatti

$$\mathbf{s_j} = \mathbf{s_{j-1}} A + \mathbf{u_{j-1}} B = \mathbf{s_{j-2}} A + \mathbf{u_{j-2}} BA + \mathbf{u_{j-1}} B = \cdots = \sum_{i=0}^{j-1} \mathbf{u_i} BA^{j-1-i}; \tag{18.7}$$

$\boxed{\text{S3}}$ poniamo

$$\mathbf{v_j} = \mathbf{r_j} - \mathbf{s_j} C. \tag{18.8}$$

È sempre possibile scrivere

$$\mathbf{v_j} = \mathbf{e_j} + \mathbf{u_j} D,$$

da cui si ricava il vettore $\mathbf{e_j}$, utilizzando nuovamente le proprietà del codice lineare $\mathcal{C}$.

$\boxed{\text{S4}}$ A questo punto, come nel passaggio S1, è possibile determinare $\mathbf{u_j}$ come preimmagine secondo D del vettore

$$\mathbf{u_j}D = \mathbf{v_j} - \mathbf{e_j} = \mathbf{r_j} - \mathbf{s_j}C - \mathbf{e_j}.$$

Seguendo la procedura descritta nell'Algoritmo 18.1 è possibile usare un (n,k)–codice convoluzionale per correggere almeno tanti errori quanti se ne possono correggere con un $[n,k]$–codice lineare $\mathcal{C}$. Questo metodo, d'altro canto, non fornisce alcun vantaggio concreto rispetto l'impiego diretto del codice a blocchi $\mathcal{C}$; in effetti, l'Algoritmo 18.1 presenta un problema significativo: la *propagazione dell'errore*. Supponiamo infatti che un vettore $\mathbf{u_i}$ non possa essere ricostruito al termine della trasmissione; allora, nessuno dei successivi vettori $\mathbf{u_j}$ con $j > i$ può determinarsi usando le relazioni (18.7) e (18.8). Praticamente, tutta la trasmissione diventa inintelligibile a partire dal primo errore che non può essere corretto.

18.3 Funzioni generatrici

La Definizione 18.1 è una descrizione diretta di come possa essere realizzato un codificatore convoluzionale, ma presenta alcuni svantaggi dal punto di vista formale: in particolare essa non mostra in modo diretto quali possano essere i vettori che sono effettivamente parole di codice. Un metodo per ovviare a questo inconveniente è quello di descrivere il codice in modo "globale", fornendo una descrizione concisa di tutte le possibili sequenze di blocchi in uscita che esso è in grado di produrre. Tale obiettivo si può raggiungere introducendo la nozione di funzione generatrice per un codice.

Definizione 18.3. La *funzione generatrice (vettoriale)* della successione $\{\mathbf{x_i}\}_i$ è la serie formale

$$X(z) = \sum_i \mathbf{x_i}z^i,$$

ove, chiaramente, si pone $\mathbf{0}z^j = \mathbf{0}$.

L'indice i è un elemento di $\mathbb{Z}$, per cui una funzione generatrice è un elemento di $\mathbb{F}_q^n((z))$, l'insieme di tutte le serie di Laurent formali in z con coefficienti in $\mathbb{F}_q^n$.

Nel seguente esempio vedremo come la descrizione funzionale di un codice lineare sia fornita proprio dalla matrice generatrice dello stesso.

Esempio 18.1. Sia $\mathcal{C}$ il codice lineare di matrice generatrice G e consideriamo la successione $\{\mathbf{u_i}\}_i$ di parole che devono essere codificate. La funzione generatrice associata a tale successione è

$$U(z) = \sum_{i \geq 0} \mathbf{u_i}z^i.$$

Ogni parola $\mathbf{u_i}$ viene codificata in un vettore $\mathbf{c_i} = \mathbf{u_i}G$. Pertanto, la funzione generatrice della successione prodotta dal codificatore è

$$C(z) = \sum_{i \geq 0} (\mathbf{u_i}G)z^i = \left(\sum_{i \geq 0} \mathbf{u_i}z^i \right) G.$$

In termini funzionali, rappresentando mediante G anche l'operatore lineare definito su $\mathbb{F}^n[[z]]$ associato alla trasformazione

$$F(z) \mapsto F(zG) = F(z)G,$$

possiamo scrivere

$$C(z) = U(z)G.$$

Notiamo che quest'ultima relazione non dipende dagli elementi $\mathbf{u_i}$. Essa pertanto descrive completamente il codice in termini funzionali.

Descriviamo ora un codificatore convoluzionale associato alle quattro matrici A, B, C, D in termini di funzioni generatrici. Partendo dalle relazioni (18.5) e (18.6) si ottiene

$$\sum \mathbf{c_i}z^i = \left(\sum \mathbf{s_i}z^i \right) C + \left(\sum \mathbf{u_i}z^i \right) D \tag{18.9}$$

$$\sum \mathbf{s_{i+1}}z^i = \left(\sum \mathbf{s_i}z^i \right) A + \left(\sum \mathbf{u_i}z^i \right) B. \tag{18.10}$$

Posti

$$S(z) = \sum_i \mathbf{s_i}z^i, \quad C(z) = \sum_i \mathbf{c_i}z^i, \quad U(z) = \sum_i \mathbf{u_i}z^i, \tag{18.11}$$

abbiamo le seguenti due equazioni

$$S(z)z^{-1} = S(z)A + U(z)B \tag{18.12}$$

$$C(z) = S(z)C + U(z)D. \tag{18.13}$$

Esse forniscono una descrizione implicita del codificatore in termini di funzioni generatrici. Per ottenere una descrizione esplicita dello stesso è necessario risolvere le equazioni (18.12) e (18.13). In particolare, se

$$E(z) = B(z^{-1}I - A)^{-1} \tag{18.14}$$

$$G(z) = D + E(z)C = D + B(z^{-1}I_m - A)^{-1}C, \tag{18.15}$$

si ottiene direttamente

$$S(z) = U(z)E(z) \tag{18.16}$$

$$C(z) = U(z)G(z). \tag{18.17}$$

Pertanto il comportamento del codificatore è univocamente descritto dalla funzione razionale $G(z)$, che viene quindi detta *funzione generatrice associata al codificatore convoluzionale*. Rimarchiamo che, per l'Esempio 18.1, la funzione generatrice $G(z)$ di un codice lineare è

$$G(z) = G.$$

18.4 Matrici generatrici

L'insieme di tutte le funzioni razionali $\mathbb{F}_q((z))$ in z a coefficienti nel campo $\mathbb{F}_q$ costituisce a sua volta un campo, di grado di trascendenza 1 su $\mathbb{F}_q$. In particolare le funzioni generatrici vettoriali a coefficienti in $\mathbb{F}_q^t$, quali quelle viste nel precedente paragrafo, sono elementi di uno spazio vettoriale $\mathbb{F}_q((z))^t$. Infatti, possiamo sempre riscrivere una funzione

$$F(z) = \sum_i \mathbf{g_i} z^i,$$

come

$$F(z) = (\sum_i \mathbf{f_{i1}} z_i, \sum_i \mathbf{f_{i2}} z_i, \ldots \sum_i \mathbf{f_{it}} z_i) = (F_1(z), F_2(z), \ldots, F_t(z)).$$

Cerchiamo ora di descrivere la funzione generatrice di un codificatore convoluzionale mediante un'unica matrice. Premettiamo il seguente teorema.

Teorema 18.2. *Sia $G(z)$ la funzione generatrice associata ad un (n,k)–codificatore convoluzionale di matrici (A,B,C,D). Allora, l'applicazione*

$$\Gamma : \begin{cases} \mathbb{F}_q(z)^k \mapsto \mathbb{F}_q((z))^n \\ F(z) \mapsto F(z)G(z) \end{cases}$$

è lineare.

Dimostrazione. Verifichiamo innanzi tutto che Γ è effettivamente una funzione $\mathbb{F}_q((z))^k \mapsto \mathbb{F}_q((z))^n$. Sia infatti $U(z) = \sum_i \mathbf{v_i} z^i$, con $\mathbf{v_i} \in \mathbb{F}^k$; allora,

$$U(z)G(z) = \left(\sum_i \mathbf{v_i} z^i \right) \left(D + B(z^{-1}I_m - A)^{-1}C \right) =$$

$$\sum_i \mathbf{v_i} \left(D + B(z^{-1}I_m - A)C \right) z^i,$$

e tutti i coefficienti in questa espressione, per le dimensioni della matrice più a sinistra, appartengono a $\mathbb{F}_q^n$. La linearità di Γ, a questo punto, è conseguenza immediata della proprietà distributiva del prodotto rispetto la somma. $\square$

In particolare, l'applicazione lineare Γ può essere rappresentata da una matrice G di dimensioni $n \times k$, a coefficienti nel campo $\mathbb{F}_q((z))$. Possiamo ora finalmente fornire una definizione di codice convoluzionale che evidenzia il parallelismo con quella di codice lineare.

Definizione 18.4. Un (n,k)–*codice convoluzionale* $\mathcal{C}$ su $\mathbb{F}_q$ è un sottospazio k–dimensionale di $\mathbb{F}_q((z))$. Si dice *matrice generatrice* di $\mathcal{C}$ una matrice a coefficienti in $\mathbb{F}_q((z))$ le cui righe rappresentino una base di $\mathcal{C}$ in un opportuno riferimento fissato.

Esempio 18.3. A meno di equivalenza, esistono solo 2 possibili $[2,1]$–codici lineari: quello con matrice generatrice $G = [1,1]$ e quello con matrice generatrice $G' = [1,0]$. Il primo codice è il codice a ripetizione e ha distanza minima 2; il secondo ha distanza minima 1 (e, praticamente, non fornisce alcun vantaggio in sede di codifica). Queste osservazioni esauriscono lo studio dei $[2,1]$–codici lineari che sono pertanto tutti "banali".

Consideriamo ora il caso di un $(2,1)$–codificatore convoluzionale $\mathcal{C}$ di grado $m = 2$. Il seguente esempio è tratto da [66]. Dobbiamo fornire 4 matrici (A, B, C, D) aventi rispettivamente dimensioni 2×2, 1×2, 2×2 e 1×2. Scegliamo

$$A = \begin{pmatrix} 0 & 1 \\ 0 & 0 \end{pmatrix}, \quad B = (1 \ 0), \quad C = \begin{pmatrix} 1 & 0 \\ 1 & 1 \end{pmatrix}, \quad D = (1 \ 1).$$

Si vuole calcolare la matrice generatrice di $\mathcal{C}$. Per fare ciò, scriviamo dapprima la funzione $E(z)$:

$$E(z) = B(z^{-1}I - A)^{-1} = (1 \ 0) \begin{pmatrix} z^{-1} & 1 \\ 0 & z^{-1} \end{pmatrix}^{-1} = \left(z \ z^2\right). \tag{18.18}$$

Da questo segue

$$G(z) = D + E(z)C = (1 \ 1) + \left(z \ z^2\right) \begin{pmatrix} 1 & 0 \\ 1 & 1 \end{pmatrix} = \left(1 + z + z^2 \ 1 + z^2\right). \tag{18.19}$$

Pertanto, la matrice generatrice di $\mathcal{C}$ è

$$G(z) = \left(1 + z + z^2 \ 1 + z^2\right).$$

La nozione di peso minimo, inteso come numero minimo di componenti non nulle in una parola di codice non caratterizza bene capacità correttive dei codici convoluzionali.

Definizione 18.5. Il *peso* $W(F(z))$ di una funzione razionale

$$F(z) = \sum_{i=-\infty}^{+\infty} f_i z^i$$

in $\mathbb{F}_q((z))$ è il numero di coefficienti f_i diversi da 0.

Definizione 18.6. Sia $\mathcal{C} \subseteq \mathbb{F}_q((z))^n$ un codice convoluzionale. Si dice *peso libero* di una parola $C(z) = (C_1(z), \ldots, C_n(z)) \in \mathcal{C}$ il numero

$$W_l(C(z)) = \sum_{i=1}^{n} W(C_i(z)).$$

Definizione 18.7. La *distanza libera* $d_l(\mathcal{C})$ di un codice convoluzionale $\mathcal{C} \subseteq \mathbb{F}_q((z))^n$ è il numero

$$d_l(\mathcal{C}) = \min_{C(z) \in \mathcal{C}} W_l(C(z)).$$

Nel caso lineare, le funzioni razionali che costituiscono le componenti delle parole di codice sono costanti, per cui la distanza libera coincide con la distanza minima.

Esempio 18.4. Il codice $\mathcal{C}$ dell'Esempio 18.3 ha distanza libera $d_l = 5$.

18.5 Traliccio di Wolf e codici lineari

In questo paragrafo introdurremo una descrizione dei codici lineari basata sulla nozione di traliccio. Tale descrizione può essere applicata anche ai singoli blocchi dei codici convoluzionali e consente di fornire un eccellente algoritmo di decodifica. Innanzi tutto, richiamiamo la nozione di grafo orientato.

Definizione 18.8. Un *grafo orientato* è una coppia ordinata $\Gamma = (V, E)$ ove V è un insieme ed E un sottoinsieme di $V \times V$. Se per ogni $(v_1, v_2) \in E$ si ha anche $(v_2, v_1) \in E$, allora il grafo orientato Γ è detto semplicemente *grafo*.

Un traliccio è un tipo particolare di grafo.

Definizione 18.9. Una *traliccio*[2] $T = (V, E)$ di rango n è un grafo finito orientato (V, E), con insieme dei vertici V e insieme degli spigoli E dotato di una funzione $\phi : V \mapsto \{0, 1, 2, \ldots, n\}$ tale che, per ogni spigolo $e = (v_i, v_j) \in E$, si abbia

$$\phi(v_j) = \phi(v_i) + 1.$$

Il valore $\phi(v)$ è detto *profondità* del vertice v; l'insieme di tutti i vertici ad una profondità prefissata è detto *livello*.

In un traliccio di rango n, ogni percorso che connette nodi a profondità 0 con nodi a profondità n deve, necessariamente, attraversare tutti i livelli. In generale indicheremo il percorso p che connette i nodi $(i, \mathbf{v_i})$ fra loro, per $i \in 0, \ldots n$ con la scrittura abbreviata

$$p = \mathbf{v_0 v_1} \cdots \mathbf{v_n}.$$

È sempre possibile associare un traliccio ad un codice lineare, nel modo seguente.

Definizione 18.10. Sia $\mathcal{C}$ un $[n, k]$–codice q–ario lineare con matrice di controllo di parità $H = (\mathbf{h_1}^T, \mathbf{h_2}^T, \ldots, \mathbf{h_n}^T)$ di dimensioni $(n - k) \times n$. Il *traliccio di Wolf* $\Theta_H(\mathcal{C}) = (V, E)$ associato ad H è il traliccio (V, E) di rango n e con funzione profondità ϕ costruito come segue:

---

[2] *Trellis*

1. Sia Σ l'insieme di tutte le sequenze q–arie di lunghezza $n - k$; gli elementi di tale insieme sono detti *stati*;
2. Sia

$$V = \{0, 1, \ldots, n\} \times \Sigma.$$

La *profondità* di un elemento $\mathbf{s}_i = (i, \mathbf{s}) \in V$ è il numero i. Il vertice $\mathbf{s}_i$ è detto *stato* $\mathbf{s}$ *a profondità* i.

3. Una coppia ordinata $(\mathbf{v}_i, \mathbf{w}_j)$ è uno spigolo in E se, e soltanto se,

   i. $j = i + 1$;

   ii. esiste una parola di codice $\mathbf{c} \in \mathcal{C}$ tale che

     1. $\mathbf{c} = (c_1\, c_2\, \ldots\, c_n)$;

     2. se $i = 0$, allora $\mathbf{v}_0 = (0, \mathbf{0})$;

     3. se $i > 0$, allora

$$(i, \mathbf{v}) = \left(1, \sum_{t=1}^{i} c_t \mathbf{h_t}\right),$$

    ove $\mathbf{h_j}$ è la colonna j–esima trasposta della matrice H;

   4.

$$(j, \mathbf{w}) = \left(j, \sum_{t=1}^{i+1} c_t \mathbf{h_t}\right).$$

In particolare, esiste uno spigolo $(\mathbf{v}_i, \mathbf{w}_j) \in E$ se, e soltanto se,

$$\mathbf{w} = \mathbf{v} + c_j \mathbf{h_j}. \tag{18.20}$$

Teorema 18.5. *Assegnato il traliccio di Wolf* $\Theta_H(\mathcal{C}) = (V, E)$ *di un codice lineare* $\mathcal{C}$ *con matrice di controllo di parità* H, *esiste sempre una funzione* $\lambda : E \mapsto \mathbb{F}_q$ *che associa ad ogni spigolo* $(\mathbf{v_i}, \mathbf{w_j}) \in E$, *corrispondente ad una parola di codice*

$$\mathbf{c} = (c_1\, c_2 \ldots c_n),$$

il valore

$$\lambda(\mathbf{v}_i, \mathbf{w}_j) = c_j;$$

tale funzione λ *è detta* etichettatura.

Dimostrazione. Si deve dimostrare che se uno spigolo $e = (\mathbf{v}_i, \mathbf{w}_j)$ appartiene ad (almeno) due parole di codice, $\mathbf{c}$, $\mathbf{d}$, allora $c_j = d_j$. Per definizione di traliccio di Wolf, abbiamo

$$\mathbf{v} = \sum_{t=1}^{i} c_t \mathbf{h_t} = \sum_{t=1}^{i} d_t \mathbf{h_t}.$$

Da ciò, si deduce per l'Equazione (18.20)

$$c_j \mathbf{h_j} = d_j \mathbf{h_j}.$$

La matrice di controllo di parità di un codice non banale non può contenere una colonna $\mathbf{h_j} = \mathbf{0}$; infatti, questo significherebbe che la posizione j–esima nelle parole di codice non sarebbe soggetta a controllo e, pertanto, la distanza minima di $\mathcal{C}$ dovrebbe essere 1. Ne segue $c_j = d_j$, per cui λ è una funzione sull'insieme E.   □

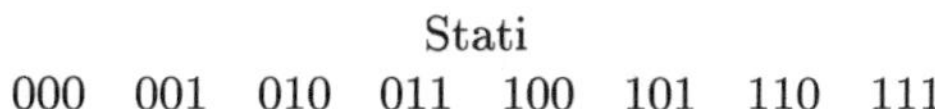

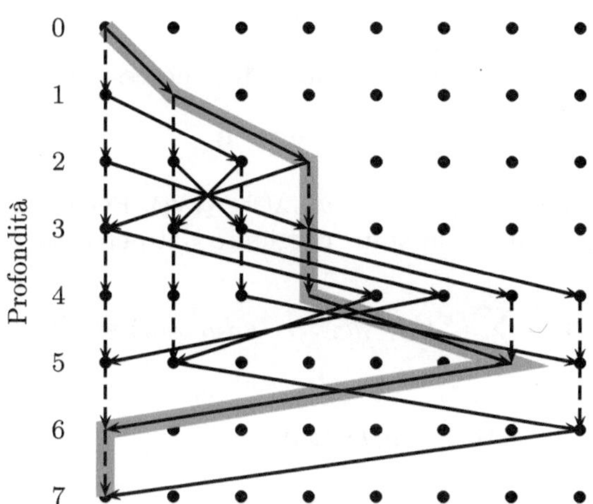

Fig. 18.1. Traliccio per il codice $H_3(2)$

In tratto continuo sono segnati gli spigoli e del grafo per cui $\lambda(e) = 1$. Il percorso evidenziato corrisponde alla parola di codice $(1\,1\,0\,0\,1\,1\,0)$. Si noti che i percorsi nel traliccio iniziano tutti nello stato $\mathbf{0}_0$ e terminano tutti nello stato $\mathbf{0}_7$.

Esempio 18.6. Consideriamo il $[7,4]$–codice di Hamming $H_3(2)$ con matrice di controllo di parità

$$H = \begin{pmatrix} 0\,0\,0\,1\,1\,1\,1 \\ 0\,1\,1\,0\,0\,1\,1 \\ 1\,0\,1\,0\,1\,0\,1 \end{pmatrix}.$$

La lunghezza di questo codice è 7, per cui il traliccio di Wolf associato ad H ha rango 8. Inoltre, la ridondanza di $H_3(2)$ è $7 - 4 = 3$, per cui ogni livello deve contenere $2^3 = 8$ stati.

Nel caso binario, i vertici di uno spigolo e del traliccio connettono il medesimo stato in due livelli successivi i, $i+1$ se, e soltanto se, la componente c_{i+1} delle parole associate è nulla; pertanto, in questa situazione, l'etichettatura è univocamente determinata dalla struttura del grafo. In figura 18.1 è rappresentato tale traliccio.

Mostriamo ora come sia possibile estrarre tutte le parole di un codice da un suo traliccio di Wolf.

Teorema 18.7. *Esiste una biiezione ξ fra l'insieme di tutte le parole di codice di C e l'insieme di tutti i possibili percorsi (con etichetta λ) nel traliccio $\Theta_H(C)$.*

Dimostrazione. Per costruzione del traliccio $\Theta_H(C)$, ogni parola di codice $\mathbf{c} \in C$ determina un percorso

$$\xi(\mathbf{c}) = \mathbf{v_0 v_1 v_2} \cdots \mathbf{v_{n-1} v_n}$$

su di esso. Consideriamo ora un percorso arbitrario

$$p = \mathbf{v_0}\mathbf{v_1} \cdots \mathbf{v_{n-1}}\mathbf{v_n}$$

sul traliccio. Come osservato in precedenza, si deve necessariamente avere

$$\mathbf{v_0} = \mathbf{0}_0, \qquad \mathbf{v_n} = \mathbf{0}_n.$$

Poniamo allora $\mathbf{c} = (c_1\, c_2 \cdots c_n)$, ove $c_i = \lambda(\mathbf{v_{i-1}}, \mathbf{v_i})$. Per costruzione di λ, abbiamo $p = \xi(\mathbf{c})$. D'altro canto, lo stato raggiunto dal percorso p a profondità n è

$$\sum_{i=1}^{n} c_i \mathbf{h_i} = \sum_{i=1}^{n} (c_i h_{1i}, c_i h_{2i}, \ldots, c_i h_{(n-k)i}) = \mathbf{c}H^T.$$

Ne segue che

$$\mathbf{c}H^T = \mathbf{0};$$

quindi, $\mathbf{c} \in \mathcal{C}$. $\qquad\qquad\qquad\qquad\qquad\qquad\qquad\qquad\qquad\qquad\qquad\qquad\square$

Un'importante conseguenza della dimostrazione del Teorema 18.7 è la seguente caratterizzazione della sindrome di una parola.

Corollario 18.8. *Sia $\mathcal{C}$ un $[n, k]$–codice lineare di matrice di controllo di parità H. Consideriamo una parola arbitraria $\mathbf{w}$ di lunghezza n. Lo stato finale $\mathbf{s}_n$ cui si giunge rappresentando $\mathbf{w}$ sul traliccio di Wolf mediante la costruzione della Definizione 18.10 è esattamente quello corrispondente alla sindrome $\mathbf{s}$ di $\mathbf{w}$ rispetto la matrice di controllo di parità H.*

Come si vede anche nell'Esempio 18.6, è possibile che diverse parole di codice abbiano degli spigoli in comune. In particolare, il numero degli spigoli nel traliccio $\Theta_H(\mathcal{C})$ è solitamente molto più piccolo del prodotto del numero di parole del codice per la lunghezza n. Ne consegue che questa rappresentazione è un modo molto economico per descrivere l'insieme di tutte le parole.

18.6 Decodifica di Viterbi per codici lineari

Il traliccio di Wolf può essere utilizzato per decodificare un codice lineare. Sia $\mathcal{C}$ un $[n, k]$–codice lineare e indichiamo con $\Theta_H(\mathcal{C}) = (V, E)$ il traliccio di Wolf associato ad una sua matrice di controllo di parità H. Come al solito, consideriamo un vettore arbitrario $\mathbf{r} = (r_1\, r_2 \ldots r_n)$ di lunghezza n. L'obiettivo è quello di trovare un vettore $\mathbf{c} \in \mathcal{C}$ a distanza minima da $\mathbf{r}$.

Introduciamo una funzione di peso $\psi : E \mapsto \mathbb{N}$ sugli spigoli del traliccio. Tale funzione deve godere della seguente proprietà: per ogni spigolo $(\mathbf{v_i}, \mathbf{v_{i+1}}) \in E$ si ha

$$\psi_\mathbf{r}(e) = d(\lambda(\mathbf{v_i}, \mathbf{v_{i+1}}), r_{i+1}),$$

ove λ è l'etichettatura dello spigolo e $d(x,y)$ è una distanza. Nel caso di decodifica di tipo *hard*, la distanza $d(x,y)$ è proprio la distanza di Hamming. Nel caso in cui le parole siano rappresentate invece come valori continui[3], si può scegliere come $d(x,y)$, ad esempio, una distanza di tipo euclideo.

Definizione 18.11. La *lunghezza rispetto il vettore* $\mathbf{r}$ di un percorso

$$\mathbf{v_0 v_1} \cdots \mathbf{v_{n-1} v_n}$$

nel traliccio $\Theta_H(\mathcal{C})$ è il numero

$$l_{\mathbf{r}}(\mathbf{v_0 v_1} \cdots \mathbf{v_{n-1} v_n}) = \sum_{i=0}^{n-1} \psi_{\mathbf{r}}(\mathbf{v_i}, \mathbf{v_{i+1}}).$$

Il seguente lemma mostra l'importanza della nozione di lunghezza appena introdotta.

Lemma 18.9. *Dato un vettore* $\mathbf{r}$, *esiste un percorso*

$$p = \mathbf{v_0 v_1} \cdots \mathbf{v_{n-1} v_n}$$

in $\Theta_H(\mathcal{C})$ *con* $l_{\mathbf{r}}(p) = 0$ *se, e soltanto se,* $\mathbf{r} \in \mathcal{C}$.

Dimostrazione. La prima parte della tesi segue immediatamente dalla definizione di traliccio di Wolf e di lunghezza del percorso: infatti, se p indica il percorso associato al vettore $\mathbf{r} = (r_1 \, r_2 \, \cdots \, r_n)$ nel traliccio si ha, per ogni $i < n$,

$$\lambda(\mathbf{v_i v_{i+1}}) = r_{i+1}.$$

Per conseguenza,

$$\psi_{\mathbf{r}}(\lambda(\mathbf{v_i v_{i+1}}), r_{i+1}) = d(r_{i+1}, r_{i+1}) = 0.$$

Pertanto, si ottiene un percorso di lunghezza 0.

Viceversa, supponiamo esista un percorso $p = \mathbf{v_0 v_1} \cdots \mathbf{v_{n-1} v_n}$ in $\Theta_H(\mathcal{C})$ con

$$l_{\mathbf{r}}(\mathbf{v_0 v_1} \cdots \mathbf{v_{n-1} v_n}) = 0.$$

In particolare, si ha $\psi_{\mathbf{r}}(\mathbf{v_i v_{i+1}}) = 0$, per ogni $i = 0, 1, \ldots, n - 1$, da cui discende $\lambda(\mathbf{v_i v_{i+1}}) = r_{i+1}$. Questo implica che p è il percorso associato al vettore $\mathbf{r}$ nel traliccio e che, dunque, $\mathbf{r}$ è una parola di codice. $\square$

Possiamo ora formulare il teorema principale di questo paragrafo.

Teorema 18.10. *Sia* $\mathbf{r}$ *un vettore di lunghezza* n. *La lunghezza* $l_{\mathbf{r})}(p)$ *di un percorso* $p = \mathbf{v_0 v_1} \cdots \mathbf{v_{n-1} v_n}$ *nel traliccio* $\Theta_H(\mathcal{C})$ *è minima se, e soltanto se, la parola* $\mathbf{c} \in \mathcal{C}$ *corrispondente al percorso* p *ha distanza minima da* $\mathbf{r}$. *Inoltre, si ha*

$$d(\mathbf{r}, \mathbf{c}) = l_{\mathbf{r}}(p).$$

---

[3] Si tratta pertanto di decodifica di tipo *soft*

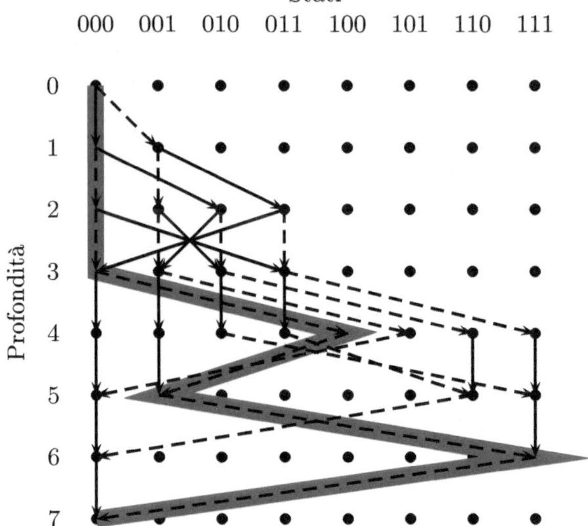

Fig. 18.2. Distanza indotta dalla parola $\mathbf{r} = (1001111)$ nel codice $H_3(2)$
In tratto continuo sono segnati gli spigoli su cui la funzione $\psi_\mathbf{r}$ assume valore 1. Il percorso evidenziato è quello di lunghezza minima, corrispondente alla parola di codice (0001111), a distanza 1 da $\mathbf{r}$.

Dimostrazione. Se $\mathbf{r} \in \mathcal{C}$, allora il Lemma 18.9 fornisce direttamente la tesi. Supponiamo che, invece, $\mathbf{r} \notin \mathcal{C}$. Sia

$$\widetilde{\mathbf{g}} = \gamma_0 \gamma_1 \cdots \gamma_\mathbf{n}$$

il percorso in $\Theta_H(\mathcal{C})$ associato ad una parola $\mathbf{g}$. Osserviamo che

$$l_\mathbf{r}(\widetilde{\mathbf{g}}) = \sum_{i=1}^{n} d(\lambda(\gamma_{i-1}\gamma_i), r_i) = \sum_{i=1}^{n} d(g_i, r_i) = d(\mathbf{g}, \mathbf{r}).$$

Per quanto visto sopra, la lunghezza minima di un percorso nel traliccio coincide con la distanza fra $\mathbf{r}$ e il codice $\mathcal{C}$. Tale ultima affermazione ha come conseguenza diretta la tesi. $\qquad\square$

È bene notare che nel Teorema 18.10 non si è fatta nessuna ipotesi sulla natura della distanza d. In particolare, decodificare una parola $\mathbf{r}$ corrisponde esattamente a determinare i percorsi di lunghezza minima nel traliccio di Wolf del codice. Tale problema non è, in generale, facile. Nel caso binario è possibile utilizzare il seguente algoritmo.

Algoritmo 18.2 (Algoritmo di Viterbi binario).

DATI:

$\boxed{\text{D1}}$ Un traliccio $\Theta_H(\mathcal{C}) = (V, E)$, con etichettatura λ;

$\boxed{\text{D2}}$ Una funzione di peso $\psi : E \mapsto \mathbb{N}$;

$\boxed{\text{D3}}$ Un intero n, rappresentante una profondità nel traliccio.

DETERMINARE:

$\boxed{\text{G1}}$ Per ogni stato $\mathbf{s} \in \Sigma$, una *metrica* $\mu_j(\mathbf{s})$ che rappresenta la lunghezza del più corto percorso fra il vertice 0_0 e il vertice $\mathbf{s}_n$, corrispondente allo stato $\mathbf{s}$ a profondità n;

$\boxed{\text{G2}}$ Un *sopravvissuto* $B_n(\mathbf{s})$ che è una stringa binaria che rappresenta il più corto percorso fra $\mathbf{0}_0$ e $\mathbf{s}_n$.

Qualora il vertice $\mathbf{s}_n$ di stato $\mathbf{s}$ a profondità n non sia raggiungibile a partire da $\mathbf{0}_0$, si pone, per convenzione, $\mu_n(\mathbf{s}) = \infty$.

SI PROCEDA COME SEGUE:

$\boxed{\text{S1}}$ Si precomputi, per ogni coppia di stati $\mathbf{s}$, $\mathbf{t}$, una tabella $B(\mathbf{s}, \mathbf{t})$ ove $B(\mathbf{s}, \mathbf{t}) = \lambda(\mathbf{s}, \mathbf{t})$ se è possibile un transizione dallo stato $\mathbf{s}$ allo stato $\mathbf{t}$; qualora tale transizione non esista, $B(\mathbf{s}, \mathbf{t})$ non è definita.

$\boxed{\text{S2}}$ Si ponga, inizialmente, $\mu_0(\mathbf{0}) = 0$ e $\mu_0(\mathbf{s}) = +\infty$ per ogni $\mathbf{s} \neq \mathbf{0}$. Siano, inoltre, $B_0(\mathbf{0}) = \emptyset$ e $j = 1$.

$\boxed{\text{S3}}$ Per ogni $\mathbf{s} \in \Sigma$, si trovi un $\mathbf{t} \in \Sigma$ per cui

$$\mu_{j-1}(\mathbf{t}) + \lambda(\mathbf{t}_{j-1}, \mathbf{s}_j)$$

è minimo.

$\boxed{\text{S4}}$ Si pongano

$$\mu_j(\mathbf{s}) = \mu_{j-1}(\mathbf{t}) + \lambda(\mathbf{t}_{j-1}, \mathbf{s}_j)$$
$$B_j(\mathbf{s}) = B_{j-1}(\mathbf{t}) * B(\mathbf{t}, \mathbf{s}),$$

ove con $*$ si intende la concatenazione di stringhe binarie;

$\boxed{\text{S5}}$ Se $j = n$, restituire $B_n(\mathbf{s})$, $\mu_n(\mathbf{s})$ e terminare; altrimenti, porre $j \leftarrow j + 1$ e tornare al punto S3.

18.7 Tralicci per codici convoluzionali

Le tecniche di rappresentazione basate sui tralicci viste nei precedenti paragrafi possono essere applicate anche ai codici convoluzionali. Sia dunque $\mathcal{C}$ un (n, m)–codice convoluzionale sull'alfabeto $\mathbb{F}_2$ associato alle matrici (A, B, C, D) Per costruire un traliccio associato a $\mathcal{C}$, scegliamo come Σ l'insieme di tutti i possibili stati del codificatore. Pertanto Σ contiene tutti i 2^m vettori di lunghezza m. Consideriamo ora il grafo (infinito) orientato $\Theta(\mathcal{C}) = (V, E)$ avente come insieme dei nodi

$$V = \mathbb{N} \times \Sigma;$$

come in precedenza, indichiamo l'elemento $(i, \mathbf{v})$ col simbolo $\mathbf{v}_i$. Imponiamo che esista uno spigolo $e \in E$ che connette due vertici $\mathbf{v}_i$ e $\mathbf{w}_j$ se, e soltanto se,

1. $j = i + 1$;
2. esiste una parola $\mathbf{u}$ tale che

$$\mathbf{w}_j = \mathbf{v}_i A + \mathbf{u}B;$$

in tale caso, etichettiamo lo spigolo e con il vettore $\mathbf{c} = \mathbf{u}D$.

Esattamente come nel caso visto nel Paragrafo 18.5, esiste una biiezione fra i possibili percorsi in $\Theta(\mathcal{C})$ di lunghezza $t + 1$ e le successioni

$$\sum_{i=0}^{t} \mathbf{c_i} z^i = \left(\sum_{i=0}^{t} \mathbf{u_i} z^i \right) G(z),$$

ove $G(z)$ è la funzione generatrice associata al codice convoluzionale $\mathcal{C}$. Pertanto, esattamente come visto nel Paragrafo 18.6, una volta ricevuta una successione (finita) di vettori

$$R(z) = \sum_{i=0}^{t} \mathbf{r_i} z^i,$$

si può introdurre una funzione di peso ψ sugli spigoli di $\Theta(\mathcal{C})$. Il Lemma 18.9 si applica anche in questa situazione, con la sola differenza che esiste un percorso di lunghezza 0 associato ad una successione $R(z)$ se, e soltanto se, i vettori $\mathbf{r_i}$ appartengono al codice lineare $\mathcal{D}$ di matrice generatrice D. Se non esiste un siffatto percorso, allora si sono verificati degli errori e si utilizza il Teorema 18.10 per cercare il percorso di lunghezza minima in Θ e ricostruire la successione di codice più vicina a quella ricevuta. In ogni caso, si ottiene una successione

$$C(z) = \sum_{i=0}^{t} \mathbf{c_i} z^i,$$

di vettori in $\mathbb{F}_2^n$. A questo punto, si può utilizzare il codice lineare a blocchi $\mathcal{D}$, con le abituali metodologie di decodifica, per cercare di ricostruire i vettori $\mathbf{u_i}$ originariamente trasmessi.

Parte IV

Appendici

A

Campi finiti

In questa appendice richiamiamo alcuni risultati di algebra relativi la teoria dei campi finiti.

A.1 Anelli

Definizione A.1. Un *anello* $(R, +, \cdot)$ è un insieme R con due operazioni binarie tali che

1. R è un gruppo abeliano rispetto $+$;
2. $\cdot$ è associativa;
3. valgono le *leggi distributive*, ovvero, per ogni $a, b, c \in R$,

$$a \cdot (b + c) = a \cdot b + a \cdot c; \qquad (b + c) \cdot a = b \cdot a + c \cdot a.$$

Definizione A.2. Un anello è detto:

1. *con identità* se esiste $e \in R$ tale che per ogni $a \in R$,

$$a \cdot e = e \cdot a = a;$$

2. *commutativo* se l'operazione $\cdot$ è commutativa;
3. *dominio di integrità* se
   1. è commutativo con identità e ed inoltre
   2. $ab = 0$ implica $a = 0$ oppure $b = 0$.
4. *corpo* se gli elementi di $R^\star = R \setminus \{0\}$ con l'operazione $\cdot$ formano gruppo;
5. *campo* se è un corpo e il gruppo $R^\star$ è commutativo.

Esempio A.1.

1. Sia R un gruppo abeliano con operazione $+$, e sia inoltre $ab = 0$ per ogni $a, b \in R$. Allora $(R, +, \cdot)$ è un anello.

2. L'insieme $\mathbb{Z}_{pq}$ degli interi ridotti modulo pq ove $p, q > 1$ con le operazioni di prodotto e somma modulo pq è un anello commutativo con identità 1, ma non un dominio di integrità.

3. L'insieme degli interi $\mathbb{Z}$ con le usuali operazioni di prodotto e somma è un dominio di integrità ma non è un campo.

4. L'insieme $\mathbb{Z}_p$ degli interi ridotti modulo un primo p è un campo.

5. Gli insiemi $\mathbb{Q}$, $\mathbb{R}$, $\mathbb{C}$, con le usuali operazioni di prodotto e somma, sono tutti campi.

Definizione A.3. Sia R un anello commutativo con identità un elemento $a \in R$ si dice

1. *divisore di* $b \in R$ se esiste $c \in R$ tale che $ac = b$;
2. *unitario* se a è un divisore dell'identità (e dunque invertibile rispetto il prodotto);
3. *associato* a $b \in R$ se esiste un'unità $\epsilon \in R$ tale che $a = \epsilon b$;
4. *primo* se a non è un'unità e i suoi unici divisori sono le unità di R e gli associati di a.

Esempio A.2. In un campo tutti gli elementi tranne lo 0 sono unitari; nell'anello $\mathbb{Z}$ gli unici elementi unitari sono $+1$ e -1. L'intero $4 \in \mathbb{Z}$ è associato a 2, ma 2 non è associato a 4.

Teorema A.3. *Ogni dominio di integrità finito è un campo.*

Dimostrazione. Sia R un dominio di integrità finito e supponiamo, in particolare, $R = \{a_1, a_2, \ldots, a_n\}$. Fissato $a \in R$ con $a \neq 0$, consideriamo tutti i prodotti

$$aa_1, aa_2, \ldots, aa_n.$$

Essi risultano tutti distinti, in quanto se fosse $aa_i = aa_j$, allora

$$a(a_i - a_j) = 0,$$

con $a \neq 0$ e $a_i - a_j \neq 0$. Ne segue che *ogni* elemento di R può scriversi come aa_i per qualche i. In particolare, $e = aa_i$ e, siccome R è commutativo, abbiamo anche $e = a_i a$. Ne segue che a_i è l'inverso moltiplicativo di a e dunque $R \setminus \{0\}$ è un gruppo. $\square$

Un *sottoanello* S di un anello R è un sottoinsieme di R che è a sua volta un anello rispetto le operazioni di somma e prodotto di R.

Definizione A.4. Un sottoinsieme J di un anello R è un *ideale* se

1. J è un sottoanello di R e
2. per ogni $a \in J$ e $r \in R$ si ha $ar \in J$ e $ra \in J$.

Se R è un anello commutativo ed $a \in R$, allora il più piccolo ideale di R che contiene a viene denotato con (a) e corrisponde a

$$(a) = \{ra + na : r \in R, n \in \mathbb{Z}\}.$$

Se R contiene un'identità, allora $(a) = \{ra : r \in R\}$.

Definizione A.5. Un ideale $J \neq R$ di un anello commutativo R si dice:

1. *principale* se esiste $a \in R$ tale che $R = (a)$;
2. *primo* se, comunque dati $a, b \in R$ la condizione $ab \in R$ implica $a \in R$ oppure $b \in R$;
3. *massimale* se per ogni ideale M tale che $J \subseteq M$ si ha $M = R$ oppure $M = J$.

Un ideale J di R è sempre un sottogruppo normale del gruppo additivo dell'anello e induce, dunque, una partizione di R in *classi di residui*. L'insieme R/J delle classi di residui risulta a sua volta un anello rispetto le operazioni

$$(a + J) + (b + J) = (a + b) + J; \qquad (a + J)(b + J) = ab + J.$$

Teorema A.4 (Teorema d'omomorfismo). *Dati due anelli R, S, sia $\phi : R \mapsto S$ un omomorfismo. Allora,*

1. $\ker \phi = \{r \in R : \phi(r) = 0_S\}$ *è un ideale di R;*
2. $\Im R \subseteq S$ *risulta isomorfo all'anello quoziente $R/\ker \phi$.*

Viceversa, se J è un qualsiasi ideale di R, la mappa

$$\psi : R \mapsto R/J$$

definita da $\psi(a) = a + J$ è un omomorfismo di R su R/J con nucleo J.

Un anello commutativo R con unità si dice *dominio ad ideali principali* se ogni suo ideale è principale.

Teorema A.5. *Sia R un anello commutativo con identità. Allora,*

1. Un ideale P di R è primo se, e soltanto se, R/M è un dominio di integrità.
2. Un ideale M di R è massimale se, e soltanto se, R/M è un campo.
3. Ogni ideale massimale di R è primo.

Dimostrazione.

1. Sia P un ideale primo di R. Allora R/P è un anello commutativo con identià $1 + P \neq 0 + P$. Se $(a + P)(b + P) = (0 + P)$ abbiamo $ab \in P$. Siccome P è primo, si ottiene $a \in P$ oppure $b \in P$, cioè $a + P = 0 + P$ oppure $b + P = 0 + P$. Ne segue che R/P è un dominio di integrità. L'implicazione inversa si deduce semplicemente invertendo l'ordine dei passaggi.

2. Sia M un ideale massimale di R. Se $a \notin M$ ma $a \in R$, allora l'insieme

$$J = \{ar + m : r \in R, m \in M\}$$

è un ideale di R contenente propriamente M, per cui $J = R$. In particolare esistono $r \in R$ e $m \in M$ tali che $ar + m = 1$. Se ne deduce che $(a+M)(r+M) = (ar + M) = (1 - m) + M = 1 + M$, per cui R/M è un campo. Viceversa, se R/M è un campo, sia J un ideale tale che $M \subseteq J$ e $J \neq M$. Allora, per ogni $a \in J \setminus M$ la classe $(a + M)$ deve avere un inverso moltiplicativo $(r + M)$ di modo che $(a + M)(r + M) = (1 + M)$ ove $r \in R$. Ne segue $ar + m = 1$ per qualche $m \in M$ e, in particolare $ar, m \in J$. Ne consegue che $1 \in J$, da cui $J = R$ e dunque M è massimale.

3. Questo punto è conseguenza diretta dei due precedenti.

$$\square$$

Gli unici ideali di un campo K sono K stesso e l'ideale nullo (0).

A.2 Campi

Definizione A.6. Sia R un anello. Il minimo intero (se esiste) $n > 0$ tale che $nr = 0$ per ogni $r \in R$ è detto *caratteristica* di R. Se tale n non esiste, allora si dice che R ha caratteristica 0.

Esempio A.6. Il campo $\mathbb{R}$ ha caratteristica 0.

Teorema A.7. *La caratteristica di un anello $R \neq \{0\}$ con identità e privo di divisori dello zero è 0 oppure un numero primo.*

Dimostrazione. Supponiamo che la caratteristica n di R sia ab, con $a, b > 1$. Allora, fissato $r \in R$ e indicato con e l'elemento identico di $R^\star$ si ha che

$$0 = ne = (ae)(be),$$

una contraddizione.

$$\square$$

Segue dal precedente teorema che ogni campo finito deve avere per caratteristica un numero primo.

Teorema A.8. *Per ogni primo p, l'anello $\mathbb{Z}_p = \mathbb{Z}/(p)$ degli interi modulo p è un campo, detto* campo primo di ordine p.

Dimostrazione. Per il teorema fondamentale dell'aritmetica, l'ideale (p) è primo. Il risultato segue ora dal Teorema A.5.

$$\square$$

Esempio A.9. Denotiamo con $[a]$ il residuo modulo 3 dell'elemento a. Il prodotto e la somma in $\mathbb{Z}_3$ sono descritti nella Tabella A.1.

$$
\begin{array}{c|ccc}
+ & [0] & [1] & [2] \\
\hline
[0] & [0] & [1] & [2] \\
[1] & [1] & [2] & [0] \\
[2] & [2] & [0] & [1]
\end{array}
\qquad
\begin{array}{c|ccc}
\cdot & [0] & [1] & [2] \\
\hline
[0] & [0] & [0] & [0] \\
[1] & [0] & [1] & [2] \\
[2] & [0] & [2] & [1]
\end{array}
$$

Tabella A.1. Somma e prodotto in $\mathbb{Z}_3$.

Definizione A.7. Dato un primo p, denotiamo con $\mathbb{F}_p$ l'insieme $\{0, 1, \ldots, p-1\}$. Sia inoltre $\phi : \mathbb{Z}/(p) \mapsto \mathbb{F}_p$ l'applicazione definita da $\phi([a]_p) = a$, ove a è un rappresentante positivo minimo per la classe $[a]_p$. L'insieme $\mathbb{F}_p$ con la struttura indotta da ϕ è un campo detto il *campo di Galois di ordine p*.

Esempio A.10. Consideriamo a titolo di esempio il campo $\mathbb{F}_5$ di ordine 5 La somma e il prodotto in questo campo sono descritti in tabella A.2.

$$
\begin{array}{c|ccccc}
+ & 0 & 1 & 2 & 3 & 4 \\
\hline
0 & 0 & 1 & 2 & 3 & 4 \\
1 & 1 & 2 & 3 & 4 & 0 \\
2 & 2 & 3 & 4 & 0 & 1 \\
3 & 3 & 4 & 0 & 1 & 2 \\
4 & 4 & 0 & 1 & 2 & 3
\end{array}
\qquad
\begin{array}{c|ccccc}
\cdot & 0 & 1 & 2 & 3 & 4 \\
\hline
0 & 0 & 0 & 0 & 0 & 0 \\
1 & 0 & 1 & 2 & 3 & 4 \\
2 & 0 & 2 & 4 & 1 & 3 \\
3 & 0 & 3 & 1 & 4 & 2 \\
4 & 0 & 4 & 3 & 2 & 1
\end{array}
$$

Tabella A.2. Somma e prodotto in $\mathbb{F}_5$

Teorema A.11. *Sia R un campo finito di caratteristica un numero primo p. Per ogni $a, b \in R$ e per ogni $n \in \mathbb{N}$ si ha*

$$(a + b)^{p^n} = a^{p^n} + b^{p^n}; \qquad (a - b)^{p^n} = a^{p^n} - b^{p^n}.$$

Dimostrazione. In generale,

$$\binom{p}{i} = \frac{p(p-1) \cdots (p-i+1)}{1 \cdot 2 \cdots i} \equiv 0 \pmod{p}.$$

Segue dunque dal teorema del binomio che in caratteristica p,

$$(a + b)^p = a^2 + \binom{p}{1} a^{p-1} b + \cdots + \binom{p}{p-1} a b^{p-1} + b^p = a^p + b^p.$$

A questo punto è possibile usare l'induzione su n per dimostrare la prima identità. Per quanto concerne la seconda, osserviamo che

$$a^{p^n} = ((a - b) + b)^{p^n} = (a - b)^{p^n} + b^{p^n}.$$

$\square$

A.3 Anelli di polinomi

Sia R un anello. Un *polinomio* su R è una espressione formale del tipo

$$a(x) = \sum_{i=0}^{n} a_i x^i = a_0 + a_1 x + \cdots + a_n x^n,$$

ove n è un intero non negativo, per ogni i si ha $a_i \in R$ e x è un simbolo non appartenente ad R, detto *indeterminata*. Adottiamo la convenzione che un termine con $a_i = 0$ non venga scritto.

Si definiscono la *somma* e il *prodotto* di due polinomi

$$a(x) = \sum_{i=0}^{n} a_i x^i, \qquad b(x) = \sum_{i=0}^{n} b_i x^i$$

come, rispettivamente,

$$a(x) + b(x) = \sum_{i=0}^{n} (a_i + b_i) x^i;$$

$$a(x)b(x) = \sum_{k=0}^{n+m} \left(\sum_{\substack{i+j=k; \\ 0 \le i,j \le n}} a_i b_j \right) x^k.$$

Definizione A.8. L'insieme di tutti i polinomi su R nell'indeterminata x con le operazioni sopra definite forma un anello, detto *anello dei polinomi* su R e denotato con $R[x]$.

Teorema A.12. *Sia R un anello. Allora,*

1. $R[x]$ è commutativo se, e soltanto se, R è commutativo;
2. $R[x]$ ha identità se, e soltanto se, R ha identità,
3. $R[x]$ è un dominio di integrità se, e soltanto se, R è un dominio di integrità.

Definizione A.9. Sia $f(x) = \sum_{i=0}^{n} a_i x^i$ un polinomio in R diverso dal polinomio nullo, sicché si può supporre $a_n \ne 0$. In questo caso,

1. a_n è detto *coefficiente direttore di f;*
2. a_0 è *detto* termine costante;
3. n è detto *grado di f;*
4. $f(x)$ è *detto* monico *se $a_n = 1$.*

Per convenzione poniamo $\deg(0) = -\infty$.

Teorema A.13. *Siano* $f, g \in R[x]$. *Allora,*

$$\deg(f + g) \leq \max(\deg f, \deg g);$$

$$\deg(fg) \leq \deg f + \deg g.$$

Se R è un dominio di integrità allora,

$$\deg(fg) = \deg f + \deg g.$$

Nel seguito ci occuperemo essenzialmente di polinomi su di un campo F. Gli unici elementi invertibili di $F[x]$ sono i polinomi costanti.

Teorema A.14 (Algoritmo della divisione). *Sia $g \neq 0$ un polinomio in $F[x]$. Allora, per ogni $f \in F[x]$ esistono $q, r \in F[x]$ tali che*

$$f = qr + g, \quad ove \quad \deg r < \deg g.$$

Una conseguenza dell'algoritmo di divisione è il seguente fondamentale teorema.

Teorema A.15. *L'anello $F[x]$ è un dominio ad ideali principali. In effetti, per ogni ideale $J \neq (0)$ di $F[x]$ esiste un unico polinomio monico $g \in F[x]$ con $J = (g)$.*

Dimostrazione. Per il Teorema A.12, $F[x]$ è un dominio di integrità. Dato un suo ideale $J \neq (0)$, sia $h(x)$ un polinomio non nullo di grado minimo in J e sia b il suo coefficiente direttore. Fissiamo $g(x) = b^{-1}h(x)$. Chiaramente, $g \in J$ e g è monico. A questo punto, per ogni $f \in J$, l'algoritmo della divisione consente di calcolare $q, r \in F[x]$ tali che

$$f = qg + r, \qquad \deg r < \deg g.$$

Siccome J è un ideale, abbiamo $f - qg = r \in J$. Ne segue, per definizione di g, che $r = 0$ e, dunque, $J = (g)$.

Per quanto concerne l'unicità del generatore di J, supponiamo che $J = (g) = (g_1)$, ove g_1 è un altro polinomio monico. Allora,

$$g = c_1 g_1, \qquad g_1 = c_2 g,$$

con $c_1, c_2 \in F[x]$. Se ne deduce $g = c_1 c_2 g$ e, dunque, $c_1 c_2 = 1$, cioè c_1 e c_2 sono entrambi polinomi costanti. Dato che sia g che g_1 sono monici, se ne deduce che $g = g_1$. $\square$

Teorema A.16. *Siano $f_1, \ldots, f_n \in F[x]$ dei polinomi non tutti nulli. Esiste un unico polinomio monico $d \in F[x]$ tale che*

1. d divide ogni f_i;
2. ogni $c \in F[x]$ che divide tutti i f_i divide d.

Inoltre, d può scriversi nella forma

$$d = b_1 f_1 + \cdots + b_n f_n,$$

con $b_1, \ldots, b_n \in F[x]$.

Definizione A.10. Un polinomio $p \in F[x]$ è detto *irriducibile su* F se il grado di p è positivo e $p = bc$ con $b, c \in F[x]$ implica che b o c sono polinomi costanti.

Teorema A.17 (Fattorizzazione unica in $F[x]$). *Ogni polinomio $f \in F[x]$ di grado positivo può scriversi nella forma*

$$f = a p_1^{e_1} \cdots p_k^{e_k},$$

ove $a \in F$, i polinomi $p_1, \ldots, p_k$ sono monici ed irriducibili in $F[x]$ e $e_1, \ldots, e_k$ sono interi positivi. Inoltre, tale fattorizzazione è unica a meno dell'ordine dei fattori.

Si osservi che i polinomi irriducibili su di un campo F coincidono con gli elementi primi di $F[x]$, per cui vale il seguente teorema.

Teorema A.18. *Dato $f \in F[x]$, l'anello $F[x]/(f)$ è un campo se, e soltanto se, f è irriducibile su F.*

Esempio A.19. Sia $f(x) = x^2 + x + 1 \in \mathbb{F}_2[x]$. Allora, $\mathbb{F}_2[x]/(f)$ contiene esattamente 4 elementi: $[0]$, $[1]$, $[x]$, $[x+1]$. Le operazioni di somma e prodotto in questo anello risultano definite come in Tabella A.3.

$+$	$[0]$	$[1]$	$[x]$	$[x+1]$
$[0]$	$[0]$	$[1]$	$[x]$	$[x+1]$
$[1]$	$[1]$	$[0]$	$[x+1]$	$[x]$
$[x]$	$[x]$	$[x+1]$	$[0]$	$[1]$
$[x+1]$	$[x+1]$	$[x]$	$[1]$	$[0]$

$\cdot$	$[0]$	$[1]$	$[x]$	$[x+1]$
$[0]$	$[0]$	$[0]$	$[0]$	$[0]$
$[1]$	$[0]$	$[1]$	$[x]$	$[x+1]$
$[x]$	$[0]$	$[x]$	$[x+1]$	$[1]$
$[x+1]$	$[0]$	$[x+1]$	$[1]$	$[x]$

Tabella A.3. Somma e prodotto in $\mathbb{F}_2/(f)$

Definizione A.11. Un elemento $b \in F$ è detto *radice* di un polinomio $f \in F[x]$ se $f(b) = 0$.

Teorema A.20. *Un elemento $b \in F$ è radice del polinomio $f \in F[x]$ se, e soltanto se, $x - b$ divide $f(x)$.*

Dimostrazione. Usando l'algoritmo di divisione si scrive $f(x) = q(x)(x - b) + c$ con $c \in F$. Sostituendo b ad x si ottiene $c = 0$. $\qquad\square$

Definizione A.12. Sia b una radice del polinomio $f \in F[x]$. Supponiamo che $f(x)$ sia divisibile per $(x - b)^k$ ma non per $(x - b)^{k+1}$, per qualche $k \geq 1$. Si dice che k è la *molteplicità* di b. Se $k = 1$, la radice b si dice *semplice; se $k \geq 2$, allora b è detta* radice multipla.

Teorema A.21. *Sia $f \in F[x]$ con $\deg f = n \geq 0$. Se $b_1, \ldots, b_m \in F$ sono radici distinte di f con molteplicità rispettivamente $k_1, \ldots, k_n$, allora $(x - b_1)^{k_1}(x - b_2)^{k_2} \cdots (x - b_m)^{k_m}$ divide $f(x)$. Di conseguenza, $k_1 + \cdots + k_m \leq n$ e f ha al più n radici distinte in F.*

Definizione A.13. Sia $f(x) = \sum_{i=0}^{n} a_i x^i$ un qualsiasi polinomio in $F[x]$. Si dice *derivata formale* o, più semplicemente *derivata* di f il polinomio

$$f'(x) = \sum_{i=1}^{n} i a_i x^{i-1}.$$

Teorema A.22. *Sia $f \in F[x]$. Allora $b \in F$ è radice multipla di f se, e soltanto se, esso è contemporaneamente radice sia di $f(x)$ che di $f'(x)$.*

⚠ In caratteristica p, la p–esima derivata (formale) di un qualsiasi polinomio è identicamente nulla. Al fine di ovviare a questo inconveniente si fornisce la seguente definizione.

Definizione A.14. Si dice *derivata k–esima secondo Hasse* o *iperderivata* del polinomio $f \in F[x]$ il polinomio

$$f^{[k]}(x) = \frac{1}{k!} f^{(k)}(x).$$

Teorema A.23. *Un elemento $b \in F$ è radice di $f \in F[x]$ con molteplicità k se, e soltanto se, b è uno zero di $f^{[i]}(x)$ per ogni $0 \leq i < k$ e non è uno zero di $f^{[k]}(x)$.*

Esempio A.24. La derivata k–esima secondo Hasse di x^n è

$$\binom{n}{k} x^{n-k}.$$

Il seguente teorema fornisce un metodo per costruire dei polinomi in $F[x]$ che assumano dei valori prescritti per valori assegnati dell'indeterminata.

Teorema A.25 (Formula di interpolazione di Lagrange). *Per $n \geq 0$ siano $a_0, \ldots, a_n$ esattamente $n + 1$ elementi distinti di F e siano altresì $b_0, \ldots, b_n \in F$ elementi arbitrari (non necessariamente distinti). Allora, esiste esattamente un polinomio $f \in F[x]$ di grado $d \leq n$ tale che $f(a_i) = b_i$ per ogni i. Tale polinomio è dato da*

$$f(x) = \sum_{i=0}^{n} b_i \prod_{\substack{k=0 \\ k \neq i}}^{n} (a_i - a_k)^{-1}(x - a_k).$$

A.4 Estensioni di campo

Definizione A.15. Sia F un campo; un sottoinsieme K di F che sia a sua volta un campo è detto *sottocampo* di F; in questo contesto F viene detto *estensione* di K.

Un campo F, come visto in precedenza, possiede solamente i due ideali banali: F stesso e (0). In particolare, un sottocampo proprio non banale di F non è mai un ideale dello stesso.

Definizione A.16. Un campo che non contenga sottocampi propri è detto *campo primo*.

Esempio A.26. Esempi di campi primi sono l'insieme dei numeri razionali $\mathbb{Q}$ e i campi finiti $\mathbb{F}_p$ di ordine primo.

In effetti, i casi presentati nell'Esempio A.26 sono i soli possibili di campi primi. Chiamiamo *sottocampo primo* di un campo F l'intersezione di tutti i sottocampi contenuti in F.

Teorema A.27. *Il sottocampo primo di un qualsiasi campo F è isomorfo a $\mathbb{F}_p$ oppure a $\mathbb{Q}$. Il primo caso si verifica quando la caratteristica di F è p; il secondo se essa è 0.*

Definizione A.17. Sia K un sottocampo di F ed M un qualsiasi sottoinsieme di F stesso. Il campo $K(M)$ è definito come l'intersezione di tutti i sottocampi di F contenenti sia K che M ed è detto il *campo estensione di K mediante gli elementi di M*. Se M è formato da un singolo elemento θ si dice che $L = K(\theta)$ è una *estensione semplice* di K e θ viene chiamato *elemento di definizione* di L su K.

Un tipo importante di estensione è quella algebrica.

Definizione A.18. Sia K un sottocampo di F e sia $\theta \in F$. Se θ soddisfa un'equazione polinomiale non banale a coefficienti in K, ovvero esistono $a_n, \ldots a_0 \in K$, non tutti nulli, tali che

$$a_n \theta^n + a_{n-1} \theta^{n-1} + \cdots + a_0 = 0,$$

allora θ è detto *algebrico* su K. Una estensione L di K è detta *algebrica* se ogni suo elemento è algebrico su K.

Definizione A.19. Il più piccolo campo $\overline{K}$ contenente tutti gli elementi algebrici su K è detto la *chiusura algebrica* di K.

Esempio A.28. Il campo complesso $\mathbb{C}$ è un'estensione algebrica del campo reale $\mathbb{R}$ mediante l'aggiunta dell'unità immaginaria i che soddisfa l'equazione

$$x^2 + 1 = 0.$$

Il campo reale *non* è un'estensione algebrica del campo razionale $\mathbb{Q}$.

Definizione A.20. Sia $\theta \in F$ un elemento algebrico su K. Allora, l'unico polinomio monico $g \in K[x]$ che genera l'ideale $J = \{f \in K[x] : f(\theta) = 0\}$ è detto *polinomio minimo* di θ su K. Diciamo *grado* di θ il grado del suo polinomio minimo.

Teorema A.29. *Sia $\theta \in F$ un elemento algebrico su K; allora il polinomio minimo g di θ soddisfa le seguenti proprietà:*

1. g è irriducibile su K;
2. per ogni $f \in K[x]$, si ha $f(\theta) = 0$ se, e soltanto se, g divide f;
3. g è il polinomio monico in $K[x]$ di più basso grado avente θ come radice.

Chiaramente, sia il polinomio minimo che il grado di un elemento algebrico θ dipendono dal campo K su cui θ è assegnato.

Se L è un campo estensione di K, allora L può essere visto in modo naturale come spazio vettoriale su K, in quanto K agisce in modo naturale sul gruppo additivo di L.

Definizione A.21. Sia L un campo estensione di K. Se L, visto come spazio vettoriale su K, ha dimensione finita, allora L viene detto *estensione finita* di K. La dimensione di L come K–spazio vettoriale è detta *grado* di L su K e denotata come $[L : K]$.

Teorema A.30. *Se L è un'estensione finita di K e M è un'estensione finita di L, allora M è un'estensione finita di K con*

$$[M : K] = [M : L][L : K].$$

Il seguente teorema mostra il legame fra estensioni algebriche e estensioni finite.

Teorema A.31. *Ogni estensione finita di K è algebrica su K.*

Dimostrazione. Sia L un'estensione finita di K; si assuma $m = [L : K]$. Per ogni $\theta \in L$, l'insieme di $m+1$ elementi $\{1, \theta, \theta^2, \ldots, \theta^m\}$ è necessariamente legato, per cui abbiamo una relazione del tipo

$$a_0 + a_1\theta + \cdots + a_m\theta^m = 0,$$

con $a_i \in K$ non tutti nulli. Ne segue che θ è algebrico su K. $\square$

Il viceversa del teorema precedente non è vero. Ad esempio, la chiusura algebrica di $\mathbb{Q}$ è, per definizione, un'estensione algebrica di $\mathbb{Q}$ ma non è finita. Il campo $\mathbb{R}$ non è un'estensione algebrica di $\mathbb{Q}$.

Abbiamo già visto che il polinomio minimo g su K di un elemento algebrico θ è irriducibile in K e che dunque $K/(g)$ è un campo. Nel seguente teorema si mostra il legame fra tale campo e l'estensione $K(\theta)$.

Teorema A.32. *Sia $\theta \in F$ un elemento algebrico di grado n su K, e sia g il suo polinomio minimo su K. Allora,*

1. $K(\theta)$ è isomorfo a $K[x]/(g)$;

2. $[K(\theta) : K] = n$ e $(1, \theta, \ldots, \theta^{n-1})$ è una base di $K(\theta)$ su K;

3. ogni $\alpha \in K(\theta)$ è algebrico su K e il suo grado su K divide n.

Dimostrazione.

1. Consideriamo l'applicazione $\tau : K[x] \mapsto K(\theta)$ definita da $\tau(f) = f(\theta)$. È immediato vedere che τ è un omomorfismo di anelli. Per definizione di polinomio minimo, $\ker \tau = (g)$. Sia ora S l'immagine di τ in $K(\theta)$. Chiaramente $S \simeq K[x]/(g)$, e dunque S è un campo che contiene θ e K. Ne segue, per la minimalità di $K(\theta)$ che $S = K(\theta)$.

2. Siccome $S = K(\theta)$, ogni $\alpha \in K(\theta)$ può scriversi come $\alpha = f(\theta)$ per qualche $f \in K[x]$. Per l'algoritmo della divisione, $f = qg + r$ con $q, r \in K[x]$ e $\deg r < \deg g = n$. Ne segue

$$\alpha = f(\theta) = q(\theta)g(\theta) + r(\theta) = r(\theta),$$

e dunque α è combinazione lineare di $1, \theta, \ldots, \theta^{n-1}$. Viceversa, se

$$a_0 + a_1\theta + \cdots + a_{n-1}\theta^{n-1} = 0,$$

per degli $a_i \in K$, allora $h(x) = a_0 + a_1 x + \cdots + a_{n-1} x^{n-1}$ ha come radice θ e dunque è un multiplo di g. Siccome $\deg h < \deg g$, abbiamo $h = 0$, il che implica la lineare indipendenza di $1, \ldots, \theta^{n-1}$.

3. $K(\theta)$ è un'estensione finita di K, per cui α è algebrico su K. Inoltre $K(\alpha)$ è un sottocampo di $K(\theta)$, per cui

$$n = [K(\theta) : K] = [K(\theta) : K(\alpha)][K(\alpha) : K],$$

da cui segue la tesi.

$\square$

È bene osservare che il precedente teorema presuppone che sia K che θ appartengano ad un campo più grande F. Procediamo ora a definire una nozione di estensione algebrica che prescinda dall'esistenza *a priori* di un sovracampo.

Teorema A.33. *Sia $f \in K[x]$ un polinomio irriducibile su K. Allora, esiste un'estensione algebrica semplice di K che ha una radice α di f come elemento di definizione.*

Dimostrazione. L'anello $L = K/(f)$ è un campo i cui elementi sono classi di residui della forma $[h] = h + (f)$ con $h \in K[x]$. Per ogni $a \in K$, consideriamo la classe di residui $[a]$ costituita dal polinomio costante ax^0. L'applicazione $K \mapsto L$ data da $a \mapsto [a]$ è iniettiva e dunque si tratta di un isomorfismo di K su di un sottocampo K' di L. In questo modo possiamo vedere L come estensione di K. In altre parole, per ogni $h(x) \in K[x]$, possiamo scrivere

$$[h] = [a_0 + a_1 x + \cdots + a_m x^m] = [a_0] + [a_1][x] + \cdots + [a_m][x]^m.$$

Identificando $[a]$ con a, l'ultima espressione diviene

$$[h] = a_0 + a_1[x] + \cdots + a_m[x]^m,$$

per cui ogni elemento di L può essere visto come polinomio in $[x]$ a coefficienti in K. Ne segue che L è un'estensione semplice di K ottenuta aggiungendo $[x]$. Infine, se $f = b_0 + b_1 x + \cdots + b_n x^n$, allora

$$f([x]) = b_0 + b_1[x] + \cdots + b_n[x]^n = [b_0 + b_1 x + \cdots + b_n x^n] = [f] = [0],$$

per cui $[x]$ è radice di f. $\qquad\qquad\square$

Teorema A.34. *Siano α, β due radici del polinomio $f \in K[x]$ irriducibile su K. Allora esiste un isomorfismo $\psi : K(\alpha) \mapsto K(\beta)$ che trasforma α in β.*

Definizione A.22. Sia $f \in K[x]$ un polinomio di grado positivo. Data un'estensione F di K, si dice che f si *spezza* in F se f può scriversi come prodotto di fattori lineari in $F[x]$, ovvero esistono elementi $\alpha_1, \ldots, \alpha_n \in F$ tali che

$$f(x) = a(x - \alpha_1)(x - \alpha_2) \cdots (x - \alpha_n).$$

Il campo F è il *campo di spezzamento* di f su K se f si spezza in F e inoltre $F = K(\alpha_1, \alpha_2, \ldots, \alpha_n)$.

Il campo di spezzamento di un polinomio f su K è, in particolare, il più piccolo campo F che contiene tutte le radici di f e K. Il seguente teorema è conseguenza del Teorema A.33.

Teorema A.35 (Esistenza ed unicità del campo di spezzamento). *Dato un campo K e un polinomio $f \in K[x]$ di grado positivo, esiste un campo di spezzamento di f su K. Inoltre due qualsivoglia campi di spezzamento di f su K sono isomorfi fra loro secondo un isomorfismo che mantiene fissi gli elementi di K e trasforma le radici di f le une nelle altre.*

⚠️ È importante riuscire a decidere se un polinomio possiede radici multiple sul proprio campo di spezzamento su K.

Definizione A.23. Sia $f \in K[x]$ un polinomio di grado $n \geq 2$ e supponiamo che $f(x) = a_0(x - \alpha_1)(x - \alpha_2) \cdots (x - \alpha_n)$ nel suo campo di spezzamento su K. Il *discriminante* $D(f)$ di f è definito come

$$D(f) = a_0^{2n-2} \prod_{1 \leq i < j \leq n} (\alpha_i - \alpha_j)^2.$$

Chiaramente $D(f) = 0$ se, e soltanto se, $f(x)$ ha una radice multipla. D'altro canto è possibile dimostrare che $D(f) \in K$. A tal fine, introduciamo la nozione di risultante di due polinomi.

Definizione A.24. Siano $f(x) = a_0 x^n + a_1 x^{n-1} + \cdots + a_n$ e $g(x) = b_0 x^m + b_1 x^{m-1} + \cdots + b_m$ due polinomi in $K[x]$ di grado formale rispettivamente n ed m. Il *risultante* $R(f, g)$ di f e g è il determinante di ordine $m + n$

$$R(f,g) = \begin{vmatrix} a_0 & a_1 & \cdots & a_n & 0 & & \cdots & 0 \\ 0 & a_0 & a_1 & \cdots & a_n & 0 & \cdots & 0 \\ & \vdots & & & & & & \vdots \\ 0 & \cdots & 0 & a_0 & a_1 & \cdots & & a_n \\ b_0 & b_1 & \cdots & & b_m & 0 & \cdots & 0 \\ 0 & b_0 & b_1 & \cdots & & b_m & \cdots & 0 \\ & \vdots & & & & & & \vdots \\ 0 & \cdots & 0 & b_0 & b_1 & & \cdots & b_m \end{vmatrix},$$

ove vi sono esattamente m righe negli a_i e n righe nei b_i.

Chiaramente, $R(f,g) \in K$. D'altro canto, se $f(x) = a_0(x-\alpha_1)(x-\alpha_2)\cdots(x-\alpha_n)$ nel suo campo di spezzamento su K, allora $R(f,g)$ può calcolarsi come

$$R(f,g) = a_0^m \prod_{i=1}^{n} g(\alpha_i),$$

per cui $R(f,g) = 0$ se, e soltanto se, f e g hanno un divisore in comune in $K[x]$. In particolare, si può calcolare il discriminante di f in termini di risultante come

$$D(f) = (-1)^{n(n-1)/2} a_0^{-1} R(f,f'),$$

ove f' è considerato come polinomio di grado formale $n - 1$. Per maggiori informazioni sulla teoria generale dei risultanti si rimanda al Capitolo 7 di [70].

A.5 Struttura dei campi finiti

Teorema A.36. *Sia F un campo finito. Allora F contiene p^n elementi, ove p è un numero primo pari alla caratteristica di F e n è il grado di F sul suo sottocampo primo.*

Dimostrazione. Siccome F è finito, la sua caratteristica è un primo p e il suo sottocampo primo K è $\mathbb{F}_p$. D'altro canto F è uno spazio vettoriale di dimensione $[F : K] = n$ su K e dunque F contiene esattamente p^n elementi. $\square$

Teorema A.37. *Se F è un campo finito con q elementi, allora ogni $a \in F$ soddisfa l'equazione $a^q = a$.*

Dimostrazione. Se $a = 0$, la relazione è banalmente soddisfatta. D'altro canto gli elementi non nulli di F formano un gruppo di ordine $q - 1$. Il teorema segue. $\square$

Conseguenza immediata del teorema precedente e del fatto che un polinomio di grado q ha *al più* q radici è il risultato che segue.

Teorema A.38. *Se F è un campo finito con q elementi e K è un sottocampo di F, allora il polinomio $x^q - x \in K[x]$ si fattorizza su $F[x]$ come*

$$x^q - x = \prod_{a \in F} (x - a),$$

ed F è il campo di spezzamento di $x^q - x$ su K.

Teorema A.39 (Esistenza ed unicità (a meno di isomorfismo) dei campi finiti). *Per ogni primo p e per ogni intero positivo n esiste un campo finito contenente p^n elementi. Ogni campo finito con $q = p^n$ elementi è isomorfo al campo di spezzamento di $x^q - x$ su $\mathbb{F}_p$.*

Dimostrazione.

- Esistenza: dato $q = p^n$, consideriamo il polinomio $x^q - x$ in $\mathbb{F}_p[x]$ e sia F il suo campo di spezzamento su $\mathbb{F}_p$. Questo polinomio ha q radici distinte in F, in quanto la sua derivata è $qx^{q-1} - 1$ in $\mathbb{F}_p[x]$ e dunque costantemente uguale a -1. Sia ora $S = \{\, a \in F : a^q - a = 0 \,\}$. Chiaramente, S è un sottocampo di F e S contiene tutte le radici di $x^q - x$. Dunque $x^q - x$ si spezza su S e, per conseguenza $S = F$.
- Unicità: Sia F un campo finito con $q = p^n$ elementi. Allora, la caratteristica di F è p e dunque F contiene $\mathbb{F}_p$ come sottocampo. Ne segue che F è un campo di spezzamento di $x^q - x$ su $\mathbb{F}_p$, da cui segue l'unicità di F a meno di isomorfismi.

$\square$

L'unico (a meno di isomorfismo) campo finito di ordine $q = p^n$ costruito come nel teorema precedente è detto *Campo di Galois* di ordine q e sarà denotato col simbolo $\mathbb{F}_q$. Nessun campo finito è algebricamente chiuso; in particolare la chiusura algebrica $\overline{\mathbb{F}_q}$ di $\mathbb{F}_q$ è sempre un campo infinito.

Teorema A.40 (Criterio per sottocampi). *Sia $\mathbb{F}_q$ un campo finito con $q = p^n$ elementi. Allora ogni sottocampo di $\mathbb{F}_q$ ha ordine p^m ove m è un divisore positivo di n. Viceversa, se m divide n, allora esiste esattamente un sottocampo di $\mathbb{F}_q$ con p^m elementi.*

Esempio A.41. Consideriamo a titolo di esempio il campo $\mathbb{F}_{p^{30}}$ contenente p^{30} elementi, ove p è un primo. I divisori positivi di 30 sono $1, 2, 3, 5, 6, 10, 15, 30$. Le relazioni fra i sottocampi $\mathbb{F}_{p^i}$ contenuti in $\mathbb{F}_{p^{30}}$ sono mostrate in Figura A.1.

Denotiamo con $\mathbb{F}_q^{\star}$ il sottogruppo moltiplicativo di un campo finito $\mathbb{F}_q$.

Teorema A.42. *Il sottogruppo moltiplicativo $\mathbb{F}_q^{\star}$ di $\mathbb{F}_q$ è un gruppo ciclico di ordine $q - 1$.*

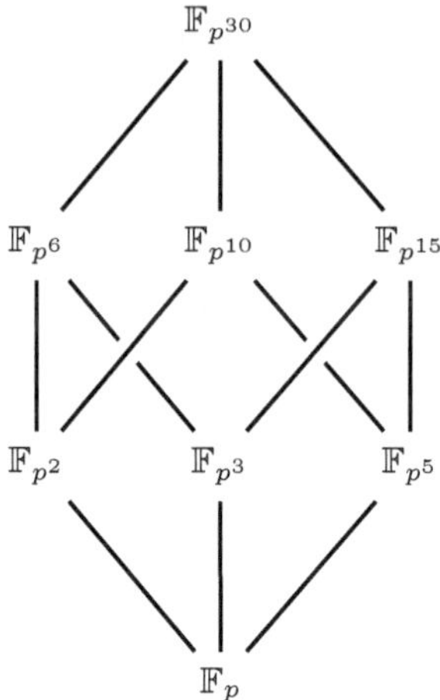

Fig. A.1. Struttura dei sottocampi di $\mathbb{F}_{p^{30}}$.

Dimostrazione. Chiaramente, l'ordine di $\mathbb{F}_q$ è $q - 1$, in quanto ogni elemento diverso da $0 \in \mathbb{F}_q$ è un'unità. Il teorema è banale per $q = 2$. Supponiamo ora $q \geq 3$ e sia $h = p_1^{r_1} p_2^{r_2} \cdots p_m^{r_m}$ la decomposizione in fattori primi di $h = q - 1$. Per ogni $1 \leq i \leq m$, il polinomio $f_i(x) = x^{h/p_i} - 1$ possiede al più h/p_i radici in $\mathbb{F}_q$. Siccome $h/p_i < h$, abbiamo che esistono elementi di $\mathbb{F}_q$ diversi da 0 che non sono radici di f_i. Sia dunque a_i un tale elemento e definiamo $b_i = a_i^{h/p_i^{r_i}}$. Un calcolo diretto mostra come $b_i^{p_i^{r_i}} = 1$ e dunque l'ordine di b_i divide $p_i^{r_i}$ ed è dunque della forma $p_i^{s_i}$ con $0 \leq s_i \leq r_i$. D'altronde,

$$b_i^{p_i^{r_i-1}} = a_i^{h/p_i} \neq 1,$$

per cui l'ordine di b_i è esattamente $p_i^{r_i}$.

Asseriamo ora che l'ordine di $b = b_1 b_2 \cdots b_m$ è h. Infatti, se questo non fosse, l'ordine di b dovrebbe essere un divisore proprio di h e dunque un divisore di almeno uno degli m interi h/p_i, diciamo h/p_1. In tal caso avremmo

$$1 = b^{h/p_1} = b_1^{h/p_1} b_2^{h/p_1} \cdots b_m^{h/p_1}.$$

D'altro canto, se $2 \leq i \leq m$, allora $p_i^{r_i}$ divide h/p_1 e dunque $b_i^{h/p_1} = 1$. Ne segue $b_1^{h/p_1} = 1$, ovvero che l'ordine di b_1 divide h/p_1, una contraddizione in quanto l'ordine di b_1 è $p_1^{r_1}$. Ne segue la tesi e b è un generatore di $\mathbb{F}_q^\star$. $\square$

Definizione A.25. Un generatore del gruppo ciclico $\mathbb{F}_q^\star$ è detto *elemento primitivo* di $\mathbb{F}_q$.

Il numero di elementi primitivi contenuti in un campo finito $\mathbb{F}_q$ è esattamente $\varphi(q - 1)$, ove φ è la funzione di Eulero.

Teorema A.43. *Sia $\mathbb{F}_q$ un campo finito e $\mathbb{F}_r$ una sua estensione finita. Allora $\mathbb{F}_r$ è un'estensione algebrica semplice di $\mathbb{F}_q$ e ogni suo elemento primitivo può essere usato come suo elemento di definizione.*

Una conseguenza diretta del Teorema A.43 è il seguente risultato di esistenza di polinomi irriducibili.

Teorema A.44. *Per ogni campo finito $\mathbb{F}_q$ e per ogni intero n esiste almeno un polinomio irriducibile in $\mathbb{F}_q[x]$ avente grado n.*

Dimostrazione. Sia $\mathbb{F}_r$ il campo estensione di $\mathbb{F}_q$ di ordine q^n, di modo che $[\mathbb{F}_r : \mathbb{F}_q] = n$. Per il Teorema A.43 esiste $\zeta \in \mathbb{F}_r$ tale che $\mathbb{F}_r = \mathbb{F}_q(\zeta)$. Ne segue che il polinomio minimo di ζ è irriducibile di grado n in $\mathbb{F}_q$. $\qquad\square$

Osserviamo che il teorema precedente non è costruttivo.

Esempio A.45. A titolo di esempio, consideriamo il campo $\mathbb{F}_9$. Sia z un suo elemento primitivo. Si noti che $z^4 \in \mathbb{F}_3$ è un generatore del gruppo $\mathbb{F}_3^\star$ e possiamo dunque identificarlo con 2; similmente si vede che $z^8 = 1$. Le operazioni di $\mathbb{F}_9$ sono descritte nella Tabella A.4. Si osservi, in particolare, che, rappresentando gli elementi di $\mathbb{F}_9$ mediante il generatore z del gruppo moltiplicativo, la tabella del prodotto risulta estremamente semplice, mentre risulta più difficile descrivere la somma.

$+$	0	1	z	z^2	z^3	2	z^5	z^6	z^7
0	0	1	z	z^2	z^3	2	z^5	z^6	z^7
1	1	2	z^2	z^7	z^6	0	z^3	z^5	z
z	z	z^2	z^5	z^3	1	z^7	0	2	z^6
z^2	z^2	z^7	z^3	z^6	2	z	1	0	z^5
z^3	z^3	z^6	1	2	z^7	z^5	z^2	z	0
2	2	0	z^7	z	z^5	1	z^6	z^3	z^2
z^5	z^5	z^3	0	1	z^2	z^6	z	z^7	2
z^6	z^6	z^5	2	0	z	z^3	z^7	z^2	1
z^7	z^7	z	z^6	z^5	0	z^2	2	1	z^3

$\cdot$	0	1	z	z^2	z^3	2	z^5	z^6	z^7
0	0	0	0	0	0	0	0	0	0
1	0	1	z	z^2	z^3	2	z^5	z^6	z^7
z	0	z	z^2	z^3	2	z^5	z^6	z^7	1
z^2	0	z^2	z^3	2	z^5	z^6	z^7	1	z
z^3	0	z^3	2	z^5	z^6	z^7	1	z	z^2
2	0	2	z^5	z^6	z^7	1	z	z^2	z^3
z^5	0	z^5	z^6	z^7	1	z	z^2	z^3	2
z^6	0	z^6	z^7	1	z	z^2	z^3	2	z^5
z^7	0	z^7	1	z	z^2	z^3	z^4	z^5	z^6

Tabella A.4. Somma e prodotto in $\mathbb{F}_9$

A.6 Polinomi irriducibili su campi finiti

Si è visto che, dato un campo finito $\mathbb{F}_q$ e un polinomio irriducibile $f \in \mathbb{F}_q[x]$, l'insieme $F = \mathbb{F}_q[x]/(f)$ è a sua volta un campo finito. In questo paragrafo vogliamo studiare meglio i campi di spezzamento dei polinomi irriducibili. Il risultato principale è che se $\deg f = m$, allora $F \simeq \mathbb{F}_{q^m}$.

Teorema A.46. *Sia $f \in \mathbb{F}_q[x]$ un polinomio irriducibile di grado m. Allora:*

1. f ha una radice α in $\mathbb{F}_{q^m}$;

2. tutte le radici di f sono semplici e sono date dagli elementi di $\mathbb{F}_{q^m}$

$$\alpha, \alpha^q, \alpha^{q^2}, \ldots, \alpha^{q^{m-1}}.$$

⚠Lemma A.47. *Sia $f \in \mathbb{F}_q[x]$ un polinomio irriducibile sul campo $\mathbb{F}_q$ e α una sua radice in una qualche estensione di $\mathbb{F}_q$. Allora, f divide ogni $h \in \mathbb{F}_q[x]$ tale che $h(\alpha) = 0$.*

Dimostrazione. Sia a il coefficiente direttore di f. Allora, $g(x) = a^{-1}f(x)$ è il polinomio minimo di α su $\mathbb{F}_q$. Il risultato segue dunque dal Teorema A.29. $\square$

Lemma A.48. *Sia $f \in \mathbb{F}_q[x]$ un polinomio irriducibile su $\mathbb{F}_q$ di grado m. Allora $f(x)$ divide $x^{q^n} - x$ se, e soltanto se, m divide n.*

Dimostrazione. Supponiamo che $f(x)$ divida $x^{q^n} - x$ e sia α una sua radice, nel suo campo di spezzamento su $\mathbb{F}_q$. Chiaramente, $\alpha^{q^n} = \alpha$ e dunque $\alpha \in \mathbb{F}_{q^n}$. Ne segue che $\mathbb{F}_q(\alpha)$ è un sottocampo di $\mathbb{F}_{q^n}$. A questo punto, dal Teorema A.30 segue che $[\mathbb{F}_q(\alpha) : \mathbb{F}_q] = m$ deve dividere n.

Viceversa, se m divide n, allora $\mathbb{F}_{q^n}$ contiene $\mathbb{F}_{q^m}$ come sottocampo. Sia dunque α una radice di f nel suo campo di spezzamento su $\mathbb{F}_q$. Allora, $[\mathbb{F}_q(\alpha) : \mathbb{F}_q] = m$ e dunque $\alpha \in \mathbb{F}_{q^m}$. Per conseguenza abbiamo $\alpha \in \mathbb{F}_{q^n}$ e dunque $\alpha^{q^n} = \alpha$ e quindi α è radice di $x^{q^n} - x$. Ora il lemma precedente consente di concludere che $f(x)$ divide $x^{q^n} - x$. $\square$

Dimostrazione (Teorema A.46). Sia α una radice di f nel suo campo di spezzamento sopra $\mathbb{F}_q$. Abbiamo $[\mathbb{F}_q(\alpha) : \mathbb{F}_q] = m$, da cui segue, per l'unicità dei campi finiti di ordine assegnato che $\mathbb{F}_q(\alpha) = \mathbb{F}_{q^m}$ e dunque $\alpha \in \mathbb{F}_{q^m}$.

Mostriamo ora che se $f(\beta) = 0$, allora anche $f(\beta^q) = 0$. Sia $f(x) = a_m x^m + a_{m-1}x^{m-1} + \cdots + a_1 x + a_0$ con $a_i \in \mathbb{F}_q$ per ogni $0 \leq i \leq m$. Allora,

$$f(\beta^q) = a_m \beta^m + a_{m-1}\beta^{m-1} + \cdots + a_1\beta + a_0 = a_m^q \beta^{qm} + \cdots + a_1^q \beta^q + a_0^q$$

$$= (a_m\beta^m + \cdots + a_1\beta + a_0)^q = f(\beta)^q = 0.$$

Ne segue che $\alpha, \alpha^q, \ldots, \alpha^{q^{m-1}}$ sono tutte radici di f. Per concludere il teorema rimane solamente da mostrare che esse sono tutte distinte fra loro. Supponiamo, per assurdo, che sia vero il contrario, ovvero che $\alpha^{q^j} = \alpha^{q^k}$ per qualche j, k con $0 \leq j < k \leq m - 1$. Allora, elevando il tutto alla potenza q^{m-k} otteniamo

$$\alpha^{q^{m-k+j}} = \alpha^{q^m} = \alpha.$$

Per il Lemma A.47, $f(x)$ dovrebbe dividere $x^{q^{m-k+j}} - 1$ e dunque m divide $m - k + j$. D'altro canto $m - k + j < m$, per cui si giunge ad una contraddizione.

$\square$

Corollario A.49. *Sia f un polinomio irriducibile in $\mathbb{F}_q[x]$ di grado m. Allora il campo di spezzamento di f è $\mathbb{F}_{q^m}$.*

Corollario A.50. *Ogni due polinomi irriducibili in $\mathbb{F}_q[x]$ del medesimo grado hanno campi di spezzamento isomorfi.*

A.7 Automorfismi di un campo finito

Definizione A.26. Sia $\mathbb{F}_{q^m}$ un'estensione di $\mathbb{F}_q$. Un *automorfismo* σ *di* $\mathbb{F}_{q^m}$ *su* $\mathbb{F}_q$ è un automorfismo di $\mathbb{F}_{q^m}$ che fissa tutti gli elementi di $\mathbb{F}_q$.

Chiaramente, l'insieme di tutti gli automorfismi di $\mathbb{F}_{q^m}$ su $\mathbb{F}_q$ forma un gruppo, il *gruppo di Galois* $\mathrm{Gal}(\mathbb{F}_{q^m} : \mathbb{F}_q)$ di $\mathbb{F}_{q^m}$ su $\mathbb{F}_q$. In questo paragrafo studieremo la struttura di tale gruppo.

Definizione A.27. Sia $\mathbb{F}_{q^m}$ un'estensione di $\mathbb{F}_q$. Per ogni elemento $\alpha \in \mathbb{F}_{q^m}$ i *coniugati* di α rispetto $\mathbb{F}_q$ sono gli elementi $\alpha, \alpha^q, \alpha^{q^2}, \ldots, \alpha^{q^{m-1}}$.

È conseguenza del Teorema A.11 che le applicazioni

$$\sigma_j : \begin{cases} \mathbb{F}_{q^m} \mapsto \mathbb{F}_{q^m} \\ \alpha \quad \mapsto \alpha^{q^j} \end{cases}$$

sono monomorfismi di $\mathbb{F}_{q^n}$ in se stesso; la finitezza di $\mathbb{F}_{q^n}$ garantisce automaticamente la suriettività. Inoltre, per ogni $\beta \in \mathbb{F}_q$,

$$\sigma_i(\beta) = \beta^{q^i} = \beta,$$

per cui le σ_i sono elementi di $\mathrm{Gal}(\mathbb{F}_{q^m} : \mathbb{F}_q)$. Tali automorfismi sono detti *automorfismi di Frobenius* dell'estensione $[\mathbb{F}_{q^m} : \mathbb{F}_q]$. Se α è un elemento primitivo di $\mathbb{F}_{q^m}$ su $\mathbb{F}_q$, allora $0 \leq i < j \leq m - 1$ implica $\sigma_i(\alpha) \neq \sigma_j(\alpha)$, per cui gli automorfismi σ_i con $0 \leq i \leq m$ sono tutti distinti fra di loro. Inoltre,

$$\sigma_i \sigma_j = \sigma_{i+j}; \qquad \sigma_1^i = \sigma_i,$$

per cui l'insieme delle σ_i è un sottogruppo ciclico.

Teorema A.51. *Il gruppo di Galois di un'estensione* $\mathbb{F}_{q^m} : \mathbb{F}_q$ *è ciclico di ordine* m *e consiste in tutti e soli gli automorfismi di Frobenius* $\sigma_0, \sigma_1, \ldots, \sigma_{m-1}$.

Dimostrazione. Sia σ un qualsiasi automorfismo di $\mathbb{F}_{q^m}$ su $\mathbb{F}_q$ e sia altresì β un elemento primitivo di $\mathbb{F}_{q^m}$ con polinomio minimo $f(x) = x^m + a_{m-1}x^{m-1} + \cdots + a_0 \in \mathbb{F}_q[x]$ su $\mathbb{F}_q$. Chiaramente,

$$0 = \sigma(\beta^m + a_{m-1}\beta^{m-1} + \cdots + a_0) = \sigma(\beta)^m + a_{m-1}\sigma(\beta)^{m-1} + \cdots + a_0,$$

per cui $\sigma(\beta)$ è una radice di f in $\mathbb{F}_{q^m}$. Segue ora dal Teorema A.46 che $\sigma(\beta) = \beta^{q^j}$ per qualche j con $0 \leq j \leq m - 1$. Siccome σ è un automorfismo questo implica $\sigma(\alpha) = \alpha^{q^j}$ per ogni $\alpha \in \mathbb{F}_{q^m}$ e dunque $\sigma = \sigma_j$.

Per concludere il teorema osserviamo che σ_1 è un generatore per $\mathrm{Gal}(\mathbb{F}_{q^m} : \mathbb{F}_q)$. $\square$

⚠️ A.8 Traccia e norma

Siano $K = \mathbb{F}_q$ e $F = \mathbb{F}_{q^m}$. In questo paragrafo considereremo essenzialmente F come spazio vettoriale di dimensione m su K. In particolare, gli automorfismi di campo del gruppo di Galois di F su K sono trasformazioni lineari di F. Quando $\alpha \in F$ è un elemento di definizione per F su K, gli elementi

$$\{1, \alpha, \alpha^2, \ldots, \alpha^{m-1}\}$$

sono tutti linearmente indipendenti su K e dunque formano una base di F.

Definizione A.28. Sia $\alpha \in F$ un elemento di definizione di F su K. La base di F su K data da $\{1, \alpha, \alpha^2, \ldots, \alpha^{m-1}\}$ è detta *base polinomiale* di F su K.

Definizione A.29. Sia $\alpha \in F$. Si dice *traccia* di α su K l'elemento di K dato da

$$\mathrm{Tr}_{F/K}(\alpha) = \alpha + \alpha^q + \cdots + \alpha^{q^{m-1}}.$$

Se K è il sottocampo primo di F, allora $\mathrm{Tr}_{F/K}(\alpha)$ è detta *traccia assoluta*.

Teorema A.52. *La funzione traccia* $\mathrm{Tr}_{F/K} : F \mapsto K$ *soddisfa le seguenti proprietà:*
  1. $\mathrm{Tr}_{F/K}(\alpha + \beta) = \mathrm{Tr}_{F/K}(\alpha) + \mathrm{Tr}_{F/K}(\beta)$ *per ogni* $\alpha, \beta \in F$.
  2. $\mathrm{Tr}_{F/K}(c\alpha) = c\mathrm{Tr}_{F/K}(\alpha)$ *per ogni* $c \in K$, $\alpha \in F$;
  3. $\mathrm{Tr}_{F/K}$ *è una trasformazione lineare da* F *a* K, *qualora sia* F *che* K *siano visti come* K*–spazi vettoriali;*
  4. $\mathrm{Tr}_{F/K}(a) = ma$, *per ogni* $a \in K$;
  5. $\mathrm{Tr}_{F/K}(\alpha^q) = \mathrm{Tr}_{F/K}(\alpha)$, *per ogni* $\alpha \in F$.

La traccia può essere usata per descrivere ogni trasformazione lineare da F in K ed è indipendente dalla scelta delle basi.

Teorema A.53. *Sia* F *un'estensione finita di un campo finito* K, *entrambi considerati come* K*–spazi vettoriali. Le trasformazioni lineari da* F *in* K *sono esattamente le applicazioni lineari* L_β *con* $\beta \in F$ *date da* $L_\beta(\alpha) = \mathrm{Tr}_{F/K}(\beta\alpha)$ *per ogni* $\alpha \in F$. *Inoltre se* $\beta \neq \gamma$, *allora* $L_\beta \neq L_\gamma$.

Teorema A.54 (Transitività della traccia). *Sia* K *un campo finito,* F *un'estensione finita di* K *e* E *una estensione finita di* F. *Allora,*

$$\mathrm{Tr}_{E/K}(\alpha) = \mathrm{Tr}_{F/K}(\mathrm{Tr}_{E/F}(\alpha)).$$

Definizione A.30. Sia $\alpha \in F$. Si dice *norma* $N_{F/K}(\alpha)$ di α su K il numero

$$N_{F/K} = \alpha \cdot \alpha^q \cdots \alpha^{q^{m-1}} = \alpha^{(q^m-1)/(q-1)}.$$

Se $g(x) = x^m + a_{m-1}x^{m-1} + \cdots + a_0$ è il polinomio minimo di α su K, allora

$$\mathrm{Tr}_{F/K}(\alpha) = -a_{m-1}; \qquad N_{F/K}(\alpha) = (-1)^m a_0.$$

Teorema A.55. *La funzione norma $N_{F/K} : F \mapsto K$ soddisfa le seguenti proprietà:*

1. $N_{F/K}(\alpha\beta) = N_{F/K}(\alpha)N_{F/K}(\beta)$ per ogni $\alpha, \beta \in F$;
2. $N_{F/K}$ mappa F in K e $F^\star$ in $K^\star$;
3. $N_{F/K}(a) = a^m$ per ogni $a \in K$;
4. $N_{F/K}(a^q) = N_{F/K}(a)$ per ogni $a \in F$.

Teorema A.56 (Transitività della norma). *Sia K un campo finito, F un'estensione finita di K ed E un'estensione finita di F. Allora, per ogni $\alpha \in E$*

$$N_{E/K}(\alpha) = N_{F/K}(N_{E/F}(\alpha)).$$

Definizione A.31. Siano $\mathfrak{A} = \{\alpha_1, \ldots, \alpha_m\}$ e $\mathfrak{B} = \{\beta_1, \ldots, \beta_m\}$ due basi di F su K. Si dice che $\mathfrak{A}$ e $\mathfrak{B}$ sono *duali* o *complementari* se per $1 \le i, j \le m$ si ha

$$\mathrm{Tr}_{F/K}(\alpha_i\beta_j) = \begin{cases} 0 & \text{se } i \ne j \\ 1 & \text{se } i = j \end{cases}$$

Lemma A.57 (Lemma di Artin). *Siano $\psi_1, \ldots, \psi_m$ omomorfismi distinti di un gruppo G nel gruppo moltiplicativo $F^\star$ di un qualsiasi campo F. Allora, fissati $a_1, \ldots, a_m \in F$ non tutti nulli, esiste almeno un $g \in G$ tale che*

$$a_1\psi_1(g) + a_2\psi_2(g) + \cdots + a_m\psi_m(g) \ne 0.$$

Rammentiamo alcune definizioni relative un operatore lineare T su di uno spazio vettoriale qualsiasi:

1. un polinomio $f(x) = a_n x^n + \cdots + a_1 x + a_0$ *annulla* T se

$$a_n T^n + \cdots + a_1 T + a_0 I = 0,$$

   ove I è l'operatore identico e 0 l'operatore nullo;
2. l'unico annullatore monico di grado minimo di T è detto *polinomio minimo* di T;
3. il *polinomio caratteristico* $g(x)$ di T è dato da

$$g(x) = \det(xI - T);$$

4. il polinomio minimo di un operatore T divide il polinomio caratteristico dello stesso;
5. un vettore α è detto *vettore ciclico* per T se i vettori $T^k\alpha$ con $k = 0, 1, \ldots$ generano V;
6. un operatore lineare T su di uno spazio vettoriale V di dimensione finita ammette vettori ciclici se, e soltanto se, il polinomio caratteristico e il polinomio minimo di T coincidono.

Definizione A.32. Sia $K = \mathbb{F}_q$ e $F = \mathbb{F}_{q^m}$. Una base di F su K della forma $\{\alpha, \alpha^q, \ldots, \alpha^{q^{m-1}}\}$, data da un elemento $\alpha \in F$ e da tutti i suoi coniugati è detta *base normale* di F su K.

È possibile dimostrare che esistono sempre delle basi normali.

Teorema A.58 (Esistenza di basi normali). *Dati un qualsivoglia campo finito K ed una sua estensione F, esiste una base normale di F su K.*

Dimostrazione. Siano $K = \mathbb{F}_q$ e $F = \mathbb{F}_{q^m}$. Abbiamo già osservato come gli elementi $1 = \sigma^0, \sigma, \sigma^2, \ldots, \sigma^{m-1}$ del gruppo di Galois di F su K agiscono come operatori lineari su F, visto come K–spazio vettoriale. Poiché $\sigma^m = 1$, il polinomio $x^m - 1 \in K[x]$ annulla σ. Consideriamo ora i vari σ^i come endomorfismi del gruppo $F^\star$. Per il Lemma di Artin (A.57) si vede immediatamente che nessun polinomio di grado minore di m può annullare σ e, per conseguenza, $x^m - 1$ è il polinomio minimo di σ. D'altro canto, il grado del polinomio caratteristico di σ è a sua volta m, per cui esiste un elemento $\alpha \in F$ che è ciclico rispetto a σ, ovvero $\alpha, \sigma(\alpha), \sigma^2(\alpha), \ldots$ generano F su K. Osservando che $\sigma^i(\alpha) = \alpha^{q^i}$ e eliminando gli elementi ripetuti in tale successione otteniamo che

$$\alpha, \alpha^q, \ldots, \alpha^{q^{m-1}}$$

generano F e ne formano dunque una base normale. $\square$

Il teorema A.58 può essere raffinato nel modo seguente.

Teorema A.59. *Ogni campo finito F ammette una base normale formata da elementi primitivi sul suo sottocampo primo.*

Concludiamo presentando un criterio per determinare se una base di $\mathbb{F}_{q^m}$ su $\mathbb{F}_q$ è normale.

Teorema A.60. *Sia $\alpha \in \mathbb{F}_{q^m}$. La sequenza $\mathfrak{A} = \{\alpha, \alpha^q, \alpha^{q^2}, \ldots, \alpha^{q^{m-1}}\}$ è una base normale di $\mathbb{F}_{q^m}$ su $\mathbb{F}_q$ se, e soltanto se, i polinomi $x^m - 1$ e $\alpha x^{m-1} + \alpha^q x^{m-2} + \cdots + \alpha^{q^{m-2}} x + \alpha^{q^{m-1}}$ sono relativamente primi in $\mathbb{F}_{q^m}[x]$.*

A.9 Radici dell'unità e polinomi ciclotomici

Definizione A.33. Sia n un intero positivo. Il campo di spezzamento su $\mathbb{F}$ del polinomio $x^n - 1$ è detto n–*esimo campo ciclotomico* su $\mathbb{F}$ e denotato con il simbolo $\mathbb{F}^{(n)}$. Le radici di $x^n - 1$ in $\mathbb{F}^{(n)}$ sono dette *radici n–esime dell'unità* e l'insieme di tutte tali radici è denotato col simbolo $E^{(n)}$.

Caratterizziamo ora le proprietà dell'insieme $E^{(n)}$.

Teorema A.61. *Sia n un intero positivo e $\mathbb{F}$ un campo di caratteristica p. Allora,*

1. *Se p non divide n, l'insieme $E^{(n)}$ è un gruppo ciclico di ordine n;*
2. *Se p divide n scriviamo $n = mp^e$ ove m, e sono interi positivi e p non divide m. Allora, $\mathbb{F}^{(n)} = \mathbb{F}^{(m)}$, $E^{(n)} = E^{(m)}$ e le radici di $x^n - 1$ in $\mathbb{F}^{(n)}$ sono esattamente gli elementi di $E^{(m)}$ e ognuna di esse ha molteplicità p^e.*

Nel seguito supporremo sempre che $\mathbb{F}$ sia un campo di caratteristica p e che n sia un intero non divisibile per p.

Definizione A.34. Sia $\mathbb{F}$ un campo di caratteristica p ed n un intero non divisibile per p. Un generatore del gruppo ciclico $E^{(n)}$ è detto *radice primitiva n–esima dell'unità*.

Il numero delle radici primitive n–esime dell'unità è esattamente $\phi(n)$, ove con ϕ si denota la funzione di Eulero.

Definizione A.35. Sia ζ una radice primitiva n–esima dell'unità su $\mathbb{F}$. Il polinomio

$$Q_n(x) = \prod_{s=1,\gcd(s,n)=1}^{n} (x - \zeta^s)$$

è detto *n–esimo polinomio ciclotomico* su $\mathbb{F}$.

È chiaro che la definizione del polinomio $Q_n(x)$ non dipende dalla scelta di ζ.

Teorema A.62. *Sia $\mathbb{F}$ un campo di caratteristica p ed n un intero non divisibile per p. Allora*

1. $x^n - 1 = \prod_{d|n} Q_d(x)$;
2. i coefficienti di $Q_n(x)$ appartengono al sottocampo primo di $\mathbb{F}$. Se il sottocampo primo di $\mathbb{F}$ è il campo razionale, allora $Q_n(x) \in \mathbb{Z}[x]$.

Dimostrazione.

1. Ogni radice n–esima dell'unità su $\mathbb{F}$ è una radice primitiva d–esima per esattamente un divisore positivo d di n. In particolare, se ζ è una radice primitiva n–esima dell'unità su $\mathbb{F}$ e ζ^s è un elemento arbitrario di $E^{(n)}$, allora $d = n/\gcd(s,n)$, ovvero d è l'ordine di ζ^s in $E^{(n)}$. Siccome

$$x^n - 1 = \prod_{s=1}^{n}(1 - \zeta^s),$$

la formula della tesi si ottiene raccogliendo tutti i fattori $(x - \zeta^s)$ per cui ζ^s è una radice primitiva d–esima dell'unità.
2. Dimostriamo l'asserto per induzione su n. Osserviamo innanzi tutto che $Q_n(x)$ è un polinomio monico. Per $n = 1$ si ha $Q_1 = x - 1$ e la tesi è ovvia. Sia $n > 1$ e usiamo la forma forte del principio di induzione, per cui supponiamo che l'asserto valga per tutti i $Q_d(x)$ con $1 \le d < n$. Allora, per il punto precedente

$$Q_n(x) = (x^n - 1)/f(x),$$

ove $f(x) = \prod_{d|n,d<n} Q_d(x)$. L'ipotesi induttiva implica che $f(x)$ è un polinomio con coefficienti nel sottocampo primo di $\mathbb{F}$ o in $\mathbb{Z}$ quando $p = 0$. Usando ora l'algoritmo della divisione fra $x^n - 1$ e il polinomio monico $f(x)$ vediamo che pure i coefficienti $Q_n(x)$ appartengono al sottocampo primo (o a $\mathbb{Z}$).

□

I risultati di cui sopra possono essere applicati per definire la nozione di classe ciclotomica.

Definizione A.36. Dati q , n ed i interi positivi prefissati, una *classe ciclotomica di q modulo n contenente i* è un insieme

$$C_i = \{i, iq, iq^2, \ldots, iq^{t-1}\},$$

i cui elementi sono calcolati modulo n, ove t è il più piccolo intero positivo tale che $iq^t \equiv i \pmod{n}$.

Se α è una radice primitiva n–esima dell'unità, allora per la dimostrazione del Teorema A.62, l'elemento α^i risulta a sua volta una radice primitiva $d = n/\gcd(n,i)$ esima dell'unità. È immediato vedere che anche

$$\alpha^{iq}, \alpha^{iq^2}, \ldots$$

sono tutte radici d–esime dell'unità. Se $t \leq \bar{t}$ ove $\bar{t}$ è il più piccolo intero tale che $iq^{\bar{t}} \equiv i \pmod{n}$, allora gli α^{iq^t} sono tutti distinti fra loro. Pertanto,

$$m_{\alpha^i}(x) = \prod_{j=0}^{t-1}(x - \alpha^{iq^j})$$

è un divisore di $f(x) = x^n - 1$ ed ha grado uguale alla cardinalità della classe ciclotomica C_i.

Dall'osservazione precedente discende che le classi ciclotomiche di q modulo n possono essere utilizzate per determinare i fattori irriducibili di $f(x) = x^n - 1$ sopra un campo finito $\mathbb{F}_q$.

Teorema A.63. *Il numero dei fattori irriducibili sopra $\mathbb{F}_q$ del polinomio $f(x) = x^n - 1$ è uguale al numero delle classi ciclotomiche di q modulo n. Inoltre, l'ordine di ciascuno di tali fattori coincide con il numero di elementi che compongono la corrispondente classe ciclotomica.*

Esempio A.64. Supponiamo di dover fattorizzare $f(x) = x^{15} - 1$ sopra $\mathbb{Z}_2$. Le classi ciclotomiche di 2 modulo 15 distinte sono

$$C_0 = \{0\}$$
$$C_1 = \{1, 2, 4, 8\}$$
$$C_3 = \{3, 6, 12, 9\}$$
$$C_5 = \{5, 10\}$$
$$C_7 = \{7, 14, 13, 11\}.$$

Ciò mostra che $f(x)$ si spezza in:

1. un temine lineare,
2. un termine quadratico irriducibile,
3. tre termini quartici irriducibili.

B

Geometria proiettiva e Curve algebriche

La nozione intuitiva di varietà algebrica è quella di luogo dei punti, in un opportuno spazio, le cui coordinate soddisfano un insieme di equazioni polinomiali. Tale definizione presenta però notevoli inconvenienti che la rendono di difficile impiego.

Lo studio rigoroso delle varietà algebriche è l'oggetto della geometria algebrica. Citiamo qui solamente alcuni testi a carattere introduttivo sull'argomento: [79], [58], [34], [107], [87], [86], [48], [29], [74], [75].

È possibile, a partire da curve algebriche, costruire dei codici con delle buone proprietà. Nel Capitolo 16 si mostrano alcune idee alla base di tale costruzione. In ogni caso, rimandiamo il lettore interessato a lavori specifici quali [96], [77] e [100], [93]. Nella presente appendice si introdurranno solamente le definizioni di base necessarie a comprendere gli enunciati del Capitolo 16.

B.1 Spazi affini e proiettivi

Iniziamo con la definizione di spazio affine e proiettivo. Nella presente appendice, con il simbolo $\mathbb{F}$ si indicherà un campo, non necessariamente finito.

Definizione B.1. Lo *spazio affine* $\mathrm{AG}(n, \mathbb{F})$ di dimensione n sul campo $\mathbb{F}$ è la struttura di incidenza $\mathcal{S} = (\mathcal{P}, \mathcal{L})$ i cui punti sono gli elementi di uno spazio vettoriale $W = \mathbb{F}^n$ e i cui blocchi sono tutti e soli gli insiemi della forma

$$\mathcal{L} = \{\, \mathbf{x} + L : \mathbf{x} \in W, L \leq W, \dim L = 1 \},$$

ove per $\mathbf{x} + L$ si intende l'insieme

$$\mathbf{x} + L = \{\, \mathbf{x} + \mathbf{y} \in W : \mathbf{y} \in L \}.$$

⚠ In generale, scriveremo $\mathrm{AG}(n, q)$ per indicare lo spazio affine sul campo $\mathbb{F}_q$. Tale struttura è un $2 - (q^n, q, 1)$ disegno.

Osserviamo che, dati due punti distinti in $\mathrm{AG}\,(n,\mathbb{F})$ esiste sempre un unico blocco che li contiene. Strutture con quest'ultima proprietà sono dette *spazi lineari*.

Poniamo $\mathbb{F}_q^\star = \mathbb{F}_q \setminus \{0\}$ e indichiamo con $V = \mathbb{F}^{n+1}$ lo spazio vettoriale di dimensione $n+1$ su $\mathbb{F}$. Sia inoltre $V^\star = V \setminus \{\mathbf{0}\}$. Possiamo introdurre fra i vettori in $V^\star$ la seguente relazione di equivalenza: dati $\mathbf{x}, \mathbf{y} \in V$

$$\mathbf{x} \sim \mathbf{y} \Leftrightarrow \exists \lambda \in \mathbb{F}^\star : \mathbf{x} = \lambda \mathbf{y}.$$

Chiaramente, due vettori sono in relazione se, e soltanto se essi sono proporzionali. Pertanto, scriveremo la classe di equivalenza di un vettore $\mathbf{x}$ come $\mathbb{F}^\star \mathbf{x}$ e denoteremo l'insieme quoziente di V rispetto $\sim$ con la notazione $\frac{V^\star}{\mathbb{F}^\star}$. Per ogni sottospazio W di V, possiamo definire l'applicazione di proiezione

$$\pi : \begin{cases} W^\star \mapsto V^\star/\mathbb{F}_q^\star \\ \mathbf{v} \mapsto \mathbb{F}^\star \mathbf{v}. \end{cases}$$

Definizione B.2. Lo *spazio proiettivo* $\mathrm{PG}\,(n,\mathbb{F})$ di dimensione n sul campo $\mathbb{F}$ è la struttura di incidenza $\mathcal{S} = (\mathcal{P}, \mathcal{L})$ i cui punti sono gli elementi di $V^\star/\mathbb{F}^\star$ e il cui insieme delle rette $\mathcal{L}$ è dato dalla proiezione mediante π dei sottospazi 2–dimensionali di V privati del vettore nullo, di modo che

$$\mathcal{L} = \{\, \pi(W^\star) : W \leq V, \dim W = 2\}.$$

Anche in questo caso, scriveremo $\mathrm{PG}\,(n,q)$ per denotare $\mathrm{PG}\,(n,\mathbb{F}_q)$.

⚠️In generale, è possibile, nel caso finito, fornire una definizione di spazio proiettivo anche in termini sintetici, usando la nozione di spazio lineare e quella di piano proiettivo. In particolare, si dimostra che ogni spazio lineare finito i cui sottospazi 2–dimensionali sono piani proiettivi è uno spazio proiettivo e viceversa. È importante notare che ogni spazio proiettivo finito 2–dimensionale $\mathrm{PG}\,(2,q)$ è un piano proiettivo, ma, in generale, per $q \geq 9$, esistono dei piani proiettivi che non sono spazi proiettivi.

Il numero di punti contenuti in uno spazio proiettivo finito è

$$\theta_q = \frac{q^{n+1} - 1}{q - 1} = q^n + q^{n-1} + \cdots + q + 1.$$

In generale, si rivela comodo rappresentare ognuno degli elementi $p \in \mathrm{PG}\,(n,\mathbb{F})$ mediante le sue *coordinate normalizzate*, ovvero scegliendo come rappresentante della classe di equivalenza $p = \mathbb{F}\mathbf{p}$ il vettore $\mathbf{p} \in V$ la cui prima componente non nulla è 1.

Ogni spazio affine $\mathrm{AG}\,(n,\mathbb{F})$ si immerge in modo naturale in $\mathrm{PG}\,(n,\mathbb{F})$, mediante un'applicazione ξ che associa al punto

$$\mathbf{p} = (p_1, p_2, \ldots, p_n) \in \mathrm{AG}\,(n,\mathbb{F})$$

la classe

$$p = \mathbb{F}^\star(1, p_1, p_2, \ldots, p_n) \in \mathrm{PG}\,(n, \mathbb{F}).$$

⚠ L'immersione ξ di $\mathrm{AG}\,(n, \mathbb{F})$ in $\mathrm{PG}\,(n, \mathbb{F})$ è un morfismo di strutture di incidenza, nel senso che, dati un punto $\mathbf{x}$ e un blocco L di $\mathrm{AG}\,(n, q)$ con $\mathbf{x} \in L$ si ha

$$\xi(\mathbf{x}) \in \xi(L).$$

B.2 Insiemi algebrici e varietà

Iniziamo ora a studiare i sottoinsiemi di $\mathrm{PG}\,(n, \mathbb{F})$ che possono essere descritti mediante un sistema di equazioni algebriche.

Siano $\mathbf{T} = (T_1, T_2, \ldots, T_n)$ e $\widetilde{\mathbf{T}} = (T_0, T_1, \ldots, T_n)$. Seguendo la convenzione introdotta nel Capitolo 13 indicheremo con $\mathbb{F}[\mathbf{T}]$ l'anello di tutti i polinomi nelle n indeterminate $T_1, T_2, \ldots, T_n$ e con $\mathbb{F}[\widetilde{\mathbf{T}}]$ l'anello dei polinomi nelle $n+1$ indeterminate $T_0, T_1, \ldots, T_n$.

Definizione B.3. Un insieme $V \subseteq \mathrm{AG}\,(n, \mathbb{F})$ è detto *algebrico affine* se esiste un insieme finito di polinomi

$$\mathfrak{F} = \{f_1(\mathbf{T}), f_2(\mathbf{T}), \ldots, f_s(\mathbf{T})\} \subseteq \mathbb{F}[\mathbf{T}]$$

tale che

$$V = \{\mathbf{x} \in \mathrm{AG}\,(n, q) : f_1(\mathbf{x}) = f_2(\mathbf{x}) = \ldots = f_s(\mathbf{x}) = 0\}.$$

In tale caso scriveremo

$$V = V(\mathfrak{F}).$$

Similmente, un insieme $\widetilde{V} \subseteq \mathrm{PG}\,(n, q)$ è detto *algebrico proiettivo* se, e soltanto se, esiste un insieme finito di polinomi omogenei

$$\mathfrak{G} = \{g_1(\widetilde{\mathbf{T}}), g_2(\widetilde{\mathbf{T}}), \ldots g_l(\widetilde{\mathbf{T}})\} \subseteq \mathbb{F}[\widetilde{\mathbf{T}}]$$

tale che

$$\widetilde{V} = \{\,\mathbb{F}^\star \mathbf{x} \in \mathrm{PG}\,(n, \mathbb{F}) : g_1(\mathbf{x}) = g_2(\mathbf{x}) = \ldots = g_s(\mathbf{x}) = 0\}.$$

⚠ Dato un insieme affine chiuso V definito dai polinomi $f_1, f_2, \ldots, f_s$ è sempre possibile determinare un insieme proiettivo chiuso $\widetilde{V}$ che contenga l'immagine di $\mathcal{V}$ sotto l'applicazione ξ. Tale insieme, è definito dai polinomi

$$\widetilde{f_i}(\widetilde{\mathbf{T}}) = \sum_{i=0}^{\deg f_i} T_0^{\deg f_i - j}(f_i)_j(\mathbf{T}),$$

ove per $(f_i)_j(\mathbf{T})$ si intende il polinomio ottenuto raccogliendo tutti i termini di grado j nel polinomio $f_i(\mathbf{T})$. L'insieme $\widetilde{V}$ è detto *chiusura proiettiva* di $\mathcal{V}$.

Definizione B.4. Sia $\mathcal{S} \subseteq \mathrm{PG}\,(n,q)$ un insieme. La topologia definita su S che ha come chiusi gli insiemi $\mathcal{X} \cap \mathcal{S}$, ove $\mathcal{X}$ è un insieme algebrico proiettivo è detta *topologia di Zariski*.

In particolare, per l'immersione ξ vista in precedenza, anche l'insieme $\mathrm{AG}\,(n,q)$ è sempre uno spazio topologico rispetto la topologia di Zariski e i chiusi di $\mathrm{AG}\,(n,q)$ sono esattamente gli insiemi algebrici affini.

Definizione B.5. Un sottoinsieme aperto $\mathcal{V}$ di un insieme algebrico proiettivo $\mathcal{X}$ è detto *insieme quasi proiettivo*.

Definizione B.6. Un insieme quasi proiettivo $\mathcal{V}$ è detto *riducibile* se esistono due insiemi algebrici non vuoti $\mathcal{V}_1, \mathcal{V}_2 \subseteq \mathcal{V}$ tali che $\mathcal{V} = \mathcal{V}_1 \cup \mathcal{V}_2$. Un insieme quasi proiettivo non riducibile è detto *insieme algebrico irriducibile* o *varietà*. Una varietà chiusa in $\mathrm{PG}\,(n,q)$ è detta *varietà proiettiva*.

La dimensione di una varietà $\mathcal{V}$ è la dimensione topologica di $\mathcal{V}$ rispetto la topologia di Zariski.

Definizione B.7. Sia $\mathcal{X}$ una varietà. La *dimensione* di $\mathcal{X}$, indicata come $n = \dim \mathcal{X}$ è il più grande intero n tale che esista una catena di varietà strettamente discendente

$$\mathcal{X} = \mathcal{X}_0 \subset \mathcal{X}_1 \subset \ldots \subset \mathcal{X}_n \subset \emptyset,$$

ove $\mathcal{X}_i$ è chiusa in $\mathcal{X}_{i-1}$ per ogni $i = 1, 2, \ldots, n$.

In generale, si ha

1. $\dim \mathrm{AG}\,(n,\mathbb{F}) = \dim \mathrm{PG}\,(n,\mathbb{F}) = n$,
2. per ogni $\mathbf{p} \in \mathrm{AG}\,(n,\mathbb{F})$,

$$\dim \mathbf{p} = 1,$$

B.3 Funzioni razionali

La nozione di funzione razionale è fondamentale per lo studio delle varietà.

Sia $\mathcal{X}$ una varietà quasi proiettiva fissata.

Definizione B.8. Consideriamo due polinomi $F, G \in \mathbb{F}_q[\widetilde{\mathbf{T}}]$, omogenei, del medesimo grado, e con $G(\mathbf{x}) \neq 0$ per almeno un punto $\mathbf{x} \in \mathcal{X}$. Il rapporto F/G è detto *funzione razionale* su $\mathcal{X}$.

Si vede immediatamente che due funzioni razionali F/G e F'/G' coincidono se, e soltanto se,

$$(F'G - FG') = 0 \tag{B.1}$$

per ogni $\mathbf{x} \in \mathcal{X}$.

In particolare, se $\mathcal{X}$ è la varietà associata ad un insieme di polinomi $\mathfrak{G}$, la relazione (B.1) corrisponde a richiedere che

$$(F'G - FG') \in I(\mathfrak{G}), \qquad\qquad (B.2)$$

ove $\widetilde{\mathfrak{G}}$ è l'ideale generato da $\mathfrak{G}$ in $\mathbb{F}[\widetilde{\mathbf{T}}]$.

L'insieme di tutte le funzioni razionali su $\mathcal{X}$ è denotato col simbolo $\mathbb{F}(\mathcal{X})$ ed è un campo : il *campo delle funzioni razionali su $\mathcal{X}$*.

Definizione B.9. Una funzione razionale $f \in \mathbb{F}(\mathcal{X})$ è detta *regolare* nel punto $\mathbf{x} \in \mathcal{X}$ se, e soltanto se, esiste una rappresentazione $f = F/G$ con $G(\mathbf{x}) \neq 0$. In tale caso,

$$f(\mathbf{x}) = F(\mathbf{x})/G(\mathbf{x}) \in \mathbb{F}$$

è il *valore* di f in $\mathbf{x}$.

⚠ Molte proprietà geometriche delle varietà $\mathcal{X}$ sono rappresentate dal campo $\mathbb{F}(\mathcal{X})$.
In particolare, due varietà $\mathcal{X}$ e $\mathcal{Y}$ si dicono *birazionalmente equivalenti* quando $\mathbb{F}(\mathcal{X}) = \mathbb{F}(\mathcal{Y})$.
In generale, studieremo delle varietà a meno di equivalenza birazionale.

Definizione B.10. Sia $\mathbf{p} \in \mathcal{X}$ un punto. L'insieme delle funzioni razionali regolari in $\mathbf{p}$ è detto *anello locale di* $\mathbf{p}$ e indicato col simbolo $\mathcal{O}_{\mathbf{p}}$.

Si dimostra che $\mathcal{O}_{\mathbf{p}}$ possiede un unico ideale massimale $m_{\mathbf{p}}$, dato da

$$m_{\mathbf{p}} = \{ f \in \mathcal{O}_{\mathbf{p}} : f(\mathbf{p}) = 0 \}.$$

Chiaramente, la struttura $\mathcal{O}_{\mathbf{p}}/m_{\mathbf{p}}$ risulta un campo.

B.4 Curve

Idealmente, una curva proiettiva in $\mathrm{PG}\,(2, q)$ è data semplicemente dall'insieme di tutti i punti di $\mathrm{PG}\,(n, q)$ che soddisfano un'opportuna equazione omogenea in tre variabili $F(x, y, z) = 0$. In realtà, per studiare in modo accurato tale luogo geometrico, si rende indispensabile conoscere il comportamento di F non solo su $\mathbb{F}_q$ ma anche su tutte le estensioni algebriche di questo campo. In effetti, il luogo degli zeri di F non basta a ricostruire il polinomio di partenza.

In questo paragrafo useremo la nozione di varietà introdotta in precedenza per descrivere rigorosamente il concetto di curva.

Definizione B.11. Si dice *curva algebrica* una varietà $\mathcal{X}$ di dimensione 1. Un *punto* di $\mathcal{X}$ è una sottovarietà di dimensione 0 della curva.

In generale, scriveremo $\mathbf{p} \in \mathcal{X}$ per indicare che $\mathbf{p}$ è un punto di $\mathcal{X}$.

Definizione B.12. Un punto $\mathbf{p} \in \mathcal{X}$ è *non singolare* se, e soltanto se, l'ideale $m_{\mathbf{p}}$ ad esso associato è principale.

In particolare, se $\mathbf{p}$ è un punto non singolare di $\mathcal{X}$, allora esiste un elemento $t_{\mathbf{p}}$ che genera l'ideale $m_{\mathbf{p}}$. Tale generatore è detto *parametro locale* nel punto $\mathbf{p}$.

Ogni curva $\mathcal{V}$ è birazionalmente equivalente ad una curva $\mathcal{X}$ priva di punti singolari.

B.5 Divisori

Possiamo ora introdurre la nozione di divisore.

Definizione B.13. Un *divisore* D sulla curva $\mathcal{X}$ è un elemento del gruppo libero $\mathrm{div}(\mathcal{X})$ generato da tutti i punti di $\mathcal{X}$.

In altre parole, un divisore è una somma formale

$$D = \sum_{\mathbf{p} \in \mathcal{X}} n_{\mathbf{p}} \mathbf{p},$$

ove $n_{\mathbf{p}} \in \mathbb{Z}$ e $n_{\mathbf{p}} = 0$ tranne che per al più un numero finito di punti $\mathbf{p}$.

Definizione B.14. Il *supporto* di un divisore D definito come sopra è l'insieme dei punti $\mathbf{p}$ con $n_{\mathbf{p}} \neq 0$; in simboli,

$$\mathrm{Supp}\,(D) = \{\, \mathbf{p} : n_{\mathbf{p}} \neq 0 \};$$

il *grado* di D è

$$\deg D = \sum_{\mathbf{p} \in \mathrm{Supp}\,(D)} n_{\mathbf{p}}.$$

Un divisore è *effettivo* se $n_{\mathbf{p}} \geq 0$ per ogni $\mathbf{p} \in \mathrm{Supp}\,(D)$.

La nozione di divisore effettivo può essere utilizzata per introdurre una relazione di ordine parziale nell'insieme $\mathrm{div}(\mathcal{X})$ di tutti i divisori su $\mathcal{X}$. Infatti, dati due divisori D, D' sulla medesima curva $\mathcal{X}$, diciamo $D \geq D'$ se, e soltanto se, $D - D'$ è effettivo.

L'insieme di tutti i divisori di grado 0 è, chiaramente, un sottogruppo di $\mathrm{div}(\mathcal{X})$; tale gruppo è indicato con il simbolo $\mathrm{div}^0(\mathcal{X})$.

Nel seguito supporremo sempre di lavorare con curve prive di punti singolari.

Sia $\mathbf{p} \in \mathcal{X}$. Fissato un parametro locale $t_{\mathbf{p}}$, è sempre possibile rappresentare ogni $\phi(t) \in \mathcal{O}_{\mathbf{p}}$ come

$$\phi(t) = \sum_{i=r}^{\infty} a_i t^i.$$

Definizione B.15. Il più piccolo intero i tale che sia $a_i \neq 0$ è detto *ordine* di ϕ in $\mathbf{p}$ e indicato con $\mathrm{ord}_{\mathbf{p}}(\phi)$.

Definizione B.16. L'*ordine* di una funzione razionale $f = \phi/\vartheta \in \mathbb{F}(\mathcal{X})$ nel punto $\mathbf{p}$ è l'intero

$$\mathrm{ord}_{\mathbf{p}}(f) = \mathrm{ord}_{\mathbf{p}}(\phi) - \mathrm{ord}_{\mathbf{p}}(\theta).$$

Il numero $\mathrm{ord}_{\mathbf{p}}(\phi)$ è detto ordine degli zeri di f in $\mathbf{p}$, mentre $\mathrm{ord}_{\mathbf{p}}(\theta)$ è detto *ordine dei poli*.

Data una funzione razionale non identicamente nulla $f \in \mathbb{K}(\mathcal{X})$ possiamo sempre costruire il divisore

$$(f) = \sum_{\mathbf{p} \in \mathcal{X}} \mathrm{ord}_{\mathbf{p}}(f)\mathbf{p}.$$

Ogni divisore ottenuto in tale modo è detto *divisore principale* e si ha sempre

$$\deg(f) = 0.$$

B.6 Il genere e il teorema di Riemann–Roch

L'obiettivo del teorema di Riemann–Roch è quello di contare il numero di funzioni razionali che hanno dei poli preassegnati.

Per ogni divisore D definiamo

$$L(D) = \{\, \phi \in K(\mathcal{V}) : \mathrm{div}(\phi) + D \geq \mathbf{0} \}.$$

L'insieme $L(D)$ è uno spazio vettoriale sul campo $\mathbb{F}$; vogliamo ora calcolare $\ell(D) = \dim L(D)$.

Teorema B.1 (Riemann–Roch). *Data una curva irriducibile* $\mathcal{X}$,

1. Esiste una costante $g \geq 0$ *tale che, per ogni divisore* D,

$$\ell(D) \geq \deg D + 1 - g;$$

il più piccolo intero g *che soddisfa questa proprietà è detto il* genere *di* $\mathcal{X}$.
2. Se $\deg D > 2g - 2$*, allora*

$$\ell(D) = \deg D + 1 - g.$$

Il genere è un fondamentale invariante per una curva $\mathcal{X}$. In particolare, esso è legato al numero di punti razionali della stessa, come mostra il seguente teorema.

Teorema B.2 (Hasse–Weil). *Sia* $\mathcal{X}$ *una curva non singolare di genere* g *definita su* $\mathbb{F}_q$*. Indichiamo con* N_i *il numero di punti di* $\mathcal{X}$ *razionali su* $\mathbb{F}_{q^i}$*. Allora,*

$$|N_i - (1 + q^i)| \leq 2g\sqrt{q^i}.$$

Soluzioni degli esercizi

Capitolo 2

2.1 Secondo la Tabella 2.2, l'ordine di frequenza per le lettere della lingua italiana è

$$\text{E, A, I, O, N, L, R, T, S, C, D, U, M, P, V, G, H, F, Q, B, Z, X, W, J, K, Y.}$$

In particolare, la probabilità che un carattere sia E,A,I,O,N è 0.502. Pertanto, si ottiene la partizione

$$A_0 = \{\text{E, A, I, O, N}\}, \quad A_1 = \{\text{L, R, T, S, C, D, U, M, P, V, G, H, F, Q, B, Z, X, W, J, K, Y}\}.$$

Dividendo ricorsivamente tali insiemi in sottoinsiemi equiprobabili, si ottiene la codifica di Tabella 2.1.

E	000	
A	001	0.2388
I	0100	
O	0101	
N	0110	
L	1000	
R	1001	
T	1010	
S	1011	
C	1100	0.5466
D	11010	
U	11011	
M	11100	0.1013

P	111000	
V	111001	
G	111100	
H	111101	0.0811
F	1111100	
Q	1111101	0.0204
B	11111100	
Z	11111110	0.0117
X	111111110	0.0002
W	11111111100	
J	11111111101	
K	11111111110	
Y	11111111111	0.000

Tabella 2.1. Codifica di Shannon–Fano per l'italiano

2.2 La terza colonna in Tabella 2.1 contiene la somma delle probabilità per tutti i blocchi della medesima lunghezza. Applicando la Definizione 2.7 si ottiene

$$n = 4.134.$$

L'entropia associata ad un vettore di probabilità $\mathbf{p}$ è

$$H(\mathbf{p}) = \sum_i p_i \log \frac{1}{p_i}.$$

Usando i dati in Tabella 2.2 si ottiene

$$H(\mathbf{p}) = 2.77.$$

Ne segue, per il Teorema 2.17, che il miglior codice binario univocamente decodificabile per la lingua italiana ha lunghezza 3; pertanto, la costruzione di Shannon–Fano non è ottimale. Un metodo per costruire una codifica migliore è attraverso l'algoritmo di Huffman. Si veda al proposito [83]. Il più piccolo codice binario a blocchi per rappresentare un carattere alfabetico deve possedere almeno 26 simboli. Pertanto, esso deve avere almeno lunghezza

$$t \geq \log(26)/\log(2) = 4.7;$$

in altre parole la sua lunghezza minima è 5. Incidentalmente, osserviamo che 5 è esattamente la lunghezza minima di un codice univocamente decodificabile associato ad un alfabeto contenente 26 caratteri, tutti equiprobabili.

2.3 Innanzi tutto si deve scrivere la lunghezza in bit della codifica di un carattere in codice Morse. Seguiamo le indicazioni dell'Esempio 2.5 per la codifica binaria. Per convenzione, consideriamo il separatore di carattere come posto all'inizio di ogni stringa; pertanto ogni simbolo trasmesso inizia con un prefisso 000. Inoltre, non indichiamo il separatore al termine di una stringa, per cui l'ultimo simbolo è sempre un 1. Per la codifica ternaria, consideriamo caratteri che iniziano col simbolo $*$, per cui la lunghezza della codifica di un carattere corrisponde alla riga della Figura 2.4 o 2.5 in cui esso compare, incrementata di 1. In Tabella 2.2 sono riassunti i valori che si ottengono: la seconda colonna contiene i valori per la codifica binaria, mentre la terza contiene quelli per la codifica ternaria. Applicando i dati in Tabella 2.2 e 2.3, si vede che la lunghezza media della codifica binaria è 9.68 per l'italiano e 8.98 per l'inglese. Per quanto riguarda la codifica ternaria, i valori che si ottengono sono 3.54 per l'italiano e 3.42 per l'inglese. Incidentalmente, osserviamo che i 26 caratteri dell'alfabeto possono essere rappresentati mediante un codice ternario a blocchi di lunghezza 3.

Dai risultati sopra presentati, appare che il codice Morse non è efficiente come codice a lunghezza variabile, in quanto è mediamente più lungo di un codice a blocchi che codifichi il medesimo alfabeto. D'altro canto, si deve tenere conto che tale codice è stato originariamente studiato per poter essere decodificato da

	b	t
A	8	3
B	12	5
C	14	5
D	10	4
E	4	2
F	12	5
G	12	4
H	10	5
I	11	3
J	16	5
K	12	4
L	12	5
M	12	3

	b	t
N	8	3
O	14	4
P	14	5
Q	16	6
R	10	4
S	8	4
T	6	2
U	10	4
V	12	5
W	12	5
X	14	5
Y	16	5
Z	14	5

Tabella 2.2. Lunghezza delle codifiche Morse

un telegrafista e non da un meccanismo elettronico. Tale telegrafista doveva poter trascrivere in tempo reale i messaggi ricevuti e la presenza di pause (quali il prefisso relativo ogni singolo carattere) si rivelava utile per poter avere tempo per compiere tale operazione.

Capitolo 3

3.1 Consideriamo le tre permutazioni

$$\sigma_0 = (acb), \quad \sigma_1 = (acb), \quad \sigma_2 = (bca).$$

Il codice

$$\mathcal{C}' = \{\, (\sigma_0(x)\sigma_1(y)\sigma_2(z)) : (xyz) \in \mathcal{C}\}$$

è equivalente al codice di partenza e contiene le seguenti parole

$$\mathcal{C}' = \{(ccc), (caa), (bac)\}.$$

Pertanto, esso è un codice con le proprietà richieste.

3.2 Per la limitazione di Singleton (Teorema 3.11) dobbiamo necessariamente avere

$$M < 2^{6-4+1} = 8.$$

La limitazione di Hamming (Teorema 3.12) asserisce che

$$M \sum_{i=0}^{1} \binom{6}{i} \leq 2^6.$$

Svolgendo i calcoli si deduce $M \leq 9$. Incidentalmente, osserviamo che esiste un codice lineare di lunghezza 6, contenente 4 parole e di distanza minima 4.

3.3 Ogni parola di $\mathcal{C}^{(t)}$ è formata da t parole in $\mathcal{C}$, ognuna di lunghezza n, concatenate fra loro. Pertanto la lunghezza di tale parola sull'alfabeto A è tn. Il numero totale di possibili parole per $\mathcal{C}^{(t)}$ è M^k. Infatti, vi sono M possibili scelte per ognuno dei $\mathbf{c}_i$. Chiaramente, la distanza minima di $\mathcal{C}^{(t)}$ non può essere inferiore a quella di $\mathcal{C}$: infatti se

$$\mathbf{c} = \mathbf{c}_1 \mathbf{c}_2 \cdots \mathbf{c}_t$$

e

$$\mathbf{c}' = \mathbf{c}'_1 \mathbf{c}'_2 \cdots \mathbf{c}'_t$$

sono due parole distinte di $\mathcal{C}^{(t)}$, allora

$$d(\mathbf{c}, \mathbf{c}') = \sum_{i=1}^{t} d(\mathbf{c}_i, \mathbf{c}'_i)$$

D'altro canto, date due parole distinte $\mathbf{x}, \mathbf{y} \in \mathcal{C}$, è sempre possibile costruire le due parole

$$\mathbf{a} = \mathbf{x} \underbrace{\mathbf{x} \cdots \mathbf{x}}_{k-1 \text{ volte}} \ ;$$

$$\mathbf{b} = \mathbf{y} \underbrace{\mathbf{x} \cdots \mathbf{x}}_{k-1 \text{ volte}}$$

in $\mathcal{C}^{(t)}$. Si vede subito che la distanza di Hamming fra $\mathbf{a}$ e $\mathbf{b}$ è proprio $d(\mathbf{x}, \mathbf{y})$. Riassumendo, il codice $\mathcal{C}^{(t)}$ ha parametri (tn, M^t, d).

3.4 Si vede subito che il vettore assegnato $\mathbf{r}$ non appartiene al codice. In questo caso, possiamo procedere in due modi:

a. con l'algoritmo generico di decodifica 3.2;
b. con l'algoritmo elementare 3.1.

Osserviamo che per poter applicare l'Algoritmo 3.2 dobbiamo determinare al primo passaggio gli 8 vettori a distanza di Hamming 1 da $\mathbf{r}$; in seguito, se non si sono trovate parole di codice nella sfera $B_1(\mathbf{r})$, dobbiamo calcolare altri 28 vettori, per avere gli elementi $B_2(\mathbf{r})$. Al contrario, per usare l'Algoritmo 3.1 basta determinare 4 distanze di Hamming e scegliere il vettore a distanza minima. In particolare abbiamo

$$d(\mathbf{r}, (1001\,0100)) = 4 \qquad d(\mathbf{r}, (1000\,1011)) = 3$$
$$d(\mathbf{r}, (0111\,0011)) = 2 \qquad d(\mathbf{r}, (0110\,1100)) = 7$$

Ne segue che la parola corretta è

$$\mathbf{c} = (0\underline{111}\,0011).$$

Per concludere, osserviamo che l'algoritmo 3.1 è stato quello più vantaggioso solamente per il fatto che il numero di parole di $\mathcal{C}$ era molto piccolo rispetto il numero 2^8 di possibili vettori ricevuti.

Capitolo 4

4.1 La matrice H contiene 8 colonne. Pertanto, la lunghezza n di $\mathcal{C}$ è 8. Inoltre, il rango di H è 4; ne segue che $k = 8 - 4$, per cui $\mathcal{C}$ è un $[8, 4]$–codice binario
Osserviamo ora che ogni riga di H ha peso pari. Pertanto il vettore

$$\jmath = (1111\,1111)$$

appartiene al codice $\mathcal{C}$. Conseguentemente, $\mathcal{C}$ contiene tante parole di peso i quante di peso $8 - i$. Pertanto, la distanza minima di $\mathcal{C}$ non può essere superiore a 4. Osserviamo che ogni insieme di 3 colonne di H ha rango 3; a questo punto si può applicare il Teorema 4.33 per mostrare che $d \geq 4$; pertanto $d = 4$. Notiamo che l'enumeratore dei pesi per questo codice è

$$A_{\mathcal{C}}(Z) = 1 + 14Z^4 + Z^8.$$

4.2 Una matrice di controllo di parità per il codice $\mathcal{C}$ ha la forma

$$H = \begin{pmatrix} 0\,1\,1\,0\,1\,0\,0\,0\,0\,0\,0\,0 \\ 1\,0\,1\,0\,0\,1\,0\,0\,0\,0\,0\,0 \\ 1\,1\,1\,0\,0\,0\,1\,0\,0\,0\,0\,0 \\ 1\,1\,0\,1\,0\,0\,0\,1\,0\,0\,0\,0 \\ 1\,0\,1\,1\,0\,0\,0\,0\,1\,0\,0\,0 \\ 0\,1\,1\,1\,0\,0\,0\,0\,0\,1\,0\,0 \\ 1\,1\,1\,1\,0\,0\,0\,0\,0\,0\,1\,0 \\ 0\,0\,1\,1\,0\,0\,0\,0\,0\,0\,0\,1 \\ 1\,1\,1\,0\,0\,0\,1\,0\,0\,0\,0\,0 \\ 1\,1\,1\,0\,0\,0\,1\,0\,0\,0\,0\,0 \end{pmatrix}.$$

Pertanto, la sindrome del vettore ricevuto è

$$\mathbf{r}H^T = (0100\,0100),$$

e da questo si deduce che si sono verificati errori. La tabella standard del codice $\mathcal{C}$ contiene 256 righe, ognuna con 16 colonne. Procediamo in un modo che ci consente di evitare di scrivere tutte queste entrate. Rappresentiamo in Tabella 2.3 le sindrome associate ad errori $\mathbf{e}^i$ di peso 1. Per brevità nella prima colonna porremo l'indice della componente non nulla in $\mathbf{e}^i$. Poiché la sindrome cercata non si trova in Tabella 2.3, si sono sicuramente verificati almeno 2 errori. Osserviamo che la sindrome della parola ricevuta non corrisponde ad alcun errore di peso 1 ma è proprio quella del vettore di peso 2

$$\mathbf{e} = \mathbf{e}^6 + \mathbf{e}^{10}.$$

Pertanto, il vettore
$$\mathbf{c} = \mathbf{r} + \mathbf{e} = (0001\,0001\,1111)$$

i	$\mathbf{e}H^T$		$\mathbf{e}$	$\mathbf{e}H^T$
1	0111 1010		7	0010 0000
2	1011 0110		8	0001 0000
3	1110 1111		9	0000 1000
4	0001 1111		10	0000 0100
5	1000 0000		11	0000 0010
6	0100 0000		12	0000 0001

Tabella 2.3. Sindrome per errori di peso 1, Esercizio 4.2

appartiene al codice ed è a distanza 2 da $\mathbf{r}$. Ne segue che esso è la parola cercata.

4.3 Per la limitazione di Singleton, deve essere $k \leq n - d + 1 = 8$. In questo caso, però, la limitazione di Hamming fornisce $k \leq n - \log_2(120)$. Osserviamo che la quantità a destra è inferiore a 6; pertanto, deve essere $k \leq 5$. La limitazione di Gilbert–Varshamov dice che esiste sicuramente un codice con $k \geq 4$, infatti

$$2^{12-4} = 256 > V_2(11, 3) = 232,$$

ma $2^{12-5} = 128$. In effetti, il miglior codice noto con i parametri richiesti è un $[12, 4, 6]$–codice lineare, mentre il miglior $[12, 5]$–codice binario noto ha distanza minima 4.

Capitolo 5

5.1 Il polinomio $g(x)$ divide $(x^{10} - 1)$ ed ha grado 4; pertanto esso genera un codice ciclico $\mathcal{C}$ su $\mathbb{F}_3$ di lunghezza 10 e dimensione $10 - 4 = 6$. Per quanto concerne la distanza minima, osserviamo che

$$g(x)(x - 1) = x^5 - 1;$$

pertanto $\mathcal{C}$ contiene una parola di peso 2 e dunque $d \leq 2$. D'altro canto, se $\mathcal{C}$ contenesse una parola di peso 1, allora esso sarebbe il codice banale, di dimensione 10. Ne segue che i parametri di $\mathcal{C}$ sono $[10, 5, 2]$.

5.2 Rappresentiamo il vettore $\mathbf{m}$ mediante il polinomio

$$m(x) = x + x^2;$$

la codifica di $\mathbf{m}$, pertanto, è rappresentata dal polinomio

$$c(x) = m(x)g(x) = x^{11} + x^9 + x^7 + x^5 + x^3 + x,$$

ovvero, in termini vettoriali, da

$$\mathbf{c} = (0\,1\,0\,1\,0\,1\,0\,1\,0\,1\,0\,1).$$

Per svolgere la seconda parte dell'esercizio, determiniamo innanzi tutti il polinomio di controllo di parità del codice

$$h(x) = (x^{12} - 1)/g(x) = x^3 + x^2 + x + 1,$$

e scriviamo il vettore ricevuto $\mathbf{r}$ in forma polinomiale

$$r(x) = x + x^2 + x^5 + x^7 + x^9 + x^{10}.$$

Il resto della divisione di $r(x)$ per $h(x)$ è $s(x) = x^2 + 1$, pertanto il vettore $\mathbf{r}$ contiene degli errori. Applichiamo ora l'Algoritmo 5.2: osserviamo che $w(s(x)) = 2$, per cui, siamo nelle ipotesi del punto S4; conseguentemente, $e(x) = s(x)$ e la parola cercata è quella corrispondente al vettore

$$r(x) - s(x) = 1 + x + x^5 + x^7 + x^9 + x^{10}.$$

5.3 Il polinomio $g(x)$ divide $x^9 - 1$ in $\mathbb{F}_2[x]$. Pertanto si tratta del polinomio generatore di un $[9, 7]$–codice su qualsiasi campo $\mathbb{F}_{2^t}$. Osserviamo che $g(x)$ è irriducibile in $\mathbb{F}_2[x]$; pertanto, l'ideale che esso genera è massimale. Per il Teorema 5.3 di corrispondenza fra sottospazi ciclici e ideali, questo significa che C_2 non è contenuto in alcun altro sottospazio ciclico, da cui discende la prima parte dell'esercizio.

D'altro canto, il polinomio $g(x)$ si fattorizza in $\mathbb{F}_4[x]$ come

$$g(x) = (x + \omega)(x + \omega^2),$$

ove ω è un elemento primitivo di $\mathbb{F}_4$. Pertanto il sottospazio ciclico C_4 è contenuto propriamente nei due sottospazi ciclici generati rispettivamente da $(x + \omega)$ e da $(x + \omega^2)$.

Capitolo 6

6.1 Innanzi tutto, calcoliamo il polinomio di controllo di parità di C:

$$h(x) = (x^{15} - 1)/g(x) = x^{11} + x^8 + x^7 + x^5 + x^3 + x^2 + x + 1.$$

Applicando l'algoritmo Euclideo, si vede che

$$1 = (x^8 + x^2 + 1)g(x) + xh(x).$$

Pertanto, un idempotente per C è dato dal polinomio

$$(x^8 + x^2 + 1)g(x) = x^{12} + x^9 + x^8 + x^6 + x^4 + x^3 + x^2 + x + 1.$$

6.2 La lunghezza del codice cercato è 63. Pertanto, il polinomio generatore $g(x)$ di C deve avere grado 6 e dividere $(x^{63} - 1)$. I fattori irriducibili su $\mathbb{F}_2$ di $x^{63} - 1$ sono

$$x + 1, \qquad\qquad x^2 + x + 1, \qquad\qquad x^3 + x + 1$$
$$x^3 + x^2 + 1 \qquad\qquad x^6 + x + 1 \qquad\qquad x^6 + x^3 + 1$$
$$x^6 + x^4 + x^2 + x + 1 \qquad x^6 + x^4 + x^3 + x + 1 \qquad x^6 + x^5 + 1$$
$$x^6 + x^5 + x^2 + x + 1 \qquad x^6 + x^5 + x^3 + x^2 + 1 \qquad x^6 + x^5 + x^4 + x + 1$$
$$x^6 + x^5 + x^4 + x^2 + 1.$$

Ne segue che per un codice ciclico binario di parametri $[63, 57]$ può essere:

a. generato da uno dei 9 divisori irriducibili di grado 6 del polinomio $(x^{63} - 1)$, oppure

b. generato da uno dei tre polinomi

$$(x + 1)(x^2 + x + 1)(x^3 + x + 1), \quad (x + 1)(x^2 + x + 1)(x^3 + x^2 + 1),$$

$$(x^3 + x + 1)(x^3 + x^2 + 1).$$

In tal modo, si ottengono 12 codici distinti. Osserviamo che alcuni di questi codici possono essere equivalenti fra loro.

6.3 Sia α una radice primitiva 31–esima dell'unità che soddisfa l'equazione

$$x^5 + x^2 + 1 = 0.$$

Osserviamo, innanzi tutto, che il polinomio $g(x)$ si fattorizza su $\mathbb{F}_2$ in irriducibili come

$$g(x) = (x + 1)(x^5 + x^4 + x^3 + x^2 + 1)(x^5 + x^4 + x^3 + x + 1).$$

In particolare, un insieme di definizione per $\mathcal{C}$ è

$$D' = \{1, \alpha^3, \alpha^{11}\}.$$

Infatti, il polinomio minimo di α^3 su $\mathbb{F}_2$ è $x^5 + x^4 + x^3 + x^2 + 1$, mentre il polinomio minimo di α^{11} risulta $x^5 + x^4 + x^3 + x + 1$; pertanto, le parole di $\mathcal{C}$ (che corrispondono ai polinomi divisibili per $g(x)$) sono tutte e sole quelle che posseggono queste tre radici.

Osserviamo che il polinomio $g(x)$ possiede 11 radici distinte nel suo campo di spezzamento e che tale campo è proprio $\mathbb{F}_{32}$. Pertanto, un insieme di definizione completo deve contenere tutte tali radici. Esse sono

$$D = \{1, \alpha^3, \alpha^6, \alpha^{11}, \alpha^{12}, \alpha^{13}, \alpha^{17}, \alpha^{21}, \alpha^{22}, \alpha^{24}, \alpha^{26}\}.$$

Poiché

$$g(x) = \prod_{\omega \in D} (x - \omega)$$

e il polinomio $g(x)$ è parola di codice, D è completo.

Formato	posizione	Catena zero
11000001011	1	−
10000010111	2	−
101111	8	$(3,4,5,6,7)$
1111000001	10	(9)
11100000101	11	−

Tabella 2.4. Descrizioni per il vettore **v**, Esercizio 7.1

Capitolo 7

7.1 Il vettore **v** ha peso 5. Pertanto, sono possibili 5 diverse descrizioni come catena dello stesso. Tali descrizioni sono riportate in Tabella 2.4

7.2 Le sindrome richieste sono quelle corrispondenti agli errori di lunghezza 1, della forma x^i e a quelli burst di lunghezza 2, della forma $x^i(1+x)$, con $0 \le i \le 5$. Pertanto, vi sono 13 sindrome da calcolare. Esse sono presentate in Tabella 2.5. Il

Errore	Sindrome		Errore	Sindrome
0	000000		$x^0(x+1)$	110000
x^0	100000		$x^1(x+1)$	011000
x^1	010000		$x^2(x+1)$	001100
x^2	001000		$x^3(x+1)$	000110
x^3	000100		$x^4(x+1)$	000011
x^4	000010		$x^5(x+1)$	100101
x^5	000001		$x^6(x+1)$	110010
x^6	100100		$x^7(x+1)$	011001
x^7	010010		$x^8(x+1)$	101100
x^8	001001			

Tabella 2.5. Sindrome per il codice dell'Esercizio 7.2

polinomio associato al vettore **r** è

$$r(x) = 1 + x + x^2 + x^3 + x^6.$$

Calcolando il resto della divisione di $r(x)$ per $g(x)$ si ottiene $s(x) = x^2 + x$, che corrisponde al vettore sindrome 011000. Pertanto, si può dedurre che il vettore di errore è $x^2(x+1)$ e, conseguentemente,

$$c(x) = r(x) + x^4(x+1) = 1 + x^3 + x^6.$$

7.3 Dai parametri assegnati, abbiamo

$$n = 35, \qquad b = 3, \qquad n - 2b + 1 - m = 27,$$

per cui $m = 3$. Il polinomio generatore del codice $\mathcal{C}$ sarà dunque della forma

$$(x^5 - 1)f(x),$$

con $f(x)$ irriducibile di grado 3 e periodo $n_0 = 7$. In altre parole $f(x)$ si deve spezzare su $\mathbb{F}_8$; possiamo scegliere

$$f(x) = x^3 + x + 1.$$

Un polinomio generatore per $\mathcal{C}$ risulta quindi

$$g(x) = x^8 + x^6 + x^5 + x^3 + x + 1.$$

Il codice così costruito ha distanza minima 4.

Capitolo 8

8.1 Il polinomio di Mattson–Solomon corrispondente al vettore $\mathbf{r}$ è il polinomio $R(x)$ i cui coefficienti sono i coefficienti della trasformata di Fourier di $\mathbf{r}$. Scriviamo innanzi tutto $r(x)$ in forma polinomiale $\mathbf{r}$:

$$r(x) = 1 + x^2 + x^6 + x^7 + x^8 + x^9 + x^{10} + x^{11} + x^{13} + x^{14}$$

Il polinomio cercato è dunque

$$R(x) = \sum_{i=0}^{14} r(\omega^i)x^i.$$

Pertanto,

$$R(x) = \omega^{10}x^5 + \omega^5 x^7 + \omega^5 x^{10} + \omega^{10}x^{11} + \omega^5 x^{13} + \omega^{10}x^{14}.$$

Incidentalmente, osserviamo che $R(x)$ si può scrivere come

$$R(x) = \omega^{10}x^5(x - \omega^3)(x - \omega^5)^5(x - \omega^{11})(x - \omega^{12})(x - \omega^{14});$$

in particolare, vi sono esattamente 5 radici 15–esime dell'unità che sono radici di R. Questo è quanto era lecito attendersi per il Teorema 8.4, che asserisce che il numero di radici distinte di $R(x)$ deve essere $n - w(\mathbf{r}) = 15 - 10 = 5$.

8.2 Poiché il codice ha lunghezza 31, ci serve una radice primitiva 31–esima dell'unità. Sia dunque ω l'elemento di $\mathbb{F}_{32}$ che soddisfa l'equazione

$$x^5 + x^2 + 1 = 0.$$

Per ottenere il codice richiesto, dobbiamo determinare i polinomi minimi corrispondenti a tutti gli elementi

i	C_i	Polinomio
1	$\{1, 2, 4, 8, 16\}$	$m_1(x) = x^5 + x^2 + 1$
3	$\{3, 6, 12, 17, 24\}$	$m_3(x) = x^5 + x^4 + x^3 + x^2 + 1$
5	$\{5, 9, 10, 18, 20\}$	$m_5(x)x^5 + x^4 + x^2 + x + 1$
7	$\{7, 14, 19, 25, 28\}$	$m_7(x) = x^5 + x^3 + x^2 + x + 1$
11	$\{11, 13, 21, 22, 26\}$	$m_{11}(x) = x^5 + x^4 + x^3 + x + 1$
15	$\{15, 23, 27, 29, 30\}$	$m_{15}(x) = x^5 + x^3 + 1$

Tabella 2.6. Classi ciclotomiche di 2 modulo 31

$$\omega, \omega^2, \ldots, \omega^{10}.$$

Un metodo per ottenere questo risultato è quello di scrivere tutte le classi ciclotomiche di 2 modulo 31. Esse sono elencate in tabella 2.6, con i polinomi minimi relativi. In particolare, il polinomio generatore cercato è

$$g(x) = m_1(x)m_3(x)m_5(x)m_7(x) =$$
$$x^{20} + x^{18} + x^{17} + x^{13} + x^{10} + x^9 + x^7 + x^6 + x^4 + x^2 + 1.$$

Osserviamo che il peso del vettore associato al polinomio $g(x)$ è 11. Pertanto, la distanza minima del codice risulta proprio 11.

Un modo per ottenere il polinomio $g(x)$ in [36] è il seguente:

```
n:=31; delta:=11;
omega:=Z(n+1);
x:=Indeterminate(GF(n+1),"x");
g:=Lcm(List([1..delta-2],
         i->MinimalPolynomial(GF(2),omega^i)));
t:=(delta-1)/2;
```

8.3 Per la costruzione del codice $BCH_5(24, 5)$ procediamo esattamente come nel precedente esercizio. In particolare, sia $\alpha \in \mathbb{F}_{25}$ un elemento che soddisfa l'equazione

$$x^2 - x + 2 = 0.$$

Tale elemento è una radice primitiva 24–esima dell'unità. I polinomi minimi cercati sono quelli associati agli elementi

$$\alpha^1, \alpha^2, \ldots, \alpha^4.$$

Riportiamo in Tabella 2.7 tutte le classi ciclotomiche di 5 modulo 24. Il codice richiesto ha dunque polinomio generatore

$$g(x) = m_1(x)m_2(x)m_3(x)m_4(x) = x^8 + x^7 - x^5 + 2x^3 + x - 1.$$

Pertanto, si ottiene un codice di dimensione $24 - 8 = 16$. Per quanto concerne la distanza minima, osserviamo che $m_1(x)$ è anche il polinomio minimo di α^5.

i	C_i	Polinomio
1	$\{1,5\}$	$m_1(x) = x^2 - x + 2$
2	$\{2,10\}$	$m_2(x) = x^2 + 3x - 1$
3	$\{3,15\}$	$m_3(x) = x^2 + 3$
4	$\{4,20\}$	$m_4(x) = x^2 - x + 1$
6	$\{6\}$	$m_6(x) = x + 3$
7	$\{7,11\}$	$m_7(x) = x^2 + 3x + 3$
8	$\{8,16\}$	$m_8(x) = x^2 + x + 1$

i	C_i	Polinomio
9	$\{9,21\}$	$m_9(x) = x^2 + 2$
12	$\{12\}$	$m_{12}(x) = x + 1$
13	$\{13,17\}$	$m_{13}(x) = x^2 + x + 2$
14	$\{14,22\}$	$m_{14}(x) = x^2 + x2 - 1$
18	$\{18\}$	$m_{18}(x) = x + 2$
19	$\{19,23\}$	$m_{19}(x) = x^2 + 2x + 3$

Tabella 2.7. Classi ciclotomiche di 5 modulo 24

Pertanto, $g(x)$ è il polinomio generatore anche del codice $BCH_5(24,6)$ e dunque $BCH_5(24,5) = BCH_5(24,6)$ e $d \geq 6$. A questo punto, osservando il peso di $g(x)$, si dimostra che effettivamente la distanza minima del codice deve essere 6.

8.4 Il codice considerato ha distanza minima 11. Pertanto abbiamo $t = 5$. Innanzi tutto, scriviamo il polinomio $r(x)$ associato al vettore $\mathbf{r}$:

$$r(x) = 1 + x + x^2 + x^4 + x^5 + x^6 + x^7 + x^8 + x^9 + x^{11} + x^{13} + x^{15} +$$
$$x^{18} + x^{21} + x^{22} + x^{24} + x^{25} + x^{26} + x^{27}.$$

Il polinomio sindrome $S(x)$ associato a $r(x)$ è

$$S(x) = \omega^{17}x^8 + \omega^{18}x^7 + \omega^{10}x^6 + \omega^{24}x^4 + \omega^5 x^3 + \omega^{12}x^2 + \omega^6 x + 1.$$

Applicando la procedura $\texttt{Euclid}(x^{10}, S(x), 5, 4)$, si determinano i due polinomi

$$v(x) = \omega^{28}x^3 + \omega^{29}x^2 + \omega^6 x + 1, \qquad r(x) = \omega^{29}x^2 + 1.$$

In particolare, le radici di $v(x)$, che è un multiplo scalare del polinomio localizzatore d'errore, sono $\omega^2, \omega^4, \omega^{28}$. Si deduce che i bit errati sono r_{29}, r_{27} e r_3. Poiché stiamo lavorando sul campo $\mathbb{F}_2$, non è necessario valutare le ampiezze di errore. Il vettore corretto è quindi

$$\mathbf{c} = (111\,\underline{1}11\,111101\,0101001\,0011011\,1\,\underline{0}0\underline{1}0).$$

Mostriamo ora come implementare la soluzione del problema usando [36]. Supponiamo che il codice sia già stato definito, come nella soluzione dell'Esercizio 8.2, e che si sia caricato il pacchetto **guava** per semplificare la scrittura dei vettori. Innanzi tutto, rappresentiamo $\mathbf{r}$ e il polinomio $r(x)$ ad esso associato:

```
gap> r:=Codeword("111011111101010100100110111000");
[ 1 1 1 0 1 1 1 1 1 1 0 1 0 1
  0 1 0 0 1 0 0 1 1 0 1 1 1 1 0 0 0 ]
gap> rX:=Sum([0..30],i->x^i*r[i+1]);
x^27+x^26+x^25+x^24+x^22+x^21+x^18+x^15+x^13+
x^11+x^9+x^8+x^7+x^6+x^5+x^4+x^2+x+Z(2)^0
```

Dobbiamo ora calcolare il polinomio sindrome

```
gap> sX:=Sum([0..delta-1],i->Value(rX,omega^i)*x^i);
Z(2^5)^17*x^8+Z(2^5)^18*x^7+Z(2^5)^10*x^6+
Z(2^5)^24*x^4+Z(2^5)^5*x^3+Z(2^5)^12*x^2+
Z(2^5)^6*x+Z(2)^0
```

Possiamo determinare i polinomi σ e ω usando la procedura `Euclid` con i parametri opportuni:

```
gap> SigOm:=Euclid(x^(2*t),sX,t,t-1);
[ Z(2^5)^28*x^3+Z(2^5)^29*x^2+Z(2^5)^6*x+Z(2)^0,
  Z(2^5)^29*x^2+Z(2)^0 ]
```

Adesso è possibile ricostruire le posizioni di errore calcolando le radici di $\sigma(x)$

```
gap> Rsigma:=RootsOfUPol(SigOm[1]);
[ Z(2^5)^2, Z(2^5)^4, Z(2^5)^28 ]
gap> pos:=List(Rsigma,i->LogFFE(i^(-1),Z(n+1)));
[ 29, 27, 3 ]
```

Pertanto, i bit errati in $\mathbf{r}$ sono r_3, r_{29} e r_{27}.

Capitolo 9

9.1 Applichiamo la costruzione BCH per costruire un codice su $\mathbb{F}_{16}$ di distanza minima 11. Sia dunque ω un elemento primitivo di $\mathbb{F}_{16}$, soddisfacente l'equazione $x^4 + x + 1 = 0$ su $\mathbb{F}_2$. Il polinomio generatore per BRS$(15, 11)$ è dunque

$$g(x) = \prod_{i=1}^{10}(x - \omega^i) =$$
$$x^{10} + \omega^2 x^9 + \omega^3 x^8 + \omega^9 x^7 + \omega^6 x^6 + \omega^1 4 x^5 + \omega^2 x^4 + \omega x^3 + \omega^6 x^2 + \omega x + \omega^{10}.$$

Osserviamo che il medesimo polinomio genera anche RS$(15, 5)$.

9.2 Il messaggio $\mathbf{m}$ è associato al polinomio

$$m(x) = 1 + \omega x + \omega^2 x^2 + \omega x^4.$$

Pertanto, il vettore codificato $\mathbf{t}$ ha componente $t_i = m(\omega^i)$. In particolare,

$$\mathbf{t} = (0\, \omega^{12}\, \omega^9\, \omega^2\, \omega^{11}\, \omega^2\, \omega^{12}\, \omega^7\, \omega^7\, \omega^9\, \omega^8\, 1\, 0\, \omega^{11}\, \omega^8).$$

Osserviamo che il polinomio $g(x)$ ottenuto nel precedente esercizio divide il polinomio $t(x) = \sum_{i=0}^{14} t_i$, ma

$$t(x)/g(x) = \omega^8 x^4 + \omega^{14} x^3 + \omega^6 x^2 + \omega^2 x.$$

In particolare, i codici $\mathrm{BRS}\,(15,11)$ e $\mathrm{RS}\,(15,5)$ sono il medesimo, ma la codifica dei vettori effettuata tramite valutazione dei polinomi e quella effettuata tramite il prodotto per il polinomio generatore sono fra loro differenti.

Per quanto concerne il secondo punto, calcoliamo l'antitrasformata del vettore $\mathbf{c} = (c_0 \ldots c_{14})$. Scriviamo, pertanto, il polinomio $c(x)$ che ha come coefficiente i–esimo c_i e determiniamo il vettore $\mathbf{v}$ la cui i–esima componente è

$$v_i = \frac{1}{15}c(\omega^{15-i}).$$

Si ottiene

$$\mathbf{v} = (0\,\omega^4\,\omega^2\,\omega^4\,\omega^{11}\,0\,0\,0\,0\,0\,0\,0\,0\,0\,0).$$

Si deduce che non si sono verificati errori e che il vettore originario era

$$\mathbf{t} = (0\,\omega^4\,\omega^2\,\omega^4\,\omega^{11}).$$

9.3 Ricordiamo che l'efficienza R di un codice è il rapporto fra la dimensione k e la lunghezza n. In particolare, il codice $\mathrm{RS}\,(8,6)$, definito su $\mathbb{F}_9$ ha l'efficienza richiesta e distanza minima 3. Un altro codice di efficienza $3/4$ è $\mathrm{RS}\,(80,60)$, definito su $\mathbb{F}_{81}$ con distanza minima 21.

9.4 Innanzi tutto, notiamo che $2 \in \mathbb{F}_{11}$ è un elemento primitivo. Il codice assegnato ha distanza minima 5; pertanto esso è in grado di correggere $t = 2$ errori. Applichiamo direttamente l'algoritmo di Welch–Berlekamp. In particolare, cerchiamo due polinomi $N(x)$ ed $E(x)$ con

a) $\deg E(x) = 2$;
b) $E(x)$ monico;
c) $\deg N(x) \leq 7$;
d) $N(2^i) - y_i E(2^i) = 0$.

Abbiamo dunque

$$E(x) = E_0 + E_1 x + x^2, \qquad N(x) = \sum_{i=0}^{7} N_i x^i.$$

Si ottiene un sistema di 10 equazioni in 10 incognite, da risolvere. Una soluzione è quella che fornisce

$$N(x) = 5x^7 + 4x^6 + 2x^5 + 9x^4 + 2x^3 + 3x + 7$$

$$E(x) = x^2 + 7$$

Pertanto,

$$p(x) = N(x)/E(x) = 1 + 2x + 3x^2 + 4x^4 + 5x^5,$$

è il polinomio che si è originariamente trasmesso. Osserviamo che la codifica di tale polinomio è

$$\mathbf{c} = (4\,\underline{\mathbf{10}}\,8\,0\,6\,1\,1\,4\,0\,9\,\underline{4}),$$

un vettore a distanza di Hamming 2 da $\mathbf{r}$. Uno vantaggi dell'algoritmo di Welch–Berlekamp, infatti, è che esso consente contemporaneamente di correggere gli errori (nel nostro caso 2) e ricostruire il messaggio originariamente codificato.

La metodologia qui presentata può essere facilmente implementata con il sistema [36]. Ricordiamo, in particolare, che in questo sistema, con Z(n+1) si indica sempre un elemento primitivo del campo $\mathbb{F}_{n+1}$. Per codificare un vettore P di lunghezza k si può procedere come segue:

```
EncodeVector:=function(P,n)
 local k;
 k:=Length(P);
 return List([0..n-1],i->
  Sum(List([1..k],j-> P[j]*Z(n+1)^(i*(j-1))))));
end;;
```

L'algoritmo di Welch–Berlekamp richiede di risolvere un sistema lineare. Per fare ciò scriviamo una procedura che produca la matrice completa e il vettore dei termini noti associati a tale sistema.

```
WelchBerlekampMat:=function(n,k,t,R)
 local M,Nv;
 # Matrice incompleta del sistema
 M:=
 List([0..n-1],j->
   Concatenation( List([0..k+t-1],i->Z(n+1)^(i*j)),
                  List([0..t-1],i->-Z(n+1)^(i*j)*R[j+1])));
 # Termini noti
 Nv:=List([0..n-1],j->R[j+1]*Z(n+1)^(j*t));
 return [M,Nv];
end;;
```

Una soluzione del sistema associato al vettore R è pertanto data da:

```
SolWB:=function(n,k,t,R)
 local WBmat;
 WBmat:=WelchBerlekampMat(n,k,t,R);
 return SolutionMat(
        TransposedMat(WBmat[1]),
        WBmat[2]);
end;;
```

A questo punto possiamo recuperare i polinomi $N(x)$ ed $E(x)$ e decodificare il vettore ricevuto.

```
GetPoly:=function(n,k,t,Vsol)
 local N,E, x;
```

```
x:=Indeterminate(GF(n+1));
N:=Sum([1..k+t],i->Vsol[i]*x^(i-1));
E:=Sum([k+t+1..k+2*t], i->Vsol[i]*x^(i-(k+t+1)))+x^t;
return [N,E];
end;;

DecodeVector:=function(n,k,t,R)
 local Sol, Cpoly, tx;
 Sol:=SolWB(n,k,t,R);
 Cpoly:=GetPoly(n,k,t,Sol)[1]/GetPoly(n,k,t,Sol)[2];
 tx:= ShallowCopy(
   CoefficientsOfUnivariatePolynomial(Cpoly));
 #Aggiunge eventuali zeri in coda al vettore
 while Size(tx)<k do
  Add (tx,0*Z(n+1));
 od;
 return tx;
end;;
```

A questo punto, per risolvere l'esercizio basta eseguire

```
gap> R:=[4,0,8,0,6,1,1,4,0,9,7]*Z(11)^0;
[ Z(11)^2, 0*Z(11), Z(11)^3, 0*Z(11),
 Z(11)^9, Z(11)^0, Z(11)^0, Z(11)^2,
  0*Z(11), Z(11)^6, Z(11)^7 ]
gap> M:=DecodeVector(10,6,2,R);
[ Z(11)^0, Z(11), Z(11)^8, 0*Z(11), Z(11)^2, Z(11)^4 ]
gap> C:=EncodeVector(M,10);
[ Z(11)^2, Z(11)^5, Z(11)^3, 0*Z(11),
  Z(11)^9, Z(11)^0, Z(11)^0, Z(11)^2,
  0*Z(11), Z(11)^6, Z(11)^2 ]
gap> RequirePackage("guava");;
gap> Codeword(C,GF(11));
[ 4 10 8 0 6 1 1 4 0 9 4 ]
```

Il pacchetto **guava** di teoria dei codici viene, in questo caso, utilizzato per rappresentare la parola ottenuta in modo più semplice che non tramite potenze di un elemento primitivo.

Capitolo 10

10.1 Il polinomio generatore del codice $\mathcal{C} = \mathrm{BCH}(15,7)$ è

$$g(x) = x^{10} + x^8 + x^5 + x^4 + x^2 + x + 1.$$

Supponiamo che si sia verificato un numero di errori correggibili. Pertanto, vi è al più un errore in posizioni diverse dalla 1, 7 e 14.

Iniziamo con l'eliminare questo possibile errore. Consideriamo il codice $\mathcal{C}'$ ottenuto a partire da $\mathcal{C}$ rimuovendo la colonna di indice 1, quella di indice 7 e quella di indice 14. Tale codice ha distanza minima *almeno* 4; pertanto è 1–correttore. Inoltre, se

$$
G = \begin{pmatrix}
1\,1\,1\,0\,1\,1\,0\,0\,1\,0\,1\,0\,0\,0\,0 \\
0\,1\,1\,1\,0\,1\,1\,0\,0\,1\,0\,1\,0\,0\,0 \\
0\,0\,1\,1\,1\,0\,1\,1\,0\,0\,1\,0\,1\,0\,0 \\
0\,0\,0\,1\,1\,1\,0\,1\,1\,0\,0\,1\,0\,1\,0 \\
0\,0\,0\,0\,1\,1\,1\,0\,1\,1\,0\,0\,1\,0\,1
\end{pmatrix}
$$

è una matrice generatrice per $\mathcal{C}$, allora

$$
G' = \begin{pmatrix}
1\,1\,0\,1\,1\,0\,1\,0\,1\,0\,0\,0 \\
0\,1\,1\,0\,1\,1\,0\,1\,0\,1\,0\,0 \\
0\,1\,1\,1\,0\,1\,0\,0\,1\,0\,1\,0 \\
0\,0\,1\,1\,1\,0\,1\,0\,0\,1\,0\,1 \\
0\,0\,0\,1\,1\,1\,1\,1\,0\,0\,1\,0
\end{pmatrix}
$$

è una matrice generatrice per $\mathcal{C}'$. Una corrispondente matrice di controllo di parità per $\mathcal{C}'$ è

$$
H' = \begin{pmatrix}
1\,1\,0\,1\,1\,0\,0\,0\,0\,0\,0\,0 \\
1\,0\,1\,0\,0\,1\,1\,0\,0\,0\,0\,0 \\
1\,0\,1\,1\,0\,0\,0\,1\,0\,0\,0\,0 \\
0\,0\,1\,1\,0\,1\,0\,0\,1\,0\,0\,0 \\
1\,0\,0\,1\,0\,1\,0\,0\,0\,1\,0\,0 \\
0\,1\,1\,1\,0\,0\,0\,0\,0\,0\,1\,0 \\
1\,1\,1\,0\,0\,0\,0\,0\,0\,0\,0\,1
\end{pmatrix}.
$$

Sia

$$
\mathbf{r}' = (01\,111\,01\,110\,00),
$$

il vettore ottenuto da $\mathbf{r}$ cancellando le posizioni di cui sopra. La sindrome di $\mathbf{r}'$ rispetto la matrice H' è

$$
\mathbf{s}' = (101\,111\,0);
$$

da questo si deduce che siamo in presenza di errori. D'altro canto, $\mathbf{s}'$ è proprio la quarta colonna di H'. Pertanto, è stato identificato dal codice $\mathcal{C}'$ un vettore di errore

$$
\mathbf{e} = (00\,010\,00\,000\,00).
$$

Poniamo

$$
\mathbf{r}'' = \mathbf{r} + (000\,010\,000\,000\,000) = (0\text{?}1\,101\,0\text{?}1\,110\,00\text{?}).
$$

Possiamo supporre che nel vettore $\mathbf{r}''$ vi siano solamente cancellature, in quanto gli altri tipi d'errore sono già stati corretti. Sia dunque

$$\mathbf{f} = (0\,f_1\,0\,0\,0\,0\,0\,f_7\,0\,0\,0\,0\,0\,0\,f_{14})$$

il vettore che contiene le ampiezze d'errore da determinare e consideriamo il sistema

$$(\mathbf{f} + \mathbf{r}'')H^T = \mathbf{0},$$

ove con

$$H = \begin{pmatrix}
1&0&1&0&1&1&0&0&0&0&0&0&0&0&0\\
0&1&0&1&0&1&1&0&0&0&0&0&0&0&0\\
0&0&1&0&1&0&1&1&0&0&0&0&0&0&0\\
0&0&0&1&0&1&0&1&1&0&0&0&0&0&0\\
0&0&0&0&1&0&1&0&1&1&0&0&0&0&0\\
0&0&0&0&0&1&0&1&0&1&1&0&0&0&0\\
0&0&0&0&0&0&1&0&1&0&1&1&0&0&0\\
0&0&0&0&0&0&0&1&0&1&0&1&1&0&0\\
0&0&0&0&0&0&0&0&1&0&1&0&1&1&0\\
0&0&0&0&0&0&0&0&0&1&0&1&0&1&1
\end{pmatrix}$$

si è indicata la matrice di controllo di parità di $\mathcal{C}$. Si ottengono in questo modo le equazioni

$$\begin{cases} f_1 = 0 \\ f_7 + 1 = 0 \\ f_{14} + 1 = 0, \end{cases}$$

da cui è possibile ricostruire il vettore originario

$$\mathbf{r} = (001\,101\,011\,110\,001).$$

10.2 Per risolvere questo esercizio, scriviamo innanzi tutto l'insieme delle cancellature

$$I_0 = \{2, 6, 9\}.$$

Conseguentemente, il polinomio localizzatore delle cancellature sarà

$$\sigma_0(x) = (1 - \alpha^2 x)(1 - \alpha^6 x)(1 - \alpha^9 x) = \alpha^2 x^3 + \alpha^9 x^2 + \alpha x + 1.$$

Scriviamo poi il polinomio $r'(x)$ associato al vettore $\mathbf{r}$, in cui si è sostituito ad ogni cancellatura uno 0:

$$r(x) = \alpha^{13} + x + \alpha^{10}x^3 + \alpha^{12}x^4 + \alpha^6 x^5 + \alpha^5 x^7 + \alpha^{13}x^8 +$$
$$\alpha x^{10} + \alpha^8 x^{11} + \alpha^7 x^{12} + \alpha^2 x^{13} + \alpha^9 x^{14}.$$

Possiamo ora determinare il polinomio sindrome

$$S(x) = 1 + \alpha^{10}x + \alpha^6 x^2 + \alpha^5 x^3 + x^4 + \alpha^{12}x^5 + \alpha^6 x^6 + \alpha^9 x^7$$

Il polinomio sindrome modificato $S_0(x)$ è dato da $S(x)\sigma_0(x)$ ridotto modulo x^r, ove $r = 15 - 7$; si ottiene

$$S_0(x) = \alpha^{14}x^7 + x^5 + \alpha^4 x^4 + \alpha^9 x^3 + \alpha^3 x^2 + \alpha^8 x + 1.$$

Poniamo ora $\mu = \lfloor (8-3)/2 \rfloor = 2$, $\nu = \lceil (8+3)/2 \rceil - 1 = 5$ e applichiamo l'algoritmo $\texttt{Euclid}(x^r, S_0(x), \mu, \nu)$. Si determinano due polinomi

$$\sigma_1(x) = x^2 + \alpha^4 x + \alpha,$$

$$\omega(x) = \alpha^{13}x^5 + \alpha^4 x^4 + \alpha^{14} x^3 + \alpha^{13} x^2 + \alpha^{14} x + \alpha.$$

Le radici di $\sigma_1(x)$ sono

$$1, \alpha.$$

Conseguentemente, le posizioni di errore sono la 0 e la 14. In particolare, il vettore di errore $\mathbf{e}$ è nullo tranne che nelle posizioni $0, 2, 6, 9, 14$ e vale

$$\mathbf{e} = (\alpha^{13}\, 0\, \alpha^4\, 0\, 0\, 0\, \alpha^9\, 0\, 0\, \alpha^3\, 0\, 0\, 0\, 0\, \alpha^4).$$

Il vettore originario è dunque

$$\mathbf{c} = \mathbf{r} - \mathbf{e} = (0\, 1\, \alpha^4\, \alpha^{10}\, \alpha^{12}\, \alpha^6\, \alpha^9\, \alpha^5\, \alpha^{13}\, \alpha^3\, \alpha\, \alpha^8\, \alpha^7\, \alpha^2\, \alpha^{14}).$$

Questo esercizio può essere risolto mediante [36] in modo molto simile all'Esercizio 8.4. In particolare, i dati del problema sono

```
n:=15; k:=7;
alpha:=Z(n+1);
x:=Indeterminate(GF(n+1),"x");
r:=[ alpha^13,1,0,alpha^10,alpha^12,alpha^6,
     0, alpha^5,alpha^13,0,alpha,alpha^8,
     alpha^7,alpha^2,alpha^9 ];
rX:=Sum([0..14],i->x^i*r[i+1]);
I0:=[ 2, 6, 9 ];
```

pertanto, il polinomio localizzatore delle cancellature $\sigma_0(x) = \texttt{sigma0}$ e il polinomio sindrome $\texttt{sX}$ sono

```
gap> sigma0:=Product(I0,i->(1-alpha^i*x));
Z(2^4)^2*x^3+Z(2^4)^9*x^2+Z(2^4)*x+Z(2)^0
```

```
gap> sX:=Sum([0..n-k],i->Value(rX,alpha^i)*x^i);
Z(2^4)^7*x^8+Z(2^4)^9*x^7+Z(2^4)^6*x^6+Z(2^4)^12*x^5+
x^4+Z(2^2)*x^3+Z(2^4)^6*x^2+Z(2^2)^2*x+Z(2)^0
```

A questo punto, il polinomio sindrome modificato $S_0(x) = \texttt{sX0}$ è dato da

```
gap> sX0:=EuclideanRemainder(sX*sigma0,x^(n-k));
Z(2^4)^14*x^7+x^5+Z(2^4)^4*x^4+Z(2^4)^9*x^3+
Z(2^4)^3*x^2+Z(2^4)^8*x+Z(2)^0
```

In particolare, abbiamo

```
gap> SigOm0:=Euclid(x^(n-k),sX0,2,5);
[ Z(2^4)^14*x^2+Z(2^4)^3*x+Z(2)^0,
  Z(2^4)^12*x^5+Z(2^4)^3*x^4+Z(2^4)^13*x^3+
  Z(2^4)^12*x^2+Z(2^4)^13*x+Z(2)^0 ]
gap> SigOm:=SigOm0/Z(2^4)^14;
[ x^2+Z(2^4)^4*x+Z(2^4),
  Z(2^4)^13*x^5+Z(2^4)^4*x^4+Z(2^4)^14*x^3+
  Z(2^4)^13*x^2+Z(2^4)^14*x+Z(2^4) ]
gap> sigma1:=SigOm[1];; omega:=SigOm[2];;
```

Possiamo ora calcolare le radici di $\sigma_1(x)$ che corrispondono alle posizioni di errore.

```
gap> RSigma1:=RootsOfUPol(sigma1);
[ Z(2)^0, Z(2^4) ]
gap> ErrPos:=List(RSigma1,i->LogFFE(i^(-1),alpha));
[ 0, 14 ]
```

Poiché il codice non è binario, è necessario in questo caso calcolare tutte le ampiezze di errore.

```
gap> sigma:=sigma0*sigma1;
Z(2^4)^2*x^5+Z(2^2)*x^4+Z(2^2)^2*x^3+Z(2^2)^2*x+Z(2^4)
gap> sigmaP:=Derivative(sigma);
Z(2^4)^2*x^4+Z(2^2)^2*x^2+Z(2^2)^2
gap> Amplitude:=function(i)
> return (alpha^i*
>          Value(omega,alpha^(-i))/
>          Value(sigmaP,alpha^(-i)));
> end;;
gap> AAmp:=List(Union(I0,ErrPos),i->Amplitude(i));
[ Z(2^4)^13, Z(2^4)^4, Z(2^4)^9, Z(2^4)^3, Z(2^4)^4 ]
```

10.3 Consideriamo la matrice di controllo di parità H di $\mathcal{C}$:

$$H = \begin{pmatrix} 1\,1\,0\,1\,0\,0\,0 \\ 0\,1\,1\,0\,1\,0\,0 \\ 0\,0\,1\,1\,0\,1\,0 \\ 0\,0\,0\,1\,1\,0\,1 \end{pmatrix}.$$

Come visto anche nell'Esercizio 10.1, un insieme di n cancellature è correggibile se, e solamente se, l'insieme delle colonne corrispondenti nella sua matrice di controllo di parità ha rango n. Nel caso specifico, un insieme di 4 cancellature, in posizioni $i < j < k < l$ è correggibile se, e solamente se, la matrice che ha come colonne esattamente la i, la j la k e la l-esima di H ha rango 4. In particolare, questo *non* si verifica per i seguenti valori di (i, j, k, l):

$$
\begin{array}{llll}
(1,2,3,6) & (1,2,5,7) & (1,3,4,5) & (1,4,6,7) \\
(2,3,4,7) & (2,4,5,6) & (3,5,6,7). &
\end{array}
$$

Ne segue che tutti i restanti $\binom{7}{4} - 7 = 28$ possibili formati di cancellatura di peso 4 possono essere corretti.

Capitolo 11

11.1 La costruzione di insiemi di differenze con proprietà prescritte non è in generale facile. D'altro canto, l'esistenza di un $(n^2 + n + 1, n + 1)$–insieme di differenze planare D corrisponde all'esistenza di un piano proiettivo ciclico di ordine n. Quando n è una potenza di primo, possiamo partire dal piano proiettivo Desarguesiano $PG\,(2, n)$.

1. identifichiamo lo spazio vettoriale $\mathbb{F}_n^3$ con il campo finito $\mathbb{F}_{n^3}$;
2. sia α un elemento primitivo di $\mathbb{F}_{n^3}$; pertanto

$$\alpha^{(n^2+n+1)(n+1)} = 1;$$

3. ogni punto di $PG\,(2, n)$ è una classe di equivalenza di elementi di $\mathbb{F}_{n^3}^\star$ a meno di proporzionalità per un elemento di $\mathbb{F}_n^\star$;
4. Sia

$$L = \{1\} \cup \{a + \alpha : b \in \mathbb{F}_n\};$$

l'insieme L contiene i rappresentanti di tutti i punti di una retta di $PG\,(2, n)$;
5. Calcoliamo ora l'insieme dei logaritmi discreti degli elementi di L rispetto la base α e riduciamo gli indici modulo n^2+n+1. In tale modo otteniamo l'insieme di differenze cercato.

Concretamente, possiamo costruire il $(13, 4)$–insieme di differenze planare con la seguente procedura in [36].

```
n:=3;    alpha:=Z(n^3);
L:=List(GF(n),i->i+alpha); Add(L,alpha^0);
D:=Set(L,i->LogFFE(i,alpha) mod (n^2+n+1));
```

In questo modo, si ottiene l'insieme di differenze ciclico $D = \{0, 1, 3, 9\}$. Tale insieme D genera un $2 - (n^2 + n + 1, n + 1, 1)$ disegno simmetrico $\mathcal{S}$. In particolare il determinante della matrice di incidenza di D elevata al quadrato è

$$(n + 1)^2 n^{n^2+n} = 4^2 \times 3^{12}.$$

Ne segue che, su campi di caratteristica diversa da 2 e da 3 il rango di A è massimo e, pertanto, il codice associato, è quello banale.

Studiamo ora il caso dei codici su $\mathbb{F}_2$ e $\mathbb{F}_3$. Ogni codice generato dal disegno associato all'insieme D è ciclico di lunghezza 13. Un polinomio che genera tale codice (ma non il polinomio generatore) è

$$t(x) = 1 + x + x^3 + x^9.$$

In particolare, osserviamo che il massimo comun divisore di $t(x)$ e $(x^{13} - 1)$ in $\mathbb{F}_2[x]$ è $g(x) = 1 + x$. Pertanto, $g(x)$ genera un codice binario di dimensione 12. Il codice generato da $g(x)$ su $\mathbb{F}_{2^l}$ per $l > 1$ ha sempre dimensione 12.

In $\mathbb{F}_3[x]$, la situazione è diversa: infatti, in questo caso il massimo comun divisore fra $t(x)$ e $(x^{13} - 1)$ è

$$g(x) = x^6 - x^5 - x^4 - x^3 + x^2 - x + 1.$$

Pertanto, $g(x)$ genera un codice ternario di dimensione 7. Questa è anche la dimensione del codice generato su di un'estensione di $\mathbb{F}_3$.

11.2 Come nel caso piano, esiste un gruppo di collineazioni che agisce regolarmente sull'insieme dei punti e degli iperpiani di ogni spazio proiettivo finito PG (n, q). Ogni gruppo con tale proprietà è detto *gruppo di Singer* dello spazio. Essenzialmente, l'azione del gruppo di Singer nasce dalla ciclicità del gruppo moltiplicativo del campo $\mathbb{F}_{q^{n+1}}$. L'importanza di questa osservazione è che possiamo sempre rappresentare i punti di PG (n, q) con l'insieme degli interi

$$I = \{0, 1, \ldots, (q^{n+1} - 1)/(q^n - 1) - 1\}.$$

e che l'applicazione

$$\sigma : \begin{cases} I \mapsto I \\ x \mapsto x + 1 \quad \mod \ (q^{n+1} - 1)/(q^n - 1) \end{cases}$$

è una collineazione. Sia Π l'insieme di tutti i piani di PG $(3, 4)$. Poiché il gruppo di Singer è transitivo su Π, possiamo scrivere tutto l'insieme come orbita di un piano assegnato sotto l'azione del gruppo generato da σ. Ci serve dunque un insieme di numeri che descriva un piano di PG $(3, 4)$. Procediamo come nella soluzione del problema precedente. Fissato dunque un elemento primitivo di $\mathbb{F}_{4^4}$, diciamo α, osserviamo che i vettori 1, α e $\alpha(1 + \alpha)$ sono sicuramente elementi linearmente indipendenti sul sottocampo $\mathbb{F}_4$. Per determinare gli elementi del piano che li contiene possiamo procedere come segue

```
q:=4;    m:=3+1;    alpha:=Z(q^m);
L:=List(GF(n)^3,i->i[1]+i[2]*alpha+i[3]*alpha*(1+alpha));
L:=Difference(L,[0*Z(q)]);
D:=Set(L,i->LogFFE(i,alpha) mod ((q^m-1)/(q-1)));
```

In questo modo si ottiene un insieme

$$D = \{0, 1, 2, 8, 12, 20, 23, 25, 26, 28, 30, 41, 42, 50, 59, 66, 72, 73, 76, 78, 82\}.$$

Ogni intero compreso fra 1 e 84 compare esattamente 5 volte come differenza di elementi distinti di D modulo 85. Pertanto, D è un $(84, 21, 5)$ insieme di differenze ciclico modulo 85. Per concludere, osserviamo che i piani del disegno sono tutti della forma

$$D + i = \{\, d + i \quad \mathrm{mod}\ 85 : d \in D \},$$

con, chiaramente, $0 \le i \le 85$. Conseguentemente, un polinomio che genera il codice $\mathcal{C}$ associato ai piani di PG $(3,4)$ è

$$t(x) = \sum_{j \in D} x^j;$$

questo è esattamente il polinomio associato al vettore di incidenza del piano D; osserviamo che il polinomio associato al piano $D + i$ è

$$t_i(x) = x^i t(x) \quad \mathrm{mod}\ x^{85} - 1.$$

Capitolo 12

12.1 Il codice di Golay esteso $\mathcal{G}_{24}$ si realizza aggiungendo un controllo globale di parità al codice $\mathcal{G}_{23}$. In particolare, tale controllo conterrà il valore 0 se la parola originaria è di peso pari, 1 in caso contrario. In particolare, per ogni $i > 0$ pari,

$$A_i(\mathcal{G}_{24}) = A_{i-1}(\mathcal{G}_{23}) + A_i(\mathcal{G}_{23}).$$

Usando i valori in Tabella 12.2, si ottiene il risultato di Tabella 2.8.

i	A_i
0	1
8	759
12	2576
16	759
24	1

Tabella 2.8. Distribuzione dei pesi per $\mathcal{G}_{24}$.

12.2 L'esercizio si può risolvere applicando la decodifica a logica di maggioranza al codice $\mathcal{G}_{24}$. Mostriamo come la procedura possa essere implementata utilizzando il pacchetto **guava** del sistema [36].

Innanzi tutto, si deve costruire il codice $\mathcal{G}_{24}$.

```
gap> G24:=ExtendedBinaryGolayCode();
a linear [24,12,8]4 extended binary Golay code over GF(2)
```

A questo punto, definiamo l'insieme W8 di tutte le 759 parole di peso 8

```
gap> W8:=Filtered(G24,x->WeightCodeword(x)=8);;
gap> Size(W8);
759
```

Per poter procedere dobbiamo costruire l'insieme dei controlli di parità per la posizione i–esima. Tali controlli costituiranno l'elemento i–esimo della lista Wpos. La funzione Check è quella che effettivamente applica ad un vettore w i controlli in un insieme CTRL.

```
gap> Wpos:=List([1..24],x->Filtered(W8,t->t[x]=Z(2)^0));;
gap> Size(Wpos);
24
gap> Size(Wpos[1]);
253
gap> Check:=function(w,CTRL)
> local err;
>   err:=List(CTRL,x->w*x);
>   return Size(Filtered(err,i->not(i=0*i)));
> end;;
```

Calcoliamo ora la lista dei controlli di parità associati alla parola ricevuta:

```
gap> Rword:=Codeword("101011010100110110111101",GF(2));
[ 1 0 1 0 1 1 0 1 0 1 0 0 1 1 0 1 1 0 1 1 1 1 0 1 ]
gap> Rword in G24;
false
gap> Rcheck:=List(Wpos,x->Check(Rword,x));
[ 125, 125, 125, 125, 141, 125, 125, 125, 141,
    125, 125, 125, 125, 125, 125,
    125, 125, 125, 125, 125, 125, 125, 141, 125 ]
```

In particolare, la presenza di insiemi di 125 controlli non soddisfatti implica che si sono verificati 3 errori e tali errori sono nelle posizioni in cui ci sono più di 125 controlli non soddisfatti.

```
gap> for i in [1..24] do
>   if Rcheck[i]>125 then Print(i,"\n"); fi;
> od;
5
9
23
```

Applichiamo ora la correzione:

```
gap> CWord:=ShallowCopy(Rword);;
gap> CWord[5]:=CWord[5]+1;;
gap> CWord[9]:=CWord[9]+1;;
gap> CWord[23]:=CWord[23]+1;;
gap> Corr:=Codeword(CWord,GF(2));;
gap> Corr;
[ 1 0 1 0 0 1 0 1 1 1 0 0 1 1 0 1 1 0 1 1 1 1 1 1 ]
gap> Corr in G24;
```

```
true
```

Pertanto, la parola corretta cercata è:

$$\mathbf{c} = (1010\,0101\,1100\,1101\,1011\,1111)$$

Capitolo 13

13.1 Vi sono esattamente 25 vettori in $\mathbb{F}_5^2$. Pertanto, il codice di Reed–Müller $\mathcal{C}$ considerato ha lunghezza 25. In questo caso, $q > r$, per cui la dimensione di $\mathcal{C}$ risulta uguale a quella di $\mathbb{F}_q[x,y]_2$, che è $k = \binom{2+2}{2} = 6$.

Per determinare la distanza minima d del codice, è possibile utilizzare il Teorema 13.3, da cui si deduce che $d \geq 15$. A questo punto, si può fornire una parola che ha esattamente questo peso e, in tale modo, si completa l'esercizio. Mostriamo comunque come sia possibile determinare d direttamente e, in tale modo, determinare anche la struttura dell'enumeratore dei pesi di $\mathcal{C}$.

Osserviamo che un polinomio $f(x,y)$ non nullo in due variabili di grado al più 2 su $\mathbb{F}_q$ ha al più $2q$ zeri. Infatti, il luogo degli zeri di tale polinomio in $\mathbb{F}_q^2$ può essere:

1. una conica non degenere; in questo caso vi sono $q - 1 < t < q + 1$ zeri;
2. una conica degenere che si spezza in due rette incidenti; gli zeri in questo caso sono $t = 2q - 1$;
3. una conica degenere che si spezza in due rette parallele distinte; in questo caso abbiamo $2q$ zeri;
4. una conica degenere che si spezza in due rette coincidenti (oppure una retta); in questo caso gli zeri sono q;
5. un singolo punto;
6. nessun punto.

Si deduce che il numero massimo di 0 che una parola non nulla può contenere è 10, per cui il peso minimo del codice è $25 - 10 = 15$. Osserviamo che la valutazione del polinomio

$$f(x,y) = (x + 1)(x + 2)$$

fornisce proprio una parola di tale peso. A margine, notiamo che le osservazioni precedenti suggeriscono quali possano essere i valori non nulli dei pesi delle parole di codice in $\mathcal{C}$. Infatti, gli unici coefficienti A_i non nulli sono per i seguenti valori di i

$$\{q^2 - 2q, q^2 - (2q - 1), q^2 - (q + 1), q^2 - q, q^2 - (q - 1), q^2 - 1, q^2\}.$$

In effetti, l'enumeratore omogeneo dei pesi per $\mathcal{C}$ è

$$A_{\mathcal{C}}(Z) = 1 + 240Z^{15} + 1500Z^{16} + 4000Z^{19} + 2640Z^{20} + 6000Z^{21} + 1000Z^{24} + 244Z^{25}.$$

13.2 Il codice di Hamming $H_4(2)$ ha parametri $[15, 11, 3]$. Pertanto, il codice di Reed–Muller del primo ordine $\mathrm{RM}_2(1, 4)$ ha parametri $[15+1, (15-11)+1] = [16, 5]$. Per il Teorema 13.8, la distanza minima del codice in oggetto è $2^{4-1} = 8$. Questo completa la prima parte dell'esercizio. Per quanto concerne $\mathrm{RM}_2(1, 4)^\star$, osserviamo che esso si ottiene da $\mathrm{RM}_2(1, 4)$ cancellandone una colonna. In particolare, la sua lunghezza è 15 e la distanza minima 7. Per il Teorema 13.11, si ha altresì che la dimensione di questo codice è anch'essa pari a 11.

13.3 La distanza minima di $\mathcal{C} = \mathrm{RM}_2(1, 4)$ è 8; inoltre questo codice contiene, per costruzione, il vettore $\jmath$, di lunghezza 16 per cui si ha $A_i = A_{16-i}$. Se esistesse un indice $8 < i < 16$ tale che $A_i \neq 0$, allora si avrebbe anche $A_j \neq 0$, con $j = 16 - i < 8$, una contraddizione per la condizione sulla distanza minima. Ne segue che tutte le parole di $\mathrm{RM}_2(1, 4)$ diverse da $\mathbf{j}$ e $\mathbf{0}$ hanno peso 8, e quindi

$$A_\mathcal{C}(Z) = 1 + 30Z^8 + Z^{16}.$$

Innanzi tutto osserviamo che, per il Teorema 13.13,

$$\mathrm{RM}_2(2, 4) = \mathrm{RM}_2(1, 4)^\perp.$$

La distribuzione dei pesi di $\mathcal{C}^\perp$ si può ottenere usando il Teorema 4.36 di MacWilliams sugli enumeratori omogenei:

$$W_{\mathcal{C}^\perp}(X, Y) = \frac{1}{|\mathcal{C}|} W_\mathcal{C}(Y - X, Y + X).$$

Pertanto, posto

$$W_\mathcal{C}(X, Y) = Y^{16} + 30X^8Y^8 + X^{16},$$

si ottiene

$$A_{\mathcal{C}^\perp}(Z) = W_{\mathcal{C}^\perp}(Z, 1) = 1 + 140Z^4 + 448Z^6 + 870Z^8 + 448Z^{10} + 140Z^{1}2 + Z^{16}.$$

Capitolo 14

14.1 Osserviamo che

$$[63, 12, 9] = [7 \times 9, 4 \times 3, 3 \times 3].$$

Questo suggerisce di costruire il codice binario cercato come prodotto del codice di Hamming $H_3(2)$ per un codice binario $\mathcal{D}$ di parametri $[9, 3, 3]$. Osserviamo che il campo di spezzamento del polinomio $x^9 - 1 \in \mathbb{F}_2[x]$ è $\mathbb{F}_{2^6}$, e una radice primitiva nona dell'unità è un elemento α che soddisfa l'equazione

$$f(x) = x^6 + x^3 + 1 = 0.$$

Incidentalmente, osserviamo che se $f(\alpha) = 0$, allora anche $f(\alpha^2) = 0$. Pertanto, il polinomio $f(x)$ è polinomio generatore per un codice BCH di lunghezza 9 distanza designata 3. Ne segue che il codice richiesto è

$$\mathcal{C} = H_3(2) \otimes \mathrm{BCH}_2(9,3).$$

14.2 È possibile ottenere il codice richiesto a partire da un codice di Reed–Solomon. Innanzi tutto, osserviamo che il codice deve essere binario, per cui esso può essere ottenuto considerando le parole di un codice di Reed–Solomon definito su $\mathbb{F}_q$ con $q = 2^m$ come elementi di uno spazio vettoriale su $\mathbb{F}_2$. La lunghezza del codice così ottenuto sarà dunque $n = 2^m(2^m - 1)$. In particolare, per valori piccoli di m si ottiene

m	1	2	3	4	5
n	2	12	56	240	992

Nessuno dei valori è pari a 255; d'altro canto, per $m = 4$, si ha $255 = 240 + 2^4 - 1$. Questo suggerisce di procedere come segue:

1. Si costruisce il codice di Reed–Solomon $\mathcal{C} = \mathrm{RS}\,(15, 10)$ di distanza minima 6;
2. Osserviamo che, in generale, la somma delle entrate di un vettore di $\mathcal{C}$ non è 0 in $\mathbb{F}_{16}$. Pertanto il codice esteso

$$\mathcal{C}' = \overline{\mathcal{C}}$$

ha parametri $[16, 10, 7]$.
3. A questo punto, possiamo considerare $\mathcal{C}'$ come codice su $\mathbb{F}_2$, interpretando ogni elemento $\alpha \in \mathbb{F}_{16}$ come un vettore di lunghezza 8 su $\mathbb{F}_2$. In tale modo, si ottiene un codice binario $\mathcal{C}''$ di parametri $[256, 160, 7]$.
4. Infine, il codice $\mathcal{C}'''$, ottenuto accorciando $\mathcal{C}''$ in una sua componente, ha lunghezza pari a 255, dimensione 159 e distanza minima almeno 7.

14.3 Come nel caso dell'esercizio precedente, cerchiamo di costruire il codice richiesto a partire da un codice di Reed–Solomon. In particolare, possiamo considerare il codice $\mathcal{C} = \mathrm{RS}\,(31, 21)$, di distanza minima 11, che ha *quasi* la ridondanza richiesta. Per ottenere quanto domandato, consideriamo l'accorciamento di $\mathcal{C}$. Esso ha parametri $[30, 20]$, per cui la sua ridondanza è esattamente $3/2$. A questo punto, interpretando ogni elemento di $\mathbb{F}_{32}$ come vettore binario di lunghezza 5 si ottiene un $150, 100$ codice $\mathcal{C}'$ su $\mathbb{F}_2$. Il codice $\mathcal{C}''$ di lunghezza 300 e ridondanza $3/2$ si ottiene a questo punto considerando la condivisione temporale di due copie di $\mathcal{C}'$, per cui

$$\mathcal{C}'' = |\mathcal{C}'|\mathcal{C}'|.$$

Bibliografia

1. O. Amrani and Y. Be'ery. Efficient bounded–distance decoding of the hexacode and associated decoders for the leech lattice and the golay code. *IEEE Trans. Comm.*, 44(5):612–629, 1996.

2. I. Anderson and I. Honkala. A short course in combinatorial designs. University of Turku (Finland), 1997. (`http://www.utu.fi/~honkala/designs.ps`).

3. E. Artin. *Geometric algebra*. Wiley Classics Library. John Wiley & Sons Inc., New York, 1988. Reprint of the 1957 original, A Wiley-Interscience Publication.

4. Emil Artin. *Galois theory*. Dover Publications Inc., Mineola, NY, second edition, 1998. Edited and with a supplemental chapter by Arthur N. Milgram.

5. Robert B. Ash. *Information theory*. Dover Publications Inc., New York, 1990. Corrected reprint of the 1965 original.

6. E. F. Assmus, Jr. On the Reed-Muller codes. *Discrete Math.*, 106/107:25–33, 1992. A collection of contributions in honour of Jack van Lint.

7. E. F. Assmus, Jr. The category of linear codes. *IEEE Trans. Inform. Theory*, 44(2):612–629, 1998.

8. E. F. Assmus, Jr. and J. D. Key. *Designs and their codes*, volume 103 of *Cambridge Tracts in Mathematics*. Cambridge University Press, Cambridge, 1992.

9. E. F. Assmus, Jr. and J. D. Key. Hadamard matrices and their designs: a coding-theoretic approach. *Trans. Amer. Math. Soc.*, 330(1):269–293, 1992.

10. E. F. Assmus, Jr. and J. D. Key. Polynomial codes and finite geometries, 1996.

11. Alexander Barg. Extremal problems of coding theory. In *Coding theory and cryptology (Singapore, 2001)*, volume 1 of *Lect. Notes Ser. Inst. Math. Sci. Natl. Univ. Singap.*, pages 1–48. World Sci. Publishing, River Edge, NJ, 2002.

12. Lynn Margaret Batten. *Combinatorics of finite geometries*. Cambridge University Press, Cambridge, second edition, 1997.

13. Sandro Bellini. Teoria dell'informazione e codici. Politecnico di Milano, 2004. (`http://www.elet.polimi.it/upload/bellini/tinfcod_c/tinfcod_c.html`).

14. Elwyn R. Berlekamp, Robert J. McEliece, and Henk C. A. van Tilborg. On the inherent intractability of certain coding problems. *IEEE Trans. Information Theory*, IT-24(3):384–386, 1978.

15. Thomas Beth, Dieter Jungnickel, and Hanfried Lenz. *Design theory. Vol. I*, volume 69 of *Encyclopedia of Mathematics and its Applications*. Cambridge University Press, Cambridge, second edition, 1999.

16. Albrecht Beutelspacher and Ute Rosenbaum. *Projective geometry: from foundations to applications.* Cambridge University Press, Cambridge, 1998.

17. J. Bierbrauer. Introduction to codes and their use, February 1999. (`http://www.math.mtu.edu/~jbierbra/HOMEZEUGS/Codecourse.ps`).

18. A. R. Calderbank. The art of signaling: fifty years of coding theory. *IEEE Trans. Inform. Theory,* 44(6):2561–2595, 1998. Information theory: 1948–1998.

19. P.J. Cameron. Polynomial aspects of codes, matroids and permutation groups. University of London, March 2002. (`http://www.maths.qmw.ac.uk/~pjc/csgnotes/cmpgpoly.pdf`).

20. R. Chapman. Constructions of the goolay codes: A survey. University of Exeter (UK), 1997.

21. Henri Cohen. *A course in computational algebraic number theory,* volume 138 of *Graduate Texts in Mathematics.* Springer-Verlag, Berlin, 1993.

22. T. M. Cover and J. A. Thomas. *Elements of Information Theory.* Wiley and sons, New York, 1991.

23. Reinhard Diestel. *Graph Theory.* Springer-Verlag, New York, second edition, 2000. Graduate Texts in Mathematics, Vol. 173.

24. Ilya Dumer, Daniele Micciancio, and Madhu Sudan. Hardness of approximating the minimum distance of a linear code. *IEEE Transactions on Information Theory,* 49(1):22–37, January 2003. Preliminary version in FOCS 1999.

25. I.M. Duursma. *Decoding codes from curves and cyclic codes.* PhD thesis, 1993. (`http://www.math.uiuc.edu/~duursma/pub/`).

26. ECMA. *Data interchange on read–only 120 mm optical data disks (CDROM),* Giugno 1996. ECMA–130.

27. ECMA. 120 *mm DVD Rewritable Disk (DVD–RAM),* Giugno 1999. ECMA–272.

28. ECMA. 120 *mm DVD — Read–only disk,* Aprile 2001. ECMA–267.

29. David Eisenbud. *Commutative algebra,* volume 150 of *Graduate Texts in Mathematics.* Springer-Verlag, New York, 1995. With a view toward algebraic geometry.

30. P. Elias. Error–free coding. Technical Report 285, Massachusetts Institute of Technology (Boston), 1954. (`http://hdl.handle.net/1721.1/4795`).

31. P. Elias. List decoding for noisy channels. Technical Report 335, Massachusetts Institute of Technology (Boston), 1957. (`http://hdl.handle.net/1721.1/4484`).

32. M. A. Epstein. Algebraic decoding for a binary erasure channel. Technical Report 340, Massachusetts Institute of Technology (Boston), 1958. (`http://hdl.handle.net/1721.1/4480`).

33. G. D. Forney. *Concatenated codes.* PhD thesis, M.I.T. Dept. of Electrical Engineering, 1965. (`http://hdl.handle.net/1721.1/13449`).

34. W. Fulton. *Algebraic curves. An introduction to algebraic geometry.* W. A. Benjamin, Inc., New York-Amsterdam, 1969.

35. Robert G. Gallager. Low–density parity–check codes. MIT Press, 1963.

36. The GAP Group. *GAP – Groups, Algorithms, and Programming, Version 4.4,* 2004. (`http://www.gap-system.org`).

37. K. O. Geddes, S. R. Czapor, and G. Labahn. *Algorithms for computer algebra.* Kluwer Academic Publishers, Boston, MA, 1992.

38. Oded Goldreich. Introduction to complexity theory – lecture notes. The Weizmann Institute of Science, Israel, 1999. (`http://www.wisdom.weizmann.ac.il/~oded/cc99.html`).

39. V. D. Goppa. Codes on algebraic curves. *Dokl. Akad. Nauk SSSR*, 259(6):1289–1290, 1981.

40. V. D. Goppa. *Geometry and codes*, volume 24 of *Mathematics and its Applications (Soviet Series)*. Kluwer Academic Publishers Group, Dordrecht, 1988. Translated from the Russian by N. G. Shartse.

41. R.L. Graham, D.E. Knuth, and Patashnik O. *Concrete Mathematics*. Addison Wesley, 1988.

42. R. D. Gray and L. D. Davisson. *An Introduction to Statistical Signal Processing*. Cambridge University Press, Cambridge, 2004. (`http://www-ee.stanford.edu/~gray/sp.html`).

43. Robert M. Gray. *Entropy and information theory*. Springer-Verlag, New York, 1990. (`http://www-ee.stanford.edu/~gray/it.html`).

44. G.-M. Greuel, G. Pfister, and H. Schönemann. SINGULAR 3.0. A Computer Algebra System for Polynomial Computations, Centre for Computer Algebra, University of Kaiserslautern, 2005. `http://www.singular.uni-kl.de`.

45. V. Guruswami and M. Sudan. Extensions to the johnson bound. Manuscript, February 2001.

46. Venkatesan Guruswami and Madhu Sudan. Improved decoding of reed-solomon and algebraic-geometric codes. In *IEEE Symposium on Foundations of Computer Science*, pages 28–39, 1998.

47. R. W. Hamming. Error detecting and error correcting codes. *Bell System Tech. J.*, 26:147–160, 1950.

48. Robin Hartshorne. *Algebraic geometry*. Springer-Verlag, New York, 1977. Graduate Texts in Mathematics, No. 52.

49. J. W. P. Hirschfeld. *Projective geometries over finite fields*. Oxford Mathematical Monographs. The Clarendon Press Oxford University Press, New York, second edition, 1998.

50. T. Høholdt and R. Pellikaan. On the decoding of algebraic–geometric codes. *IEEE Trans. Inform. Theory*, IT–41:1589–1614, 1995.

51. Daniel R. Hughes and Fred C. Piper. *Projective planes*. Springer-Verlag, New York, 1973. Graduate Texts in Mathematics, Vol. 6.

52. Dieter Jungnickel and Bernhard Schmidt. Difference sets: An update.

53. D.E. Knuth. *The art of computer programming*, volume 2 – Seminumerical Algorithms. Addison Wesley Longman, 3 edition, 1998.

54. R. Koekoek and R. F. Swattouw. The askey–scheme of hypergeometric orthogonal polynomials and its q–analogue. Technical report, Delft University of Technology, 1994, no. 94–05. (`http://aw.twi.tudelft.nl/~koekoek/askey.html`).

55. William Judson LeVeque. *Topics in number theory. Vol. I, II.* Dover Publications Inc., Mineola, NY, 2002. Reprint of the 1956 original [Addison-Wesley Publishing Co., Inc., Reading, Mass.], with separate errata list for this edition by the author.

56. Rudolf Lidl and Harald Niederreiter. *Finite fields*, volume 20 of *Encyclopedia of Mathematics and its Applications*. Cambridge University Press, Cambridge, second edition, 1997. With a foreword by P. M. Cohn.

57. Rudolf Lidl and Günter Pilz. *Applied abstract algebra*. Undergraduate Texts in Mathematics. Springer-Verlag, New York, second edition, 1998.

58. D. Lorenzini. *An invitation to arithmetic geometry*, volume 9 of *Graduate Studies in Mathematics*. American Mathematical Society, Providence, RI, 1996.

59. R. Ludwig and J. Taylor. *Voyager Telecommunications*. NASA Jet Propulsion Laboratory, California Institute of Technology, Pasadena, 2002.

60. David J. C. MacKay. Good error-correcting codes based on very sparse matrices. *IEEE Trans. Inform. Theory*, 45(2):399–431, 1999.

61. David J. C. MacKay. Errata for: "Good error-correcting codes based on very sparse matrices" [IEEE Trans. Inform. Theory **45** (1999), no. 2, 399–431; MR1677007 (99j:94077)]. *IEEE Trans. Inform. Theory*, 47(5):2101, 2001.

62. David J.C. MacKay. *Information Theory, Inference and Learning Algorithms*. Cambridge University Press, Cambridge (UK), 2004. (`http://www.inference.phy.cam.ac.uk/mackay/itila/`).

63. J. L. Massey. Threshold decoding. Technical Report 410, Massachusetts Institute of Technology (Boston), 1963. (`http://hdl.handle.net/1721.1/4415`).

64. James L. Massey. Applied digital information theory. ETH Zurich, 1998. (`http://www.isi.ee.ethz.ch/education/public/free_docs.en.html`).

65. Francesco Mazzocca. Appunti di geometria superiore. Caserta, 2004. (`http://www.dimat.unina2.it/mazzocca/Geom_Sup.htm`).

66. R. J. McEliece. The algebraic theory of convolutional codes. California Institute of Technology, May 1996.

67. R. J. McEliece. *The theory of information and coding*, volume 86 of *Encyclopedia of Mathematics and its Applications*. Cambridge University Press, Cambridge, second edition, 2002.

68. R. J. McEliece. The guruswami–sudan decoding algorithm for reed–solomon codes. Technical report, JPL Interplanetary Network Progress Report 42–153, May 2003. (`http://ipnpr.jpl.nasa.gov/progress_report/42-153/title.htm`).

69. Robert J. McEliece, Eugene R. Rodemich, Howard Rumsey, Jr., and Lloyd R. Welch. New upper bounds on the rate of a code via the Delsarte-MacWilliams inequalities. *IEEE Trans. Information Theory*, IT-23(2):157–166, 1977.

70. Bhubaneswar Mishra. *Algorithmic algebra*. Texts and Monographs in Computer Science. Springer-Verlag, New York, 1993.

71. R. H. Morelos-Zaragoza. *The Art of Error Correcting Coding*. Wiley and sons, New York, 2002.

72. C. Moreno. *Algebraic Curves Over Finite Fields*. Cambridge University Press, Cambridge, 1991.

73. D.J Mudgway. *Uplink–Downlink — A History of the Deep Space Network*. NASA Office of External Relations, Wasington (DC), 2001. (`http://history.nasa.gov/SP-4227/Uplink-Downlink.pdf`).

74. David Mumford. *Algebraic geometry. I.* Classics in Mathematics. Springer-Verlag, Berlin, 1995. Complex projective varieties, Reprint of the 1976 edition.

75. David Mumford. *The red book of varieties and schemes*, volume 1358 of *Lecture Notes in Mathematics*. Springer-Verlag, Berlin, expanded edition, 1999. Includes the Michigan lectures (1974) on curves and their Jacobians, With contributions by Enrico Arbarello.

76. K. H. Powers. *A unified theory of information*. PhD thesis, M.I.T. Dept. of Electrical Engineering, 1956. (`http://hdl.handle.net/1721.1/4771`).

77. Oliver Pretzel. *Codes and algebraic curves*, volume 8 of *Oxford Lecture Series in Mathematics and its Applications*. The Clarendon Press Oxford University Press, New York, 1998.

78. I.S. Reed and G. Solomon. Polynomial codes over certain finite fields. *Journal of the Society for Industrial and Applied Mathematics*, 8(2):300–304, June 1960.

79. Miles Reid. *Undergraduate algebraic geometry*, volume 12 of *London Mathematical Society Student Texts*. Cambridge University Press, Cambridge, 1988.

80. B. Reiffen. Sequential encoding and decoding for the discrete memoryless channel. Technical Report 374, Massachusetts Institute of Technology (Boston), 1960. (`http://hdl.handle.net/1721.1/4448`).

81. Thomas J. Richardson and Rüdiger L. Urbanke. Efficient encoding of low-density parity-check codes. *IEEE Trans. Inform. Theory*, 47(2):638–656, 2001.

82. Tom Richardson and Ruediger Urbanke. Modern coding theory. EPFL Lausanne, 2004. (`http://lthcwww.epfl.ch/papers/ics.ps`).

83. D. Salomon. *Data Compression — The complete reference*. Springer–Verlag, 3 edition, 2004.

84. Alex Samorodnitsky. On the optimum of Delsarte's linear program. *J. Combin. Theory Ser. A*, 96(2):261–287, 2001.

85. C. B. Schleger and L. C. Pérez. *Trellis and Turbo Coding*. Wiley and sons, New York, 2004.

86. A. Seidenberg. *Elements of the theory of algebraic curves*. Addison-Wesley Publishing Co., Reading, Mass.-London-Don Mills, Ont., 1968.

87. J. G. Semple and L. Roth. *Introduction to algebraic geometry*. Oxford Science Publications. The Clarendon Press Oxford University Press, New York, 1985.

88. J.-P. Serre. *A course in arithmetic*. Springer-Verlag, New York, 1973. Translated from the French, Graduate Texts in Mathematics, No. 7.

89. C. E. Shannon. A mathematical theory of communication. *Bell System Tech. J.*, 27:379–423, 623–656, 1948.

90. James Singer. A theorem in finite projective geometry and some applications to number theory. *Trans. Amer. Math. Soc.*, 43(3):377–385, 1938.

91. Michael Sipser and Daniel A. Spielman. Expander codes. *IEEE Trans. Inform. Theory*, 42(6, part 1):1710–1722, 1996. Codes and complexity.

92. A. N. Skorobogatov and S. G. Vlăduţ. On the decoding of algebraic–geometric codes. *IEEE Trans. Inf. theor.*, 36:1051–1060, 1990.

93. S. A. Stepanov. *Codes on algebraic curves*. Kluwer Academic/Plenum Publishers, New York, 1999.

94. W. Richard Stevens. *TCP/IP Illustrated — The implementation*, volume 2. Addison–Wesley, New York, 1993.

95. W. Richard Stevens. *TCP/IP Illustrated — The protocols*, volume 1. Addison–Wesley, New York, 1993.

96. Henning Stichtenoth. *Algebraic function fields and codes*. Universitext. Springer-Verlag, Berlin, 1993.

97. M. Sudan. Algorithmic introduction to coding theory. Massachusetts Institute of Technology (Boston), 2002. (`http://theory.lcs.mit.edu/~madhu/FT01/`).

98. Y. Suhov. Lecture notes on algebraic coding theory. University of Cambridge, January 2003. (`http://www.statslab.com.ac.uk/~yms/`).

99. R. Michael Tanner. A recursive approach to low complexity codes. *IEEE Trans. Inform. Theory*, 27(5):533–547, 1981.

100. M. A. Tsfasman and S. G. Vlăduţ. *Algebraic–geometric codes*, volume 58 of *Mathematics and its Applications (Soviet Series)*. Kluwer Academic Publishers Group, Dordrecht, 1991. Translated from the Russian by the authors.

101. M. A. Tsfasman, S. G. Vlăduţ, and T. Zink. Modular curves, Shimura curves and Goppa codes better than the Varshamov-Gilbert bound. *Math. Nachr.*, 109:21–28, 1982.

102. J. H. van Lint. *Introduction to coding theory*, volume 86 of *Graduate Texts in Mathematics*. Springer-Verlag, Berlin, second edition, 1992.

103. Alexander Vardy. Algorithmic complexity in coding theory and the minimum distance problem. In *STOC '97 (El Paso, TX)*, pages 92–109 (electronic). ACM, New York, 1999.

104. A. J. Viterbi. Convolutional codes and their performace in communication systems. *IEEE Trans. Comm.*, COM-19(5):751–772, 1971.

105. Pless V.S., W.C. Huffman, and Brualdi R.A., editors. *Handbook of Coding Theory*. Elsevier, 1998.

106. J. L. Walker. *Codes and curves*, volume 7 of *Student Mathematical Library*. American Mathematical Society, Providence, RI, 2000. IAS/Park City Mathematical Subseries (`http://www.math.unl.edu/~jwalker/`).

107. R. J. Walker. *Algebraic curves*. Springer-Verlag, New York, 1978.

108. Harold N. Ward and Jay A. Wood. Characters and the equivalence of codes. *J. Combin. Theory Ser. A*, 73(2):348–352, 1996.

109. Dominic Welsh. *Codes and cryptography*. Oxford Science Publications. The Clarendon Press Oxford University Press, New York, 1988.

110. S. G. Wilson. *Digital Modulation and Coding*. Prentice Hall, 1995.

111. P. Wocjan. The brill–noether algorithm: Construction of geometric goppa codes and absolute factorization. Master's thesis, University of Kalsruhe, 1999. `http://www.cs.caltech.edu/~wocjan/`.

112. Jay A. Wood. Extension theorems for linear codes over finite rings. In *Applied algebra, algebraic algorithms and error-correcting codes (Toulouse, 1997)*, volume 1255 of *Lecture Notes in Comput. Sci.*, pages 329–340. Springer, Berlin, 1997.

113. J. R. Wozencraft. Sequential decoding for reliable communication. Technical Report 325, Massachusetts Institute of Technology (Boston), 1957. (`http://hdl.handle.net/1721.1/4758`).

114. K. Sh. Zigangirov. *Theory of Code Division Multiple Access Communication*. Wiley and sons, New York, 2004.

Elenco dei Simboli

$(\alpha \cdot \beta)(x)$ Prodotto puntuale di $\alpha(x)$ e $\beta(x)$, pagina 67

$(\mathbf{p}, i)$ Errore concentrato di formato $\mathbf{p}$ e posizione i, pagina 140

(θ, i) Sostituzione indotta nella i–esima componente, pagina 49

(n, M) Codice a blocchi di lunghezza n con M parole, pagina 35

(n, M, d) (n, M)–codice con distanza minima d, pagina 41

$[n, k, d]$ Codice lineare di parametri $[n, k]$ e distanza minima d, pagina 56

$[n, k]$ Codice lineare di lunghezza n e dimensione k, pagina 58

$\mathrm{BCH}_q(n, \delta)$ Codice BCH su $\mathbb{F}_q$ di lunghezza n e distanza designata δ, pagina 158

$\mathcal{C}^{(n)}$ Codice intrecciato di grado n, pagina 265

$\mathcal{C}^\perp$ Codice duale, pagina 75

$\mathcal{C}^\sigma$ Codice permutato mediante σ, pagina 49

$\mathcal{C}^R$ Codice invertito, pagina 110

$\mathcal{C}_1 \mathcal{C}_2$ Codice in serie di $\mathcal{C}_1$ e $\mathcal{C}_2$, pagina 260

$\mathcal{C}_1 \oplus \mathcal{C}_2$ Somma di $\mathcal{C}_1$ e $\mathcal{C}_2$, pagina 260

$\mathcal{C}_1 \otimes \mathcal{C}_2$ Codice prodotto di $\mathcal{C}_1$ e $\mathcal{C}_2$, pagina 263

$\mathcal{C}_\alpha$ Codice con sostituzione α, pagina 50

$\mathcal{E}_q$ Immersione di codice q–ario in $\mathbb{R}^{qn}$, pagina 271

$\mathcal{G}_{11}$ Codice di Golay ternario, pagina 239

$\mathcal{G}_{12}$ Codice di Golay ternario esteso, pagina 239

$\mathcal{G}_{23}$ Codice binario di Golay, pagina 234

$\mathcal{G}_{24}$ Codice binario di Golay esteso, pagina 227

$\chi(x)$ Carattere quadratico di x, pagina 240

$\mathcal{I}_{(n)}$ Codice banale di lunghezza n, pagina 265

$\mathcal{O}_\mathbf{p}$ Anello locale in $\mathbf{p}$, pagina 355

$\mathcal{W}_t(\mathbb{F}^X)$ Insieme di livello t in $\mathbb{F}^X$, pagina 60

δ Distanza relativa, pagina 42

$\delta(\mathfrak{C})$ Distanza relativa della famiglia $\mathfrak{C}$, pagina 268

$\Delta_l(\mathbf{r}, \mathcal{C})$ Insieme di tutte le parole in $\mathcal{C}$ a distanza al più l da $\mathbf{r}$, pagina 190

$\mathrm{div}(\mathcal{X})$ Gruppo di tutti i divisori su $\mathcal{X}$, pagina 356

$\mathfrak{C}^n(d_v, d_c)$	Insieme di tutti i codici LDPC di lunghezza n, regolari e (d_v, d_c)-sparsi, pagina 302
$\mathbb{F}((z))$	Spazio delle funzioni razionali in z su $\mathbb{F}^n$, pagina 314
$\mathbb{F}(\mathcal{X})$	Campo delle funzioni razionali su $\mathcal{X}$, pagina 355
$\mathbb{F}^n[[z]]$	Spazio delle serie formali di potenze in z su $\mathbb{F}^n$, pagina 314
$\mathbb{F}^\star_X$	Gruppo moltiplicativo delle applicazioni di $\mathbb{F}^X$, pagina 67
$\mathbb{F}^X$	Insieme delle funzioni da X in $\mathbb{F}$, pagina 57
$\mathbb{F}_q$	Campo finito di ordine q, pagina 341
$\mathbb{F}_q[\mathbf{x}]$	Polinomi a coefficienti in $\mathbb{F}_q$ nelle variabili $\mathbf{x} = (x_1, x_2, \ldots, x_m)$, pagina 244
$\mathbb{F}_q[\mathbf{x}]_r$	Polinomi di $\mathbb{F}_q[\mathbf{x}]$ con grado al più r, pagina 244
$\mathbb{F}_q[x]$	Anello dei polinomi in x sul campo $\mathbb{F}_q$, pagina 104
$\mathbb{F}_q[x]_n$	Anello $\mathbb{F}_q[x]/(x^n - 1)$, pagina 105
$\mathbb{F}^\star_q$	Sottogruppo moltiplicativo di $\mathbb{F}_q$, pagina 341
$\Gamma(\mathcal{S})$	Grafo di incidenza di $\mathcal{S}$, pagina 216
Γ_H	Grafo di incidenza della matrice H, pagina 299
$\Gamma_n(A)$	Gruppo di tutte le sostituzioni per parole di lunghezza n su A, pagina 49
$\langle f, g \rangle$	Prodotto di $f(x)$ e $g(x)$, pagina 74
$\langle \mathbf{f}, \mathbf{g} \rangle$	Prodotto scalare di $\mathbf{f}$ e $\mathbf{g}$, pagina 74
$\lceil x \rceil$	Più grande intero t tale che $t - 1 < x$, pagina 100
$\operatorname{lcm}(a, b)$	Minimo comune multiplo fra a e b, pagina 152
$\lfloor x \rfloor$	Più piccolo intero t tale che $t + 1 > x$, pagina 43
$\jmath$	Vettore $(1\,1\,\cdots\,1)$, pagina 256
$\underline{0}_V$	Applicazione lineare nulla $V \mapsto \mathbb{F}$, pagina 73
$\mathbf{c}^\sigma$	Parola ottenuta mediante la permutazione σ da $\mathbf{c}$, pagina 49
$\mathbf{p} * \mathbf{q}$	Concatenazione delle parole $\mathbf{p}$ e $\mathbf{q}$, pagina 21
$\mathbf{v}^B$	Vettore di incidenza di B, pagina 221
$\mid \mathcal{C}_1 \mid \mathcal{C}_2 \mid$	Condivisione temporale di $\mathcal{C}_1$ e $\mathcal{C}_2$, pagina 258
$\mathbb{N}$	Insieme degli interi non negativi, pagina 323
$\omega_\mathbf{v}(x)$	Polinomio di valutazione del vettore $\mathbf{v}$, pagina 163
$\overline{C}$	Codice esteso, pagina 255
$\overline{K}$	Chiusura algebrica del campo K, pagina 336
$\Phi_{\sigma, \alpha}$	Trasformazione monomiale lineare definita da σ e α, pagina 66
$\operatorname{rad}^V B$	Radicale destro della forma bilineare B, pagina 73
$\operatorname{rad}_V B$	Radicale sinistro della forma bilineare B, pagina 73
$\operatorname{rank}_p(\mathcal{S})$	p–rango della struttura $\mathcal{S}$, pagina 222
ρ	Raggio di copertura, pagina 44
$\operatorname{RS}(n, k)$	Codice di Reed–Solomon di lunghezza n e dimensione k, pagina 178
$\operatorname{RS}_d(n)$	Codice di Reed–Solomon con distanza minima d e lunghezza n, pagina 178
$\sigma_\mathbf{v}^{(i)}(x)$	Polinomio localizzatore di $\mathbf{v}$ punzonato in i, pagina 162
$\sigma_\mathbf{v}(x)$	Polinomio localizzatore del vettore $\mathbf{v}$, pagina 162
$\operatorname{Sym}(A)$	Gruppo delle permutazioni dell'insieme A, pagina 49

$\Theta_H(\mathcal{C})$	Traliccio di Wolf associato alla matrice H per il codice $\mathcal{C}$, pagina 317
θ_i	Idempotente primitivo, pagina 132
$\mathrm{Tr}_{F/K}(\alpha)$	Traccia di $\alpha \in F$ su K, pagina 346
$\Xi_n(A)$	Gruppo di tutte le equivalenze di codice di lunghezza n su A, pagina 50
$\mathbb{Z}_p$	Anello delle classi di resto modulo p, pagina 328
$A \otimes B$	Prodotto secondo Kronecker di A e B, pagina 262
$A^\star$	Insieme di tutte le parole sull'alfabeto A, pagina 21
A_I	Sottomatrice di A formata dalle colonne in I, pagina 135
$A_q(n,d)$	Numero massimo di parole di un codice q–ario di lunghezza n e distanza minima d, pagina 98
$A_\mathcal{C}(Z)$	Polinomio enumeratore dei pesi di $\mathcal{C}$, pagina 79
b	Numero di errori burst correggibili, pagina 142
$B_\delta(\mathbf{w})$	Sfera di Hamming, pagina 37
C	Capacità di un canale, pagina 4
C_s	Codice accorciato s volte, pagina 254
$C_\mathcal{L}(D,E)$	Codice geometrico di Reed–Solomon associato ai divisori D ed E, pagina 286
$C_{\mathbb{F}_q}(\mathcal{S})$	Codice su $\mathbb{F}_q$ associato al disegno $\mathcal{S}$, pagina 220
d	Distanza minima, pagina 41
$d(\mathbf{x},\mathbf{y})$	Distanza di Hamming, pagina 36
$d_l(\mathcal{C})$	Distanza libera del codice $\mathcal{C}$, pagina 317
$D_\mathcal{C}$	Insieme di definizione per il codice $\mathcal{C}$, pagina 133
$D_\mathcal{C}(z)$	Polinomio enumeratore delle distanze, pagina 79
$d_\mathcal{L}(E)$	Distanza designata di Goppa per il codice $C_\mathcal{L}(D,E)$, pagina 289
$d_\Omega(E)$	Distanza designata di Goppa per il codice $C_\Omega(D,E)$, pagina 290
e	Raggio di impacchettamento, pagina 43
G	Matrice generatrice, pagina 62
$g(x)$	Polinomio generatore, pagina 108
H	Matrice di controllo di parità, pagina 77
$h(x)$	Polinomio di controllo di parità, pagina 111
$H_q(p)$	Entropia di Hilbert q–aria, pagina 7
$h_R(x)$	Polinomio reciproco di $h(x)$, pagina 110
$H_\mathbb{F}(\mathcal{S})$	Inviluppo di $\mathcal{S}$ su $\mathbb{F}$, pagina 223
$K_m(x;n,s)$	Polinomio di Krawtchouk, pagina 81
$m_\mathbf{p}$	Ideale massimale di $\mathcal{O}_\mathbf{p}$, pagina 355
M_i^+	Codice ciclico massimale, pagina 131
M_i^-	Codice ciclico minimale, pagina 131
$N(T)$	Messaggi distinti trasmissibili in tempo T, pagina 4
$N_q(\mathcal{C})$	Numero di punti $\mathbb{F}_q$ razionali della curva $\mathcal{C}$, pagina 294
$P_c(\mathcal{C})$	Probabilità di decodifica corretta, pagina 94
$P_e(\mathcal{C})$	Probabilità di decodifica incorretta, pagina 94
$P_u(\mathcal{C})$	Probabilità di errore non identificabile, pagina 93
R	Efficienza, pagina 40

r	Ridondanza, pagina 40
$R(\mathfrak{C})$	Efficienza asintotica della famiglia $\mathfrak{C}$, pagina 267
$R[x]$	Anello dei polinomi su R in x, pagina 332
$R_n(\mathbb{F}_q)$	Polinomi di $\mathbb{F}_q[x]$ con grado al più $n-1$, pagina 104
$S(t,v,k)$	Sistema di Steiner di parametri t, v, k, pagina 211
S_n	Gruppo simmetrico di grado n, pagina 49
$S_r(q)$	Codice simplesso q–ario di dimensione r, pagina 84
$v^{\mathbf{w}}$	Funzione caratteristica di $\mathbf{w}$, pagina 246
$V_q(n,r)$	Volume della sfera di Hamming di raggio r, pagina 46
$w(\mathcal{C})$	Peso minimo di $\mathcal{C}$, pagina 60
$W_l(C(z))$	Peso libero della parola $C(z)$, pagina 316
$W_{\mathcal{C}}(X,Y)$	Polinomio enumeratore dei pesi omogeneo, pagina 79

Indice analitico

accorciamento   186
Alfabeto   20
  binario   21
Algoritmo
  a soglia   14
  decodifica di cancellature   203
  di Viterbi   322
  Euclideo   167
  ricostruzione polinomiale   192
  Welch–Berlekamp   182
Anello   327
  associato   328
  divisore   328
  locale   355
  primo   328
  unità   328
Armonica   157
Automorfismi
  di Frobenius   345

Bandiera   209
Base
  duale   347
  normale   347
  polinomiale   346
Bit   21
Blocchi   209

Campo   327
  chiusura algebrica   336
  ciclotomico   348
  di spezzamento   339
  di calcolo   160

di Galois   331, 341
  automorfismo   345
  primo   330, 336
Canale
  binario
    con cancellatura   14
    simmetrico   13
  con somma di rumore bianco Gaussiano
    11
  continuo   10
  discreto   3, 10
  discreto privo di memoria   12
Canale senza rumore
  capacità   4
Cancellatura   200
Cancellature
  insieme   203
  polinomio localizzatore   203
Capacità
  effettiva   10
  in assenza di rumore   4
Carattere
  quadratico   240
Caratteristica   330
Catena
  ciclica   118
  zero   140
Chiusura
  proiettiva   353
Classe
  ciclotomica   130
Classe ciclotomica   350

Codice   21
  $(\Omega, \mathcal{D})$ 284
  (t, ℓ)–correttore   270
  q–ario   21
  a blocchi   35
  a prefisso   27
  accorciato   253
    per sezione trasversale   253
  allungato   256
  ASCII   23
  asintoticamente buono   268
  aumentato   258
  autoduale   75, 233
  banale   265
  BCH   158
    di Reed–Solomon   184
    in senso stretto   158
  binario   21
  ciclico   104
    idempotente   128
    idempotente primitivo   132
    irriducibile   108
    prodotto di parole   105
  ciclico massimale   131
  ciclico minimale   131
  convoluzionale   315
    funzione generatrice   314
  costruzione di Fire   151
  di disegno   220
  di Fire   152
  di Golay
    binario   234
    binario esteso   227
    ternario   239
    ternario esteso   239
  di Goppa
    duale   287
    primario   287
  di Hamming   83
    ciclico   127
  di Reed–Müller   244
    punzonato   249
  di Reed–Solomon   178
    geometrico   286
    interpolazione   187
  duale   75, 131
  epurato   258
  equidistante   84

  equivalenza di   50
  esacodice   238
  esteso   255
  fortemente correttore   151
  fortemente equivalente   70
  Hermitiano   291
  in serie   260
  intrecciato   265
  invertito   110
  isomorfo   65
  LDPC   302
    regolare   302
    subregolare   303
  lineare   56
    equivalente   70
  lineare astratto   58
  lunghezza media   31
  MDS   59
    caratterizzazione   78
    distribuzione dei pesi   79
  Morse   25
  omeomorfo   65
  ottimale   98
    burst   150
  per sostituzione   50
  perfetto   44, 83
  permutato   49
  primitivo   158
  prodotto   263
  punzonato   257
  Reed–Müller
    distanza minima   247
  residuo   99
  simplesso   84
  sistematico   62
  somma   260
  spettro   22
  univocamente decodificabile   26
Codici
  equivalenti   64
  isometrici   70
Codifica
  di Shannon e Fano   32
Codificatore
  convoluzionale   311
    lineare   311
comunicazione
  sistema di   3

Coordinate
  nel dominio temporale   157
  nel dominio in frequenza   157
Corpo   327
Costruzione
  di Wozencraft   279
Curva
  algebrica   355
  genere   357
  massimale   294
  punto   355

Decodifica
  a lista   190
  a sindrome   90
  di codici BCH   165
  di codici lineari   86
  nel limite   189
  oltre il limite   189
  passo–passo   91
  soft   12
DFT   155
Disegno   211
  banale   211
  blocco assoluto   211
  Configurazione tattica   211
  di Mathieu   229
  di Witt   229
  incompleto bilanciato   211
  matrice di incidenza   215
  numero di replicazione   214
  ordine   214
  polarità   211
  polarità assoluta   211
  punto assoluto   211
  simmetrico   213
Distanza
  designata   158
   di Goppa   289
  di Bose   158
  di Hamming   36
   estesa   200
  libera   317
  minima   41
  relativa   42, 267
distribuzione dei pesi   79
Disuguaglianza
  di Delsarte   83

di Kraft–McMillan   27
Divisore
  curva   356
  effettivo   356
  grado   356
  principale   357
  supporto   356
Dominio
  ad ideali principali   329
  di integrità   327
DVD   196

Efficienza   40
  asintotica   267
  massima   268
Elemento
  algebrico   336
  di definizione   336
  primitivo   342
elemento
  coniugato   345
Elemento algebrico
  grado   337
Entropia
  q–aria   7
  assoluta   5
  condizionale   9
  equivocità   9
  normalizzata   6
Equazione
  chiave   163
    per BCH   167
  di controllo di parità   239
Errore
  burst   140
    correzione con codice ciclico   149
  concentrato   140
    descrizione   140
    formato   140
    lunghezza   140
    posizione   140
Estensione   336
  algebrica   336
  finita   337
  grado di   337
  mediante elementi   336
  semplice   336

Forma bilineare   73

radicale   73
riflessiva   73
simmetrica   73
  non degenere   73
Funzione
  Booleana   245
  booleana
    grado   246
    prodotto scalare   250
  caratteristica   58
  di codifica   21
  di decodifica   21
  generatrice   313
  razionale   354
    regolare   355
Funzioni
  razionali
    campo   355

Grado
  pesato   191
Grafo   211
  di incidenza   216
  bipartito   213
  completo   212
  densità   301
  denso   301
  di incidenza   299
  di Tanner   300
    controlli   300
    variabili   300
  espansore   304
  grado   301
  orientato   317
  regolare   212, 301
  sparso   301
  spigoli   212
  vertici   212
  vicini   304
  vicini unici   304
Gruppo
  di Galois   345
  di Singer   223
  moltiplicativo   67

Ideale   328
  massimale   329
  primo   329

principale   329
Incidenza   209
Insieme
  algebrico
    affine   353
    proiettivo   353
  consecutivo   134
  di differenze
    planare   225
  di differenze
    ciclico   225
  di definizione   133
  di informazione   62
  di livello   60
  riducibile   354
Interleaving   265
Interpolazione
  secondo Lagrange   335
Isometria   48

Limitazione
  BCH   159
  di Abramson   143
  di Elias–Bassalygo   276
  di Gilbert–Varshamov   100
    asintotica   277
  di Griesmer   100
  di Hamming   46
    asintotica   269
  di Hasse–Weil   294
  di Johnson   271
  di Plotkin   97
    asintotica   269
  di Reiger   144
  di Roos   136
  di Serre   294
  di Singleton   45
    asintotica   268
  di Tsfasman–Vlăduţ–Zink   294
  per impacchettamento di sfere   46
  TVZ   294

Matrice
  di controllo di parità   134
  a bassa densità   299
  controllo di parità   77
  di incidenza   215
    rango   217

di Paley   240
di permutazione   69
di transizione   12
generatrice   61
generatrice standard   62
monomiale   69
sparsa   299
  regolare   299
standard   87

Nodo
  non soddisfatto   304
  soddisfatto   304
Norma   346

Ortogonalità   74

Parametro
  locale   355
Parola   20
  prefisso   26
Permutazione   49
  ciclica   103
Peso
  di Hamming   58
  funzione razionale   316
  libero   316
  minimo   60
Piano
  di Fano   213
  proiettivo   219
    ciclico   223
    Desarguesiano   220
Polinomio   332
  ciclotomico   349
  coefficiente direttore   332
  derivata   335
  derivata di Hasse   335
  di controllo di parità   111
  di codice   106
  di errore
    scalato   166
  di Krawtchouk   81
  di Mattson–Solomon   156
  di valutazione   163
  discrimninante   339
  enumeratore dei pesi   79
  enumeratore delle distanze   79

generatore   108
grado   332
irriducibile   334
lacunoso   109
localizzatore   162
  punzonato   162
minimo   337
monico   332
periodo   151
reciproco   110
risultante   339
sindrome   167
spezzamento   339
termine costante   332
Principio di dualità   219
Probabilità
  di decodifica corretta   94
  di decodifica incorretta   94
  di errore non identificabile   93
  di transizione   13
Prodotto
  di Kronecker   262
  diretto   262
  puntuale   67
Punti   209

Quartica
  di Klein   289

Radice
  dell' unità
    primitiva   349
  molteplicità   334
  multipla   334
  semplice   334
radice   334
Radice dell'unità
  primitiva   130
Radici
  dell'unità   348
Raggio
  di copertura   44
  di impacchettamento   43
Retta   219
Ridondanza   40

Shortened   253
Simboli

di controllo   63
di informazione   63
Sindrome   77
Sistema
di Steiner   211
Sonde Voyager   195
Sostituzione   49
Sostituzione indotta   49
Sottoanello   328
Sottocampo   336
primo   336
Spazio
impacchettato   278
lineare   352
sottospazio
ciclico   103
Spazio proiettivo   352
Struttura
di incidenza   209
p-rango   222
anti–automorfismo   210
anti–isomorfismo   210
automorfismo   210
collineazione   210
correlazione   210
equivalenza lineare   223
inviluppo   223
isomorfismo   210
duale   210

Tabella
di verità   246
Teorema

di estensione   72
di Kraft   29
di McMillan   27
Topologia
di Zariski   354
Traccia   346
Traliccio   317
di Wolf   317
etichettatura   318
livello   317
lunghezza   321
profondità   317
stato   318
Trasformata
di Fourier
discreta   155
di Hadamard   80
Trasformazione
affine   66
monomiale lineare   66
Trellis   317

Varietà   354
birazionalmente
equivalenti   355
proiettiva   354
Vettore
ciclico   347
d'errore   88
di incidenza   221
Volume
di Hamming   46

Collana Unitext - La Matematica per il 3+2

a cura di

F. Brezzi
C. Ciliberto
B. Codenotti
M. Pulvirenti
A. Quarteroni
G. Rinaldi
W.J. Runggaldier

Volumi pubblicati

A. Bernasconi, B. Codenotti
Introduzione alla complessità computazionale
1998, X+260 pp. ISBN 88-470-0020-3

A. Bernasconi, B. Codenotti, G. Resta
Metodi matematici in complessità computazionale
1999, X+364 pp, ISBN 88-470-0060-2

E. Salinelli, F. Tomarelli
Modelli dinamici discreti
2002, XII+354 pp, ISBN 88-470-0187-0

S. Bosch
Algebra
2003, VIII+380 pp, ISBN 88-470-0221-4

S. Graffi, M. Degli Esposti
Fisica matematica discreta
2003, X+248 pp, ISBN 88-470-0212-5

S. Margarita, E. Salinelli
MultiMath - Matematica Multimediale per l'Università
2004, XX+270 pp, ISBN 88-470-0228-1

A. Quarteroni, R. Sacco, F. Saleri
Matematica numerica (2a Ed.)
2000, XIV+448 pp, ISBN 88-470-0077-7
2002, 2004 ristampa riveduta e corretta
(1a edizione 1998, ISBN 88-470-0010-6)

A partire dal 2004, i volumi della serie sono contrassegnati da un numero
di identificazione. I volumi indicati in grigio si riferiscono a edizioni non
più in commercio.

13. A. Quarteroni, F. Saleri
Introduzione al Calcolo Scientifico (2a Ed.)
2004, X+262 pp, ISBN 88-470-0256-7
(1a edizione 2002, ISBN 88-470-0149-8)

14. S. Salsa
Equazioni a derivate parziali - Metodi, modelli e applicazioni
2004, XII+426 pp, ISBN 88-470-0259-1

15. G. Riccardi Calcolo differenziale ed integrale
2004, XII+314 pp, ISBN 88-470-0285-0

16. M. Impedovo Matematica generale con il calcolatore
2005, X+526 pp, ISBN 88-470-0258-3

17. L. Formaggia, F. Saleri, A. Veneziani
Applicazioni ed esercizi di modellistica numerica
per problemi differenziali
2005, VIII+396 pp, ISBN 88-470-0257-5

18. S. Salsa, G. Verzini
Equazioni a derivate parziali - Complementi ed esercizi
2005, VIII+406 pp, ISBN 88-470-0260-5

19. C. Canuto, A. Tabacco Analisi Matematica I (2a Ed.)
2005, XII+448 pp, ISBN 88-470-0337-7
(1a edizione, 2003, XII+376 pp, ISBN 88-470-0220-6)

20. F. Biagini, M. Campanino
Elementi di Probabilitá e Statistica
2006, XII+236 pp, ISBN 88-470-0330-X

21. S. Leonesi, C. Toffalori
Numeri e Crittografia
2006, VIII+178 pp, ISBN 88-470-0331-8

22. A. Quarteroni, F. Saleri
Introduzione al Calcolo Scientifico (3a Ed.)
2006, X+306 pp, ISBN 88-470-0480-2

23. S. Leonesi, C. Toffalori
Un invito all'Algebra
2006, XVII+432 pp, ISBN 88-470-0313-X

24. W.M. Baldoni, C. Ciliberto, G.M. Piacentini Cattaneo
Aritmetica, Crittografia e Codici
2006, XVI+518 pp, ISBN 88-470-0455-1

25. A. Quarteroni
Modellistica numerica per problemi differenziali (3a Ed.)
2006, XIV+452 pp, ISBN 88-470-0493-4
(1a edizione 2000, ISBN 88-470-0108-0)
(2a edizione 2003, ISBN 88-470-0203-6)

26. M. Abate, F. Tovena
Curve e superfici
2006, XIV+394 pp, ISBN 88-470-0535-3

27. L. Giuzzi
Codici correttori
2006, XVI+402 pp, ISBN 88-470-0539-6